舰载武器系统效能分析

吴　玲　卢发兴　吴中红　许俊飞　编著

電子工業出版社
Publishing House of Electronics Industry
北京·BEIJING

内 容 简 介

本书从理论与实践相结合的角度，针对不同舰载武器系统的特点，介绍了以射击效力分析为主的多种效能分析方法。全书共分 10 章，包括效能与效能分析的概念、射击误差和射击精度分析、射击能力分析、可靠性分析、射击效力分析、综合效能分析等内容；涉及的武器系统有舰炮、导弹、鱼雷、深弹等。

本书可作为武器系统相关专业的高年级本科生和研究生的教学参考书，也可作为从事武器系统分析论证、研究设计等工程技术人员，以及部队从事装备管理人员的业务参考书。

图书在版编目（CIP）数据

舰载武器系统效能分析 / 吴玲等编著. —北京：电子工业出版社，2020.5

ISBN 978-7-121-38267-3

Ⅰ. ①舰… Ⅱ. ①吴… Ⅲ. ①军用船－海军武器－武器系统－作战效能－研究 Ⅳ. ①E925.6

中国版本图书馆 CIP 数据核字（2020）第 021702 号

责任编辑：张正梅　　特约编辑：欧阳光

印　　刷：北京七彩京通数码快印有限公司

装　　订：北京七彩京通数码快印有限公司

出版发行：电子工业出版社

北京市海淀区万寿路 173 信箱　邮编：100036

开　　本：787×1092　1/16　印张：24.25　字数：602 千字

版　　次：2020 年 5 月第 1 版

印　　次：2024 年 1 月第 5 次印刷

定　　价：128.00 元

凡所购买电子工业出版社图书有缺损问题，请向购买书店调换。若书店售缺，请与本社发行部联系，联系及邮购电话：（010）88254888，88258888。

质量投诉请发邮件至 zlts@phei.com.cn，盗版侵权举报请发邮件至 dbqq@phei.com.cn。

本书咨询联系方式：（010）88254757。

前　言

武器系统效能分析在武器系统的发展论证、武器系统的评价、武器系统的作战使用、作战方案的制定等方面有着重要作用。武器系统效能分为单项效能和综合效能。

本书针对不同的舰载武器系统，介绍了以射击效力分析为主的多种效能分析方法，共包括10章和2个附录。按照先单项效能、后综合效能的思路安排各章内容，力争体现海军舰载武器系统效能分析方法的系统性和实用性。

第1章介绍武器系统效能与效能分析的概念，效能分析的目的、特点和原则，效能分析涉及的内容，效能指标的分类和选择等问题。第2章介绍武器系统射击精度分析，以舰炮武器系统对海碰炸射击为例，介绍误差产生的原因、误差大小和方向的计算、误差的性质与综合，以及武器系统的射击精度等。第3章以舰炮武器系统对空射击为例，介绍射击区域、射击时间、发射速度和开火距离等射击能力的分析计算等。第4章介绍影响武器系统的可靠性分析内容，包括有关可靠性的基本概念、可靠性和维修性的分析、可靠性预测和分配方法，以及系统在作战使用中的可靠性问题。第5章以大、中口径舰炮武器系统对海射击为例，介绍以命中概率、毁伤概率计算为主的有关射击效力分析问题。第6章介绍小口径舰炮武器对空碰炸射击效力分析方法，并分析误差对系统射击精度的影响，介绍了用统计模拟法计算毁伤概率的方法。第7章分析对空空炸射击误差，并引入坐标毁伤定律，在此基础上介绍舰炮武器对空空炸射击毁伤概率的计算方法。第8章以舰载反舰导弹和舰空导弹为例，介绍导弹武器射击效力的计算方法，包括误差分析、命中概率、毁伤概率的计算，还介绍了基于排队论模型的舰空导弹武器系统整体作战效能的计算方法。第9章分别介绍鱼雷和深弹武器的射击效力计算，对声自导鱼雷应用解析法、对线导鱼雷应用统计模拟法计算命中概率，在火箭深弹对潜射击效力分析中，考虑了声呐对潜艇能测深和不能测深两种情况。第10章从理论与应用相结合的角度介绍武器系统综合效能分析方法，包括 ADC 法、层次分析法、指数法、模糊综合评判法、SEA 法等。

本书除适用于本科专业教学使用外，还可作为研究生教学和相关技术人员的工具书使用。本书在编写中参考了许多专家和学者的著作、教材和参考资料，在此对相关资料的原著作者特致谢意，在付诸出版的过程中，孙婧对全稿进行了细致的审校工作。

由于编著者水平有限，书中难免存在错误及不足之处，恳请读者批评指正。

编著者

2019年10月

目　录

第1章　绪论……1
1.1　舰载武器系统……1
1.2　武器系统效能分析……1
1.2.1　武器系统效能……2
1.2.2　效能指标与效能分析……2
1.2.3　效能分析的目的……3
1.2.4　效能分析的特点……4
1.2.5　效能分析的原则……5
1.3　效能分析方法论……6
1.3.1　效能分析与其他学科的关系……6
1.3.2　效能分析方法……8
1.3.3　开展效能分析应注意的几个关系……9
1.4　效能指标的分类……11
1.4.1　作战指挥系统效能指标……11
1.4.2　武器系统效能指标……14
习题……15
第2章　武器系统射击精度分析……16
2.1　误差的概念……16
2.1.1　误差的定义……16
2.1.2　误差的来源……17
2.1.3　误差的分类……17
2.1.4　精度……18
2.2　射击误差的概念……18
2.2.1　射击误差源及射击误差……18
2.2.2　射击误差的分类……19
2.2.3　射击误差的分组……20
2.3　射弹散布误差……22
2.3.1　射弹散布……22
2.3.2　散布原因……22
2.3.3　散布规律和特性……23
2.3.4　射表散布……25
2.3.5　齐射散布……26
2.3.6　减小散布的一般方法……28
2.4　射击诸元误差……28

2.4.1 基本概念 …… 28
2.4.2 射击诸元误差的误差源 …… 29
2.4.3 舰炮随动系统误差 …… 29
2.4.4 弹道气象准备误差 …… 30
2.4.5 火控系统误差和火控系统设备误差 …… 32
2.5 射击误差的合成 …… 36
2.5.1 射击误差合成的方法 …… 36
2.5.2 舰炮散布误差 …… 38
2.5.3 系统射击精度 …… 39
2.6 试射后的射击诸元误差 …… 42
2.6.1 测量偏差法试射 …… 42
2.6.2 测量距离和方向法试射 …… 45
本章小结 …… 47
习题 …… 49
第 3 章 武器系统射击能力分析 …… 51
3.1 系统射击区域 …… 51
3.1.1 系统最大射击区域 …… 51
3.1.2 系统射击死区 …… 53
3.1.3 系统射击区的确定 …… 60
3.2 射击时间和发射弹数 …… 62
3.2.1 射击时间 …… 62
3.2.2 发射弹数 …… 63
3.3 开火距离 …… 66
3.3.1 最大开火距离 …… 66
3.3.2 预定开火距离 …… 67
本章小结 …… 68
习题 …… 68
第 4 章 武器系统可靠性分析 …… 70
4.1 系统的有效性 …… 70
4.1.1 可靠性的定义及量化 …… 70
4.1.2 系统的可靠性与寿命周期 …… 72
4.1.3 可靠性的量化指标 …… 73
4.1.4 维修性及其主要量化指标 …… 75
4.1.5 有效性 …… 76
4.2 系统的可靠性模型 …… 77
4.2.1 不可维修系统的可靠性模型 …… 77
4.2.2 可维修系统的可靠性模型 …… 84
4.3 系统可靠性的预测和分配 …… 89
4.3.1 系统可靠性的指标论证 …… 89

4.3.2 系统可靠性的预测 …… 90
4.3.3 系统可靠性的分配 …… 93
4.4 武器系统使用中的可靠性问题 …… 95
本章小结 …… 96
习题 …… 97
第 5 章 舰炮武器对海射击效力分析 …… 99
5.1 单发命中概率 …… 99
5.1.1 单发命中概率的精确计算 …… 99
5.1.2 单发命中概率的近似计算 …… 104
5.2 海上目标命中面积 …… 107
5.2.1 舰艇甲板面的等效处理 …… 107
5.2.2 舰艇命中界的计算 …… 108
5.3 对海射击命中概率 …… 109
5.3.1 发射 n 发至少命中一发的概率 P_{L1} …… 109
5.3.2 至少命中一发概率的近似计算 …… 113
5.3.3 确定射击可靠性条件下需发射的弹药数 …… 116
5.3.4 发射 n 发至少命中 m 发的概率 P_{Lm} …… 117
5.3.5 命中弹数的数学期望 M_P …… 118
5.4 命中毁伤定律 …… 120
5.4.1 基本概念 …… 120
5.4.2 命中毁伤定律的性质 …… 122
5.4.3 平均所需命中数 ω …… 122
5.4.4 命中毁伤定律的主要形式 …… 123
5.4.5 命中毁伤定律的确定方法 …… 124
5.5 毁伤概率计算 …… 127
5.5.1 毁伤概率的计算思路 …… 127
5.5.2 对海碰炸射击毁伤概率计算 …… 127
5.6 毁伤目标消耗弹药数的计算 …… 129
5.6.1 一组误差型 …… 129
5.6.2 两组误差型 …… 130
本章小结 …… 130
习题 …… 131
第 6 章 舰炮武器对空碰炸射击效力分析 …… 133
6.1 对空碰炸射击坐标系 …… 133
6.1.1 对空射击任务 …… 133
6.1.2 空中目标特点 …… 134
6.1.3 对空碰炸射击坐标系的建立 …… 134
6.2 空中目标命中面积计算 …… 139
6.3 对空碰炸射击误差 …… 142

6.3.1 射击误差的表示形式……142
6.3.2 对空碰炸射击误差的计算……143
6.3.3 射击误差在 z 坐标系的投影……157
6.3.4 射击误差在 x 坐标系的投影……158
6.3.5 协方差矩阵 $\boldsymbol{K}_{\varphi}$和数学期望列阵 $\boldsymbol{M}$……159
6.4 对空碰炸射击毁伤概率计算……165
6.4.1 单发命中概率……165
6.4.2 发射一发的毁伤概率 P_{k1}……169
6.4.3 一座舰炮一次点射的毁伤概率 P_{kn}……171
6.4.4 S 座舰炮一次点射的毁伤概率……174
6.4.5 全航路的毁伤概率……175
6.5 误差对射击效果的影响分析……180
6.5.1 基本概念……180
6.5.2 舰炮散布精度对毁伤概率的影响……181
6.5.3 舰炮随动系统瞄准精度对毁伤概率的影响……181
6.5.4 射击准备精度对毁伤概率的影响……182
6.5.5 火控系统输出精度对毁伤概率的影响……182
6.6 应用统计模拟法计算毁伤概率……185
6.6.1 统计模拟法基本思想……185
6.6.2 随机事件的模拟……185
6.6.3 统计模拟法的精确度……187
6.6.4 毁伤概率统计模拟算法……192
本章小结……198
习题……198
第 7 章 舰炮武器对空空炸射击效力分析……200
7.1 对空空炸射击误差……200
7.1.1 对空空炸射击坐标系……200
7.1.2 射击误差……201
7.1.3 射击误差在 x 坐标系的投影……206
7.1.4 协方差矩阵 $\boldsymbol{K}_{\varphi}$和数学期望列阵 $\boldsymbol{M}_{\varphi}$……208
7.2 坐标毁伤定律……212
7.2.1 弹丸破片散飞情况……213
7.2.2 破片的飞行特性……214
7.2.3 坐标毁伤定律 $K(\boldsymbol{X})$计算……216
7.2.4 简化的坐标毁伤定律……218
7.3 对空空炸射击毁伤概率计算……222
7.3.1 发射一发的毁伤概率 P_{k1}……222
7.3.2 K 门舰炮齐射一次的毁伤概率 P_{kn}……230
7.3.3 航路上齐射 t 次的毁伤概率 P_{kn}……231
本章小结……232

习题……233
第8章 舰载导弹武器效能分析……234
8.1 舰载导弹武器系统概述……234
8.1.1 舰载导弹武器系统的分类……234
8.1.2 导弹武器系统的组成和发射过程……236
8.1.3 导弹武器系统的效能指标……236
8.2 舰载反舰导弹武器射击效力分析……237
8.2.1 射击误差分析……237
8.2.2 命中概率计算……241
8.2.3 毁伤概率计算……251
8.3 舰空导弹武器射击效力分析……253
8.3.1 射击误差分析……253
8.3.2 单发毁伤概率……257
8.3.3 多发毁伤概率……265
8.4 导弹群武器系统整体作战效能分析……269
8.4.1 导弹群武器系统防空作战的排队论模型……269
8.4.2 舰空导弹群武器系统整体作战效能指标的计算……274
本章小结……275
习题……277
第9章 鱼雷和深弹武器射击效力分析……278
9.1 鱼雷射击控制原理……278
9.1.1 发现目标与命中目标的条件……278
9.1.2 鱼雷射击的有利提前角……283
9.2 声自导鱼雷命中概率……284
9.2.1 捕获概率……284
9.2.2 追踪概率……293
9.3 线导鱼雷命中概率计算……297
9.3.1 线导导引方法……297
9.3.2 线导导引效果的影响因素及评估方法……299
9.3.3 统计模拟法计算“线导+声自导”鱼雷发现概率的步骤……300
9.3.4 “线导+尾流自导”鱼雷命中概率的仿真计算……302
9.4 火箭深弹武器对潜射击误差……303
9.4.1 射击坐标系……303
9.4.2 射击误差计算……305
9.4.3 综合散布椭球主轴的计算……313
9.4.4 散布误差共轭半径的计算……314
9.5 火箭深弹武器对潜射击效力计算……315
9.5.1 潜艇毁伤面积计算……316
9.5.2 单发命中潜艇的概率……318
9.5.3 齐射命中潜艇的概率……324

本章小结……325
习题……327
第 10 章　武器系统综合效能分析……328
10.1　ADC 法……328
10.1.1　ADC 法的基本原理……328
10.1.2　ADC 法的一般过程……330
10.1.3　ADC 法的应用……332
10.2　AHP 法……337
10.2.1　AHP 法的基本原理……337
10.2.2　AHP 法的一般过程……338
10.2.3　AHP 法的应用……342
10.3　指数法……344
10.3.1　指数法的基本原理……345
10.3.2　指数法的一般过程……346
10.3.3　指数法应用……347
10.4　模糊综合评判法……351
10.4.1　模糊综合评判法的基本原理……351
10.4.2　模糊综合评判法的一般过程……352
10.4.3　模糊综合评判法的应用……352
10.5　SEA 法……353
10.6　其他效能分析方法……355
10.6.1　PAU 法……355
10.6.2　PRD 法……355
10.6.3　理想解法……355
10.6.4　灰色关联分析法……356
10.6.5　专家评定法……357
10.6.6　试验统计法……358
10.6.7　作战模拟法……358
10.7　效能分析方法的发展……358
10.7.1　建模与仿真的标准化……358
10.7.2　分布交互仿真……359
10.7.3　定性定量综合集成技术……360
10.7.4　人工智能与专家系统……361
10.7.5　虚拟现实技术……361
10.7.6　复杂电磁环境的特点及效能分析……362
本章小结……363
习题……364
附录 A　部分函数数值表……366
附录 B　生灭过程……372
参考文献……375

第1章 绪　论

武器系统效能分析是武器系统分析领域中的重要分析内容，在武器系统的发展论证、系统评价、作战使用以及作战方案的制定等方面有着重要作用。开展武器系统效能分析工作，对加速海军装备的建设，提高海军部队的战斗力，都具有极为重要的意义。

本章在简单介绍武器、武器系统和舰载武器系统概念的基础上，重点介绍武器系统效能的概念，阐述效能分析的目的、特点和原则，讨论效能指标的分类和指标的选择等问题。

1.1 舰载武器系统

武器，也称为兵器，是人群之间进行斗争所使用的工具。狭义的武器是指直接用于杀伤有生力量和破坏军事设施的工具；从广义上讲，武器是指直接或间接用于武装斗争的工具。

武器系统是一种用于达到一定军事目的的系统，它包括跟踪设备、火控设备、火力系统以及所有与武器作战使用有关的子系统、设备、运载平台、软件和人员。可见，武器系统是一个外延很广的术语。一门火炮、一架作战飞机、一艘战斗舰艇、一个对空防御体系等都可以称为一种武器系统。

舰载武器系统是指：配置在舰艇上用来完成攻击和防御任务的海军武器系统，包括跟踪器、控制设备及武器。按照使用的武器不同，舰载武器系统包括：由舰炮、跟踪雷达、指挥仪等设备组成的舰炮武器系统；由导弹、攻击雷达、火控计算机等设备组成的舰载导弹武器系统；由鱼雷、声呐（雷达）、指挥仪等设备组成的鱼雷武器系统；由火箭深弹、声呐、指挥仪等设备组成的火箭深弹武器系统；由各种电子侦察、电子干扰、电子防御等设备组成的电子战系统；等等。从作战使用过程来看，舰载武器系统涉及目标探测、识别、分类、定位、跟踪、预测、射击控制、效能评估、后勤支援、维修保障等诸多方面。

使用武器系统的最终目的是毁伤目标或使之无效。武器系统能否完成其使命任务、有效性如何，或者说系统效能的高低，是武器系统的设计、分析与使用人员最为关心的问题。显然系统效能与系统的战术技术性能直接相关，也与系统的使用环境和作战人员相关。

1.2 武器系统效能分析

鉴于武器系统效能分析对武器系统的发展和作战能力的发挥等方面有着越来越重要的作用，世界各国军队普遍重视武器系统效能分析和研究工作，积极探索武器系统效能分析的理论和方法。美军早在20世纪60年代初就开始研究武器系统的效能评价问题，目前已形成较为成熟的关于武器系统效能分析的理论和方法，建立了庞大的装备作战效能评估数据库，并广泛用于武器装备发展、作战研究和部队训练，取得了良好的军事经济效益。20 世纪 80

年代初，国内在借鉴外国武器系统效能分析的有关理论和方法的基础上，开始了效能分析的理论和应用研究，发表了许多学术成果。

1.2.1 武器系统效能

关于效能的概念目前尚无统一的定义，一般认为效能是指在规定的条件下使用系统时，系统在规定的时间内完成规定任务的程度的指标。

对武器系统而言，效能的概念描述的是使用规定武器系统条件下，在有限的作战时间内，作战行动的效能或典型作战行动下武器系统的效能。作战行动的效能也被称为作战效能，涉及面和要考虑的因素要比武器系统效能更广。武器系统效能是武器系统完成特定作战任务的能力，反映了武器系统的总体特性和水平，说明了它在军事上的有效程度。

武器系统的使用都是有一定条件的，例如环境条件、目标条件、人为条件等，在不同的条件下使用系统时，系统能力的发挥是有很大区别的。另外，由于现代海战场敌我态势瞬息万变，武器系统发挥作用的时间可能极为有限，所以往往要求武器系统能在规定的时间内完成作战任务。

根据武器系统效能的定义，可以从研究层次、前提和目的，对效能进行分类，如图 1.2.1 所示。

- 效能的分类
  - 按静态/动态分类
    - 静态效能——不考虑实际使用条件的理想条件下的武器潜在效能。
    - 动态效能——实际作战条件下武器能够达到的效能，一般比静态效能低。
  - 按武器系统/作战行动分类
    - 武器系统效能——武器系统在规定的条件下和规定的时间内完成规定任务的效能。
    - 作战行动效能——作战人员利用武器系统，在一定的条件下实施一定的作战行动方案所达到的效能（考虑作战双方的对抗过程）。
  - 按效能分析的层次分类
    - 单项效能——完成单一作战任务的效能。
    - 系统效能或综合效能——满足一组特定任务要求的能力的综合评价。
    - 作战效能——运用武器系统的作战兵力完成整个作战任务的效能。
    - 体系效能——运用作战体系完成特定使命的能力，是宏观层次的效能。

图 1.2.1 效能的分类

由于效能研究涉及的领域很广，本书的研究层次主要限于单项效能和综合效能，介绍以武器射击效能为主要内容的效能分析方法。

1.2.2 效能指标与效能分析

为了评价、比较不同武器系统或行动方案的优劣，必须采用某种定量尺度去度量武器系统或作战行动的效能，这种定量尺度称为效能指标（准则）或效能量度。效能可以通过选择单项指标来度量，例如，用单发毁伤概率去度量导弹的射击效能，则单发毁伤概率就是单项效能指标。由于作战情况的复杂性和作战任务要求的多重性，效能评价也可以通过选择一组效能指标来进行综合刻画。这些效能指标分别表示武器系统功能的各个重要属性（如毁伤能力、机动性、生存能力等）或作战行动的多重目的（如对敌毁伤数、推进距离等）。

评价系统的效能离不开系统的性能指标。系统的性能指标是衡量系统性能的尺度和标准，是确定系统效能指标的前提和基础。武器系统的性能指标包括单一的和综合的两种。单一的性能指标有口径、射程、射速等，综合的性能指标有命中概率、毁伤概率等。命中概率综合了射击精度、目标的大小和形状、武器的使用条件和环境条件等。毁伤概率与命中概率、命中条件下的毁伤规律、目标特性和射弹威力等有关，因而是更高一级的综合指标。最高级的综合指标就是系统效能指标，它综合了所有性能指标。综合的性能指标可以看成是效能指标，例如在射击效力计算中，当单发命中概率作为系统的战术技术指标给定时，它是性能指标。但是，武器系统在一定的条件（射击条件、目标条件等）下完成某项任务（对海上小目标或空中目标射击），具体分析得到的结果就是效能指标。

系统效能分析是一种定量分析技术，通过选择适当的效能指标，建立效能指标与系统特性、环境条件、使用条件等各种影响因素的计算模型，解算出效能指标的值，最终由诸效能指标的值求出效能综合评估值，以帮助人们做出判断、得出结论、制定行动方案等。在分析复杂系统、特别是作战指挥决策系统时，有些非线性影响因素、人的作用无法通过定量技术来描述，还需要定量与定性技术相结合。在武器系统效能分析中，选用适当的效能指标和建立正确的效能模型是系统分析人员最重要的两项任务。建立效能分析模型及其模型的求解，将在后面各章中陆续出现，本章将较多地介绍效能指标问题。

在实际进行效能分析时，可以根据不同的分析任务，进行效能指标的选择。可以选择单个指标，也可以选择多个指标。对多指标的处理，可以将一个指标作为主要指标，其他指标为次要指标。还可以对多指标进行综合处理，形成综合指标。例如ADC综合效能分析方法，就综合考虑了系统的有效性、可依赖性和系统的固有性质。对于复杂的效能分析问题，常常需要选择多层次、多方面的一组效能指标来描述，建立一个效能指标体系。

1.2.3　效能分析的目的

武器系统效能分析的主要目的，是为武器装备发展论证、装备的作战使用、作战方案的制定和模拟训练等提供决策依据和参考建议。具体表现在如下方面。

1．为装备发展论证和设计提供依据

武器装备的发展需要经过一个需求分析与论证的过程，不能由主观臆断随意决定。论证是通过对某种或一组指标的分析给出结果，以帮助决策者做出正确决策的过程。某研究所曾运用作战仿真的方法对使用导弹打击机场的作战效能进行了评估，并根据作战任务规定的破坏程度及作战效能评估的结果，对装备的发展需求、部署和作战使用提出了具体建议。在新装备的研制中，需要对多种设计方案进行比较，以确定出在经济上合理、战术上有效、技术上可行的最优系统方案。在武器系统的试验阶段，系统效能分析可以参与试验计划的制订，并根据试验数据估计新研武器的效能。总之，这种从作战需求出发，以作战效能最大为目标的分析方法在装备发展论证、设计制造和试验过程中具有广阔的应用前景。

尤其是在军费投入有限时，效能分析更要为新型武器装备的发展、论证、研制等系统决策问题服务。

2．为武器装备的评价提供定量分析结果

海军武器装备技术含量高、更新速度快，效能分析方法可用于评价新老装备的效能，对现有装备提出改进意见，为充分发挥装备的作战能力提供正确的使用方法和建议。

效能分析可以从定量角度研究国外武器装备的优点和存在的问题，在与我军装备特点比较的基础上，知己知彼，形成我们正确的作战行动方案。在对引进装备的消化、吸收方面，通过效能分析可以发现和剖析引进装备所使用的技术，为我所用。还有，在发挥引进装备的使用效能方面，效能分析也是很好的定量分析工具。

3．为海军装备的作战使用提供合理建议

作战使用是海军装备发展的基本目的。为新研制的装备确定合理的战役战术使用方法，一靠装备在实战中的多次运用；二靠利用先进的工具和方法，对装备的各种作战使用效果和能力进行科学的预先评估。当今，许多技术先进的武器系统都配有射击效果预估软件，在武器发射之前就可以根据敌我态势计算出效能指标（如命中概率）的值。由于海军装备造价昂贵，结构复杂，装备的最佳战术运用问题十分突出，通过比较武器装备在不同作战使用条件下的效能，即可得出关于装备最佳作战使用方式的正确建议。

4．为作战方案的制定和优选提供辅助决策

作战方案的制定和优选是作战准备阶段的一项重要工作，方案制定得好与坏，直接关系到作战成败。在制定方案时，指挥人员需要对敌我双方参战兵力的作战能力有一个基本的认识。例如，采用武器系统作战效能评估的指数方法，对双方兵力（装备）的静态战斗能力进行计算，可以从数量和质量的结合方面对双方兵力（装备）的作战能力做出宏观综合评价，以满足指挥人员对于态势评估的需求。

作战方案的制定过程同时也是方案的检验和优选过程。检验方案的有效性、评价方案的优劣，需要考虑诸多因素，例如某方案完成任务的可靠性、方案的经济性等，因而是一个多指标的综合评估问题。效能分析通过计算和评价每一种作战方案对作战结果可能带来的不同影响，进行多方案选优，为指挥人员正确决策提供定量分析建议。

5．为模拟训练提供评判基础

近年来，世界各国海军十分重视模拟训练问题，也研制开发了许多实用的计算机训练模拟系统和训练模拟器材，为新型武器系统能够发挥最大效能和提高指挥决策机构组织筹划作战的能力起到了很好的促进作用。然而应该看到，由于很多模拟系统在武器毁伤和战果评判方面存在某种缺陷，或者是训练人员对系统给出的裁判结果感到难以接受，或者干脆由训练组织者或演习导演人员根据军事经验进行裁定，影响了训练人员对各种模拟系统的信赖程度，使得模拟训练系统在军事训练方面的优越性不能得到充分发挥。武器系统效能分析通过提供对武器系统作战运用效能的自动、准确和权威的评判，为各类模拟训练系统提供模型和数据支撑，从而增强了模拟训练系统的可信度和逼真度，扩大了其在作战训练方面的应用范围。

效能分析还应用于武器试验、装备采办、保障支援和修后验收等方面。另外，在社会、经济、生活等方面也可以应有效能分析方法来分析和解决问题。

1.2.4 效能分析的特点

武器系统效能分析的特点是由其客观规律决定的。准确把握其效能分析的特点，是实施效能分析的基础。受武器系统自身固有的特点、武器系统使用的特殊环境以及效能分析方法等因素的影响，武器系统效能分析表现出以下四个方面的特点。

1．相对性

相对性是系统效能分析的一个最显著的特点。它表现在以下三个方面：首先，效能分析往往通过对比的方法来评估作战双方的战斗力或作战效能；其次，影响系统作战效能的因素很多，各因素的量纲不同，只有将有关的参数都无量纲化，才能将不同量纲的系数聚合成代表效能的一个数值，而要无量纲化就要用相对值；最后，经系统效能分析所得出的作战效能评估值只具有相对准确性，不能将其绝对化。

2．动态性

武器系统效能分析的动态性，主要是由武器系统作战效能的动态性决定的。武器系统的作战效能与武器系统作战使用过程密切相关，是武器系统作战能力的动态体现。与系统作战效能的动态性相适应，对系统的效能分析必须采用能全面反映上述因素影响的方法和手段，通过对系统的作战使用和对抗的全过程进行动态评估，得出武器系统在不同作战情况条件下相应的作战效能指标值。

3．层次性

武器系统效能分析的层次性，主要是由武器系统的组成结构决定的，武器系统的规模有大有小、层次有高有低，高层次结构包含低层次结构，如舰艇指控系统包含武器控制系统，武器控制系统又包含跟踪、解算、发射装置和辅助装置等。上一层次的效能依赖于下一层次的效能，最下层的效能则直接依赖于武器系统的性能参数。某一层次效能的变化将影响其上各层次的效能，不过这种影响是逐层减弱的。

4．多样性

武器系统效能分析的多样性特点，主要由以下几个方面的因素决定：首先，武器系统技术含量高，结构复杂，种类繁多，作战对象广，需评估的对象具有多样性，这就决定了效能分析的多样性。其次，随着现代军事科技的迅猛发展，武器系统的作战环境已经发生了巨大的变化，不仅包括传统的海洋、海上空中、濒海陆地，而且拓展至大陆纵深、太空、电磁空间等。作战环境是影响作战效能评估的重要因素，武器系统作战环境的多样性决定了效能分析的多样性。最后，目前可用于武器系统作战效能评估的方法有很多，如 ADC 方法、SEA 方法、指数法、作战模拟方法、模糊综合评判法等，评估方法的多样性也使得武器系统效能分析呈现出多样性的特点。

1.2.5 效能分析的原则

武器系统效能分析没有一套固定不变的程序或方法，尤其在建立效能模型方面，现代数学、军事运筹学、建模与仿真等基本理论和方法在这里几乎都可以找到用武之地。对应于各个具体的武器系统效能分析问题，可以采用不同的分析方法，并且各种分析方法可以综合运用。一般来说，武器系统效能分析应遵循以下四条原则。

1．着眼系统的作战使用

武器系统效能分析的出发点和最终归宿，是为武器装备发展和作战使用提供决策依据。它通过采用各种方法评估武器系统在不同作战情况条件下所表现出的不同的作战效能，研究和回答各种武器系统的最佳配置、最佳组合和最佳运用等问题。因此，武器系统效能分析的目的决定了它必须围绕武器系统的作战使用来开展研究工作。

2．力求客观、准确

武器系统效能分析的准确性原则主要包括以下两个方面的内容：一是效能评估模型必须准确。模型是对现实问题的简化描述，但效能评估模型必须尽可能地考虑各种影响因素，这也是作战效能评估模型与用于训练的模型之间的显著差别。二是用于武器系统效能评估的数据必须精确。效能评估本身起着一种衡量标准和准绳的作用，如果所用数据不精确，结果必然是差之毫厘，失之千里。

用于效能评估的数据，主要来自武器系统的战术技术指标，也有来自经验或理论分析，有关使用条件、目标条件数据主要来自情报、观测和态势分析等。

3．正确选择效能评估指标

武器系统效能分析的一个重要内容就是选择和确定系统作战效能指标。效能指标选择是否合理，直接影响到效能评估的准确性。指标不当，甚至会导致错误的分析结论。选择适当的效能指标是系统效能分析的关键环节，但选定好的效能指标却不是一件容易的事。美国军事运筹学家莱博维茨（M. L. Leibowiz）指出，效能指标“类似于一种道德原则，单凭推理不可能确定某种道德原则是否正确。我们必须进行价值判断，必须凭‘感觉’行事”。不同武器系统或不同作战任务，效能指标的选择也就不同。

一般来说，武器系统作战效能指标的选择往往需要军事运筹人员和决策人员共同商定，并且应该考虑：对系统评价的客观性；对武器系统的性能参数或作战行动方案的敏感性；指标具有明确的军事或物理意义。

4．坚持定性与定量分析相结合

定性与定量相结合是军事运筹研究的一个原则性要求。军事运筹学与其他军事学科不同的地方，就在于它从决策优化的角度研究军事活动，为军事决策提供可操作的优化理论和方法。武器系统效能分析作为军事运筹学的一个重要研究内容，强调以数学和现代计算机技术为工具，主要应用定量分析的方法，通过建立各种类型的武器系统作战效能模型，来计算各个具体的作战效能指标。然而，武器系统效能分析是复杂和困难的，并非对所有的因素都能加以严格的定量分析，经验和定性分析的方法在效能评估的过程中仍然发挥着不可或缺的作用。因此，定性与定量分析相结合必须作为武器系统效能分析的一项基本原则加以坚持，这既是解决作战效能评估中实际问题的有效经验，也是军事运筹研究的基本要求。

上面所涉及的武器系统效能的目的、特点、原则是从广义的武器系统角度来介绍的。就舰载武器系统而言，由于涉及面较窄，其效能分析的目的、特点和原则的各个方面，不一定都会呈现。

1.3 效能分析方法论

1.3.1 效能分析与其他学科的关系

效能分析是横跨多门学科、应用多种技术的一种实践性很强的综合技术，理论上与系统科学、数学、军事运筹学、军事指挥学、军事装备学存在着交叉融合关系，应用上以系统工程、优化与决策技术、建模与仿真技术、计算机与网络技术、虚拟现实技术等为支撑技术，实践上还要以评估者的专业知识为背景。效能分析离不开其他相关学科知识的支撑，在它的发展过程中不断从其他学科、技术、知识中汲取营养，丰富自身。

（1）与系统科学的关系。效能分析是从系统的角度分析研究系统整体完成使命任务的能力，涉及系统自身、目标、环境和人员。而系统科学是以系统为研究对象的，通过描述“一般系统”的特征、类型和演化规律等，试图揭示系统的对应或相似性以及同构性等共性问题，进一步发展到以复杂系统为研究对象。所以，系统科学为效能分析奠定了思维方式的哲学基础。

（2）与数学的关系。效能分析主要是一种定量分析技术，尽管在分析具体问题时会用到定量与定性相结合的方法，对复杂系统还常用仿真方法，但是数学的方法无疑是至关重要的。因此，数学是效能分析的重要理论基础，为效能分析提供了数学建模的手段。

（3）与军事运筹学的关系。效能分析是通过系统的分析方法来得出系统效能的结论，为武器系统的发展论证、作战使用及作战方案的制定提供决策依据。而军事运筹学是研究军事活动中决策优化问题的学科，目的是寻找最优的行动方案。两者具有相同的目的，效能分析是运筹学的一个研究分支或方向。效能分析方法的发展可以丰富军事运筹学的研究内容。

（4）与军事指挥学和军事装备学的关系。军事系统的效能分析当然是与作战指挥方式、兵力的组织、武器装备的性能和作战使用密不可分的，它们将直接影响到效能的发挥。效能分析的结果为作战指挥和装备发展提供决策依据。因此，效能分析与军事指挥学和军事装备学存在着相互依存的关系。

（5）与系统工程的关系。“系统工程是组织管理系统的规划、研究、设计、制造、试验和使用的科学方法”（钱学森），目的是实现系统整体目标的最优化。而效能分析的结果是为决策者提供优选方案的依据，因此，效能分析是为实现系统整体目标最优化的一种具体手段或技术，是系统工程思想和科学方法在军事领域内的一项具体应用。

（6）与建模与仿真技术的关系。建模与仿真是指构造现实世界实际系统的模型并在计算机上进行仿真的有关复杂活动。效能分析是以“效能指标”分析为目标的建模与仿真过程。效能分析对建模与仿真技术具有依赖关系，建模与仿真为效能分析提供了指导思想和分析工具，是一种通用技术，效能分析则是以建模与仿真技术为基础的一种应用技术。

（7）与优化与决策技术的关系。决策是一种行为，是对多种方案进行优化选择的过程，优化与决策是以定量和定性分析结果为前提的。效能分析是以“效能”最优为目标的分析技术，是决策的依据。所以，优化与决策对效能分析具有依赖关系。

（8）与其他相关技术的关系。效能分析研究除了与上述学科和技术有密切关系外，在进行效能分析的过程中，还会涉及多种具体技术，如计算机与网络技术、虚拟现实技术、兵力生成技术、数据处理技术等，它们构成了效能分析的基本工具，对不同的研究目的、分析问题的规模、采用的手段，效能分析依赖的基本技术也有很大的不同。

另外，开展效能分析总是有一定的研究背景、目的和范围的，特别是具有很强的专业应用背景。不同的专业都有效能分析的需求，都要用到相应的专业知识，所以，开展效能分析的人员应该是掌握了效能分析方法的专业技术人员。

1.3.2 效能分析方法

效能分析方法的选择与效能分析的前提、目的和分析层次有很大关系，常用的效能分析方法如图 1.3.1 所示。

- 效能分析方法
  - 实装检验法
    - 实战检验法——将武器系统置于实战环境，检验实战条件下的系统作战效能。
    - 试验检验法——组织专门的军事演习，或针对不同研究目的组织实弹射击，收集试验中能反映系统特性的数据，进行分析和评定。
    - 试验统计法——根据历次实战/演习/试验中记录的数据，应用数理统计方法进行评估。
  - 数学模拟法（建模与仿真）
    - 解析法——建立指标与系统、环境和目标关系的数学模型，应用基础数据计算结果。
    - 统计模拟法——建立能代表问题解的概率模型，对模型的随机变量进行抽样，以符合精度要求的统计估计值作为问题的近似解。
  - 作战模拟法（模拟仿真）
    - 计算机仿真——以计算机实现各种模拟设备的功能。
    - 半实物仿真——计算机与实物仿真相结合。
    - 分布交互仿真——通过网络将分布在各地的模拟设备、兵力等联系起来，形成一个时间上和空间上一致的综合仿真环境。

图 1.3.1 常用的效能分析方法

实装检验法是评价武器系统效能的最直接有效的方法，评价结果真实可信，但是该方法使用受限于成本巨大，组织实施困难，因此难以成为通用方法。

基于数学模拟的综合效能分析方法根据研究问题的要求和对系统的分析，构建效能指标体系；界定系统的边界以及与环境的关系，确定影响效能的各种参量和数值；建立求解效能问题的模型；按系统的层次计算各项效能指标的值和综合效能指标值；分析得出有关结论。一般来说，数学模拟法适用于对系统的静态效能（固有能力，设计者赋予系统的能力）的分析，分析的指标层次不高。

基于仿真的作战模拟法根据研究的问题开展系统分析，包括实现的目标、系统的组成等；明确对抗环境，包括作战想定、敌我作战力量、自然环境等；建立效能指标体系，要考虑各种因素的影响，采用层次化的指标体系；构建仿真模型（计算机仿真、半实物仿真、交互式仿真），能够体现对抗双方各种因素、环境的变化；运行仿真模型，进行数据分析处理，得出仿真结果；最后进行模型的检验和修改。作战模拟法则适用于对系统的动态效能的分析，能够分析对抗过程的效能，因此，可用于分析层次较高、规模较大的系统的作战效能。

不同的效能分析方法有各自的特点，在具体问题分析中可以将不同方法进行有效结合，以真实有效地对武器装备的效能进行评估。

这里引用霍尔三维结构来描述效能分析方法论中的几个关系，如图 1.3.2 所示。

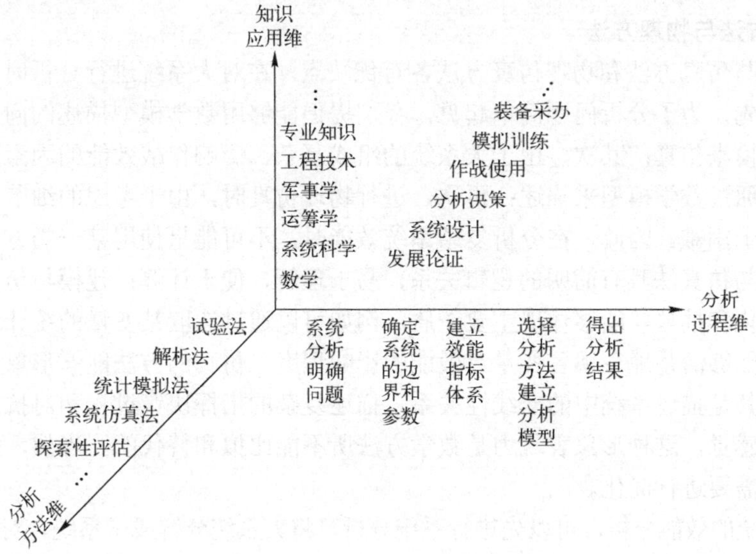

图 1.3.2 效能分析方法论的三维结构

1.3.3 开展效能分析应注意的几个关系

1．定量与定性

效能分析是一种定量分析技术，但在描述实际系统时，并非对所有的因素都可以进行量化。因此，定性与定量分析相结合必须作为武器系统效能分析的一项基本原则加以坚持。

定性分析是定量分析的基础，细致的定性分析是效能分析的前提。例如，首先要明确系统的范围、行为、功能，系统与目标的关系、与环境的关系等，进一步才能确定对效能的影响因素，然后才能实施建模与仿真。定量分析的目的是提供精确的量化结果，为定性分析提供有力的证明。

定性与定量的概念不是绝对的，在一定的条件下可以互相转化。例如，“要求防空武器系统完成对空防御任务相当可靠”是定性的描述，我们可以取“对来袭目标的毁伤概率≥0.9”为定量指标，这样就实现了定性与定量的互相转化。影响防空武器系统作战效能的因素有：反应时间、射击范围、导引能力、跟踪精度、可靠性、射弹威力等，它们对效能影响分别有多大，可以通过专家打分等评分方法进行量化。我们计算的效能指标值是定量的，但需要给出的是定性的结论。

2．静态与动态

效能分析方法有多种，哪些是静态方法，哪些是动态方法呢？一般认为数学方法属于静态方法，仿真的方法属于动态方法，但不能这么简单地看问题。

区别分析方法为静态或动态的主要标准是描述系统特性的或运动规律的参数是否可变。例如，幂指数法（$I = kx^{\alpha} y^{\beta} \cdots z^{\gamma}$，效能指标描述为基本战术技术指标 $x, y, \cdots, z$ 的函数，各项基本指标对总效能指标的影响程度由指数 $\alpha, \beta, \cdots, \gamma$ 来描述）常用于描述某型兵器的静态作战能力、描述某型兵器相对于另一型同类兵器作战能力的比值，但如果能在对抗过程中进行 $\alpha, \beta, \cdots, \gamma$ 的动态取值，则得到的就是动态效能。又如，作战模拟法可以模拟对抗双方的作战过程，是典型的动态分析方法，但如果模拟过程是事先设定的、程序化的功能演示，则不能说是动态分析方法。

静态和动态分析方法各有所长，在分析大系统时，要合理使用，取长补短。以静态的简单、易于描述之长，弥补动态的复杂、实现困难之短。以动态的大系统分析能力、复杂行为描述能力之长，弥补静态的分析能力单一之短。

3．数学方法与物理方法

数学建模与仿真方法和物理仿真方法各有优缺点，在对大系统进行分析时，两种方法都应该使用。首先，为了分析问题简单起见，我们提倡能够用数学模型描述的问题，就应该通过建立数学建模来仿真；其次，由于大系统的组成复杂，影响作战效能的因素众多，并非所有因素都能够通过数学模型来描述；再次，进行物理仿真时，由于考虑的细节太多，全部使用物理仿真过于困难。因此，在分析复杂系统效能时，不可能只使用某一类方法。

数学建模与仿真法具有简明的逻辑关系，易于理解，便于计算；建模与仿真过程中，进行了适当的简化和抽象，能够体现主要矛盾，例如可以通过选取某变量的统计特征值，进行灵敏度分析，能够清楚地表现各变量对效能的影响程度。仿真的方法能够形象直观地描述系统的运动，尤其是描述系统中的非线性关系，描述复杂的指挥决策过程和对抗过程，描述人机交互和人的感觉，这种形象表现力是数学方法所不能比拟和替代的。当然，对大系统进行仿真实现时也需要进行简化。

针对大系统的效能分析，可以先进行系统分析，将大系统分解成子系统。对子系统采用仿真方法进行分析；而在大系统级，可以采用数学和仿真相结合的方法，由于在子系统级仿真，已经考虑了很多复杂的影响关系，对大系统的分析是在子系统分析之上进行的，只考虑更高层次的影响因素，所以，不论是用仿真方法进行效能分析，还是用数学方法进行效能综合都容易实现。

4．分析与决策

效能分析是武器系统分析领域的一个重要的分析技术，它是以定量或定性与定量相结合的结果，为决策者提供科学决策的依据。

在分析与决策过程中，分析是基础、是前提，决策是目标。分析结果是否客观、真实，将直接影响决策的合理性和科学性。为此，我们需要认真对待分析过程中的每项工作。分析与决策可能存在着反复，效能指标的值或优选的方案应该用其他方法或直觉来检验，如图 1.3.3 所示。

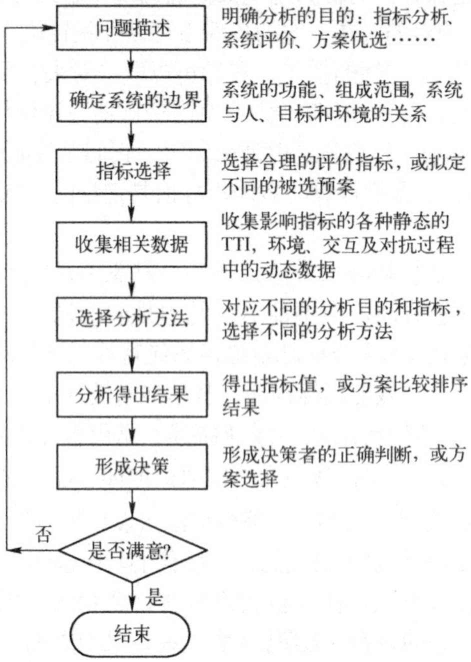

图 1.3.3　分析与决策的关系

5. 概率与实现问题

应用效能分析方法得到的是武器系统效能的某项指标值或综合指标值，尤其是应用解析法求解武器系统命中概率和毁伤概率时，使用的基本战术技术指标数据也都是统计特征值，因此，分析得到的结论是一种期望的结果。在应用建模与仿真法进行效能分析时，尽管有实体模型（也有数学模型）作支撑，可以不同程度地反映作战过程中的非线性因素，但是，仿真系统运行的结果不能代表现实事件，一方面是仿真系统与真实系统一定存在着差距，另一方面，仿真运行的条件受很多随机因素的影响。所以，一次仿真运行的结果是不能作为评估结论的，大量仿真结果的统计平均才能接近于真实情况。

1.4 效能指标的分类

对不同的研究目的而言，武器系统的内涵和外延存在着很大的不同，涉及武器系统的效能指标体系也很复杂，不可能一一介绍。我们就严格意义上的舰载武器系统及其外延，介绍有关效能指标，主要是两大类：作战指挥系统效能指标和武器系统效能指标，供有关效能评估时参考。

1.4.1 作战指挥系统效能指标

作战指挥系统是指，依照预先给定的作战原则，拟定作战方案，分配武器和给出目标指示的数据处理系统。从该定义可以得出，作战指挥系统应由设备、软件和人三部分组成，其主要功能是情报获取、情报分析、情报决策和信息传输等，如图 1.4.1 所示，因而其效能分析也涉及多个方面，下面主要介绍作战指挥系统的一些基本效能指标。

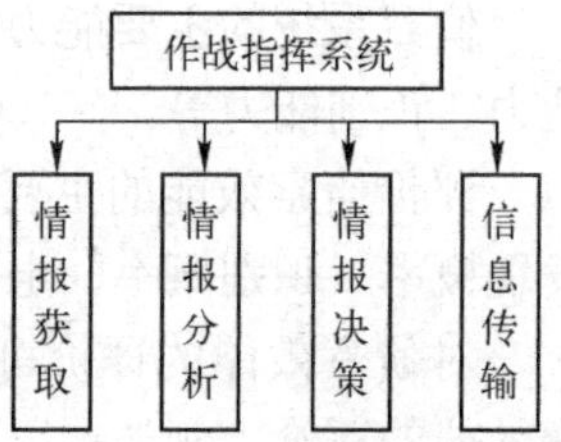

图 1.4.1　作战指挥系统功能

1. 预警效能

常用预警系统由星载预警系统（预警卫星）、机载预警系统（预警机）、舰载（地面）预警系统（舰载或地面雷达）构成。

预警系统的性能参数通常包括预警处理时延、预警半径、盲区半径、设备及时性、抗干扰因子、探测基本能力因子、粗定位能力因子、精定位能力因子、目标辨识能力因子、目标跟踪能力因子、监视设备获取能力因子等。

评价预警系统预警效能的主要指标是发现概率。具体分析中还包括警戒时间（如全天候能力）、警戒距离（半径）、抗干扰性、时效性（发现目标时延）、识别概率、伪判率、虚警率、定位概率、跟踪概率等相关指标。应注意的是预警系统的发现概率是由子系统（如单部雷达）不同时段的对目标发现能力的综合效应，而并非某一最大值。

2. 搜索效能

搜索是为发现某物体，并对该物体可能存在的区域进行考察的过程。目的是获得关于目标存在的信息，确定其性质与位置。

（1）发现目标的基本环节：包括视场覆盖住目标、探测到目标、识别出目标。

（2）搜索效能指标：包括表示搜索效能的随机事件或随机变量的数字特征，如概率、数学期望。主要影响因素包括传播路径、可达探测距离、目标定位精度、探测系统的隐蔽性、全天候能力。

（3）评估搜索效能的主要指标：包括发现概率、发现目标平均数、发现目标平均时间、发现目标平均距离、最大搜索距离和识别概率等。

（4）发现概率：以某种方式搜索给定区域中的单个目标，“发现目标”的发生概率称为发现概率。发现概率取决于搜索时间和到目标的距离，还与目标的运动状态有关。

（5）发现目标平均数：以某种方式搜索给定区域中的集群目标，发现目标数的数学期望称为发现目标平均数。在目标很多的情况下，目标流常取作泊松分布。

（6）发现目标平均时间：以某种方式搜索给定区域中的单个目标，发现目标所需时间的数学期望就是发现目标平均时间。发现目标所需时间通常取作指数分布。

（7）发现目标平均距离：以某种方式搜索处于运动中的目标，发现目标距离的数学期望就是发现目标的平均距离。发现目标距离的分布类型主要有指数分布与正态分布两种。

例如，计算单个目标的发现概率时涉及的主要指标有：目标落入搜索区域的概率、目标与搜索装置发生接触的规律（确定性、随机性）、接触条件下的探测概率、识别概率。目标落入视场被探测到的概率，取决于搜索装置的技术性能。在探测到目标的瞬间对目标进行分辨，判断是否为所要寻找的物体，称为识别。识别通常包括发现疑点、确认目标、辨识类型、描述特征等过程。

3．侦察效能

侦察系统的主要能力包括发现目标的能力、跟踪目标、确定目标位置、预测目标轨迹的能力、识别能力等。

评价侦察效能的主要指标包括侦察范围（距离、幅面）、精度、时间；发现目标时延、发现概率、识别概率、定位概率、跟踪概率。

对侦察效能的评价可分为对单个子系统的侦察效能的评价与对战场整个侦察系统的侦察效能的评价。例如：

（1）评价侦察系统（传感器）的效能时选用的指标包括监视区域、单位时间的监视区域、发现概率、识别能力、虚警及误警概率、目标的可探测性、发现目标的时限、使用环境条件、目标容量、费用。

（2）运用指数法评价微光观察仪的侦察效能（指数）时选用的主要影响因素包括作用距离、分辨率、放大率、视场、质量、连续时间。

（3）评价综合电子侦察系统的主要技术指标包括频率范围、侦察方位范围、信号截获概率、侦察距离、信号处理能力、信号识别置信度、测频精度、频率分辨力、角度分辨力、灵敏度、动态范围、最小脉宽、响应时间等。

4．通信效能

通信效能是对军事通信装备和军事通信网的通信能力的度量。通信的手段有无线电通信、有线通信、无线电接力通信。基本要求包括时效性、稳定性（抗干扰性）、灵活性、保密性。

评估通信效能的主要指标有吞吐量、误码率、容量、时延、图像显示质量等。

主要性能参数包括信息长度、信息类型、通信方式（有线、短波与超短波、微波接力、卫星通信、散射通信、光纤通信）、可用信道数、信道抗干扰能力因子、信噪比、信道速率、发射功率等。

例如，影响无线电台通信效能的因素包括频率范围、通道数、工作方式、通信距离、数据率、跳速、跳频点数、保密性、平均无故障工作时间等。依此性能指标，运用量纲分析，也可建立方程评估通信效能指数。

5. 干扰效能

电子干扰分为雷达干扰、通信干扰、水声干扰、光电干扰等方式。雷达干扰和通信干扰是最常用的电子干扰形式，也被称为雷达对抗和通信对抗。

雷达干扰单项效能指标包括：对敌雷达压制区域、敌雷达的发现概率、制导精度、侦察距离降低的程度等。影响因素（技术指标）有干扰的水平角范围、干扰的仰角范围、干扰频率范围、频率引导误差、方位引导误差、天线增益、干扰功率等。

通信干扰单项效能指标主要是对敌通信系统的压制区域、敌通信系统的误码率、误信率，计算误信率的主要影响因素是信噪比（通信接收机输入端内、通信接收机输入端外）。

电子干扰的系统效能（综合效能）指标包括：敌雷达被干扰压制的百分比、敌通信中断的百分比等。

6. 情报处理效能

情报处理是指从获取情报到提供使用的工作过程，即在情报搜集的基础上对各种情报进行分析、判断、综合，去伪存真，由局部到整体地反映情况，得出可供指挥员定下决心用的结论的过程。

军事情报的主要特征包括不完全性、不完全可靠性、内容不明确性、发生的随机性、较高层次上的融合性、预测性，故情报处理主要功能是信号转换、情报融合、情报评估。

评估情报处理效率的主要指标有容量、时效、精度、准确度等（也可以是情报检索速率、情报评估效率、情报融合效率、情报格式转换率等）。

7. 指挥控制效能

指挥控制效能主要是指挥控制主体利用各种指挥控制工具、指挥控制系统实现指挥控制效果的效率。这些指挥控制系统可以归结为 C^3I 系统。

C^3I 系统的指挥控制效能是指在指挥控制主体的主导作用下，指挥控制系统在遂行作战指挥任务时所体现出的综合能力，用以表征指挥控制系统最终实现作战目标的质量和程度。

指挥控制效能可分为指挥控制主体效能和指挥控制系统效能。

指挥控制主体效能包括指挥员效能（指挥心理素质、指挥能力、知识结构、指挥经验）和参谋集团效能（收集情报动态、参与方案决策、组织协同协调行动、组织联络通信通畅、组织保障调整勤务）。指挥控制主体效能指标也可表示为：指挥员效能（清楚了解任务及准确判断情况、正确定下决心及符合作战意图、果断处置情况及全面考虑问题、正确运用理论原则）、指挥组效能（情报资料收集及时准确完成、适时提出决心建议且符合首长意图、拟制文书迅速并符合要求、协调各项保障且组织严密、收发命令准确且及时）。

指挥控制系统（客体）效能，主要指 C^3I 系统的指挥控制效率，具体讲是 C^2 系统的指挥控制能力。

C^2 系统的主要处理功能包括 5 个方面：

数据的预处理（IP）：从传感器接收数据，形成目标航路；

数据融合（DF）：接收 IP 的结果并融合得到综合态势估计；

中间处理（MP）：紧跟 DF 阶段，它产生假设，并形成火力分配方案；

结果融合（RF）：综合几个 MP 阶段或 IP 阶段的结果，制定作战方案；

最终处理（FP）：以 RF 的结果为基础，选择一个作战方案，并输出。

由此可见，可根据这 5 个方面的能力指数评估指挥控制系统的指挥控制效能。通常采用 3 个重要指标评估 C^2 系统处理能力：响应时间、吞吐率、精确度。

1.4.2 武器系统效能指标

武器系统效能指标通常包括以下几方面内容。

1．系统射击精度

系统射击精度是武器系统的重要性能指标之一。射击精度又称射击精确度，或射击准确度，它反映武器系统发射的射弹相对打击目标的偏离程度，它是通过射击误差的大小来衡量的。射击误差的基本概念及计算将在本书第 2 章做详细介绍。

2．系统射击能力

武器系统完成射击任务所具备的能力称为射击能力。系统射击能力是由武器系统的战术技术性能、目标飞行条件以及系统载体——舰船性能和系统操作人员的战斗素质等因素决定的，它包括系统射击区域、射击时间、发射速度和开火距离等内容。

3．系统射击效力

射击效力是指武器系统完成射击任务的有效能力，即指系统的射击结果与完成其预定射击任务的符合程度。通常可将射击效力指标分为两类，即射击的可靠性指标和射击的经济性指标。

可靠性指标是评定完成射击任务的可能性大小的概率数值表征。例如毁伤目标的概率就是一种射击可靠性指标，因为对单个目标射击，毁伤目标即完成任务，所以毁伤目标的概率就是完成任务的概率。

经济性指标是评定武器系统完成射击任务所付出代价的概率数值表征。例如毁伤目标消耗弹药数的数学期望就是一种射击经济性指标。在两次射击或两种射击方法进行比较时，显然完成任务所需弹药消耗量少，则射击的经济性好；反之，则射击经济性差。

根据舰载武器系统的射击任务、射击条件，以及目标性质等情况，选择典型的射击效力指标有命中概率、毁伤目标的概率和命中（毁伤）数的数学期望等。

4．系统反应时间

系统反应时间，是指从传感器发现目标到武器拦截目标的这段时间。它是舰艇最重要的效能指标之一。反应时间以秒计算，包括了一系列的操作运行，即搜索探测、目标识别、威胁判断、指挥决策、目标指示、跟踪、火控解算、控制和射击等。为了缩短反应时间，这些基本步骤应综合地、自动地和尽量平行地进行，才能满足现代海战在时间上的要求。

具体反应时间的描述可按不同的区域、部门或武器通道来提出，例如：对空作战反应时间、对海作战反应时间、反潜作战反应时间、电子对抗反应时间等。在不同的区域，又可按武器系统来要求，例如对空作战反应时间又可分别对舰空导弹、主炮和副炮等武器系统具体分析。

5．打击多目标能力

系统打击多目标能力是一个综合效能指标，对群目标射击时，可以选择“毁伤目标数的数学期望”；对序贯目标射击时，可以选择“毁伤目标弹药消耗量的数学期望”“转火概率”

等指标，对系统进行综合射击效力评定。

6. 系统生存能力

生存力指标反映了舰载武器装备作战过程中不被发现、发现后不被命中、命中后不易被毁伤以及核、生、化条件下保证作战人员和装备仪器不受伤害的能力。度量生存力的指标是生存率，以概率的形式表示装备在某种条件下能否生存的可能性。主要影响因素包括隐身能力（措施）、特殊防护能力（如损管措施、电子对抗措施等）、三防能力（措施）、灭火抑爆能力（措施），以及机动性、环境适应性、抗毁性、武器系统抗击效能等。对不同的武器装备应该考虑不同的影响因素，如对飞机主要考虑隐身性，对舰艇主要考虑抗沉性及防腐性，对水雷主要考虑抗扫性。另外，不同的作战条件有不同的影响因素，应该包括所有抵抗或避开敌对的军事行动和有害的自然现象的影响，保证能够连续而有效地完成遂行的作战任务而采取的措施。

生存力的描述可以分为对抗条件下和非对抗条件下两种情形，生存率可以表示为内在（固有）的生存率和外在（综合防护、对抗条件下）的生存率。

7. 系统有效性

系统有效性包括可靠性和可维修性两个方面。

系统可靠性是系统在规定的条件和时间内，完成规定功能的能力。可靠性指标主要包括平均故障间隔时间 MTBF 和故障率函数 $\lambda(t)$ 等。

系统可维修是在规定条件下操作使用的系统，在规定时间内，按规定的程序和方法进行维修时，保持或恢复到能完成规定功能的能力。可维性指标主要包括平均修复时间 MTTR 和修复率函数 $\mu(t)$ 等。

系统有效性可描述为 $A = \text{MTBF}/(\text{MTBF}+\text{MTTR})$ 。

本书以武器系统效能分析为主，主要涉及武器系统效能指标，包括系统射击精度、射击能力、射击效力、打击多目标能力和系统有效性等。另外在电子对抗效能分析中也涵盖了作战指挥系统效能的某些指标，如侦察效能、通信效能和干扰效能等。最后分析了多指标对系统综合效能分析的影响。

习题

1．阐述武器系统效能的基本概念。

2．如何理解舰载武器系统效能分析在武器装备发展论证、装备评价、作战使用、作战方案的制定和模拟训练中的重要作用？

3．简述武器系统效能分析的主要特点。

4．武器系统效能分析应遵循的原则是什么？如何理解定性与定量相结合的方法在武器系统效能分析中的作用？

5．如何理解效能指标的含义？效能指标和性能指标之间的关系是什么？

6．效能分析的主要过程是什么？在分析过程中需要注意哪些问题？

7．武器系统的效能指标通常包括哪几个方面？

第2章　武器系统射击精度分析

本章导读

系统射击精度和射击效力是武器系统最重要的效能指标，它们都是通过系统射击误差来表征或计算得到的，本章将以舰炮武器系统对海射击为例分析射击误差和射击精度。2.1节和2.2节主要介绍误差和射击误差的概念、分类和分组，在此基础上2.3节和2.4节介绍舰炮的射弹散布误差和射击诸元误差，其中每种误差先介绍误差源误差，再分析误差源误差在提前点引起的射击误差的大小、方向和性质，这一部分是本章的重点和难点内容；2.5节介绍射击误差的合成方法及系统射击精度的计算；2.6节通过分析试射后诸元误差的变化，来评价试射的效果。本章是后续章节学习的基础。

要求：掌握射击误差的概念、分类和分组；重点掌握射弹散布误差、射击诸元误差的分析思路、计算方法、误差性质；掌握误差合成方法；掌握系统射击精度的概念和计算方法。

系统射击误差反映武器系统发射的射弹相对于被打击目标的偏离程度，射击误差与射击精度是一对相关概念，可以通过精度来表示误差的大小，精度是武器系统的重要性能指标之一。进行射击误差分析是整个射击效力分析的基础。

本章主要通过舰炮武器系统对海上目标碰炸射击，介绍射击误差和射击精度的基本概念。

2.1　误差的概念

在武器系统的研制、生产、试验、使用、维修等过程中，为了检查、评定系统的各种技术性能，都需要对其进行定量测试工作。由于设计原理、生产工艺的不足，测试方法和试验设备的不完善，周围环境的影响以及人们认识能力所限等原因，使得测试数据并不就是真实值，而存在一定的差异，在数值上即表现为误差。误差存在的必然性已为实践所证明，众所周知的误差公理指出：误差存在于一切科学试验之中。现在，随着科学技术的日益发展和人们认识水平的不断提高，可将误差控制得越来越小，但并不能完全消除它。

2.1.1　误差的定义

在测量过程中，某个被测量的实测值 x_i 与真值 x_z 之差称为误差，记为 $\varDelta_i$，因此

$$\varDelta_i = x_i - x_z \qquad (i = 1, 2, \cdots, n)$$

误差 $\varDelta_i$ 的大小表示每一次实测值对真值的不符合程度，通常又称 $\varDelta_i$ 为绝对误差，工程上也称 $\varDelta_i$ 为一次差。

所谓真值 x_z 是指在一定条件下的被测量的理想值，通常是未知的；或将精度较高的测试仪器的测量值视为真值。

误差的概念不仅限于测量误差，它也可以推广到一切工作中去，例如设备误差、射击误

差、观测误差、计算误差等。另外，人们还经常采用“偏差”一词来代替“误差”。

2.1.2　误差的来源

在测量过程中，误差的来源可按其产生的原因归纳如下。

1．方法误差

由于测量方法不完善所引起的误差称为方法误差，又称原理误差、理论误差。在采用各种假定、近似、简化时，会产生此误差。例如，目标运动假定与客观实际不相符、数学模型简化、射表逼近计算在理论上的不精确所引起的误差，均属于方法误差。

2．设备误差

由于仪器设备本身不完善所引起的误差称为设备误差，又称为仪器误差、工具误差。例如，零部件加工误差、装配调试的安装误差、输入/输出转换误差、计算机字长产生的误差、随动系统的滞后误差、机械传动链以及舰炮齿圈齿弧的机械空回，均属设备误差。

3．环境误差

由于实际环境条件与要求的标准条件不一致所引起的误差称为环境误差。例如，舰炮射击准备时，实测的温度、气压、风速等条件与标准气象条件不一致而引起的温度误差、气压误差、风速误差等气象准备误差，均属于环境误差。

4．人员误差

由于测量人员、系统操作人员的主观因素和操作技术所引起的误差，称为人员误差。例如，在刻度盘上读数时，测量人员习惯性的偏上或偏下、偏左或偏右而引起的读数误差，或估计读数误差，均属人员误差。

2.1.3　误差的分类

为了便于对各种误差进行分析计算和统计处理，应对误差进行分类。

2.1.3.1　按误差的性质分类

1．随机误差

在同一条件下，多次测量同一量值时，大小和符号以不可预计方式变化的误差，称为随机误差。它是由多方面不确定因素引起的，它的出现属于偶然现象，不可能加以预计，也无法事先加以排除。例如，炮瞄雷达的测距误差、舰炮的瞄准误差都属于这样的误差。

随机误差按其分布规律的不同，可分为正态分布、均匀分布等。

2．系统误差

在同一条件下，多次测量同一量值时，大小和符号保持不变；或在条件改变时，按一定规律变化的误差称为系统误差。它是由某种比较固定的因素引起的，例如，分划盘的机械零位误差。对于大多数系统误差，一般在试验前，根据理论分析，就可对其出现情况加以预计，并做必要的预防。对于尚未发现的系统误差，根据其“不变”或“按一定规律变化”的特点，可以通过测试检查，加以发现和修正。

系统误差按对其掌握的程度可分为：

（1）已定系统误差——大小和符号为已知的系统误差；

（2）未定系统误差——大小和符号为未知的系统误差。

3. 粗大误差

超出在规定条件下的预期结果的误差称为粗大误差。它是一种与事实不符的误差，是由于工作中粗枝大叶，责任心不强，或不按要领操作所造成的。例如，测试人员读错数据、记录错误、计算错误等。此类误差一般是可以避免的。

2.1.3.2 按被测量的时间特性分类

1. 静态误差

在输入量不随时间变化，即固定值时，输出量的实测值与理论值之差，称为静态误差。其输入量和输出量均为常量，例如，舰炮指挥仪的静态解题误差即静态误差。

2. 动态误差

在输入量随时间不断变化的条件下，输出量的实测值与理论值之差，称为动态误差。其输入量是按给定的条件变化的，输出量为变量。动态误差的来源有两部分：一部分是动态环节在动态工作时产生的误差，例如，随动系统在工作时产生的滞后或超前误差就是动态误差；另一部分则是产生静态误差的那些误差源，在动态工作时即转化为动态误差。

此外，还有按误差的相关性、重复性进行分类。这种分类方法将在下一节进行详细讨论。

2.1.4 精度

反映测量结果与真实值接近程度的量，称为精度。它与误差大小相对应，因此可用误差大小来表示精度的高低，误差小则精度高。根据精度的含义，可将精度分为：

（1）正确度：反映系统误差的影响程度；

（2）精密度：反映随机误差的影响程度；

（3）准确度：反映系统误差和随机误差的综合影响程度。

以射击为例，靶心相当于测量中的真值，弹着点相当于测量值，精确地射击相当于精确地测量。射击结果如图 2.1.1 所示。

图 2.1.1（a）中表示系统误差大，正确度低；但随机误差小，精密度较高。

图 2.1.1（b）中表示系统误差和随机误差均大，正确度、精密度均差。

图 2.1.1（c）中表示系统误差和随机误差均小，正确度、精密度均高，即准确度高。这种射击效果是我们所希望的。

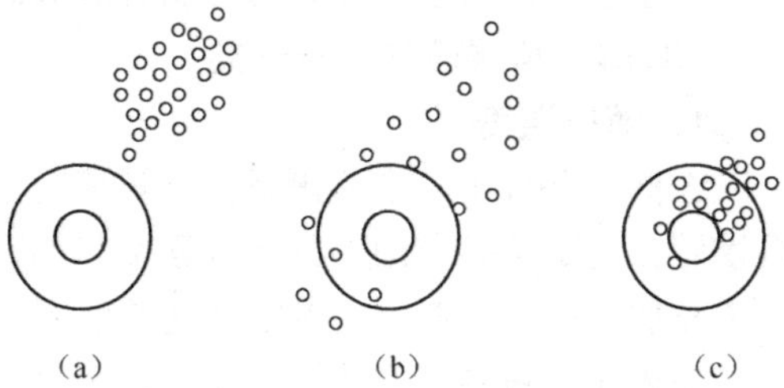

图 2.1.1 射击正确度与精密度

2.2 射击误差的概念

2.2.1 射击误差源及射击误差

武器系统射击过程中会受到各种偶然因素的作用和影响，会不断地产生相应的误差，使弹着点偏离目标。我们把引起弹着点偏离目标的各种随机误差的根源称为射击误差源，简称误差源；把各误差源的误差在目标提前点引起弹着点相对目标的偏差，统称为射击误差。

射击误差是客观存在、不可避免的。由于它的存在，导致了射弹不一定能够命中目标。研究射击误差，是为了搞清楚在系统中存在哪些射击误差源，这些误差源所引起的射击误差的性质如何，以及射击误差的计算方法。

为了研究射击误差，先看一下武器系统的射击过程。例如一个由观测设备、指挥仪和舰炮组成的舰炮武器系统，组成框图如图 2.2.1 所示。该系统在海上对活动目标的射击过程一般是这样的：先由观测设备测定目标现在坐标并输给指挥仪；指挥仪滤波，求取目标运动参数，解相遇问题，考虑各种修正因素，计算射击诸元；把射击诸元传给舰炮随动系统，使得舰炮身管到达一定的发射方向；舰炮发射弹丸，弹丸飞行到提前点。射击过程中的任何一个环节都会存在误差。这些误差源的误差包括观测设备的测量误差、指挥仪的输出误差、舰炮随动系统的传输误差、射弹的散布误差等。这些误差在目标提前点都会相应地引起弹着点偏离目标，也就是说，这些误差都会引起相应的射击误差。不难想象，综合的射击误差就是这些误差共同作用的结果。

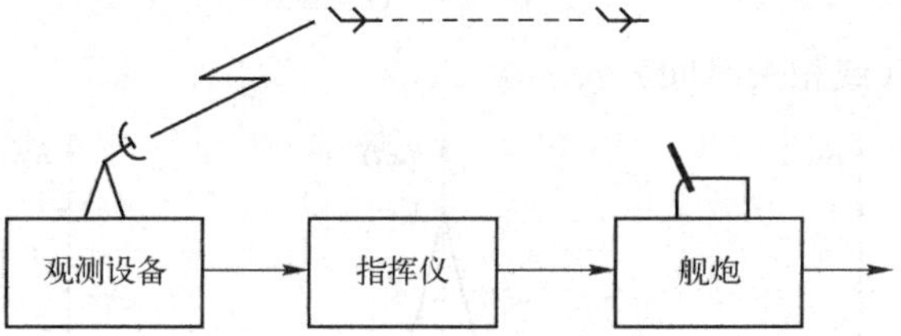

图 2.2.1　舰炮武器系统组成框图

通常，武器系统各误差源误差的大小是由组成系统的各分系统（设备）的精度来表征的。

2.2.2　射击误差的分类

根据射击误差的性质，一般采用两种分类方法：一是按误差对各炮（管）的重复性分类；二是按误差对时间的相关性分类。

2.2.2.1　按误差对各炮（管）的重复性分类

误差的重复性是指某一误差源的误差，在某一发射时刻对各炮或各管取值是否相同的程度。全部射击误差源的误差按重复性可分为三类。

（1）非重复误差：某一误差源的误差，在同一发射时刻对各炮（管）取值均不相同。所谓取值均不相同，也就是指对各炮（管）射击结果的影响均不相同，如射弹散布误差。

（2）单炮重复误差：某一误差源的误差，在同一发射时刻对各炮取值不同，但对同一座炮的各管取值均相同，如随动系统瞄准误差。此类误差只对多管炮（这里的多管炮是指，同一座炮上的各管能在同一瞬间进行发射）存在，单管炮不存在单炮重复误差。

（3）重复误差：某一误差源的误差，在同一发射时刻对各炮（管）取值均相同。如同时带多门炮的指挥仪的输出误差，即射击诸元误差；在射击期间，若弹道气象条件是稳定的，则弹道气象准备误差也属于此类误差。

2.2.2.2　按误差对时间的相关性分类

各种射击误差源的误差都是随时间变化的随机过程，并且可看作平稳的。平稳随机过程 $x(t)$ 的统计特性不随时间 t 而变化，平稳的条件是：① 均值函数为一常数，即 $m_x(t)=m_x$（m_x

为常数）；② 方差函数也为一常数，即 $D_x(t)=D_x$（D_x 为常数）；③ 自相关函数为一元函数 $R_x(\tau)$，即只取决于两截口相距的时间 τ，而与时刻 t 无关。在实际应用中，认为射击误差是平稳随机过程比较符合实际，而且对平稳随机过程的处理要简单得多。

误差的相关性是指：某一误差源的误差，在不同发射时刻的取值之间的相关程度。即后一发射时刻误差的取值与前一发射时刻的取值是否有关系、关系的大小程度如何。按照误差随时间变化的相关程度的强弱，可分为三类，即不相关误差 $\Delta_b(t)$、弱相关误差 $\Delta_r(t)$ 和强相关误差 $\Delta_g(t)$。

（1）不相关误差 $\Delta_b(t)$：某一误差源的误差，在不同发射时刻的取值是彼此无关的。即无论发射时间间隔如何短，这一误差的前后取值可以认为互相无关。现在用随机过程的相关函数（又称自相关函数）来说明，见图 2.2.2（a），其相关函数 $R_b(\tau)$ 的表达式为

$$R_b(\tau)=\begin{cases}1 & (\tau=0)\\ 0 & (\tau\neq 0)\end{cases} \tag{2.2.1}$$

式中 τ——时间间隔（或相关时间）。

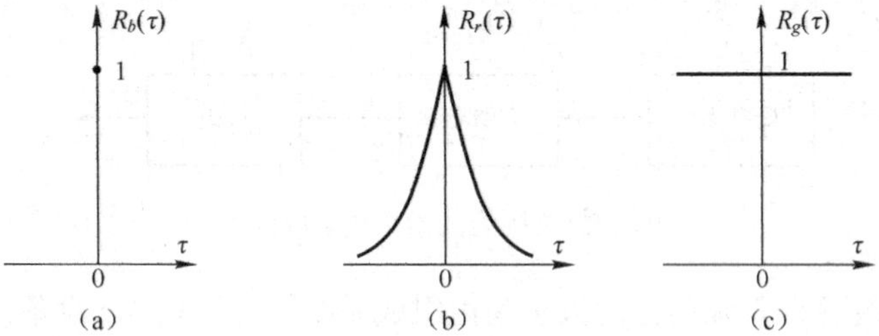

图 2.2.2 射击误差相关函数

（2）弱相关误差 $\Delta_r(t)$：某一误差源的误差，在不同发射时刻的取值是彼此相关的，但相关性随着时间间隔的增大而减小。现以其相关函数 $R_r(\tau)$ 来说明，见图 2.2.2（b），其表达式为

$$R_r(\tau)=\mathrm{e}^{-\alpha|\tau|} \tag{2.2.2}$$

式中 α——相关衰减系数；

$R_r(\tau)$——负指数函数。

式（2.2.2）为经验公式，此式说明 $R_r(\tau)$ 将随时间间隔 τ 增大而减小；并且 α 越大，其衰减也越快。

（3）强相关误差 $\Delta_g(t)$：某一误差源的误差，在不同发射时刻的取值是线性相关的。一般认为这一误差在不同发射时刻的取值是完全相同的。现以其相关函数 $R_g(\tau)$ 来说明，见图 2.2.2（c），其表达式为

$$R_g(\tau)=1 \tag{2.2.3}$$

2.2.3 射击误差的分组

为了便于射击效力评定计算，根据舰载武器系统装备的实际射击情况，可将全部误差源

的误差分为三组，并按两种分组原则进行分组，一是误差按重复性分组，二是误差按相关性分组。

2.2.3.1　误差按重复性分组

（1）第一组误差，又称发射误差。该组误差是指非重复误差的集合。即该组中的误差，对每发弹丸取值都不相同，如射弹散布误差就属于第一组误差。

（2）第二组误差，又称齐射误差。该组误差是指在一次齐射中重复，而在多次齐射中又不重复的误差集合。即该组中的误差，对一次齐射中各炮取值是相同的，但对多次齐射（齐射与齐射之间）取值又各不相同。只有火控系统误差有可能属于此组误差。这是因为火控系统误差，在一次齐射中对各炮取值是相同的；但对多次齐射而言，它为弱相关误差，即对各炮取值是相关的。当舰炮发射率较低，发射间隔足够大时，即可将其弱相关近似为不相关处理，这时火控系统误差就属于第二组误差了。

（3）第三组误差，又称可校射误差。该组误差是指一次射击中对每发弹丸及每次齐射均为重复的误差集合。即该组中的误差，在一次射击过程中，对每发弹丸的取值都相同。如弹道气象准备误差就属于此组误差。

应该指出，各误差源的射击误差都是随机误差，但在一次射击中的多次发射过程中，某误差源，例如弹道气象准备误差是属于可校射误差，它具有系统误差的性质，可以进行修正。但对再次射击准备后的另一次射击，它又是随机的、未知的了。

2.2.3.2　误差按相关性分组

（1）第一组误差为不相关误差集合，如射弹散布误差。

（2）第二组误差为弱相关误差集合，如随动系统误差、火控系统误差。

（3）第三组误差为强相关误差集合，如弹道气象准备误差。

在一定的射击条件下，进行系统射击效力评定计算时，无论将误差按重复性分组，还是将误差按相关性分组，都必须在正确判断误差的重复性和相关性的基础上，确定各误差源的组别。即某一误差源误差是属于哪一组误差，这主要取决于射击条件：舰炮射击方式、发射方式、观测方式和指挥仪工作方式等。某一误差源的误差重复性不是绝对的，而是相对的。例如，舰炮只发射一发炮弹，则所有误差源的误差均为非重复误差了。因此，区分误差源的误差组别，一定要具体情况具体分析。

2.2.3.3　按射击误差分组类型计算射击效力指标

在射击效力计算中，可以按不同的射击误差分组类型来进行。采用解析法计算射击效力指标，通常射击误差是按重复性分组的。根据舰载武器系统的具体射击条件和要求，射击效力计算可分为三种类型：一组误差型、两组误差型和三组误差型。

（1）一组误差型。将射击过程中系统所有误差源的误差，都认为是非重复误差，均属第一组误差。即各炮每次发射都是独立的，在这种情况下进行的射击效力计算，称为一组误差型。

（2）两组误差型。将射击过程中系统所有误差源的误差，划分为非重复误差组和重复误差组两类，在这种情况下进行的射击效力计算，称为两组误差型。

（3）三组误差型。将射击过程中系统所有误差源的误差，划分为第一组误差、第二组误差和第三组误差三类，在这种情况下进行的射击效力计算，称为三组误差型。

根据误差产生的原因及其对弹着点的影响情况，可将全部射击误差分成两大部分，即射弹散布误差和射击诸元误差。下面分别介绍射弹散布误差和射击诸元误差。

2.3 射弹散布误差

2.3.1 射弹散布

为了研究射弹散布误差，选择平面直角坐标系 xOz，如图 2.3.1 所示。xOz 在水平面内，原点 O 与散布中心重合，x 轴与水平射击方向一致，z 轴在水平面内与射击方向相垂直。

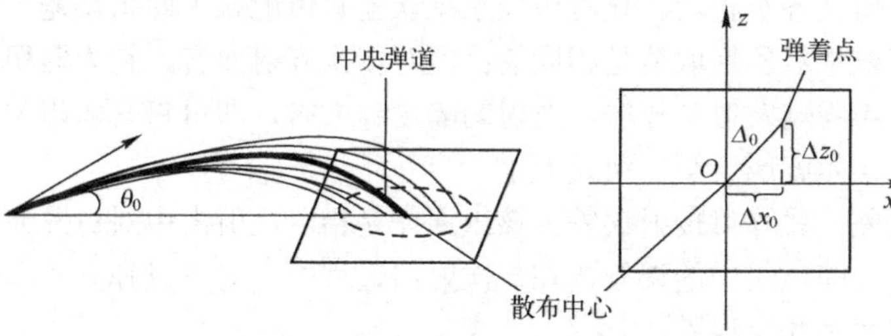

图 2.3.1 弹着散布

一门火炮以不变的射击诸元，在相同条件下短时间内连续发射若干发弹丸，各发弹丸的弹道互不重合，形成一个弹道束，这种现象称为弹道散布。

碰炸弹的弹道束与实际平面或虚构平面的交点形成弹着点在平面上的散布，称为弹着散布，见图 2.3.1。

空炸弹的炸点形成一个空间散布，称为炸点散布，见图 2.3.2。

将弹着散布和炸点散布统称为射弹散布，或称为单炮散布。

射弹散布是许多随机误差影响的结果。在这些随机误差的共同作用下，使得每发弹丸的弹道都不会重合，并且也是随机的。当发射多发弹丸时，就形成了弹道束、射弹散布。

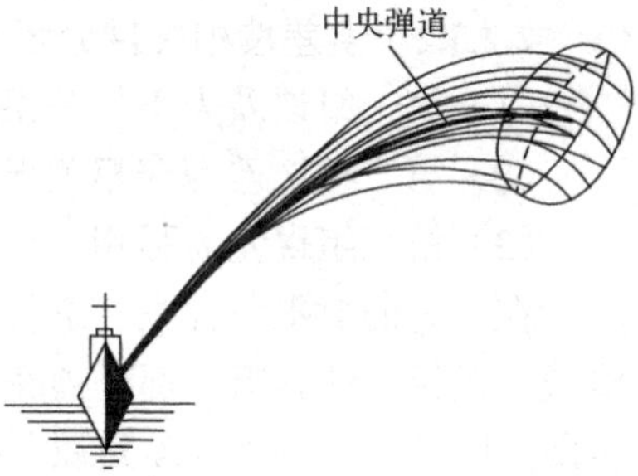

图 2.3.2 炸点散布

在弹道束中，有一条未受任何散布原因影响的弹道，称为中央弹道或平均弹道，它是与火炮射击诸元相对应的。与中央弹道相对应的弹着点（或炸点），称为散布中心，见图 2.3.1、图 2.3.2，它是各随机弹着点的数学期望。

把弹着点相对散布中心的偏差量称为弹着散布误差，它在水平面 x 轴、z 轴上的投影 Δx_0 和 Δz_0 分别称为弹着距离散布误差和弹着方向散布误差，见图 2.3.1。

2.3.2 散布原因

在一定的弹道气象条件下射击时，射弹的弹道是由弹丸初速 V_0、射角 θ_0 和弹道系数 C 三个因素唯一确定的。这三个因素在相同的射击诸元下是不会绝对相同的，总会存在微小的差异，这些差异就是引起弹道不重合而产生射弹散布的原因。

（1）引起弹丸初速不同的主要原因：

① 每发弹发射药的重量、温度、湿度、化学成分不同。

② 每发弹丸重量不同。

③ 炮膛及药室的状态不同，如装填时炮弹位置不同、弹带位置及大小不同等。

（2）引起射角（跳角）不同的主要原因：

① 射击时火炮的震动和制退复进装置作用的差异。

② 射击时火炮的旋回俯仰机构以及瞄准装置存在的机械空回。

③ 炮管的细微弯曲。

（3）引起弹道系数不同的主要原因：

① 弹丸飞行过程中，气象条件的波动。

② 弹丸性质的差异，包括弹重、弹形、重心位置、弹表面光洁度等的差异。

另外，对空炸弹来说，还有每发弹丸引信作用时间不同的因素。这主要是由引信制造误差以及分划装订误差引起的。

上述原因，必然会使所有弹道不能重合，而产生射弹散布现象。

2.3.3　散布规律和特性

1．散布规律

从散布原因中已经知道，射弹散布误差为随机误差，它是由许多相互独立的随机因素综合影响形成的，而其中每一因素对其影响都很微小。这样，由概率论中的中心极限定理可以知道，射弹散布误差将服从正态分布规律。由实践统计得知，弹着散布误差和炸点散布误差分别服从二维和三维正态分布律。

一般正态分布律是用数学期望和均方差来表示，在射弹散布误差的正态分布律中，还可以用数学期望和概率误差的形式来表达。概率误差是指对于弹着散布 (x,z)，有 50% 的弹着点落入对称于散布中心且垂直于 x 轴或 z 轴的无限长带状区域内时，将此带状区域宽度的 1/2 称为概率误差，记为 E_x、E_z，如图 2.3.3 所示。

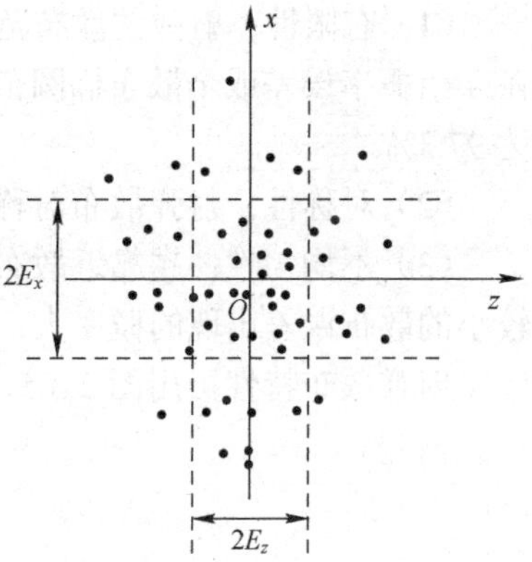

图 2.3.3　概率误差

概率偏差表示了在一个坐标方向上半数射弹的命中范围。

弹着散布误差的二维正态分布密度函数 $\varphi(x,z)$ 的概率误差表达形式为

$$\varphi(x,z)=\frac{\rho^2}{\pi E_{x0}E_{z0}}\exp\left[-\rho^2\left(\frac{(x-m_x)^2}{E_{x0}^2}+\frac{(z-m_z)^2}{E_{z0}^2}\right)\right] \tag{2.3.1}$$

式中　ρ——正态常数，$\rho=0.4769$；

E_{x0}、m_x——弹着距离散布误差 Δx 的概率误差、系统误差；

E_{z0}、m_z——弹着方向散布误差 Δz 的概率误差、系统误差。

$\varphi(x,z)$ 的均方误差表达形式为

$$\varphi(x,z)=\frac{1}{2\pi\sigma_{x0}\sigma_{z0}}\exp\left[-\frac{1}{2}\left(\frac{(x-m_x)^2}{\sigma_{x0}^2}+\frac{(z-m_z)^2}{\sigma_{z0}^2}\right)\right]$$

根据正态分布确定概率误差和均方误差之间的关系可知，两者存在着如下关系，即

$$E_{x0}=\sqrt{2}\sigma_{x0}\cdot\rho,\quad E_{z0}=\sqrt{2}\sigma_{z0}\cdot\rho$$

由式（2.3.1）可见，分布密度相等的点的轨迹应满足 $x^2/E_{x0}^2+z^2/E_{z0}^2=k^2$（$k$ 为常数），它的几何图形为一簇椭圆。当 $k=1$ 时为单位散布椭圆，其长短半轴为 E_{x0} 和 E_{z0}。当 $k=4$ 时为全散布椭圆，其长短半轴为 $4E_{x0}$ 和 $4E_{z0}$，通常认为它是弹着散布的最大范围。4 倍的概率误差大致与 3 倍的均方误差相等，如图 2.3.4 所示。

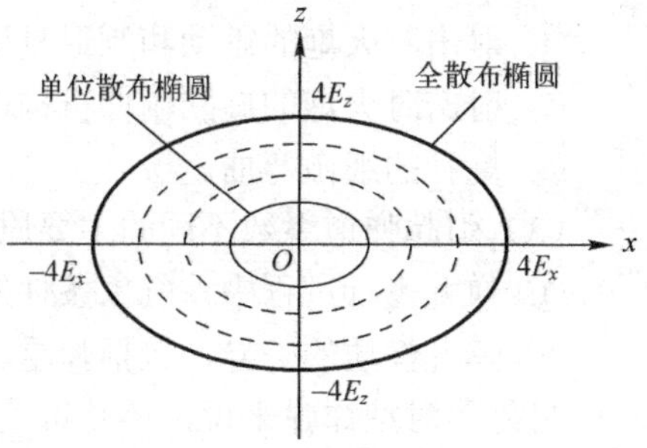

图 2.3.4　散布椭圆

对海碰炸射击时，因弹着散布误差的分量 Δx、Δz 相互独立，则

$$\begin{aligned}\varphi(x,z)&=\frac{\rho}{\sqrt{\pi}E_{x0}}\exp\left[-\rho^2\frac{(x-m_x)^2}{E_{x0}^2}\right]\cdot\frac{\rho}{\sqrt{\pi}E_{z0}}\exp\left[-\rho^2\frac{(z-m_z)^2}{E_{z0}^2}\right]\\&=\varphi(x)\cdot\varphi(z)\end{aligned}\tag{2.3.2}$$

2．散布特性

根据正态分布随机变量的特性，可以知道射弹散布的特性有：

（1）有限性：射弹的散布范围是有限的，即弹着点一般不会超过 4 倍概率误差，弹着点在 4 倍概率误差或全散布椭圆范围内的概率达 97.4%，而在 3 倍均方误差范围内的概率也已达 97.3%。

（2）对称性：射弹散布对称于散布中心。

（3）不均匀性：越靠近散布中心，弹着点越密集；离散布中心越远，弹着点越稀少，即较小的散布误差出现的概率大，较大的散布误差出现的概率小。

射弹散布特性可用图 2.3.5、图 2.3.6 表示。

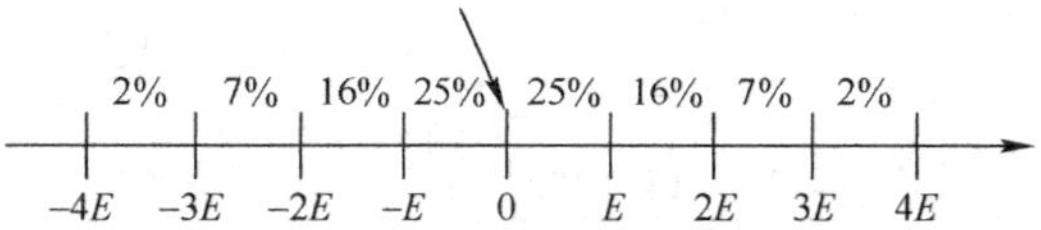

图 2.3.5　一维散布

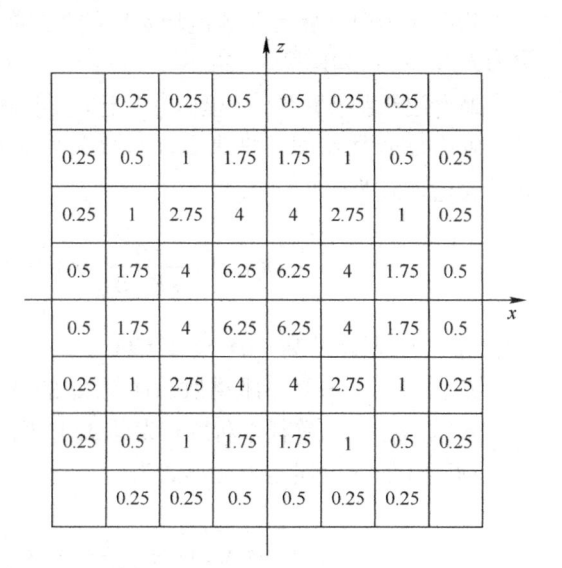

	0.25	0.25	0.5	0.5	0.25	0.25	
0.25	0.5	1	1.75	1.75	1	0.5	0.25
0.25	1	2.75	4	4	2.75	1	0.25
0.5	1.75	4	6.25	6.25	4	1.75	0.5
0.5	1.75	4	6.25	6.25	4	1.75	0.5
0.25	1	2.75	4	4	2.75	1	0.25
0.25	0.5	1	1.75	1.75	1	0.5	0.25
	0.25	0.25	0.5	0.5	0.25	0.25	

图 2.3.6　二维散布

图 2.3.5 为一维散布 $\varphi(x)$ 或 $\varphi(z)$ 的散布特性示意图；图 2.3.6 为二维散布 $\varphi(x,z)$ 的散布特性示意图。

3. 射击误差类别

在一次射击过程中，射弹散布误差属于非重复、不相关误差。这是因为引起射弹散布的任一随机误差，在射击过程中，对每次发射的每一发弹丸取值均不相同，彼此无关。

2.3.4　射表散布

射弹散布的数字表征——概率误差，可在火炮基本射表中查到。将在射表中查得的射弹散布，称为射表散布。它是通过靶场实弹射击试验，经统计计算整理及理论计算后得到的，因此，又称其为靶场散布或标准散布。

射表散布是在规定的标准射击条件下得到的。标准射击条件包括：

（1）标准弹道条件：火药温度为+15℃；初速和弹重均为表定数值；炮耳轴水平（炮耳轴是支撑火炮炮管进行俯仰运动的轴）。

（2）标准气象条件：气温+15℃；大气压力 750mmHg（$1\text{mmHg}=0.99992\times10^5\text{Pa}$）或 1000 百帕，空气的相对湿度为 50%；无风、无雨、无雪。

（3）标准地形条件：地（海）面为水平；重力加速度 $g=9.81\text{m/s}^2$，不随高度变化。

还有，火炮固定在钢筋水泥的基座上，火炮瞄准准确，实际上没有瞄准的随机误差。

射表散布（概率误差）是射击距离的函数。

对海、对岸碰炸射击时，根据射击距离，可在对海基本射表中查到弹丸落点处的三个散布值：

$\boldsymbol{E}_{d0}$——水平距离散布概率误差，其方向与射击水平距离方向一致；

$\boldsymbol{E}_{z0}$——方向散布概率误差，其方向在水平面内，并垂直于射击水平距离；

$\boldsymbol{E}_{h0}$——高度散布概率误差，其方向与高度方向一致。

它们之间的关系如图 2.3.7 所示。

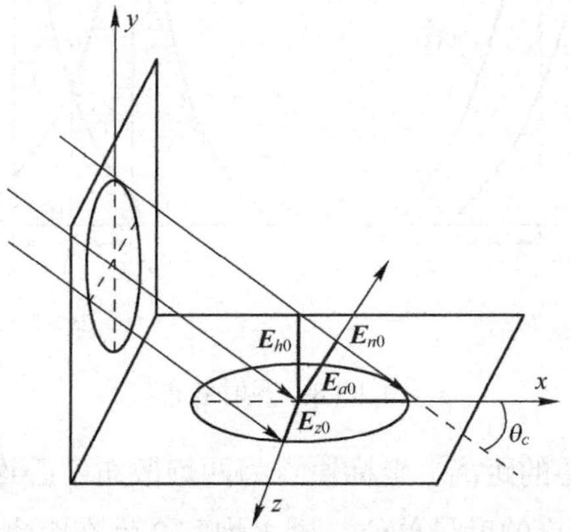

图 2.3.7　射表散布概率误差之间的关系

$\boldsymbol{E}_{h0}$ 与 $\boldsymbol{E}_{d0}$ 的关系由下式确定

$$\boldsymbol{E}_{h0}=\boldsymbol{E}_{d0}\cdot\tan\theta_c\quad(\text{m})\tag{2.3.3}$$

式中 θ_c——落角。

如果需要确定法线上的散布概率误差 $\boldsymbol{E}_{n0}$ 时，有

$$\boldsymbol{E}_{n0}=\boldsymbol{E}_{d0}\cdot\sin\theta_c \quad (\text{m}) \tag{2.3.4}$$

$\boldsymbol{E}_{n0}$ 的方向：在射面内，垂直于落速方向。

现代舰炮距离上的平均概率误差（中央误差）为射程的1/400～1/200。

2.3.5 齐射散布

几门（或多管）相同口径的火炮，以相同的射击诸元，同时对一个目标射击时，出现的射弹散布称为齐射散布。引起齐射散布的原因，除了有单炮散布的原因，主要还有几门（或多管）火炮射击时不一致性的原因。

所谓“不一致性”就是指当几门（或多管）火炮使用同一射击诸元射击时，各门（管）火炮的射弹散布中心不在同一点上，互不重叠。引起不一致性的原因有：

（1）工厂制造火炮时存在公差，使各炮的弹道性能不可能相同；

（2）各炮的膛蚀不同，这是由于过去发射数量不同造成的；

（3）各炮的射击位置不同；

（4）各炮使用的弹药重量和药温不同；

（5）指挥仪系统的零位校正不一致等。

火炮射击的不一致性将引起射弹散布增大，严重时会使得射弹散布不再服从正态分布律。

现以两门火炮齐射为例研究不一致性对射弹散布的影响，见图2.3.8。

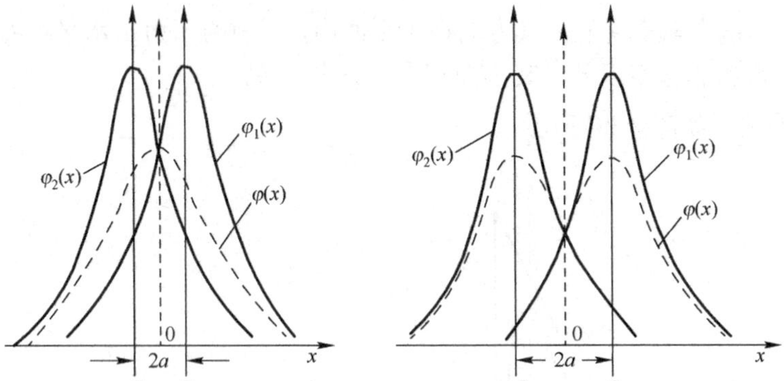

图2.3.8　齐射散布

设 $2a$ 为两门炮散布中心的距离，坐标原点为两炮散布中心连线的中点。以 σ_{d0} 表示单炮散布均方差，并把它作为距离的度量单位，则1炮和2炮在距离上散布的分布密度分别为

$$\varphi_1(x)=\frac{1}{\sqrt{2\pi}}\exp\left[-\frac{1}{2}(x-a)^2\right]$$

$$\varphi_2(x)=\frac{1}{\sqrt{2\pi}}\exp\left[-\frac{1}{2}(x+a)^2\right]$$

合成的齐射散布分布密度 $\varphi(x)$ 为

$$\begin{aligned}\varphi(x) &= \frac{1}{2}[\varphi_1(x)+\varphi_2(x)] \\ &= \frac{1}{2\sqrt{2\pi}}\left\{\exp\left[-\frac{1}{2}(x-a)^2\right]+\exp\left[-\frac{1}{2}(x+a)^2\right]\right\}\end{aligned} \tag{2.3.5}$$

从式（2.3.5）可以看出，齐射散布的分布密度与两炮散布中心距离有关。只有当 $a=0$ 时，齐射散布才服从正态分布，而当 $a \neq 0$ 时，其散布不再服从正态分布。由于研究射弹散布，都是以正态分布为基础来讨论的，现在研究一下 $2a$ 在什么范围内时，仍可把齐射散布近似作为正态分布来处理。定性地说，只有当 $\varphi(x)$ 仍为一单峰函数时，这种近似便被认可。定量分析如下。

对式（2.3.5）求一阶导数，得

$$\varphi'(x) = \frac{-1}{2\sqrt{2\pi}}\left\{(x+a)\exp\left[-\frac{1}{2}(x+a)^2\right]+(x-a)\exp\left[-\frac{1}{2}(x-a)^2\right]\right\}$$

可见当 $x=0$ 时，$\varphi'(0)=0$，则 $\varphi(x)$ 在 $x=0$ 处存在极值。若 $\varphi(x)$ 为一单峰函数，只要 $\varphi''(0)<0$，则 $x=0$ 处存在极大值。对 $\varphi(x)$ 求二阶导数 $\varphi''(x)$，即

$$\begin{aligned}\varphi''(x) &= \frac{-1}{2\sqrt{2\pi}}\left\{\exp\left[-\frac{1}{2}(x+a)^2\right]+\exp\left[-\frac{1}{2}(x-a)^2\right]-\right. \\ &\quad \left.(x+a)^2\exp\left[-\frac{1}{2}(x+a)^2\right]-(x-a)^2\exp\left[-\frac{1}{2}(x-a)^2\right]\right\} \\ &= \frac{-1}{2\sqrt{2\pi}}\left\{[1-(x+a)^2]\exp\left[-\frac{1}{2}(x+a)^2\right]+[1-(x-a)^2]\exp\left[-\frac{1}{2}(x-a)^2\right]\right\}\end{aligned}$$

则

$$\varphi''(0) = \frac{-1}{\sqrt{2\pi}}(1-a^2)\exp(-a^2/2)$$

上式中，当 $(1-a^2)>0$ 时，才有 $\varphi''(0)<0$，所以 $a<1$，根据前面距离度量单位的假定，$a<\sigma_{d0}\approx 1.5E_{d0}$。

这样，当两炮散布中心距离 $2a$ 小于或等于 $2\sigma_{d0}$ 或 $3E_{d0}$ 时，齐射散布近似为正态分布。

实践表明，火炮不一致性一般不会那么大，只要采用有效措施，可使 $2a$ 值保持在（1.5～2.0）E_{d0}[（1～1.35）σ_{d0}]范围内，即有

$$a=(0.75\sim 1)E_{d0} \quad \text{或} \quad a=(0.5\sim 0.7)\sigma_{d0}$$

因此，齐射散布的分布密度函数为

$$\varphi(x) = \frac{1}{\sqrt{2\pi}\sigma_{dq0}}\exp\left(-\frac{x^2}{2\sigma_{dq0}^2}\right) = \frac{\rho}{\sqrt{\pi}E_{dq0}}\exp\left(-\rho^2\frac{x^2}{E_{dq0}^2}\right) \tag{2.3.6}$$

式中　σ_{dq0}、E_{dq0}——齐射散布在距离上的均方差、概率误差。

σ_{dq0}（E_{dq0}）的计算过程如下：

根据方差计算公式得

$$\sigma_{dq0}^2 = \int_{-\infty}^{\infty}(x-m_x)^2\varphi(x)\mathrm{d}x$$

因为 $m_x=0$，所以

$$\sigma_{dq0}^2=\int_{-\infty}^{\infty}x^2\varphi(x)\mathrm{d}x=\frac{1}{2}\left[\int_{-\infty}^{\infty}x^2\varphi_1(x)\mathrm{d}x+\int_{-\infty}^{\infty}x^2\varphi_2(x)\mathrm{d}x\right] \tag{2.3.7}$$

式（2.3.7）中第一、二两项均为二阶原点矩。根据二阶原点矩 $M[x^2]$ 与二阶中心矩（方差）$D[x]$ 和数学期望 $M[x]$ 关系式，即

$$M[x^2]=D[x]+M[x]^2$$

则有

$$\begin{cases}\int_{-\infty}^{\infty}x^2\varphi_1(x)\mathrm{d}x=\sigma_{d0}^2+a^2\\ \int_{-\infty}^{\infty}x^2\varphi_2(x)\mathrm{d}x=\sigma_{d0}^2+a^2\end{cases} \tag{2.3.8}$$

将式（2.3.8）代入式（2.3.7），得

$$\sigma_{dq0}^2=\frac{1}{2}[2(\sigma_{d0}^2+a^2)]=\sigma_{d0}^2+a^2 \tag{2.3.9}$$

将 a 值代入式（2.3.9），得

$$\sigma_{dq0}=\sqrt{\sigma_{d0}^2+(0.5\sim0.7)^2\sigma_{d0}^2}=(1.12\sim1.22)\sigma_{d0}$$

取其平均值为

$$\sigma_{dq0}\approx1.2\sigma_{d0} \tag{2.3.10}$$

以上讨论了齐射散布在距离上的不一致性。由于在方向上引起齐射散布的原因不多，影响不大，故齐射时方向散布误差一般不予考虑，即取

$$\sigma_{zq0}=\sigma_{z0} \tag{2.3.11}$$

2.3.6 减小散布的一般方法

现在，已经知道射弹散布、齐射散布是由许多随机因素造成的随机现象，射击时要完全消除这些散布因素是不可能的，但可以尽可能地减小它们的影响。减小散布的方法应从引起散布的基本原因去考虑，即从火炮系统设计、生产、维护、保养及使用等方面努力，如：设计质量更好、精度更高的火炮系统（火炮、弹药、引信）；生产中产品要严格把关，保证优质，符合技术要求；严格地按规定对系统进行维护保养，防碰防损，弹药仓保持恒温恒湿，妥善地密封和存放药包等；使用要恰当，校正各装置时要准确，如火炮旋回俯仰机械的空回。射击前应擦净弹丸上的涂油，射击时应采用同一弹重符号、同批次的弹药，尽量使各炮（管）发射数目一样；还要加强人员的训练，如人工装填时做到用力均匀等。

2.4 射击诸元误差

2.4.1 基本概念

射击诸元即一组射击参数。舰炮武器系统对海上目标使用着发引信进行碰炸射击时，射击诸元为方向瞄准角和高低瞄准角。

为了便于研究射击诸元误差，选择平面直角坐标系 xOz，原点 O 为目标提前点，x 轴为水平射击方向，z 轴在水平面内垂直于射击方向。

当一门舰炮，按确定的射击诸元射击时，应有一条与之对应的理想中央弹道将通过目标中心，并在中央弹道所对应的散布中心周围存在着射弹散布。但是，由于在确定射击诸元过程中，客观存在着各种不同的随机误差，这些误差大都服从正态分布，在它们的共同影响下，导致了服从正态分布的射击诸元误差。

不难看出，每一组射击诸元误差都对应有一条中央弹道，即都对应有一个散布中心。这些散布中心将以目标中心为中心，在其周围形成正态分布。把散布中心相对目标中心的偏差称为射击诸元误差，简称为诸元误差，并记为 Δ_c；把射击诸元误差在 x 轴的投影 Δx_c（或 Δd_c）称为射击诸元距离误差；把射击诸元误差在 z 轴的投影 Δz_c 称为射击诸元方向误差。

由上可见，射弹散布误差是围绕着散布中心散布的，而射击诸元误差是围绕着目标中心散布的，如图 2.4.1 所示。

由于射击诸元误差的存在，使得散布中心不一定能与目标中心重合。诸元误差越大，表示散布中心对目标中心的偏差也越大，则弹丸命中该目标的概率也就会越小。如果散布中心对目标中心（或将目标看成是点目标）的偏差超过弹着全散布椭圆范围时，弹丸命中目标几乎是不可能的。由此可见，诸元误差的大小对射击效果有着显著的影响。

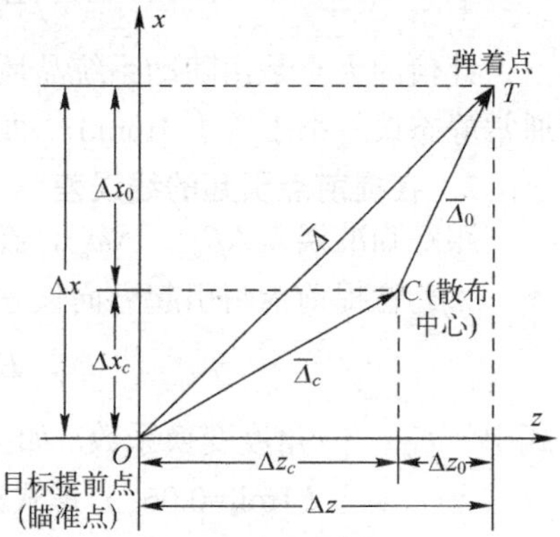

图 2.4.1　射击诸元误差

2.4.2　射击诸元误差的误差源

射击诸元误差的各误差源，存在于确定射击诸元的过程之中。

武器系统确定射击诸元的过程一般为：测定目标现在坐标；平滑求取目标运动参数；计算相对提前坐标；计算弹道气象修正；计算稳定的射击诸元；进行摇摆修正求取不稳定的射击诸元；计算炮位间隔修正；最后通过舰炮随动系统将炮身管轴线转到所确定的空间方向上。这样一个复杂的过程，是由舰炮武器系统的分系统、设备共同完成的。由于受到这些装备的精度及其他技术性能的影响，在确定射击诸元时，必定会产生诸元误差。

划分误差源的基本原则是：分析系统的射击诸元误差简便，并有利于计算系统射击效力。下面，以武器系统的分系统或设备作为误差源，来研究射击诸元误差。误差源有舰炮随动系统的误差；弹道气象准备的误差；火控系统的误差（又可细分为观测设备误差和指挥仪误差）。

上述各误差源的误差，都将引起弹着点相对目标提前点产生各种偏差，这些偏差均为平面误差。

2.4.3　舰炮随动系统误差

舰炮随动系统误差，又称为跟踪瞄准误差。

1. 误差源误差

在射击过程中，舰炮通过本身的随动系统，按照火控系统输出的射击诸元，对目标提前点进行跟踪瞄准。由于存在舰炮随动系统的传输误差，使得舰炮实际的射击诸元与火控系统输出的诸元不同而产生偏差。把舰炮实际射击诸元相对火控系统输出射击诸元的偏差称为舰炮随动系统误差，它包括方向跟踪瞄准误差$\Delta\beta_m$和高低跟踪瞄准误差$\Delta\varphi_m$，其概率误差分别为$E_{\beta m}$和$E_{\varphi m}$。

试验表明：在一次射击的多次发射过程中，跟踪瞄准误差$\Delta\beta_m$、$\Delta\varphi_m$均属于弱相关误差，但由随动系统性能所决定，其衰减很快，故可按不相关误差处理。对于多管炮而言，$\Delta\beta_m$、$\Delta\varphi_m$属于单炮重复误差；对各门炮则属于非重复误差。为了简化射击效力计算，通常把它们按非重复误差处理。这样，$\Delta\beta_m$、$\Delta\varphi_m$即不相关、非重复误差，属于第一组误差。

$E_{\beta m}$、$E_{\varphi m}$的取值为：

$$E_{\beta m}=E_{\varphi m}=0.5\sim 2 \qquad \text{(mrad)}$$

此值的大小是由随动系统品质决定的，也与舰炮瞄准方式有关，应根据具体情况来取值。通常静态误差小于等于 1mrad，动态误差为静态误差的 2～4 倍。

2．在提前点引起的线误差

跟踪瞄准误差$\Delta\beta_m$、$\Delta\varphi_m$，在提前点将引起线跟踪瞄准误差。

$\Delta\beta_m$在提前点将引起方向误差$\Delta \boldsymbol{z}_m$，其概率误差$\boldsymbol{E}_{zm}$为

$$\boldsymbol{E}_{zm}=C_m\cdot d_p\cdot E_{\beta m} \qquad \text{(m)} \tag{2.4.1}$$

式中 C_m——角度变换系数。如果$\boldsymbol{E}_{zm}$以毫弧度形式给出，则$C_m=1/1000$；如果$\boldsymbol{E}_{zm}$以密位（1mil=0.06°）形式给出，则$C_m=2\pi/6000=1/955$（rad/mil）。

d_p——射击水平距离（m）。

$\Delta\varphi_m$在提前点将引起距离误差$\Delta \boldsymbol{d}_m$，其概率误差$\boldsymbol{E}_{dm}$为

$$\boldsymbol{E}_{dm}=f_{d\theta 0}\cdot E_{\varphi m} \qquad \text{(m)} \tag{2.4.2}$$

式中 $f_{d\theta 0}$——射角改变 1 个单位（1mil 或 1mrad）时的距离改变量（m），此值可在射表中查到。

2.4.4 弹道气象准备误差

在射击准备阶段，当实际射击条件与标准射击条件不同而存在偏差时，就需要通过在指挥仪上装订修正量的方法来加以修正，修正量与偏差量符号相反。弹道气象准备误差是指弹道气象准备时，实际修正量与真实偏差量之偏差。弹道气象准备误差包括确定初速偏差的误差、确定气象条件（气温、药温、空气密度或气压、弹道风等）偏差的误差、偏流误差、转管误差等。以下仅介绍三种误差源的分析和计算：

（1）确定初速偏差的误差；

（2）确定空气密度偏差的误差；

（3）确定弹道风的误差。

这些误差的大小与弹道气象准备方法有关。

由于弹道气象修正量是在射击开始以前就装订到指挥仪上的（所以此修正量误差叫弹道气象准备误差），并且在一次射击过程中不再改变。因此，弹道气象准备误差在不同时刻的取值是相同的，属于强相关误差；在同一时刻对各炮（管）取值均相同，又属于重复误差。

1．确定初速偏差的误差

初速偏差主要是由炮膛磨损、装药温度差异引起的。无论用任何方法来确定初速偏差，都不可避免地存在误差。确定的实际初速偏差量相对真实初速偏差量的偏差，被称为确定初速偏差的误差，以 ΔV_0 表示，单位是（ $\%V_0$ ），其中 V_0 为表定初速。

当用温度计测量药温，用圆盘测膛器测定膛蚀来计算 V_0 时，ΔV_0 的概率误差为 E_{V0}，即

$$E_{V0} = 0.6 \sim 0.9 \qquad (\%V_0)$$

当用测速仪直接测定弹丸初速时，有

$$E_{V0} = 0.3 \sim 0.4 \qquad (\%V_0)$$

在对海射击时，ΔV_0 在提前点只引起距离误差 $\Delta \boldsymbol{d}_{V0}$，其概率误差 $\boldsymbol{E}_{dV0}$ 为

$$\boldsymbol{E}_{dV0} = f_{dV0} \cdot E_{V0} \qquad (\mathrm{m}) \tag{2.4.3}$$

式中　f_{dV0}——初速变化 1%时的距离改变量（m）。

2．确定空气密度偏差的误差

确定的实际空气密度偏差量相对真实空气密度偏差量的偏差，被称为确定空气密度偏差的误差，以 $\Delta\rho$ 表示，单位是（ $\%\rho$ ），其中 ρ 为标准气象条件下相应的地面空气密度，$\rho = 1.205\mathrm{kg/m^3}$。

当使用基地枪炮气象台通报时，$\Delta\rho$ 的概率误差 E_ρ 为

$$E_\rho = \begin{cases} 0.5(\%\rho) & \text{（通报间隔为2h）} \\ 0.7 \sim 1(\%\rho) & \text{（通报间隔为4h）} \end{cases}$$

当使用舰艇测量值时，有

$$E_\rho = 2 \sim 3 \qquad (\%\rho)$$

对海射击时，$\Delta\rho$ 在提前点只引起距离误差 $\Delta \boldsymbol{d}_\rho$，其概率误差 $\boldsymbol{E}_{d\rho}$ 为

$$\boldsymbol{E}_{d\rho} = 0.1 f_{d\rho} \cdot E_\rho \tag{2.4.4}$$

式中　$f_{d\rho}$——空气密度变化 10%时距离改变量（m）。

3．确定弹道风的误差

确定弹道风的误差是指：实际测定的风速及其方位角（风向）相对真实风速及其方位角的偏差。此误差可分解为纵风误差和横风误差，分别以 ΔW_d 和 ΔW_z 表示。

当使用基地枪炮气象台通报时，ΔW_d 的概率误差 E_{Wd} 为

$$E_{Wd} = \begin{cases} 1.1(\mathrm{m/s}) & \text{（通报间隔为2h）} \\ 1.4(\mathrm{m/s}) & \text{（通报间隔为4h）} \end{cases}$$

当使用舰艇测量值时，有

$$E_{Wd} = 2 \sim 4 \qquad (\mathrm{m/s})$$

ΔW_z 的概率误差 E_{Wz} 与 E_{Wd} 取值相同。

对海射击时，ΔW_d 在提前点将引起距离误差 $\Delta \boldsymbol{d}_w$，其概率误差 $\boldsymbol{E}_{dw}$ 为

$$\boldsymbol{E}_{dw} = 0.1 f_{dw} \cdot E_{Wd} \qquad (\mathrm{m}) \tag{2.4.5}$$

式中　f_{dw}——纵风速为 10m/s 时距离改变量（m）。

横风ΔW_z在提前点将引起方向误差Δz_w，其概率误差$\boldsymbol{E}_{zw}$为

$$E_{zw}=0.1C_m\cdot d_p\cdot f_{zw}\cdot E_{wz}\quad (\mathrm{m}) \tag{2.4.6}$$

式中　f_{zw}——横风速为10m/s时方向改变量（毫弧度或密位）。

以上各式中的f_{dV0}、$f_{d\rho}$、f_{dw}、f_{zw}，在舰炮对海基本射表中均可按射距查到。

2.4.5　火控系统误差和火控系统设备误差

火控系统误差可分两种情况来分析：一是将火控系统作为一个整体误差源，其误差即火控系统误差；二是以火控系统的分系统或设备作为误差源。

2.4.5.1　火控系统误差（全系统）

1．误差源误差

火控系统误差是指火控系统输出的射击诸元相对真实的射击诸元的偏差。

火控系统确定射击诸元的一般程序是：观测设备将测量的目标现在坐标，以及其他传感器测得的有关信息传输给指挥仪，指挥仪进行平滑求取目标运动参数、计算目标相对提前坐标、计算弹道气象修正、计算稳定的射击诸元、进行摇摆修正求取不稳定的射击诸元等，以上每个步骤所产生的误差之综合，即火控系统误差，它包括观测设备误差、信息传递误差和计算误差。

火控系统误差包括方向瞄准角误差$\Delta\beta_s$和高低瞄准角误差$\Delta\varphi_s$，分别以其概率误差$E_{\beta s}$、$E_{\varphi s}$（或者均方差$\sigma_{\beta s}$、$\sigma_{\varphi s}$），以及数学期望$m_{\beta s}$、$m_{\varphi s}$来表征。在系统精度中，相对随机误差而言，又称$m_{\beta s}$、$m_{\varphi s}$为系统误差。

试验表明：在射击过程中，火控系统误差$\Delta\beta_s$、$\Delta\varphi_s$在不同发射时刻的取值是相关的，但相关性随着发射时间间隔的增大而减小，为弱相关误差。一般情况下，它们的数学期望不为零。$\Delta\beta_s$、$\Delta\varphi_s$的相关系数分别为$\gamma_{\beta s}$、$\gamma_{\varphi s}$，有

$$\begin{cases}\gamma_{\beta s}=\exp(-\alpha_{\beta s}|\tau|)\\ \gamma_{\varphi s}=\exp(-\alpha_{\varphi s}|\tau|)\end{cases} \tag{2.4.7}$$

式中　$\alpha_{\beta s}$、$\alpha_{\varphi s}$——分别为$\Delta\beta_s$、$\Delta\varphi_s$的衰减系数。

由试验数据统计得知，$\alpha_{\beta s}$、$\alpha_{\varphi s}$的取值与观测方式有关：

雷达观测时，$\alpha_{\beta s}=\alpha_{\varphi s}=0.86$。

光学观测时，$\alpha_{\beta s}=\alpha_{\varphi s}=0.55$。

这里较小的光学观测衰减系数是针对人工操作的光学观测设备（如中央瞄准镜）而言的，现在普遍使用的全自动光学观测设备（如光电指向器）的观测误差衰减特性应与雷达基本相当，可根据设备的技术性能，并参照雷达的衰减系数取值。

通常，当$\alpha\cdot\tau=3$时，$\exp(-\alpha|\tau|)=\exp(-3)\approx 0.05$，可认为此弱相关误差为不相关。在衰减系数$\alpha$已知情况下，误差相关性的转变取决于时间间隔$\tau$，对舰炮武器系统而言，取决于舰炮发射间隔时间，有

$$\tau=3/\alpha \tag{2.4.8}$$

雷达观测时，$\tau=3/0.86\approx 3.5\ \mathrm{s}$。

光学观测时，$\tau = 3/0.55 \approx 5.5\text{s}$。

也就是说，在雷达观测时，当舰炮发射间隔大于 3.5s；光学观测时，舰炮发射间隔大于 5.5s，均可视火控系统误差为不相关误差，可见雷达观测时的相关性衰减比传统的光学观测时衰减快。例如，中口径舰炮对海射击，雷达观测方式，舰炮发射率每分钟少于 18 发时，火控系统误差就属于不相关误差。

火控系统误差也属于重复误差，在同一发射时刻，受同一套火控系统控制的各炮（管），误差取值均相同。

2．在提前点引起的线误差

在已知火控系统精度条件下，可以计算出由其在提前点引起的线误差。

$\Delta\beta_s$ 在提前点引起方向误差 $\Delta \boldsymbol{z}_s$，其概率误差 $\boldsymbol{E}_{zs}$（或均方差 $\boldsymbol{\sigma}_{zs}$）及系统误差 $\boldsymbol{m}_{zs}$ 为

$$\boldsymbol{E}_{zs} = C_m \cdot d_p \cdot E_{\beta s} \quad (\text{m}) \tag{2.4.9}$$

$$\boldsymbol{m}_{zs} = C_m \cdot d_p \cdot m_{\beta s} \quad (\text{m}) \tag{2.4.10}$$

$$\boldsymbol{\sigma}_{zs} = C_m \cdot d_p \cdot \sigma_{\beta s} \quad (\text{m}) \tag{2.4.11}$$

$\Delta\varphi_s$ 在提前点引起距离误差 $\Delta \boldsymbol{d}_s$，其概率误差 $\boldsymbol{E}_{ds}$（或均方差 $\boldsymbol{\sigma}_{ds}$）及系统误差 $\boldsymbol{m}_{ds}$ 为

$$\boldsymbol{E}_{ds} = f_{d\theta 0} \cdot E_{\varphi s} \quad (\text{m}) \tag{2.4.12}$$

$$\boldsymbol{m}_{ds} = f_{d\theta 0} \cdot m_{\varphi s} \quad (\text{m}) \tag{2.4.13}$$

$$\boldsymbol{\sigma}_{ds} = f_{d\theta 0} \cdot \sigma_{\varphi s} \quad (\text{m}) \tag{2.4.14}$$

式中　$f_{d\theta 0}$——射角改变 1 个单位时的距离改变量（m）。

2.4.5.2　火控系统设备误差

火控系统设备误差包括观测设备的测量误差和指挥仪误差两个误差源。下面分别进行讨论。

1．观测设备测量误差

观测设备测量误差是指观测设备测量目标现在坐标的误差。该误差为观测设备实测的目标位置参数值相对真实的目标位置参数值的偏差，它包括目标距离误差 Δg_d、目标方位误差（己舰舷角误差）Δg_q 和目标高低误差 Δg_ε。这些误差的相关性、重复性的分析与火控系统误差一样，不再复述。

观测设备测量误差的统计特征，可以从设备的战术技术说明书，或者通过经验公式、试验统计得到。

（1）雷达误差。表 2.4.1 给出了某假想跟踪雷达的精度指标。

表 2.4.1　假想跟踪雷达的精度指标

精度指标	均方差（σ）	系统误差（m）
方位/高低/mrad	1.8/1.8	1.8/1.8
距离/m	22	22

（2）光学测距仪误差。光学测距仪测距均方差 σ_{gd} 的经验公式为

$$\sigma_{gd} = \frac{2.73 \times D^2}{B \times T \times \sqrt{m}} \quad (\text{m}) \tag{2.4.15}$$

式中 D——目标距离（链，Lp，1Lp=182.9m）；

B——测距仪内基线长（m）；

T——测距仪放大倍数；

m——参与测距的精度相同的测距仪架数。

光学测距仪测量目标方位角和俯仰角的误差均方差 σ_{gq} 一般为：$\sigma_{gq} = 0.4 \sim 0.7$（mrad）。目前使用较多的光电跟踪仪的角度测量误差均方差也为 0.4～0.7（mrad）。

（3）激光测距仪误差。激光测距仪测距精度 σ_{gd} 为

$$\sigma_{gd} = 2 \sim 3 \quad (\text{m})$$

（4）观测设备误差在提前点引起的线误差。观测设备测距误差在提前点引起的距离误差 $\Delta \boldsymbol{d}_g$，其概率误差 $\boldsymbol{E}_{dg}$（或均方误差 $\boldsymbol{\sigma}_{dg}$）、系统误差 $\boldsymbol{m}_{dg}$ 为

$$\boldsymbol{E}_{dg} = E_{gd} \quad (\text{m}) \tag{2.4.16}$$

$$\boldsymbol{\sigma}_{dg} = \sigma_{gd} \quad (\text{m}) \tag{2.4.17}$$

$$\boldsymbol{m}_{dg} = m_{gd} \quad (\text{m}) \tag{2.4.18}$$

观测设备测方位误差在提前点引起的方向误差 $\Delta \boldsymbol{z}_g$，其概率误差 $\boldsymbol{E}_{zg}$（或均方误差 $\boldsymbol{\sigma}_{zg}$）、系统误差 $\boldsymbol{m}_{zg}$ 为

$$\boldsymbol{E}_{zg} = C_m \cdot d_p \cdot E_{gq} \quad (\text{m}) \tag{2.4.19}$$

$$\boldsymbol{\sigma}_{zg} = C_m \cdot d_p \cdot \sigma_{gq} \quad (\text{m}) \tag{2.4.20}$$

$$\boldsymbol{m}_{zg} = C_m \cdot d_p \cdot m_{gq} \quad (\text{m}) \tag{2.4.21}$$

2．指挥仪误差

（1）指挥仪误差（整机）是指指挥仪输出的射击诸元相对真实的射击诸元的偏差。

对海射击时，指挥仪误差包括方向瞄准角误差 $\Delta\beta_c$ 和高低瞄准角误差 $\Delta\varphi_c$。在火控系统误差中，除去观测设备测量目标现在坐标误差外，其他误差之综合，即指挥仪误差。

该误差的相关性和重复性的分析与火控系统误差基本相同，应该强调的是：该误差的相关性和重复性与火控系统工作方式有关，需要具体情况具体分析。

通常情况，指挥仪整机精度为

系统误差：$m_{\beta c} = m_{\varphi c} = 1 \sim 5$ （mrad）；

均方差：$\sigma_{\beta c} = \sigma_{\varphi c} = 1 \sim 5$ （mrad）。

在已知指挥仪整机精度的条件下，可以计算出由其在提前点引起的线误差。

$\Delta\beta_c$ 在提前点引起方向误差 $\Delta \boldsymbol{z}_c$，其概率误差 $\boldsymbol{E}_{zc}$（或均方差 $\boldsymbol{\sigma}_{zc}$）及系统误差 $\boldsymbol{m}_{zc}$ 为

$$\boldsymbol{E}_{zc} = C_m \cdot d_p \cdot E_{\beta c} \quad (\text{m}) \tag{2.4.22}$$

$$\boldsymbol{m}_{zc} = C_m \cdot d_p \cdot m_{\beta c} \quad (\text{m}) \tag{2.4.23}$$

或

$$\boldsymbol{\sigma}_{zc} = C_m \cdot d_p \cdot \sigma_{\beta c} \quad (\text{m}) \tag{2.4.24}$$

$\Delta\varphi_c$ 在提前点引起距离误差 $\Delta \boldsymbol{d}_c$，其概率误差 $\boldsymbol{E}_{dc}$（或均方差 $\boldsymbol{\sigma}_{dc}$）及系统误差 $\boldsymbol{m}_{dc}$ 为

$$\boldsymbol{E}_{dc} = f_{d\theta 0} \cdot E_{\varphi c} \tag{2.4.25}$$

$$\boldsymbol{m}_{dc} = f_{d\theta 0} \cdot m_{\varphi c} \tag{2.4.26}$$

或

$$\boldsymbol{\sigma}_{dc} = f_{d\theta 0} \cdot \sigma_{\varphi c} \tag{2.4.27}$$

（2）指挥仪误差分解。在舰炮武器系统对海射击中，指挥仪经常采用按观测诸元、速度自动两种工作方式。为便于分析指挥仪误差，将其分为两个误差源：确定目标运动参数误差和指挥仪计算误差。

① 确定目标运动参数误差。指挥仪确定的目标运动参数为目标速度向量，它包括目标速度 V_m 和目标舷角 Q_m 。指挥仪确定目标运动参数误差是指：指挥仪确定的目标运动参数计算值相对目标运动参数真实值的偏差，它包括目标速度误差 ΔV_m 和目标舷角误差 ΔQ_m 。

试验表明：在一次射击过程中，ΔV_m 、ΔQ_m 在同一发射时刻对各炮（管）取值均相同，属于重复误差。ΔV_m 、ΔQ_m 的相关性要根据火控系统工作方式确定，在发射率较低的中口径舰炮对海射击，火控系统工作方式为“按观测诸元”时，它们为不相关误差；在“速度自动”工作方式时，它们则为强相关误差。

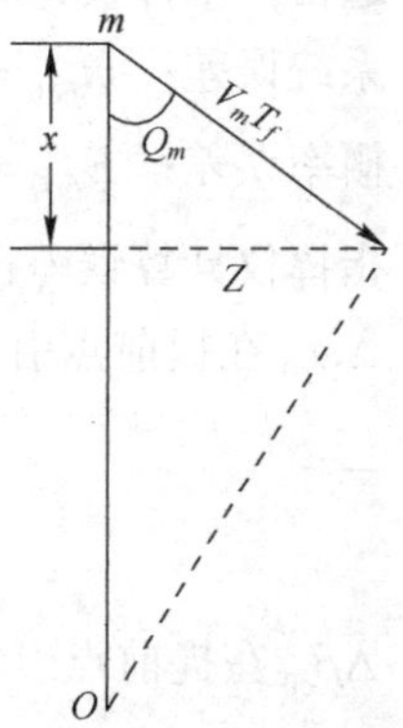

图 2.4.2　目标速度向量误差引起的线误差

ΔV_m 和 ΔQ_m 的概率误差分别为 E_{vm} 和 E_{Qm} ，一般取值为

$$E_{vm} = 1 \sim 2 \quad \text{(kn)}$$

$$E_{Qm} = 2 \sim 3 \quad (°)$$

确定目标速度向量误差将在提前点引起相应的线误差——目标运动提前量误差。

设 Δd_{vm} 、ΔZ_{vm} 为目标速度向量误差在提前点处引起的距离和方向误差，其计算如下，见图 2.4.2。

设弹丸飞行时间为 T_f ，则距离上的提前量为

$$x = -V_m \cos Q_m \cdot T_f \tag{2.4.28}$$

方向上的提前量为

$$z = V_m \sin Q_m \cdot T_f \tag{2.4.29}$$

由 ΔV_m 、ΔQ_m 在提前点引起的距离误差 $\Delta \boldsymbol{d}_{vm}$ 和方向误差 $\Delta \boldsymbol{z}_{vm}$ 为

$$\begin{aligned}\Delta \boldsymbol{d}_{vm} &= \left[\left(\frac{\partial x}{\partial V_m}\Delta V_m\right)^2 + \left(\frac{\partial x}{\partial Q_m}\cdot \Delta Q_m\right)^2\right]^{1/2} \\ &= T_f[(-\cos Q_m \cdot \Delta V_m)^2 + (V_m \sin Q_m \cdot \Delta Q_m)^2]^{1/2}\end{aligned} \tag{2.4.30}$$

$$\begin{aligned}\Delta \boldsymbol{z}_{vm} &= \left[\left(\frac{\partial z}{\partial V_m}\cdot \Delta V_m\right)^2 + \left(\frac{\partial z}{\partial Q_m}\cdot \Delta Q_m\right)^2\right]^{1/2} \\ &= T_f[(\sin Q_m \cdot \Delta V_m)^2 + (V_m \cos Q_m \cdot \Delta Q_m)^2]^{1/2}\end{aligned} \tag{2.4.31}$$

将式（2.4.30）、式（2.4.31）中各误差分别用其概率误差代替，则有

$$\boldsymbol{E}_{dvm}=T_f[(\cos Q_m\cdot E_{vm})^2+(V_m\sin Q_m\cdot E_{Qm})^2]^{1/2}\quad(\mathrm{m})\tag{2.4.32}$$

$$\boldsymbol{E}_{zvm}=T_f[(\sin Q_m\cdot E_{vm})^2+(V_m\cos Q_m\cdot E_{Qm})^2]^{1/2}\quad(\mathrm{m})\tag{2.4.33}$$

式中 V_m——目标速度；

Q_m——目标舷角；

$\boldsymbol{E}_{dvm}$、$\boldsymbol{E}_{zvm}$——ΔV_m、ΔQ_m在提前点引起的距离、方向概率误差。

注意：在应用式（2.4.32）、式（2.4.33）时，各物理量单位要统一，角度量要以弧度为单位，速度量要以 m/s 为单位。

② 指挥仪计算误差。在指挥仪误差中，除去确定目标运动参数误差，即指挥仪计算误差，包括计算方向瞄准角误差$\Delta\beta_{c0}$和计算高低瞄准角误差$\Delta\varphi_{c0}$。

试验表明：在一次射击过程中，$\Delta\beta_{c0}$、$\Delta\varphi_{c0}$的相关性、重复性的分析与火控系统误差一样，不再赘述。

通常，指挥仪计算误差的取值为

系统误差：$m_{\beta c0}=m_{\varphi c0}=0.8\sim2$　（mrad）；

概率误差：$E_{\beta c0}=E_{\varphi c0}=0.8\sim2$　（mrad）。

指挥仪计算误差在提前点将引起相应的线误差。

$\Delta\varphi_{c0}$在提前点引起距离误差$\Delta\boldsymbol{d}_{c0}$，其概率误差$\boldsymbol{E}_{dc0}$和数学期望$\boldsymbol{m}_{dc0}$为

$$\boldsymbol{E}_{dc0}=f_{d\theta0}\cdot E_{\varphi c0}\quad(\mathrm{m})\tag{2.4.34}$$

$$\boldsymbol{m}_{dc0}=f_{d\theta0}\cdot m_{\phi c0}\quad(\mathrm{m})\tag{2.4.35}$$

$\Delta\beta_{c0}$在提前点引起方向误差$\Delta\boldsymbol{z}_{c0}$，其概率误差$\boldsymbol{E}_{zc0}$和数学期望$\boldsymbol{m}_{zc0}$为

$$\boldsymbol{E}_{zc0}=C_m\cdot d_p\cdot E_{\beta c0}\quad(\mathrm{m})\tag{2.4.36}$$

$$\boldsymbol{m}_{zc0}=C_m\cdot d_p\cdot m_{\beta c0}\quad(\mathrm{m})\tag{2.4.37}$$

应该指出，这里讨论的指挥仪误差，已经包括了与指挥仪计算有关的传感器误差，如方位水平仪、计程仪、罗经等。若在实际工作中，已知指挥仪单机精度（不包含其他传感器的精度），则在分析射击诸元误差时，还应考虑有关传感器误差源的影响。另外，在本章中，是以向量形式表示舰炮武器系统对海射击在提前点的各种射击误差的，这些误差只在 x 轴（射击方向）、z 轴（垂直于射击方向）存在误差分量，即以$\boldsymbol{E}_{di}$、$\boldsymbol{E}_{zi}$形式表示。由于舰炮武器系统对海射击误差的方向只有两种，容易分析，通常也可以不用向量形式表示，即以E_{di}、E_{zi}形式表示。

2.5 射击误差的合成

2.5.1 射击误差合成的方法

前面通过对射弹散布误差和射击诸元误差的研究可知，武器系统中各误差源误差都将在目标提前点引起相应的射击误差。

为了便于分析和计算武器系统的射击效力，常常需要将一些性质相同的射击误差合并，即将一部分射击误差与另一部分射击误差进行综合，称这种综合为射击误差的合成。如射击误差按重复性分组，或按相关性分组，这种分组过程就是误差合成过程。每一组误差都是射击误差合成的结果。

系统中各误差源的误差及其引起的射击误差，分布规律均为正态分布，而且是相互独立的。由概率论可知，合成后的射击误差仍为正态分布。

进行射击误差合成，一般是根据需要对各射击误差在坐标轴上的投影分量进行综合的。射击误差投影分量又简称误差分量。每种射击误差的误差分量是否相互独立，与其所选的坐标系有关，因此，只要适当地选择坐标系，就可使射击误差分量相互独立。

在射击误差中，包括随机误差和系统误差两部分。对这两部分误差，一般情况需要分别进行合成。

下面，将在射击误差分量相互独立的情况下，来研究射击误差的合成方法。

2.5.1.1　随机误差的合成

对随机误差，一般采用方和根法进行误差合成，该方法的数学表达式为

$$E_\Sigma = \left(\sum_{i=1}^{n} E_i^2\right)^{1/2} \tag{2.5.1}$$

或

$$\sigma_\Sigma = \left(\sum_{i=1}^{n} \sigma_i^2\right)^{1/2} \tag{2.5.2}$$

式中　E_Σ、σ_Σ——综合随机误差的概率误差、均方差；

E_i、σ_i——综合随机误差中各误差分量的概率误差、均方差，$i=1,2,\cdots,n$。

2.5.1.2　系统误差的合成

根据对系统误差的掌握程度，可按已定系统误差和未定系统误差两种情况来讨论系统误差的合成。

1．已定系统误差的合成

已定系统误差是指误差的大小和符号均已确切掌握了的系统误差。对已定系统误差的合成，通常采用代数和法进行，即若有 n 个已定系统误差 $A_1, A_2, \cdots, A_n$，则总的已定系统误差 A_Σ 为

$$A_\Sigma = \sum_{i=1}^{n} A_i \tag{2.5.3}$$

在武器系统射击中，有不少已定系统误差在系统调试过程中已被消除。由于某种原因未做修正和消除的系统误差只有有限的几项，它们按代数和法合成后，可以在试射过程中加以修正。在最后的射击结果中，一般不再有已定系统误差的影响。

2．未定系统误差的合成

未定系统误差是指不能确切掌握误差的大小和符号，只能或需要估计出误差区间的系统误差。在测试条件（或射击条件）有变化的情况下，观察存在的某单项系统误差 a_i，发现 a_i 随测试条件（或射击条件）的变化而有所变化，但变化的范围有限。这种误差在调试过程中

（或射击过程中）是一项不可抵偿性的系统误差。

对于这种带有很大随机性的未定系统误差，目前人们对它的认识有限。现在国内外都趋于按概率型处理它，即将 a_i 视为随机误差，这样给实际工作带来极大的方便。通常假定 a_i 为正态分布或均匀分布，一般认为是正态分布。

通常采用的未定系统误差合成方法有两种：绝对和法和方和根法。

（1）绝对和法。该方法是指总的未定系统误差 a_Σ 为各项未定系统误差 a_i 之和，即

$$a_\Sigma = \sum_{i=1}^{n} a_i \tag{2.5.4}$$

这种合成方法，对误差的估计是偏大的，故是一种极为保守的方法。应该注意：在单项误差的项数 n 较大时，误差以同方向叠加的可能性极小。所以，在 $n<10$ 时才用这种方法。即便这样，该方法对总误差的估计仍是过于保守的。

（2）方和根法。目前在实际应用中，对未定系统误差的合成常用方和根法合成，即

$$a_\Sigma = \left(\sum_{i=1}^{n} a_i^2\right)^{1/2} \tag{2.5.5}$$

这种方法在 n 较大时接近实际情况，但一般情况采用这种方法对误差估计偏低。

在给定单项未定系统误差后，无论采用绝对和法还是方和根法来进行未定系统误差合成，都与单项未定系统误差的项数有关，一般来说，根据误差项数的多少，决定采用哪种计算方法合成。在实际工作中，进行系统误差分析时，要采用什么方法进行未定系统误差的合成，不但与单项未定系统误差的数目有关，也与单项误差的误差源有关。对来自不同误差源的单项误差，采用误差合成的方法也不同。对于结构层次较高的误差源，如系统的子系统、设备、装置等，给出的误差是属于许多单项误差的综合误差；对于结构层次较低的误差源，如元件、器件等，给出的误差就属于某种含义下的单项误差了。因此，以子系统或设备为误差源，对其给出的单项未定系统误差进行误差合成时，采用方和根法计算综合未定系统误差，比较符合实际情况。

2.5.2 舰炮散布误差

舰炮散布误差是射击误差的一种合成结果，它包括舰炮单炮散布误差和舰炮齐射散布误差。

2.5.2.1 舰炮单炮散布误差

在一次射击过程中，由于舰炮随动系统误差和射弹散布误差均为不相关、非重复误差，所以它们属于第一组误差。

在使用单炮对海射击时，按照海军的习惯，将由舰炮随动系统误差和射弹散布误差的合成，称为舰炮单炮散布误差。同时，还应考虑到：舰炮是安装在舰艇上的火炮，所以，舰炮散布是在非标准射击条件下得到的。因此，射弹散布的原因，除了有标准散布的原因，还有：

（1）因舰艇摇摆所引起的切线加速度和角加速度对弹丸初速、火炮射角的影响；

（2）舰艇主机和其他机器工作，使舰体震动；

（3）装填密度不一致，特别是在摇摆时，采用人工装填的情况；

（4）发射时间间隔不稳定，使得在药室内的弹药受热不均；

（5）弹丸保养不当，滑油不均，弹面、弹带碰有伤痕；

（6）实际气象条件与标准气象条件不一致，不稳定等。

由于以上这些随机因素的影响，使得舰炮单炮散布要比射表散布增大，舰炮单炮散布误差的概率误差为

$$\boldsymbol{E}_{dj} = [(C_d \boldsymbol{E}_{d0})^2 + \boldsymbol{E}_{dm}^2]^{1/2} \quad (\text{m}) \tag{2.5.6}$$

$$\boldsymbol{E}_{zj} = [(C_z \boldsymbol{E}_{z0})^2 + \boldsymbol{E}_{zm}^2]^{1/2} \quad (\text{m}) \tag{2.5.7}$$

式中　$\boldsymbol{E}_{dj}$、$\boldsymbol{E}_{zj}$——舰炮单炮散布距离、方向概率误差；

C_d、C_z——舰炮单炮散布经验修正系数，取值范围为 1.1～1.3。

2.5.2.2　舰炮齐射散布误差

将式（2.5.6）、式（2.5.7）中的单炮散布概率误差符号分别以齐射散布概率误差符号代替，即得舰炮齐射散布概率误差计算式，即

$$\boldsymbol{E}_{dq} = [(C_d \boldsymbol{E}_{dq0})^2 + \boldsymbol{E}_{dm}^2]^{1/2} \quad (\text{m}) \tag{2.5.8}$$

$$\boldsymbol{E}_{zq} = [(C_z \boldsymbol{E}_{zq0})^2 + \boldsymbol{E}_{zm}^2]^{1/2} \quad (\text{m}) \tag{2.5.9}$$

将 $\boldsymbol{E}_{dq0} = 1.2\boldsymbol{E}_{d0}$；$\boldsymbol{E}_{zq0} = \boldsymbol{E}_{z0}$ 代入式（2.5.8）和式（2.5.9），得

$$\boldsymbol{E}_{dq} = [(1.2C_d \boldsymbol{E}_{d0})^2 + \boldsymbol{E}_{dm}^2]^{1/2} \quad (\text{m}) \tag{2.5.10}$$

$$\boldsymbol{E}_{zq} = [(C_z \boldsymbol{E}_{z0})^2 + \boldsymbol{E}_{zm}^2]^{1/2} \quad (\text{m}) \tag{2.5.11}$$

式中　$\boldsymbol{E}_{dq}$、$\boldsymbol{E}_{zq}$——舰炮齐射散布距离、方向概率误差。

2.5.3　系统射击精度

系统射击精度是武器系统的重要性能指标之一，它是用系统射击误差的大小来衡量的，表示炸点相对目标中心的偏离程度。系统射击精度包含射击密集度和射击正确度两部分。

2.5.3.1　射击密集度

在系统射击精度中，射击密集度是指弹着点相对散布中心的偏离程度。对于舰炮武器系统，射击密集度是以舰炮散布误差的大小来衡量的，即以其距离、方向概率误差（或均方差）来表征的。

由式（2.5.6）、式（2.5.7）可知舰炮单炮射击密集度为

$$\begin{cases} \boldsymbol{E}_{dj} = [(C_d \boldsymbol{E}_{d0})^2 + \boldsymbol{E}_{dm}^2]^{1/2} \\ \boldsymbol{E}_{zj} = [(C_z \boldsymbol{E}_{z0})^2 + \boldsymbol{E}_{zm}^2]^{1/2} \end{cases} \tag{2.5.12}$$

或

$$\begin{cases} \boldsymbol{\sigma}_{dj} = [(C_d \boldsymbol{\sigma}_{d0})^2 + \boldsymbol{\sigma}_{dm}^2]^{1/2} \\ \boldsymbol{\sigma}_{zj} = [(C_z \boldsymbol{\sigma}_{z0})^2 + \boldsymbol{\sigma}_{zm}^2]^{1/2} \end{cases} \tag{2.5.13}$$

由式（2.5.10）、式（2.5.11），可得舰炮齐射射击密集度为

$$\begin{cases} \boldsymbol{E}_{dq} = [(1.2C_d\boldsymbol{E}_{d0})^2 + \boldsymbol{E}_{dm}^2]^{1/2} \quad (\text{m}) \\ \boldsymbol{E}_{zq} = [(C_z\boldsymbol{E}_{z0})^2 + \boldsymbol{E}_{zm}^2]^{1/2} \quad (\text{m}) \end{cases} \tag{2.5.14}$$

或

$$\begin{cases} \boldsymbol{\sigma}_{dq} = [(1.2C_d\boldsymbol{\sigma}_{d0})^2 + \boldsymbol{\sigma}_{dm}^2]^{1/2} \quad (\text{m}) \\ \boldsymbol{\sigma}_{zq} = [(C_z\boldsymbol{\sigma}_{z0})^2 + \boldsymbol{\sigma}_{zm}^2]^{1/2} \end{cases} \tag{2.5.15}$$

式中　$\boldsymbol{E}_{dq}$、$\boldsymbol{E}_{zq}(\boldsymbol{\sigma}_{dq}$、$\boldsymbol{\sigma}_{zq})$——系统距离、方向射击密集度。

对于舰炮系统，射击密集度是其主要性能指标之一。舰炮射击密集度习惯上也称为舰炮射击精度。

对确定的舰炮系统而言，不同的射击距离，其射击精度是不一样的。通常进行的舰炮系统精度校验，就是检验精度指标，如概率误差是否超差，一般有校验地面精度与立靶精度两种。地面精度是指在最大射程的条件下射击，在水平面上得到的距离散布和方向散布的概率误差（或均方差）；立靶精度是指近距离射击，在垂直面上得到的高低散布和方向散布的概率误差（或均方差）。

2.5.3.2　射击正确度

在系统射击精度中，射击正确度是指散布中心相对目标中心（或瞄准点）的偏离程度。对于舰炮武器系统，当不存在系统误差时，射击正确度是以系统的射击诸元误差的大小来衡量的，即以其距离、方向概率误差（或均方差）来表征的，有

$$\begin{cases} \boldsymbol{E}_{db} = (\boldsymbol{E}_{dv0}^2 + \boldsymbol{E}_{d\rho}^2 + \boldsymbol{E}_{dw}^2 + \boldsymbol{E}_{dg}^2 + \boldsymbol{E}_{dc}^2)^{1/2} \\ \boldsymbol{E}_{zb} = (\boldsymbol{E}_{zw}^2 + \boldsymbol{E}_{zg}^2 + \boldsymbol{E}_{zc}^2)^{1/2} \end{cases} \tag{2.5.16}$$

或

$$\begin{cases} \boldsymbol{\sigma}_{db} = (\boldsymbol{\sigma}_{dv0}^2 + \boldsymbol{\sigma}_{d\rho}^2 + \boldsymbol{\sigma}_{dw}^2 + \boldsymbol{\sigma}_{dg}^2 + \boldsymbol{\sigma}_{dc}^2)^{1/2} \\ \boldsymbol{\sigma}_{zb} = (\boldsymbol{\sigma}_{zw}^2 + \boldsymbol{\sigma}_{zg}^2 + \boldsymbol{\sigma}_{zc}^2)^{1/2} \end{cases} \tag{2.5.17}$$

式中　$\boldsymbol{E}_{db}$、$\boldsymbol{E}_{zb}(\boldsymbol{\sigma}_{db}, \boldsymbol{\sigma}_{zb})$——系统距离、方向射击正确度。

【例 2.1】 以某双管中口径舰炮对海上目标射击，瞄准点为目标中心，雷达观测，射击距离为 10974m（60Lp），系统射击诸元各误差源的概率误差为

确定初速偏差的误差：$E_{v0} = 0.8\%V_0$；

确定空气密度偏差的误差：$E_\rho = 2\%\rho$；

确定纵风、横风的误差：$E_{wd} = E_{wz} = 2.2$（m/s）；

舰炮随动系统精度：$E_{\varphi m} = E_{\beta m} = 1\,\text{mil}$；

雷达测距精度：$E_{gd} = 15\,\text{m}$；

雷达测舷角精度：$E_{g\beta} = 1\,\text{mil}$；

指挥仪精度：$E_{\varphi c} = E_{\beta c} = 1.5\,\text{mil}$。

系统射击诸元各误差源均无系统误差。

设舰炮单炮散布经验修正系数 $C_d = C_z = 1.2$。

试求：①舰炮单炮（单管）、舰炮齐射（两管齐射）的射击密集度；②系统射击正确度。

解：根据射距 $d=10974$ m（60Lp），在某双管中口径舰、岸炮对海基本射表中查得：

距离概率误差：$\boldsymbol{E}_{d0}=24\text{拓}=43.92$ m；

方向概率误差：$\boldsymbol{E}_{z0}=1.6\text{拓}=2.93$ m；

初速改变 1%时，$f_{dv0}=82\text{拓}=150.06$ m；

空气密度偏差 10%时，$f_{d\rho}=187\text{拓}=342.21$ m；

纵风变化 10m/s 时，$f_{dw}=44\text{拓}=80.52$ m；

横风变化 10m/s 时，$f_{zw}=4.8$ mil；

射角改变 1mil 时，$f_{d\theta0}=37\text{拓}=67.71$ m。

（1）按式（2.4.1）、式（2.4.2）、式（2.5.12），求得舰炮单炮射击密集度：

因为

$$\boldsymbol{E}_{dm}=f_{d\theta0}\cdot E_{\varphi m}=67.71\times1=67.71\text{m}$$

$$\boldsymbol{E}_{zm}=C_m\cdot d_p\cdot E_{\beta m}=1/955\times10974\times1=11.49\text{m}$$

所以

$$\boldsymbol{E}_{dj}=[(C_d\boldsymbol{E}_{d0})^2+\boldsymbol{E}_{dm}^2]^{1/2}=[(1.2\times43.92)^2+(67.71)^2]^{1/2}=85.80\text{m}$$

$$\boldsymbol{E}_{zj}=[(C_z\boldsymbol{E}_{z0})^2+\boldsymbol{E}_{zm}^2]^{1/2}=[(1.2\times2.93)^2+(11.49)^2]^{1/2}=12.02\text{m}$$

按式（2.5.14），求得舰炮齐射射击密度为

$$\boldsymbol{E}_{dq}=[(1.2C_d\boldsymbol{E}_{d0})^2+\boldsymbol{E}_{dm}^2]^{1/2}=[(1.44\times43.92)^2+(67.71)^2]^{1/2}=92.66\text{m}$$

$$\boldsymbol{E}_{zq}=[(C_z\boldsymbol{E}_{z0})^2+\boldsymbol{E}_{zm}^2]^{1/2}=\boldsymbol{E}_{zj}=12.02\text{m}$$

（2）按式（2.4.3）～式（2.4.6）、式（2.4.16）、式（2.4.19）、式（2.4.20）、式（2.4.25）、式（2.5.16），求得系统射击正确度：

因为

$$\boldsymbol{E}_{dv0}=f_{dv0}\cdot E_{v0}=150.06\times0.8=120.05\text{m}$$

$$\boldsymbol{E}_{d\rho}=0.1f_{d\rho}\cdot E_{\rho}=0.1\times342.21\times2=68.44\text{m}$$

$$\boldsymbol{E}_{dw}=0.1f_{dw}\cdot E_{w}=0.1\times80.52\times2.2=17.71\text{m}$$

$$\boldsymbol{E}_{zw}=0.1C_m\cdot d_p\cdot f_{zw}\cdot E_{wz}=0.1\times10974\times4.8\times2.2/955=12.13\text{m}$$

$$\boldsymbol{E}_{dg}=\boldsymbol{E}_{gd}=15\text{m}$$

$$\boldsymbol{E}_{zg}=C_m\cdot d_p\cdot E_{g\beta}=10974\times1/955=11.49\text{m}$$

$$\boldsymbol{E}_{dc}=f_{d\theta0}\cdot E_{\varphi c}=67.71\times1.5=101.57\text{m}$$

$$\boldsymbol{E}_{zc}=C_m\cdot d_p\cdot E_{\beta c}=10974\times1.5/955=17.24\text{m}$$

所以

$$\boldsymbol{E}_{db}=(\boldsymbol{E}_{dv0}^2+\boldsymbol{E}_{d\rho}^2+\boldsymbol{E}_{dw}^2+\boldsymbol{E}_{dg}^2+\boldsymbol{E}_{dc}^2)^{1/2}$$

$$=[(120.05)^2+(68.44)^2+(17.71)^2+(15)^2+(101.57)^2]^{1/2}=173.06\text{m}$$

$$\boldsymbol{E}_{zb}=(\boldsymbol{E}_{zw}^2+\boldsymbol{E}_{zg}^2+\boldsymbol{E}_{zc}^2)^{1/2}$$

$$=[(12.13)^2+(11.49)^2+(17.24)^2]^{1/2}=24.01\text{m}$$

2.6 试射后的射击诸元误差

舰炮武器系统对海上目标射击的特点是：海上目标运动速度较慢，系统射击时间较长。在射击准备后，如果在射击准备误差比较大时，系统就对目标猛烈开火，必然会使射击效果较差。为此，在对海射击过程中，一般都从试射开始，分试射和效力射两个阶段。

射击准备是从受领战斗任务开始到第一次炮响为止的过程，射击准备的目的是提高射击精度，分为预先准备和最后准备阶段。预先准备主要是进行弹道和气象条件的准备，包括合理分配弹药、求取初速偏差、气温气压修正、装订真风向和风速等。最后准备阶段所做的工作：进行目标指示、确定观测方式、确定射击校正方法、确定弹种和引信、下达冷膛修正和装弹命令、进行试射等。

试射就是试探性的射击。其目的是通过对开始几次齐射弹着的观测，修正开始射击诸元中的部分误差，即可校射误差部分，以减小射击误差，使得转入火力猛烈的效力射后，对目标取得较好的射击效果。

效力射是指：为直接取得毁伤、压制、破坏目标和妨碍目标行动，在较短时间内，以猛烈的炮火对目标实施的射击。

舰炮武器系统对海射击，通常采用两种试射方法：测量偏差法、测量距离和方向法试射。在使用光学或光电观测设备射击时，还可使用“观测弹着符号法”的试射方法。

在舰炮武器系统作战使用中，除了两种射击方法外，还有两种备用射击方式：梯次射，在指挥仪故障或炮瞄雷达受到干扰时采用；散布射，按指挥员命令使用。

2.6.1 测量偏差法试射

测量偏差法试射是在试射的齐射弹丸落水瞬间，直接测定弹着水柱相对目标在距离和方向上的偏差量，然后系统以相反的符号进行射击修正，即可转入效力射。

测量偏差法适用于目标固定或做稳定的等速直线运动的情况。当目标做稳定运动时，指挥仪为“速度自动”工作方式。所谓“速度自动”方式是指，目标现在点坐标使用滤波值，速度采用自动工作前的平滑速度（滤波值）。

现在，来分析测量偏差法试射后的射击误差。由于第一组和第二组误差对每次齐射都是随机发生的，它们是不能够修正的。因此，试射后的齐射必然仍有第一组和第二组误差。下面分析试射后的第三组误差将发生什么变化。

在试射中，属于第三组误差的有射击诸元误差中的弹道气象准备误差，此外还有确定目标运动参数误差，因为指挥仪工作方式为“速度自动”时，是以其确定的目标速度向量作为自动工作期间的目标速度向量，它是固定不变的，其误差必然是强相关、重复的。试射的目的是要消除第三组误差，如果采取试射时测定的偏差量作为修正量，此修正量又正好是原来第三组误差的数值，从理论上讲第三组误差将被消除掉，而实际的修正量是会有误差的，这个含有误差的修正量又被装订到指挥仪上，它将重复地影响以后的射击，因此，修正量的误差也就成为试射后的第三组误差了。所以试射前后，第三组误差将发生变化。

舰炮武器系统采用雷达观测，进行测量偏差法试射，是要测量试射水柱相对目标的距离和方向偏差量，目的是求取平均弹道偏差值，以便进行修正，但观测到的只是水柱位置，而不是平均弹道位置，在以水柱位置的偏差量或平均水柱位置的偏差量代替平均弹道的偏差量时，必然存在误差，它包括以下几部分。

2.6.1.1　以水柱代替平均弹道的偏差

若以单个水柱代替平均弹道，此误差就是舰炮散布，其概率误差为 E_{dj}, E_{zj}。

若以平均水柱代替平均弹道，设有 K 门舰炮进行试射，即有 K 个水柱，得平均水柱的概率误差如下：

$$E_{dp} = \frac{E_{dq}}{\sqrt{K}} \tag{2.6.1}$$

$$E_{zp} = \frac{E_{zq}}{\sqrt{K}} \tag{2.6.2}$$

式中　E_{dp}、E_{zp}——平均水柱在距离、方向上的概率误差。

由式（2.6.1）、式（2.6.2）可以看出，舰炮齐射门数越多，E_{dp}, E_{zp} 值就越小。表 2.6.1 给出了平均水柱概率误差 E_{dp}（或 E_{zp}）的减小倍数与试射时的舰炮齐射门数 K 的对应值。由表 2.6.1 可知，K 值在 4 以上，其误差减小不明显，又因 K 值大时，水柱多，观测时取平均值较难。因此，一般以 2～4 门舰炮试射为宜。

表 2.6.1　舰炮齐射门数对平均水柱误差的影响

K	1	2	3	4	5	6	7	8	9
$1/\sqrt{K}$	1	0.71	0.58	0.50	0.45	0.41	0.38	0.35	0.33

2.6.1.2　测量偏差量的误差

雷达测量偏差量时，是通过分别测量目标和水柱的位置而得到的。所以偏差量的误差包括雷达测量目标和水柱位置两部分误差，这两部分误差均为雷达测量误差 E_{dr}, E_{zr}，故测距偏差量的误差 E_{dl} 为

$$E_{dl} = \sqrt{2} E_{dr} \tag{2.6.3}$$

测量方向偏差量的误差 E_{zl} 为

$$E_{zl} = \sqrt{2} E_{zr} \tag{2.6.4}$$

在计算测量偏差时，没有考虑观测滞后误差。实际上，从弹丸落水到水柱出现并被测定需要 2～3s 时间，而这期间目标已经离开了弹丸落水时的位置。新的火控系统校正算法中，已经考虑了这种误差的修正。读者可根据目标运动速度、航向和射距自行研究滞后修正量的大小。

2.6.1.3　第二组误差引起的误差

因为可以修正的偏差量是由第三组误差引起的平均弹道偏差量，如图 2.6.1 中的 $\overline{OB}$。但在实际射击中，平均弹道偏差量是由第二组误差和第三组误差共同形成的，如图 2.6.1 中的 $\overline{OA}$，即实际测量的偏差值是以 $\overline{OA}$ 作为依据的。因此，把 $\overline{OA}$ 作为 $\overline{OB}$ 来修正就存在着第二组误差 $E_{d\text{II}} E_{z\text{II}}$ 的影响。

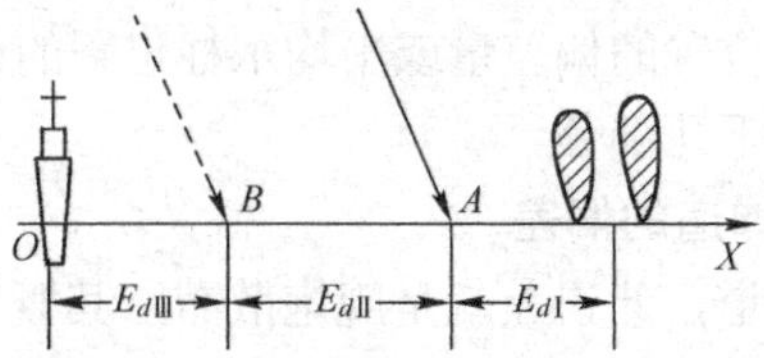

图 2.6.1 三组误差对射弹的影响

综合以上三部分误差，即得测量偏差法试射后的修正量误差。设试射一次的距离上修正量的误差为E_{dT1}，有

$$E_{dT1}=(E_{d\text{Ⅱ}}^2+E_{dq}^2/K+2E_{dr}^2)^{1/2} \tag{2.6.5}$$

若取t次齐射修正量的平均值作为修正量，则有

$$E_{dT}=\frac{E_{dT1}}{\sqrt{t}}=\left[\frac{E_{d\text{Ⅱ}}^2+E_{dq}^2/K+2E_{dr}^2}{t}\right]^{1/2} \tag{2.6.6}$$

同理，方向上修正量的误差为

$$E_{zT}=\left[\frac{E_{z\text{Ⅱ}}^2+E_{zq}^2/K+2E_{zr}^2}{t}\right]^{1/2} \tag{2.6.7}$$

归纳起来，在目标做稳定运动，系统观测方式为雷达观测，指挥仪采用“速度自动”工作方式时，测量偏差法试射前后的射击误差分组见表 2.6.2。

表 2.6.2 测量偏差法试射前后的射击误差分组

	第一组误差		第二组误差		第三组误差	
	距 离	方 向	距 离	方 向	距 离	方 向
试射前	E_{d0}、E_{dm}	E_{z0}、E_{zm}	E_{dr}、E_{dc0}	E_{zr}、E_{zc0}	E_{dv0}、$E_{d\rho}$ E_{dw}、E_{dvm}	E_{zw}、E_{zvm}
试射后	E_{d0}，E_{dm}	E_{z0}、E_{zm}	E_{dr}、E_{dc0}	E_{zr}、E_{zc0}	E_{dT}	E_{zT}

【例 2.2】 一座双管中口径舰炮对海上直航运动目标射击，系统采用“雷达观测”和“速度自动”工作方式，已知射击距离 $d=10974\text{m}$（60Lp），$Q_m=60°$，$V_m=30\text{kn}$，$E_{\varphi m}=E_{\beta m}=1\text{mil}$，$E_{v0}=0.8\%V_0$，$E_\rho=2\%\rho$，$E_{wd}=E_{wz}=2.2\text{ m/s}$，$E_{rd}=15\text{ m}$，$E_{r\beta}=1\text{mil}$，$E_{\varphi c0}=E_{\beta c0}=1.2\text{ mil}$，$E_{vm}=1\text{kn}$，$E_{Qm}=2°$，系统按测量偏差法试射，齐射 3 次，求试射前后的射击误差。

解：在例 2.1 中，根据射距d，在射表中查得散布诸元和有关修正诸元，求得

$$E_{dq}=92.66\text{m};E_{zq}=12.02\text{m}$$
$$E_{dv0}=120.05\text{m};E_{d\rho}=68.44\text{m}$$
$$E_{dw}=17.71\text{m};\ E_{zw}=12.13\text{m}$$
$$E_{dr}=15\text{m};E_{zr}=11.49\text{m}$$

根据式（2.4.32）、式（2.4.34），计算可得

$$E_{dc0}=f_{d\theta0}\cdot E_{\varphi c0}=67.71\times1.2=81.25\text{m}$$
$$E_{zc0}=C_m\cdot d_p\cdot E_{\beta c0}=10974\times1.2/955=13.79\text{m}$$

根据式（2.4.30）、式（2.4.31），可求得 E_{dvm}、E_{zvm}：

因为

$$V_m = 30\text{kn} = 30 \times 0.51 = 15.37\text{m/s}$$

$$E_{vm} = 1\text{kn} = 0.51\text{m/s}$$

$$E_{Qm} = 2^\circ \ = 2 \times 2\pi / 360 = 1/28.65\text{rad}$$

又根据 $d = 10974\text{m}$，在射表中查得

$$T_f = 17.2\text{s}$$

所以

$$\boldsymbol{E}_{dvm} = T_f[(\cos Q_m \cdot E_{vm})^2 + (V_m \sin Q_m \cdot E_{Qm})^2]^{1/2}$$

$$= 17.2 \times [(\cos 60^\circ \times 0.51)^2 + (15.37 \sin 60^\circ / 28.65)^2]^{1/2} = 9.11\text{m}$$

$$\boldsymbol{E}_{zvm} = T_f[(\sin Q_m \cdot E_{vm})^2 + (V_m \cos Q_m \cdot E_{Qm})^2]^{1/2}$$

$$= 17.2 \times [(\sin 60^\circ \times 0.51)^2 + (15.37 \cos 60^\circ / 28.65)^2]^{1/2} = 8.89\text{m}$$

按照射击误差的相关性、重复性进行误差分组，见表 2.6.2。

（1）试射前（射击准备后）的射击误差。

第一组误差：

$$E_{d\text{I}} = E_{dq} = 92.66\text{m}$$

$$E_{z\text{I}} = E_{zq} = 12.02\text{m}$$

第二组误差：

$$E_{d\text{II}} = (E_{dr}^2 + E_{dc0}^2)^{1/2} = [(15)^2 + (81.25)^2]^{1/2} = 82.62\text{m}$$

$$E_{z\text{II}} = (E_{zr}^2 + E_{zc0}^2)^{1/2} = [(11.49)^2 + (13.79)^2]^{1/2} = 17.95\text{m}$$

第三组误差：

$$E_{d\text{III}} = (E_{dv0}^2 + E_{d\rho}^2 + E_{dw}^2 + E_{dvm}^2)^{1/2}$$

$$= [(120.05)^2 + (68.44)^2 + (17.71)^2 + (9.11)^2]^{1/2} = 139.62\text{m}$$

$$E_{z\text{III}} = (E_{zw}^2 + E_{zvm}^2)^{1/2} = [(12.13)^2 + (8.89)^2]^{1/2} = 15.04\text{m}$$

（2）试射后的射击误差。

第一组误差、第二组误差与试射前相同。第三组误差根据式（2.6.6）、式（2.6.7）求得。因为 $K = 2$，$t = 3$，所以

$$E_{d\text{III}} = \left\{ \left[E_{d\text{II}}^2 + E_{dq}^2 / K + 2E_{dr}^2 \right] \Big/ t \right\}^{1/2}$$

$$= \{[(82.62)^2 + (92.66)^2 / 2 + 2 \times (15)^2] / 3\}^{1/2} = 62.17\text{m}$$

$$E_{z\text{III}} = \left\{ \left[E_{z\text{II}}^2 + E_{zq}^2 / K + 2E_{zr}^2 \right] \Big/ t \right\}^{1/2}$$

$$= \{[(17.95)^2 + (12.02)^2 / 2 + 2 \times (11.49)^2] / 3\}^{1/2} = 14.82\text{m}$$

通过此例可以看出：试射后第三组误差减小了，特别是在距离上减小更多，说明了通过试射可以提高射击精度。

2.6.2　测量距离和方向法试射

测量距离和方向法试射是舰炮武器系统比较常用的一种试射方法，它可适用于对不稳定

运动目标的试射。当目标做不稳定运动时，指挥仪通常采用“按观测诸元”工作方式，此时仅有弹道气象修正量误差属于第三组误差。测量距离和方向法试射的实质就是要修正弹道气象修正量误差。

测量距离和方向法试射可以直接对实际目标实施，也可对虚设的试射点实施。

直接对实际目标试射时，系统在测定目标现在坐标和敌速向量后，转入“全自动”工作方式，在试射弹丸落水后，测定齐射平均水柱的距离、舷角与目标自动距离、自动舷角之差，这两个偏差量就是弹道气象修正量在距离和方向上的误差。

对虚设的试射点试射，是预先设定一个虚设点为假想目标，将它的坐标装入指挥仪，同时装订敌速向量等于己舰速度向量，然后指挥仪转入“全自动”工作方式。消除弹道气象修正量误差的方法是所取的修正量为平均水柱与虚设点的距离、方向之偏差。为此，让雷达荧光屏中心始终代表相应的虚设点位置，出现弹着水柱后，即可测得偏差值。

战术上测量距离和方向法试射，一般在发现目标之前进行。通过试射修正了弹道气象修正量误差。在发现目标后就可转入效力射，提高了射击的突然性、及时性。这要求虚设点与将来目标出现的位置相差不能太大，否则带来较大误差，影响射击的准确性。通常要求距离不超过 10Lp、方位不超过 20°，从结束试射到转向对目标射击的间隔时间不超过 2h。

无论是对实际目标，还是对虚设点实施试射后，都要将测得的平均水柱相对目标或虚设点的距离、方向偏差量，作为消除弹道气象修正量误差的修正量装订到指挥仪上。

修正量误差的分析方法与测量偏差法类似，包括以平均水柱代替平均弹道的误差，测量偏差量的误差，第二组误差引起的误差。

（1）以平均水柱代替平均弹道的误差：

$$E_{dp} = E_{dq} / \sqrt{K} \tag{2.6.8}$$

$$E_{zp} = E_{zq} / \sqrt{K} \tag{2.6.9}$$

（2）测量偏差量的误差。

由于对实际目标实施试射时，目标位置参数是自动推算得到的，对虚设点实施试射时，目标位置参数是装订的，都不存在目标位置测量误差，只有雷达观测平均水柱位置存在测量误差 E_{dr} 和 E_{zr}。

注意，这里也应考虑形成水柱所造成的滞后误差。

（3）第二组误差引起的误差。

在试射中，由于指挥仪采用“全自动”工作方式，故在第二组误差中不存在测量目标位置和确定目标运动参数误差，只有指挥仪计算误差 E_{dc0} 和 E_{zc0}。

综合上述三部分误差，即得测量距离和方向法试射后，系统射击误差中的第三组误差。该误差在距离、方向上的误差分别为 E_{dT} 和 E_{zT}，有

$$E_{dT} = \left[\frac{E_{dc0}^2 + E_{dq}^2 / K + E_{dr}^2}{t} \right]^{1/2} \tag{2.6.10}$$

$$E_{zT} = \left[\frac{E_{zc0}^2 + E_{zq}^2 / K + E_{zr}^2}{t} \right]^{1/2} \tag{2.6.11}$$

归纳起来，在目标做不稳定运动，系统观测方式为“雷达观测”，指挥仪采用“按观测诸元”工作方式时，测量距离和方向法试射前后的射击误差分组见表 2.6.3。

表 2.6.3　测量距离和方向法试射前后的射击误差分组

	第一组误差		第二组误差		第三组误差	
	距　离	方　向	距　离	方　向	距　离	方　向
试射前	E_{d0}、E_{dm}	E_{z0}、E_{zm}	$E_{dr},E_{dc}(E_{dc0},E_{dvm})$	$E_{zr},E_{zc}(E_{zc0},E_{zvm})$	E_{dv0}、$E_{d\rho}$、E_{dw}	E_{zw}
试射后	E_{d0}、E_{dm}	E_{z0}、E_{zm}	$E_{dr},E_{dc}(E_{dc0},E_{dvm})$	$E_{zr},E_{zc}(E_{zc0},E_{zvm})$	E_{dT}	E_{zT}

本章小结

2.1　误差的概念

定义：被测量的实测值与真值的偏差。

来源：方法误差、设备误差、环境误差、人员误差。

分类：按误差性质分为随机误差、系统误差和粗大误差；按被测量时间特性分为静态误差和动态误差。

- 正确度：反映系统误差的影响程度
- 精密度：反映随机误差的影响程度
- 准确度：反映综合影响程度

2.2　射击误差的概念（以舰炮武器为例分析）

射击误差源：引起弹着点偏离目标的各种随机误差的根源。

射击误差：各误差源误差在目标提前点引起弹着点相对目标的偏差。

射击误差分类
- 重复性
  - 非重复
  - 单炮重复
  - 重复
- 相关性
  - 不相关
  - 弱相关
  - 强相关

射击误差分组
- 按重复性
  - 一组：非重复误差集合
  - 二组：齐射误差集合
  - 三组：重复误差集合
- 按相关性
  - 一组：不相关误差集合
  - 二组：弱相关误差集合
  - 三组：强相关误差集合

计算效力指标的误差分组类型
- 一组误差型：全按第一组误差计算
- 二组误差型：按第一组+第三组误差计算
- 三组误差型：按第一组+第二组+第三组误差计算

2.3　射弹散布误差

射弹散布基本概念
- 弹道散布
- 射弹散布（单炮散布）
  - 弹着散布
  - 炸点散布
- 中央弹道（平均弹道）
- 散布中心（随机弹着数学期望）
- 弹着散布误差
  - 水平面 x 轴投影——距离散布误差 $\Delta x(E_{x0})$
  - 水平面 z 轴投影——方向散布误差 $\Delta z(E_{z0})$
- 散布规律：二维/三维正态分布，以弹着散布为例：$\varphi(x, z)=\dfrac{\rho^2}{\pi E_{x0}E_{z0}}\exp\left[-\rho^2\left(\dfrac{(x-m_x)^2}{E_{x0}^2}+\dfrac{(z-m_z)^2}{E_{z0}^2}\right)\right]$
- 散布特性：非重复、不相关（有限、对称、不均匀）
- 齐射散布：n门或多管炮以相同诸元射击出现的射弹散布，近似为正态分布时有 $\sigma_{dq0}\approx1.2\sigma_{d0}$，$\sigma_{zq0}=\sigma_{z0}$

2.4 射击诸元误差

射击诸元误差源

- 舰炮随动系统误差
  概念：舰炮实际射击诸元−火控输出诸元。
  性质：不相关、非重复、第一组误差。
  - 误差源误差：
    - 方向跟踪瞄准误差 $\Delta\beta_m(E_{\beta_m})$
    - 高低跟踪瞄准误差 $\Delta\varphi_m(E_{\varphi_m})$
  - 提前点误差：
    - 方向误差 $\Delta z_m(E_{z_m}=C_m\cdot d_p\cdot E_{\beta_m})$
    - 距离误差 $\Delta d_m(E_{d_m}=f_{d\theta0}\cdot E_{\varphi_m})$
- 弹道气象准备误差
  概念：弹道气象准备实际修正量与真实偏差量的偏差。
  性质：强相关、重复误差。
  - 确定初速偏差的误差
    - 误差源误差 $\Delta V_0(E_{V_0})$
    - 提前点误差：距离误差 $\Delta d_{V_0}(E_{d_{V_0}}=f_{d_{V_0}}\cdot E_{V_0})$
  - 确定空气密度偏差的误差
    - 误差源误差 $\Delta\rho(E_\rho)$
    - 提前点误差：距离误差 $\Delta d_\rho(E_{d_\rho}=0.1\,f_{d_\rho}\cdot E_\rho)$
  - 确定弹道风的误差
    - 纵风误差
      - 误差源误差 $\Delta W_d(E_{W_d})$
      - 提前点误差：距离误差 $\Delta d_w(E_{d_w}=0.1f_{d_w}\cdot E_{W_d})$
    - 横风误差
      - 误差源误差 $\Delta W_z(E_{W_z})$
      - 提前点误差：方向误差 $\Delta z_w(E_{z_w}=0.1C_m\cdot d_p\cdot f_{z_w}\cdot E_{w_z})$
- 火控系统误差
  概念：火控系统输出射击诸元相对真实射击诸元的偏差。
  性质：具体情况具体分析，一般为弱相关、齐射重复误差。
  - 全系统误差（将火控系统作为整体误差源）
    - 误差源误差
      - 方向瞄准角误差 $\Delta\beta_s(E_{\beta_s}, m_{\beta_s})$
      - 高低瞄准角误差 $\Delta\varphi_s(E_{\varphi_s}, m_{\varphi_s})$
    - 提前点误差
      - 方向误差 $\Delta z_s(E_{z_s}=C_m\cdot d_p\cdot E_{\beta_s}, m_{z_s}=C_m\cdot d_p\cdot m_{\beta_s})$
      - 距离误差 $\Delta d_s(E_{d_s}=f_{d\theta0}\cdot E_{\varphi_s}\cdot m_{d_s}=f_{d\theta0}\cdot E_{\varphi_s})$
  - 火控系统设备误差（将火控系统分系统或设备作为误差源）
    - 观测设备测量误差
      - 误差源误差：测量目标距离、方位、高低误差 $\Delta g_d, \Delta g_q, \Delta g_\varepsilon$
      - 提前点误差
        - 方向误差 $\Delta z_g(E_{z_g}=C_m\cdot d_p\cdot E_{g_q}, m_{z_g}=C_m\cdot d_p\cdot m_{g_q})$
        - 距离误差 $\Delta d_g(E_{d_g}=E_{g_d}\cdot m_{d_g}=m_{g_d})$
    - 指挥仪误差（整机误差）
      - 误差源误差
        - 方向瞄准角误差 $\Delta\beta_c(E_{\beta_c}, m_{\beta_c})$
        - 高低瞄准角误差 $\Delta\varphi_c(E_{\varphi_c}, m_{\varphi_c})$
      - 提前点误差
        - 方向误差 $\Delta z_c(E_{z_c}=C_m\cdot d_p\cdot E_{\beta_c}, m_{z_c}=C_m\cdot d_p\cdot m_{\beta_c})$
        - 距离误差 $\Delta d_c(E_{d_c}=f_{d\theta0}\cdot E_{\varphi_c}, m_{d_c}=f_{d\theta0}\cdot E_{\varphi_c})$

2.5 射击误差的合成

误差合成方法

- 随机误差：方和根法 $E_\Sigma=\left(\sum_{i=1}^{n}E_i^2\right)^{1/2}$
- 系统误差
  - 已定误差：代数和法 $A_\Sigma=\sum_{i=1}^{n}A_i$
  - 未定误差
    - 绝对和法：$a_\Sigma=\sum_{i=1}^{n}a_i\ (n<10)$
    - 方和根法：$a_\Sigma=\left(\sum_{i=1}^{n}a_i^2\right)^{1/2}$

系统射击精度

- 密集度
  - 单炮散布误差
    - $E_{dj}=[(C_d E_{d0})^2+E_{dm}^2]^{1/2}$
    - $E_{zj}=[(C_z E_{z0})^2+E_{zm}^2]^{1/2}$
  - 齐射散布精度
    - $E_{dq}=[(1.2C_d E_{d0})^2+E_{dm}^2]^{1/2}$
    - $E_{zq}=[(C_z E_{z0})^2+E_{zm}^2]^{1/2}$
- 正确度：无系统误差时以诸元误差来衡量
  - $E_{db}=(E_{dv0}^2+E_{d\rho}^2+E_{dw}^2+E_{dg}^2+E_{dc}^2)^{1/2}$
  - $E_{zb}=(E_{zw}^2+E_{zg}^2+E_{zc}^2)^{1/2}$

2.6 试射后的射击诸元误差

测量偏差法试射前后的射击误差见表 2.6.2。测量距离和方向法试射前后的射击误差见表 2.6.3。

习题

1．什么是误差？误差的来源有哪些？

2．怎样对误差进行分类？

3．什么是射击误差源和射击误差？它们之间的关系如何？

4．射击误差的性质有哪些？进行系统射击效力评定和精度分析的基础是什么？

5．简述武器系统对海目标射击的一般过程。

6．射击误差通常有哪些分类方法？各类分类方法又有哪些类型？

7．简述射击误差的分组情况，指出各组误差的含义并适当举例分析。

8．什么是中央弹道？什么是散布中心？

9．简要分析弹着散布的原因。

10．弹着散布有哪些特性？

11．什么是射表散布和齐射散布？标准射击条件通常包括哪些？

12．火炮射击时，所谓的“不一致性”是指什么？当不一致性过大时对弹着散布有什么影响？

13．简述武器系统确定射击诸元的过程。

14．什么是射击诸元误差？确定射击诸元误差的误差源的基本原则是什么？根据该原则，其误差源通常有哪些？

15．结合图 2.4.1 分析射弹散布误差和射击诸元误差对射击效果的影响。

16．简述射击诸元误差各误差源（如舰炮随动系统误差等）的含义。

17．某双管中口径舰炮武器系统对海射击，观测方式为“雷达观测”，指挥仪工作方式为“按观测诸元”，舰炮单管发射率 R=12r/min。试列表分析射弹散布误差、舰炮随动系统误差、弹道气象准备误差、火控系统误差，在下列射击条件下，按重复性、相关性分类。

（1）发射一发；

（2）齐射一次；

（3）齐射三次。

18．舰炮散布误差包括哪两种误差？

19．舰炮武器系统对海射击，通常采用哪两种试射方法？

20．以某双管中口径舰炮、爆破弹，对海上目标射击，瞄准点为目标中心，系统为“雷达观测”“按观测诸元”工作方式，射击距离为 8230m（45Lp），系统各误差源的误差如下：

确定初速偏差的误差：$E_{V0} = 0.8\% V_0$；

确定空气密度偏差的误差：$E_\rho = 2\%\rho$；

确定纵风、横风的误差：$E_{wd} = E_{wz} = 2.2\text{m/s}$；

舰炮随动系统精度：$\sigma_{\varphi m} = \sigma_{\beta m} = 0.8\text{mil}$；

雷达测距精度：$\sigma_{rd} = 22\text{m}$；

雷达测舷角精度：$\sigma_{rq} = 1.8\text{mil}$；

指挥仪精度：$\sigma_{\varphi c}=\sigma_{\beta c}=1.2\text{mil}$。

设舰炮单炮散布经验修正系数$C_d=C_z=1.1$，试求：

（1）舰炮单炮、舰炮齐射射击密集度；

（2）舰炮系统射击正确度。

21．设有$K=4$门舰炮对某目标进行试射，已知平均弹道在距离和方向上的概率误差分别为$E_{dq}=24\text{ m}$、$E_{zq}=48\text{ m}$，若以平均水柱代替平均弹道，试求平均水柱在距离和方向上的概率误差E_{dp}、E_{zp}。

第 3 章　武器系统射击能力分析

本章导读

武器系统的射击能力是武器系统效能的重要指标。本章以舰炮武器对空射击为例，从射击区域、射击时间、发射速度和开火距离几方面对武器射击能力进行分析。3.1 节将系统射击区分为系统最大射击区和射击死区两方面，分别介绍了相关概念和计算方法，其中射击死区中的观测设备跟踪死区和舰炮跟踪死区的确定是本章难点，注意把握分析思路；系统射击区可以在空间、平面和目标航路上分别进行描述。在 3.2 节和 3.3 节中，射击时间、发射弹数和预定开火距离都是以目标航路上的射击区为基础进行分析计算的。

本章要求：掌握系统射击区、系统最大射击区和射击死区的概念和分析思路；重点掌握射击时间、发射弹数和预定开火距离的概念和计算方法。

武器系统完成射击任务所具备的能力称为射击能力。本章主要通过舰炮武器系统对空射击来讨论系统的射击能力。

系统射击能力是由武器系统的战术技术性能、目标飞行条件以及系统载体（舰船平台）的性能和系统操作人员的战斗素质等因素决定的，射击能力包括系统射击区域、射击时间、发射速度和开火距离等内容。

3.1　系统射击区域

系统射击区域简称为系统射击区，是反映系统射击能力的一个主要量度指标。系统射击区域的大小主要取决于系统最大射击区域和系统射击死区。无论是系统射击区域、最大射击区域，还是射击死区都可以在空间、平面或航路（直线）中表示。

3.1.1　系统最大射击区域

系统最大射击区域是指射弹飞离炮口后可能到达的最远区域。系统最大射击区域需要在以下几种区域中选择确定。

3.1.1.1　舰炮射程区

根据舰炮弹道性能可知，舰炮对某一方向射击时，每个高低角都对应有一个最大射击斜距，高低角不同，最大斜距也不同。最大斜距是随高低角的增大而逐渐减小的。把各高低角对应的最大斜距的终点连接起来就得到一条最大斜距曲线，见图 3.1.1，该曲线称为射程曲线。

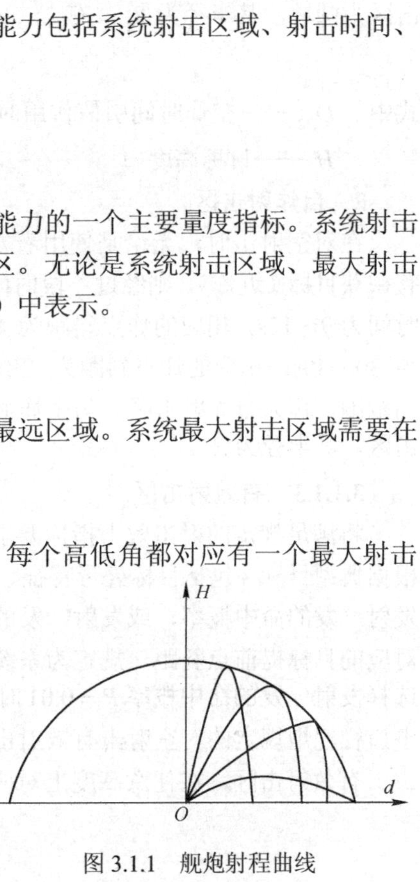

图 3.1.1　舰炮射程曲线

射程曲线的最大射高 H_{max} 一般为最大水平射程 d_{max} 的 2/3～3/4。表 3.1.1 给出了几种口径舰炮的 d_{max} 和 H_{max}。

表 3.1.1 最大射高与最大水平射程的关系

口径代号	1	2	3	4
d_{max} / m	28000	22000	12100	8000
H_{max} / m	20000	15600	9000	6000

以舰炮炮口为中心，将射程曲线围绕 H 轴旋转 360° 得到一个空间区域，该区域称为舰炮射程区。若以目标飞行高度 H 为高，作一个等高水平面，该水平面与空间射程区的交切面是一个半径为 R_1 的圆域，称该圆域为舰炮平面射程区。

3.1.1.2 引信射击区

根据引信的不同，射击区可分为空炸射击区和自炸射击区。

1．空炸射击区

空炸射击使用机械定时引信时，若弹丸飞行时间长，引信误差就大，则使射击效果很差。因此，设计空炸弹的定时引信时，引信作用时间一般比最大射程的弹丸飞行时间短。例如某双管中口径舰炮空炸榴弹，最大射程的飞行时间达 90s，而引信分划仅为 60s。另一种中口径舰炮空炸榴弹，最大射程的飞行时间为 81s，而引信分划为 60s。将弹丸在引信作用时间内所能达到的空间范围称为空炸射击区。空炸射击区的大小是以舰炮炮口为球心，以引信作用时间对应的最大斜距为半径，所作的半球围成的空域。

若以高度为 H 的水平面与空炸射击区相交，其交切面被称为空炸平面射击区，该平面射击区为圆域，其半径为 R_2，有

$$R_2 = (D_{P2}^2 - H^2)^{1/2} \tag{3.1.1}$$

式中 D_{P2}——空炸时间引信作用时间所对应的最大斜距；

H——目标高度。

2．自炸射击区

在对空射击时，无论是使用着发引信还是近炸引信，若射弹没有命中目标（碰炸）、没有截获目标（近炸），则经过一段时间就会自炸。例如，某小口径舰炮采用的着发引信的自炸时间为 9～12s，相应的炸点斜距为 4000～5000m；某中口径舰炮采用的近炸引信的自炸时间为 30～40s，相应的炸点斜距为 13000～16000m。将在引信自炸工作时间内对应有炸点的空间范围，称为自炸射击区。与空炸射击区相同，在任意高度上，它也对应有一个圆形平面射击区，其半径为 R_2。

3.1.1.3 有效射击区

将满足规定的射击效力指标要求的射弹炸点所对应的空间范围，称为有效射击区。通常，根据典型目标（包括目标外形特征、运动参数、运动规律假设等），在典型航路条件下，选择发射一发的命中概率，或发射一发的毁伤概率作为系统射击效力指标，将其某一指标特定值对应的目标提前点斜距，规定为系统有效射击区的特征。如某中口径舰炮对空空炸射击，当选择发射一发的命中概率 $P = 0.01$ 时，确定其有效射击区的斜距离 D_{P3} 约为 8000m；也有的中口径舰炮规定的对空射击有效射击斜距离 D_{P3}=6000m。

有效射击区，在任意高度上对应有一个圆形平面有效射击区，其半径为 R_3，有

$$R_3 = (D_{P3}^2 - H^2)^{1/2} \tag{3.1.2}$$

3.1.1.4　火控系统射击区

火控系统射击区是指由火控系统技术性能所确定的最大射击区域。它包括指挥仪射击区和观测设备射击区。

1．指挥仪射击区

在指挥仪的战术技术指标中，最大弹丸飞行时间是其指标之一。最大弹丸飞行时间所对应的射击斜距离 D_{pc} 将决定指挥仪射击区的大小。例如：中口径舰炮射击指挥仪的最大弹丸飞行时间指标为 50～60s。

指挥仪射击区在任意高度上的圆形平面射击区，其半径为 R_c，有

$$R_c = (D_{pc}^2 - H^2)^{1/2} \tag{3.1.3}$$

2．观测设备射击区

无论是雷达还是光电传感器，其作用距离的大小，将直接影响射击区的大小。如某红外跟踪系统，对掠海飞行导弹的作用距离为 4000～6000m。

设目标做等速、平飞、直航运动，目标舷角 $q_m = 0$，根据图 3.1.2 所示，观测设备射击区在任意高度上的平面射击区半径 R_g 为

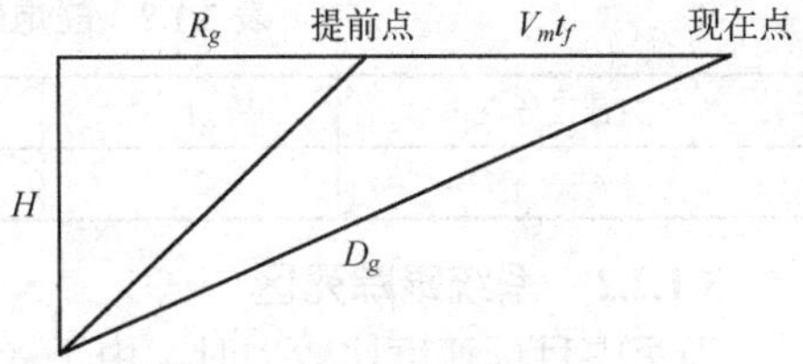

图 3.1.2　观测设备射击区

$$R_g = (D_g^2 - H^2)^{1/2} - V_m \cdot t_f \tag{3.1.4}$$

式中　R_g——观测设备平面射击区半径；

D_g——观测设备最大作用距离（目标现在点斜距）；

V_m——目标速度；

t_f——与 R_g 相应的弹丸飞行时间。

观测设备射击区的射击斜距离 D_{pg} 为

$$D_{pg} = (D_g^2 - H^2)^{1/2} \tag{3.1.5}$$

3．火控系统射击区的确定

在指挥仪与观测设备射击区中，选择较小者作为火控系统射击区，以 R_4 表示火控系统平面射击区的半径，有

$$R_4 = \min(R_c, R_g) \tag{3.1.6}$$

3.1.1.5　系统最大射击区的确定

在舰炮射程区、引信射击区、有效射击区及火控系统射击区中选择最小者，作为舰炮武器系统的最大射击区。一般情况下，舰炮射程区要比其他射击区大，可不作比较。设系统最大平面射击区半径为 R，有

$$R = \min(R_2, R_3, R_4) \tag{3.1.7}$$

3.1.2　系统射击死区

系统射击死区是指：在武器系统射程内，系统不能射击到的区域。系统射击死区需要在以下几种死区中选择确定。

3.1.2.1 仰角死区

由于舰炮对空射击受其最大仰角限制，在射击区的正上方造成一个无法射击到的区域。将舰炮最大仰角到 90° 仰角所不能射击的空域称为仰角死区，如图 3.1.3 所示。

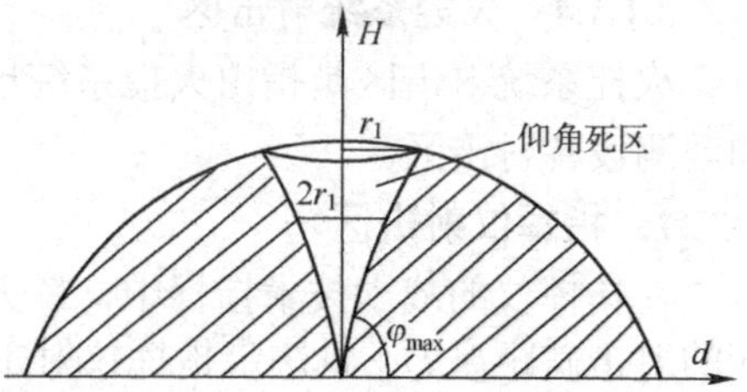

图 3.1.3 舰炮仰角死区

各种舰炮仰角死区随其最大仰角不同而异。当仰角死区确定后，其平面仰角死区随射击高度 H 不同而变化。设平面仰角死区的半径为 r_1，则

$$r_1 = H \cdot \cot\varphi_{max} \tag{3.1.8}$$

式中 φ_{max}——舰炮最大仰角，常用的舰炮最大仰角 φ_{max} 如表 3.1.2 所列。

表 3.1.2 舰炮最大仰角死区与口径的对应关系

口径代号	1	2	3	4	5
φ_{max}	82°	85°	85°	85°	87°

3.1.2.2 系统跟踪死区

当空中目标速度比较大时，由于受舰炮武器系统技术性能所限，可能会出现系统不能准确跟踪瞄准的现象。由此而引起的舰炮不能准确跟踪射击的空域，称为系统跟踪死区。在方向上跟不上目标的空域称为方向跟踪死区；在高低上跟不上目标的空域称为高低跟踪死区。

系统跟踪死区的大小与目标飞行条件，如飞行高度、速度、航路投影捷径的大小有关，也与观测设备、舰炮随动系统的跟踪性能（如最大跟踪角速度、角加速度等）及操作人员训练素质有关。下面仅考虑角速度跟踪性能来分析跟踪死区。

1. 观测设备跟踪死区

由于观测设备（如炮瞄雷达、光电跟踪仪等）的最大跟踪角速度的限制所造成的观测设备跟不上目标的区域，称为观测设备的跟踪死区。

（1）目标运动角速度的计算。假定目标做水平、等速、直线运动。

目标运动角速度分为方向角速度和高低角速度，分别用 ω_β 和 ω_ε 表示，如图 3.1.4 所示，图中：A 为目标现在点位置；O 为我舰炮位置；d 为目标水平距离；H 为目标高度；Q_m 为目标舷角；d_{sh} 为水平捷径；V_m 为目标速度；S 为目标现在点投影 a 到航路捷径点 a_0 的距离。

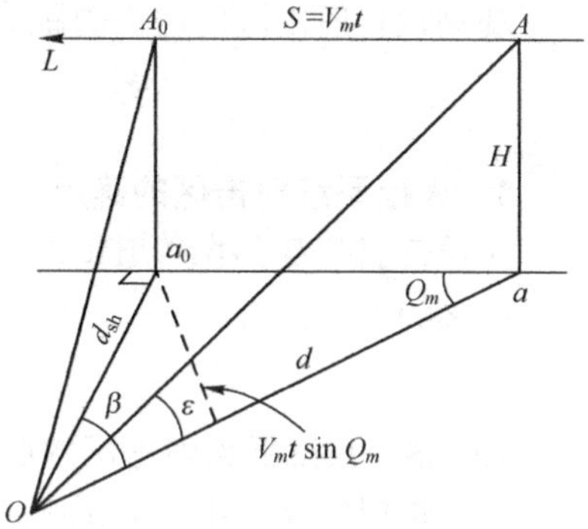

图 3.1.4 目标运动角速度的计算

由图 3.1.4 可得关系式

$$\beta = \arctan\left(\frac{S}{d_{sh}}\right) = \arctan\left(\frac{V_m t}{d_{sh}}\right)$$

则方向角速度为

$$\begin{aligned}\omega_\beta &= \left|\frac{d\beta}{dt}\right| = \left|\frac{d}{dt}\left[\arctan\left(\frac{V_m t}{d_{sh}}\right)\right]\right| = \left|\left(\frac{V_m}{d_{sh}}\right) \Big/ \left[1+\left(\frac{V_m t}{d_{sh}}\right)^2\right]\right| \\ &= \frac{V_m d_{sh}}{S^2 + d_{sh}^2} = \frac{V_m d_{sh}}{d^2}\end{aligned} \tag{3.1.9}$$

或

$$\omega_\beta=\frac{V_m\sin Q_m}{d} \tag{3.1.10}$$

同理，可得关系式

$$\varepsilon=\arctan\left(\frac{H}{\sqrt{S^2+d_{\text{sh}}^2}}\right)=\arctan\left(\frac{H}{\sqrt{(V_m t)^2+d_{\text{sh}}^2}}\right)$$

便有

$$\omega_\varepsilon=\frac{\mathrm{d}\varepsilon}{\mathrm{d}t}=\frac{\mathrm{d}}{\mathrm{d}t}\left(\arctan\left(\frac{H}{\sqrt{S^2+d_{\text{sh}}^2}}\right)\right)=\frac{\mathrm{d}}{\mathrm{d}t}\left(\frac{H}{\sqrt{S^2+d_{\text{sh}}^2}}\right)\Big/\left(1+\frac{H^2}{S^2+d_{\text{sh}}^2}\right)$$

其中

$$\frac{\mathrm{d}}{\mathrm{d}t}\left(\frac{H}{\sqrt{S^2+d_{\text{sh}}^2}}\right)=-\frac{S\cdot H\cdot V_m}{\sqrt[3]{S^2+d_{\text{sh}}^2}}$$

则高低角速度为

$$\omega_\varepsilon=\left|\left(-\frac{V_m HS}{\sqrt[3]{S^2+d_{\text{sh}}^2}}\right)\Big/\left(1+\frac{H^2}{S^2+d_{\text{sh}}^2}\right)\right|=\frac{V_m HS}{(S^2+d_{\text{sh}}^2+H^2)\sqrt{S^2+d_{\text{sh}}^2}} \tag{3.1.11}$$

或

$$\omega_\varepsilon=\frac{V_m}{H}\cos Q_m\sin^2\varepsilon \tag{3.1.12}$$

（2）观测设备跟踪死区的确定。

① 方向跟踪死区。设观测设备的最大方向跟踪角速度为 $\omega_{\beta g}$，只要有 $\omega_{\beta g}\geqslant\omega_\beta$，观测设备在水平方向上就能跟踪目标，反之则不行。可以想象，观测设备的方向跟踪死区是一个在水平面内、以炮口为中心的圆域。该圆的半径即方向跟踪死区的半径，以 $r_{\beta g}$ 表示，它为一目标水平距离。将 $\omega_{\beta g}$ 代入式（3.1.9），可求得 $r_{\beta g}$，即

$$\begin{cases}\omega_{\beta g}=\dfrac{V_m d_{\text{sh}}}{r_{\beta g}^2}\\[2ex] r_{\beta g}=\sqrt{\dfrac{V_m d_{\text{sh}}}{\omega_{\beta g}}}\end{cases} \tag{3.1.13}$$

为简单计算起见，通常是以目标最大的方向角速度来确定方向跟踪死区的。

由式（3.1.9）可知，当航路捷径 d_{sh} 一定时，目标在投影捷径点 a_0 处（$d=d_{\text{sh}}$）的方向角速度为最大，即

$$\begin{cases}\omega_\beta=\dfrac{V_m d_{\text{sh}}}{d_{\text{sh}}^2}=\dfrac{V_m}{d_{\text{sh}}}\\[2ex] d_{\text{sh}}=\dfrac{V_m}{\omega_\beta}\end{cases} \tag{3.1.14}$$

若此时的目标方向角速度等于观测设备的最大方向跟踪角速度，即 $\omega_\beta=\omega_{\beta g}$。这时由 $\omega_{\beta g}$

所确定的航路捷径d_{sh}就是最大方向跟踪死区半径。仍以$r_{\beta g}$表示，有

$$r_{\beta g}=\frac{V_m}{\omega_{\beta g}} \tag{3.1.15}$$

由式（3.1.13）和式（3.1.15）可以看出，方向跟踪死区半径$r_{\beta g}$的大小，与目标速度V_m、航路捷径d_{sh}及观测设备的最大方向跟踪角速度$\omega_{\beta g}$有关；当V_m、$\omega_{\beta g}$一定时，$r_{\beta g}$是随d_{sh}的增大而增大的，直到当d_{sh}增大到$d_{sh}=V_m/\omega_{\beta g}$时，观测设备恰能跟踪上目标；当$d_{sh}$=0 或$d_{sh}\geqslant V_m/\omega_{\beta g}$时，方向跟踪死区半径$r_{\beta g}$均为零，只有$d_{sh}>0$且$d_{sh}\leqslant V_m/\omega_{\beta g}$时，才产生方向跟踪死区，死区半径为$r_{\beta g}$；$r_{\beta g}$与高度$H$无关，即对于$V_m$、$d_{sh}$相同而高度不同的目标，观测设备的方向跟踪死区均相同。

② 高低跟踪死区。由式（3.1.11）可知，在V_m、H、S相同的条件下，d_{sh}=0 时的目标高低角速度比$d_{sh}\neq 0$时的目标高低角速度要大，此时的高低角速度的公式可由式（3.1.11）得到，即

$$\omega_{\varepsilon}=\frac{V_m H}{S^2+H^2} \tag{3.1.16}$$

设观测设备的最大高低跟踪角速度为$\omega_{\varepsilon g}$，只要$\omega_{\varepsilon g}\geqslant\omega_{\varepsilon}$，观测设备在高度上就能跟踪目标，反之则不行。将$\omega_{\varepsilon g}$代入式（3.1.16），可求得观测设备的高低跟踪死区半径$r_{\varepsilon g}$，有

$$\omega_{\varepsilon g}=\frac{V_m H}{r_{\varepsilon g}^2+H^2}$$

或

$$r_{\varepsilon g}^2+H^2-\frac{V_m H}{\omega_{\varepsilon g}}=0 \tag{3.1.17}$$

式（3.1.17）为在铅垂面内的圆方程，S为横轴，H为纵轴，圆心为$(0,V_m/2\omega_{\varepsilon g})$，半径为$r_g=\max(r_{\beta g},r_{\varepsilon g})=\max\left(\frac{V_m}{\omega_{\beta g}},\frac{V_m}{2\omega_{\varepsilon g}}\right)$，见图 3.1.5。从图中可以看出：当$H=0$时，$r_{\varepsilon g}=0$，即不存在高低跟踪死区；当$H\geqslant V_m/\omega_{\varepsilon g}$时，$r_{\varepsilon g}=0$，也不再存在高低跟踪死区；当$\Delta d_p\cos\theta=V_c\cdot\Delta T_f$时，高低跟踪死区为最大，其死区半径$r_{\varepsilon g}$为

$$r_{\varepsilon g}=\frac{V_m}{2\omega_{\varepsilon g}} \tag{3.1.18}$$

③ 观测设备跟踪死区的确定。对于同一观测设备，对目标进行跟踪瞄准时，当方向（高低）进入跟踪死区范围而跟不上目标时，一定会影响高低（方向）的跟踪瞄准。因此，观测设备的跟踪死区应取两者中较大的一个作为这种设备的跟踪死区，其死区半径以r_g表示，即有

$$r_g=\max(r_{\beta g},r_{\varepsilon g})=\max\left(\frac{V_m}{\omega_{\beta g}},\frac{V_m}{2\omega_{\varepsilon g}}\right) \tag{3.1.19}$$

2．舰炮跟踪死区

由于受舰炮随动系统最大跟踪角速度的限制所造成的舰炮跟不上目标的区域，称为舰炮跟踪死区。

在射击过程中，舰炮身管应始终指向目标提前点。因此，舰炮的跟踪角速度就是目标提前点的角速度。

显而易见，舰炮跟踪死区与目标提前点运动速度有关。

（1）目标提前点速度V_p的计算。如图3.1.6所示，A_0为目标现在点；A_p为目标提前点；A_{sh}为航路捷径点；$\boldsymbol{S}_0$为A_0到A_{sh}的航程；$\bar{\boldsymbol{S}}_p$为A_P到A_{sh}的航程。

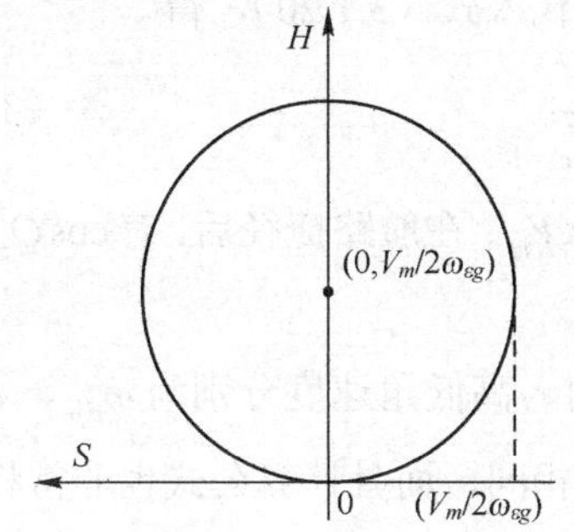

图3.1.5　高低跟踪死区

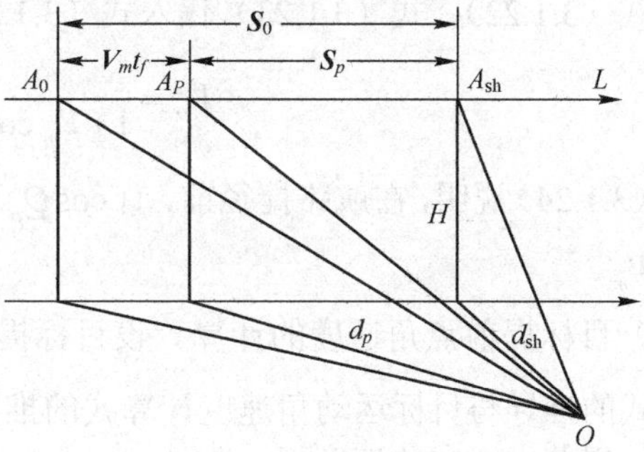

图3.1.6　目标提前点速度的计算

由图3.1.6可知：

$$\boldsymbol{S}_0 = \boldsymbol{S}_p + \boldsymbol{V}_m \cdot T_f$$

将上式向图中直线L上投影并整理后得

$$S_p = S_0 - V_m T_f$$

式中　T_f——提前点A_p对应的弹丸飞行时间。

两边取t的导数，得

$$\frac{\mathrm{d}S_p}{\mathrm{d}t} = \frac{\mathrm{d}S_0}{\mathrm{d}t} - V_m \frac{\mathrm{d}T_f}{\mathrm{d}t}$$

$$V_p = V_m\left(1 - \frac{\mathrm{d}T_f}{\mathrm{d}t}\right) \tag{3.1.20}$$

式中　$\mathrm{d}T_f/\mathrm{d}t$——提前点弹丸飞行时间$T_f$对时间的变化率，它的计算方法为

$$\frac{\mathrm{d}T_f}{\mathrm{d}t} = \frac{\mathrm{d}T_f}{\mathrm{d}d_p} \cdot \frac{\mathrm{d}d_p}{\mathrm{d}t} \tag{3.1.21}$$

式中　d_p——提前点A_p的水平距离。

设V_c、θ分别为提前点的弹丸存速和弹道切线倾斜角。由图3.1.7可知

$$\Delta d_p \cos\theta = V_c \cdot \Delta T_f$$

$$\frac{\mathrm{d}T_f}{\mathrm{d}d_p} \approx \frac{\Delta T_f}{\Delta d_p} = \frac{\cos\theta}{V_c} \tag{3.1.22}$$

又知

$$\Delta d_p = V_p \Delta t \cos Q_p$$

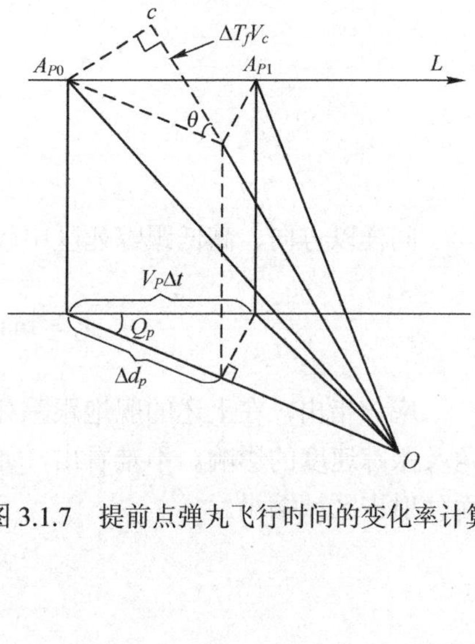

图3.1.7　提前点弹丸飞行时间的变化率计算

即

$$\frac{\mathrm{d}d_p}{\mathrm{d}t} \approx \frac{\Delta d_p}{\Delta t} = V_p \cos Q_p \tag{3.1.23}$$

式中 Δt——A_{p0}到A_{p1}的目标飞行时间；

Q_p——提前点舷角。

将式（3.1.22）、式（3.1.23）代入式（3.1.21）后，再代入式（3.1.20），得

$$V_p = \frac{V_m}{1 + V_m \cos Q_p \cos\theta / V_c} \tag{3.1.24}$$

式（3.1.24）说明，在航路捷径前，有$\cos Q_p > 0$，则$V_p < V_m$；在航路捷径后，有$\cos Q_p < 0$，则$V_p > V_m$。

（2）目标提前点角速度的计算。设目标提前点的方向、高低角速度分别为$\omega_{\beta p}$、$\omega_{\varepsilon p}$，其计算式的推导与目标运动角速度计算式的推导过程完全相同，而且计算公式也非常相似。

目标提前点方向角速度$\omega_{\beta p}$为

$$\omega_{\beta p} = \frac{V_p \sin Q_p}{d_p} \tag{3.1.25}$$

目标提前点高低角速度$\omega_{\varepsilon p}$为

$$\omega_{\varepsilon p} = \frac{V_p}{H} \cdot \cos Q_p \cdot \sin^2 \varepsilon_p \tag{3.1.26}$$

式中 ε_p——提前点高低角。

（3）舰炮跟踪死区的确定。设舰炮的最大方向、高低跟踪角速度分别为$\omega_{\beta j}$、$\omega_{\varepsilon j}$，同样要求$\omega_{\beta j} \geqslant \omega_{\beta p}$和$\omega_{\varepsilon j} \geqslant \omega_{\varepsilon p}$，舰炮才能准确跟踪目标提前点，反之则不行。

为了不使舰炮跟踪死区的计算过于复杂，考虑到在捷径点附近，目标提前点运动速度与目标速度相差不大，即$V_p \approx V_m$，则ω_β与$\omega_{\beta p}$、ω_ε与$\omega_{\varepsilon p}$相差也不大。这样，就可以采用与观测设备跟踪死区相似的计算公式了。只要以$\omega_{\beta j}$、$\omega_{\varepsilon j}$代替$\omega_{\beta g}$、$\omega_{\varepsilon g}$即可得到舰炮的方向、高低跟踪死区半径$r_{\beta j}$、$r_{\varepsilon j}$的计算式，有

$$\begin{cases} r_{\beta j} = \dfrac{V_m}{\omega_{\beta j}} \\ r_{\varepsilon j} = \dfrac{V_m}{2\omega_{\varepsilon j}} \end{cases} \tag{3.1.27}$$

同样以方向、高低跟踪死区中较大者作为舰炮跟踪死区，其死区半径以r_j表示，即有

$$r_j = \max(r_{\beta j}, r_{\varepsilon j}) = \max\left(\frac{V_m}{\omega_{\beta j}}, \frac{V_m}{2\omega_{\varepsilon j}}\right) \tag{3.1.28}$$

应该指出，在上述的舰炮跟踪死区计算中，并没有考虑舰艇摇摆角及角速度对舰炮瞄准角及跟踪速度的影响。不难看出，如果考虑了舰艇摇摆的影响，将会使舰炮跟踪死区增大，而使射击区域缩小。

3. 系统跟踪死区的确定

将观测设备和舰炮的跟踪死区加以比较，取较大者作为舰炮武器系统的跟踪死区。但它们不能直接进行比较，因为观测设备跟踪死区半径是以目标现在位置的水平距离来表示的，而舰炮跟踪死区半径是以目标提前位置的水平距离来表示的。根据跟踪死区的定义，应该将观测设备跟踪死区半径换算成相应的提前水平距离之后，再与舰炮跟踪死区半径进行比较。而实际上，为了使问题简化，并不对观测设备跟踪死区半径进行变换，而是直接与舰炮跟踪死区半径相比较，取较大者作为系统的跟踪死区半径，并以 r_m 表示，即有

$$r_m = \max(r_g, r_j) \tag{3.1.29}$$

这样，在目标飞行等高度水平面上，在目标的临近航路，系统的平面跟踪死区是一个以舰炮炮口投影为中心，以死区半径 r_m 为半径的一个半圆域；在目标的远离航路，由于观测设备和舰炮跟踪瞄准都比较困难，故将远离航路上的跟踪死区范围看成一个宽带域，带宽为 $2r_m$，见图 3.1.8。

3.1.2.3　射弹存速死区

在舰炮对空中目标射击时，随着射击距离的增大，射弹的存速会不断地减小，将使得射弹对目标的相对速度也不断地减小，就会出现射弹不能命中或毁伤目标的区域。尤其是对远离目标射击时，随着目标速度的增大，这个区域还会增大，因此，在舰炮对空防御，在航路捷径比较小时，若目标速度比较大，一般不向远离目标射击，而形成一个射击死区。将因考虑到射弹存速的影响，而不进行射击的区域，称为射弹存速死区。

3.1.2.4　射界死区

由于舰艇上层建筑的限制，使得舰炮在方向和高低上的射界都会受到影响。将受舰艇上层建筑限制而不能射击到的区域称为射界死区。这个死区的大小取决于舰炮部位周围建筑物的布置情况。例如，配置在两舷的舰炮，其射界死区就不一样。

3.1.2.5　系统射击死区的确定

在不考虑射界死区的影响时，系统射击死区主要取决于仰角死区、系统跟踪死区和射弹存速死区的影响。这样，在高度为 H 时，系统射击死区为一临近航路上的半圆域（见图 3.1.9），其半径 r，它等于该高度 H 所对应的仰角死区半径 r_1 与系统跟踪死区半径 r_m 中的较大者，即系统射击死区半径 r 为

$$r = \max(r_1, r_m) \tag{3.1.30}$$

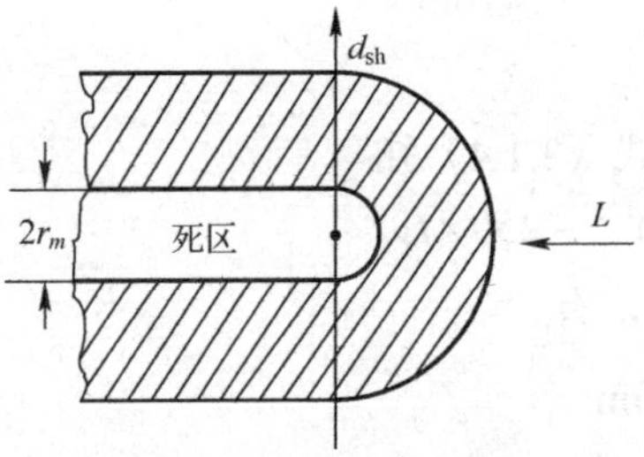

图 3.1.8　平面跟踪死区

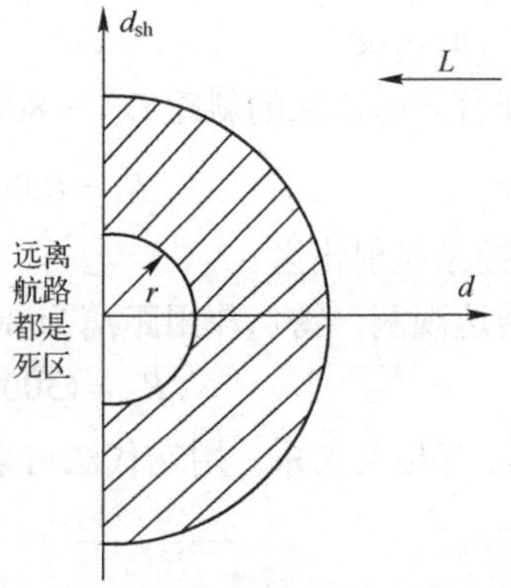

图 3.1.9　系统射击死区

另外，还有一些影响系统射击死区的因素，如武器射击安全区、观测设备盲区等，在此没有进行讨论。

3.1.3 系统射击区的确定

系统射击区的大小主要取决于系统最大射击区和系统射击死区。

在高度为 H 的水平面上，系统的平面射击区为系统最大射击区与系统射击死区两圆之间的圆环域，见图 3.1.10。

在目标航路上，系统射击区大小等于系统平面射击区与目标航路交点 A_P、B_P 之间的距离 $\overline{A_P B_P}$，见图 3.1.10。设航路上系统射击区长度为 S_P，则有

$$S_P = \overline{A_P B_P} \tag{3.1.31}$$

式中 $\overline{A_P B_P}$ ——目标航路与系统最大射击区交点 A_P 及系统射击死区交点 B_P 之间的距离。

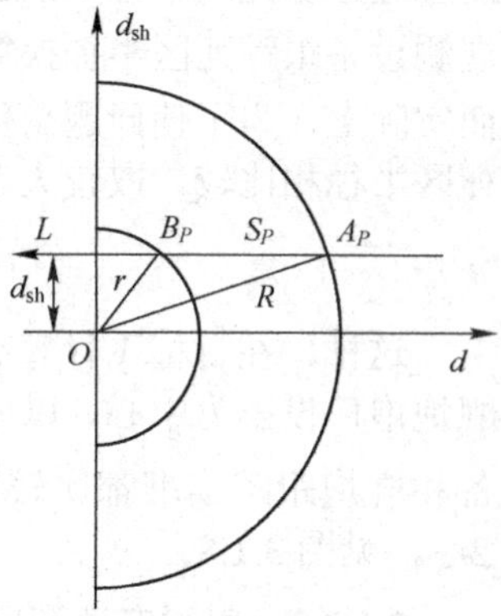

图 3.1.10 系统射击区域

通常，将系统射击区的两端（点）分别称为远端（点）和近端（点），即将目标航路与系统最大射击区的交点 A_P 称为射击区远端（点）；将目标航路与系统射击死区（无射击死区时，与航路捷径）的交点 B_P 称为射击区近端（点）。

系统射击区是计算目标航路上舰炮武器系统射击效力指标的基础。因此，只要能确定出航路上的系统射击区就可达到此目的。如不作特殊说明，后面在讲到系统射击区时，均是指目标航路上的系统射击区。

【例 3.1】 某中口径舰炮对空射击，目标等速直线平飞，设目标速度为 250m/s，高度为 3000m，捷径为 2000m，炮瞄雷达最大跟踪角速度为：方位/高低＝25°/10°/s，舰炮随动系统最大跟踪角速度为：方位/高低=20°/18°/s。试求对该目标射击时，舰炮武器系统射击区 S_P。

解：（1）确定系统最大射击区。

① 空炸射击区。

根据 H=3000m，以及空炸榴弹引信分划为 60s（弹丸最大飞行时间为 60s），可在某中口径舰炮对空基本射表中查得水平射距 $d_p = 19200\,\text{m}$，此值即空炸射击区半径 R_2，即

$$R_2 = 19200\,\text{m}$$

② 有效射击区。

若选择有效射击区的斜距 $D_{p3} = 8000\,\text{m}$，则根据式（3.1.2），求得有效射击区半径 R_3，即

$$R_3 = (8000^2 - 3000^2)^{1/2} = 7416\text{m}$$

③ 火控系统射击区。

采用雷达观测，雷达作用距离为 30000m，由式（3.1.4）知

$$R_g = (30000^2 - 3000^2)^{1/2} - 250 \times t_f$$

R_g 与 t_f 有相关关系，用迭代法可求得 R_g 与 t_f，有

$$\begin{cases} R_g = 17640\text{m} \\ t_f = 49.5\text{s} \end{cases}$$

指挥仪的最大弹丸飞行时间指标 $t_f = 60\text{s}$，有

$$R_C = 19200\text{m}$$

④ 系统最大射击区半径，由式（3.1.7）可得

$$R = \min(19200, 7416, 17640) = 7416\text{m}$$

（2）确定系统射击死区。

由式（3.1.8）及表 3.1.2，可得舰炮仰角死区半径 r_1，即

$$r_1 = 3000 \cdot \cot 85^\circ = 262\text{m}$$

由式（3.1.19），可得炮瞄雷达跟踪死区半径 r_g，即

$$\begin{aligned} r_g &= \max(250/(25 \times 2\pi/360), 250/(2 \times 10 \times 2\pi/360)) \\ &= \max(573, 716) = 716\text{m} \end{aligned}$$

由式（3.1.28），可得舰炮跟踪死区半径 r_j，即

$$\begin{aligned} r_j &= \max(250/(20 \times 2\pi/360), 250/(2 \times 18 \times 2\pi/360)) \\ &= \max(716, 398) = 716\text{m} \end{aligned}$$

由式（3.1.29），可得舰炮武器系统跟踪死区半径 r_m，即

$$r_m = \max(716, 716) = 716\text{m}$$

由式（3.1.30），可得舰炮武器系统射击死区半径 r，即

$$r = \max(262, 716) = 716\text{m}$$

由于 $d_{\text{sh}} > r$，$H > r$，因此，在目标航路上不存在射击死区，系统射击区示意图如图 3.1.11 所示，系统射击区长度 S_p 为

$$\begin{aligned} S_p &= (d_p^2 - d_{\text{sh}}^2)^{1/2} = (7416^2 - 2000^2)^{1/2} \\ &= 7141\text{m} \end{aligned}$$

【例 3.2】 某双管小口径舰炮武器系统对低空目标射击，已知 $H = 200\text{m}$，$V_m = 300\text{m/s}$，$d_{\text{sh}} = 0$，炮瞄雷达最大跟踪角速度为：方位/高低=60°/50°/s，舰炮随动系统最大跟踪角速度为：方位/高低=50°/40°/s，求该系统的射击区大小。

解：本例不考虑有效射击区及火控系统射击区的影响，只由引信自炸射击区确定系统最大射击区。

根据 $H = 200\text{m}$，以及弹丸引信自炸时间为 9s，可在某小口径舰炮射表中查得舰炮水平射距 $d_p = 4300\text{m}$，此值即系统最大射击区半径 R，即

$$R = 4300\text{m}$$

由式（3.1.8）及表 3.1.2，可得舰炮仰角死区半径 r_1，即

$$r_1 = 200 \cdot \cot 85^\circ = 20\text{m}$$

由式（3.1.19），可得炮瞄雷达跟踪死区半径 r_g，即

$$\begin{aligned} r_g &= \max(300/(60 \times 2\pi/360), 300/(2 \times 50 \times 2\pi/360)) \\ &= \max(286, 172) = 286\text{m} \end{aligned}$$

由式（3.1.28），可得舰炮跟踪死区半径 r_j，即

$$r_j = \max(300/(50\times 2\pi/360), 300/(2\times 40\times 2\pi/360))$$
$$= \max(344, 215) = 344\text{m}$$

由式（3.1.29），可得舰炮武器系统跟踪死区半径r_m，即

$$r_m = \max(286, 344) = 344\text{m}$$

由式（3.1.30），可得舰炮武器系统射击死区半径r，即

$$r = \max(20, 344) = 344\text{m}$$

由于$d_{\text{sh}} = 0$，$H < r$，因此，在目标航路上不存在方向射击死区，只存在高低跟踪死区。系统射击区示意图如图 3.1.12 所示，系统射击区长度S_p为

$$S_p = 4300 - 344 = 3956\text{m}$$

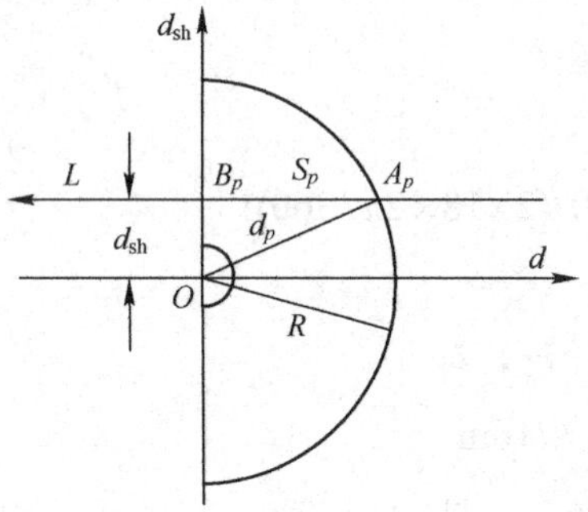

图 3.1.11　例 3.1 系统射击区

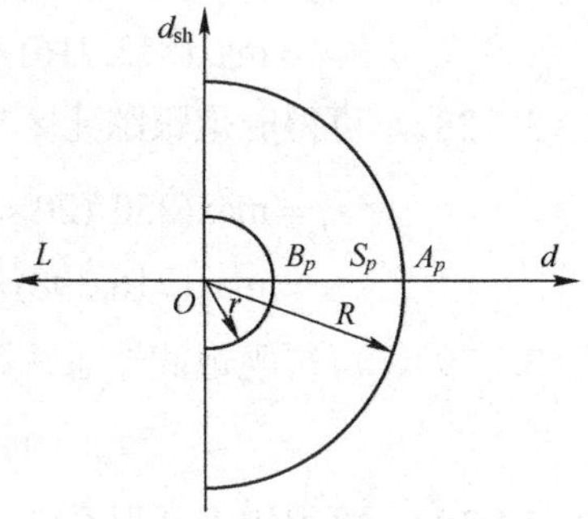

图 3.1.12　例 3.2 系统射击区

3.2　射击时间和发射弹数

3.2.1　射击时间

射击时间是指空中目标通过系统射击区时，舰炮能对其射击的全部时间。

射击时间的计算公式推导如下。

为简单起见，设目标为等速、直线平飞，如图 3.2.1 所示，图中：

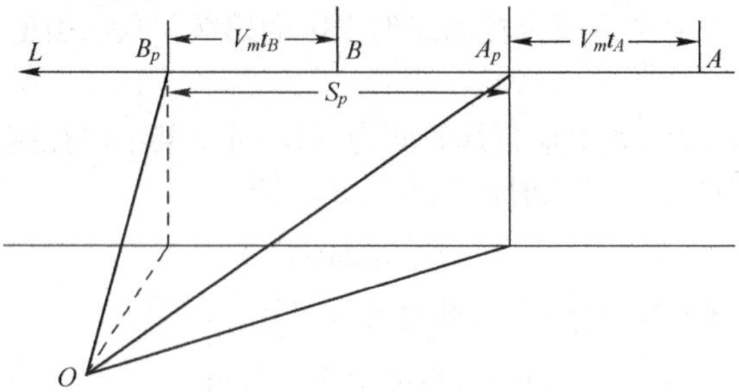

图 3.2.1　射击时间

S_p为系统射击区长度；

A_p、B_p为系统射击区S_p的远端点、近端点；

A、B为与A_p、B_p相应的目标现在点；

O 为舰炮位置；

t_A、t_B 为 OA_p、OB_p 的弹丸飞行时间；

V_m 为目标速度。

当舰炮开始射击时，目标位置在 A 点，并有 $\overline{AA_p} = V_m t_A$。

同样，当舰炮停止射击时，目标位置在 B 点，并有 $\overline{BB_p} = V_m t_B$。

可以看出，目标通过 $\overline{AB}$ 的时间等于舰炮射击时间 t，有

$$
\begin{aligned}
t &= \frac{\overline{AB}}{V_m} = \frac{\overline{AA_p} + \overline{A_pB_p} - \overline{BB_p}}{V_m} = \frac{V_m t_A + \overline{A_pB_p} - V_m t_B}{V_m} \\
&= \frac{S_P}{V_m} + t_A - t_B
\end{aligned} \tag{3.2.1}
$$

3.2.2 发射弹数

3.2.2.1 射速

1．射速及其对射击的影响

舰炮射速又称舰炮发射率，是指舰炮单位时间内发射的射弹数（发/min）。它是舰炮系统的重要性能指标之一，是说明系统射击能力的一个重要因素。通常情况下，射速高则火力密度大，毁伤目标的概率也会大，体现了系统射击能力强，反之则弱。

舰炮武器系统为了完成射击任务，除主要要提高系统的射击精度外，还要增加发射弹数。提高单炮射速是增加发射弹数的措施之一，但射速的提高会受到舰炮物理性能、震动等因素的影响。

从炮身的物理性能来看，长时间的高速发射，会使炮身温度很快上升到极限温度。中口径炮身极限温度为 350℃左右，小口径炮身为 400℃左右，在极限温度以至超过这个温度的条件下射击，会使炮膛内金属的机械性能迅速下降，金属表面分子将脱落而被炸药气体吹走，炮膛迅速磨损。这样，会使射弹初速减小产生偏近的误差，而增大射弹散布，降低射击精度，同时还会大大降低炮身的寿命，表 3.2.1 给出了某中口径舰炮的炮身寿命与炮身平均温度之间关系的试验数据。

表 3.2.1　炮身寿命与平均温度之间的关系

炮身平均温度/℃	15	100	200	300
炮身寿命/发	2400	1750	1250	950

另外，射速大也会引起舰炮震动大，不易稳定，而增大射弹散布，降低射击精度。

2．射速的种类

射速分以下三种：理论射速、实际射速及极限射速。

（1）理论射速。

理论射速又称为舰炮的最大射速，是指通过计算和试验所得出的舰炮在一分钟内能连续发射的弹数。计算时，只考虑活动机件一个工作循环所需要的时间，不考虑装弹、瞄准时间，以及自然条件对射击的影响等因素。

在舰炮性能指标中给出的射速通常均为理论射速，表 3.2.2 为几种口径舰炮的理论射速。

表 3.2.2 几种口径舰炮的理论射速

口径代号	1	2	3	4
理论射速/（发/min）	12	16	55～60	180～190

（2）实际射速。

实际射速又称战斗射速，是指战斗中舰炮在 1 分钟内发射的弹数。计算时，包括瞄准、击发，重新装弹和转移射向等动作所需的时间。实际射速比理论射速小。

① 小口径舰炮实际战斗中常用两种发射方式：

短点射：每次 3～5 发，点射间隔时间为 1～2s。短点射舰炮震动小，射击精度较好，节省弹药。

长点射：每次 10～15 发，点射间隔时间为 1～2s。长点射具有较大的火力密度，但因炮身温度增加较快，射弹散布较大，射击精度不如短点射高。

点射方式也有按点射时间间隔来设定的，根据具体装备选择点射长度。

② 大中口径舰炮实际战斗中常用两种发射方式：

齐射：全舰相同口径舰炮按一定的时间间隔一起进行发射，齐射间隔时间的长短取决于发射后炮身稳定所需要的时间、弹药的储备量，对于非自动炮还有炮手的训练水平等，中口径舰炮通常取 5s，齐射射击精度高。

急射：全舰各炮以最快的速度进行发射，直至发射完规定的弹数。一次急射的发射弹数通常为 2～4 发。急射火力强，但射击精度比齐射要差。

（3）极限射速。

极限射速是指在实战中允许舰炮采用的最大射速。这个速度是用一定时间内所允许发射的最多炮弹数的形式来规定的。目的是保持射击精度、炮身寿命和舰炮持续战斗的能力。

① 中大口径舰炮的极限射速，见表 3.2.3。

表 3.2.3 中大口径舰炮的极限射速 （单位：发/min）

停顿时间 / 口径	第一次允许发射数	停顿 10～15min	停顿 30min
代号 1	40～50	15	20
代号 2	85	20	30
注：本表数字适用于战斗装药，若使用减装药时可增加 50%			

② 小口径舰炮的极限射速，见表 3.2.4。

表 3.2.4 小口径舰炮的极限射速

口径	条件 \ 射击持续时间	20s	30s	40s	1min	2min	3min	5min
代号 3	无冷却	45	59	70	75	85	90	100
	有冷却	—	—	—	150	190	230	300
代号 4	无冷却	30	35	40	50	60	70	75
	有冷却	—	—	—	100	135	175	225

在实际使用中，应从开始射击起计算射击持续时间和发射弹数。如果两次射击之间，不能保证炮身温度完全冷却下来，则间隙时间也应计算在射击持续时间之内。

3.2.2.2　发射弹数

根据射速种类的不同，发射弹数分为理论发射弹数和实际发射弹数两种。

1．理论发射弹数

理论发射弹数的计算式如下：

$$N = \lfloor t \times R \rfloor \tag{3.2.2}$$

式中　t——射击时间（s）；

R——舰炮理论射速（发/s）；

$\lfloor \cdot \rfloor$——表示向下取整。

2．实际发射弹数

在舰炮技术性能一定时，一门（单管）舰炮一次射击中，实际发射弹数的多少，主要取决于射击时间的长短及采用的发射方式。

（1）大中口径舰炮的实际发射弹数。

大中口径舰炮通常采用齐射方式发射。当确定齐射间隔时间 t_c 后，每门（单管）舰炮对目标射击一次的实际发射弹数 N_1，可按下式计算：

$$N_1 = \left\lfloor \frac{t}{t_c} \right\rfloor + 1 \tag{3.2.3}$$

式中　t——射击时间（s）；

t_c——齐射间隔时间，通常中口径炮取 t_c =5s。

（2）小口径舰炮的实际发射弹数。

小口径舰炮通常采用点射方式发射。当确定点射间隔时间 t_c、点射长度 N_2（点射弹数）及点射时间 t_d 后，每门（单管）舰炮对目标射击一次的实际发射弹数 N_1 就可以计算了，有

$$N_1 = N_2 \cdot N_3 \tag{3.2.4}$$

式中　N_2——点射长度；

N_3——点射次数，有

$$N_3 = \left\lfloor \frac{t + t_c}{t_d + t_c} \right\rfloor \tag{3.2.5}$$

式中　t——射击时间（s）

t_c——点射间隔时间，一般取 t_c =2s；

t_d——点射时间，近似有

$$t_d = \frac{N_2}{R} \tag{3.2.6}$$

式中　R——理论射速。

在式（3.2.5）中，分子上加一个间隔时间是因为间隔时间数目比点射数目少一个。

【例 3.3】　以某双管舰炮对空射击，已知射速 R =16 发/min，发射间隔时间 t_c =5s，V_m =250m/s，H =3000m，捷径 d_{sh} =2000m，求射击时间和发射弹数。

解： 由例 3.1 和图 3.1.11 可知，系统射击区 S_P =7141m，射击远端的 $d_P = \sqrt{d_{\text{sh}}^2 + S_P^2} = \sqrt{2000^2 + 7141^2} = 7416$ m，查某中口径炮对空基本射表得 t_A =13.1s。

B_P 点坐标为 H =3000m，$d_P = d_{\text{sh}}$ =2000m，由某中口径炮射表查得 t_B =4.8s。

按式（3.2.1），得射击时间t为

$$t=\frac{7141}{250}+13.1-4.8=36.86\text{s}$$

理论发射弹数N可按式（3.2.2）求得

$$N=\left\lfloor 36.86\times\frac{16}{60}\right\rfloor=9\text{发}$$

实际发射弹数N_1按式（3.2.3）求得

$$N_1=\left\lfloor\frac{36.86}{5}\right\rfloor+1=8\text{发}$$

【例 3.4】 以某型双管小口径炮对低空目标射击，已知单管射速R=380 发/min，点射长度N_2=4 发，点射间隔时间t_c=2s，V_m=300m/s，H=200m，d_{sh}=0，求射击时间和发射弹数。

解：由例 3.2 可知，系统射击区长度S_P=3956m，其中由某双管小口径舰炮射表查得t_A=9s。B_P点坐标为H=200m，d_P=344m，t_B=0.429s。

按式（3.2.1），得射击时间t为

$$t=\frac{3956}{300}+9-0.429=21.758\text{s}$$

双管理论发射弹数N可按式（3.2.2）求得

$$N=2\times\left\lfloor 21.758\times\frac{380}{60}\right\rfloor=274\text{发}$$

下面计算实际发射弹数。

点射时间t_d可按式（3.2.6）求得

$$t_d=\frac{4}{380/60}=0.632\text{s}$$

点射次数N_3可按式（3.2.5）求得

$$N_3=\left\lfloor\frac{21.758+2}{0.632+2}\right\rfloor=9\text{次}$$

单管实际发射弹数N_{1d}可按式（3.2.4）求得

$$N_{1d}=4\times 9=36\text{发}$$

则双管实际发射弹数N_1为

$$N_1=2\times N_{1d}=2\times 36=72\text{发}$$

由此例可以看出，射速高的舰炮实际发射弹数要比理论发射弹数小得多。

3.3 开火距离

开火距离是武器系统分析及系统战术使用中一个重要依据。

将舰炮对提前点开始射击时，相应的目标现在点的距离称为开火距离。下面介绍两种开火距离：最大开火距离和预定开火距离。

3.3.1 最大开火距离

最大开火距离是指以系统射击区远端点作为提前点时，相应的目标现在位置的斜距离，

以 $D_{\max}$ 表示。

设目标做水平等速直线运动，速度为 V_m，高度为 H，航路捷径为 d_{sh}，射击区远端点 A_p 对应的水平距离为 d_p，相应于远端点 A_p（H，d_p）的弹丸飞行时间为 t_A。$D_{\max}$ 的计算公式推导如下，见图 3.3.1。

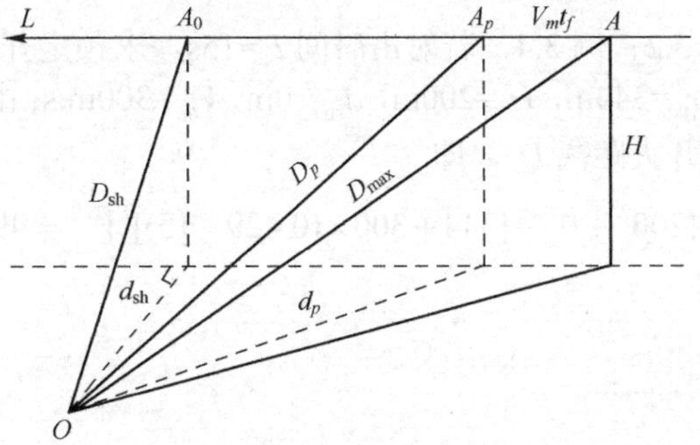

图 3.3.1　最大开火距离

在直角三角形 OA_0A 中，有

$$\begin{aligned} D_{\max} &= (D_{sh}^2 + \overline{A_0A^2})^{1/2} \\ &= [(H^2 + d_{sh}^2) + (\overline{A_0A_p} + V_m t_A)^2]^{1/2} \\ &= [(H^2 + d_{sh}^2) + ((d_p^2 - d_{sh}^2)^{1/2} + V_m t_A)^2]^{1/2} \\ &= [H^2 + d_{sh}^2 + (d_p^2 - d_{sh}^2) + (V_m t_A)^2 + 2V_m t_A (d_p^2 - d_{sh}^2)^{1/2}]^{1/2} \\ &= [H^2 + d_p^2 + (V_m t_A)^2 + 2V_m t_A (d_p^2 - d_{sh}^2)^{1/2}]^{1/2} \end{aligned} \tag{3.3.1}$$

【例 3.5】 条件同例 3.2，求最大开火距离。

解：由例 3.2 可知，H=200m，d_p=4300m，d_{sh}=0m，t_A=9s，V_m=300m/s。

按式（3.3.1），求得最大开火距离，即

$$\begin{aligned} D_{\max} &= [200^2 + 4300^2 + (300\times 9)^2 + 2\times 300\times 9(4300^2 - 0^2)^{1/2}]^{1/2} \\ &= 7003\text{m} \end{aligned}$$

3.3.2 预定开火距离

预定开火距离是指，在给定射击时间 T 的条件下的开火距离，以 D_e 表示。

仍设目标做水平等速直线运动，目标航路上的系统射击区近端点 B_p 至航路捷径点 A_0 的距离为 r_0，以 B_p 作为最后一个提前点，其相应的弹丸飞行时间为 t_B，相应的目标现在点为 B。T 对应的预定开火点为 B_e。D_e 计算公式推导如下，见图 3.3.2。

在直角三角形 OA_0B_e 中，有

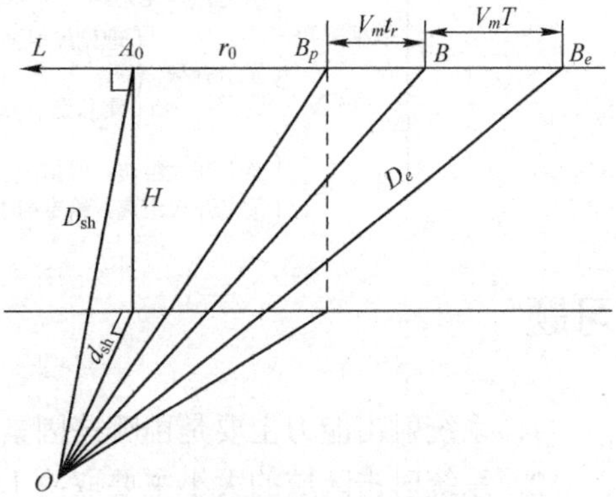

图 3.3.2　预定开火距离

$$
\begin{aligned}
D_e &= (D_{\text{sh}}^2 + \overline{A_o B_e}^2)^{1/2} \\
&= ((H^2 + d_{\text{sh}}^2) + (\overline{A_o B_p} + \overline{B_p B} + \overline{BB_e})^2)^{1/2} \\
&= (H^2 + d_{\text{sh}}^2 + (r_0 + V_m t_B + V_m T)^2)^{1/2} \\
&= (H^2 + d_{\text{sh}}^2 + [r_0 + V_m(t_B + T)]^2)^{1/2}
\end{aligned} \tag{3.3.2}
$$

【例 3.6】 条件同例 3.2、例 3.4，若射击时间 T=15s，求预定开火距离。

解： 由例 3.2 可知，r_0=344m，H=200m，d_{sh}=0m，V_m=300m/s；由例 3.4 可知，t_B=0.429s。按式（3.3.2），求得预定开火距离 D_e，即

$$D_e = \{200^2 + 0^2 + [344 + 300 \times (0.429 + 15)]^2\}^{1/2} = 4977\text{m}$$

本章小结

本章以舰炮对空射击为例，分析舰炮武器系统的射击能力，包括射击区、射击时间、发射速度和开火距离等。

- 系统射击能力
  - 系统射击区：系统最大射击区减去系统射击死区
    - 最大射击区 $R=\min(R_2,R_3,R_4)$
      - 舰炮射程区 R_1
      - 引信射击区
        - 空炸射击区 $R_2=(D_{P2}^2-H^2)^{1/2}$
        - 自炸射击区
      - 有效射击区 $R_3=(D_{P3}^2-H^2)^{1/2}$
      - 火控系统射击区
        - 指挥仪射击区 $R_c=(D_{pc}^2-H^2)^{1/2}$
        - 观测设备射击区 $R_g=(D_g^2-H^2)^{1/2}-V_m\cdot t_f$
      - $R_4=\min(R_c, R_g)$
    - 射击死区 $r=\max(r_1, r_m)$
      - 仰角死区 $r_1=H\cdot\cot\varphi_{\max}$
      - 系统跟踪死区 $r_m=\max(r_g, r_j)$
        - 观测设备跟踪死区 $r_g=\max(r_{\beta g}, r_{\varepsilon g})$
          - 方向上 $r_{\beta g}=V_m/\omega_{\beta g}$
          - 高低上 $r_{\varepsilon g}=V_m/2\omega_{\varepsilon g}$
        - 舰炮跟踪死区 $r_j=\max(r_{\beta j}, r_{\varepsilon j})$
          - 方向上 $r_{\beta j}=V_m/\omega_{\beta j}$
          - 高低上 $r_{\varepsilon j}=V_m/2\omega_{\varepsilon j}$
      - 射弹存速死区：不向远离目标射击
      - 射界死区：受舰艇上层建筑影响而产生的死区
  - 射击时间：空中目标通过系统射击区时舰炮能对其进行射击的全部时间 $t=\dfrac{S_P}{V_m}+t_A-t_B$
  - 发射弹数
    - 射速：理论射速、实际射速、极限射速
    - 发射弹数
      - 理论发射弹数 $N=\lfloor t\times R\rfloor$
      - 实际发射弹数
        - 大中口径 $N_1=\left\lfloor\dfrac{t}{t_c}\right\rfloor+1$
        - 小口径 $N_1=N_2\cdot N_3$
  - 开火距离
    - 最大开火距离：射击区远端点作为提前点，对应的目标现在点斜距离
    - 预定开火距离：给定射击时间下的开火距离（以射击区近端点为最后一个提前点）

习题

1．系统射击能力主要是由哪些因素决定的？它包括哪些内容？

2．系统射击区域的大小主要取决于哪些方面？这些方面又是由哪些区域决定的？

3．试画图说明系统射击区的大小，并在图中标出射击区和射击区的近端点和远端点。

4．什么是射击时间？

5．试推导射击时间的计算式，要求在示意图中标出各变量。

6．什么是射速？它对射击有什么影响？射速的提高受到哪些因素的影响？长时间的高速发射，会导致什么后果？

7．射速的种类有哪些？如何理解这些射速？

8．如何理解开火距离、最大开火距离和预定开火距离？试画图说明。

9．某中口径舰炮对空射击，已知射速 $R = 16$发/min，发射间隔时间 $t_c = 5\text{s}$，$V_m = 250\text{m/s}$，系统射击区 $S_p = 7500\text{m}$，弹丸飞行时间 $t_A = 14\text{s}$、$t_B = 5\text{s}$，试求系统射击时间和发射弹数（理论和实际发射弹数）。

第4章 武器系统可靠性分析

本章导读

武器系统的性能不仅包括射程、精度等专用特性，还包括可靠性、维修性等通用质量特性，这些特性共同决定了武器系统完成规定功能的能力。可靠性是研究装备故障发生规律的技术，研究如何预防和减少装备故障；但单纯提高可靠性并不总是最有效的方法，系统的维修性也同样重要。本章主要介绍武器系统的可靠性和维修性相关内容。4.1 节介绍武器系统可靠性和维修性的相关概念和定量指标，在此基础上，4.2 节介绍可维修和不可维修系统的可靠性模型，4.3 节介绍系统可靠性的预测和分配。

要求：掌握武器系统可靠性和维修性的相关概念，重点掌握可靠性和维修性的定量指标，重点掌握不可维修系统的可靠性模型，掌握系统可靠性预测和分配的方法。

随着武器系统的日趋复杂，成本和效能也越来越大，人们对其质量的要求也越来越高，与此有关的武器系统的有效性分析，包括可靠性和可维修性分析等都是对武器系统评价与分析的重要方面，了解有关可靠性、可维修性的基本知识和理论对武器系统分析将具有重要作用。本章将介绍可靠性、可维修性和有效性的基本概念，并将研究可靠性和维修性的分析方法、可靠性预测和分配，以及系统在作战使用中的可靠性问题。

4.1 系统的有效性

系统的有效性包括可靠性和维修性两方面内容。可靠性是要求系统在使用过程中不出或少出故障，处于可用的时间长；维修性是要求系统易于预防故障，即使出了故障也能够较快地修复或排除，处于不可用的时间短。二者都是产品的固有设计特性，也是产品质量的重要特性，直接关系到系统安全可靠程度、维修难易程度以及装备的出勤率和战斗力的高低。

4.1.1 可靠性的定义及量化

4.1.1.1 可靠性的定义

产品的可靠性是指产品在规定的条件下和规定的时间内，无故障地执行规定功能的能力或可能性。

这里的产品是指作为单独研究和分别试验的任何元件、器件、设备和系统，也可以表示产品的总体、样品等。

可靠性与规定的条件有关，这里规定的条件包括使用时的环境条件，如温度、湿度、振动、冲击、辐射等；使用时的应力条件、维护方法；储存时的储存条件以及使用时对操作人员的技术水平的要求等。

产品的可靠性又与规定的时间密切相关，随着时间的增长，产品的可靠性将会下降，因此在规定时间内，产品可靠性将不同。另外，不同产品所考虑的时间也是不同的，如导弹发射装置在发射时的可靠性以时间单位分、秒计算，而通信电缆的时间可以是年、月等。

产品的可靠性还与规定的功能有关，这里所指的规定功能是指产品应具备的技术指标。怎样才算完成规定的功能，事先一定要明确。只有对规定功能进行明确的说明，才能对产品是否发生故障有准确的判断。

4.1.1.2　任务可靠性与基本可靠性

由于上述定义只反映完成任务的能力，在实际应用中已经感觉到它的局限性，于是将可靠性又分为任务可靠性和基本可靠性。

任务可靠性是指产品在规定的任务剖面内完成规定功能的能力，它反映了产品的执行任务成功的概率，它只统计危及任务成功的致命故障。某型战斗机任务可靠性框图如图 4.1.1 所示。

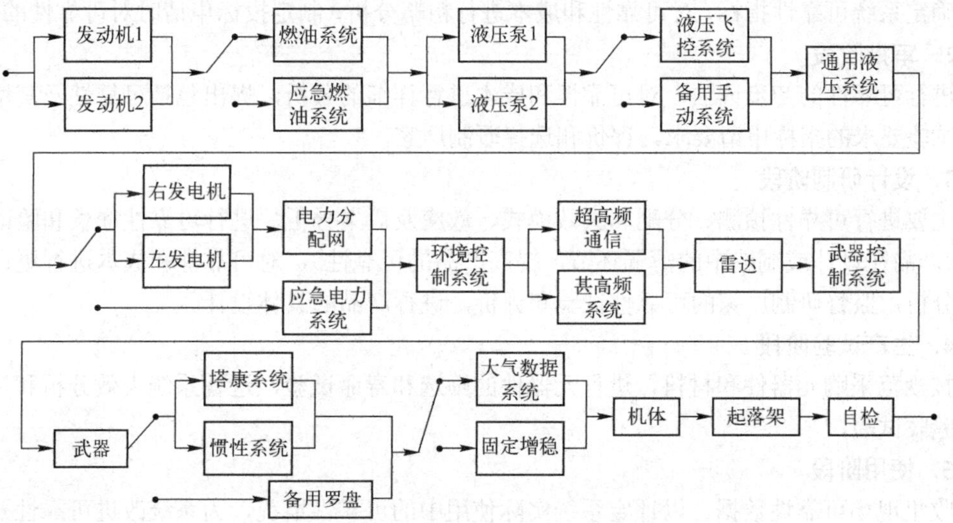

图 4.1.1　某型战斗机任务可靠性框图

基本可靠性是指产品在规定条件下无故障的持续时间或概率，它包括全寿命单位（包括工作时间和储存等非工作时间）的全部故障（包括影响任务和不影响任务的故障），它能反映产品维修人力和后勤保障等要求，如 MTBF（平均无故障间隔时间）、MCBF（平均故障间的使用次数）等。某型战斗机基本可靠性框图如图 4.1.2 所示。

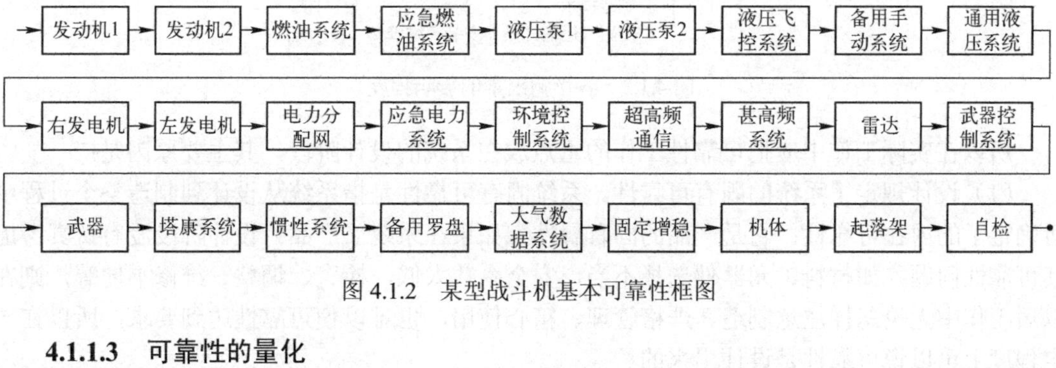

图 4.1.2　某型战斗机基本可靠性框图

4.1.1.3　可靠性的量化

上面定性地描述了可靠性的定义，描述了产品质量的一个指标，故还需要做定量化的描述。一般情况下，不同的场合和不同的情况要用不同的数量指标来表示产品的可靠性，而且系统的可靠性也具有不确定性，因此可靠性定量指标是一个随机指标。

可靠性的量化指标通常有可靠度、失效率、寿命等。

4.1.2 系统的可靠性与寿命周期

复杂系统寿命周期可分为方案论证、审批、设计研制、生产试验、使用五个阶段。系统的可靠性与其寿命周期中各阶段的可靠性都有关。为了使研制的系统达到要求的可靠性水平，就必须在从方案论证到系统退役终止使用的整个寿命周期内，进行有效的可靠性活动。各寿命阶段所进行的可靠性活动大致有以下内容。

1．方案论证阶段

确定系统可靠性指标，对可靠性和成本进行粗略分析，制定投标申请时对可靠性的要求。

2．审批阶段

进行可靠性的初步评估，对可靠性和成本进行详细的分析，提出包括可靠性及其增长、验证试验要求的指标申请要求，评价和选择研制厂家。

3．设计研制阶段

主要进行可靠性预测、分配和失效模式、效应及后果分析，进行可靠性增长和验证试验（消除产品在设计或制造中的薄弱环节，提高产品的可靠性），对可靠性和成本进行更详细的综合分析，监督研制厂家的可靠性试验和评价，进行产品的具体设计。

4．生产试验阶段

按规范采购元器件和材料，进行元器件的筛选和寿命试验，进行系统失效分析和反馈，进行验收试验。

5．使用阶段

收集现场可靠性数据，以评定系统实际使用中的可靠性情况，为系统改进可靠性及改型工作提供依据。

在以上所述的系统寿命的各个阶段中，对可靠性影响最大的阶段是设计阶段，其具体的影响程度如图 4.1.3 所示。

	影响因素	影响程度
系统可靠性	1. 零部件、材料	30%
	2. 设计技术	40%
	3. 制造技术	10%
	4. 使用（运输、操作安装、维修）	20%

图 4.1.3　各影响因素的影响程度

所以在实际工作中应把可靠性工作的重点放在系统的设计阶段，其主要原因是：

（1）设计规定了系统的固有可靠性。系统固有可靠性是指系统从设计到制造整个过程中所确定了的内在可靠性，它是产品的固有属性。如果在系统（产品）设计阶段没有认真考虑其可靠性问题，如材料、元器件选择不当，安全系数太低，检查、调整、维修不便等，则在以后工作中无论怎样注意制造、严格管理、精心使用，也难以使可靠性达到要求，所以在一定程度上可以说可靠性是设计出来的。

（2）现代社会中产品之间竞争激烈。由于科学技术的迅速发展，使产品的更新换代越来越快，寿命周期缩短，所以要求新产品研制周期要短。在设计时如果不详细考虑可靠性维修性要求，等到研制、试用后发现问题再来改进设计，这就势必会推迟产品投入市场和使用的时间，从而降低了竞争能力。

（3）设计阶段提高可靠性的费用最省，效果最好。据美国诺斯洛普公司估计，在研制、设计阶段为改善可靠性与维修性所投入的每1美元，将在以后的使用和保障费用方面节省30美元。

要提高可靠性水平，在设计中要采用可靠性设计方法，所谓可靠性设计指的是，根据需要和可能，在事先就考虑可靠性诸因素的一种设计方法。

系统可靠性设计的主要工作内容是：可靠性分析（其中包括失效模式、效应及后果分析）、可靠性预测和分配等。

通过可靠性设计要做到基本确定产品的固有可靠性。设计中要在产品的性能、可靠性和费用等多方面的要求之间进行综合权衡，从而得到产品的最优设计。

4.1.3　可靠性的量化指标

4.1.3.1　可靠度和累积失效概率

可靠度是指产品在规定的条件下和规定的时间内，无故障地完成规定功能的概率。一般用R表示，作为概率值，其大小满足$0 \leqslant R \leqslant 1$。

产品在规定的条件下，在规定的时间内丧失规定的功能的概率称为累积失效概率（或不可靠度），记为F。显然有：$R+F=1$。

由定义可知，R和F都是时间t的函数，其值一般也要通过产品大量试验来确定。

假设N_0个产品从0时刻开始在规定的条件下连续工作，$r(t)$表示从0到t时间内产品累积失效的个数，则从0到t时刻产品的累积失效概率为

$$F(t)=\frac{r(t)}{N_0} \tag{4.1.1}$$

从而可靠度为

$$R(t)=1-F(t)=\frac{N_0-r(t)}{N_0} \tag{4.1.2}$$

因此易见，$r(0)=0, R(0)=1$；$r(\infty)=N_0, R(\infty)=0$；$r(t)$和$R(t)$均是$(0,\infty)$区间内的单调函数。

假设$r(t)$可微，则有

$$F(t)=\frac{r(t)}{N_0}=\int_0^t \frac{1}{N_0}\mathrm{d}r(t)=\int_0^t \frac{1}{N_0}\frac{\mathrm{d}r(t)}{\mathrm{d}t}\cdot\mathrm{d}t=\int_0^t f(t)\mathrm{d}t \tag{4.1.3}$$

$f(t)=\frac{1}{N_0}\cdot\frac{\mathrm{d}r(t)}{\mathrm{d}t}$称为失效（故障）密度函数，表示在$t$时刻的一个单位时间内，产品失效（故障）数与总产品数量之比。

$F(t)$称为累积失效分布函数，且有

$$f(t)=\frac{\mathrm{d}F(t)}{\mathrm{d}t}$$

$$f(t) = -\frac{\mathrm{d}R(t)}{\mathrm{d}t}$$

若设随机变量ξ表示产品的工作时间（失效前的时间），则有

$$F(t) = P\{\xi \leqslant t\} = \int_0^t f(t)\mathrm{d}t$$

$$R(t) = P\{\xi > t\} = \int_t^{\infty} f(t)\mathrm{d}t$$

4.1.3.2 失效率

失效率又称故障强度，是指工作到某时刻尚未失效的产品，在该时刻后单位时间内发生失效的概率，记为$\lambda(t)$，易知$\lambda(t)$可表示为

$$\lambda(t) = \frac{\mathrm{d}r(t)}{N_s(t)\mathrm{d}t} \tag{4.1.4}$$

式中 $\mathrm{d}r(t)$——t时刻后在$\mathrm{d}t$时间内失效的产品数；

$N_s(t)$——t时刻尚未失效的产品数，则

$$N_s(t) = N_0 - r(t) \tag{4.1.5}$$

失效率一般取10^{-5}/h作为单位，对高可靠度的产品常用10^{-9}/h为单位，称为菲特（Fit）。经大量产品试验后知，失效率$\lambda(t)$与时间的关系如图4.1.4所示，称为浴盆曲线。

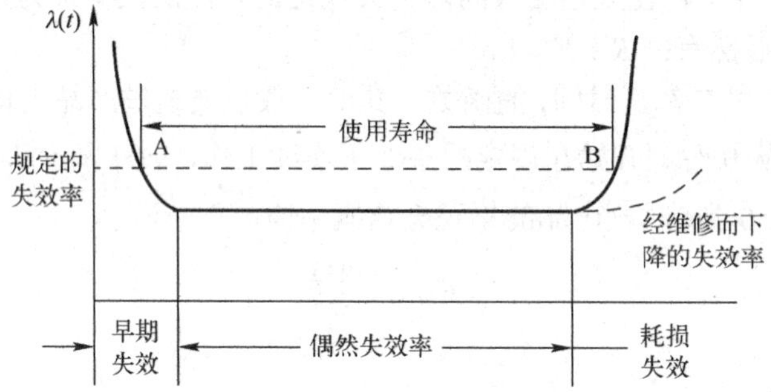

图4.1.4 产品典型失效曲线

由$\lambda(t)$定义式（4.1.4）知

$$\lambda(t)N_s(t) = \frac{\mathrm{d}r(t)}{\mathrm{d}t} \tag{4.1.6}$$

又由式（4.1.2）和式（4.1.5）知

$$R(t) = \frac{N_s(t)}{N_0} = 1 - \frac{r(t)}{N_0} \tag{4.1.7}$$

$$\frac{\mathrm{d}R(t)}{\mathrm{d}t} = -\frac{1}{N_0}\cdot\frac{\mathrm{d}r(t)}{\mathrm{d}t} \tag{4.1.8}$$

所以由式（4.1.6）和式（4.1.8）得

$$\lambda(t) = -\frac{N_0}{N_s(t)}\cdot\frac{\mathrm{d}R(t)}{\mathrm{d}t} \tag{4.1.9}$$

因此，由式（4.1.7）和式（4.1.9）得

$$R(t)=\mathrm{e}^{-\int_0^t \lambda(t)\mathrm{d}t} \tag{4.1.10}$$

如果 $\lambda(t)=\lambda=$ 常数时，便有 $R(t)=\mathrm{e}^{-\lambda t}$，则得到常用的指数分布的可靠度函数，进一步还有不可靠度 $F(t)=1-\mathrm{e}^{-\lambda t}$。

4.1.3.3　可靠性的寿命特征

不可修复产品的寿命是指发生失效前的工作时间，其平均值为平均寿命，记为 MTTF（Meantime to Failure）。

可修复产品的寿命是指相邻两故障间的工作时间也称无故障工作时间。其平均值就是无故障工作时间的平均值称为平均无故障工作时间，记为 MTBF（Meantime Between Failure）。

（1）由故障分布密度求平均寿命。

设平均寿命以 θ 表示，MTTF 为随机变量，由数学期望定义，有

$$\theta=\int_0^{\infty} tf(t)\mathrm{d}t$$

（2）由可靠度函数求平均寿命。

对上式作分部积分有

$$\begin{aligned}\theta=\mathrm{MTTF}&=\int_0^{\infty} tf(t)\mathrm{d}t=\int_0^{\infty} t\left(-\frac{\mathrm{d}R}{\mathrm{d}t}\right)\mathrm{d}t=-[t\cdot R(t)]\Big|_0^{\infty}+\int_0^{\infty}R(t)\mathrm{d}t\\&=\int_0^{\infty}R(t)\mathrm{d}t\end{aligned} \tag{4.1.11}$$

分部积分的第一项中，积分上限和下限值都为 0，因此 $\theta=\int_0^{\infty}R(t)\mathrm{d}t$。

若产品的故障分布是指数分布时，即 $R(t)=\mathrm{e}^{-\lambda t}$，则有

$$\theta=\mathrm{MTTF}=\int_0^{\infty}\mathrm{e}^{-\lambda t}\mathrm{d}t=\frac{1}{\lambda} \tag{4.1.12}$$

对可完全修复的产品，因修后的产品性状与崭新的完全一样，所以

$$\mathrm{MTBF}=\mathrm{MTTF}=\int_0^{\infty}R(t)\mathrm{d}t \tag{4.1.13}$$

在可靠性的寿命特征中，还会常用到可靠寿命的概念。可靠寿命是指在规定的可靠度下的产品工作时间，记为 t_R。由于产品的可靠度是时间的函数，若给定一个可靠度 R，将对应一个工作时间 t_R 有

$$R(t_R)=R$$

【例 4.1】　某发动机的失效率为 4×10^{-4}/h，求可靠度为 0.95 的可靠寿命。

解：由于可靠度服从指数分布 $R(t)=\mathrm{e}^{-\lambda t}$，则有 $0.95=\mathrm{e}^{-4\times10^{-4}t_R}$，所以有 $t_R=128.2\mathrm{h}$。

4.1.4　维修性及其主要量化指标

产品一般分为可维修的和不可维修的两种，不可维修的产品是指产品失效后不能或不值得去修理的。对于可维修的产品，为了保持或恢复产品能完成规定功能的能力而采取的技术管理措施称为维修。

维修性是指在规定条件下使用的产品，在规定时间内按规定的程序和方法进行维修时，保持或恢复到能完成规定功能的能力。

维修性的量化指标是维修度，记作$M(t)$，其定义是：在规定的条件下使用的产品，在规定的时间内按照规定的程序和方法进行维修时，保持或恢复到完成规定功能状态的概率。

显然，维修度是时间的函数，且时间越长，完成维修的概率越大，故$M(t)$也称为维修度函数。若假设修复时间为T，则T是随机变量，且有$M(t)=P\{T\leqslant t\}$，可见$M(t)$与$F(t)$的数学形式相同，对维修度也可像可靠度那样引入类似的概念。

首先$M(t)$是非减函数，当$t=0$时，$M(t)=0$；$t\to\infty$时，$M(t)\to 1$，故$M(t)$具有分布函数的特点，其维修概率密度函数$m(t)=\dfrac{\mathrm{d}M(t)}{\mathrm{d}t}$。

相对于失效率，同样可以引入修复率的概念，修复率是指维修时间已达到某个时刻但尚未修复的产品在该时刻后的单位时间内完成修理的概率，等效为单位时间内的修复概率与未修复概率之比，记作$\mu(t)$。$\mu(t)$表示为

$$\mu(t)=\frac{\mathrm{d}M(t)}{[1-M(t)]\mathrm{d}t}=\frac{m(t)}{1-M(t)} \tag{4.1.14}$$

由式（4.1.14）可以推得

$$M(t)=1-\exp\left[-\int_0^t \mu(t)\mathrm{d}t\right]$$

若修复率$\mu(t)=\mu=$常数，则$M(t)$为指数分布

$$M(t)=1-\mathrm{e}^{-\mu t} \tag{4.1.15}$$

产品修理所用的时间称为修复时间，而平均修复时间是维修时间的平均值，用MTTR（Mean Time to Repair）表示。由概率论知

$$\mathrm{MTTR}=\int_0^\infty tm(t)\mathrm{d}t \tag{4.1.16}$$

当$M(t)$为指数分布时，由维修概率密度函数的定义和式（4.1.15），利用分部积分得

$$\mathrm{MTTR}=\int_0^\infty t\mathrm{d}M(t)=-\int_0^\infty t\mathrm{d}\mathrm{e}^{-\mu t}=\frac{1}{\mu} \tag{4.1.17}$$

4.1.5 有效性

一般对可修复系统，既要考虑可靠性还要考虑维修性，而有效性正是综合了可靠性和维修性的广义的可靠性的概念。

有效性是指在规定的使用和维修条件下的产品，在某一时刻开始工作时，具有规定功能的能力。

对于可维修的产品，虽然发生了故障，但因为它在允许时间内修理完毕，又能正常工作了，所以相当于增加了正常工作的概率。

有效性的定量指标是有效度，它也是时间的函数。对某一给定的时刻，产品正常工作的概率实际上就是瞬时有效度。

在实际中经常用稳定有效度（或称极限有效度、平均有效度），其表示为

$$A=\frac{能工作时间}{能工作时间+不能工作时间}$$

其中不能工作时间包括一切维修时间和停机时间。

当产品只因故障或修复故障而停机时，有

$$A=\frac{\text{MTBF}}{\text{MTBF}+\text{MTTR}}=\frac{\mu}{\lambda+\mu} \tag{4.1.18}$$

4.2 系统的可靠性模型

4.2.1 不可维修系统的可靠性模型

4.2.1.1 可靠性模型

在分析与研究可靠性时，往往要建立起表示系统中各部分之间关系的各种图。例如电子线路图表示的是系统中各电子元件之间工作上的联系，原理方框图表示系统中各部分之间的物理关系，可靠性逻辑框图则表示系统中各部分之间的功能关系。

可靠性模型是指系统可靠性逻辑框图（或称可靠性方框图）及其数学模型，利用可靠性模型便可以定量计算出系统的可靠性指标。

在进行系统可靠性设计时，首先根据设计任务要求，构造出原理图，进而画出可靠性逻辑图，建立数学模型，再作可靠性的预测和分配。

例如，主动声呐系统的组成原理如图 4.2.1 所示，其可靠性框图如图 4.2.2 所示。

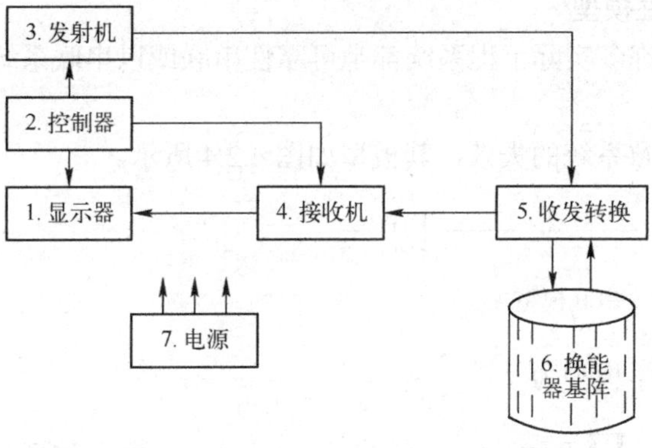

图 4.2.1 主动声呐系统的组成原理图

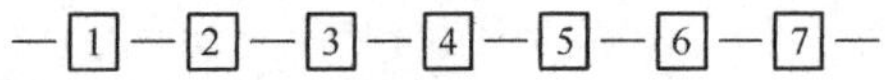

图 4.2.2 主动声呐系统的可靠性框图

系统内部之间的物理关系与功能关系是有很大差别的，在建立可靠性框图时需特别注意。随着设计工作的进展，需绘制出一系列的可靠性逻辑框图，这些框图越画越细，直至组件级的可靠性框图。当知道了组件中各单元的可靠性指标，就可由下一级的逻辑框图及数学模型计算上一级的可靠性指标，这样逐步向上推，直到算出系统的可靠性指标。这就是利用系统可靠性模型及已知单元可靠性指标预测或估计系统可靠性指标的过程。

在下面讨论不可维修系统的可靠性模型时，为了简化起见，有如下假设：

（1）系统和单元只有正常或失效两种状态；

（2）各单元是独立的，即某单元是否失效不会对另一单元产生影响。

根据单元在系统中所处的状态及其对系统的影响，系统可以分为非储备系统（串联系统）和储备系统，如图 4.2.3 所示。

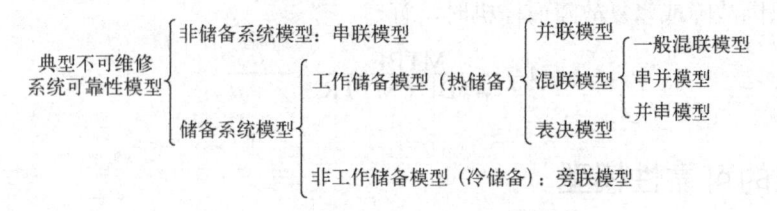

- 典型不可维修系统可靠性模型
  - 非储备系统模型：串联模型
  - 储备系统模型
    - 工作储备模型（热储备）
      - 并联模型
      - 混联模型
        - 一般混联模型
        - 串并模型
        - 并串模型
      - 表决模型
    - 非工作储备模型（冷储备）：旁联模型

图 4.2.3　典型不可维修系统可靠性模型

为了使系统工作更保险可靠，往往在系统的工作过程中使所需要的零件、部件有一定的储备，以用来改进系统的可靠性。储备系统是为了完成某一工作目的所设置的设备，除了满足运行的需要外，还有一定冗余的储备的系统。储备系统又分为工作储备和非工作储备系统。工作储备系统是使用多个零部件来完成同一任务的组合，在该系统中，所有的单元一开始就同时工作，但其中任一个单元（零部件）都能单独地支持整个系统工作；也就是说，在系统中只要不是全部单元都失效，系统就可以正常运行；有的工作储备系统要求同时有两个以上的单元正常工作，系统才能正常工作，这就称为“n 中取 r”或“表决”系统。非工作储备系统是指系统中有一个或多个单元处于工作状态，其余单元则处于“待命”状态，当工作的某单元出现故障后，处于“待命”状态的单元通过转换开关立即转入工作状态。

下面分别针对不同的系统介绍其可靠性模型。

4.2.1.2　非储备系统（串联系统）可靠性模型

可靠性串联系统是最常见和最简单的，许多实际工程系统都是可靠性串联或以串联系统为基础的。

在串联系统中，任一单元的失效均可导致系统的失效，其模型如图 4.2.4 所示。

图 4.2.4　串联模型

根据串联系统的定义及逻辑框图，其数学模型为

$$R_s(t)=\prod_{i=1}^{n} R_i(t) \tag{4.2.1}$$

式中　$R_s(t)$——系统的可靠度；

$R_i(t)$——第 i 个单元的可靠度。

（1）若 λ_i 为常数，有

$$R_i(t)=\mathrm{e}^{-\lambda_i t}, i=1,2,\cdots,n$$

则

$$R_s(t)=\prod_{i=1}^{n}\mathrm{e}^{-\lambda_i t}=\mathrm{e}^{-\left(\sum_{i=1}^{n}\lambda_i\right)t}=\mathrm{e}^{-\lambda_s t} \tag{4.2.2}$$

式中　$\lambda_s = \sum_{i=1}^{n} \lambda_i$ ——系统的失效率。

系统的平均寿命为

$$\theta_s = \frac{1}{\lambda_s} = \frac{1}{\sum_{i=1}^{n} \lambda_i} \tag{4.2.3}$$

（2）若 λ_i 不是常数，则

$$R_s(t) = \prod_{i=1}^{n} \exp\left[-\int_0^t \lambda_i(t)\mathrm{d}t\right] = \exp\left[-\int_0^t \sum_{i=1}^{n} \lambda_i(t)\mathrm{d}t\right] = \exp\left[-\int_0^t \lambda_s(t)\mathrm{d}t\right]$$

即系统失效率 $\lambda_s(t)$ 等于 $\sum_{i=1}^{n} \lambda_i(t)$。

通过上述分析可得出以下结论：

① 串联系统的可靠度低于组成系统的每个部件的可靠度，且随着串联部件数量的增加而迅速下降；

② 串联系统的失效率大于该系统的每个部件的失效率；

③ 若串联系统的各个部件的可靠度都服从指数分布，则该系统可靠度也服从指数分布；

④ 为提高串联系统的可靠性，应当提高单元可靠性，即减小 λ_i；或尽可能减少单元数目；或等效地缩短任务时间 t。

【例 4.2】 一种机载侦察及武器控制系统将完成 6 种专门任务，每项任务的定义见表 4.2.1，由于体积、重量及功率的限制，为了能够完成各项任务，每一任务专用的设备必须与其他任务专用设备组合使用，如任务 E 须由设备 3、4、5 一起工作。该系统各设备的可靠度分别为：$R_1 = 0.95$，$R_2 = 0.93$，$R_3 = 0.99$，$R_4 = 0.91$，$R_5 = 0.90$，$R_6 = 0.95$。整个任务时间为 3h，为完成所有任务，要求在 3h 内所有设备都工作。

表 4.2.1　系统任务及所需设备组合

任务	任务说明	完成任务所需设备组合
A	远距离飞机侦查	1
B	远（近距离海面舰船探测）	1,2
C	海区状态信息收集	1,3
D	水下监视	1,3,4
E	舰上发射导弹的远距离末端制导	3,4,5
F	大范围气象资料收集	1,2,3,6

问：（1）成功完成每项任务的概率；

（2）3h 内成功完成所有 6 项任务的概率。

解：（1）$R_A = R_1 = 0.95$，$R_B = R_1R_2 = 0.95 \cdot 0.93 = 0.88$，$R_C = R_1R_3 = 0.95 \cdot 0.99 = 0.94$，$R_D = R_1R_3R_4 = 0.95 \cdot 0.99 \cdot 0.91 = 0.85$，$R_E = R_3R_4R_5 = 0.99 \cdot 0.91 \cdot 0.90 = 0.81$，$R_F = R_1R_2R_3R_6 = 0.95 \cdot 0.93 \cdot 0.99 \cdot 0.95 = 0.83$。

（2）完成 6 项任务的概率为 $R_s = R_1R_2R_3R_4R_5R_6 = 0.95\cdot0.93\cdot0.99\cdot0.91\cdot0.90\cdot0.95 = 0.68$。

为了提高系统的可靠性，可对系统中的某些部件或子系统增加一套或多套作为系统的储备（备份），构成储备系统，从而提高系统的可靠性。储备系统按工作特点可分为：① 工作储备：与产品的基本成分处于同样工作状态的储备，也称温储备；② 非工作储备：与产品基本成分不同时工作，仅在基本成分失效时才工作的储备，也称冷储备。

4.2.1.3 工作储备系统可靠性模型

1. 并联系统

组成系统的所有单元都失效时才失效的系统就是并联系统，其逻辑框图见图 4.2.5。

根据并联系统的定义及逻辑框图，若 n 个单元并联，其可靠性模型为

$$F_s(t) = \prod_{i=1}^{n} F_i(t)$$

其中

$$F_s(t) = 1 - R_s(t)$$

$$F_i(t) = 1 - R_i(t)$$

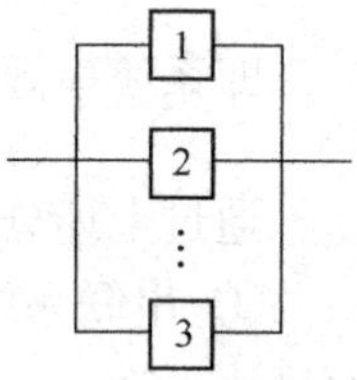

图 4.2.5 并联模型

故

$$R_s(t) = 1 - \prod_{i=1}^{n}\left[1 - R_i(t)\right] \tag{4.2.4}$$

由 $R_s(t)$ 的模型可以看出，n 越大，$R_s(t)$ 就越大。

并联系统是最简单的冗余系统，从完成系统功能来说，仅有一个单元也能完成，而采用多单元并联是为了提高系统的可靠性，即采取耗用资源代价来换取可靠性的提高。

若 λ_i 为常数

$$R_i(t) = \mathrm{e}^{-\lambda_i t}, i = 1, 2, \cdots, n$$

则

$$R_s(t) = 1 - \prod_{i=1}^{n}(1 - \mathrm{e}^{-\lambda_i t}) \tag{4.2.5}$$

特别地，当 $n = 2$ 时，并联系统可靠度为

$$R_s(t) = \mathrm{e}^{-\lambda_1 t} + \mathrm{e}^{-\lambda_2 t} - \mathrm{e}^{-(\lambda_1+\lambda_2)t} = \mathrm{e}^{-\int_0^t \lambda_s(t)\mathrm{d}t}$$

由式（4.1.7）和式（4.1.9）得

$$\begin{aligned}\lambda_s(t) &= -\frac{1}{R_s(t)}\cdot\frac{\mathrm{d}R_s(t)}{\mathrm{d}t} \\ &= \frac{\lambda_1\mathrm{e}^{-\lambda_1 t} + \lambda_2\mathrm{e}^{-\lambda_2 t} - (\lambda_1+\lambda_2)\mathrm{e}^{-(\lambda_1+\lambda_2)t}}{\mathrm{e}^{-\lambda_1 t} + \mathrm{e}^{-\lambda_2 t} - \mathrm{e}^{-(\lambda_1+\lambda_2)t}} \neq \text{常数}\end{aligned}$$

但其寿命

$$\theta_s = \int_0^\infty R_s(t)\mathrm{d}t = \frac{1}{\lambda_1} + \frac{1}{\lambda_2} - \frac{1}{\lambda_1+\lambda_2} = \text{常数}$$

一般地，若 n 个单元并联系统中每个单元均有 $\lambda_i(t)=\lambda$，则

$$R_s(t)=1-(1-\mathrm{e}^{-\lambda t})^n$$

展开上式后积分得

$$\theta_s=\int_0^{\infty}R_s(t)\mathrm{d}t=\frac{1}{\lambda}+\frac{1}{2\lambda}+\cdots+\frac{1}{n\lambda} \tag{4.2.6}$$

通过上述分析可见：

① 并联系统的失效率低于各部件的失效率；

② 并联系统的平均寿命高于各部件的平均寿命；

③ 并联系统的可靠度大于部件可靠度的最大值；

④ 并联系统的各部件服从指数寿命分布，该系统不再服从指数寿命分布；

⑤ 随着部件数增加，系统可靠度增大，系统的平均寿命也随之增加，特别是当 n 从 1 增加到 2 时可靠度提高最明显。

2．混联系统

（1）一般混联系统。一般混联系统是由串联系统和并联系统混合组成的系统。下面用一个例子来说明一般混联系统的可靠性模型。

【例 4.3】 假设一个系统有如图 4.2.6 所示的可靠性逻辑框图，求该系统的可靠性。

解：此模型可以简化为如图 4.2.7 所示的简化模型。

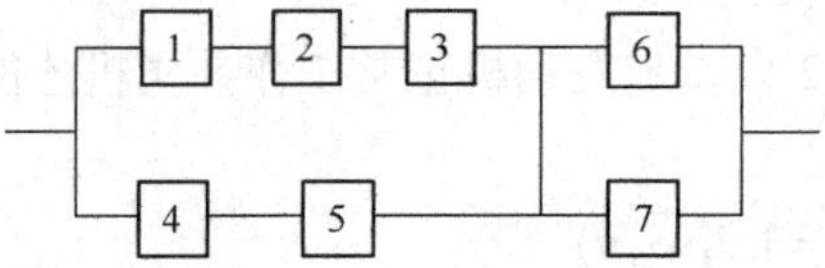

图 4.2.6　混联系统模型

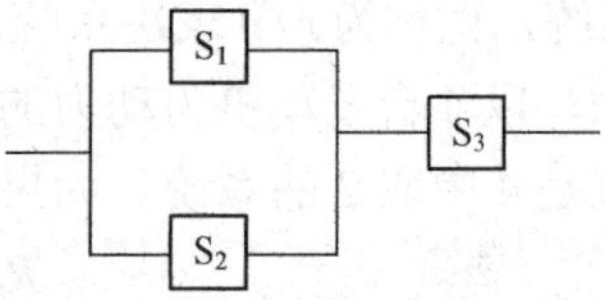

图 4.2.7　混联系统模型的简化

其中

$$R_{s1}=R_1\cdot R_2\cdot R_3$$

$$R_{s2}=R_4R_5$$

$$R_{s3}=1-(1-R_6)\cdot(1-R_7)=R_6+R_7-R_6R_7$$

故

$$\begin{aligned}R_s&=(1-(1-R_{s1})(1-R_{s2}))\cdot R_{s3}\\&=(R_{s1}+R_{s2}-R_{s1}R_{s2})\cdot R_{s3}\\&=(R_1R_2R_3+R_4R_5-R_1R_2R_3R_4R_5)(R_6+R_7-R_6R_7)\end{aligned}$$

（2）串—并联系统。其逻辑框图如图 4.2.8 所示。

当 $R_{ij}=R$ 时，其可靠度数学模型为

$$R_{sp}(t)=[1-(1-R(t))^N]^n \tag{4.2.7}$$

（3）并—串联系统。其逻辑框图如图 4.2.9 所示。

当 $R_{ij}=R$ 时，其可靠度的数学模型为

$$R_{ps}(t)=1-(1-R^{n}(t))^{N} \tag{4.2.8}$$

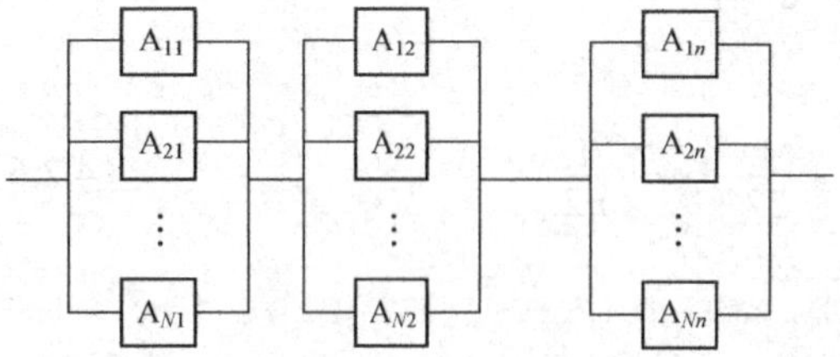

图 4.2.8　串—并联系统

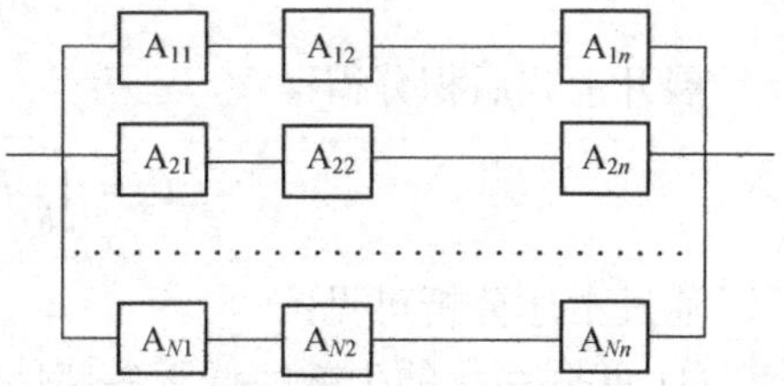

图 4.2.9　并—串联系统

【例 4.4】 若在 $n=N=5$ 的串—并联系统与并—串联系统中，单元可靠度均为 $R_{ij}=0.75$，试分别求出两个系统的可靠度。

解： 对于串—并联系统 $R_{sp}(t)=[1-(1-R(t))^{N}]^{n}=[1-(1-0.75)^{5}]^{5}=0.99513$。

对于并—串联系统 $R_{ps}(t)=1-(1-R^{n}(t))^{N}=1-(1-0.75^{5})^{5}=0.74192$。

可见：单元数和单元可靠度相同的情况下，串—并联系统的可靠度要比并—串联系统的高。

3．表决系统

当组成系统的 n 个单元中，不失效单元数不少于 $r(1\leqslant r\leqslant n)$ 时系统就不会失效，则称为 n 中取 r 系统，也称为 r/n 表决系统。

例如，以 4 台发动机为动力的飞机，必须有 2 台以上发动机正常工作，飞机才能安全飞行，这就是 4 中取 2 的系统。如果

$$R_i(t)=R(t)\qquad (i=1,2,\cdots,n)$$

由于 n 个单元中有 i 个正常的概率为 $R^{i}(1-R)^{n-i}$，而 n 中选 i 个的组合有 C_n^i 种，所以

$$R_s(t)=\sum_{i=r}^{n}C_n^iR(t)^i\left[1-R(t)\right]^{n-i}=\sum_{i=0}^{n-r}C_n^iR(t)^{n-i}\left[1-R(t)\right]^{i} \tag{4.2.9}$$

一般地，当 $r=1$ 时，即并联系统；$r=n$ 时，为串联系统。

若 $\lambda_i(t)=\lambda$ 时

$$\theta_s=\int_0^{\infty}R_s(t)\mathrm{d}t=\frac{1}{n\lambda}+\frac{1}{(n-1)\lambda}+\frac{1}{(n-2)\lambda}+\cdots+\frac{1}{r\lambda} \tag{4.2.10}$$

下面以 2/3 表决系统为例进行分析。

【例 4.5】 设由 A、B、C 三个单元组成的 2/3 表决系统如图 4.2.10 所示，各单元可靠度分别为 $R_A(t)$、$R_B(t)$ 和 $R_C(t)$，求该表决系统的可靠度。

解： 要保证系统正常运行，有下面四种情况。

（1）A、B、C 单元全部正常，此时系统可靠度为 $R_A(t)R_B(t)R_C(t)$；

（2）A、B 单元正常，C 单元故障，此时系统可靠度为 $R_A(t)R_B(t)[1-R_C(t)]$；

（3）A、C 单元正常，B 单元故障，此时系统可靠度为 $R_A(t)[1-R_B(t)]R_C(t)$；

（4）B、C 单元正常，A 单元故障，此时系统可靠度为 $[1-R_A(t)]R_B(t)R_C(t)$。

上述四种情况属于互斥事件，因此该表决系统的可靠度为

$$R_S(t)=R_A(t)R_B(t)R_C(t)+R_A(t)R_B(t)[1-R_C(t)]+R_A(t)[1-R_B(t)]R_C(t)+[1-R_A(t)]R_B(t)R_C(t)$$
$$=R_A(t)R_B(t)+R_A(t)R_C(t)+R_B(t)R_C(t)-2R_A(t)R_B(t)R_C(t)$$

如果单元及系统的工作时间都为 t，且各单元可靠度均为 $R(t)$，则 2/3 表决系统的可靠度为

$$R_S(t)=3R^2(t)-2R^3(t) \tag{4.2.11}$$

4.2.1.4　非工作储备系统可靠性模型

非工作储备（冷储备）系统又称为旁联系统，组成此种系统的 n 个单元中只有一个单元工作。当工作单元失效时，通过失效监测装置及转换装置接到另一个单元进行工作，直到所有单元都发生故障时，系统失效。旁联系统可靠性逻辑框图如图 4.2.11 所示。

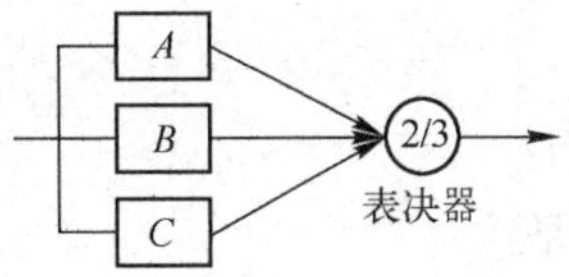

图 4.2.10　2/3 表决系统逻辑框图

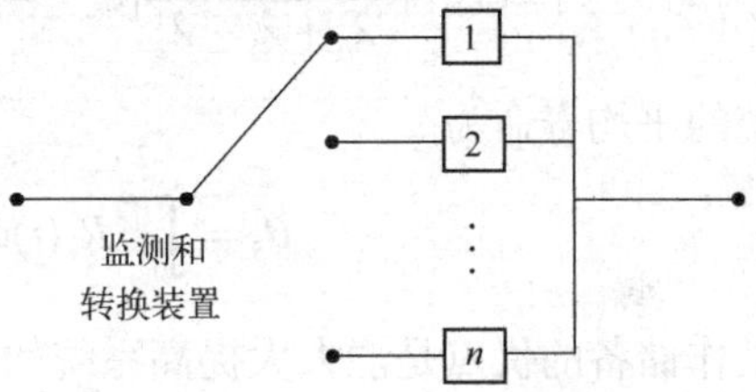

图 4.2.11　旁联系统可靠性逻辑框图

1．转换装置完全可靠（理想开关）旁联系统

以两个单元的旁联系统为例进行分析。系统工作到时间 t 可靠的事件可以分为以下两个互斥事件：

（1）单元 1 单独运行到时间 t；

（2）单元 1 在 t_1 时刻发生故障，单元 2 接着运行到规定时间 t。

设两单元的失效服从指数分布且失效率分别为 λ_1 和 λ_2，则系统的可靠度为

$$R_s(t)=R_1(t)+\int_0^t f(t_1)R_2(t-t_1)\mathrm{d}t_1=\frac{\lambda_2}{\lambda_2-\lambda_1}\mathrm{e}^{-\lambda_1 t}-\frac{\lambda_1}{\lambda_2-\lambda_1}\mathrm{e}^{-\lambda_2 t} \tag{4.2.12}$$

系统的平均寿命为

$$\theta_S=\int_0^{+\infty}R_s(t)\mathrm{d}t=\frac{1}{\lambda_1}+\frac{1}{\lambda_2} \tag{4.2.13}$$

若单元失效率 $\lambda_1=\lambda_2=\lambda$，则 $R_s(t)=R_1(t)+\int_0^t f(t_1)R_2(t-t_1)\mathrm{d}t_1=(1+\lambda t)\mathrm{e}^{-\lambda t}$，平均寿命 $\theta_S=\dfrac{2}{\lambda}$。

一般地，由 n 个单元组成的旁联系统，当 $\lambda_i(t)=\lambda\,(i=1,2,\cdots,n)$，且失效监测和转换装置的可靠度为 1 时，系统的可靠度服从泊松分布，即

$$R_s(t)=\sum_{k=0}^{n-1}\frac{(\lambda t)^k}{k!}\mathrm{e}^{-\lambda t} \tag{4.2.14}$$

系统平均寿命为

$$\theta_s=\int_0^{\infty}R_s(t)\mathrm{d}t=\int_0^{\infty}\mathrm{e}^{-\lambda t}[1+\lambda t+\frac{1}{2!}(\lambda t)^2+\cdots+\frac{1}{(n-1)!}(\lambda t)^{n-1}]\mathrm{d}t=\frac{n}{\lambda} \tag{4.2.15}$$

2．转换装置不完全可靠（非理想开关）旁联系统

仍以两个单元的旁联系统为例进行分析。系统工作到时间 t 可靠的事件可以分为以下两个互斥事件：

（1）单元 1 单独运行到时间 t；

（2）单元 1 在 t_1 时刻发生故障，且转换装置没有失效，单元 2 接着运行到规定时间 t。

设两单元及转换装置的失效服从指数分布且失效率分别为 λ_1、λ_2 和 λ_h，则系统的可靠度为

$$\begin{aligned}R_s(t) &= R_1(t) + \int_0^t f(t_1)R_h(t_1)R_2(t-t_1)\mathrm{d}t_1 = \mathrm{e}^{-\lambda_1 t} + \int_0^t \lambda_1 \mathrm{e}^{-\lambda_1 t}\mathrm{e}^{-\lambda_h t_1}\mathrm{e}^{-\lambda_2(t-t_1)}\mathrm{d}t_1 \\ &= \mathrm{e}^{-\lambda_1 t} + \frac{\lambda_1}{\lambda_h+\lambda_1-\lambda_2}[\mathrm{e}^{-\lambda_2 t} - \mathrm{e}^{-(\lambda_h+\lambda_1)t}]\end{aligned} \tag{4.2.16}$$

系统的平均寿命为

$$\theta_S = \int_0^{+\infty} R_s(t)\mathrm{d}t = \frac{1}{\lambda_1} + \frac{\lambda_1}{\lambda_2(\lambda_h+\lambda_1)} \tag{4.2.17}$$

非工作储备的优点是能大大提高系统的可靠度，其缺点是：

（1）由于增加了故障检测与转换装置而提高了系统的复杂度；

（2）要求故障检测与转换装置的可靠度非常高，否则储备带来的好处会被严重削弱。

【例 4.6】 某两台发电机构成旁联系统，发电机故障率 $\lambda = 10^{-3}/\mathrm{h}$，转换开关故障率 $\lambda_h = 10^{-4}/\mathrm{h}$，求运行 100h 的系统可靠度。

解： 由式（4.2.16）知

$$R_S(t) = \mathrm{e}^{-\lambda t} + \frac{\lambda}{\lambda_h}[\mathrm{e}^{-\lambda t} - \mathrm{e}^{-(\lambda_h+\lambda)t}] = \mathrm{e}^{-0.1} + 10(\mathrm{e}^{-0.1} - \mathrm{e}^{-0.11}) = 0.9948$$

若两台发电机并联，则系统可靠度由式（4.2.5）知

$$R_S(t) = 1-(1-\mathrm{e}^{-\lambda t})^2 = 0.9909$$

可见此时旁联系统可靠度大于并联系统。

若要求旁联系统可靠度大于并联系统，则应有

$$\mathrm{e}^{-\lambda t} + \frac{\lambda}{\lambda_h}[\mathrm{e}^{-\lambda t} - \mathrm{e}^{-(\lambda_h+\lambda)t}] > 1-(1-\mathrm{e}^{-\lambda t})^2$$

在 $\lambda = 10^{-3}/\mathrm{h}$ 的条件下，可得 $\lambda_h = 10^{-3}/\mathrm{h}$。

4.2.2 可维修系统的可靠性模型

前面研究的不可维修系统可靠性模型属静态结构模型，而实际上大多数系统都是可维修的，即工作到了一段时间后发生了故障，经过修理后又恢复到原来的工作状态，这种包括维修在内的系统可靠性模型是一种动态结构模型。

4.2.2.1 维修系统的可靠性指标

为了提高系统的可靠性，在实践中经常要维修系统，所以这种可维修系统的可靠性指标有：有效度、平均工作时间、平均停机时间、首次故障前时间分布等。

对可维修系统的可靠性分析的主要数学方法是随机过程，为了讨论的方便，做如下假设：

（1）组成系统的各部件的寿命分布及修理时间分布均为指数分布；

（2）各部件的寿命和修理时间是相互独立的；

（3）故障部件修复后的寿命分布和新的部件相同；

（4）系统和各部件都只有正常或故障两种状态，在系统开始工作时，各部件都处于正常状态；

（5）在很短的时间间隔 Δt 内最多只出现一次故障，出现两次或两次以上故障的概率为零。

4.2.2.2　单部件系统

单部件可维修系统是指系统只有一个部件，部件的寿命和故障后的修复时间分别服从参数为 λ 和 μ 的指数分布。

设 T 是部件的寿命，则系统的不可靠度为

$$F(t)=P(T\leqslant t)=1-\mathrm{e}^{-\lambda t}\quad (t\geqslant 0,\lambda>0)$$

设 τ 是部件的修理时间，则系统的维修度为

$$M(t)=P(\tau\leqslant t)=1-\mathrm{e}^{-\mu t}\quad (t\geqslant 0,\mu>0)$$

这种系统仅有工作和故障两种状态，可用如下二元函数 $X(t)$ 表示 t 时刻系统状态

$$X(t)=\begin{cases}0 & (t\text{时刻系统工作})\\ 1 & (t\text{时刻系统故障})\end{cases}$$

单部件系统的两个状态之间的转移关系可用图 4.2.12 表示。

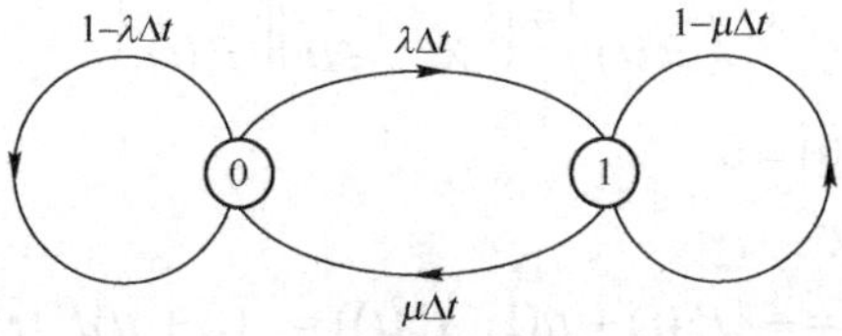

图 4.2.12　单部件系统状态转移图

若系统在时刻 t 处于工作状态 0，它就可能向故障状态 1 转移。因部件的故障率为 λ，在 Δt 时间内，它由状态 0 向状态 1 转移的概率就是 $\lambda\Delta t$，而停留在状态 0 的概率就是（$1-\lambda\Delta t$）。若系统在时刻 t 处于故障状态 1，它就可能向工作状态 0 转移。在 Δt 时间内系统被修复，即系统在 Δt 时间内由状态 1 转移到状态 0 转移的概率就是 $\mu\Delta t$，而停留在状态 1 的概率就是（$1-\mu\Delta t$）。

因此，转移概率可写成

状态 0 转移到状态 0 的概率：$P_{00}(\Delta t)=1-\lambda\Delta t+o(\Delta t)$；

状态 0 转移到状态 1 的概率：$P_{01}(\Delta t)=\lambda\Delta t+o(\Delta t)$；

状态 1 转移到状态 0 的概率：$P_{10}(\Delta t)=\mu\Delta t+o(\Delta t)$；

状态 1 转移到状态 1 的概率：$P_{11}(\Delta t)=1-\mu\Delta t+o(\Delta t)$。

其中，$o(\Delta t)$ 为系统在 Δt 时间内发生两次或两次以上的转移概率，是高阶无穷小量。

设 $P_0(t)$、$P_1(t)$ 分别表示系统在 t 时刻处于状态 0 和状态 1 的概率，即

$$P_0(t)=P\{X(t)=0\}，\quad P_1(t)=P\{X(t)=1\}$$

则由系统的状态转移规律，得

$$\begin{aligned}P_0(t+\Delta t)&=P\{X(t+\Delta t)=0\}\\&=P\{X(t)=0\}P\{X(t+\Delta t)=0|X(t)=0\}+P\{X(t)=1\}P\{X(t+\Delta t)=0|X(t)=1\}\\&=P_0(t)P_{00}(\Delta t)+P_1(t)P_{10}(\Delta t)\\&=(1-\lambda\Delta t)P_0(t)+\mu\Delta tP_1(t)+o(\Delta t)\end{aligned}$$

同理

$$\begin{aligned}P_1(t+\Delta t)&=P_0(t)P_{01}(\Delta t)+P_1(t)P_{11}(\Delta t)\\&=\lambda\Delta tP_0(t)+(1-\mu\Delta t)P_1(t)+o(\Delta t)\end{aligned}$$

则

$$\frac{P_0(t+\Delta t)-P_0(t)}{\Delta t}=-\lambda P_0(t)+\mu P_1(t)+\frac{o(\Delta t)}{\Delta t}$$

故 $\Delta t\to 0$ 时，得

$$\frac{\mathrm{d}P_0(t)}{\mathrm{d}t}=-\lambda P_0(t)+\mu P_1(t)$$

同理可得

$$\frac{\mathrm{d}P_1(t)}{\mathrm{d}t}=\lambda P_0(t)-\mu P_1(t)$$

从而可得微分方程组

$$\begin{pmatrix}P_0'(t)\\P_1'(t)\end{pmatrix}=\begin{pmatrix}-\lambda & \mu\\ \lambda & -\mu\end{pmatrix}\begin{pmatrix}P_0(t)\\P_1(t)\end{pmatrix}\tag{4.2.18}$$

初始条件是 $P_0(0)=1, P_1(0)=0$。

因为 $P_0(t)+P_1(t)=1$，故

$$P_0'(t)=-\lambda P_0(t)+\mu(1-P_0(t))=-(\lambda+\mu)P_0(t)+\mu$$

由常微分方程的求解公式可知

$$\begin{aligned}P_0(t)&=\mathrm{e}^{-\int(\lambda+\mu)\mathrm{d}t}\left(\int\mu\mathrm{e}^{\int(\lambda+\mu)\mathrm{d}t}\mathrm{d}t+C\right)\\&=\mathrm{e}^{-(\lambda+\mu)t}\left(\frac{\mu}{\lambda+\mu}\mathrm{e}^{(\lambda+\mu)t}+C\right)=\frac{\mu}{\lambda+\mu}+C\mathrm{e}^{-(\lambda+\mu)t}\end{aligned}\tag{4.2.19}$$

由 $P_0(0)=1$ 即知

$$C=\frac{\lambda}{\lambda+\mu}$$

所以，系统的有效度（可用度）为

$$A(t)=P_0(t)=\frac{\mu}{\lambda+\mu}+\frac{\lambda}{\lambda+\mu}\mathrm{e}^{-(\lambda+\mu)t}\tag{4.2.20}$$

系统的不可用度为

$$P_1(t)=1-P_0(t)=\frac{\lambda}{\lambda+\mu}-\frac{\lambda}{\lambda+\mu}\mathrm{e}^{-(\lambda+\mu)t}\tag{4.2.21}$$

式（4.2.20）第一项为稳态项，第二项为瞬态项。对 $A(t)$，令 $t\to+\infty$ 可得稳态项，即得系统的稳定有效度 A 为

$$A = \lim_{t \to \infty} A_0(t) = \frac{\mu}{\lambda + \mu} = \frac{\text{MTBF}}{\text{MTBF} + \text{MTTR}} \tag{4.2.22}$$

【例 4.7】 设某个寿命服从指数分布的单部件系统，其 $\lambda = 0.0051/\text{h}$，若此系统是不可维修的，试计算 $R(50)$；若此系统是可维修的，$\mu = 0.067/\text{h}$，试计算 $A(50)$。

解：不可维修时，

$$R(50) = \mathrm{e}^{-50 \times 0.0051} = 0.775$$

可维修时，

$$\begin{aligned} A(50) &= \frac{\mu}{\lambda + \mu} + \frac{\lambda}{\lambda + \mu} \mathrm{e}^{-(\lambda + \mu)t} \\ &= \frac{0.067}{0.067 + 0.0051} + \frac{0.0051}{0.067 + 0.0051} \mathrm{e}^{-(0.0051 + 0.067) \times 50} = 0.931 \end{aligned}$$

可见，对同样一个单部件系统，由于采取了维修措施，使系统的广义可靠性（有效度）大大地提高了。

4.2.2.3　两个不同部件，一个修理工的串联系统

设系统的每个部件的寿命分布为 $F_i(t) = 1 - \mathrm{e}^{-\lambda_i t}$，$i = 1, 2$；故障后修理时间分布为 $M_i(t) = 1 - \mathrm{e}^{-\mu_i t}$，$i = 1, 2$。并假设两个部件都正常时，系统就正常，当某个部件发生故障时，系统就属故障状态，此时修理工立即对故障部件进行修理，而另一部件停止工作，故障的部件修复后，两个部件立即进入工作状态，此时系统又进入工作状态。

用 $X(t)$ 表示 t 时刻系统的状态，则

$$X(t) = \begin{cases} 0 & (t\text{时刻两部件都正常,系统正常}) \\ 1 & (t\text{时刻部件 II 正常,部件 I 故障,系统修理}) \\ 2 & (t\text{时刻部件 I 正常,部件 II 故障,系统修理}) \end{cases}$$

令

$$P_0(t) = P\{X(t) = 0\}$$

$$P_1(t) = P\{X(t) = 1\}$$

$$P_2(t) = P\{X(t) = 2\}$$

两个部件系统的状态之间的转移关系可用图 4.2.13 表示。按照单部件系统的状态分析方法，同样可得

$$P_{00}(\Delta t) = 1 - (\lambda_1 + \lambda_2)\Delta t + o(\Delta t)$$

$$P_{01}(\Delta t) = \lambda_1 \Delta t + o(\Delta t)$$

$$P_{02}(\Delta t) = 1 - P_{00} - P_{01} = \lambda_2 \Delta t + o(\Delta t)$$

$$P_{10}(\Delta t) = \mu_1 \Delta t + o(\Delta t)$$

$$P_{20}(\Delta t) = \mu_2 \Delta t + o(\Delta t)$$

$$P_{11}(\Delta t) = \mathrm{e}^{-\mu_1 \Delta t} = 1 - \mu_1 \Delta t + o(\Delta t)$$

$$P_{22}(\Delta t) = 1 - \mu_2 \Delta t + o(\Delta t)$$

$$P_{12}(\Delta t) = (\mu_1 \Delta t + o(\Delta t))(\lambda_2 \Delta t + o(\Delta t)) = o(\Delta t)$$

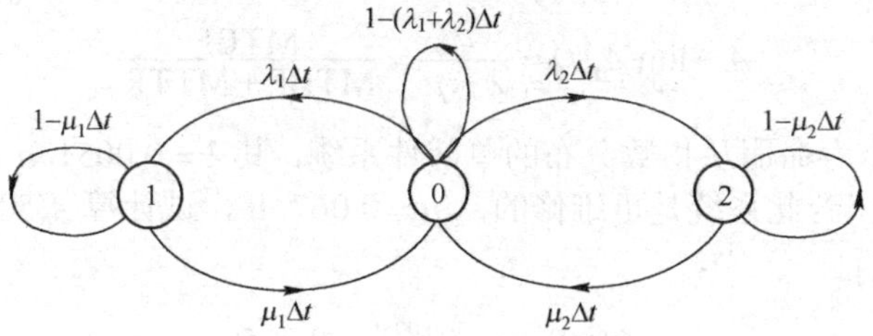

图 4.2.13 两个部件系统状态转移图

同理有

$$P_{21}(\Delta t) = o(\Delta t)$$

同 4.2.2.2 小节中的推导一样，可得如下的微分方程组

$$\begin{cases} P_0'(t) = -(\lambda_1+\lambda_2)P_0(t) + \mu_1 P_1(t) + \mu_2 P_2(t) \\ P_1'(t) = \lambda_1 P_0(t) - \mu_1 P_1(t) \\ P_2'(t) = \lambda_2 P_0(t) - \mu_2 P_2(t) \end{cases}$$

其中，初始条件为 $P_0(0)=1$，$P_1(0)=0$，$P_2(0)=0$。对上述微分方程组作拉普拉斯变换，即

$$\begin{aligned}(P_0(s),P_1(s),P_2(s)) &= (P_0(0),P_1(0),P_2(0))(s\boldsymbol{I}-\boldsymbol{A})^{-1} \\ &= (1,0,0)\left[s\begin{bmatrix}1&0&0\\0&1&0\\0&0&1\end{bmatrix} - \begin{bmatrix}-\lambda_1-\lambda_2 & \lambda_1 & \lambda_2 \\ \mu_1 & -\mu_1 & 0 \\ \mu_2 & 0 & -\mu_2\end{bmatrix}\right]^{-1} \\ &= (1,0,0)\begin{bmatrix}s+\lambda_1+\lambda_2 & -\lambda_1 & -\lambda_2 \\ -\mu_1 & s+\mu_1 & 0 \\ -\mu_2 & 0 & s+\mu_2\end{bmatrix}^{-1}\end{aligned}$$

即

$$(P_0(s),P_1(s),P_2(s))\begin{bmatrix}s+\lambda_1+\lambda_2 & -\lambda_1 & -\lambda_2 \\ -\mu_1 & s+\mu_1 & 0 \\ -\mu_2 & 0 & s+\mu_2\end{bmatrix} = (1,0,0)$$

$$\begin{aligned}&(s+\lambda_1+\lambda_2)P_0(s) - \mu_1 P_1(s) - \mu_2 P_2(s) = 1 \\ &-\lambda_1 P_0(s) + (s+\mu_1)P_1(s) = 0 \\ &-\lambda_2 P_0(s) + (s+\mu_2)P_2(s) = 0\end{aligned}$$

解此方程得 $P_0(s)$，并对其进行拉普拉斯反变换得 $P_0(t)$ 的解为

$$P_0(t) = \frac{\mu_1\mu_2}{s_1 s_2} + \frac{s_1(s_1+\mu_1+\mu_2)+\mu_1\mu_2}{s_1(s_1-s_2)}\mathrm{e}^{-s_1 t} + \frac{s_2(s_2+\mu_1+\mu_2)+\mu_1\mu_2}{s_2(s_2-s_1)}\mathrm{e}^{-s_2 t} \tag{4.2.23}$$

其中

$$s_1, s_2 = \frac{-(\lambda_1+\lambda_2+\mu_1+\mu_2) \pm \sqrt{(\lambda_1-\lambda_2+\mu_1-\mu_2)^2 + 4\lambda_1\lambda_2}}{2} \tag{4.2.24}$$

所以系统的有效度 $A(t)$ 为

$$A(t) = P_0(t) \tag{4.2.25}$$

当 $t \to +\infty$ 时，可得系统的稳态有效度 A 为

$$A = \lim_{t\to\infty} P_0(t) = \frac{\mu_1\mu_2}{s_1 s_2} = \left[1 + \frac{\lambda_1}{\mu_1} + \frac{\lambda_2}{\mu_2}\right]^{-1} \tag{4.2.26}$$

【例 4.8】 设在两个部件组成的串联系统中，$\lambda_i = 0.0051/\text{h}$，$i = 1,2$。

（1）若系统不可维修，试计算 $R(50)$。

（2）若系统可维修，而 $\mu_i = 0.067/\text{h}$，$i = 1,2$，试计算 $A(50)$。

解：（1）由不可维修系统的可靠性的分析方法式（4.2.1）可得

$$R(50) = R_1(t) \cdot R_2(t) = \mathrm{e}^{-(\lambda_1+\lambda_2)t} = 0.6$$

（2）由上述式（4.2.23）～式（4.2.26）可得 $A(50) = 0.87$。

4.3 系统可靠性的预测和分配

系统可靠性的预测和分配是可靠性设计的重要内容，它在系统设计的各阶段，如方案论证、初步设计及详细设计阶段要反复进行多次。

可靠性预测是根据组成系统的元件、部件、分系统的可靠性来推测系统的可靠性。可靠性分配则是把系统要求的可靠性指标分给各分系统、部件、元件，以使系统保证达到要求的可靠性。

4.3.1 系统可靠性的指标论证

进行系统可靠性预测和分配的前提是要对系统的可靠性指标进行论证，即要给出系统应该达到的可靠性指标。过去我国在进行武器装备的论证中，往往只确定产品的目的和用途、所要求的功能要求、工作条件和环境条件，而没有对可靠性指标的要求，在这样的总体设计方案指导下，要获得可靠性较高的产品是困难的。

对于现代大型复杂系统，往往可靠性要求极高。因为这些系统代价昂贵、事关重大，不希望发生一次飞行失效，或偏差过大，或寿命太短。例如，大型导弹、人造卫星、运载火箭或载人飞行器等都是这样，所以对大型复杂系统要进行可靠性控制，要有定量指标。

那么如何确定复杂系统的可靠性指标呢？一般而言，对于不可维修系统，这个指标用任务期间内的生存概率（可靠度）$R(t)$ 或平均寿命的形式给出，对于可维修产品则以有效度 $A(t)$ 或平均无故障工作时间（MTBF）的形式给出，对系统需达到具体的可靠性的值，要根据系统所要完成的具体任务要求，目前所使用的元器件、原材料、工艺和技术水平、时间进度、投资能力，并参照国内外同类产品所达到的可靠性，经过综合权衡来确定，这是论证的一个重要工作。

可靠性指标论证本身实际上就是一个可靠性预测过程，要依靠经验数据，分析过去同类产品实际达到的可靠性水平或成功率，对不同阶段的试验结果要加以区别，这样可以分析可靠性增长情况；要确认已排除各种必然故障，表明产品已进入相对稳定的使用寿命期，其可靠性已达到或接近设计的可靠性水平；指标论证要尽可能准确，但是当经验数据不足而可靠性要求很高时，要知道系统可靠性绝对数字的准确性并不具有头等重要的意义，而可靠性的

相对关系比绝对数字准确性更为重要，因此，要保持不同设计方案之间，过去、现在和将来之间，以及系统各组成部分之间可靠性相对关系的准确。

另外，复杂系统一般是多功能的，其任务要求也是分阶段的，因此，系统的可靠性指标应当按不同功能和不同阶段来确定。例如，同步轨道自旋稳定通信卫星的可靠性可以分为卫星与运载火箭分离可靠性、起旋可靠性、远地点发动机点火可靠性、入轨可靠性、定点可靠性和整个寿命期间的通信可靠性等。

4.3.2 系统可靠性的预测

可靠性预测是一个自下而上的过程，即从元器件和零部件着手，先预计出组件、装置的可靠度，再从组件、装置到分系统，分系统到系统，逐级向上的全过程。

4.3.2.1 可靠性预测的目的

可靠性预测是在设计阶段定量地估计未来产品（系统或设备）可靠性的方法。可靠性预测的目的一般有如下几种：

（1）审查设计任务中提出的可靠性指标能否达到；

（2）进行方案比较，选择最优方案；

（3）从可靠性观点出发，发现设计中的薄弱环节，加以改进；

（4）为可靠性增长试验和验证试验及成本核算等研究提供依据；

（5）通过预测给可靠性分配奠定基础。

可靠性预测要在设计的早期阶段就开始，所以其存在的困难是很多的，但要使预测的结果有价值，就必须及早地进行可靠性的预测。

4.3.2.2 预测的方法

进行可靠性预测有很多方法，要根据不同的研制设计阶段采用不同的方法。

1．元器件计数法

这种方法适用于电子设备的早期设计阶段，它的预测过程是：首先计算设备中各种型号和各种类型元器件数目，然后乘以相应型号或相应类型元器件的基本失效率，最后把各乘积累加起来，即可得到部件、系统的失效率，其表达式为

$$\lambda_s = \sum_{i=1}^{N} N_i(\lambda_G \pi_Q) \tag{4.3.1}$$

式中 λ_s——系统总的失效率；

λ_G——第 i 种元器件的失效率；

π_Q——第 i 种元器件的质量等级；

N_i——第 i 种元器件的数量；

N——系统所用元器件的种类数。

若整个系统的各设备在同一环境中工作，则可直接用上式进行估算。若各设备分别在不同的环境下工作，则要求对 λ_G 作修正（乘上环境因子 π_K），再把各乘积累加起来。

环境因子 π_K 的值如表 4.3.1 所列。

表 4.3.1 环境因子取值

环　境	π_K 值
实验室	0.5～1.0
普通室内	1.1～10
船舶	10～18
铁路车辆	13～30
地上军用机器	30
飞机	50～80

2．失效率预测法

当设计时已画出了系统的原理图，已选出了元部件并已知它的类型、数量、失效率，已知环境及使用应力，就可以用失效率预测法来计算系统的可靠性。此方法的实施步骤为：首先画出系统的原理图，然后画出系统的可靠性框图，据此再建立系统的可靠性数学模型，确定元部件的基本失效率，并确定环境因子以及减额因子，从而对系统进行可靠性预测。

在大多数情况下，元器件失效率是常数，是在实验室条件下测得的数据，称为“基本失效率”，用 λ_0 表示，但在实际应用时，必须考虑环境条件和应力情况，故称为“应用失效率”，用 λ 表示，其与 λ_0 的关系为

$$\lambda = \pi_K D \lambda_0 \tag{4.3.2}$$

式中　π_K——环境因子；

D——减额因子，其值大于或等于 1，由应力情况决定。

3．上、下限法（边值法）

上、下限法（也称为边值法）对复杂系统特别适用，具有省钱、省力又有一定的精度等特点，这个方法曾用在“阿波罗”飞船那样复杂系统的可靠性预测中。其基本思路是：先对系统做一些假定并进行简化，分别计算出系统可靠性的上限 R_U 和可靠性的下限 R_L，然后就用下式计算出系统的可靠性的预测值 R_s

$$R_s = 1 - \sqrt{(1-R_U)(1-R_L)} \tag{4.3.3}$$

下面以例子来说明上、下限法的具体应用。

【例 4.9】 某系统的可靠性逻辑框图如图 4.3.1 所示。利用上、下限法分析系统的可靠性。

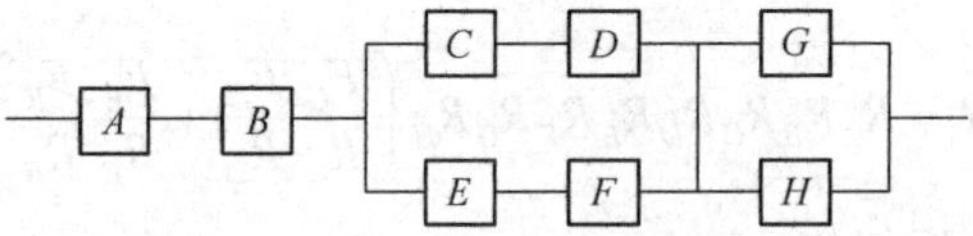

图 4.3.1　某系统可靠性逻辑框图

解：（1）上限值 R_U 的预测：

① 只考虑串联单元，因为单元并联后可靠度比较高，初步近似看成 1。所以

$$R_U = R_A \cdot R_B$$

这看成第一次预测所得上限值，可记为 R_{U1}，对一般的系统，设有 m 个单元串联，则有

$$R_{U1} = \prod_{i=1}^{m} R_i$$

② 第二次预测时，考虑当串联单元必须是正常时，同一并联单元中两个元件同时失效引起系统失效的情况。

在本例中，共有五种情况引起系统失效，它们为（简化的表示法）

$$AB\overline{C}\overline{E}, AB\overline{D}\overline{E}, AB\overline{C}\overline{F}, AB\overline{D}\overline{F}, AB\overline{G}\overline{H}$$

则第二次预测时系统的失效概率为

$$\begin{aligned} F_2 &= P(AB\overline{C}\overline{E}) + P(AB\overline{D}\overline{E}) + P(AB\overline{C}\overline{F}) + P(AB\overline{D}\overline{F}) + P(AB\overline{G}\overline{H}) \\ &= R_A R_B (F_C F_E + F_D F_E + F_C F_F + F_D F_F + F_G F_H) \end{aligned}$$

而 R_U 的近似值为

$$\begin{aligned} R_{U2} &= R_{U1} - F_2 \\ &= R_A R_B (1-(F_C F_E + F_D F_E + F_C F_F + F_D F_F + F_G F_H)) \end{aligned}$$

（2）下限值 R_L 的预测：

① 把所有单元都当作串联的情况来得到 R_L 的第一次近似值

$$R_{L1} = \prod_{i=1}^{m} R_i = R_A \cdot R_B \cdot R_C \cdot R_D \cdot R_E \cdot R_F \cdot R_G \cdot R_H$$

② 第二次预测时考虑并联单元中只有一个元件失效时，系统仍然正常的情况，即此时单元 C、D、E、F、G、H 中任意坏了一个，系统仍然正常的概率，可知此时共有六种状态，其概率为

$$\begin{aligned} R_2 &= P(AB\bar{C}DEFGH) + \cdots + P(ABCDEFG\bar{H}) \\ &= R_A R_B R_C R_D R_E R_F R_G R_H \left(\frac{F_C}{R_C} + \frac{F_D}{R_D} + \cdots + \frac{F_H}{R_H} \right) \end{aligned}$$

则第二次 R_L 的近似值为

$$R_{L2} = R_{L1} + R_2$$

③ 还可以作第三次近似预测，此时考虑系统中处于同一并联单元中有两个元件失效，系统仍正常工作的情况，本例中只有两种状态：

$$AB\bar{C}\bar{D}EFGH, \quad ABCD\bar{E}\bar{F}GH$$

故有

$$R_3 = R_A R_B R_C R_D R_E R_F R_G R_H \left(\frac{F_C}{R_C}\frac{F_D}{R_D} + \frac{F_E}{R_E}\frac{F_F}{R_F} \right)$$

从而得到 R_L 的第三次近似值

$$R_{L3} = R_{L1} + R_2 + R_3$$

只要近似计算中 R_U 和 R_L 比较接近时就可以了，多次近似会使计算复杂化，且对预测值的改进也不大。

最后，对 R_U 和 R_L 取几何平均便可得到系统的可靠性预测值，即

$$R_s = 1 - \sqrt{(1-R_{U1})(1-R_{L2})}$$

或

$$R_s = 1 - \sqrt{(1-R_{U2})(1-R_{L3})}$$

4．全寿命周期可靠性预测

导弹、鱼雷等武器装备必须经历长期的储存，并处于休眠“待发”状态。一旦投入使用，即要求能在恶劣的发射和飞行环境下正常工作。导弹等装备除了要经受热应力和老化效应外，还必须能经常承受频繁的运输、勤务处理和前沿战场严酷的气候条件的考验。

导弹的主要寿命过程是在不工作环境中度过的。当前，新型号导弹系统的复杂性显著提高，使用寿命要求更长，定期维护和检验次数要求减少，所以导弹的储存可靠性的研究具有重要意义。所谓全寿命期（寿命周期）就是包括储存期和工作期的系统寿命周期，在进行导

弹等武器可靠性指标论证和可靠性预测中，应把储存可靠性也包括在内，即需要提出全寿命周期可靠性指标要求和进行全寿命周期的可靠性预测，这对于评价和改进系统设计、确保系统全寿命周期可靠性，具有重要的意义。

4.3.3　系统可靠性的分配

4.3.3.1　可靠性分配的原则和方法

可靠性分配是在可靠性预测基础上，把经过论证确定的系统可靠性指标，自上而下地分配到各子系统→整机→元器件，以便确定系统各组成部件的可靠性指标，从而使整个系统可靠性指标得到落实。

可靠性分配是一个工程决策问题，一般而言，系统中不同的整机、不同的元器件的现实可靠性水平是不同的，要提高它们的可靠性，其技术难易程度、所用人力、物力也有很大的不同，所以在进行可靠性分配时，要从整个系统考虑，寻求相对平衡，进行综合权衡。

大型复杂系统有时不能很快地达到预测的可靠性指标，这时可把可靠性指标的实现分为几个阶段，每个阶段有重点地突破可靠性的薄弱环节，集中人力物力来解决。

4.3.3.2　串联系统可靠性分配方法

系统可靠性分配是以串联系统为基础的，复杂系统应逐步简化合并为串联系统再进行分配。在进行分配时，为简单起见，一般假设组成系统的各元部件、分系统的故障是相互独立的，它们的失效率都是常数，即它们的寿命都是服从指数分布的，由此可知

$$R_s = \prod_{i=1}^{n} R_i$$

式中　R_s——系统的可靠度；

R_i——第 i 个分系统的可靠度；

n——子系统（分系统）的个数。

由假设可得

$$\lambda_s = \sum_{i=1}^{n} \lambda_i$$

式中　λ_i——分系统的失效率。

串联系统的可靠性分配有很多种方法，下面简单介绍以下几种。

1．均等分配法

设系统可靠度指标为 R_s^*，则按均等分配法，分配给各分系统的可靠度指标 R_i^* 为

$$R_i^* = \sqrt[n]{R_s^*} \tag{4.3.4}$$

这种分配的优点是简单方便，但不太合理，因为对实际的系统来说，有些元器件、部件的可靠度可以比另一些的更高一些，而且所需费用也不大，因而对这些元器件的可靠度指标应分配得高一些，这种方法仅用于设计阶段的草图设计阶段时，对各分系统进行最粗略的分配。

2．比例组合法

如新设计的系统与一个老的系统非常相似，即组成系统的各分系统类型相同，则可根据

比例组合法由老系统中各分系统的失效率，按新系统的可靠性要求，给新系统的各分系统分配失效率，其分配的关系式为

$$\lambda_{i新}^{*}=\lambda_{i老}\frac{\lambda_{s新}^{*}}{\lambda_{s老}} \tag{4.3.5}$$

式中 $\lambda_{i新}^{*}$——分配给新系统中第 i 个系统的失效率；

$\lambda_{s新}^{*}$——新系统的失效率指标；

$\lambda_{i老}$——老系统中第 i 个分系统的失效率；

$\lambda_{s老}$——老系统的失效率。

这种做法的理论基础是，原有系统基本上反映了一定时期内产品能够实现的可靠性，如果在技术上没有什么重大突破，则应该按照现实的技术水平把对新系统的可靠性指标按其原有能力或比例进行调整。

3．评分分配法

此种方法是根据人们的经验，按照几种因素进行“评分”，由评分情况来给每个分系统分配可靠性指标。

评分中考虑的因素是：复杂度、技术发展水平、工作时间及环境条件，每种因素的分数在 1～10 之间，其具体的规定是：

（1）复杂度：它是根据组成分系统的元部件数量以及它们组装的难易程度来评定的。复杂分系统的可靠性实现较困难，因而分配的可靠性指标要低些（故障率高些）。所以，最简单的评 1 分，最复杂的评 10 分。

（2）技术发展水平：根据分系统目前的技术水平和成熟程度来评定。技术水平和成熟程度最低的评 10 分，最高的评 1 分。

（3）工作时间：根据系统的工作时间来评定。系统工作时，分系统工作时间越长，实现其可靠性越困难，因而分配的可靠性指标应低些。所以，在系统整个任务时间内都工作的分系统评 10 分，工作时间最短的评 1 分。

（4）环境条件：根据分系统所处环境来评定。在工作过程中，经受最恶劣而严酷环境条件的分系统，实现其可靠性最困难，评 10 分，经受环境条件最好的评 1 分。

如此，分配给每个分系统的失效率 λ_i^* 为

$$\lambda_i^*=c_i\cdot\lambda_s^* \tag{4.3.6}$$

式中 λ_s^*——系统规定的失效率指标；

c_i——第 i 个分系统的评分系数。

其中

$$c_i=\omega_i/\omega \tag{4.3.7}$$

式中 ω_i——第 i 个分系统的评分数；

ω——系统的评分数。

其中

$$\omega_i=\prod_{j=1}^{4}\gamma_{ij} \tag{4.3.8}$$

式中　γ_{ij}——第 i 个分系统第 j 个因素的评分数；

$j=1$ 代表复杂度；

$j=2$ 代表技术发展水平；

$j=3$ 代表技术工作时间；

$j=4$ 代表技术环境条件。

$$\omega=\sum_{i=1}^{n}\omega_i \tag{4.3.9}$$

式中　n——系统中分系统的个数。

这里各分系统的评分数根据设计工程师或可靠性工程师的实践知识和经验给出，它可以由个人给出，也可以由一个小组用某种表决方法给出。另外，评分时还可考虑其他因素，如重要性、维修性、标准化、元器件质量等。

4.4　武器系统使用中的可靠性问题

一般来说，不能用一个简单的指标来说明整个武器系统的可靠性，只有在最简单的情况（串联系统情况）下，才能将整个武器系统的可靠性表示为

$$P_s=\prod_{i=1}^{n}P_i \tag{4.4.1}$$

式中　P_s——系统正常（无故障）工作的概率；

P_i——武器系统第 i 部分（元件、部件）正常工作的概率。

式（4.4.1）描述的只是属于串联系统的情况，对很多实际问题，P_s 的计算比较复杂，下面通过一个简单的例子说明武器系统使用中的可靠性分析的方法。

【例 4.10】 某舰载防空武器系统由一套防空导弹系统和两套近程舰炮武器系统组成，现用该系统拦截来袭的空中目标。设防空导弹解算控制系统的可靠性为 0.95，导弹飞行过程中的可靠性为 0.99，对一批目标的制导命中及毁伤目标的概率为 0.80。每套近程舰炮火力控制系统的可靠性为 0.90，在有效射击范围内对一批目标的毁伤概率为 0.45。试求：①每套武器系统拦截一批来袭目标的作战效能。②整个防空武器系统拦截一批来袭目标的整体作战效能。

解： ①各武器控制系统的使用、导弹飞行过程和制导命中及毁伤事件构成串联可靠性逻辑模型，因此，导弹系统的可靠性逻辑可用图 4.4.1 表示，近程舰炮系统的可靠性逻辑可用图 4.4.2 表示。

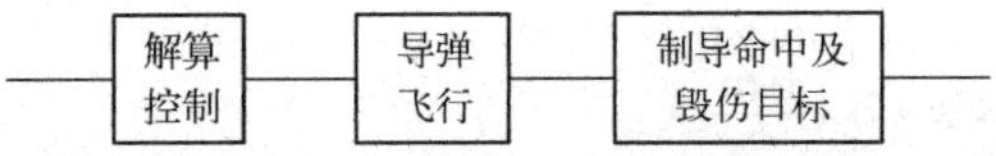

图 4.4.1　导弹系统的可靠性逻辑图

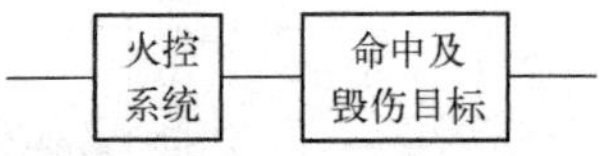

图 4.4.2　近程舰炮系统的可靠性逻辑图

根据串联系统的可靠性模型，导弹毁伤目标的效能为

$$P_d=P_{d1}\cdot P_{d2}\cdot P_{d3}=0.95\times0.99\times0.80=0.752$$

式中　P_d——导弹武器系统拦截一批来袭目标的作战效能；

P_{d1}——导弹解算控制系统的可靠性；

P_{d2}——导弹飞行过程的可靠性；

P_{d3}——导弹制导命中及毁伤目标的概率。

舰炮武器系统命中及毁伤目标的效能为

$$P_j = P_{j1} \cdot P_{j2} = 0.90 \times 0.45 = 0.405$$

式中 P_j——舰炮武器系统对一批来袭目标的作战效能；

P_{j1}——舰炮火控系统的可靠性；

P_{j2}——舰炮命中及毁伤目标的概率。

② 整个防空武器系统的可靠性逻辑如图 4.4.3 所示。

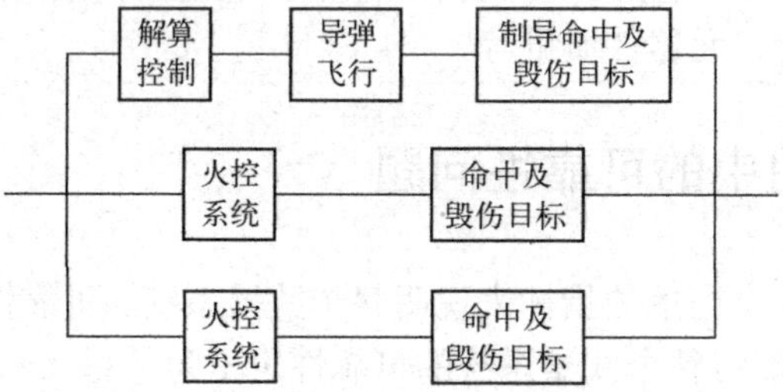

图 4.4.3 整个防空武器系统的可靠性逻辑图

根据混联系统的可靠性模型，则整个防空武器系统拦截一批来袭目标的整体作战效能为

$$P_s = 1-(1-P_d)(1-P_j)^2 = 1-(1-0.752)(1-0.405)^2 = 0.912$$

本章小结

系统可靠性相关指标

- 系统可靠性指标
  - 可靠性
    - 可靠度 $R(t) = \exp[-\int_0^t \lambda(t)\mathrm{d}t]$
    - 累积失效概率（不可靠度）$F(t) = 1 - R(t)$
    - 失效密度函数 $f(t) = -\dfrac{\mathrm{d}R(t)}{\mathrm{d}t}$
    - 失效率 $\lambda(t)$
    - 寿命特征
      - 不可维修系统 $\theta = \mathrm{MTTF} = \int_0^\infty e^{-\lambda t}\mathrm{d}t = \dfrac{1}{\lambda}$
      - 可维修系统 $\theta = \mathrm{MTBF} = \int_0^\infty R(t)\mathrm{d}t$
    - 可靠寿命 t_R
  - 维修性
    - 维修度 $M(t) = 1-\exp[-\int_0^t \mu(t)\mathrm{d}t]$
    - 维修概率密度函数 $m(t) = \dfrac{\mathrm{d}m(t)}{\mathrm{d}t}$
    - 修复率 $\mu(t)$
    - 平均修复时间 $\mathrm{MTTR} = \int_0^\infty tm(t)\mathrm{d}t = \dfrac{1}{\mu}$
  - 有效性（广义可靠性）$A = \dfrac{\mathrm{MTBF}}{\mathrm{MTBF+MTTR}} = \dfrac{\mu}{\lambda+\mu}$

系统可靠性模型

- 系统可靠性模型
  - 不可维修系统
    - 非储备系统：串联系统 $R_s(t)=\prod_{i=1}^{n}\mathrm{e}^{-\lambda_i t}=\mathrm{e}^{-\left(\sum_{i=1}^{n}\lambda_i\right)t}$　$\lambda_s=\sum_{i=1}^{n}\lambda_i$　$\theta_s=\frac{1}{\lambda_s}=\frac{1}{\sum_{i=1}^{n}\lambda_i}$
    - 工作储备系统
      - 并联系统 $R_s(t)=1-\prod_{i=1}^{n}[1-R_i(t)]=1-\prod_{i=1}^{n}(1-\mathrm{e}^{-\lambda_i t})$　$\theta_s=\int_0^{\infty}R_s(t)\mathrm{d}t=\frac{1}{\lambda}+\frac{1}{2\lambda}+\cdots+\frac{1}{n\lambda}$
      - 混联系统
        - 一般混联：由系统可靠性框图求可靠性
        - 串—并混联 $R_{sp}(t)=[1-(1-R(t))^N]^n$
        - 并—串混联 $R_{ps}(t)=1-(1-R^n(t))^N$
      - 表决系统
        - $R_s(t)=\sum_{i=r}^{n}C_n^i R(t)^i[1-R(t)]^{n-i}=\sum_{i=0}^{n-r}C_n^i R(t)^{n-i}[1-R(t)]^i$
        - $\theta_s=\int_0^{\infty}R_s(t)\mathrm{d}t=\frac{1}{n\lambda}+\frac{1}{(n-1)\lambda}+\frac{1}{(n-2)\lambda}+\cdots+\frac{1}{r\lambda}$
    - 非工作储备系统
      - 转换装置完全可靠
        - $R_s(t)=R_1(t)+\int_0^t f(t_1)R_2(t-t_1)\mathrm{d}t_1=\frac{\lambda_2}{\lambda_2-\lambda_1}\mathrm{e}^{-\lambda_1 t}-\frac{\lambda_1}{\lambda_2-\lambda_1}\mathrm{e}^{-\lambda_2 t}$
        - $\theta_s=\int_0^{+\infty}R_s(t)\mathrm{d}t=\frac{1}{\lambda_1}+\frac{1}{\lambda_2}$
      - 转换装置不完全可靠
        - $R_s(t)=R_1(t)+\int_0^t f(t_1)R_h(t_1)R_2(t-t_1)\mathrm{d}t_1=\mathrm{e}^{-\lambda_1 t}+\int_0^t \lambda_1\mathrm{e}^{-\lambda_1 t}\mathrm{e}^{-\lambda_h t_1}\mathrm{e}^{-\lambda_2(t-t_1)}\mathrm{d}t_1$ $=\mathrm{e}^{-\lambda_1 t}+\frac{\lambda_1}{\lambda_h+\lambda_1-\lambda_2}[\mathrm{e}^{-\lambda_2 t}-\mathrm{e}^{-(\lambda_h+\lambda_1)t}]$
        - $\theta_s=\int_0^{+\infty}R_s(t)\mathrm{d}t=\frac{1}{\lambda_1}+\frac{\lambda_1}{\lambda_2(\lambda_h+\lambda_1)}$
  - 可维修系统
    - 单部件系统 $A(t)=P_0(t)=\frac{\mu}{\lambda+\mu}+\frac{\lambda}{\lambda+\mu}\mathrm{e}^{-(\lambda+\mu)t}$
    - 两个不同部件一个修理工系统：由状态转移图分析得到

系统可靠性预测和分配方法

- 系统可靠性预测和分配
  - 可靠性预测
    - 元器件计数法 $\lambda_s=\sum_{i=1}^{N}N_i(\lambda_G\lambda_Q)^i$
    - 失效率预测法 $\lambda=\pi_K D\lambda_0$
    - 上下限法 $R_s=1-\sqrt{(1-R_U)(1-R_L)}$
  - 可靠性分配
    - 均等分配 $R_i^*=\sqrt[n]{R_s^*}$
    - 比例组合法 $\lambda_{i新}^*=\lambda_{i老}\frac{\lambda_{s新}^*}{\lambda_{s老}}$
    - 评分分配法 $\lambda_i^*=c_i\cdot\lambda_s^*$

习题

1. 可靠性的基本概念是什么？基本可靠性和任务可靠性有什么区别？
2. 可靠性的量化指标主要有哪些？
3. 维修性的基本概念是什么？其量化指标主要有哪些？
4. 什么是系统的有效性？稳定有效度是如何表示的？
5. 若某产品的设备故障是服从指数分布的，这种设备在 50h 有 20%的故障，试求：

（1）失效率 λ；

（2）计算在 100h 的可靠度；

（3）求可靠度为 0.5 和 0.9 时的工作时间。

6. 说明不可维修系统的几种可靠性模型，及其可靠度的计算方法。
7. 可维修性系统的可靠性分析方法与不可维修系统的分析方法有何不同？
8. 某武器系统的平均无故障工作时间是 200h，问其工作到 100h 时的可靠度。如果其是可修复系统，且平均修复时间是 5h，试求其出故障后 3h 的维修度，并求该系统的稳定有效度。

9．导弹武器系统由 15 个分系统组成（设系统为可靠性串联系统，各分系统的可靠性相等），其中每个分系统由 2 个分机并联组成。若导弹武器系统可靠性指标 MTBF=30h，试求各分系统和分机的 MTBF。

10．已知下面混联系统中每个组成部件的失效率，根据系统的可靠性逻辑框图，计算

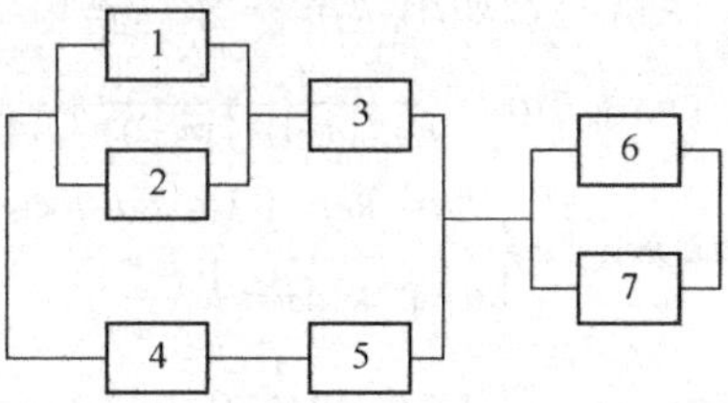

（1）每个部件的可靠度函数服从指数分布，每个部件的失效率（/min）如下表，计算每个部件工作 15min 的可靠度。

部件	1	2	3	4	5	6	7
失效率	0.004	0.003	0.002	0.002	0.002	0.005	0.004

（2）计算该系统工作 15min 的可靠度。

11．给定两个系统的可靠性逻辑框图如下：

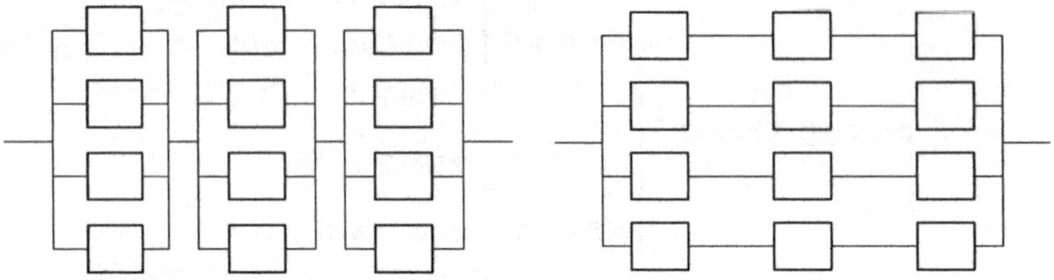

如果每个单元的可靠度都相等，R=0.85，试计算并比较左、右两个系统的可靠度高低。

12．设某个寿命服从指数分布的单部件系统，其 λ=0.006/h，若此系统是不可维修的，试计算 $R(40)$；若此系统是可维修的，μ=0.05/h，试计算 $A(40)$。

13．简述可靠性预测的目的和方法。

14．系统可靠性的分配方法有哪些？

15．分析武器系统使用中的可靠性的出发点是什么？

16．根据本章的学习，阐述可靠性分析在武器系统效能分析中的作用。

第 5 章　舰炮武器对海射击效力分析

本章导读

从本章开始，将介绍不同舰载武器射击效力的分析和计算方法。射击效力是武器系统完成射击任务的有效能力，是系统射击结果与完成预定射击任务的符合程度，是评价武器系统效能的最重要内容之一。

射击效力指标通常分为两类，即射击的可靠性指标和射击的经济性指标。可靠性指标是评定完成射击任务的可能性大小的概率数值表征，如毁伤目标的概率；经济性指标是评定武器系统完成射击任务所付出代价的概率数值表征，如毁伤目标消耗弹药数的数学期望。

本章介绍舰炮武器对海上目标射击效力分析方法，射击效力指标包括对目标的命中概率、毁伤概率和命中（毁伤）数的数学期望等。在第 2 章舰炮对海射击误差分析的基础上，本章 5.1 节介绍舰炮武器单发命中概率的精确和近似计算方法；5.2 节介绍海上目标命中面积的计算方法；5.3 节介绍舰炮对海射击命中概率和命中弹数数学期望的计算方法；5.4 节介绍命中毁伤概率，即弹丸命中目标后按何种规律毁伤目标；5.5 节和 5.6 节分别介绍毁伤概率和毁伤目标期望消耗弹药数的计算方法。

要求：本章内容较为重要，要求掌握单发命中概率的计算方法，掌握海上目标命中面积的计算方法，重点掌握舰炮对海射击命中概率、期望命中弹数的计算方法，重点掌握命中毁伤概率，重点掌握对目标毁伤概率和毁伤目标期望消耗弹药数的计算方法。

命中概率和毁伤概率是评价武器系统效能的重要指标。对海上目标射击命中概率的计算涉及对射击误差的分析、对目标命中面积的处理，以及具体的计算方法；毁伤目标事件是在命中目标事件发生的条件下出现的一个复合事件，毁伤概率是以命中概率的计算为前提的，它可以较为全面地反映武器对目标的射击命中情况、射弹的威力及对目标的打击效果，是最常用的综合性效能指标。本章主要通过大、中口径舰炮武器系统对海碰炸射击介绍与射击效力有关的一些指标的计算方法。

5.1　单发命中概率

单发命中概率，即发射一发的命中概率，是指发射一发弹命中目标可能性的大小。

单发命中概率是武器系统重要的性能指标之一，也是计算各种射击效力指标必不可少的基础数据。

5.1.1　单发命中概率的精确计算

单发命中概率的大小主要取决于射击误差的分布特征和目标外形特征（形状和大小）。

当发射一发射弹时，系统各误差源产生的误差都是不相关、非重复的。全部射击误差均属于第一组误差。

本节介绍几种常见的规则形状目标的单发命中概率的计算方法，给出的计算公式均为精确计算公式。

5.1.1.1　矩形目标的单发命中概率

如图 5.1.1 所示，矩形目标的边长为 $2l_x$ 和 $2l_z$，并分别平行于坐标 x 轴和 z 轴；目标中心与坐标原点 O 重合；弹着散布椭圆主轴与坐标轴平行，在 x 轴、z 轴上的弹着散布误差分量 Δx、Δz 相互独立，其概率误差为 E_x、E_z（或均方差 σ_x、σ_z），系统误差为 m_x、m_z。

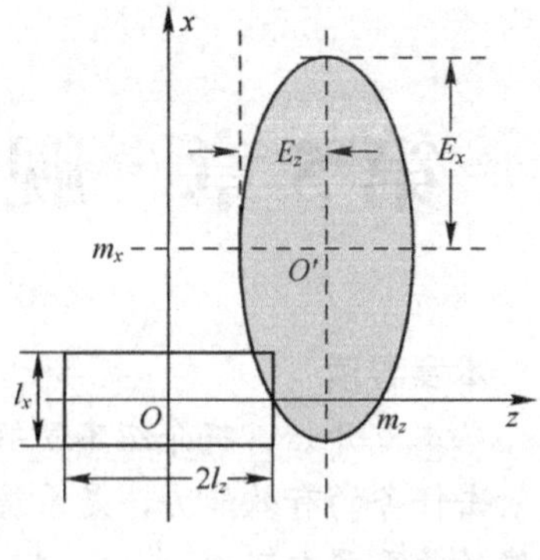

图 5.1.1　矩形目标和椭圆形散布

对此矩形目标射击的单发命中概率 $P(x,z)$ 为

$$\begin{aligned} P(x,z) &= \iint_R \varphi(x,z)\mathrm{d}x\mathrm{d}z = P(x)\cdot P(z) = \int_{-l_x}^{l_x}\varphi(x)\mathrm{d}x\int_{-l_z}^{l_z}\varphi(z)\mathrm{d}z \\ &= \frac{1}{4}\left[\hat{\Phi}\left(\frac{m_x+l_x}{E_x}\right)-\hat{\Phi}\left(\frac{m_x-l_x}{E_x}\right)\right]\cdot\left[\hat{\Phi}\left(\frac{m_z+l_z}{E_z}\right)-\hat{\Phi}\left(\frac{m_z-l_z}{E_z}\right)\right] \end{aligned} \tag{5.1.1}$$

或

$$P(x,z) = \frac{1}{4}\left[\Phi\left(\frac{m_x+l_x}{\sqrt{2}\sigma_x}\right)-\Phi\left(\frac{m_x-l_x}{\sqrt{2}\sigma_x}\right)\right]\cdot\left[\Phi\left(\frac{m_z+l_z}{\sqrt{2}\sigma_z}\right)-\Phi\left(\frac{m_z-l_z}{\sqrt{2}\sigma_z}\right)\right] \tag{5.1.2}$$

式中　$\varphi(x,z)$——弹着散布误差分布密度；

$\varphi(x)$、$\varphi(z)$——弹着散布误差在 x 轴、z 轴上的分布密度；

$$\begin{aligned} \varphi(x,z) &= \varphi(x)\cdot\varphi(z) \\ &= \frac{\rho}{\sqrt{\pi}E_x}\exp\left[-\rho^2\frac{(x-m_x)^2}{E_x^2}\right]\cdot\frac{\rho}{\sqrt{\pi}E_z}\exp\left[-\rho^2\frac{(z-m_z)^2}{E_z^2}\right] \end{aligned} \tag{5.1.3}$$

R——矩形目标面积，即

$$R = 2l_x \times 2l_z \tag{5.1.4}$$

$\hat{\Phi}(x)$——简化拉普拉斯函数，即

$$\hat{\Phi}(x) = \frac{2\rho}{\sqrt{\pi}}\int_0^x \exp(-\rho^2 t^2)\mathrm{d}t \tag{5.1.5}$$

$\Phi(x)$——拉普拉斯函数，即

$$\Phi(x) = \frac{2}{\sqrt{\pi}}\int_0^x \exp(-t^2)\mathrm{d}t \tag{5.1.6}$$

$\Phi(x)$、$\hat{\Phi}(x)$ 的值均可在附录 A 的表 A.1、表 A.2 中查到。

当散布中心与目标中心重合，系统误差等于零，即 $m_x = m_z = 0$ 时，式（5.1.1）或式（5.1.2）变为

$$P(x,z) = \hat{\Phi}\left(\frac{l_x}{E_x}\right)\cdot\hat{\Phi}\left(\frac{l_z}{E_z}\right) \tag{5.1.7}$$

或

$$P(x,z) = \Phi\left(\frac{l_x}{\sqrt{2}\sigma_x}\right)\cdot\Phi\left(\frac{l_z}{\sqrt{2}\sigma_z}\right) \tag{5.1.8}$$

【例 5.1】 已知某矩形目标为 $2l_x \times 2l_z = 100\times 80\text{m}^2$，弹着散布概率误差 $E_x = 100\text{m}$，$E_z = 80\text{m}$，求系统误差：① $m_x = 50\text{m}$，$m_z = 40\text{m}$；② $m_x = m_z = 0$ 两种情况的单发命中概率。

解：因为 $2l_x = 100\text{m}, 2l_z = 80\text{m}$，所以 $l_x = 50\text{m}, l_z = 40\text{m}$：

（1）当 $m_x = 50\text{m}$，$m_z = 40\text{m}$ 时，由式（5.1.1）得

$$P = \frac{1}{4}\left[\hat{\Phi}\left(\frac{50+50}{100}\right) - \hat{\Phi}\left(\frac{50-50}{100}\right)\right]\cdot\left[\hat{\Phi}\left(\frac{40+40}{80}\right) - \hat{\Phi}\left(\frac{40-40}{80}\right)\right]$$

$$= \frac{\hat{\Phi}(1)\cdot\hat{\Phi}(1)}{4} = \frac{0.5\times 0.5}{4} = 0.0625$$

（2）当 $m_x = m_z = 0$ 时，由式（5.1.7）得

$$P = \hat{\Phi}(50/100)\hat{\Phi}(40/80) = \hat{\Phi}(0.5)\cdot\hat{\Phi}(0.5)$$

查附录 A 的表 A.2，可知 $\hat{\Phi}(0.5) = 0.264$，则

$$P = 0.264\times 0.264 = 0.070$$

5.1.1.2　等概率椭圆形目标的单发命中概率

标准椭圆方程为

$$\frac{x^2}{a^2} + \frac{z^2}{b^2} = 1$$

等概率椭圆的半轴与射击误差的概率误差（或均方误差）成正比，所以等概率椭圆形目标的方程还要满足

$$\frac{a}{E_x} = \frac{b}{E_z} = \hat{K} \tag{5.1.9}$$

或

$$\frac{a}{\sigma_x} = \frac{b}{\sigma_z} = K \tag{5.1.10}$$

由式（5.1.9）和式（5.1.10），并应用 $E_x = \sqrt{2}\sigma_x\rho$，可以推得 $\hat{K} = K/\sqrt{2}\rho$。

等概率椭圆形目标的单发命中概率 P 为

$$P = P(x,z) = \iint_{D_k}\varphi(x,z)\text{d}x\text{d}z = \iint_{D_k}\frac{\rho^2}{\pi E_x E_z}\exp\left[-\rho^2\left(\frac{x^2}{E_x^2} + \frac{z^2}{E_z^2}\right)\right]\text{d}x\text{d}z \tag{5.1.11}$$

式中　D_k——等概率椭圆形目标方程所围成的区域。

令

$$u = \rho\frac{x}{E_x}, v = \rho\frac{z}{E_z}$$

则椭圆域 D_k 在 uOv 坐标系中变为以 $\hat{K}\rho$ 为半径的圆域 C_K，有

$$u^2 + v^2 = \hat{K}^2\rho^2$$

于是式（5.1.11）变为

$$P = \iint_{C_K}\frac{\rho^2}{\pi E_x E_z}\exp[-(u^2+v^2)]\left|\frac{\partial(x,z)}{\partial(u,v)}\right|\text{d}u\text{d}v$$

将$\dfrac{\partial(x,z)}{\partial(u,v)}=\dfrac{E_xE_z}{\rho^2}$代入上式得

$$P=\frac{1}{\pi}\iint_{C_K}\exp[-(u^2+v^2)]\mathrm{d}u\mathrm{d}v$$

再令$u=r\cos\theta, v=r\sin\theta$，则上式变为

$$P=\frac{1}{\pi}\int_0^{2\pi}\int_0^{\hat{K}\rho}r\cdot\exp(-r^2)\mathrm{d}r\mathrm{d}\theta=2\int_0^{\hat{K}\rho}r\cdot\exp(-r^2)\mathrm{d}r=1-\exp[-(\hat{K}\rho)^2] \tag{5.1.12}$$

或

$$P=1-\exp[-(K^2/2)] \tag{5.1.13}$$

【例 5.2】 向一个椭圆形目标射击，已知射击误差的概率误差$E_x=20\text{m}$，$E_z=10\text{m}$，求椭圆形目标为：① $a=20\text{m}$，$b=10\text{m}$；② $a=80\text{m}$，$b=40\text{m}$的单发命中概率。

解： ① 先验证目标和散布的关系满足“等概率椭圆形目标”的条件式（5.1.9），即

$$\hat{K}=\frac{a}{E_x}=\frac{b}{E_z}=\frac{20}{20}=1$$

由式（5.1.12），得

$$P=1-\exp[-(\hat{K}\rho)^2]=1-\exp[-(0.4769)^2]=0.203$$

这也是射击误差出现在单位散布椭圆（$\hat{K}=1$）中的概率。

② 因为

$$\hat{K}=\frac{80}{20}=\frac{40}{10}=4$$

由式（5.1.12），得

$$P=1-\exp[-(\hat{K}\rho)^2]=1-\exp[-(4\times0.4769)^2]=0.974$$

这也是射击误差出现在全散布椭圆（$\hat{K}=4$）中的概率。

5.1.1.3 圆形目标的单发命中概率

1．按瑞利分布求圆形目标单发命中概率

当弹着散布为圆散布时，设其概率误差为E（均方差为σ），若半径为R的圆形目标圆心与散布中心重合，则按照概率论知识，弹着点对目标圆心的偏差量（脱靶量）服从瑞利分布，分布密度为

$$f(r)=\begin{cases}\dfrac{2\rho^2 r}{E^2}\exp\left[-\left(\rho\dfrac{r}{E}\right)^2\right] & (r>0)\\ 0 & (r\leqslant 0)\end{cases}$$

或

$$f(r)=\begin{cases}\dfrac{r}{\sigma^2}\exp\left[-\dfrac{1}{2}(r/\sigma)^2\right] & (r>0)\\ 0 & (r\leqslant 0)\end{cases}$$

对圆形目标的单发命中概率为

$$P=\int_0^R f(r)\mathrm{d}r=\int_0^R\frac{2\rho^2 r}{E^2}\exp\left[-\left(\frac{\rho r}{E}\right)^2\right]\mathrm{d}r=1-\exp\left[-\left(\frac{\rho R}{E}\right)^2\right] \tag{5.1.14}$$

或

$$P = 1 - \exp\left[-\frac{1}{2}\left(\frac{R}{\sigma}\right)^2\right] \tag{5.1.15}$$

2. 从等概率椭圆结论求圆形目标单发命中概率

由式（5.1.9）得

$$\hat{K} = \frac{R}{E} \tag{5.1.16}$$

将式（5.1.16）代入式（5.1.12），则得

$$P = 1 - \exp\left[-\left(\frac{\rho R}{E}\right)^2\right]$$

或由式（5.1.10）得

$$K = \frac{R}{\sigma} \tag{5.1.17}$$

将式（5.1.17）代入式（5.1.13），则得

$$P = 1 - \exp\left[-\frac{1}{2}\left(\frac{R}{\sigma}\right)^2\right]$$

3. 用圆概率误差求圆形目标单发命中概率

当弹着散布为圆散布时，除用概率误差 E 或均方差 σ 表征外，还采用圆概率误差 E_R 表征，它是指弹着散布误差出现概率为 50%的散布圆的半径。由式（5.1.16）或式（5.1.17）可以得到圆概率误差 E_R 与概率误差 E 、均方差 σ 的关系式，即

$$P = 1 - \exp\left[-\left(\rho\frac{E_R}{E}\right)^2\right] = 0.5$$

所以

$$E_R = 1.7456E = 1.1774\sigma \tag{5.1.18}$$

此时，以圆概率误差 E_R 表征的圆散布，对圆形目标射击的单发命中概率可从圆概率误差和上述结论推导。

因为

$$P = 1 - \exp\left[-\left(\frac{\rho E_R}{E}\right)^2\right] = \frac{1}{2}$$

又知 $E = \sqrt{2}\rho\sigma$ ，可得

$$\exp\left[-\frac{1}{2}\left(\frac{E_R}{\sigma}\right)^2\right] = \frac{1}{2}$$

再从

$$P = 1 - \exp\left[-\frac{1}{2}\left(\frac{R}{\sigma}\right)^2\right]$$

得

$$P = 1 - (0.5)^{(R/E_R)^2} \tag{5.1.19}$$

4．按莱斯分布求圆形目标单发命中概率

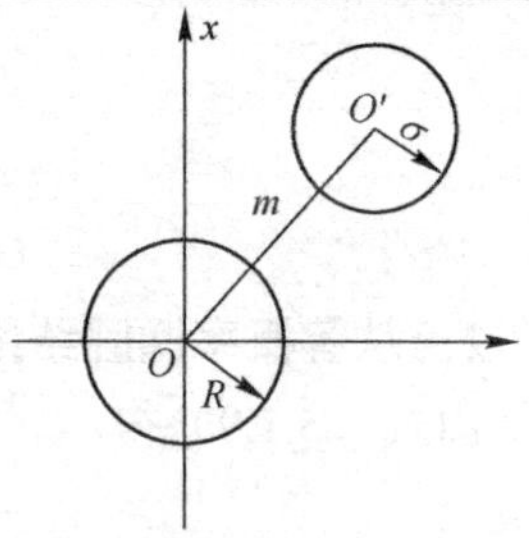

图 5.1.2 射击误差服从莱斯分布

当射击误差为圆散布，系统误差为m，均方差为σ时，圆形目标中心O不再与散布中心O'重合，圆形目标半径为R，如图 5.1.2 所示。则根据概率论知识，弹着点对目标中心的偏差量服从莱斯分布，分布密度为

$$f(r)=\begin{cases}0 & (r\leqslant 0)\\ \dfrac{r}{\sigma^2}\exp\left[-\dfrac{1}{2\sigma^2}(r^2+m^2)\right]\cdot I_0\left(\dfrac{rm}{\sigma^2}\right) & (r>0)\end{cases}$$

上式中当$m=0$时，$I_0(0)=1$，$f(r)=\dfrac{r}{\sigma^2}\exp\left[-\dfrac{r^2}{2\sigma^2}\right]$，莱斯分布就退化为瑞利分布，所以，莱斯分布也称为广义瑞利分布。

从莱斯分布得到发射一发命中圆形目标的概率为

$$\begin{aligned}P&=P\left(\frac{R}{\sigma},\frac{m}{\sigma}\right)=\int_0^R f(r)\mathrm{d}r\\&=\frac{1}{\sigma^2}\exp\left(-\frac{m^2}{2\sigma^2}\right)\int_0^R r\cdot\exp\left(-\frac{r^2}{2\sigma^2}\right)\cdot I_0\left(\frac{rm}{\sigma^2}\right)\mathrm{d}r\end{aligned}\tag{5.1.20}$$

式中 I_0——零阶虚参量的第一类贝塞尔函数；

$P\left(\dfrac{R}{\sigma},\dfrac{m}{\sigma}\right)$——偏移圆函数，其数值见附录 A 的表 A.6：$r=\dfrac{R}{\sigma},h=\dfrac{m}{\sigma}$。

5.1.2 单发命中概率的近似计算

单发命中概率主要取决于目标外形特征和射击误差分布特征，当这些特征不符合 5.1.1 节介绍的那些单发命中概率精确计算公式的条件时，为了能够简化单发命中概率的计算，一般采用等面积替代法对目标外形特征和射击误差分布特征进行近似处理。

5.1.2.1 等面积替代法

等面积替代法是指某种目标或射击误差分布的特征形状，在遵守替代原则时，可以用另一形状替代，替代原则为：① 两者面积保持不变；② 目标面积各方向上的尺寸比例要大致相同，例如，以矩形替代椭圆形时，矩形的边应与椭圆主轴一致，边长与相应主轴的长度成比例；③ 在总面积不变的条件下，一个不规则形状的目标，可以用多个规则形状的目标替代。

1．正方形与圆形目标相互替代

设正方形的边长为$2l$，圆半径为R，正方形、圆形的面积分别为S_1、S_2，则

$$S_1=(2l)^2；\qquad S_2=\pi R^2$$

由替代原则知道，当$S_1=S_2$时，可得到正方形与圆形相互替代公式。

正方形目标替代圆形目标为

$$l=\sqrt{\pi}R/2\tag{5.1.21}$$

圆形目标替代正方形目标为

$$R=2l/\sqrt{\pi}\tag{5.1.22}$$

2．圆散布替代椭圆散布

设圆散布的概率误差为 E（或均方差为 σ），则圆散布面积为

$$S_1 = \pi E^2 \tag{5.1.23}$$

或

$$S_1 = \pi\sigma^2 \tag{5.1.24}$$

设椭圆散布的概率误差为 E_x、E_y（或均方差 σ_x、σ_y），则椭圆散布面积为

$$S_2 = \pi E_x E_y \tag{5.1.25}$$

或

$$S_2 = \pi\sigma_x\sigma_y \tag{5.1.26}$$

由替代原则知道，当 $S_1 = S_2$ 时，可得到圆散布替代椭圆散布的计算公式，即

$$E = \sqrt{E_x E_y} \tag{5.1.27}$$

或

$$\sigma = \sqrt{\sigma_x\sigma_y} \tag{5.1.28}$$

当 E_x / E_y（或 σ_x / σ_y）≤（0.8～1.2）时，式（5.1.27）和式（5.1.28）计算结果的相对误差不超过 3%～5%。

【例 5.3】 如图 5.1.3 所示，空中目标的等效圆命中面积半径 $R = 5\,\text{m}$；射击误差服从圆分布，径向均方差 $\sigma = 3\,\text{m}$，试在以下两种情况下，分别用精确公式和近似公式计算单发命中概率 P：①不存在系统误差，即 $m = 0$；②存在系统误差，$m_x = 1.5\,\text{m}$，$m_y = 2.6\,\text{m}$。

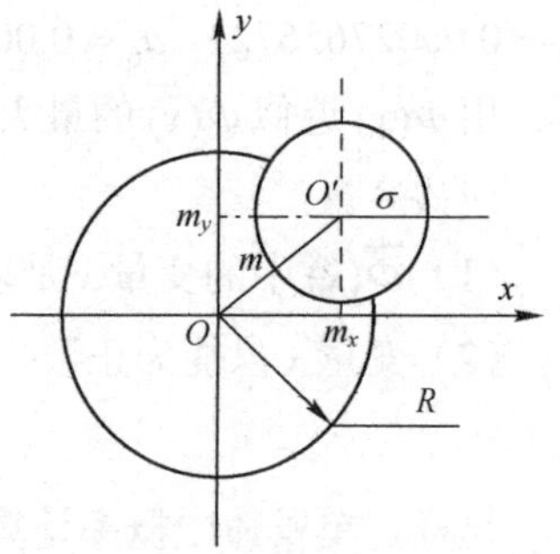

图 5.1.3　圆形目标面积和圆射击散布

解：（1）$m = 0$ 时，按式（5.1.15）计算 P，则

$$P = 1 - \exp\left(-\frac{5^2}{2\times 3^2}\right) = 0.751$$

若将圆形目标化为正方形，由式（5.1.21）得

$$l = \sqrt{\pi}\times 5/2 = 2.5\sqrt{\pi}$$

按式（5.1.8）计算 P，则

$$P = \Phi\left(\frac{l}{\sqrt{2}\sigma}\right)\cdot\Phi\left(\frac{l}{\sqrt{2}\sigma}\right) = \left[\Phi\left(\frac{2.5\sqrt{\pi}}{\sqrt{2}\times 3}\right)\right]^2 = [\Phi(1.044)]^2 = 0.740$$

（2）$m \neq 0$ 时，由 $m_x = 1.5\,\text{m}$，$m_y = 2.6\,\text{m}$，得

$$m = (m_x^2 + m_y^2)^{1/2} = (1.5^2 + 2.6^2)^{1/2} = 3\text{m}$$

查附录 A 的表 A.6 偏移圆函数，则

$$P = P\left(\frac{R}{\sigma},\frac{m}{\sigma}\right) = P\left(\frac{5}{3},\frac{3}{3}\right) = P(1.67,1) = 0.586$$

将圆形目标化为正方形，由式（5.1.2）计算 P，则

$$
\begin{aligned}
P &= \frac{1}{4}\left[\varPhi\left(\frac{m_x+l}{\sqrt{2}\sigma}\right)-\varPhi\left(\frac{m_x-l}{\sqrt{2}\sigma}\right)\right]\cdot\left[\varPhi\left(\frac{m_y+l}{\sqrt{2}\sigma}\right)-\varPhi\left(\frac{m_y-l}{\sqrt{2}\sigma}\right)\right] \\
&= \frac{1}{4}\left[\varPhi\left(\frac{1.5+2.5\sqrt{\pi}}{\sqrt{2}\times 3}\right)-\varPhi\left(\frac{1.5-2.5\sqrt{\pi}}{\sqrt{2}\times 3}\right)\right]\cdot\left[\varPhi\left(\frac{2.6+2.5\sqrt{\pi}}{\sqrt{2}\times 3}\right)-\varPhi\left(\frac{2.6-2.5\sqrt{\pi}}{\sqrt{2}\times 3}\right)\right] \\
&= 0.584
\end{aligned}
$$

5.1.2.2 积分函数近似计算

在命中概率计算中，经常使用一些积分函数，如拉普拉斯函数、标准正态分布函数等，它们可以查表得到，也可以采用数值积分法近似计算。下面介绍两个积分函数近似表达式。

1．拉普拉斯函数近似表达式

拉普拉斯函数 $\varPhi(x)$ 为

$$\varPhi(x)=\frac{2}{\sqrt{\pi}}\int_0^x \exp(-t^2)\mathrm{d}t$$

将 $\overline{\varPhi}(x)$ 作为 $\varPhi(x)$ 的近似表达式，有

$$\overline{\varPhi}(x)=1-\left(1+\sum_{i=1}^{6}a_i x^i\right)^{-16} \tag{5.1.29}$$

式中，$a_1=0.0705230784$；$a_2=0.0422820123$；$a_3=0.0092705272$；$a_4=0.0001520143$；$a_5=0.0002765672$；$a_6=0.0000430638$。

用 $\overline{\varPhi}(x)$ 近似 $\varPhi(x)$ 的最大绝对误差是 1.3×10^{-7}。

应该注意：

（1）$\overline{\varPhi}(x)$ 中的变量 x 是以 $(\sqrt{2}\sigma)$ 为单位表示的。

（2）变量 x 只能为正数，当 $x<0$ 时，有

$$\overline{\varPhi}(x)=-\overline{\varPhi}(-x) \tag{5.1.30}$$

这样，单发命中概率计算公式可表示为

$$P(x,z)=\frac{1}{4}[\overline{\varPhi}(x_1)-\overline{\varPhi}(x_2)]\cdot[\overline{\varPhi}(x_3)-\overline{\varPhi}(x_4)] \tag{5.1.31}$$

式中，$x_1=\dfrac{m_x+l_x}{\sqrt{2}\sigma_x}$；$x_2=\dfrac{m_x-l_x}{\sqrt{2}\sigma_x}$；$x_3=\dfrac{m_z+l_z}{\sqrt{2}\sigma_z}$；$x_4=\dfrac{m_z-l_z}{\sqrt{2}\sigma_z}$。

2．标准正态分布函数近似表达式

标准正态分布函数 $\varPhi_0(x)$ 为

$$\varPhi_0(x)=\frac{1}{\sqrt{2\pi}}\int_{-\infty}^{x}\exp(-t^2/2)\mathrm{d}t \tag{5.1.32}$$

将 $\varPhi_0'(x)$ 作为 $\varPhi_0(x)$ 的近似表达式，有

$$\varPhi_0'(x)=\frac{1}{\sqrt{2\pi}}(b_1t_0+b_2t_0^2+b_3t_0^3+b_4t_0^4+b_5t_0^5)\cdot\exp\left(-\frac{x^2}{2}\right) \tag{5.1.33}$$

式中

$$t_0=\frac{1}{1+C\cdot|x|} \tag{5.1.34}$$

式（5.1.33）中，$C=0.2316419$；$b_1=0.319381530$；$b_2=-0.356563782$；$b_3=1.781477937$；$b_4=-1.821255978$；$b_5=1.330274429$。

$$\Phi_0(x)=\begin{cases}0 & (x<-15.11)\\ \Phi_0'(x) & (-15.11\leqslant x<0)\\ 1-\Phi_0'(x) & (0\leqslant x\leqslant 15.11)\\ 1 & (15.11<x)\end{cases}\tag{5.1.35}$$

应该注意：$\Phi_0'(x)$ 中的变量 x 是以 σ 为单位表示的。

这样，单发命中概率的计算公式可表示为

$$P(x,z)=[\Phi_0(x_1)-\Phi_0(x_2)][\Phi_0(x_3)-\Phi_0(x_4)]\tag{5.1.36}$$

式中，$x_1=\dfrac{m_x+l_x}{\sigma_x}$；$x_2=\dfrac{m_x-l_x}{\sigma_x}$；$x_3=\dfrac{m_z+l_z}{\sigma_z}$；$x_4=\dfrac{m_z-l_z}{\sigma_z}$。

5.2　海上目标命中面积

所谓目标命中面积是指弹丸可以击中的目标面积。海上目标主要指的是水面舰艇，其命中面积是指舰艇水线以上部分沿弹丸落速方向在水平面上的投影面积。

5.1 节介绍了规则形状目标的单发命中概率计算方法，由于舰艇的外形复杂，使得命中面积形状也复杂，不能直接应用命中概率的解析计算模型，必须采用等面积替代法来处理舰艇命中面积，即用规则形状的目标命中面积近似替代舰艇命中面积。

5.2.1　舰艇甲板面的等效处理

设目标舰艇的长度为 L_j，宽度为 B_j，舰艇平均舷高为 H_p。

舰艇平均舷高 H_p 是指舰艇水线以上部分侧面积的平均高度。平均舷高可以根据舰艇有关技术资料计算求得，也可以由表 5.2.1 查得。表 5.2.1 给出了舰艇的长高之比，当知其长度后，便可求得其平均舷高。

表 5.2.1　舰艇长度与平均舷高的关系

舰艇类型	吨位/万吨	L_j/H_p	备 注
大型航母	7.5～9	16～17	
中小型航母	7.5 以下	13～15	
巡洋舰	0.5～3	14.3～19.5	新型舰 14～16
驱逐舰	0.29～0.9	15～16	
护卫舰	0.17～0.45	14～16	新型舰 14～16
登陆舰	0.1～1.8	11～14.5	一般在 12 左右
导弹艇	0.0047～0.03	10～12	
扫雷舰艇	＞0.10	＜14	较小的在 8 左右

将舰艇的甲板面近似看作椭圆面，故其面积 A_0 为

$$A_0=\pi L_j\cdot B_j/4\approx 0.8L_j\cdot B_j\tag{5.2.1}$$

式（5.2.1）表明：舰艇的椭圆甲板面可以用长为$0.8L_j$，宽为B_j的矩形$ABCD$面积来替代，如图5.2.1所示，其中：$AD=0.8L_j$；$CD=B_j$。

5.2.2 舰艇命中界的计算

舰艇的命中面积除了与甲板面积有关，还与目标的舷角和舰艇平均舷高有关。

通常，目标不会垂直于射击方向，而是存在一个夹角，即目标舷角$Q_m \neq 90°$。因此，需要将矩形$ABCD$变换为垂直于射向的矩形$A_1B_1C_1D_1$，见图5.2.2，设其边长$A_1D_1=L_z$；$C_1D_1=a$，则有

$$L_z = 0.8L_j \sin Q_m + B_j \cos Q_m \tag{5.2.2}$$

$$a = A_0 / L_z = 0.8L_j \cdot B_j / L_z \tag{5.2.3}$$

这样，舰艇就近似为一个（$L_z \times a \times H_p$）的长方体，如图5.2.3所示。

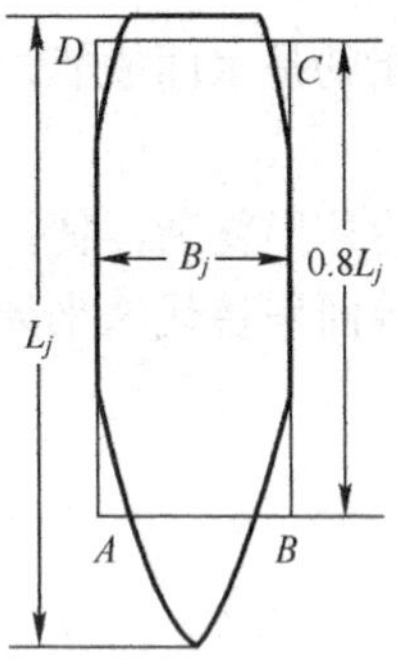

图5.2.1 舰艇甲板面

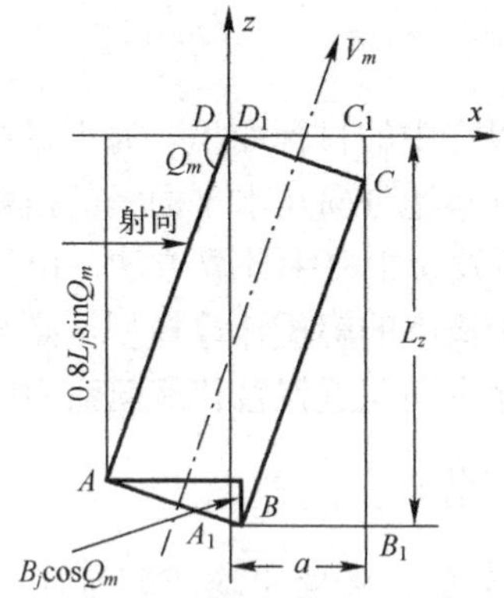

图5.2.2 甲板面沿射向投影

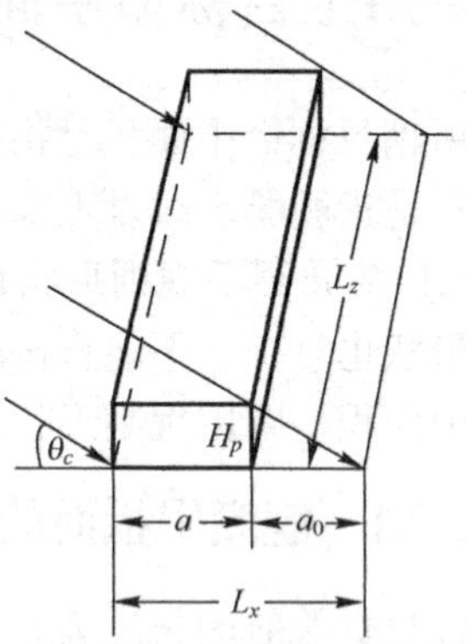

图5.2.3 舷高沿落速方向投影

舰艇平均舷高H_p沿射击方向在水平面上的投影会使其命中界限增加为$a+a_0$，如图5.2.3所示，其中

$$a_0 = H_p \cot\theta_c \tag{5.2.4}$$

式中 θ_c——弹丸落角，可在射表中查到。

则舰艇的命中面积A_j为

$$A_j = L_x \cdot L_z \tag{5.2.5}$$

式中 L_z——舰艇方向命中界；

L_x——舰艇距离命中界，即

$$L_x = a + a_0 = 0.8L_j \cdot B_j / L_z + H_p \cot\theta_c \tag{5.2.6}$$

由式（5.2.2）、式（5.2.6）可以看出，舰艇命中界不但与舰艇的外形特征有关，而且还与目标舷角Q_m和弹丸落角θ_c有关。在其他射击条件相同情况下，当$Q_m=90°$时，可认为舰艇命中面积为最大（实际上在$Q_m=90°$的某个范围内都可以认为舰艇命中面积为最大）；当θ_c增大，即射击距离增大时，舰艇命中面积将减小。

【例 5.4】 某中口径舰炮使用爆破弹对敌舰射击，已知射击距离 $d=11888\ \mathrm{m}$（65Lp），$q_m=45^\circ$ 左，目标外形 $L_j\times B_j\times H_p=70.71\times 8.13\times 3\mathrm{m}^3$，求舰艇命中界。

解：根据某中口径火炮综合基本射表，由 $d=11888\ \mathrm{m}$（65Lp）查得：

$$\theta_c=19^\circ 27'=19.45^\circ$$

按式（5.2.2），得敌舰方向命中界 L_z：

$$L_z=0.8\times 70.71\times \sin 45^\circ+8.13\times \cos 45^\circ=45.75\mathrm{m}$$

按式（5.2.6），得敌舰距离命中界 L_x：

$$L_x=0.8\times 70.71\times 8.13/45.75+3\times \cot 19.45^\circ=18.55\mathrm{m}$$

5.3 对海射击命中概率

本节主要通过舰炮武器系统对海碰炸射击来介绍有关命中概率的计算方法。包括发射 n 发至少命中一发的概率、发射 n 发至少命中 m 发的概率、命中弹数的数学期望等。

命中概率的大小主要取决于目标特征、射击误差分布特征及射击条件。

对有关命中概率的计算是以单发命中概率为基础的，而单发命中概率可以按照精确计算式（5.1.1）或式（5.1.2）计算，应用计算机时，可按式（5.1.29）、式（5.1.31）近似计算公式计算。

命中概率的计算步骤：首先计算目标命中面积；再根据射击条件，按相关性、重复性分析误差源的误差，进行射击误差分组；最后按射击误差分组类型要求，进行射击效力计算。

5.3.1 发射 n 发至少命中一发的概率 P_{L1}

发射 n 发至少命中一发的概率 P_{L1} 是一项重要的射击效力指标，通常应用于目标生命力很弱，只要命中一发就能被击毁的情况。另外，在某些情况下，如系统验收试验，不便采用毁伤概率作为射击效力指标时，P_{L1} 就具有评定系统射击效力的重要作用。

根据不同的射击条件，分两种情况来研究 P_{L1} 的计算。

5.3.1.1 一门舰炮发射 n 发至少命中一发的概率 P_{L1}

1．射击误差分析

这种射击条件下的射击误差可分为两组。

（1）非重复误差组，包括舰炮散布误差 E_{dj}、E_{zj}，雷达误差 E_{dr}、E_{zr} 和指挥仪误差 E_{dc}、E_{zc}。在射击过程中，这些误差是不相关、非重复的，均属于第一组误差 Δx_1、Δx_2，其概率误差为 E_{x1}、E_{z1}，有

$$E_{x1}=(E_{dj}^2+E_{dr}^2+E_{dc}^2)^{1/2} \tag{5.3.1}$$

$$E_{z1}=(E_{zj}^2+E_{zr}^2+E_{zc}^2)^{1/2} \tag{5.3.2}$$

（2）重复误差组，包括弹道气象准备误差 E_{dv0}、$E_{d\rho}$、E_{dw} 和 E_{zw}，在射击过程中，这些误差是强相关、重复的，均属于第三组误差 Δx_3、Δz_3，其概率误差为 E_{x3}、E_{z3}，有

$$E_{x3}=(E_{dv0}^2+E_{d\rho}^2+E_{dw}^2)^{1/2} \tag{5.3.3}$$

$$E_{z3} = E_{zw} \tag{5.3.4}$$

2. 命中概率计算

（1）一组误差型。按一组误差型计算至少命中一发概率，是将射击过程中的射击误差按第一组误差处理，误差均为不相关、非重复，即每次发射都是独立发射，综合概率误差为

$$E_x = (E_{x1}^2 + E_{x3}^2)^{1/2} \tag{5.3.5}$$

$$E_z = (E_{z1}^2 + E_{z3}^2)^{1/2} \tag{5.3.6}$$

① 若每发命中概率 P_i 不相同，则 P_{L1} 为

$$P_{L1} = 1 - \prod_{i=1}^{n}(1 - P_i) \tag{5.3.7}$$

式中　P_i——每一次发射的命中概率，$P_i = P_i(x,z)$。

② 若每发命中概率 P_i 均相同，即 $P_i = P$，则发射 n 发至少命中一发的概率 P_{L1} 为

$$P_{L1} = 1 - (1 - P)^n \tag{5.3.8}$$

式中　P——单发命中概率，$P = P(x,z)$。

（2）两组误差型。按两组误差型计算至少命中一发概率，就要考虑射击过程中的误差分组，按存在第一组、第三组误差的情况计算 P_{L1}。

选择平面坐标系 xOz，坐标原点 O 与目标中心重合。设目标为矩形目标，其命中面积为 $2l_x \times 2l_z$，射击方向与 x 轴相同，且射击误差椭圆散布主轴与 x、z 轴平行，系统误差为 m_x、m_z。

由于存在第三组误差，使得散布中心围绕目标中心产生分布。因此，在计算命中概率时，应该考虑散布中心相对目标中心的所有可能位置。

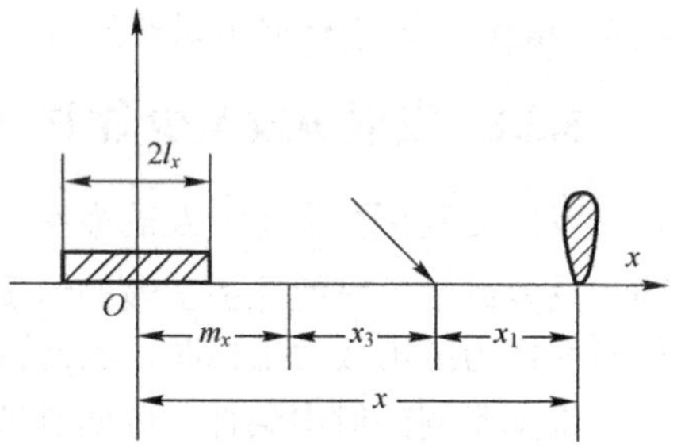

图 5.3.1　两组误差对射击的影响

假设（x_3, z_3）为某一组特定值时（图 5.3.1），仅考虑第一组误差的影响，一发命中条件概率 $P(x_3, z_3)$ 为

$$P(x_3, z_3) = P(x_3) \cdot P(z_3) \tag{5.3.9}$$

式中　$P(x_3)$——x_3 为某特定值时，x 轴上一发命中条件概率，即

$$P(x_3) = \int_{-l_x}^{l_x} \varphi(x)\,\mathrm{d}x = \int_{-l_x}^{l_x} \frac{\rho}{\sqrt{\pi}E_{x1}} \cdot \exp\left[-\rho^2\left(\frac{x - x_3 - m_x}{E_{x1}}\right)^2\right]\mathrm{d}x \tag{5.3.10}$$

$P(z_3)$——z_3 为某特定值时，z 轴上一发命中条件概率，即

$$P(z_3) = \int_{-l_z}^{l_z} \varphi(z)\,\mathrm{d}x = \int_{-l_z}^{l_z} \frac{\rho}{\sqrt{\pi}E_{z1}} \cdot \exp\left[-\rho^2\left(\frac{z - z_3 - m_z}{E_{z1}}\right)^2\right]\mathrm{d}z \tag{5.3.11}$$

这样，（x_3, z_3）为某一组特定值时，发射 n 发至少命中一发的条件概率为

$$P_{L1}(x_3, z_3) = 1 - [1 - P(x_3, z_3)]^n \tag{5.3.12}$$

考虑（x_3, z_3）的全部可能值，则武器系统发射 n 发至少命中一发的全概率为

$$\begin{aligned} P_{L1} &= \int_{-\infty}^{\infty}\int_{-\infty}^{\infty}\varphi(x_3,z_3)\cdot P_{L1}(x_3,z_3)\mathrm{d}x_3\mathrm{d}z_3 \\ &= \int_{-\infty}^{\infty}\int_{-\infty}^{\infty}\varphi(x_3,z_3)\cdot\{1-[1-P(x_3,z_3)]^n\}\mathrm{d}x_3\mathrm{d}z_3 \end{aligned} \tag{5.3.13}$$

或

$$P_{L1} = 1-\int_{-\infty}^{\infty}\int_{-\infty}^{\infty}\varphi(x_3,z_3)\cdot[1-P(x_3,z_3)]^n\mathrm{d}x_3\mathrm{d}z_3 \tag{5.3.14}$$

其中，$\varphi(x_3,z_3)$ 为第三组误差的分布密度函数，即

$$\varphi(x_3,z_3)=\varphi(x_3)\cdot\varphi(z_3) \tag{5.3.15}$$

其中，$\varphi(x_3)$ 为第三组误差 Δx_3 的分布密度函数，即

$$\varphi(x_3)=\frac{\rho}{\sqrt{\pi}E_{x3}}\exp\left[-\rho^2\frac{x_3^2}{E_{x3}^2}\right] \tag{5.3.16}$$

$\varphi(z_3)$——第三组误差 Δz_3 的分布密度函数，即

$$\varphi(z_3)=\frac{\rho}{\sqrt{\pi}E_{z3}}\exp\left[-\rho^2\frac{z_3^2}{E_{z3}^2}\right] \tag{5.3.17}$$

5.3.1.2　*K* 门舰炮齐射 *t* 次至少命中一发的概率 P_{L1}

K 门舰炮齐射 *t* 次，设均为单管炮，则发射弹丸数 *n* 为

$$n=k\times t \tag{5.3.18}$$

1．射击误差分析

这种射击条件下，射击误差可分为三组。

（1）第一组误差 Δx_1、Δz_1，其概率误差为 E_{x1}，E_{z1}，包括舰炮齐射散布误差 E_{dq}、E_{zq}。在射击过程中，这些误差均为不相关、非重复误差，有

$$\begin{cases} E_{x1}=E_{dq} \\ E_{z1}=E_{zq} \end{cases} \tag{5.3.19}$$

（2）第二组误差 Δx_2、Δz_2，其概率误差为 E_{x2}、E_{z2}，在舰炮对海射击，发射率比较低，指挥仪工作方式为“按观测诸元”时，可将火控系统误差按第二组误差处理，包括雷达误差 E_{dr}、E_{zr} 和指挥仪误差 E_{dc}、E_{zc}。在射击过程中，这些误差均为不相关、重复误差，有

$$\begin{cases} E_{x2}=(E_{dr}^2+E_{dc}^2)^{1/2} \\ E_{z2}=(E_{zr}^2+E_{zc}^2)^{1/2} \end{cases} \tag{5.3.20}$$

（3）第三组误差 Δx_3、Δz_3，其概率误差为 E_{x3}、E_{z3}，包括弹道气象准备误差 E_{dv0}、$E_{d\rho}$、E_{dw}、E_{zw}，有

$$\begin{cases} E_{x3}=(E_{dv0}^2+E_{d\rho}^2+E_{dw}^2)^{1/2} \\ E_{z3}=E_{zw} \end{cases}$$

2．命中概率计算

（1）一组误差型。将射击过程中的射击误差均按第一组误差处理，综合概率误差 E_x、

E_z 为

$$E_x = (E_{x1}^2 + E_{x2}^2 + E_{x3}^2)^{1/2} \tag{5.3.21}$$

$$E_z = (E_{z1}^2 + E_{z2}^2 + E_{z3}^2)^{1/2} \tag{5.3.22}$$

按一组误差型计算 K 门舰炮齐射 t 次至少命中一发的概率 P_{L1} 的计算公式与式（5.3.8）相同。

（2）两组误差型。按两组误差型计算至少命中一发概率 P_{L1}，是将射击误差中属于第二组误差性质的误差作为第一组误差处理，这样，在射击误差中就只有第一组、第三组误差了。此时，第一组误差的概率误差 E'_{x1}、E'_{z1} 为

$$E'_{x1} = (E_{x1}^2 + E_{x2}^2)^{1/2} \tag{5.3.23}$$

$$E'_{z1} = (E_{z1}^2 + E_{z2}^2)^{1/2} \tag{5.3.24}$$

第三组误差不变，仍为 E_{x3}、E_{z3}。

按两组误差计算 K 门舰炮齐射 t 次至少命中一发概率，与一门舰炮发射 n 发至少命中一发概率情况相同，不再赘述。

实际计算结果表明，齐射次数越多，按两组误差型计算存在三组误差情况的至少命中一发概率 P_{L1} 的精度也越高。表 5.3.1 给出了满足一定计算精度条件下，所必需的齐射次数。

表 5.3.1 计算精度与齐射次数的关系

精度 / E_{x3} / E_{x2}	≤0.01			≤0.03		
	1	2	3	1	2	3
1	5	13	—	3	6	8
2	9	14	—	5	10	16
3	16	18	—	9	11	18
注：E_{x2}、E_{x3} 以 E_{x1} 为单位表示						

（3）三组误差型。按三组误差型计算至少命中一发概率，要考虑在射击过程中存在三组误差的情况。

K 门舰炮齐射 t 次，按三组误差型计算 P_{L1} 公式，推导步骤如下：

假设 (x_2, x_3, z_2, z_3) 为某一组特定值时（图 5.3.2），一发命中条件概率为

$$P(x_2, x_3, z_2, z_3) = P(x_2, x_3) \cdot P(z_2, z_3) \tag{5.3.25}$$

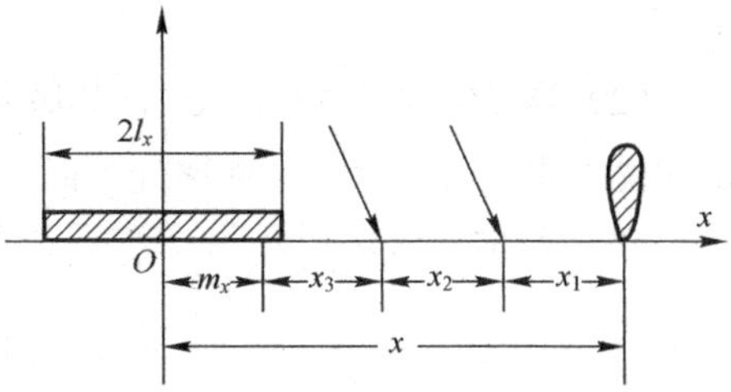

图 5.3.2 三组误差对射击的影响

式中 $P(x_2, x_3)$——x_2、x_3 为某一组特定值时，一发命中条件概率，即

$$P(x_2, x_3) = \int_{-l_x}^{l_x} \frac{\rho}{\sqrt{\pi} E_{x1}} \exp\left[-\rho^2 \frac{(x - x_2 - x_3 - m_x)^2}{E_{x1}^2}\right] dx \tag{5.3.26}$$

$P(z_2, z_3)$——z_2、z_3 为某一组特定值时，一发命中条件概率：

$$P(z_2, z_3) = \int_{-l_z}^{l_z} \frac{\rho}{\sqrt{\pi} E_{z1}} \exp\left[-\rho^2 \frac{(z - z_2 - z_3 - m_z)^2}{E_{z1}^2}\right] dz \tag{5.3.27}$$

这样，齐射一次发射 k 发，至少命中一发的条件概率为

$$P_{L1}^{1}(x_2,x_3,z_2,z_3)=1-[1-P(x_2,x_3,z_2,z_3)]^k \tag{5.3.28}$$

考虑 x_2、z_2 的全部可能值，齐射一次至少命中一发的条件概率为

$$P_{L1}^{1}(x_3,z_3)=\int_{-\infty}^{\infty}\int_{-\infty}^{\infty}\varphi(x_2,z_2)\{1-[1-P(x_2,x_3,z_2,z_3)]^k\}\mathrm{d}x_2\mathrm{d}z_2 \tag{5.3.29}$$

式中　$\varphi(x_2,z_2)$——第二组误差分布密度函数，即

$$\varphi(x_2,z_2)=\varphi(x_2)\cdot\varphi(z_2) \tag{5.3.30}$$

其中，$\varphi(x_2)$ 为第二组误差 Δx_2 的分布密度函数，即

$$\varphi(x_2)=\frac{\rho}{\sqrt{\pi}E_{x2}}\exp\left[-\rho^2\frac{x_2^2}{E_{x2}^2}\right] \tag{5.3.31}$$

$\varphi(z_2)$——第二组误差 Δz_2 的分布密度函数，即

$$\varphi(z_2)=\frac{\rho}{\sqrt{\pi}E_{z2}}\exp\left[-\rho^2\frac{z_2^2}{E_{z2}^2}\right] \tag{5.3.32}$$

这样，齐射 t 次至少命中一发的条件概率为

$$P_{L1}^{t}(x_3,z_3)=1-[1-P_{L1}^{1}(x_3,z_3)]^t \tag{5.3.33}$$

考虑 x_3、z_3 的全部可能值，则齐射 t 次至少命中一发的全概率为：

$$\begin{aligned}P_{L1}&=\int_{-\infty}^{\infty}\int_{-\infty}^{\infty}\varphi(x_3,z_3)P_{L1}^{t}(x_3,z_3)\mathrm{d}x_3\mathrm{d}z_3\\&=\int_{-\infty}^{\infty}\int_{-\infty}^{\infty}\varphi(x_3,z_3)\{1-[1-P_{L1}^{1}(x_3,z_3)]^t\}\mathrm{d}x_3\mathrm{d}z_3\end{aligned} \tag{5.3.34}$$

或

$$P_{L1}=1-\int_{-\infty}^{\infty}\int_{-\infty}^{\infty}\varphi(x_3,z_3)[1-P_{L1}^{1}(x_3,z_3)]^t\mathrm{d}x_3\mathrm{d}z_3 \tag{5.3.35}$$

式中　$\varphi(x_3,z_3)$——第三组误差分布密度函数，即

$$\varphi(x_3,z_3)=\varphi(x_3)\cdot\varphi(z_3) \tag{5.3.36}$$

其中

$$\varphi(x_3)=\frac{\rho}{\sqrt{\pi}E_{x3}}\exp\left[-\rho^2\frac{x_3^2}{E_{x3}^2}\right]$$

$$\varphi(z_3)=\frac{\rho}{\sqrt{\pi}E_{z3}}\exp\left[-\rho^2\frac{z_3^2}{E_{z3}^2}\right]$$

5.3.2　至少命中一发概率的近似计算

直接应用精确计算公式（5.3.13）或式（5.3.14）和式（5.3.34）或式（5.3.35），按两组误差型、三组误差型计算至少命中一发概率 P_{L1} 涉及计算积分问题，工程上通常采用近似方法计算。

下面介绍两组误差型的数值积分近似计算方法。对于三组误差型情况，一般都是将射击误差分成两组，按两组误差型计算至少命中一发的概率 P_{L1}。

依照式（5.3.14），有

$$P_{L1}=1-\int_{-\infty}^{\infty}\int_{-\infty}^{\infty}\varphi(x_3,z_3)[1-P(x_3,z_3)]^n\mathrm{d}x_3\mathrm{d}z_3$$

采用数值积分矩形法求和近似计算时，可写成

$$\begin{aligned}P_{L1}&=1-\int_{-4E_{x3}}^{4E_{x3}}\int_{-4E_{z3}}^{4E_{z3}}\varphi(x_3,z_3)[1-P(x_3,z_3)]^n\mathrm{d}x_3\mathrm{d}z_3\\&=1-\sum_{i=1}^{N}\sum_{j=1}^{N}\varphi(x_{3i})\Delta x_3\cdot\varphi(z_{3j})\Delta z_3\cdot[1-P(x_{3i})\cdot P(z_{3j})]^n\end{aligned}\tag{5.3.37}$$

不难看出，式（5.3.37）是以对第三组误差的有限积分域 $\pm4E_{x3}$、$\pm4E_{z3}$ 代替无限积分域，并将有限积分域分为 N 等分，x_{3i}、z_{3j} 为各等分区间 Δx_3、Δz_3 的中点坐标值。

下面，通过例 5.5 来说明采用数值积分法近似计算两组误差型的至少命中一发概率的步骤和方法。

【例 5.5】 某三门舰炮组成的武器系统对一目标射击，其命中面积为 $2l_x\times2l_z=20\times40\text{m}^2$；射击误差：$E_{x1}=38.73\text{m}$，$E_{x2}=70\text{m}$，$E_{x3}=100\text{m}$，$m_x=0$；$E_{z1}=9.95\text{m}$，$E_{z2}=15\text{m}$，$E_{z3}=20\text{m}$，$m_z=0$。

求：（1）用一组误差型计算齐射 20 次的 P_{L1}；

（2）用两组误差型计算齐射 20 次的 P_{L1}。

解：

（1）一组误差型。将射击误差均按第一组误差处理，根据式（5.3.21）、式（5.3.22）得综合概率误差为

$$E_x=(E_{x1}^2+E_{x2}^2+E_{x3}^2)^{1/2}=(38.73^2+70^2+100^2)^{1/2}=128.06\text{m}$$

$$E_z=(E_{z1}^2+E_{z2}^2+E_{z3}^2)^{1/2}=(9.95^2+15^2+20^2)^{1/2}=26.91\text{m}$$

按式（5.1.7），计算单发命中概率，即

$$P=\hat{\Phi}\left(\frac{10}{128.06}\right)\hat{\Phi}\left(\frac{20}{26.91}\right)=\hat{\Phi}(0.078)\hat{\Phi}(0.743)=0.042\times0.384=0.0161$$

发射弹丸数 n，按式（5.3.18），有

$$n=3\times20=60\text{发}$$

按式（5.3.8），计算一组误差型至少命中一发概率，即

$$P_{L1}=1-(1-P)^n=1-(1-0.0161)^{60}=0.622$$

（2）两组误差型。按两组误差型计算 P_{L1}，采用数值积分法进行，由式（5.3.37）知

$$P_{L1}=1-\sum_{i=1}^{N}\sum_{j=1}^{N}\varphi(x_{3i})\Delta x_3\cdot\varphi(z_{3j})\Delta z_3\cdot[1-P(x_{3i})\cdot P(z_{3j})]^n$$

① 计算射击误差。将第二组误差作为第一组误差处理，按式（5.3.23）、式（5.3.24）得

$$E_{x1}'=(E_{x1}^2+E_{x2}^2)^{1/2}=[(38.73)^2+(70)^2]^{1/2}=80\text{m}$$

$$E'_{z1}=(E_{z1}^2+E_{z2}^2)^{1/2}=[(9.95)^2+(15)^2]^{1/2}=18\text{m}$$

第三组误差为

$$E_{x3}=100\text{m}，\ E_{z3}=20\text{m}$$

② 确定等分 N 及其中点坐标 x_{3i}、z_{3j}。因为射击误差中系统误差等于零，综合误差的分布中心与目标中心重合，并为中心轴对称，如图 5.3.3 所示。

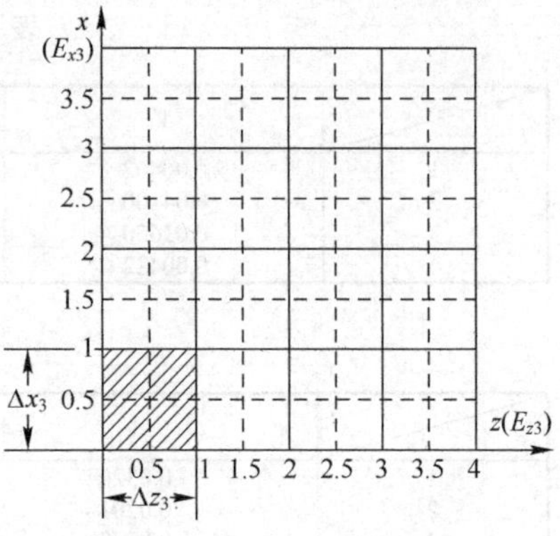

图 5.3.3　数值积分的区间分割

因此只需计算第一象限的发射 n 发一发也不命中的概率，然后再计算发射 n 发至少命中一发概率，由此，式（5.3.37）可改写为

$$P_{L1}=1-4\sum_{i=1}^{N}\sum_{j=1}^{N}\varphi(x_{3i})\Delta x_3\cdot\varphi(z_{3j})\Delta z_3\cdot[1-P(x_{3i})\cdot P(z_{3j})]^n \tag{5.3.38}$$

取 $N=4$，则 $\Delta x_3=8E_{x3}/8=E_{x3}$；$\Delta z_3=E_{z3}$，各等分中点坐标 x_{3i}、z_{3j} 分别为 $\pm0.5E_{x3}$，$\pm1.5E_{x3}$，$\pm2.5E_{x3}$，$\pm3.5E_{x3}$，$\pm0.5E_{z3}$，$\pm1.5E_{z3}$，$\pm2.5E_{z3}$，$\pm3.5E_{z3}$。

③ 计算 $\varphi(x_{3i})\Delta x_3$、$\varphi(z_{3i})\Delta z_3$。

$$\varphi(x_{3i})\Delta x_3=\frac{\rho}{\sqrt{\pi}E_{x3}}\exp\left[-\rho^2\left(\frac{x_{3i}}{E_{x3}}\right)^2\right]\cdot E_{x3}=\frac{\rho}{\sqrt{\pi}}\exp\left[-\rho^2\left(\frac{x_{3i}}{E_{x3}}\right)^2\right]=\varphi\left(\frac{x_{3i}}{E_{x3}}\right)$$

同样可得 $\varphi(z_{3j})\Delta z_3=\varphi(z_{3j}/E_{z3})$。

$\varphi(x_{3i}/E_{x3})$、$\varphi(z_{3j}/E_{z3})$ 的函数值，可在附录 A 的表 A.3 中查得。

④ 计算 $P(x_{3i})P(z_{3j})$。

$$P(x_{3i})=\frac{1}{2}\left[\hat{\Phi}\left(\frac{l_x+x_{3i}}{E'_{x1}}\right)+\hat{\Phi}\left(\frac{l_x-x_{3i}}{E'_{x1}}\right)\right]$$

$$P(z_{3j})=\frac{1}{2}\left[\hat{\Phi}\left(\frac{l_z+z_{3j}}{E'_{z1}}\right)+\hat{\Phi}\left(\frac{l_z-z_{3i}}{E'_{z1}}\right)\right]$$

⑤ 计算发射 n 发，一发也不命中概率 $q(x_{3i},z_{3j})$。

发射弹丸数 n 为

$$n=k\times t=3\times20=60\text{发}$$

$$q(x_{3i},z_{3j})=[1-P(x_{3i})\cdot P(z_{3j})]^{60}$$

⑥ 最后，按式（5.3.38）计算 P_{L1}。

现将计算结果列于表 5.3.2～表 5.3.6 中。

表 5.3.2　$\varphi(x_{3i}/E_{x3})$，$\varphi(z_{3j}/E_{z3})$，$P(x_{3l})$，$P(z_{3j})$

i,j	x_{3i},z_{3j}	$\varphi(x_{3i}/E_{x3})$	$\varphi(z_{3j}/E_{z3})$	$P(x_{3i})$	$P(z_{3j})$
1	$0.5\ E_{x3}(E_{z3})$	0.2542	0.2542	0.062	0.516
2	$1.5\ E_{x3}(E_{z3})$	0.1613	0.1613	0.031	0.324
3	$2.5\ E_{x3}(E_{z3})$	0.0649	0.0649	0.007	0.126
4	$3.5\ E_{x3}(E_{z3})$	0.0166	0.0166	0.001	0.031

表 5.3.3 $\varphi(x_{3i}/E_{x3})\times\varphi(z_{3j}/E_{z3})$

j \ i	1	2	3	4
1	0.06462	0.04100	0.01650	0.00422
2	0.04100	0.02602	0.01047	0.00268
3	0.01650	0.01047	0.00421	0.0108
4	0.00422	0.00268	0.00108	0.00028

表 5.3.4 $P(x_{3i})\times P(z_{3j})$

j \ i	1	2	3	4
1	0.0320	0.0160	0.0036	0.0005
2	0.0201	0.0100	0.0023	0.0003
3	0.0078	0.0039	0.0009	0.0001
4	0.0019	0.0010	0.0002	0

表 5.3.5 $[1-P(x_{3i})P(z_{3j})]^{60}$

j \ i	1	2	3	4
1	0.1421	0.3799	0.8054	0.9704
2	0.2957	0.5472	0.8710	0.9822
3	0.6251	0.7910	0.9474	0.9940
4	0.8922	0.9417	0.9880	1

表 5.3.6 $\varphi(x_{3i}/E_{x3})\varphi(z_{3j}/E_{z3})[1-P(x_{3i})P(z_{3j})]^{60}$

j \ i	1	2	3	4
1	0.00918	0.01558	0.01329	0.00410
2	0.01212	0.1424	0.00912	0.00263
3	0.01031	0.00828	0.00399	0.00107
4	0.00377	0.00252	0.00107	0.00028

$$P_{L1}=1-4\sum_{i=1}^{4}\sum_{j=1}^{4}\varphi\left(\frac{x_{3i}}{E_{x3}}\right)\varphi\left(\frac{z_{3j}}{E_{z3}}\right)[1-P(x_{3i})P(z_{3j})]^{60}=1-4\times0.11155=0.554$$

对二维目标射击时，采用数值积分法按两组误差型计算至少命中一发概率的计算精度取决于积分区间 Δx_3 、 Δz_3 的大小，划分得越小，计算精度越高，但计算量也越大。

5.3.3 确定射击可靠性条件下需发射的弹药数

射击可靠性实际是指完成任务的可靠性，对弹药储备量决策有直接意义。

至少命中一发的概率就属于射击可靠性指标。当 $P_{L1}=90\%$ 时，即认为完成射击任务相当可靠；如果 P_{L1} 达到 96%以上时，即认为完全可靠。

为了计算射击可靠性条件下需发射的弹药数，假设仅有第一组误差，各次发射是相互独立的，且每次发射的单发命中概率均相等，都等于 P ，则发射 n 发至少命中一发的概率为

$$P_{L1}=1-(1-P)^n \tag{5.3.39}$$

从式（5.3.39）可以看出， P_{L1} 取决于单发命中概率 P 和发射弹数 n。

当 n 一定时， P 越大，则 P_{L1} 越大。因此单发命中概率 P 越大，射击的可靠性也越高。

当 P 一定时， n 越大，则 P_{L1} 越大。因此发射的弹药数越多，射击的可靠性也越高。

由式（5.3.39），可以得到确定的射击可靠性条件下应发射的弹药数。

由式（5.3.39）得

$$(1-P)^n = 1-P_{L1}$$

两边取对数，得

$$n = \left\lceil \frac{\ln(1-P_{L1})}{\ln(1-P)} \right\rceil \tag{5.3.40}$$

【例 5.6】 用中口径舰炮对敌鱼雷艇射击，只要命中一发即可将其击沉。设单发命中概率 $P=0.11$，求需要发射多少发炮弹，才能保证完成射击任务相当可靠。若要保证完成射击任务完全可靠，则需要发射多少发？

解：确定射击可靠性指标为 P_{L1}

（1）当 $P_{L1}=90\%$ 时，可认为完成射击任务相当可靠。由式（5.3.40）得

$$n = \left\lceil \frac{\ln(1-0.9)}{\ln(1-0.11)} \right\rceil = 20\text{发}$$

（2）当 $P_{L1}=96\%$ 时，可以认为完成射击任务完全可靠。由式（5.3.40）得

$$n = \left\lceil \frac{\ln(1-0.96)}{\ln(1-0.11)} \right\rceil = 28\text{发}$$

注意：对 n 计算值要向上取整。

5.3.4　发射 *n* 发至少命中 *m* 发的概率 P_{Lm}

以发射 n 发至少命中 m 发的概率 P_{Lm} 作为射击效力指标，应用在对目标易损性不明、平均所需命中弹丸数 ω 未知、不能计算目标毁伤概率的情况。通过选择 m 的大小，决定射击可靠程度。

发射 n 发至少命中 m 发的概率 P_{Lm}，按三组误差型计算是相当麻烦的，这里只介绍按一组误差型和两组误差型的计算方法。

1．一组误差型

若每次发射的命中概率均为 $P(x,z)$，不命中概率为 $[1-P(x,z)]$，则发射 n 发命中 m 发的概率 P_{nm} 为

$$P_{nm} = C_n^m P(x,z)^m [1-P(x,z)]^{n-m} \tag{5.3.41}$$

这样，发射 n 发至少命中 m 发的概率 P_{Lm} 为

$$P_{Lm} = \sum_{i=m}^{n} C_n^i P(x,z)^i [1-P(x,z)]^{n-i} = \sum_{i=m}^{n} \frac{n!}{i!\,(n-i)!} P(x,z)^i [1-P(x,z)]^{n-i} \tag{5.3.42}$$

或者应用对立事件计算，则

$$P_{Lm} = 1-\sum_{i=0}^{m-1} C_n^i P(x,z)^i [1-P(x,z)]^{n-i} = 1-\sum_{i=0}^{m-1} \frac{n!}{i!\,(n-i)!} P(x,z)^i [1-P(x,z)]^{n-i} \tag{5.3.43}$$

2．两组误差型

按两组误差计算 P_{Lm} 的过程与发射 n 发至少命中一发概率 P_{L1} 的两组误差型计算是相似的，计算公式如下：

假设(x_3, z_3)为一组特定值时，发射n发至少命中m发的条件概率为

$$P_{Lm}(x_3, z_3) = \sum_{i=m}^{n} C_n^i P(x_3, z_3)^i [1 - P(x_3, z_3)]^{n-i} \tag{5.3.44}$$

式中 $P(x_3, z_3)$——当(x_3, z_3)为特定值时一发的条件命中概率，见式（5.3.9）～式（5.3.11）。

考虑(x_3, z_3)的全部可能值，发射n发至少命中m发的全概率为

$$P_{Lm} = \int_{-\infty}^{\infty}\int_{-\infty}^{\infty} \varphi(x_3, z_3) P_{Lm}(x_3, z_3) \mathrm{d}x_3 \mathrm{d}z_3 \tag{5.3.45}$$

【例 5.7】 已知$P(x, z) = 0.0161, n = 60$，求按一组误差型计算三门舰炮齐射 20 次（n=60）至少命中三发的概率P_{L3}。

解：按式（5.3.43）得发射 60 发至少命中三发的概率为

$$P_{L3} = 1 - \sum_{i=0}^{2} C_{60}^i P(x, z)^i [1 - P(x, z)]^{60-i}$$

$$= 1 - [0.9839^{60} + 60 \times 0.0161 \times 0.9839^{59} + \frac{60 \times 59}{2} 0.0161^2 \times 0.9839^{58}] = 0.0727$$

5.3.5 命中弹数的数学期望 M_P

命中弹数的数学期望M_P属于经济性指标，用于评价系统完成射击任务的经济性。下面仍按误差分组类型来介绍M_P的计算方法。

1．一组误差型

由概率论的数学期望计算方法可知，对目标发射一发弹，命中弹数的数学期望M_1在数值上与一发命中概率P相同，即

$$M_1 = P \tag{5.3.46}$$

对目标发射n发，若每发命中概率都等于P，根据数学期望的运算法则，命中弹数的数学期望M_P为

$$M_P = nP \tag{5.3.47}$$

若每发弹命中概率不相同，设第i发的命中概率为P_i，则命中弹数的数学期望M_P为

$$M_P = \sum_{i=1}^{n} P_i \tag{5.3.48}$$

2．两组误差型

将射击误差综合为第一、三组误差，其概率误差分别为E_{x1}、E_{z1}和E_{x3}、E_{z3}，并且不存在系统误差。

假设(x_3, z_3)为一组特定值时，一发命中条件概率为$P(x_3, z_3)$，则发射一发的条件命中数的数学期望为

$$M_1(x_3, z_3) = P(x_3, z_3) \tag{5.3.49}$$

发射n发的条件命中数的数学期望$M_P(x_3, z_3)$为

$$M_P(x_3, z_3) = nP(x_3, z_3) \tag{5.3.50}$$

考虑x_3, z_3的全部可能值，则发射n发命中数的数学期望M_P为

$$M_P=\int_{-\infty}^{\infty}\int_{-\infty}^{\infty}\varphi(x_3,z_3)nP(x_3,z_3)\mathrm{d}x_3\mathrm{d}z_3=n\int_{-\infty}^{\infty}\int_{-\infty}^{\infty}\varphi(x_3,z_3)P(x_3,z_3)\mathrm{d}x_3\mathrm{d}z_3 \quad (5.3.51)$$

式中　$\varphi(x_3,z_3)=\varphi(x_3)\cdot\varphi(z_3)$；$P(x_3,z_3)=P(x_3)\cdot P(z_3)$。

则式（5.3.51）可写为

$$M_P=n\int_{-\infty}^{\infty}\varphi(x_3)P(x_3)\mathrm{d}x_3\int_{-\infty}^{\infty}\varphi(z_3)P(z_3)\mathrm{d}z_3 \quad (5.3.52)$$

式中

$$\int_{-\infty}^{\infty}\varphi(x_3)P(x_3)\mathrm{d}x_3=\int_{l_x}^{l_x}\int_{-\infty}^{\infty}\frac{\rho}{\sqrt{\pi}E_{x3}}\exp\left(-\rho^2\frac{x^2}{E_{x3}^2}\right)\cdot\frac{\rho}{\sqrt{\pi}E_{x1}}\exp\left[-\rho^2\frac{(x-x_3)^2}{E_{x1}^2}\right]\mathrm{d}x_3\mathrm{d}x \quad (5.3.53)$$

按正态卷积公式，式（5.3.53）中

$$\int_{-\infty}^{\infty}\frac{\rho}{\sqrt{\pi}E_{x3}}\exp\left(-\rho^2\frac{x_3^2}{E_{x3}^2}\right)\frac{\rho}{\sqrt{\pi}E_{x1}}\exp\left[-\rho^2\frac{(x-x_3)^2}{E_{x1}^2}\right]\mathrm{d}x_3$$

$$=\frac{\rho}{\sqrt{\pi}\sqrt{E_{x1}^2+E_{x3}^2}}\exp\left[-\rho^2\frac{x^2}{E_{x1}^2+E_{x3}^2}\right]$$

则式（5.3.53）可写为

$$\int_{-\infty}^{\infty}\varphi(x_3)P(x_3)\mathrm{d}x_3=\int_{-l_x}^{l_x}\frac{\rho}{\sqrt{\pi}E_x}\exp\left(-\rho^2\frac{x_3^2}{E_x^2}\right)\mathrm{d}x=P(x) \quad (5.3.54)$$

式中　E_x——射击误差在 x 轴上的综合概率误差

$$E_x=(E_{x1}^2+E_{x3}^2)^{1/2}$$

$P(x)$——在 x 轴上的单发命中概率。

同样，可以证明

$$\int_{-\infty}^{\infty}\varphi(z_3)P(z_3)\mathrm{d}z_3=\int_{-l_z}^{l_z}\frac{\rho}{\sqrt{\pi}E_z}\exp\left(-\rho^2\frac{z^2}{E_z^2}\right)\mathrm{d}z=P(z) \quad (5.3.55)$$

式中　E_z——射击误差在 z 轴上的综合概率误差

$$E_z=(E_{z1}^2+E_{z3}^2)^{1/2}$$

$P(z)$——在 z 轴上的单发命中概率。

将式（5.3.54）、式（5.3.55）代入式（5.3.52）中，即得两组误差型命中弹数的数学期望，即

$$M_P=nP(x)P(z)=nP(x,z) \quad (5.3.56)$$

式中　$P(x,z)$——二维目标的单发命中概率。

3．三组误差型

按三组误差型计算命中弹数数学期望的推导过程与推导 P_{L1} 相似，在此不再赘述，只给出公式，即

$$M_P=nP(x,z) \quad (5.3.57)$$

式中　$P(x,z)$——二维目标的单发命中概率

$$P(x,z)=\int_{-l_x}^{l_x}\int_{-l_z}^{l_z}\frac{\rho}{\pi E_xE_z}\exp\left\{-\rho^2\left[\left(\frac{x}{E_x}\right)^2+\left(\frac{z}{E_z}\right)^2\right]\right\}\mathrm{d}x\mathrm{d}z$$

其中，E_x、E_z 为射击误差在 x 轴、z 轴的综合概率误差

$$E_x = (E_{x1}^2 + E_{x2}^2 + E_{x3}^2)^{1/2} \tag{5.3.58}$$

$$E_z = (E_{z1}^2 + E_{z2}^2 + E_{z3}^2)^{1/2} \tag{5.3.59}$$

其中，E_{x1}、E_{x2}、E_{x3} 为射击误差在 x 轴的第一、二、三组误差的概率误差；E_{z1}、E_{z2}、E_{z3} 为射击误差在 z 轴的第一、二、三组误差的概率误差。

由式（5.3.47）、式（5.3.56）、式（5.3.57）可以看出，不论按几组误差型计算命中弹数数学期望，其公式形式都是相同的，都等于发射弹数×单发命中概率。

【例 5.8】 已知 $P(x,z)=0.0161, n=60$，求命中弹数的数学期望 M_P。

解：按式（5.3.47）得

$$M_P = nP(x,z) = 60\times 0.0161 = 0.966\text{ 发}$$

【例 5.9】 设对直径 D 为 1m 的圆环靶独立发射 10 发，散布中心在靶中心。散布圆的概率误差 $E=0.6\,\text{m}$，求命中弹数的数学期望。

解：由于目标为圆环靶，射击散布为散布圆，根据公式（5.1.14），一发命中靶的概率为

$$P = 1-\exp\left[-\left(\frac{\rho R}{E}\right)^2\right]$$

又由于目标半径 R 为

$$R = \frac{1}{2}D = \frac{1}{2}\times 1 = 0.5$$

于是得单发命中概率

$$P = 1-\exp\left[-\left(\frac{0.4769\times 0.5}{0.6}\right)^2\right] = 1-\exp[-0.1579] = 0.146$$

按式（5.3.47）得发射 10 发的命中弹数数学期望

$$M_P = nP = 10\times 0.146 = 1.46\text{ 发}$$

5.4 命中毁伤定律

射击命中概率指标并不能全面说明武器系统完成特定战斗任务的情况，要衡量命中目标后的目标毁伤情况，常常选用毁伤概率作为射击效力指标。为了计算毁伤概率，需要研究弹丸命中目标后、按照什么规律毁伤目标，这就是命中毁伤定律研究的内容。

本节所研究的命中毁伤定律，是指使用碰炸弹命中目标后的毁伤规律，其分析方法和得出的结论适用于对海碰炸、对空碰炸等射击毁伤概率的计算。

5.4.1 基本概念

1．毁伤的概念

“毁伤”是一个比较笼统的概念，在不同情况下有不同的含义。例如，舰炮武器系统对海上目标射击，“毁伤”可以指击沉敌舰，或者是击伤后使其退出战斗；对来袭导弹射击，“毁伤”可以指击毁导弹，或者是击中导弹某一部位，使其偏离原航向；对俯冲轰炸的敌机射击，

"毁伤"可以指击落敌机，或者迫使其放弃攻击意图等。不同的人对毁伤概念有着不同的理解，毁伤概率的计算结果也会有明显的差别。

由于"毁伤"概念的笼统性，所以在武器系统分析及论证中，确定射击效力指标为毁伤概率时，通常应说明"毁伤"的实际含义，也就是要说明我们采用的毁伤标准是什么。当选择的毁伤标准不同时，计算出的毁伤概率不具有可比性。

毁伤标准的确定与战斗任务及技术水平有关。例如，对掠海飞行的导弹目标，由于其命中面积小、速度快、威力大，所以威胁也大，为了消除这种威胁，应根据舰艇所担负的使命任务，对武器系统制定很高的毁伤标准。如对于单舰防空来说，要求在某一距离外击毁它，或使其偏离原航向，对本舰不构成威胁；而对于担负编队防空任务的舰艇来说，必须要求武器系统在某一更远距离之外击毁它，使之对本舰和编队舰艇都不构成威胁。近程反导舰炮武器系统属于本舰的末端防御系统，因此要求其具有很高的反导能力，以便达到必要的命中概率和命中条件下的毁伤概率。同时也应考虑设计、制造、检验、试验等技术水平能否实现指标要求。要制定出合理的、略高于当前技术水平的指标要求，这样才有利于武器系统的发展。

2．目标易损性与射弹威力

武器射弹命中目标主要有三种方式：一是使用着发引信的碰炸射击，以射弹直接命中目标，依靠射弹的撞击力和爆破力毁伤目标；二是使用定时引信的空炸射击，依赖射弹在目标附近爆炸后的破片撞击和毁伤目标；三是使用无线电引信的近炸射击，也是靠弹丸爆炸后的破片撞击和毁伤目标的。本节仅仅涉及碰炸毁伤机理。

武器系统能否毁伤目标，取决于以下三个因素：射击命中、目标的易损性和射弹杀伤威力。

目标的易损性是指同种弹丸毁伤不同目标的难易程度（目标之间的坚固性比较）。易损性高，意味着目标易被毁伤；易损性低，意味着目标难被毁伤。目标的易损性与目标的结构、坚固性、大小、形状等有关。

射弹的杀伤威力是指不同射弹毁伤同种目标的难易程度和效果好坏（射弹之间的威力比较）。射弹威力的大小可以用射弹有关参数来表示，如弹径、弹重、炸药重量、弹丸存速、破片数、破片重量及速度等。

目标易损性和射弹威力是两个有联系的概念，目标易损性是指固定使用同种射弹的条件下，不同目标被毁伤的难易程度；射弹威力是指固定目标条件下，不同射弹对其毁伤效果的大小。它们从不同侧面反映了对目标的毁伤情况，因此，在进行武器系统分析、论证中，不对它们加以严格区分，而常常用一个数值来表征，如碰炸射击，就用平均所需命中弹数 ω 来表征。在毁伤概率分析中，参数 ω 是非常重要的。

3．条件毁伤概率与目标毁伤定律

射击命中与目标毁伤的关系是显而易见的，没有命中目标，就谈不上目标毁伤。因此，目标毁伤是在命中目标的基础上来研究的。碰炸射击时，目标毁伤依赖于命中弹数；空炸射击时，目标毁伤依赖于炸点坐标。无论是弹丸还是弹丸破片毁伤目标，都与其命中目标的数量、质量和部位等条件有关。

条件毁伤概率是指：在命中弹数或炸点坐标一定的条件下，目标被毁伤的概率，注意，它是一个数值。

在研究条件毁伤概率时，将条件毁伤概率随命中弹数或炸点坐标变化而变化的规律称为目标毁伤定律，简称为目标毁伤律，注意，它是一个函数。根据射击方式的不同（碰炸或空炸），目标毁伤定律分为命中毁伤定律和坐标毁伤定律。目标毁伤定律是当命中弹数为 m，或炸点坐标为 (x_1,x_2,x_3) 时，目标的条件毁伤概率，以 $K(m)$ 或 $K(x_1,x_2,x_3)$ 表示。这里只介绍命中毁伤定律，在对空碰炸射击效力分析中还将介绍坐标毁伤定律。

5.4.2 命中毁伤定律的性质

在武器系统对海、对空、对岸碰炸射击时，为了计算目标条件毁伤概率，需确定命中毁伤定律。也就是要确定条件毁伤概率与命中弹数 m 之间的函数关系，我们用 $K(m)$ 表示命中弹数为 m 发条件下，目标的条件毁伤概率。

从命中毁伤机理看，命中毁伤定律应该具有如下性质：

（1）当 $m=0$ 时，$K(m)=0$，即没有命中目标，就不可能毁伤目标，毁伤目标概率为零。

（2）$K(m)\geqslant K(m-1)$，即 $K(m)$ 是非减函数，随命中弹数的增加，毁伤目标的概率不会减少。

（3）当 $m\to\infty$ 时，$K(m)\to 1$，即命中弹数无限增加时，目标一定会被毁伤。

$K(m)$ 的图形如图 5.4.1 所示，m 只取正整数。

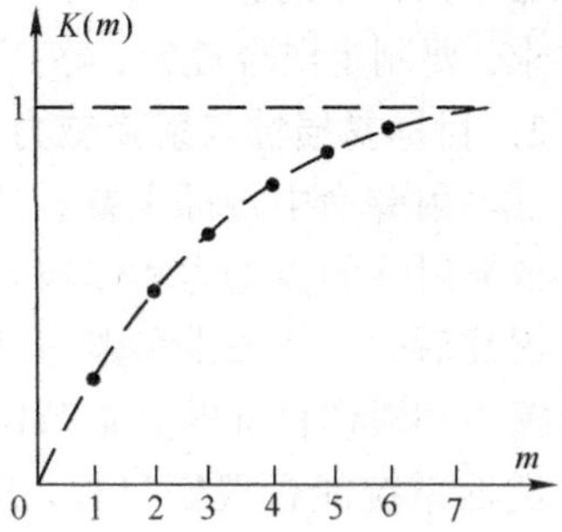

图 5.4.1 毁伤概率与命中弹数的关系

5.4.3 平均所需命中数 ω

平均所需命中数 ω（毁伤目标所需命中弹数的数学期望）是命中毁伤律的一个十分重要的参数，由于在命中弹数一定时，毁伤目标是随机事件。因此，当目标被毁伤时，命中弹数也必然是一个随机变量。

为了便于推导，先要说明：如果在某一发弹命中之前目标已被毁伤，我们称这发命中弹是“多余的”；如果目标还未被毁伤，则称这发命中弹是“所需的”。这样，某一发命中弹是否需要就是一个随机变量。

设随机变量 X 表示到毁伤目标为止的命中弹数，随机变量 x_i 表示第 i 发命中弹。

显然，随机变量 X 为随机变量 x_i 之和，即

$$X = x_1 + x_2 + \cdots + x_i + \cdots \tag{5.4.1}$$

根据数学期望的运算法则，可得 ω 为

$$\omega = M[X] = M[x_1] + M[x_2] + \cdots + M[x_i] + \cdots \tag{5.4.2}$$

随机变量 x_i 只能取 0 和 1 这两个值。

当 $x_i=0$ 时，表示目标已在第 $(i-1)$ 发命中弹时被毁伤，则第 i 发命中弹就是“多余的”。其概率 $P(x_i=0)$ 等于命中第 $(i-1)$ 发条件下，目标毁伤的条件概率 $K(i-1)$，即

$$P(x_i=0) = K(i-1) \tag{5.4.3}$$

当 $x_i=1$ 时，表示目标在第 $(i-1)$ 发命中弹时还未被毁伤，则第 i 发命中弹就是“所需的”，其概率 $P(x_i=1)$ 等于命中第 $(i-1)$ 发弹条件下，目标未被毁伤的条件概率 $1-K(i-1)$，即

$$P(x_i=1) = 1-K(i-1) \tag{5.4.4}$$

根据数学期望的定义，第 i 发命中弹时的毁伤目标所需命中数的数学期望 $M[x_i]$ 为

$$\begin{aligned}M[x_i] &= 0\cdot[K(i-1)]+1\cdot[1-K(i-1)] \\ &= 1-K(i-1)=\overline{K(i-1)}\end{aligned} \tag{5.4.5}$$

将式（5.4.5）代入式（5.4.2）得

$$\begin{aligned}\omega &= \overline{K(0)}+\overline{K(1)}+\overline{K(2)}+\cdots+\overline{K(i-1)}+\cdots \\ &= \sum_{m=0}^{\infty}\overline{K(m)}=\sum_{m=0}^{\infty}[1-K(m)]\end{aligned} \tag{5.4.6}$$

式（5.4.6）表明，毁伤目标所需命中弹数的数学期望 ω，在数值上等于命中 $m(m=0,1,2,\cdots,\infty)$ 发条件下，目标未被毁伤的条件概率之和。如图 5.4.2 所示，ω 在数值上等于图中竖线之总和。

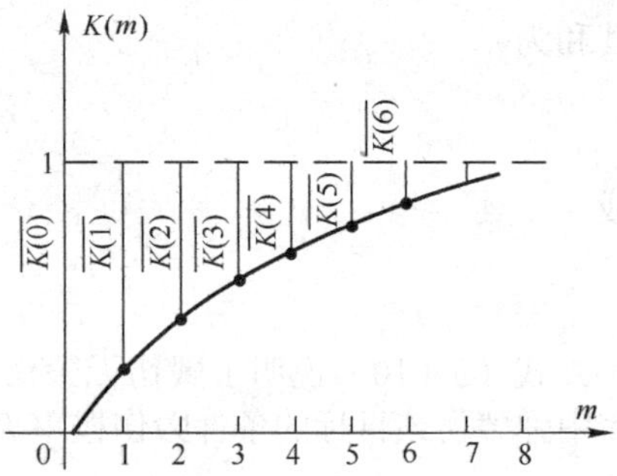

图 5.4.2　ω 数值示意图

5.4.4　命中毁伤定律的主要形式

1．毁伤积累的概念

“毁伤积累”是指各发命中弹对目标造成的损伤是一种积累的、共同作用的结果。也就是说，尽管没有一发命中弹能够单独地导致目标毁伤，但在后续各发命中弹的综合作用下，目标将被毁伤，即后续命中弹对目标造成的损伤，是在前面命中弹所造成的损伤的基础上继续扩大的结果。各发命中弹毁伤目标的条件毁伤概率是不相等的。

而“无毁伤积累”是指各发命中弹对目标的毁伤是相互独立的事件。即如果前一发命中弹没有导致目标毁伤，则后一发命中弹将以同样大小的可能性毁伤目标。也就是说，前一发命中弹给目标造成的损伤对以后命中弹的毁伤作用不产生影响。由于各发命中弹对目标的毁伤是相互独立的，因此，各发命中弹毁伤目标的条件毁伤概率是相等的。

武器系统射击的目标，通常都被认为是无毁伤积累的目标，这种目标是由易损性完全不同的两部分组成：一部分易损性极高，称为致命部分，该部分只要一发命中弹，就会导致整个目标毁伤；另一部分易损性极低，称为非致命部分，该部分无论多少发命中弹，都不会导致目标毁伤。

2．指数命中毁伤定律

由于命中毁伤定律 $K(m)$ 与许多因素有关，其形式是很复杂的。为了避免复杂的计算，在确定某种弹丸对目标的毁伤律时，有一个基本原则，即基本符合实际情况又便于计算。据此，命中毁伤定律通常归结为三种形式：零壹毁伤定律、阶梯毁伤定律和指数毁伤定律。零壹毁伤定律描述的毁伤规律只有“毁伤”或“不毁伤”两种情况，不符合毁伤的实际，所以这种毁伤定律实际上基本不用。阶梯毁伤定律描述了命中目标的条件毁伤概率随命中弹数的增加呈阶梯规律增加，比较符合实际，但阶梯毁伤定律不是连续函数，处理不便，因此在实际中很少采用。指数毁伤定律具有形式简单、符合实际又便于计算等特点，实践中用得较多。下面来推导指数毁伤定律。

假设每一发命中弹对目标无毁伤积累作用，即每一发命中弹对目标的条件毁伤概率均相

等，在此假设条件下，指数毁伤定律具有如下形式（见图5.4.3），即

$$K(m)=1-[1-K(1)]^m \tag{5.4.7}$$

式中 $K(1)$——一发命中弹毁伤目标的条件毁伤概率。

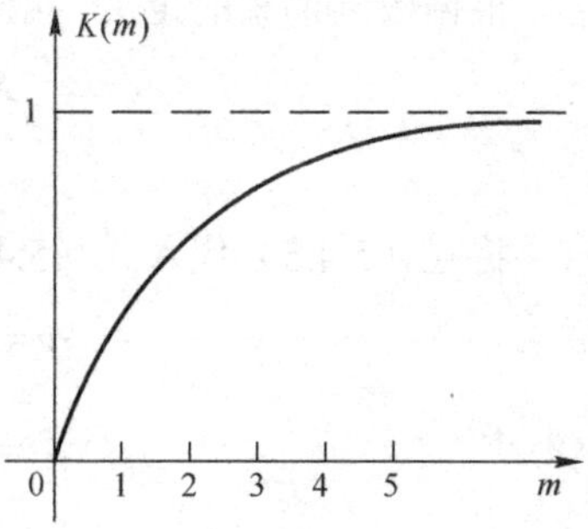

图 5.4.3 指数毁伤定律

将式（5.4.7）代入式（5.4.6），得

$$\omega=\sum_{m=0}^{\infty}[1-K(m)]=\sum_{m=0}^{\infty}[1-K(1)]^m \tag{5.4.8}$$

式（5.4.8）展开后为无穷等比数列，公比为$[1-K(1)]$，其和为

$$\omega=\frac{1}{1-[1-K(1)]}=\frac{1}{K(1)} \tag{5.4.9}$$

或

$$K(1)=\frac{1}{\omega} \tag{5.4.10}$$

式（5.4.10）说明了毁伤无毁伤积累目标所需命中弹数的数学期望ω，在数值上与一发命中弹毁伤该目标的条件毁伤概率$K(1)$互为倒数。

将式（5.4.10）代入式（5.4.7），得到以ω为参数的指数毁伤定律形式，即

$$K(m)=1-\left(1-\frac{1}{\omega}\right)^m \tag{5.4.11}$$

另外，通过引入参数α可将式（5.4.11）变换为指数形式，推导如下：

设

$$\ln\left(1-\frac{1}{\omega}\right)=-\alpha \quad (\alpha>0) \tag{5.4.12}$$

则

$$\left(1-\frac{1}{\omega}\right)^m=\exp(-\alpha m) \tag{5.4.13}$$

将式（5.4.13）代入式（5.4.11），得指数形式的指数毁伤定律表达式：

$$K(m)=1-\exp(-\alpha m) \tag{5.4.14}$$

式中

$$-\alpha=\ln\left(1-\frac{1}{\omega}\right) \quad (\alpha>0) \tag{5.4.15}$$

特殊情况：当$\omega=1$时，指数毁伤律与零壹毁伤律的形式相同，这说明只要一发命中弹就能毁伤目标。

实际上，目标总会有毁伤积累的。因此，只要有足够多的命中弹，一定会使目标毁伤。而指数毁伤定律假设目标无毁伤积累，这样，当m取有限值时（不论多大），总有$K(m)<1$，这与实际不完全符合，是它的不足。但由于指数毁伤定律形式简单，计算方便，在某种条件下，如果m为有限值，不要太大，它就比较符合实际情况，因此被广泛应用。

5.4.5 命中毁伤定律的确定方法

命中毁伤定律的确定是指：找出弹丸毁伤典型目标的命中弹数与条件毁伤概率的函数关

系。对于无毁伤积累的目标，其毁伤律为指数毁伤律。因此，只要求出毁伤目标所需的命中弹数数学期望ω，就可以确定弹丸对目标的指数毁伤定律了。命中毁伤定律可以通过理论分析与试验相结合的方法，或通过试验、实战经验数据统计方法来确定。

1．理论分析与试验相结合的方法

确定弹丸对典型目标的命中毁伤定律方法的步骤如下：

（1）将目标划分为n部分。根据目标易损性，将目标命中面积为S的目标划分为n个部分，即每一部分的易损性相同，其命中面积为$S_i(i=1,2,\cdots,n)$，则

$$S=\sum_{i=1}^{n}S_i \tag{5.4.16}$$

（2）计算各部分的条件命中概率。

当目标命中面积S小于弹着单位综合散布椭圆时，可以认为弹着在S内是均匀分布的。此时，在目标命中一发弹条件下，命中各部分的条件命中概率为

$$P_i=\frac{S_i}{S} \tag{5.4.17}$$

（3）评估各部分的条件毁伤概率。

根据弹丸的杀伤威力，评估出一发弹丸命中每一部分的条件下，导致目标毁伤的条件毁伤概率$K_i(i=1,2,\cdots,n)$。若$K_i=1$，说明该部分为致命部分，只要弹丸命中该部分，目标一定被毁伤；若$K_i=0$，说明该部分为非致命部分，弹丸命中该部分也不会导致目标毁伤；若$0<K_i<1$，则该部分的毁伤律服从指数毁伤定律。

（4）计算毁伤目标的条件毁伤概率。

在确定P_i和K_i后，一发命中弹条件下，毁伤目标的条件毁伤概率$K(1)$为

$$K(1)=\sum_{i=1}^{n}P_iK_i \tag{5.4.18}$$

由式（5.4.9）得

$$\omega=\frac{1}{K(1)}$$

到此，弹丸对典型目标的毁伤定律被确定了。最后按式（5.4.11）或式（5.4.14）、式（5.4.15）写出指数毁伤定律即可。

【例 5.10】 考虑某小口径炮榴弹对某型轰炸机的毁伤。将该轰炸机划分为 27 个易损性相同的部分；沿某弹道方向，测定了各个部分的命中面积S_i和目标总命中面积S；计算了各个部分的条件命中概率$P=S_i/S$，并且评估弹丸命中各部分时，导致目标毁伤的条件毁伤概率K_i。相关数据见表 5.4.1。试分析该小口径炮榴弹对轰炸机的毁伤定律。

解：经整理计算，可以得出

$$K(1)=\sum_{i=1}^{27}P_iK_i=0.3783$$

$$\omega=\frac{1}{K(1)}=2.64$$

表 5.4.1 某型轰炸机各部分的条件命中及毁伤概率

编号	易损性相同的部分	S_i/S	K_i	编号	易损性相同的部分	S_i/S	K_i
1	前座舱	0.0715	0.5	15	机翼汽油箱	0.0584	1
2	副油箱	0.0501	1	16	油箱后的翼面	0.0477	0
3	汽油箱前的翼缘	0.0110	1	17	油箱后的翼面	0.0727	0
4	内左发动机	0.0238	1	18	左外翼	0.0572	0
5	内右发动机	0.0238	1	19	右外翼	0.0877	0
6	汽油箱前的翼缘	0.0105	1	20	机身下部	0.1635	0
7	外左发动机	0.0207	1	21	机身上部	0.0226	0.5
8	外右发动机	0.0207	1	22	左部水平安定面	0.0274	0
9	汽油箱前的翼缘	0.0057	1	23	右部水平安定面	0.0355	0
10	机翼汽油箱	0.0138	1	24	左部升降舵	0.0122	1
11	机翼汽油箱	0.0191	1	25	右部升降舵	0.0143	1
12	左发动机短舱	0.0265	0	26	垂直自定面	0.0112	0
13	右发动机短舱	0.0265	0	27	方向舵	0.0186	0
14	机翼汽油箱	0.0472	1				

则该小口径舰炮榴弹对某型轰炸机的命中毁伤定律为

$$K(m)=1-\left(1-\frac{1}{\omega}\right)^m=1-\left(1-\frac{1}{2.64}\right)^m=1-(0.622)^m$$

或者

$$-\alpha=\ln\left(1-\frac{1}{\omega}\right)=\ln\left(1-\frac{1}{2.64}\right)=-0.476$$

所以

$$K(m)=1-\exp(-\alpha m)=1-\exp(-0.476m)$$

本例虽然是针对空中目标的结构特点来分析的，得出的结论适用于对空碰炸射击，但所介绍的求取毁伤目标所需的命中弹数数学期望 ω 的方法，对分析海上目标是同样适用的。

2．经验数据处理

命中毁伤定律也可以通过试验方法来确定，但是因为这种方法需要大量的财力、物力和人力，故一般不采用。这种方法通常是根据历次试验、实战的记录、资料，经过数据处理，以及有经验的专业人员的评估，来确定某种型号弹丸对某种类型目标的命中毁伤定律的参数 ω 。这些数据是进行武器系统分析、论证的基础。 ω 值见表 5.4.2。

表 5.4.2 毁伤目标平均所需命中弹数 ω （单位：发）

目标 \ 弹径/mm	130	100	57	37	30
轻巡洋舰	32		—	—	—
驱逐舰	8	10	—	—	—
护卫舰	5	6	—	—	—
扫雷舰	3	4	—	—	—
大鱼雷艇	1	1	2～3	6～7	12
小鱼雷艇	—	—	1～2	3～4	7
中型轰炸机	—	—	1～2	3～5	5～8
轻型轰炸机	—	—	1～2	2～4	4～6
鱼水雷机	—	—	1～2	3～5	4～6
强击机	—	—	1	2～3	2～3
歼击机	—	—	1	1～2	2～3
导　弹	—	—	1	1	1

5.5　毁伤概率计算

我们以毁伤概率来表示武器系统毁伤目标可能性的大小。在相同条件下，进行大量的独立射击时，毁伤目标事件出现的频率趋向一个稳定的数值，这个数值即毁伤概率。

5.5.1　毁伤概率的计算思路

1．基本方法

武器系统对目标射击时，毁伤目标事件是命中目标和命中条件下目标被毁伤这两个事件的共现事件，它是一个复杂的随机事件。这样，碰炸射击的目标毁伤概率就等于命中概率与命中条件下目标毁伤概率的乘积。以 P_{kn} 表示发射 n 发的毁伤概率，则

$$P_{kn} = \sum_{m=0}^{n} P(m)K(m) \tag{5.5.1}$$

式中　n——发射射弹数量；

m——命中射弹数量，$m = 0,1,\cdots,n$；

$P(m)$——发射 n 发，命中 m 发的概率；

$K(m)$——命中 m 发条件下，目标条件毁伤概率。

在式（5.5.1）中，$K(m)$ 若为指数毁伤定律时，将使毁伤概率 P_{kn} 的计算变得简单容易。在一般情况下，这种假设是比较符合实际情况的。因此，在以后我们进行毁伤概率计算时，均以命中毁伤定律是指数毁伤定律作为前提的，即

$$K(m) = 1 - [1 - K(1)]^m$$

或

$$K(m) = 1 - \left(1 - \frac{1}{\omega}\right)^m$$

式中　$K(1)$——命中一发的条件毁伤概率；

ω——毁伤目标所需命中数的数学期望。

2．计算步骤

目标毁伤概率的大小与武器系统射击条件有关。当射击条件一定时，目标毁伤概率主要取决于目标特征、射击误差分布特征、平均所需命中弹数 ω 以及发射弹药量。

毁伤概率与命中概率计算步骤是相同的。即根据射击条件，首先计算目标命中面积，再分析射击误差，然后按误差分组类型要求计算毁伤概率。

由于在各种射击条件下，毁伤概率的射击误差分析与命中概率完全相同，故在本节对海射击毁伤概率计算时，不再进行射击误差分析。另外可以指出，毁伤概率与命中概率计算公式是十分相似的。

5.5.2　对海碰炸射击毁伤概率计算

5.5.2.1　发射一发的毁伤概率 P_{k1}

由式（5.5.1），可得

$$P_{K1}=\sum_{m=0}^{1}P(m)K(m)=P(0)K(0)+P(1)K(1)=\frac{P}{\omega} \quad (5.5.2)$$

式中 P——单发命中概率；

ω——毁伤目标所需命中数的数学期望。

5.5.2.2 发射 n 发的毁伤概率 P_{kn}

1．一组误差型

（1）当每次发射的单发命中概率相同，均为 P 时，则发射 n 发的毁伤概率 P_{kn} 为

$$P_{kn}=1-(1-P_{K1})^n=1-\left(1-\frac{P}{\omega}\right)^n \quad (5.5.3)$$

（2）当每次发射的单发命中概率不相同，为 P_i 时，则发射 n 发的毁伤概率 P_{kn} 为

$$P_{kn}=1-\prod_{i=1}^{n}\left(1-\frac{P_i}{\omega}\right) \quad (5.5.4)$$

将式（5.5.3）、式（5.5.4）分别与至少命中一发式（5.3.8）、式（5.3.7）进行比较，不难发现，它们十分相似，只是用单发毁伤概率 P/ω 或 P_i/ω 分别代替了单发命中概率 P 或 P_i 而已。当 $\omega=1$ 时，它们就变得完全相同了。

在两组误差型和三组误差型的毁伤概率计算公式中，同样具有上述类似的特点，故对它们的计算公式不再作详细推导。

2．两组误差型

发射 n 发的毁伤概率 P_{kn} 为

$$P_{kn}=\int_{-\infty}^{\infty}\int\varphi(x_3,z_3)\{1-[1-P_{k1}(x_3,z_3)]^n\}\mathrm{d}x_3\mathrm{d}z_3 \quad (5.5.5)$$

或

$$P_{kn}=1-\int_{-\infty}^{\infty}\int\varphi(x_3,z_3)[1-P_{k1}(x_3,z_3)]^n\}\mathrm{d}x_3\mathrm{d}z_3 \quad (5.5.6)$$

式中 $\varphi(x_3,z_3)$——第三组误差分布密度函数；

$P_{k1}(x_3,z_3)$——当 x_3、z_3 为某一定特定值时，单发毁伤条件概率，即

$$P_{k1}(x_3,z_3)=\frac{P(x_3,z_3)}{\omega} \quad (5.5.7)$$

其中，$P(x_3,z_3)$ 为当 x_3、z_3 为某一特定值时单发命中的条件概率。

3．三组误差型

K 门舰炮齐射 t 次，发射 n 发 $(n=t\times k)$ 的毁伤概率 P_{kn} 为

$$P_{kn}=\int_{-\infty}^{\infty}\int\varphi(x_3,z_3)\left\{1-\left[\int_{-\infty}^{\infty}\int\varphi(x_2,z_2)(1-P_{k1}(x_2,x_3,z_2,z_3))^k\mathrm{d}x_2\mathrm{d}z_2\right]^t\right\}\mathrm{d}x_3\mathrm{d}z_3 \quad (5.5.8)$$

或

$$P_{kn}=1-\int_{-\infty}^{\infty}\int\varphi(x_3,z_3)\left\{\int_{-\infty}^{\infty}\int\varphi(x_2,z_2)[1-P_{k1}(x_2,x_3,z_2,z_3)]^k\mathrm{d}x_2\mathrm{d}z_2\right\}^t\mathrm{d}x_3\mathrm{d}z_3 \quad (5.5.9)$$

式中　$\varphi(x_2,z_2)$——第二组误差分布密度函数；

$\varphi(x_3,z_3)$——第三组误差分布密度函数；

$P_{k1}(x_2,x_3,z_2,z_3)$——当 x_2、x_3、z_2、z_3 为一组特定值时，单发毁伤条件概率，即

$$P_{k1}(x_2,x_3,z_2,z_3)=\frac{P(x_2,x_3,z_2,z_3)}{\omega} \tag{5.5.10}$$

其中，$P(x_2,x_3,z_2,z_3)$ 为当 x_2、x_3、z_2、z_3 为一组特定值时单发命中的条件概率，即

$$P(x_2,x_3,z_2,z_3)=\int_{-l_x}^{l_x}\int_{-l_z}^{l_z}\varphi(x-x_2-x_3-m_x,z-z_2-z_3-m_z)\,\mathrm{d}x\mathrm{d}z \tag{5.5.11}$$

其中，$\varphi(x-x_2-x_3-m_x,z-z_2-z_3-m_z)$ 为第一组误差的分布密度函数。

精确计算式（5.5.5）、式（5.5.6）或式（5.5.8）、式（5.5.9）难以直接计算，一般采用数值积分法近似计算，将积分区间划分为 N 个区段，用求和代替积分。

5.6　毁伤目标消耗弹药数的计算

毁伤目标消耗（发射）弹药数的数学期望是评定武器系统射击效力的经济性指标，也是考虑舰艇弹药储备量的一个重要参考因素。

在一次射击中，假设弹药供应量充足，那么，对单个目标射击直到毁伤目标为止，所需的弹药消耗数 S 是一个随机变量，则 $M[S]$ 为毁伤目标消耗弹药数的数学期望，或者用 M_{kx} 表示。

设 $P(S=i)$ 表示毁伤目标需要消耗 i 发弹的概率，由数学期望定义可得：

$$M[S]=\sum_{i=1}^{\infty}iP(S=i) \tag{5.6.1}$$

下面根据射击误差分组类型来具体讨论。

5.6.1　一组误差型

由于每发弹的毁伤概率均为

$$P_{k1}=\frac{P}{\omega}$$

故需要消耗 i 发弹才能毁伤目标的概率等于前 $(i-1)$ 发没有毁伤目标而第 i 发毁伤目标这两个事件概率的乘积，即

$$P(S=i)=(1-P_{k1})^{i-1}P_{k1} \tag{5.6.2}$$

将式（5.6.2）代入式（5.6.1），得

$$\begin{aligned}M[S]&=P_{k1}\sum_{i=1}^{\infty}i(1-P_{k1})^{i-1}=P_{k1}[1+2(1-P_{k1})+3(1-P_{k1})^2+4(1-P_{k1})^3+\cdots]\\&=P_{k1}[1+(1-P_{k1})+(1-P_{k1})^2+(1-P_{k1})^3+\cdots]^2\\&=P_{k1}\left[\frac{1}{1-(1-P_{k1})}\right]^2=P_{k1}\frac{1}{P_{k1}^2}=\frac{\omega}{P}\end{aligned} \tag{5.6.3}$$

5.6.2 两组误差型

先设 x_3、z_3 为一组特定值时，毁伤目标消耗弹药数的条件数学期望为

$$M[S|x_3,z_3]=\sum_{i=1}^{\infty} iP(S=i|x_3,z_3) \tag{5.6.4}$$

因为

$$P(S=i|x_3,z_3)=[1-P_{k1}(x_3,z_3)]^{i-1}P_{k1}(x_3,z_3) \tag{5.6.5}$$

将式（5.6.5）代入式（5.6.4），得

$$\begin{aligned} M[S|x_3,z_3] &= \sum_{i=1}^{\infty} i[1-P_{k1}(x_3,z_3)]^{i-1}P_{k1}(x_3,z_3) \\ &= P_{k1}(x_3,z_3)\sum_{i=1}^{\infty} i[1-P_{k1}(x_3,z_3)]^{i-1}=\frac{1}{P_{k1}(x_3,z_3)}=\frac{\omega}{P(x_3,z_3)} \end{aligned} \tag{5.6.6}$$

考虑到 x_3、z_3 的全部可能值，则毁伤目标消耗弹药数的数学期望为

$$M[S]=\iint_{-\infty}^{\infty}\varphi(x_3,z_3)M[S|x_3,z_3]\mathrm{d}x_3\mathrm{d}z_3 \tag{5.6.7}$$

式中 $\varphi(x_3,z_3)$——第三组误差分布密度，即

$$\varphi(x_3,z_3)=\frac{\rho}{\sqrt{\pi}E_{x3}}\exp\left[-\rho^2\left(\frac{x_3}{E_{x3}}\right)^2\right]\cdot\frac{\rho}{\sqrt{\pi}E_{z3}}\exp\left[-\rho^2\left(\frac{z_3}{E_{z3}}\right)^2\right]$$

本章小结

- 单发命中概率误差特性：不相关、非重复
  - 精确计算
    - 矩形目标 $P(x,z)=\frac{1}{4}[\hat{\Phi}(\frac{m_x+l_x}{E_x})-\hat{\Phi}(\frac{m_x-l_x}{E_x})]\ [\hat{\Phi}(\frac{m_z+l_z}{E_z})-\hat{\Phi}(\frac{m_z-l_z}{E_z})]$
    - 等概率椭圆（不考虑系统误差）$P=1-\exp[-(\hat{K}\rho)^2]$ $\frac{a}{E_x}=\frac{b}{E_z}=\hat{K}$
    - 圆形目标
      - 圆分布计算（不考虑系统误差）$P=1-\exp[-(\frac{\rho R}{E})^2]$
      - 莱斯分布计算（可考虑系统误差）$P=P\left(\frac{R}{\sigma},\frac{m}{\sigma}\right)$（偏移圆函数）
  - 近似计算
    - 等面积替代原则：总面积不变面积各方向比例不变、多个规则形状替代不规则形状
      - 正方形与圆形目标相互替代 $l=\sqrt{\pi}R/2$ $R=2l/\sqrt{\pi}$
      - 圆散布替代椭圆散布 $E=\sqrt{E_xE_y}$
    - 积分函数近似计算
      - 拉普拉斯函数近似计算 $\overline{\Phi}(x)=1-(1+\sum_{i=1}^{6}a_ix^i)^{-16}$
      - 正态分布函数近似计算式（5.1.35）

- 海上目标命中面积（舰艇水线以上部分沿弹丸落速在水平面上的投影面积）
  - 甲板面等效处理 非规则形状 →椭圆 →矩形 （等面积替代）
  - 舰艇命中界计算
    - 方向命中界 $L_z=0.8L_j\sin Q_m+B_j\cos Q_m$
    - 距离命中界 $L_x=a+a_0=0.8L_j\cdot B_j/L_z+H_p\cot\theta_c$
    - 命中面积 $A_j=L_x\cdot L_z$

- 对海射击命中概率
  - 发射 n 发至少命中一发概率
    - 精确计算
      - 一门舰炮发射 n 发至少命中一发
        - 一组误差型 $P_{L1}=1-\prod_{i=1}^{n}(1-P_s)$
        - 两组误差型 $P_{L1}=1-\int_{-\infty}^{\infty}\int_{-\infty}^{\infty}\varphi(x_3,z_3)\cdot[1-P(x_3,z_3)]^n\cdot dx_3dz_3$
      - K 门舰炮齐射 t 次至少命中一发
        - 一组误差型（同上）　$n=k\times t$
        - 两组误差型（同上）
        - 三组误差型
          - $P_{L1}^1(x_3,z_3)=\int_{-\infty}^{\infty}\int_{-\infty}^{\infty}\varphi(x_2,z_2)\{1-[1-P(x_2,x_3,z_2,z_3)]^k\}dx_2dz_2$
          - $P_{L1}=1-\int_{-\infty}^{\infty}\int_{-\infty}^{\infty}\varphi(x_3,z_3)[1-P_{L1}^1(x_3,z_3)]^t dx_3dz_3$
    - 近似计算（以两组误差型为例）$P_{L1}=1-\int_{-4E_{X3}}^{4E_{X3}}\int_{-4E_{Z3}}^{4E_{Z3}}\varphi(x_3,z_3)[1-P(x_3,x_3)]^n\,dx_3dz_3$
      $=1-\sum_{i=1}^{N}\sum_{j=1}^{N}\varphi(x_{3i})\Delta x_3\ \varphi(z_{3j})\Delta z_3\ [1-P(x_{3i})\cdot P(z_{3j})]^n$
  - 确定射击可靠性条件下需发射弹药数 $n=\left\lceil\dfrac{\ln(1-P_{L1})}{\ln(1-P)}\right\rceil$
  - 发射 n 发至少命中 m 发概率
    - 一组误差型 $P_{Lm}=\sum_{i=m}^{n}C_n^iP(x,z)^i[1-P(x,z)]^{n-i}=\sum_{i=m}^{n}\dfrac{n!}{i!(n-i)!}P(x,z)^i[1-P(x,z)]^{n-i}$
    - 两组误差型
      - $P_{Lm}(x_3,z_3)=\sum_{i=m}^{n}C_n^iP(x_3,z_3)^i[1-P(x_3,z_3)]^{n-i}$
      - $P_{Lm}=\int_{-\infty}^{\infty}\int_{-\infty}^{\infty}\varphi(x_3,z_3)P_{Lm}(x_3,z_3)dx_3dz_3$
  - 命中弹数的数学期望：不论按几组误差型计算，命中弹数数学期望都等于发射弹数与单发命中概率的乘积 $M_P=nP$

- 命中毁伤定律
  - 条件毁伤概率：在命中弹数一定的条件下，目标被毁伤的概率
  - 命中毁伤定律：命中弹数为 m 时的条件毁伤概率 $K(m)$
  - 平均所需命中数：毁伤目标所需命中弹数的数学期望 ω $(K(m)=1-(1-\frac{1}{\omega})^m)$
  - 命中毁伤定律确定方法：
    - 理论分析与试验相结合
    - 经验数据处理

- 毁伤概率计算
  - 发射 n 发毁伤概率
    - 一组误差型 $P_{kn}=1-(1-P_{K1})^n=1-(1-\frac{P}{\omega})^n$
    - 两组误差型 $P_{kn}=1-\iint_{-\infty}^{\infty}\varphi(x_3,z_3)[1-P_{k1}(x_3,z_3)]^n\}dx_3dz_3$　$P_{k1}(x_3,z_3)=\dfrac{P(x_3,z_3)}{\omega}$
    - 三组误差型
      - $P_{kn}=1-\iint_{-\infty}^{\infty}\varphi(x_3,z_3)\{\iint_{-\infty}^{\infty}\varphi(x_2,z_2)[1-P_{k1}(x_2,x_3,z_2,z_3)]^k\,dx_2dz_2\}^t\,dx_3dz_3$
      - $P_{k1}(x_2,x_3,z_2,z_3)=\dfrac{P(x_2,x_3,z_2,z_3)}{\omega}$
  - 毁伤目标期望消耗弹药数
    - 一组误差型 $M[S]=\dfrac{\omega}{P}$
    - 两种误差型 $M[S]=\iint_{-\infty}^{\infty}\varphi(x_3,z_3)\,M[S|x_3,z_3]dx_3dz_3$　$M[S|x_3,z_3]=\dfrac{\omega}{P(x_3,z_3)}$

习题

1．什么是命中概率？它主要包括哪方面的内容？它的大小主要取决于哪些因素？

2．单发命中概率近似计算通常有哪几种方法？

3．等面积替代法是指什么？它替代的原则有哪些？

4．试画出计算命中概率的一般流程，并作简要的文字说明。

5．已知矩形目标边长 $L_x=40\,\text{m}$，$L_z=60\,\text{m}$；射弹散布均方差 $\sigma_x=50\,\text{m}$，$\sigma_z=60\,\text{m}$，并且散布主轴与目标两边相互平行，求：①系统误差 $m_x=15\,\text{m}$，$m_z=20\,\text{m}$；②射弹散布中心与目标中心重合，这两种情况的单发命中概率。

6．已知某中口径舰炮的近距离立靶精度为：50%命中在 0.63×0.96m 半轴椭圆内，假设射击误差和目标服从等概率椭圆分布，试以概率误差、均方差表示该炮立靶精度。

7．向空中等效圆形目标进行射击，已知该目标的半径 $R=10\,\text{m}$，射击误差服从圆分布，径向均方差 $\sigma=3\,\text{m}$，试求当不存在系统误差时系统的单发命中概率。

8．某舰艇使用中口径舰炮对敌舰进行射击，测得弹丸落角 $\theta_c=30^\circ$，目标舷角 $Q_m=45^\circ$，

并已知目标的外型 $L_j \times B_j \times H_p = 100 \times 9 \times 5\text{m}^3$，试求目标舰艇的命中界。

9. 以两座双管中口径舰炮、爆破弹，对敌舰射击，射击距离 d=45Lp，敌舷角 $Q_m = 60°$ 左，敌舰外型 $L_j \times B_j \times H_P = 44.8 \times 5 \times 3.1\text{m}^3$，系统射击误差为：$E_{x1} = 62.34\text{m}$，$E_{x2} = 51.1\text{m}$，$E_{x3} = 113\text{m}$，$m_x = 0\text{m}$；$E_{z1} = 5.44\text{m}$，$E_{z2} = 12.6\text{m}$，$E_{z3} = 9.7\text{m}$，$m_z = 0\text{m}$。求：

（1）按一组误差型计算齐射 15 次的 P_{L1}；

（2）按两组误差型计算齐射 15 次的 P_{L1}；

（3）用高级语言编写数值积分法近似计算两组误差 P_{L1} 的计算程序。

10. 以两座双管小口径舰炮对敌反舰导弹射击，只要命中一发即可将其击毁，设单发命中概率 P=0.02。若要求至少命中一发概率 P_{L1} 达到 70%，问若要完成射击任务，舰炮每管需要发射多少发弹丸。

11. 某型舰炮对直径 D=1.5m 的圆环靶独立发射 20 发，散布圆的均方差 $\sigma = 0.75$ m，无系统误差，求单发命中靶标的概率和命中弹数的数学期望。

12. 以两座双管中口径舰炮、爆破弹，对敌舰射击，已知射击条件和系统射击误差与第 10 题相同。试按一组误差型计算齐射 15 次至少命中三发的概率 P_{L3} 及其命中弹数的数学期望 M_P。

13. 武器系统能否毁伤目标，取决于哪些因素？如何理解这些因素的？

14. 什么是条件毁伤概率和目标毁伤定律？试解释指数毁伤定律的物理意义。

15. 平均所需命中弹数反映的物理概念有哪些？

16. 你是如何理解“毁伤积累”和“无毁伤积累”基本概念的？

17. 设对某目标射击的命中毁伤定律 $K(m)$如下表：

m	0	1	2	3	4	5
$K(m)$	0	0.2	0.4	0.6	0.8	1.0

（1）试求毁伤该目标的所需命中弹数的数学期望 ω；

（2）该命中毁伤定律 $K(m)$符合指数毁伤定律吗？为什么？

18. 假设水面舰艇被同时命中二枚反舰导弹即可导致毁伤，在导弹没有受到干扰和对抗条件下的单发命中概率为 0.80，试计算发射三枚导弹时毁伤水面舰艇的概率。

19. 以两座双管中口径舰炮、爆破弹，对敌舰齐射 15 次，已知射击距离 d=45Lp，敌舷角 $Q_m = 60°$ 左，敌舰外型 $L_j \times B_j \times H_P = 44.8 \times 5 \times 3.1\text{m}^3$，$\omega$=2，系统射击误差为：$E_{x1} = 62.34\text{m}$，$E_{x2} = 51.1\text{m}$，$E_{x3} = 112.9\text{m}$，$m_x = 0\text{m}$；$E_{z1} = 5.44\text{m}$，$E_{z2} = 12.6\text{m}$，$E_{z3} = 9.67\text{m}$，$m_z = 0\text{m}$，试用高级语言编程上机计算：

（1）按一组误差型计算毁伤概率 P_{Kn}；

（2）用数值积分法，按两组误差型计算毁伤概率 P_{Kn}。

第 6 章　舰炮武器对空碰炸射击效力分析

本章导读

本章主要通过小口径舰炮武器系统对空中目标碰炸射击，来介绍舰炮对空碰炸射击效力指标计算。

对空射击时目标运动速度较快，不能忽略，因此目标和弹丸存在相对运动关系，此时命中平面（弹着平面）是过目标提前点，且垂直于弹目相对运动速度的空间中的平面，不能如对海射击情况一样处理为水平面，这为射击效力的分析带来了一定难度。

本章内容组织如下。首先 6.1 节建立射击坐标系，先根据射击方向建立 z 坐标系，再根据弹目相对速度方向建立 x 坐标系，并计算出两坐标系各轴夹角的方向余弦，以进行后续坐标系转换；6.2 节分析空中目标的命中面积，空中目标命中面积是在 x 坐标系下的弹目相对速度垂直面，即命中平面上进行分析的，但直接分析不够方便直观，需要等面积替代法将目标近似成长方体，并将长方体的三视面积通过 z 坐标系进行转换，最终投影到 x 坐标系的命中平面上；6.3 节类似地先分析射击误差，求射击误差在 z 坐标系的投影，然后再转换到 x 坐标系中；同时，由于在命中平面上对空碰炸射击误差的两个分量不再相互独立，因此误差分布密度函数中引入了协方差矩阵，并用矩阵形式进行表示；6.4 节计算对空碰炸射击毁伤概率，计算方法与对海射击情况下相似，只是射击误差的表示形式和分组有所不同；6.5 节分析不同射击误差对毁伤概率的影响程度；6.6 节介绍计算毁伤概率的统计模拟法。

本章主要介绍命中概率、毁伤概率等射击可靠性指标，毁伤目标期望消耗弹药数等射击经济性指标可以根据舰炮对海射击情况下的计算公式类似得到，本章不再介绍。

要求：本章公式和符号较多，难度相对较大，需要在理解分析思路的基础上进行学习；内容上要求理解掌握对空目标命中面积和射击误差的分析计算，掌握单发命中概率和毁伤概率的计算方法，其中重点掌握单发毁伤概率计算方法，了解误差对射击效果的影响，学会应用统计模拟法计算毁伤概率。

6.1　对空碰炸射击坐标系

6.1.1　对空射击任务

舰载武器系统对空射击任务是消灭来犯的空中目标，或迫使其放弃攻击企图，以保证己舰或被警戒舰的安全。

空中的主要目标是敌轰炸机、强击机及各种反舰导弹。

一般情况下，由舰空导弹武器系统完成中远程对空射击任务；由中大口径舰炮武器系统完成中、近程对空射击任务；而小口径舰炮武器系统完成近程对空射击任务，它以射速高、火力密度大的特点组成对空射击的最后一层火力防御系统，又俗称近程（末端）防御系统。

对导弹射击时，必须使弹丸或破片在足够远的距离上命中导弹，否则，即使命中，但因距离太近，导弹爆炸也会威胁我舰艇安全；若不爆炸，则能利用惯性飞行而命中我舰。

对敌机射击时，如果弹丸或破片命中敌机，可导致目标毁伤。如果弹丸或炸点出现在敌机附近，虽未杀伤敌机，但往往可给敌飞行员以精神上的威胁，或迫使其放弃攻击意图，或使其不能准确地瞄准，降低其攻击效果。

6.1.2 空中目标特点

舰炮武器系统射击的空中目标，具有以下特点：

（1）目标运动速度快。现有飞机及反舰导弹的速度均可以亚声速或超声速飞行，有的甚至可达5倍声速以上。

（2）目标体积小。根据不同的空中目标类型及射击条件，目标的命中面积可为几十直到零点几平方米。如某型掠海飞行反舰导弹的命中面积只有 $0.1m^2$ 左右。

（3）机动性好。空中目标无论是飞机还是导弹，都可以在短时间内改变航向、航速和高度，因此机动性很好。但由于受到其作战任务、技术性能等因素的制约，不能随意机动，只能在某个范围内做有限的机动。

（4）破坏力大。各种反舰导弹的装药量都比较大，破坏威力也大。飞机则可装载多种攻击武器，如导弹、鱼雷、火箭、炸弹等，都具有较大的破坏力。

（5）攻击隐蔽性好。掠海飞行的反舰导弹，以及进行低空、超低空飞行的飞机，由于目标的体积小、速度快，再加上海面杂波和镜面效应的影响，因此使得它们难以被发现。

（6）易损性高。这是空中目标的主要缺点，其原因是空中目标受飞行重量的限制，不能采用厚的高强度材料，因而其防护能力差、生命力弱、易损性高。

总的来说，由于空中目标特点，使其通过舰炮武器系统的射击范围只有几十秒、十几秒，甚至几秒，并且也无法进行试射。这样，就增加了对目标的射击难度，从而影响射击效果。

6.1.3 对空碰炸射击坐标系的建立

6.1.3.1 z 坐标系

1．z 坐标系的建立

建立空间 z 坐标系，如图6.1.1所示，坐标原点与目标提前点 T_p 重合；z_1 轴在水平面上，并指向提前点水平距离（d_p）方向；z_2 轴垂直于水平面，并指向高度方向；z_3 轴垂直于 z_1z_2 平面（提前射面），并指向目标航路一侧。这样，当目标向左飞行时，坐标系为左手系；目标向右飞行时，坐标系为右手系。

此外，当 $Q_p=0^\circ$，即目标对着我舰接近飞行时，规定用右手系（图6.1.2）；当 $Q_p=180^\circ$，即目标背向我舰远离飞行时，规定用左手系（图6.1.3）。

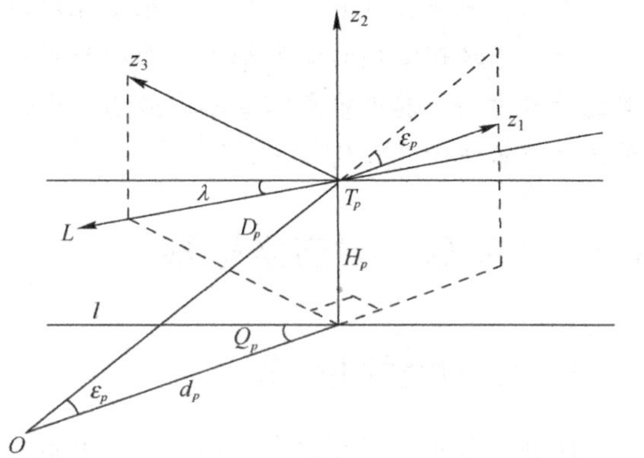

T_p—目标提前点；L—目标航路；l—水平航路，目标航路在水平面上投影；λ—目标俯冲角；O—舰炮位置；D_p—目标提前点斜距；d_p—目标提前点水平距离；H_p—目标提前点高度；ε_p—目标提前点低角；Q_p—目标提前点的目标舷角。

图6.1.1 z 坐标系

2．相对速度 $\boldsymbol{V}_R$ 在 z 坐标轴上的投影

由于空中目标速度一般比较大，为此，舰炮武器系统对空射击，要达到一定的射击效果，就应考虑相对速度的大小。

相对速度 $\boldsymbol{V}_R$ 是指弹丸在提前点相对目标的速度，它等于提前点处的弹丸存速 $\boldsymbol{V}_c$ 与反向目标速度 $\boldsymbol{V}_m$ 的合成，如图 6.1.4 所示。

$$\boldsymbol{V}_R = \boldsymbol{V}_c + (-\boldsymbol{V}_m) \tag{6.1.1}$$

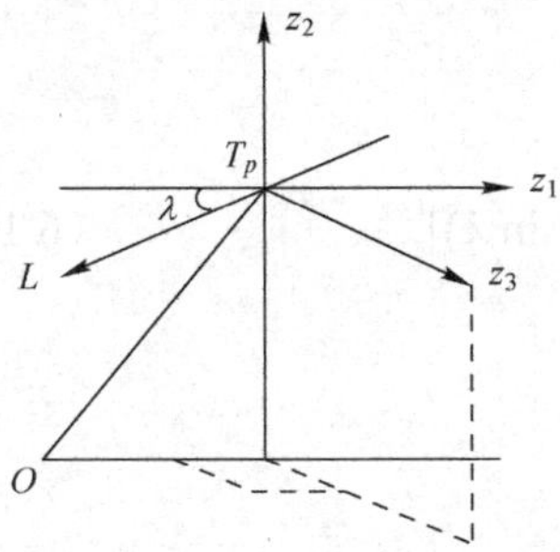

图 6.1.2　z 坐标系，目标接近我飞行时

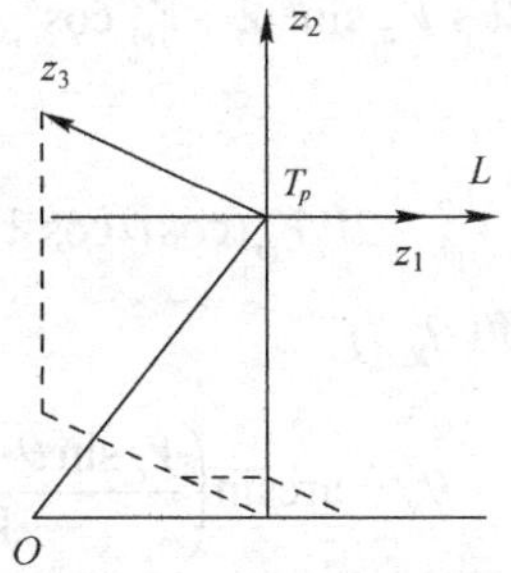

图 6.1.3　z 坐标系，目标背离我飞行时

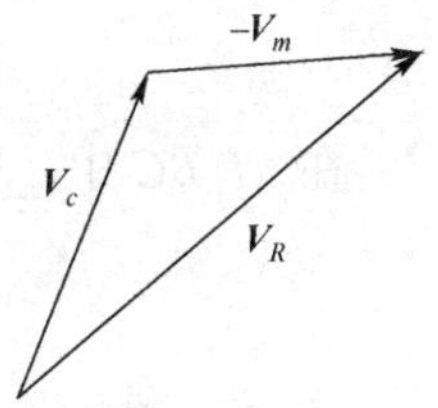

图 6.1.4　相对速度

将式（6.1.1）向 z 坐标系各轴进行投影，见图 6.1.5，其投影值见表 6.1.1。

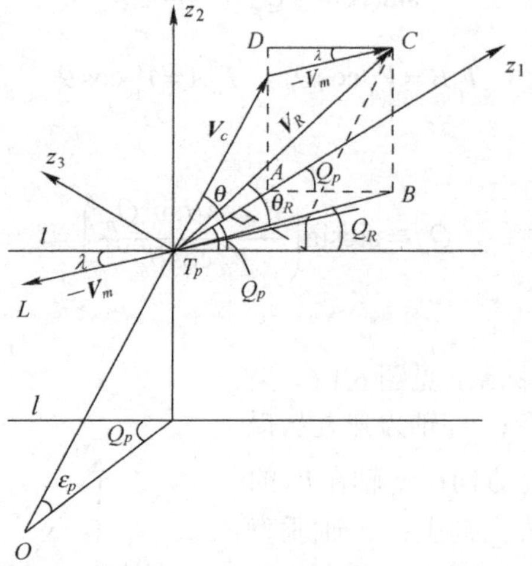

θ—弹道切线（存速切线）倾斜角；$\boldsymbol{V}_m$—目标速度；$\boldsymbol{V}_R$—相对速度；θ_R—相对倾斜角（$\boldsymbol{V}_R$ 与其水平面投影的夹角）；Q_R—相对方位角（$\boldsymbol{V}_R$ 在水平面的投影与目标水平航路 l 的夹角）。

图 6.1.5　相对速度的投影关系

表 6.1.1　相对速度的投影

V \ z_j	z_1	z_2	z_3
$\boldsymbol{V}_c$	$V_c\cos\theta$	$V_c\sin\theta$	0
$-\boldsymbol{V}_m$	$V_m\cos\lambda\cos Q_p$	$V_m\sin\lambda$	$-V_m\cos\lambda\sin Q_p$
$\boldsymbol{V}_R$	$V_c\cos\theta+V_m\cos\lambda\cos Q_p$	$V_c\sin\theta+V_m\sin\lambda$	$-V_m\cos\lambda\sin Q_p$
注：λ ——目标俯冲角，当目标俯冲时，λ 为正；目标拉起时，λ 为负			

按表 6.1.1，可以求得V_R、θ_R、Q_R各值。

相对速度V_R为

$$\begin{aligned}V_R^2 &= V_R^2(z_1)+V_R^2(z_2)+V_R^2(z_3)\\ &=(V_c\cos\theta+V_m\cos\lambda\cos Q_p)^2+(V_c\sin\theta+V_m\sin\lambda)^2+(-V_m\cos\lambda\sin Q_p)^2\\ &=V_c^2\cos^2\theta+2V_cV_m\cos\theta\cos\lambda\cos Q_p+V_m^2\cos^2\lambda\cos^2 Q_p+V_c^2\sin^2\theta\\ &\quad+2V_cV_m\sin\theta\sin\lambda+V_m^2\sin^2\lambda+V_m^2\cos^2\lambda\sin^2 Q_p\end{aligned}$$

所以

$$V_R=[V_c^2+V_m^2+2V_cV_m(\cos\theta\cos\lambda\cos Q_p+\sin\theta\sin\lambda)]^{1/2} \tag{6.1.2}$$

在ΔT_pBC中，相对倾斜角θ_R为

$$\theta_R=\arcsin\left(\frac{V_c\sin\theta+V_m\sin\lambda}{V_R}\right)$$

在ΔT_pAB中，由正弦定理可推算相对方位角Q_R，即

$$\frac{T_pB}{\sin(180^\circ-Q_p)}=\frac{T_pA}{\sin Q_R}$$

$$T_pB=V_R\cos\theta_R,\quad T_pA=V_c\cos\theta$$

所以

$$Q_R=\arcsin\left(\frac{V_c\cos\theta\sin Q_p}{V_R\cos\theta_R}\right)$$

6.1.3.2 x 坐标系

x 坐标系为相对速度坐标系，见图 6.1.6，坐标原点与目标提前点T_p重合；x_3轴为弹丸从提前点指向目标的相对速度V_R方向；x_1轴在V_R的铅垂面内，垂直于x_3轴，方向向上；x_2轴垂直于x_1x_3平面，且指向目标航路一侧。这样，当目标向左飞行时，坐标系为左手系；目标向右飞行时，坐标系为右手系。

同样，当$Q_p=0^\circ$，即目标对着我舰接近飞行时，规定用右手系，见图 6.1.7；当$Q_p=180^\circ$，即目标背向我舰远离飞行时，规定用左手系，见图 6.1.8。

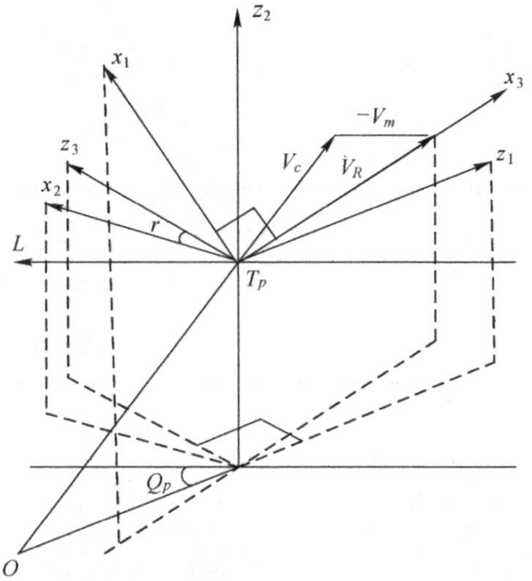

图 6.1.6 x 坐标系

6.1.3.3 x 轴与 z 轴的方向余弦

z 坐标系的$z_j(j=1,2,3)$轴与 x 坐标系的$x_i(i=1,2,3)$轴的方向余弦为$\cos(x_i,z_j)$。

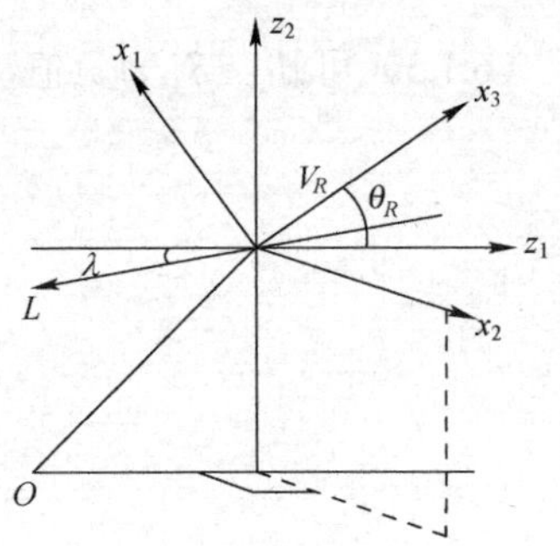

图 6.1.7　x 坐标系，目标接近我飞行时

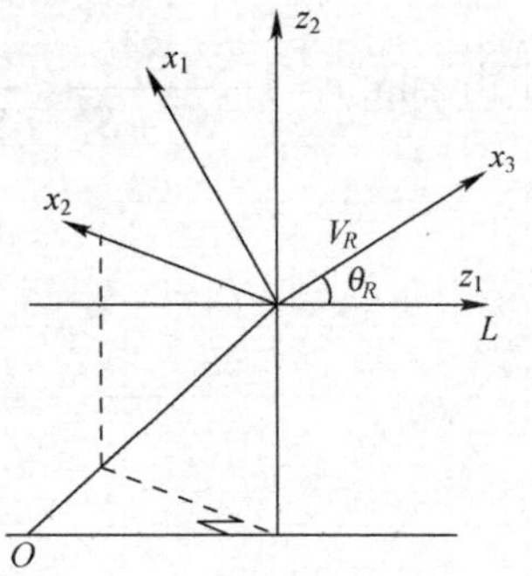

图 6.1.8　x 坐标系，目标背离我飞行时

（1）确定 x_3 轴与 z 坐标系 $z_j(j=1,2,3)$ 轴的方向余弦，这是由于 x_3 轴的方向与相对速度 V_R 的方向相同，所以由表 6.1.1 可得方向余弦 $\cos(x_3,z_j), j=1,2,3$；并记为 $S_j=\cos(x_3,z_j)$，有

$$S_1=\cos(x_3,z_1)=\frac{V_R(z_1)}{V_R}=\frac{V_c\cos\theta+V_m\cos\lambda\cos Q_p}{V_R} \tag{6.1.3}$$

$$S_2=\cos(x_3,z_2)=\frac{V_R(z_2)}{V_R}=\frac{V_c\sin\theta+V_m\sin\lambda}{V_R} \tag{6.1.4}$$

$$S_3=\cos(x_3,z_3)=\frac{V_R(z_3)}{V_R}=\frac{-V_m\cos\lambda\sin Q_p}{V_R} \tag{6.1.5}$$

（2）确定 x_2 轴与 $z_j(j=1,2,3)$ 轴的方向余弦 $\cos(x_2,z_j)$。由于 x_2 轴与 z_3 轴均在水平面上，设它们之间的夹角为 r（r 为下面所要求的）。由图 6.1.6 可得

$$\cos(x_2,z_1)=\cos(90^\circ-r)=\sin r$$

因为 x_2 轴与 z_2 轴相互垂直，有 $\cos(x_2,z_2)=0$，$\cos(x_2,z_3)=\cos r$，又由

$$\begin{aligned}\cos(x_2,x_3)&=\sum_{j=1}^{3}\cos(x_2,z_j)\cos(z_j,x_3)\\&=\cos(x_2,z_1)\cos(z_1,x_3)+\cos(x_2,z_2)\cos(z_2,x_3)+\cos(x_2,z_3)\cos(z_3,x_3)\end{aligned}$$

因为

$$\cos(x_2,z_2)=0,\quad \cos(x_2,x_3)=0$$

$$\cos(x_2,z_1)\cos(z_1,x_3)+\cos(x_2,z_3)\cos(z_3,x_3)=0$$

即

$$S_1\sin r+S_3\cos r=0 \tag{6.1.6}$$

又因为

$$\sin r=(1-\cos^2 r)^{1/2}$$

则式（6.1.6）变为

$$S_1(1-\cos^2 r)^{1/2}+S_3\cos r=0,\quad S_1^2(1-\cos^2 r)=S_3^2\cos^2 r$$

$$\cos r=\frac{S_1}{(S_1^2+S_3^2)^{1/2}}$$

进一步由 $\sin^2 r = 1 - \dfrac{S_1^2}{S_1^2 + S_3^2} = \dfrac{S_3^2}{S_1^2 + S_3^2}$，并且从式（6.1.5）可知，$S_3$ 为负值，所以

$$\sin r = -\frac{S_3}{(S_1^2 + S_3^2)^{1/2}}$$

令

$$C = \frac{1}{(S_1^2 + S_3^2)^{1/2}} \tag{6.1.7}$$

则有

$$\cos(x_2, z_1) = -CS_3$$
$$\cos(x_2, z_2) = 0$$
$$\cos(x_2, z_3) = CS_1$$

（3）确定 x_1 轴与 $z_j\,(j=1,2,3)$ 轴的方向余弦。

因为

$$\sum_{i=1}^{3} \cos^2(x_i, z_1) = 1$$

所以

$$\begin{aligned}\cos^2(x_1, z_1) &= 1 - \cos^2(x_2, z_1) - \cos^2(x_3, z_1) \\ &= 1 - C^2 S_3^2 - S_1^2 = \frac{(S_1^2 + S_3^2) - S_3^2 - S_1^2(S_1^2 + S_3^2)}{S_1^2 + S_3^2} = \frac{S_1^2(1 - S_1^2 - S_3^2)}{(S_1^2 + S_3^2)}\end{aligned}$$

又因为

$$\sum_{i=1}^{3} S_i^2 = S_1^2 + S_2^2 + S_3^2 = 1$$
$$S_2^2 = 1 - S_1^2 - S_3^2$$

故

$$\cos^2(x_1, z_1) = C^2 S_1^2 S_2^2$$
$$\cos(x_1, z_1) = -CS_1 S_2$$
$$\cos(x_1, z_2) = \frac{1}{C}$$
$$\cos(x_1, z_3) = -CS_2 S_3$$

将全部 x_i 与 z_j 轴间的方向余弦 $\cos(x_i, z_j)$ 整理后，如表 6.1.2 所列。

表 6.1.2　x_i 与 z_j 轴方向余弦 $\cos(x_i, z_j)$

x_i \ z_j	z_1	z_2	z_3
x_1	$-CS_1S_2$	$1/C$	$-CS_2S_3$
x_2	$-CS_3$	0	CS_1
x_3	S_1	S_2	S_3

6.2 空中目标命中面积计算

下面在 x 坐标系中研究空中目标命中面积问题。

将空中目标在弹丸相对速度（与 x_3 轴方向相同）的垂直面 x_1x_2 平面上的投影面积，称为空中目标的命中面积，用 A_T 表示。

建立目标坐标系 $O-xyz$，坐标原点 O 为目标重心；x 轴为目标纵轴，指向前方；z 轴为目标横轴，指向右翼；y 轴为目标升力轴，垂直于 xOz 平面，指向上方。坐标系为右手系，见图 6.2.1。

根据目标三面图，采用等面积替代法，将其近似为长方体，见图 6.2.2，设它的三视面积如下：

（1）前视面积 A_{yz}，其法线 n_1 的方向与目标速度方向相同；

（2）侧视面积 A_{xy}，其法线 n_2 的方向与目标速度方向垂直，且在水平面上；

（3）顶视面积 A_{zx}，其法线 n_3 的方向垂直于 n_1 及 n_2 所组成的平面。

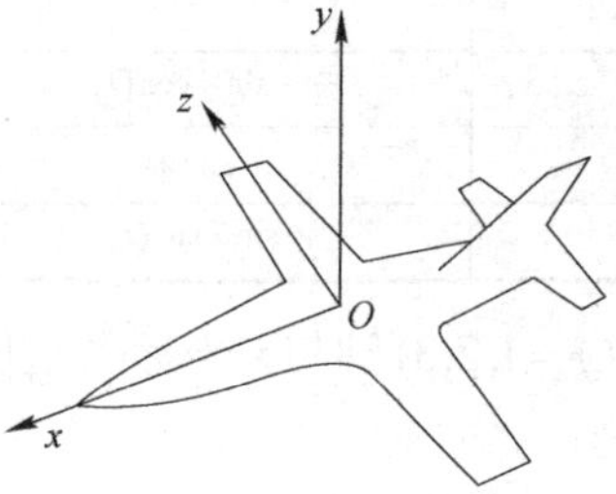

图 6.2.1　目标坐标系

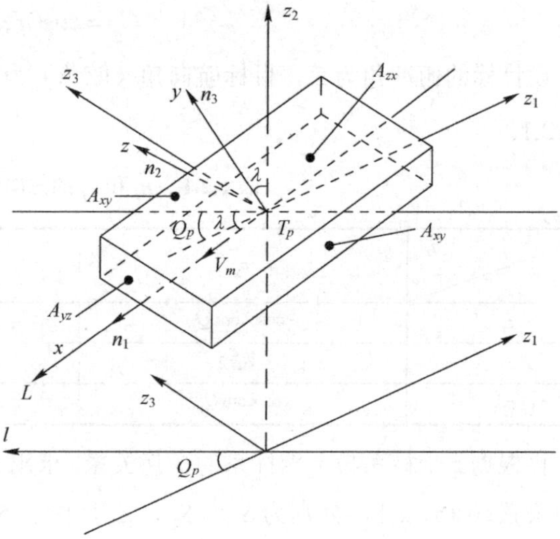

图 6.2.2　目标三面图的投影关系

这三个面积所在的平面是相互垂直的。目标命中面积 A_T，则是这三个面积分别在 x_1x_2 平面上的投影面积之和。

由立体几何可知：平面 P 上一面积 A_p 在另一平面 Q 上的投影面积 A_Q，等于 A_p 与这两个平面法线夹角方向余弦之乘积，即

$$A_Q = A_p \left|\cos(n_p, n_Q)\right|$$

式中　n_p、n_Q——平面 P、Q 的法线向量。

因此，目标三个面积在 x_1x_2 平面上的投影面积 A'_{yz}、A'_{xy}、A'_{zx} 为

$$A'_{yz} = A_{yz} \left|\cos(n_1, x_3)\right|$$

$$A'_{xy} = A_{xy} \left|\cos(n_2, x_3)\right|$$

$$A'_{zx} = A_{zx} \left|\cos(n_3, x_3)\right|$$

又由于

$$\cos(n_1, x_3) = \sum_{j=1}^{3} \cos(n_1, z_j) \cos(z_j, x_3)$$

$$\cos(n_2, x_3) = \sum_{j=1}^{3} \cos(n_2, z_j) \cos(z_j, x_3)$$

$$\cos(n_3, x_3) = \sum_{j=1}^{3} \cos(n_3, z_j) \cos(z_j, x_3)$$

为求得目标三个面积 A_{yz}、A_{xy}、A_{zx} 在 x_1x_2 平面上的投影面积 A'_{yz}、A'_{xy}、A'_{zx}，只要知道方向余弦 $\cos(n_i, z_j)$ 及 $\cos(z_j, x_3)$ 即可。

首先，求 A_{yz}、A_{xy}、A_{zx} 三个平面的法线 n_1、n_2、n_3 与 z 坐标系各轴 $z_j(j=1,2,3)$ 的方向余弦 $\cos(n_i, z_j)$，并以 C_{ij} 表示，有

$$C_{ij} = \cos(n_i, z_j)$$

设目标的俯冲角为 λ，目标航向角（舷角）为 Q_p，则 C_{ij} 可由图 6.2.2 直接推得，其值见表 6.2.1。

表 6.2.1　n_i 和 z_j 的方向余弦 $\cos(n_i, z_j)$

z_j \ n_i	n_1	n_2	n_3
z_1	$-\cos\lambda\cos Q_p$	$\sin Q_p$	$-\sin\lambda\cos Q_p$
z_2	$-\sin\lambda$	0	$\cos\lambda$
z_3	$\cos\lambda\sin Q_p$	$\cos Q_p$	$\sin\lambda\sin Q_p$

再根据 z 坐标系与 x 坐标系的变换关系，求出 z 坐标系 $z_j(j=1,2,3)$ 轴与 x 坐标系 x_3 轴的方向余弦 $\cos(z_j, x_3)$，分别为 S_1、S_2、S_3，由表 6.1.2 可知

$$\begin{cases} S_1 = \cos(z_1, x_3) = \dfrac{V_c\cos\theta + V_m\cos\lambda\cos Q_p}{V_R} \\ S_2 = \cos(z_2, x_3) = \dfrac{V_c\sin\theta + V_m\sin\lambda}{V_R} \\ S_3 = \cos(z_3, x_3) = \dfrac{-V_m\cos\lambda\sin Q_p}{V_R} \end{cases} \tag{6.2.1}$$

式中　θ——弹道切线倾斜角（度）；

V_c——弹丸在提前点的存速（m/s）；

V_R——弹丸在提前点对目标的相对速度，即

$$V_R = [V_c^2 + V_m^2 + 2V_cV_m(\cos\theta\cos\lambda\cos Q_p + \sin\theta\sin\lambda)]^{1/2}$$

这样，A_{yz}、A_{xy}、A_{zx} 在 x_1x_2 平面上的投影面积 A'_{yz}、A'_{xy}、A'_{zx}，有

$$A'_{yz} = A_{yz}\left|\sum_{j=1}^{3}\cos(n_1, z_j)\cos(z_j, x_3)\right| = A_{yz}\left|S_1C_{11} + S_2C_{12} + S_3C_{13}\right| \tag{6.2.2}$$

$$A'_{xy} = A_{xy}\left|\sum_{j=1}^{3}\cos(n_2, z_j)\cos(z_j, x_3)\right| = A_{xy}\left|S_1C_{21} + S_3C_{23}\right| \tag{6.2.3}$$

$$A'_{zx} = A_{zx}\left|\sum_{j=1}^{3}\cos(n_3, z_j)\cos(z_j, x_3)\right| = A_{zx}\left|S_1C_{31} + S_2C_{32} + S_3C_{33}\right| \tag{6.2.4}$$

空中目标的命中面积 A_T 为投影面积 A'_{yz} 、 A'_{xy} 、 A'_{zx} 之和，即

$$A_T = A'_{yz} + A'_{xy} + A'_{zx} \tag{6.2.5}$$

特殊情况，当目标平飞 $(\lambda = 0)$ ，且 $Q_p = 0$ （或 180°）时，目标命中面积 A_T 为

$$A_T = A_{yz}\left|S_1\right| + A_{zx}\left|S_2\right|$$

其中

$$\begin{cases} S_1 = (V_c\cos\theta + V_m)/V_R \\ S_2 = V_c\sin\theta/V_R \\ V_R = (V_c^2 + V_m^2 + 2V_cV_m\cos\theta)^{\frac{1}{2}} \end{cases}$$

【例 6.1】 某小口径舰炮对敌机射击，已知目标提前点位置为：$H_p = 500\text{m}$ ，$d_p = 1000\text{m}$ ，$Q_p = 30^\circ$ 右，目标速度 $V_m = 200\text{m/s}$ ，$\lambda = 0^\circ$ ，敌机三向面积：前视面积 $A_{yz} = 5.8\text{m}^2$ ，侧视面积 $A_{xy} = 28.9\text{m}^2$ ，顶视面积 $A_{zx} = 46.2\text{m}^2$ 。求该目标命中面积 A_T 。

解：

（1）在某小口径舰炮对空基本射击表中，根据 $H_p = 500\text{m}$ ，$d_p = 1000\text{m}$ ，查得弹道切线倾角 $\theta = 26^\circ$ ，存速 $V_c = 624\text{m/s}$ 。

（2）按式（6.2.1），计算 z_i 轴与 x_3 轴夹角的方向余弦 S_1 、 S_2 、 S_3 。

先按式（6.1.2），求得 V_R ：

$$V_R = [624^2 + 200^2 + 2\times624\times200(\cos26^\circ\cos30^\circ)]^{1/2} = 790(\text{m/s})$$

$$S_1 = (624\cos26^\circ + 200\cos30^\circ)/790 = 0.929$$

$$S_2 = 624\sin26^\circ/790 = 0.346$$

$$S_3 = -200\sin30^\circ/790 = -0.127$$

（3）按表 6.2.1，计算方向余弦 $\cos(n_i, z_j)$ ，数据见表 6.2.2。

表 6.2.2　方向余弦 $\cos(n_i, z_j)$ 的值

z_j \ n_i	n_1	n_2	n_3
z_1	−0.866	0.5	0
z_2	0	0	1
z_3	0.5	0.866	0

（4）按式（6.2.2）～式（6.2.4），计算 A_{yz}、A_{xy}、A_{zx} 在 x_1x_2 平面上的投影面积 A'_{yz}、A'_{xy}、A'_{zx}，则

$$A'_{yz}=5.8\times|0.929\times(-0.866)+0.5\times(-0.127)|=5.03(\mathrm{m}^2)$$

$$A'_{xy}=28.9\times|0.929\times0.5+(-0.127)\times0.866|=10.25(\mathrm{m}^2)$$

$$A'_{zx}=46.2\times|0.346\times1|=16.82(\mathrm{m}^2)$$

（5）按式（6.2.5），计算该目标的命中面积 A_T，则

$$A_T=5.03+10.25+16.82=32.10(\mathrm{m}^2)$$

6.3 对空碰炸射击误差

6.3.1 射击误差的表示形式

小口径舰炮武器系统对空碰炸射击时，我们将在过目标提前点，并与相对速度 V_R 方向垂直的 x_1x_2 平面上，研究对空碰炸射击误差。在此平面上，由于系统各误差源在提前点引起的线误差的两个分量 $\boldsymbol{\sigma}_i(x_1)$、$\boldsymbol{\sigma}_i(x_2)$，一般情况下，不再是相互独立的，而是相关的。因此，射击误差分布密度函数以矩阵形式表示较为方便，即

$$f(x_1,x_2)=\frac{1}{2\pi\sqrt{|\boldsymbol{K}_\varphi|}}\exp\left[-\frac{1}{2}(\boldsymbol{X}-\boldsymbol{M})^{\mathrm{T}}\boldsymbol{K}_\varphi^{-1}(\boldsymbol{X}-\boldsymbol{M})\right]$$

式中　$\boldsymbol{K}_\varphi$——协方差矩阵，有

$$\boldsymbol{K}_\varphi=\begin{pmatrix}K_{11} & K_{12}\\ K_{21} & K_{22}\end{pmatrix}=\begin{pmatrix}\mathrm{Var}[\sigma(x_1)] & \mathrm{Cov}[\sigma(x_1),\sigma(x_2)]\\ \mathrm{Cov}[\sigma(x_1),\sigma(x_2)] & \mathrm{Var}[\sigma(x_2)]\end{pmatrix}$$

其中，$\sigma(x_1)$、$\sigma(x_2)$ 为射击误差均方差 σ 在 x_1、x_2 轴上的投影。

Var[·]——计算方差。

Cov[·]——计算协方差。

$|\boldsymbol{K}_\varphi|$——$\boldsymbol{K}_\varphi$ 的行列式。

$\boldsymbol{K}_\varphi^{-1}$——$\boldsymbol{K}_\varphi$ 的逆矩阵，有

$$\boldsymbol{K}_\varphi^{-1}=\frac{\boldsymbol{K}_\varphi^*}{|\boldsymbol{K}_\varphi|}=\frac{1}{|\boldsymbol{K}_\varphi|}\begin{pmatrix}K_{22} & -K_{21}\\ -K_{12} & K_{11}\end{pmatrix}$$

其中，$\boldsymbol{K}_\varphi^*$ 为 $\boldsymbol{K}_\varphi$ 的伴随矩阵。

$\boldsymbol{X}$——射击误差列阵，$\boldsymbol{X}=(x_1,x_2)^{\mathrm{T}}$。

$\boldsymbol{M}$——射击误差 $\boldsymbol{X}$ 的数学期望列阵，有

$$\boldsymbol{M}=(m(x_1),m(x_2))^{\mathrm{T}}$$

碰炸射击时，系统的误差源与对海碰炸射击是一样的，因此各种射击误差的性质也就大致相同。为便于分析，我们将以向量形式表示各误差源在提前点引起的线误差。

6.3.2　对空碰炸射击误差的计算

6.3.2.1　射弹散布误差

如果在炮目垂直面上研究射弹散布，则射弹散布误差 Δz、$\Delta \boldsymbol{n}$ 可以用方向散布概率误差 $\boldsymbol{E}_{z0}$ 和法向散布概率误差 $\boldsymbol{E}_{n0}$ 来表征，见图 6.3.1，$\boldsymbol{E}_{z0}$ 垂直于射面。

如果要在铅垂面上研究射弹散布，则射弹散布误差 Δz、$\Delta \boldsymbol{h}$ 可以用方向散布概率误差 $\boldsymbol{E}_{z0}$ 和高度散布概率误差 $\boldsymbol{E}_{h0}$ 来表征，见图 6.3.1。

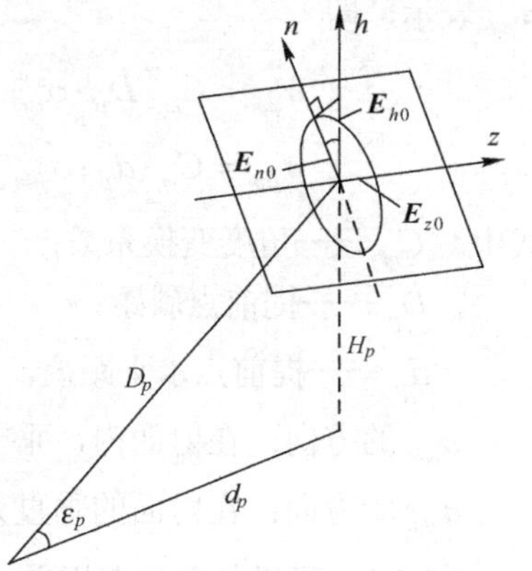

图 6.3.1　对空碰炸射表散布概率误差

在射击过程中，射弹散布误差 Δz、$\Delta \boldsymbol{n}$（或 $\Delta \boldsymbol{h}$）均为不相关、非重复误差。

在火炮的对空基本射表中，不同类型的火炮可以根据射击高度、射击斜距离或水平距离，或者根据弹丸飞行时间，查得各自的射弹散布误差的概率特征——射表散布概率误差 $\boldsymbol{E}_{z0}$、$\boldsymbol{E}_{n0}$ 或 $\boldsymbol{E}_{z0}$、$\boldsymbol{E}_{h0}$。对同一座火炮而言，$\boldsymbol{E}_{n0}$ 和 $\boldsymbol{E}_{h0}$ 是可以相互换算得到的，由图 6.3.1 可知，它们的关系式为

$$\boldsymbol{E}_{n0} = \boldsymbol{E}_{h0} \cos \varepsilon_p$$

式中　ε_p——提前点目标高低角。

一般情况下，在高低角 $\varepsilon_p < 25°$ 时，$\boldsymbol{E}_{n0}$ 和 $\boldsymbol{E}_{h0}$ 可以直接相互替换，误差不超过 10%。

若射表法向散布均方差，方向散布均方差分别以 $\boldsymbol{\sigma}_{n0}$ 和 $\boldsymbol{\sigma}_{z0}$ 表示，则有

$$\boldsymbol{\sigma}_{n0} = 1.48\boldsymbol{E}_{n0}$$

$$\boldsymbol{\sigma}_{z0} = 1.48\boldsymbol{E}_{z0}$$

考虑到舰单炮实际散布要比射表散布大，有

$$\boldsymbol{\sigma}_{nj0} = C_j \boldsymbol{\sigma}_{n0} = 1.48 C_j \boldsymbol{E}_{n0} \tag{6.3.1}$$

$$\boldsymbol{\sigma}_{zj0} = C_j \boldsymbol{\sigma}_{z0} = 1.48 C_j \boldsymbol{E}_{z0} \tag{6.3.2}$$

式中　$\boldsymbol{\sigma}_{nj0}$、$\boldsymbol{\sigma}_{zj0}$——舰单炮散布法向均方差、方向均方差；

C_j——舰炮散布经验修正系数，一般有 $C_j = 1.1 \sim 1.3$。

对于舰炮齐射散布，可由式（2.3.10）、式（2.3.11）直接得

$$\boldsymbol{\sigma}_{nq0} = 1.2\boldsymbol{\sigma}_{nj0}$$

$$\boldsymbol{\sigma}_{zq0} = \boldsymbol{\sigma}_{zj0}$$

式中　$\boldsymbol{\sigma}_{nq0}$、$\boldsymbol{\sigma}_{zq0}$——舰炮齐射散布法向均方差、方向均方差。

$\boldsymbol{\sigma}_{nj0}(\boldsymbol{\sigma}_{nq0})$ 的方向：在射面内，垂直于斜距 D_p；

$\boldsymbol{\sigma}_{zj0}(\boldsymbol{\sigma}_{zq0})$ 的方向：在射面的垂直方向上。

6.3.2.2　舰炮随动系统误差

舰炮随动系统误差包括高低瞄准误差 $\Delta\varphi_m$ 和方向瞄准误差 $\Delta\beta_m$，分别以其均方误差 $\sigma_{\varphi m}$、$\sigma_{\beta m}$ 来表征。$\sigma_{\varphi m}$、$\sigma_{\beta m}$ 可根据舰炮随动系统技术指标及不同的瞄准角速度、角加速度来取值。

瞄准误差$\Delta\varphi_m$、$\Delta\beta_m$，可近似认为是不相关、非重复误差。它们在提前点将引起线瞄准误差$\Delta\varphi_m$、$\Delta\boldsymbol{\beta}_m$，见图 6.3.2，其均方差分别以$\boldsymbol{\sigma}_{\varphi m}$、$\boldsymbol{\sigma}_{\beta m}$表示，即

$$\boldsymbol{\sigma}_{\varphi m}=C_m\cdot D_p\cdot\sigma_{\varphi m} \tag{6.3.3}$$

$$\boldsymbol{\sigma}_{\beta m}=C_m\cdot d_p\cdot\sigma_{\beta m} \tag{6.3.4}$$

式中 C_m——角度变换系数；

D_p——提前点斜距；

d_p——提前点水平距离。

$\boldsymbol{\sigma}_{\varphi m}$的方向：在射面内，垂于斜距$D_p$；

$\boldsymbol{\sigma}_{\beta m}$的方向：在射面的垂直方向上。

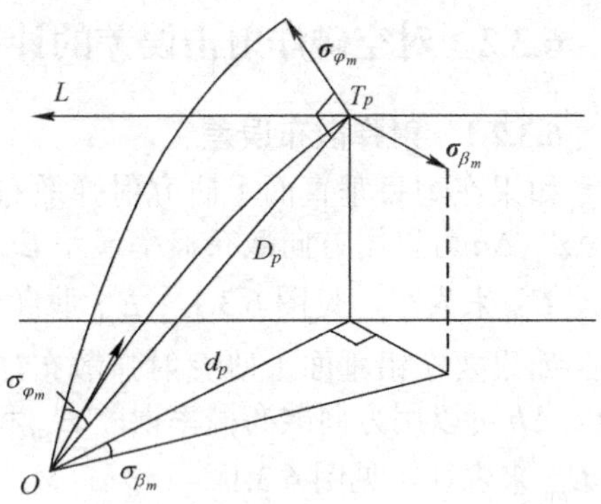

图 6.3.2 随动系统误差在提前点引起的线误差

6.3.2.3 弹道气象准备误差

弹道气象准备误差包括确定初速偏差、空气密度偏差和弹道风偏差的误差。

1. 确定初速偏差的误差ΔV_0

ΔV_0将会导致射角误差$\Delta\theta_{v0}$和弹丸飞行时间误差Δt_{v0}。例如，当$\Delta V_0<0$时，即装订给指挥仪的初速偏差修正量小于弹丸的实际初速偏差，则指挥仪使用的初速将小于弹丸实际初速，使得指挥仪计算的射角及弹丸飞行时间大于实际所需的射角及弹丸飞行时间。这样，在提前点就引起弹丸偏高及超前于目标，如图 6.3.3 所示。

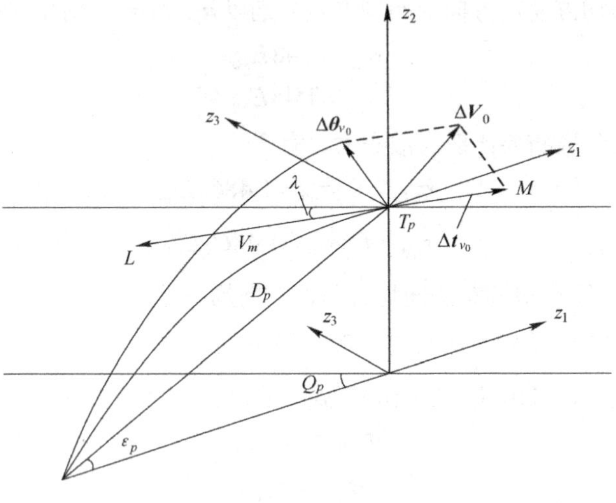

图 6.3.3 ΔV_0在提前点引起的线误差

ΔV_0导致的$\Delta\theta_{v0}$及Δt_{v0}，其均方差分别为$\sigma_{\theta v0}$、σ_{tv0}，由图 6.3.3 计算得

$$\sigma_{\theta v0}=0.1f_{\theta v0}\cdot\sigma_{v0} \tag{6.3.5}$$

$$\sigma_{tv0}=0.1f_{tv0}\cdot\sigma_{v0} \tag{6.3.6}$$

式中 σ_{v0}——确定初速偏差的误差ΔV_0的均方差，其值随初速偏差的确定方法不同而不同，平均可取$\sigma_{v0}=0.4\%V_0$；

$f_{\theta v0}$——初速变化 10%时的射角改变量（mrad 或 mil）；

f_{tv0}——初速变化 10%时的弹丸飞行时间改变量（s）。

$f_{\theta v0}$、f_{tv0} 随舰炮弹丸的不同而异，可以根据 D_p、ε_p，在相应的表中查得。表 6.3.1 给出了某小口径舰炮在弹丸初速变化10%V_0 时的 $f_{\theta v0}$ 和 f_{tv0}。

$\Delta\theta_{v0}$、Δt_{v0} 将在提前点引起线误差 $\Delta\boldsymbol{\theta}_{v0}$、$\Delta\boldsymbol{t}_{v0}$，其均方差分别为 $\boldsymbol{\sigma}_{\theta v0}$、$\boldsymbol{\sigma}_{tv0}$，见图 6.3.3，并有

$$\boldsymbol{\sigma}_{\theta v0} = C_m \cdot D_p \cdot \sigma_{\theta v0}$$

$$\boldsymbol{\sigma}_{tv0} = V_m \cdot \sigma_{tv0}$$

将式（6.3.5）、式（6.3.6）代入上面两式，得

$$\boldsymbol{\sigma}_{\theta v0} = 0.1 C_m \cdot D_p \cdot f_{\theta v0} \cdot \sigma_{v0} \tag{6.3.7}$$

$$\boldsymbol{\sigma}_{tv0} = 0.1 V_m \cdot f_{tv0} \cdot \sigma_{v0} \tag{6.3.8}$$

式中　V_m——目标速度（m/s）。

$\boldsymbol{\sigma}_{\theta v0}$ 的方向：在射面内，垂直于斜距 D_p；

$\boldsymbol{\sigma}_{tv0}$ 的方向：与目标航路方向相同。

表 6.3.1　某小口径舰炮在弹丸初速变化 10%时的 $f_{\theta v0}$ 和 f_{tv0}

D_p / m	f_{tv0} $f_{\theta v0}$ \ ε_p /(°)	3	12	21	30	39	48	57	66	75	84
500	f_{tv0}	0.07	0.07	0.07	0.09	0.07	0.07	0.07	0.07	0.07	0.07
	$f_{\theta v0}$	0.9	0.9	0.9	0.8	0.7	0.6	0.5	0.4	0.2	0
1000	f_{tv0}	0.16	0.17	0.17	0.17	0.17	0.17	0.17	0.17	0.17	0.17
	$f_{\theta v0}$	2.0	1.9	1.9	1.8	1.6	1.4	1.1	0.9	0.6	0.2
1500	f_{tv0}	0.28	0.28	0.28	0.28	0.28	0.29	0.29	0.29	0.29	0.19
	$f_{\theta v0}$	3.4	3.4	3.3	3.1	2.8	2.4	2.0	1.5	1.0	0.4
2000	f_{tv0}	0.42	0.43	0.43	0.43	0.44	0.44	0.44	0.44	0.44	0.44
	$f_{\theta v0}$	5.4	5.3	5.2	4.9	4.5	3.9	3.2	2.4	1.5	0.6
2500	f_{tv0}	0.59	0.60	0.61	0.62	0.63	0.63	0.64	0.64	0.64	0.64
	$f_{\theta v0}$	7.9	7.9	7.7	7.4	6.8	5.9	4.9	3.7	2.4	3.9
3000	f_{tv0}	0.75	0.76	0.78	0.80	0.81	0.83	0.84	0.84	0.85	0.85
	$f_{\theta v0}$	11.1	11.2	11.0	10.5	9.7	8.6	7.1	5.4	3.4	1.4
3500	f_{tv0}	0.85	0.88	0.91	0.94	0.97	0.99	1.01	1.03	1.04	1.05
	$f_{\theta v0}$	14.4	14.7	14.6	14.1	13.1	11.7	9.3	7.5	4.8	1.9
4000	f_{tv0}	0.95	1.00	1.04	1.08	1.13	1.18	1.22	1.25	1.27	1.28
	$f_{\theta v0}$	17.7	18.3	18.4	18.0	17.1	15.4	13.1	10.0	6.5	2.6
4500	f_{tv0}	1.05	1.11	1.18	1.25	1.32	1.40	1.47	1.53	1.57	1.59
	$f_{\theta v0}$	20.9	22.0	22.5	22.4	21.6	20.0	17.2	13.5	8.8	3.5
5000	f_{tv0}	1.16	1.24	1.33	1.43	1.55	1.68	1.80	1.91	1.98	2.01
	$f_{\theta v0}$	24.2	25.7	27.0	27.4	27.2	25.7	22.6	18.0	11.9	4.8

ΔV_0 在提前点引起的线误差 $\Delta \boldsymbol{V}_0$，为 $\Delta\theta_{v0}$ 和 Δt_{v0} 引起的线误差 $\Delta\boldsymbol{\theta}_{v0}$ 和 $\Delta\boldsymbol{t}_{v0}$ 之综合，其均方差为 $\boldsymbol{\sigma}_{v0}$，有

$$\boldsymbol{\sigma}_{v0} = \boldsymbol{\sigma}_{\theta v0} + \boldsymbol{\sigma}_{tv0}$$

2．确定空气密度偏差的误差 $\Delta\rho$

$\Delta\rho$ 与 ΔV_0 一样，它的客观存在，也导致射角误差 $\Delta\theta_\rho$ 和弹丸飞行时间误差 Δt_ρ。例如，当 $\Delta\rho > 0$ 时，装订给指挥仪的空气密度偏差修正量将大于实际空气密度偏差，使得指挥仪计算的射角偏大，弹丸飞行时间偏长，引起弹丸偏高，超前于目标，见图 6.3.4。

$\Delta\rho$ 导致的 $\Delta\theta_\rho$ 及 Δt_ρ，其均方差分别为 $\sigma_{\theta\rho}$、$\sigma_{t\rho}$，可由下式计算得到

$$\sigma_{\theta\rho} = 0.1 f_{\theta\rho} \cdot \sigma_\rho$$

$$\sigma_{t\rho} = 0.1 f_{t\rho} \cdot \sigma_\rho$$

式中 σ_ρ——确定空气密度偏差的误差 $\Delta\rho$ 的均方差，一般取 $\sigma_\rho = 1.3\%\rho_{ON}$，其中 ρ_{ON} 是标准气象条件下的地面空气密度；

$f_{\theta\rho}$——空气密度变化 10%时的射角改变量（mrad 或 mil）；

$f_{t\rho}$——空气密度变化 10%时的弹丸飞行时间改变量（s）。

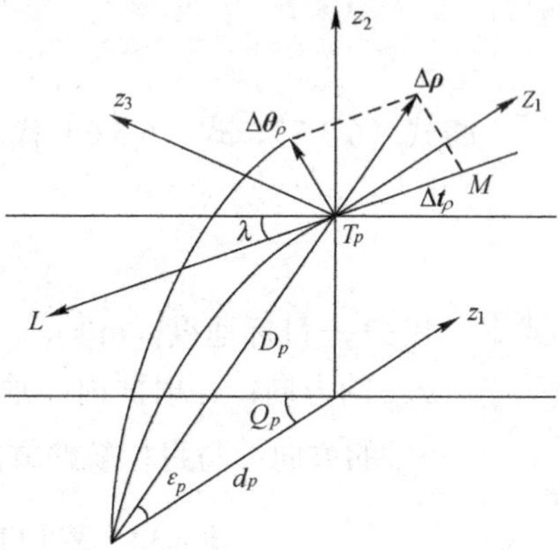

图 6.3.4 $\Delta\rho$ 在提前点引起的线误差

$f_{\theta\rho}$、$f_{t\rho}$ 随舰炮、弹丸的不同而不同，可在相应的表中，根据 D_p、ε_p 查得，表 6.3.2 中给出了某小口径舰炮在空气密度变化 10%时的 $f_{\theta\rho}$、$f_{t\rho}$。

表 6.3.2 某小口径舰炮在空气密度变化 10%时的 $f_{\theta\rho}$ 和 $f_{t\rho}$

D_p/m	$f_{t\rho} f_{\theta\rho}$ \ ε_p/(°)	3	12	21	30	39	48	57	66	75	84
500	$f_{t\rho}$	0	0	0	0	0	0	0	0	0	0
	$f_{\theta\rho}$	0.1	0.1	0.1	0.1	0.1	0	0	0	0	0
1000	$f_{t\rho}$	0.02	0.02	0.02	0.02	0.02	0.02	0.02	0.02	0.02	0.02
	$f_{\theta\rho}$	0.2	0.2	0.2	0.2	0.2	0.1	0.1	0.1	0.1	0.1
1500	$f_{t\rho}$	0.06	0.06	0.06	0.06	0.06	0.06	0.06	0.05	0.05	0.05
	$f_{\theta\rho}$	0.5	0.5	0.5	0.5	0.5	0.4	0.4	0.3	0.2	0.1
2000	$f_{t\rho}$	0.12	0.12	0.12	0.12	0.12	0.12	0.12	0.11	0.11	0.11
	$f_{\theta\rho}$	1.1	1.1	1.1	1.1	1.0	0.9	0.7	0.6	0.4	0.1
2500	$f_{t\rho}$	0.22	0.22	0.22	0.22	0.22	0.22	0.22	0.21	0.21	0.20
	$f_{\theta\rho}$	2.1	2.1	2.1	2.0	1.9	1.6	1.4	1.0	0.7	0.2
3000	$f_{t\rho}$	0.33	0.33	0.33	0.34	0.34	0.34	0.34	0.34	0.33	0.33
	$f_{\theta\rho}$	3.8	3.8	3.7	3.6	3.8	2.9	2.4	1.8	1.1	0.5

续表

D_p / m	$f_{t\rho} f_{\theta\rho}$ \ ε_p /(°)	3	12	21	30	39	48	57	66	75	84
3500	$f_{t\rho}$	0.45	0.43	0.44	0.44	0.45	0.46	0.46	0.46	0.46	0.45
	$f_{\theta\rho}$	5.8	5.8	5.8	5.6	5.2	4.6	3.8	2.9	1.8	0.7
4000	$f_{t\rho}$	0.52	0.53	0.55	0.56	0.58	0.60	0.61	0.61	0.61	0.61
	$f_{\theta\rho}$	8.0	8.2	8.2	8.0	7.6	6.8	5.7	4.3	2.8	1.1
4500	$f_{t\rho}$	0.63	0.66	0.69	0.72	0.75	0.80	0.81	0.82	0.83	0.82
	$f_{\theta\rho}$	10.5	11.0	11.2	11.1	10.6	9.7	8.3	6.4	4.1	1.6
5000	$f_{t\rho}$	0.77	0.81	0.85	0.91	0.96	1.02	1.08	1.12	1.14	1.12
	$f_{\theta\rho}$	13.4	14.2	14.8	15.0	14.8	13.8	12.1	9.5	6.2	2.4

$\Delta\theta_\rho$、Δt_ρ 将在提前点引起线误差 $\Delta\boldsymbol{\theta}_\rho$ 和 $\Delta\boldsymbol{t}_\rho$，其均方差分别为 $\boldsymbol{\sigma}_{\theta\rho}$、$\boldsymbol{\sigma}_{t\rho}$ 并有

$$\boldsymbol{\sigma}_{\theta\rho} = C_m \cdot D_p \cdot \sigma_{\theta\rho} = 0.1C_m \cdot D_p \cdot f_{\theta\rho} \cdot \sigma_\rho \tag{6.3.9}$$

$$\boldsymbol{\sigma}_{t\rho} = V_m \cdot \sigma_{t\rho} = 0.1V_m \cdot f_{t\rho} \cdot \sigma_\rho \tag{6.3.10}$$

$\boldsymbol{\sigma}_{\theta\rho}$ 的方向：在射面内，垂直于斜距 D_p；

$\boldsymbol{\sigma}_{t\rho}$ 的方向：与目标航路方向相同。

$\Delta\rho$ 在提前点引起的线误差 $\Delta\rho$，为 $\Delta\boldsymbol{\theta}_\rho$、$\Delta\boldsymbol{t}_\rho$ 引起的线误差 $\Delta\boldsymbol{\theta}_\rho$、$\Delta\boldsymbol{t}_\rho$ 之综合，其均方差为 $\boldsymbol{\sigma}_\rho$

$$\boldsymbol{\sigma}_\rho = \boldsymbol{\sigma}_{\theta\rho} + \boldsymbol{\sigma}_{t\rho}$$

3．弹道风误差 ΔW

弹道风误差 $\Delta\boldsymbol{W}$ 可以分解为纵风误差 $\Delta\boldsymbol{W}_d$ 和横风误差 $\Delta\boldsymbol{W}_z$。

（1）纵风误差 ΔW_d。ΔW_d 与 ΔV_0、$\Delta\rho$ 一样，也导致射角误差 $\Delta\theta_w$ 和弹丸飞行时间误差 Δt_w。例如，当顺风时，若 $\Delta W_d < 0$，则装订给指挥仪的纵风修正量将小于实际纵风速，使得指挥仪计算的射角偏大，弹丸飞行时间偏长，而引起弹丸偏高，超前于目标，见图 6.3.5。

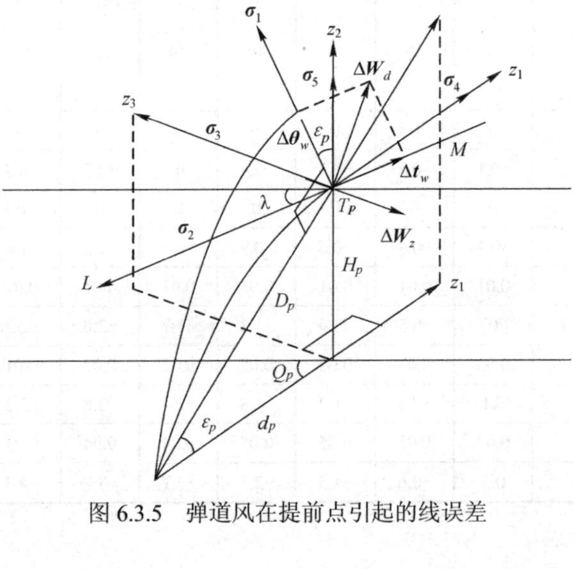

图 6.3.5　弹道风在提前点引起的线误差

ΔW_d 导致的 $\Delta\theta_w$ 及 Δt_w，其均方差分别为 $\sigma_{\theta w}$、σ_{tw}，可由下式计算得到：

$$\sigma_{\theta w} = 0.1 f_{\theta w} \cdot \sigma_{wd}$$
$$\sigma_{tw} = 0.1 f_{tw} \cdot \sigma_{wd}$$

式中 σ_{wd}——纵风误差 ΔW_d 的均方差，一般取值为 σ_{wd}=2.2m/s;

$f_{\theta w}$——纵风速度变化 10m/s 时的射角改变量（mrad 或 mil）;

f_{tw}——纵风速度变化 10m/s 时的弹丸飞行时间改变量（s）。

f_{tw}、$f_{\theta w}$ 随舰炮、弹丸的不同而异，可以根据 D_p、ε_p，在相应的表中查得。表 6.3.3 给出了某小口径舰炮在纵风速变化 10m/s 的 $f_{\theta w}$、f_{tw}。

$\Delta\theta_w$、Δt_w 将在提前点引起线误差 $\Delta\boldsymbol{\theta}_w$ 和 $\Delta\boldsymbol{t}_w$，其均方差分别为 $\boldsymbol{\sigma}_{\theta w}$、$\boldsymbol{\sigma}_{tw}$，并有

$$\boldsymbol{\sigma}_{\theta w} = C_m \cdot D_p \cdot \sigma_{\theta w} = 0.1 C_m \cdot D_p \cdot f_{\theta w} \cdot \sigma_{wd} \tag{6.3.11}$$

$$\boldsymbol{\sigma}_{tw} = V_m \cdot \sigma_{tw} = 0.1 V_m \cdot f_{tw} \cdot \sigma_{wd} \tag{6.3.12}$$

$\boldsymbol{\sigma}_{\theta w}$ 的方向：在射面内，垂直于斜距 D_p；

$\boldsymbol{\sigma}_{tw}$ 的方向：与目标航路方向相同。

ΔW_d 在提前点引起的误差 $\Delta\boldsymbol{W}_d$，为 $\Delta\theta_w$、Δt_w 引起的线误差 $\Delta\boldsymbol{\theta}_w$、$\Delta\boldsymbol{t}_w$ 之综合，其均方差为 $\boldsymbol{\sigma}_{wd}$，有

$$\boldsymbol{\sigma}_{wd} = \boldsymbol{\sigma}_{\theta w} + \boldsymbol{\sigma}_{tw}$$

（2）横风误差 ΔW_z。ΔW_z 将在提前点引起线误差 $\Delta\boldsymbol{W}_z$，见图 6.3.5，其均方差为 $\boldsymbol{\sigma}_{wz}$ 可由下式计算得到

$$\boldsymbol{\sigma}_{wz} = 0.1 f_{zw} \cdot \sigma_{wz} \tag{6.3.13}$$

式中 σ_{wz}——横风误差 ΔW_z 的均方差，一般取值为 σ_{wz}=2.2m/s。

f_{zw}——横风变化 10m/s 时的弹丸方向改变量（m），其值可根据 H_p、d_p，在射表中查得。

$\boldsymbol{\sigma}_{wz}$ 的方向垂直于射面。

弹道气象准备误差 ΔV_0、$\Delta\rho$、ΔW，在一次射击过程中，均属于强相关、重复误差。

表 6.3.3 某小口径舰炮在纵风速变化 10m/s 时的 $f_{\theta w}$ 和 f_{tw}

D_p/m	$f_{tw} f_{\theta w}$ \ ε_p/(°)	3	12	21	30	39	48	57	66	75	84
500	f_{tw}	0	0	0	0	0	0	0	0	0	0
	$f_{\theta w}$	−0.1	−0.2	−0.3	−0.4	−0.5	−0.5	−0.7	−0.8	−0.8	−0.8
1000	f_{tw}	0	0	0	0	0	0	0	0	0	0
	$f_{\theta w}$	−0.1	−0.3	−0.6	−0.9	−1.2	−1.2	−1.4	−1.6	−1.6	−1.6
1500	f_{tw}	0.01	0.01	0.01	0.01	0.01	0.01	0.01	0	0	0
	$f_{\theta w}$	0	−0.5	−0.9	−1.3	−1.7	−2.0	−2.3	−2.5	−2.6	−2.6
2000	f_{tw}	0.03	0.03	0.02	0.02	0.02	0.02	0.01	0.01	0.01	0
	$f_{\theta w}$	0.1	−0.6	−1.2	−1.8	−2.4	−2.8	−3.2	−3.5	−3.7	−3.7
2500	f_{tw}	0.05	0.05	0.05	0.05	0.04	0.04	0.03	0.02	0.01	0
	$f_{\theta w}$	0.3	−0.6	−1.5	−2.3	−3.1	−3.7	−4.3	−4.7	−4.9	−5.0

续表

D_p / m	f_{tw}, $f_{\theta w}$ \ ε_p /(°)	3	12	21	30	39	48	57	66	75	84
3000	f_{tw}	0.10	0.10	0.09	0.09	0.08	0.07	0.05	0.04	0.02	0.01
	$f_{\theta w}$	0.3	−0.4	−1.5	−2.7	−3.7	−4.7	−5.5	−6.0	−6.3	−6.4
3500	f_{tw}	0.16	0.16	0.15	0.14	0.13	0.11	0.09	0.06	0.04	0.02
	$f_{\theta w}$	1.6	0.1	−1.4	−2.8	−4.2	−5.5	−6.6	−7.4	−7.8	−7.9
4000	f_{tw}	0.23	0.23	0.23	0.22	0.20	0.17	0.14	0.10	0.06	0.02
	$f_{\theta w}$	2.8	1.1	−0.7	−2.5	−4.3	−6.0	−7.5	−8.6	−9.3	−9.5
4500	f_{tw}	0.32	0.33	0.32	0.31	0.29	0.25	0.21	0.16	0.10	0.04
	$f_{\theta w}$	4.4	2.5	0.4	−1.7	−4.0	−6.2	−8.1	−9.7	−10.7	−11.1
5000	f_{tw}	0.43	0.44	0.44	0.43	0.41	0.37	0.31	0.24	0.15	0.06
	$f_{\theta w}$	6.5	4.5	2.2	−0.3	−3.0	−5.7	−6.4	−10.6	−12.1	−12.7

6.3.2.4 火控系统输出误差

分两种情况来研究火控系统的输出误差：一是以火控系统整体作为误差源，其误差为火控系统输出误差；二是以火控系统的组成设备为误差源，其误差为火控系统输出误差的分解。

1．火控系统输出误差

火控系统输出误差包括射角误差$\Delta\varphi_s$和方位角误差$\Delta\beta_s$，$\Delta\varphi_s$和$\Delta\beta_s$分别以其均方差$\sigma_{\varphi s}$、$\sigma_{\beta s}$和数学期望（系统误差）$m_{\varphi s}$、$m_{\beta s}$来表征。

火控系统输出误差$\Delta\varphi_s$、$\Delta\beta_s$，在射击过程中，一般均属于弱相关、重复误差。

$\Delta\varphi_s$、$\Delta\beta_s$的统计特征的大小取决于观测方法、指挥仪类型、目标飞行条件、目标性质及目标在航路上的位置。表6.3.4给出了某型火炮武器系统的$\Delta\varphi_s$及$\Delta\beta_s$的统计特征试验结果。其中航路条件：水平匀速航路，$V_m = 200\text{m/s}$，$H = 4000\text{m}$，$d_{\text{sh}} = 1500\text{m}$（$d_{\text{sh}}$为捷径）。

表6.3.4 某型火炮武器系统的$\Delta\varphi_s$及$\Delta\beta_s$的统计特征试验结果

观测方法		系统误差/mil		均方差/mil	
		$m_{\varphi s}$	$m_{\beta s}$	$\sigma_{\varphi s}$	$\sigma_{\beta s}$
光学	捷径前	−3	10	3	7
	捷径区	—	—	4	5
	捷径后	−6	8	7	9
雷达	捷径前	5	−3	7	8
	捷径区	—	—	8	9
	捷径后	5	2	9	9

对于相关系数，可以拟合为如下指数形式，即

$$\begin{cases}\gamma_{\varphi s}(\tau) = \mathrm{e}^{-\alpha_{\varphi s}\tau} \\ \gamma_{\beta s}(\tau) = \mathrm{e}^{-\alpha_{\beta s}\tau}\end{cases}$$

其中，相关衰减系数$\alpha_{\varphi s}$与$\alpha_{\beta s}$为

$$\alpha_{\varphi s}=\alpha_{\beta s}=\begin{cases}0.86 & (\text{雷达观测})\\ 0.55 & (\text{光学观测})\end{cases}$$

注：使用光电跟踪仪等全自动跟踪设备时的测量衰减系数可参考雷达的衰减系数取值。

射角误差$\Delta\varphi_s$、方位角误差$\Delta\beta_s$将在提前点分别引起线误差$\Delta\boldsymbol{\varphi}_s$、$\Delta\boldsymbol{\beta}_s$，并分别以其均方差$\boldsymbol{\sigma}_{\varphi s}$、$\boldsymbol{\sigma}_{\beta s}$和数学期望$\boldsymbol{m}_{\varphi s}$、$\boldsymbol{m}_{\beta s}$表征，有

$$\boldsymbol{\sigma}_{\varphi s}=C_m\cdot D_p\cdot\sigma_{\varphi s}$$

$$\boldsymbol{m}_{\varphi s}=C_m\cdot D_p\cdot m_{\varphi s}$$

$$\boldsymbol{\sigma}_{\beta s}=C_m\cdot d_p\cdot\sigma_{\beta s}$$

$$\boldsymbol{m}_{\beta s}=C_m\cdot d_p\cdot m_{\beta s}$$

$\boldsymbol{\sigma}_{\varphi s}$、$\boldsymbol{m}_{\varphi s}$的方向：在射面内，垂直于斜距$D_p$；

$\boldsymbol{\sigma}_{\beta s}$、$\boldsymbol{m}_{\beta s}$的方向：在射面的垂直方向上。

2．火控系统设备误差

这部分误差是以火控系统的观测设备、指挥仪作为误差源产生的。即将火控系统输出误差分解为观测设备测量误差和指挥仪输出误差两部分。

（1）观测设备测量误差。观测设备测量误差是指观测设备测量目标现在点位置的误差。下面以雷达观测为例来说明观测设备测量误差，首先分析观测误差在现在点引起的误差，再将误差投影到提前点 z 坐标系中。当采用其他观测方法时，观测设备测量误差的处理方法与雷达观测相似。

雷达误差包括距离误差ΔD_r、高低角误差$\Delta\varphi_r$和方位角误差$\Delta\beta_r$，并分别用其均方差σ_{Dr}、$\sigma_{\varphi r}$、$\sigma_{\beta r}$和数学期望m_{Dr}、$m_{\varphi r}$、$m_{\beta r}$表征。它们将在目标现在点引起线误差，有

$$\boldsymbol{\sigma}_{Dr}=\sigma_{Dr}$$

$$\boldsymbol{m}_{Dr}=m_{Dr}$$

$$\boldsymbol{\sigma}_{\varphi r}=C_m\cdot D\cdot\sigma_{\varphi r}$$

$$\boldsymbol{m}_{\varphi r}=C_m\cdot D\cdot m_{\varphi r}$$

$$\boldsymbol{\sigma}_{\beta r}=C_m\cdot d\cdot\sigma_{\beta r}$$

$$\boldsymbol{m}_{\beta r}=C_m\cdot d\cdot m_{\beta r}$$

式中　$\boldsymbol{\sigma}_{Dr}$、$\boldsymbol{m}_{Dr}$——雷达距离误差在现在点引起的距离线误差的均方差、数学期望；

$\boldsymbol{\sigma}_{\varphi r}$、$\boldsymbol{m}_{\varphi r}$——雷达高低误差在现在点引起的高低线误差的均方差、数学期望；

$\boldsymbol{\sigma}_{\beta r}$、$\boldsymbol{m}_{\beta r}$——雷达方位误差在现在点引起的方位线误差的均方差、数学期望；

d——目标现在点水平距离（图 6.3.6）：

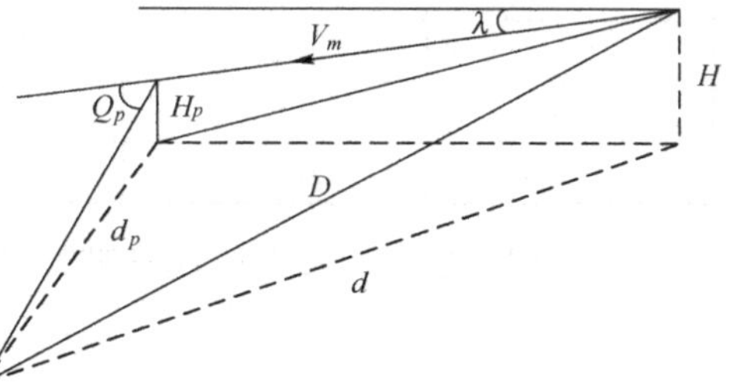

图 6.3.6　目标现在点水平距离

$$d=[d_p^2+(V_m t_f\cos\lambda)^2+2d_p V_m t_f\cos\lambda\cos Q_p]^{1/2} \tag{6.3.14}$$

其中，V_m 为目标速度（m/s）；t_f 为弹丸飞行时间（s）；λ 为目标俯冲角（°）；d_p 为目标提前点水平距离（m）；Q_p 为目标提前点舷角（°）；

D——目标现在点斜距，有

$$D=(d^2+H^2)^{1/2} \tag{6.3.15}$$

其中，H 为目标现在点高度，有

$$H=H_P+V_m t_f\sin\lambda \tag{6.3.16}$$

其中，H_P 为目标提前点高度（m）。

$\boldsymbol{\sigma}_{Dr}$、$\boldsymbol{m}_{Dr}$ 方向：与现在点斜距 D 方向相同；

$\boldsymbol{\sigma}_{\varphi r}$、$\boldsymbol{m}_{\varphi r}$ 的方向：在瞄准面内，垂直于现在点斜距 D；

$\boldsymbol{\sigma}_{\beta r}$、$\boldsymbol{m}_{\beta r}$ 的方向：在瞄准面的垂直方向上。

雷达距离线误差 $\boldsymbol{\sigma}_{dr}$、$\boldsymbol{m}_{dr}$ 及高低线误差 $\boldsymbol{\sigma}_{\varphi r}$、$\boldsymbol{m}_{\varphi r}$，在瞄准面内现在点高度及水平方向的投影值（$z'$ 坐标系）为

$$\boldsymbol{\sigma}_{DHx}=\sin\varepsilon\cdot\boldsymbol{\sigma}_{Dr}$$
$$\boldsymbol{m}_{DHx}=\sin\varepsilon\cdot\boldsymbol{m}_{Dr}$$
$$\boldsymbol{\sigma}_{Ddx}=\cos\varepsilon\cdot\boldsymbol{\sigma}_{Dr}$$
$$\boldsymbol{m}_{Ddx}=\cos\varepsilon\cdot\boldsymbol{m}_{Dr}$$
$$\boldsymbol{\sigma}_{\varphi Hx}=\cos\varepsilon\cdot\boldsymbol{\sigma}_{\varphi r}$$
$$\boldsymbol{m}_{\varphi Hx}=\cos\varepsilon\cdot\boldsymbol{m}_{\varphi r}$$
$$\boldsymbol{\sigma}_{\varphi dx}=\sin\varepsilon\cdot\boldsymbol{\sigma}_{\varphi r}$$
$$\boldsymbol{m}_{\varphi dx}=\sin\varepsilon\cdot\boldsymbol{m}_{\varphi r}$$

式中　ε——现在点目标高低角，有

$$\varepsilon=\arctan\left(\frac{H}{d}\right) \tag{6.3.17}$$

雷达误差在提前点引起的线误差可由其现在点线误差（z' 坐标系）投影到提前点 z 坐标系中得到，见图 6.3.7。

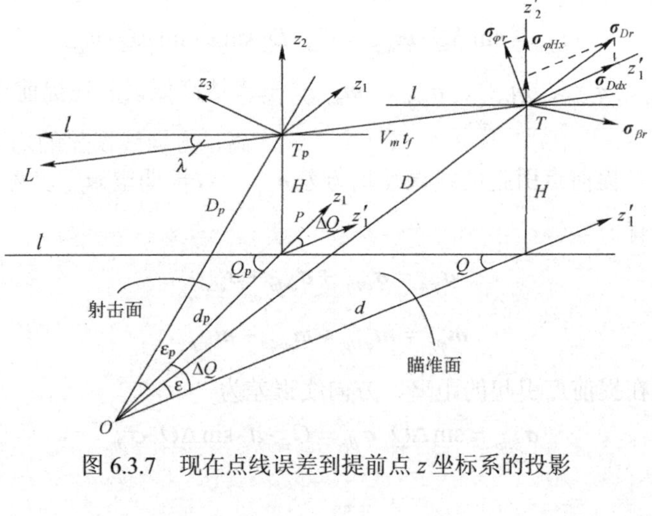

图 6.3.7　现在点线误差到提前点 z 坐标系的投影

雷达距离误差在提前点引起的高度、距离、方向线误差为

$$\boldsymbol{\sigma}_{DHp}=\boldsymbol{\sigma}_{DHx}=\sin\varepsilon\cdot\sigma_{Dr} \tag{6.3.18}$$

$$\boldsymbol{m}_{DHp}=\boldsymbol{m}_{DHx}=\sin\varepsilon\cdot m_{Dr} \tag{6.3.19}$$

$$\boldsymbol{\sigma}_{Ddp}=\boldsymbol{\sigma}_{Ddx}\cos\Delta Q=\cos\varepsilon\cdot\cos\Delta Q\cdot\sigma_{Dr} \tag{6.3.20}$$

$$\boldsymbol{m}_{Ddp}=\boldsymbol{m}_{Ddx}\cos\Delta Q=\cos\varepsilon\cdot\cos\Delta Q\cdot m_{Dr} \tag{6.3.21}$$

$$\boldsymbol{\sigma}_{Dzp}=\boldsymbol{\sigma}_{Ddx}\cdot\sin\Delta Q=\cos\varepsilon\cdot\sin\Delta Q\cdot\sigma_{Dr} \tag{6.3.22}$$

$$\boldsymbol{m}_{Dzp}=\boldsymbol{m}_{Ddx}\cdot\sin\Delta Q=\cos\varepsilon\cdot\sin\Delta Q\cdot m_{Dr} \tag{6.3.23}$$

式中　ΔQ——目标提前点水平距离与其现在点水平距离之间的夹角，有

$$\Delta Q=\arccos\left[\frac{d_p^2+d^2-(V_m t_f\cos\lambda)^2}{2d_p d}\right] \tag{6.3.24}$$

其中，$\boldsymbol{\sigma}_{DHp}$、$\boldsymbol{m}_{DHp}$、$\boldsymbol{\sigma}_{Ddp}$、$\boldsymbol{m}_{Ddp}$、$\boldsymbol{\sigma}_{Dzp}$、$\boldsymbol{m}_{Dzp}$为雷达距离误差在提前点引起的高度、距离、方向线误差的均方差、数学期望。

雷达距离误差在提前点引起的线误差均方差$\boldsymbol{\sigma}_{Dp}$、数学期望$\boldsymbol{m}_{Dp}$，为其高度、距离、方向线误差之综合，有

$$\boldsymbol{\sigma}_{Dp}=\boldsymbol{\sigma}_{DHp}+\boldsymbol{\sigma}_{Ddp}+\boldsymbol{\sigma}_{Dzp}$$

$$\boldsymbol{m}_{Dp}=\boldsymbol{m}_{DHp}+\boldsymbol{m}_{Ddp}+\boldsymbol{m}_{Dzp}$$

雷达高低误差在提前点引起的高度、距离、方向线误差为

$$\boldsymbol{\sigma}_{\varphi Hp}=\boldsymbol{\sigma}_{\varphi Hx}=\cos\varepsilon\cdot\boldsymbol{\sigma}_{\varphi r}=C_m\cdot D\cdot\cos\varepsilon\cdot\sigma_{\varphi r} \tag{6.3.25}$$

$$\boldsymbol{m}_{\varphi Hp}=\boldsymbol{m}_{\varphi Hx}=\cos\varepsilon\cdot\boldsymbol{m}_{\varphi r}=C_m\cdot D\cdot\cos\varepsilon\cdot m_{\varphi r} \tag{6.3.26}$$

$$\boldsymbol{\sigma}_{\varphi dp}=\cos\Delta Q\cdot\boldsymbol{\sigma}_{\varphi dx}=\sin\varepsilon\cdot\cos\Delta Q\cdot\boldsymbol{\sigma}_{\varphi r}=C_m\cdot D\cdot\sin\varepsilon\cdot\cos\Delta Q\cdot\sigma_{\varphi r} \tag{6.3.27}$$

$$\boldsymbol{m}_{\varphi dp}=\cos\Delta Q\cdot\boldsymbol{m}_{\varphi dx}=C_m\cdot D\cdot\sin\varepsilon\cdot\cos\Delta Q\cdot m_{\varphi r} \tag{6.3.28}$$

$$\boldsymbol{\sigma}_{\varphi zp}=\sin\Delta Q\cdot\boldsymbol{\sigma}_{\varphi dx}=\sin\varepsilon\cdot\sin\Delta Q\cdot\boldsymbol{\sigma}_{\varphi r}=C_m\cdot D\cdot\sin\varepsilon\cdot\sin\Delta Q\cdot\sigma_{\varphi r} \tag{6.3.29}$$

$$\boldsymbol{m}_{\varphi zp}=\sin\Delta Q\cdot\boldsymbol{m}_{\varphi dx}=C_m\cdot D\cdot\sin\varepsilon\cdot\sin\Delta Q\cdot m_{\varphi r} \tag{6.3.30}$$

式中　$\boldsymbol{\sigma}_{\varphi Hp}$、$\boldsymbol{m}_{\varphi Hp}$、$\boldsymbol{\sigma}_{\varphi dp}$、$\boldsymbol{m}_{\varphi dp}$、$\boldsymbol{\sigma}_{\varphi zp}$、$\boldsymbol{m}_{\varphi zp}$——雷达高低误差在提前点引起的高度、距离、方向线误差的均方差、数学期望。

雷达高低误差在提前点引起的线误差均方差$\boldsymbol{\sigma}_{\varphi p}$、数学期望$\boldsymbol{m}_{\varphi p}$，为其高度、距离、方向线误差之综合，有

$$\boldsymbol{\sigma}_{\varphi p}=\boldsymbol{\sigma}_{\varphi Hp}+\boldsymbol{\sigma}_{\varphi dp}+\boldsymbol{\sigma}_{\varphi zp}$$

$$\boldsymbol{m}_{\varphi p}=\boldsymbol{m}_{\varphi Hp}+\boldsymbol{m}_{\varphi dp}+\boldsymbol{m}_{\varphi zp}$$

雷达方位误差在提前点引起的距离、方向线误差为

$$\boldsymbol{\sigma}_{\beta dp}=\sin\Delta Q\cdot\boldsymbol{\sigma}_{\beta r}=C_m\cdot d\cdot\sin\Delta Q\cdot\sigma_{\beta r} \tag{6.3.31}$$

$$\boldsymbol{m}_{\beta dp} = \sin\Delta Q \cdot \boldsymbol{m}_{\beta r} = C_m \cdot d \cdot \sin\Delta Q \cdot m_{\beta r} \tag{6.3.32}$$

$$\boldsymbol{\sigma}_{\beta zp} = \cos\Delta Q \cdot \boldsymbol{\sigma}_{\beta r} = C_m \cdot d \cdot \cos\Delta Q \cdot \sigma_{\beta r} \tag{6.3.33}$$

$$\boldsymbol{m}_{\beta zp} = \cos\Delta Q \cdot \boldsymbol{m}_{\beta r} = C_m \cdot d \cdot \cos\Delta Q \cdot m_{\beta r} \tag{6.3.34}$$

式中　$\boldsymbol{\sigma}_{\beta dp}$、$\boldsymbol{m}_{\beta dp}$、$\boldsymbol{\sigma}_{\beta zp}$、$\boldsymbol{m}_{\beta zp}$——雷达方位误差在提前点引起的距离、方向线误差的均方差、数学期望。

雷达方位误差在提前点引起的线误差均方差$\boldsymbol{\sigma}_{\beta p}$，数学期望$\boldsymbol{m}_{\beta p}$，为其距离、方向线误差之综合，有

$$\boldsymbol{\sigma}_{\beta p} = \boldsymbol{\sigma}_{\beta dp} + \boldsymbol{\sigma}_{\beta zp}$$

$$\boldsymbol{m}_{\beta p} = \boldsymbol{m}_{\beta dp} + \boldsymbol{m}_{\beta zp}$$

（2）指挥仪输出误差。指挥仪输出误差包括射角误差$\Delta\varphi_c$和方位角误差$\Delta\beta_c$，统计特征用均方差$\sigma_{\varphi c}$、$\sigma_{\beta c}$和数学期望（系统误差）$m_{\varphi c}$、$m_{\beta c}$来表征。它们在目标提前点引起的线误差为

$$\boldsymbol{\sigma}_{\varphi c} = C_m \cdot D_p \cdot \sigma_{\varphi c} \tag{6.3.35}$$

$$\boldsymbol{m}_{\varphi c} = C_m \cdot D_p \cdot m_{\varphi c} \tag{6.3.36}$$

$$\boldsymbol{\sigma}_{\beta c} = C_m \cdot d_p \cdot \sigma_{\beta c} \tag{6.3.37}$$

$$\boldsymbol{m}_{\beta c} = C_m \cdot d_p \cdot m_{\beta c} \tag{6.3.38}$$

$\boldsymbol{\sigma}_{\varphi c}$、$\boldsymbol{m}_{\varphi c}$的方向：在射面内，垂直于斜距$D_p$；

$\boldsymbol{\sigma}_{\beta c}$、$\boldsymbol{m}_{\beta c}$的方向：在射面的垂直方向上。

火控系统的观测设备测量误差、指挥仪输出误差，在射击过程中，一般均属于弱相关、重复误差。

3．弱相关误差的近似处理

对于发射率较高的舰炮武器系统，若采用自动点射方式射击时，就不能将弱相关误差简单地全部处理为不相关误差。

为了使弱相关误差能够符合射击效力计算中按误差重复性分组原则，就必须对其进行近似处理。

首先，假设弱相关误差在任意两次点射中是不相关的。这样，就可以只研究一次点射，而使弱相关误差的近似处理变得简单。根据实际经验，将弱相关误差近似分解为两部分误差：不相关误差和强相关误差，并且这两部分误差是互不相关的。

若弱相关误差Δx_r的均方差为σ_{xr}，将其分解为两部分的经验公式为

$$\sigma_{xr}^2 = \sigma_{xb}^2 + \sigma_{xg}^2 = (1 - C_g)\sigma_{xr}^2 + C_g\sigma_{xr}^2 \tag{6.3.39}$$

式中　σ_{xb}——弱相关误差中的不相关部分的均方差，有

$$\sigma_{xb}^2 = (1 - C_g)\sigma_{xr}^2 \tag{6.3.40}$$

σ_{xg}——弱相关误差中的强相关部分的均方差，有

$$\sigma_{xg}^2 = C_g \sigma_{xr}^2 \tag{6.3.41}$$

C_g——强相关部分比重系数。

通常采用以下两种方法来确定比重系数 C_g。

（1）经验法。强相关部分的误差比重 C_g 的大小，应该具有以下特点：

① 当点射长度 n 减小时，C_g 值应该增大；

② 当发射率 R 减小时，C_g 值应该减小；

③ 当相关衰减系数 α 减小时，C_g 值则应增大。

这样，取 C_g 的经验公式形式为

$$C_g = \exp\left(\frac{-\alpha f(n)}{R}\right) \tag{6.3.42}$$

式中 α——相关衰减系数；

R——舰炮单管射速（发/s）；

$f(n)$——点射长度函数，其经验数据见表 6.3.5，其中 n 为点射长度。

表 6.3.5 点射长度函数的经验数据

n	2	4	8	16	20	30	40	50
$f(n)$	1.00	1.44	2.10	3.15	3.60	4.68	5.72	6.70

为了便于计算机运算，将 $f(n)$ 表格函数拟合为以下解析式，即

$$f(n) = \sum_{i=0}^{7} a_i \cdot n^i$$

其中，$a_0 = 0.46535465$；$a_1 = 0.30598711$；$a_2 = -2.0362239\times10^{-2}$；$a_3 = 1.3035068\times10^{-3}$；$a_4 = -5.0828509\times10^{-5}$；$a_5 = 1.1414458\times10^{-8}$；$a_6 = -1.3446234\times10^{-8}$；$a_7 = 6.3972095\times10^{-11}$。

（2）最小二乘法。设一次点射时间区间为 t_d，点射长度为 n。

这样，可将点射时间区间（0，t_d）分为 $n-1$ 个等分，共有 n 个等分点。每个等分点都对应一次发射，相邻两个等分点即相邻两次发射，其发射间隔时间为 Δt，有

$$\Delta t = \frac{t_d}{n-1} \tag{6.3.43}$$

显见，每个等分点对应的时间依次为

$$0, \Delta t, 2\Delta t, \cdots, (n-1)\Delta t$$

这样，各次发射之间的时间间隔如下：

间隔为 Δt 的两次发射，有 $n-1$ 种；

间隔为 $2\Delta t$ 的两次发射，有 $n-2$ 种；

……

间隔为 $(n-1)\Delta t$ 的两次发射，有 1 种。

因此，时间间隔为 $K\Delta t$ 的两次发射，有 $n-K$ 种。对于时间间隔为 $K\Delta t$ 的两次发射，其弱相关系数 $\gamma(\tau)$ 为

$$\gamma(\tau)=\exp(-\alpha\tau)=\exp(-\alpha K\Delta t)$$

式中　τ——任意两次发射的时间间隔，有

$$\tau=K\Delta t$$

K——任意两次发射的 Δt 间隔数，$K=1,2,\cdots,(n-1)$。

若以相关系数 C_g 近似代替 $\gamma(\tau)$，其误差 ΔC_K 为

$$\Delta C_K=\gamma(\tau)-C_g$$

这样，在一次点射中，对 n 次发射中的任意两次发射产生的相关系数误差 ΔC_K 的平方和为

$$A(C_g)=\sum_{K=1}^{n-1}(n-K)\Delta C_K^2$$

最小二乘法就是使 $A(C_g)$ 为最小，来确定 C_g 值。

为此，令

$$\frac{\mathrm{d}A(C_g)}{\mathrm{d}(C_g)}=0$$

得

$$\sum_{K=1}^{n-1}(n-K)\Delta C_K=\sum_{K=1}^{n-1}(n-K)[\exp(-\alpha K\Delta t)-C_g]$$

$$C_g=\frac{\sum_{K=1}^{n-1}(n-K)\exp(-\alpha K\Delta t)}{\sum_{K=1}^{n-1}(n-K)}$$

由于

$$\sum_{K=1}^{n-1}(n-K)=\frac{n(n-1)}{2}$$

$$\sum_{K=1}^{n-1}(n-K)\exp(-\alpha K\Delta t)=\frac{B}{[1-\exp(-\alpha K\Delta t)]^2}$$

式中

$$B=(n-1)\exp(-\alpha\Delta t)-n\exp(-2\alpha\Delta t)+\exp[-(n+1)\alpha\Delta t] \tag{6.3.44}$$

最后求得强相关部分比重系数 C_g，有

$$C_g=\frac{2B}{n(n-1)[1-\exp(-\alpha\Delta t)]^2} \tag{6.3.45}$$

【例 6.2】 某双管舰炮武器系统对空中目标点射一次，射速为 720r/min，点射时间 1s。采用雷达观测方式，求弱相关误差中强相关部分比重系数 C_g。

解： 由双管舰炮射速为 720r/min，得单管射速 R，有

$$R=720/2=360\text{（发/min）}=6\text{（发/s）}$$

点射长度n为

$$n=R\cdot t=6\times1=6\text{（发）}$$

雷达观测时，相关衰减系数$\alpha=0.86$。

（1）用经验法求C_g。根据$n=6$，查表 6.3.5 得点射长度函数值为

$$f(6)=1.77$$

按式（6.3.42），求得强相关部分比重系数C_g，有

$$C_g=\exp\left(-\frac{0.86\times1.77}{6}\right)=0.776$$

（2）用最小二乘法求C_g。由式（6.3.43），计算相邻两次发射间隔时间Δt，有

$$\Delta t=\frac{t_d}{n-1}=\frac{1}{6-1}=0.2(\text{s})$$

由式（6.3.44），计算中间参数B，有

$$\begin{aligned}B&=(n-1)\exp(-\alpha\Delta t)-n\exp(-2\alpha\Delta t)+\exp[-(n+1)\alpha\Delta t]\\&=(6-1)\exp(-0.86\times0.2)-6\exp(-2\times0.86\times0.2)+\exp[-(6+1)\times0.86\times0.2]\\&=0.2563\end{aligned}$$

由式（6.3.45），得强相关部分比重系数C_g，有

$$C_g=\frac{2B}{n(n-1)(1-\exp(\alpha\Delta t))^2}=\frac{2\times0.2563}{6\times5\times(1-\exp(-0.86\times0.2))^2}=0.684$$

由此例可以看出，使用经验法或最小二乘法求取的强相关部分比重系数C_g的结果是有所不同的。

【例 6.3】 条件同例 6.2，又知火控系统输出误差协方差矩阵

$$\boldsymbol{K}_s=\begin{pmatrix}129.87 & 19.54\\19.54 & 10.03\end{pmatrix}$$

试将火控系统输出误差协方差矩阵分解为不相关误差的协方差矩阵$\boldsymbol{K}_{sb}$和强相关误差的协方差矩阵$\boldsymbol{K}_{sg}$两部分。

解： 由式（6.3.39）～式（6.3.41），可以直接推得弱相关误差协方差矩阵$\boldsymbol{K}_s$与不相关、强相关误差协方差矩阵$\boldsymbol{K}_{sb}$、$\boldsymbol{K}_{sg}$的关系式，有

$$\begin{cases}\boldsymbol{K}_s=\boldsymbol{K}_{sb}+\boldsymbol{K}_{sg}\\\boldsymbol{K}_{sb}=(1-C_g)\boldsymbol{K}_s\\\boldsymbol{K}_{sg}=C_g\boldsymbol{K}_s\end{cases}$$

先计算强相关部分比重系数C_g：由例 6.2 可知，用经验法求得$C_g=0.776$。

火控系统输出误差的不相关部分协方差矩阵$\boldsymbol{K}_{sb}$为

$$K_{sb} = (1 - C_g)K_s = (1 - 0.776)\begin{pmatrix} 129.87 & 19.54 \\ 19.54 & 10.03 \end{pmatrix} = \begin{pmatrix} 29.09 & 4.38 \\ 4.38 & 2.25 \end{pmatrix}$$

火控系统输出误差的强相关部分协方差矩阵 $\boldsymbol{K}_{sg}$ 为

$$K_{sg} = C_g K_s = 0.776\begin{pmatrix} 129.87 & 19.54 \\ 19.54 & 10.03 \end{pmatrix} = \begin{pmatrix} 100.78 & 15.16 \\ 15.16 & 7.78 \end{pmatrix}$$

6.3.3 射击误差在 z 坐标系的投影

通过前面对射击误差的分析，可以将系统各误差源在提前点引起的误差，在 z 坐标系中按其方向归结为以下五种向量误差，它们是：

$\boldsymbol{\sigma}_1$：在射面内，垂直于斜距 D_p 的向量误差，包括 $\boldsymbol{\sigma}_{nj0}$（$\boldsymbol{\sigma}_{nq0}$）、$\boldsymbol{\sigma}_{\varphi m}$、$\boldsymbol{\sigma}_{\theta v0}$、$\boldsymbol{\sigma}_{\theta\rho}$、$\boldsymbol{\sigma}_{\theta w}$、$\boldsymbol{\sigma}_{\varphi c}$、$\boldsymbol{m}_{\varphi c}$（或 $\boldsymbol{\sigma}_{\varphi s}$、$\boldsymbol{m}_{\varphi s}$）；

$\boldsymbol{\sigma}_2$：与目标航路方向相同的误差，包括 $\boldsymbol{\sigma}_{tv0}$、$\boldsymbol{\sigma}_{t\rho}$、$\boldsymbol{\sigma}_{tw}$；

$\boldsymbol{\sigma}_3$：与射面垂直的误差，包括 $\boldsymbol{\sigma}_{zj0}$（或 $\boldsymbol{\sigma}_{zq0}$）、$\boldsymbol{\sigma}_{\beta m}$、$\boldsymbol{\sigma}_{wz}$、$\boldsymbol{\sigma}_{\beta c}$、$\boldsymbol{m}_{\beta c}$、$\boldsymbol{\sigma}_{Dzp}$、$\boldsymbol{m}_{Dzp}$、$\boldsymbol{\sigma}_{\varphi zp}$、$\boldsymbol{m}_{\varphi zp}$、$\boldsymbol{\sigma}_{\beta zp}$、$\boldsymbol{m}_{\beta zp}$（或 $\boldsymbol{\sigma}_{\beta s}$、$\boldsymbol{m}_{\beta s}$）；

$\boldsymbol{\sigma}_4$：在射面内，与水平距离 d_p 方向相同的误差，包括 $\boldsymbol{\sigma}_{Ddp}$、$\boldsymbol{m}_{Ddp}$、$\boldsymbol{\sigma}_{\varphi dp}$、$\boldsymbol{m}_{\varphi dp}$、$\boldsymbol{\sigma}_{\beta dp}$、$\boldsymbol{m}_{\beta dp}$；

$\boldsymbol{\sigma}_5$：在射面内，与高度 H_p 方向相同的误差，包括 $\boldsymbol{\sigma}_{DHp}$、$\boldsymbol{m}_{DHp}$、$\boldsymbol{\sigma}_{\varphi Hp}$、$\boldsymbol{m}_{\varphi Hp}$。

$\boldsymbol{\sigma}_1$、$\boldsymbol{\sigma}_2$、$\boldsymbol{\sigma}_3$、$\boldsymbol{\sigma}_4$、$\boldsymbol{\sigma}_5$ 等向量方向，见图 6.3.5。

向量误差 $\boldsymbol{\sigma}_i (i = 1,2,3,4,5)$ 在 z 坐标系 $z_j (j = 1,2,3)$ 轴的投影为

$$\boldsymbol{\sigma}_i(z_j) = \sigma_i \cos(z_j, \boldsymbol{\sigma}_i) \tag{6.3.46}$$

式中 $\cos(z_j, \boldsymbol{\sigma}_i)$——$\boldsymbol{\sigma}_i$ 与 z_j 轴之间的方向余弦，可由图 6.3.5 直接推得，其值见表 6.3.6。

表 6.3.6　σ_i 与 z_j 轴之间的方向余弦

z_j \ σ_i	σ_1	σ_2	σ_3	σ_4	σ_5
z_1	$-\sin\varepsilon_p$	$-\cos\lambda\cos Q_p$	0	1	0
z_2	$\cos\varepsilon_p$	$-\sin\lambda$	0	0	1
z_3	0	$\cos\lambda\sin Q_p$	1	0	0

进而根据式（6.3.46），即可求得各种向量误差在 $z_j (j = 1,2,3)$ 轴上的投影，具体来看 $\boldsymbol{\sigma}_{\varphi s}$ 在 z_j 轴的投影。因 $\boldsymbol{\sigma}_{\varphi s}$ 属于 $\boldsymbol{\sigma}_1$ 类向量误差，有

$$\boldsymbol{\sigma}_{\varphi s}(z_1) = \boldsymbol{\sigma}_{\varphi s}(-\sin\varepsilon_p) = -\boldsymbol{\sigma}_{\varphi s}\sin\varepsilon_p$$

$$\boldsymbol{\sigma}_{\varphi s}(z_2) = \boldsymbol{\sigma}_{\varphi s}\cos\varepsilon_p$$

$$\boldsymbol{\sigma}_{\varphi s}(z_3) = 0$$

6.3.4 射击误差在 x 坐标系的投影

为了计算对空碰炸射击毁伤概率，需要确定向量误差 $\boldsymbol{\sigma}_i$ 在 x_1、x_2 轴的投影。

向量误差 $\boldsymbol{\sigma}_i$ 在 x_1、x_2 轴的投影分别记为 $\boldsymbol{\sigma}_i(x_1)$、$\boldsymbol{\sigma}_i(x_2)$，有

$$\boldsymbol{\sigma}_i(x_1)=\boldsymbol{\sigma}_i\cos(x_1,\boldsymbol{\sigma}_i) \tag{6.3.47}$$

$$\boldsymbol{\sigma}_i(x_2)=\boldsymbol{\sigma}_i\cos(x_2,\boldsymbol{\sigma}_i) \tag{6.3.48}$$

式（6.3.47）、式（6.3.48）中的方向余弦 $\cos(x_1,\boldsymbol{\sigma}_i)$、$\cos(x_2,\boldsymbol{\sigma}_i)$ 可以通过 $\boldsymbol{\sigma}_i$ 与 $a_{12}=1.066\times0.346\times1\times[0.938\cos30^\circ-(-0.127\sin30^\circ)]+0.938\times0=0.320$ 轴的方向余弦 $\cos(z_j,\boldsymbol{\sigma}_i)$（$j=1,2,3$；$i=1,2,3,4,5$）及 z_j 轴与 x_k 轴的方向余弦 $\cos(x_k,z_j)$（$k=1,2$；$j=1,2,3$）得到，即

$$\cos(x_1,\sigma_i)=\sum_{j=1}^{3}\cos(x_1,z_j)\cos(z_j,\boldsymbol{\sigma}_i) \qquad (i=1,2,3,4,5)$$

$$\cos(x_2,\sigma_i)=\sum_{j=1}^{3}\cos(x_2,z_j)\cos(z_j,\boldsymbol{\sigma}_i) \qquad (i=1,2,3,4,5)$$

式中，$\cos(x_k,z_j)$ 可在表 6.1.2 中查得；$\cos(z_j,\boldsymbol{\sigma}_i)$ 可在表 6.3.6 中查得。

例如，求向量误差 $\boldsymbol{\sigma}_1$ 与 x_1、x_2 轴的方向余弦 $\cos(x_1,\boldsymbol{\sigma}_1)$、$\cos(x_2,\boldsymbol{\sigma}_1)$：

$$\begin{aligned}\cos(x_1,\boldsymbol{\sigma}_1)&=\sum_{j=1}^{3}\cos(x_1,z_j)\cos(z_j,\boldsymbol{\sigma}_1)\\&=\cos(x_1,z_1)\cos(z_1,\boldsymbol{\sigma}_1)+\cos(x_1,z_2)\cos(z_2,\boldsymbol{\sigma}_1)+\cos(x_1,z_3)\cos(z_3,\boldsymbol{\sigma}_1)\\&=CS_1S_2\sin\varepsilon_p+C^{-1}\cos\varepsilon_p\end{aligned}$$

$$\begin{aligned}\cos(x_2,\boldsymbol{\sigma}_1)&=\sum_{j=1}^{3}\cos(x_2,z_j)\cos(z_j,\boldsymbol{\sigma}_1)\\&=\cos(x_2,z_1)\cos(z_1,\boldsymbol{\sigma}_1)+\cos(x_2,z_2)\cos(z_2,\boldsymbol{\sigma}_1)+\cos(x_2,z_3)\cos(z_3,\boldsymbol{\sigma}_1)\\&=CS_3\sin\varepsilon_p\end{aligned}$$

向量误差 $\boldsymbol{\sigma}_i$ 与 x_1、x_2 轴的方向余弦 $\cos(x_1,\boldsymbol{\sigma}_i)$、$\cos(x_2,\boldsymbol{\sigma}_i)$ 由表 6.3.7 给出，表中 $a_{1i}=\cos(x_1,\boldsymbol{\sigma}_i)$、$a_{2i}=\cos(x_2,\boldsymbol{\sigma}_i)$。

表 6.3.7 方向余弦 $\cos(x_1,\sigma_i)$、$\cos(x_2,\sigma_i)$

i	$\boldsymbol{\sigma}_i$	x_1	x_2
		$a_{1i}=\cos(x_1,\boldsymbol{\sigma}_i)$	$a_{2i}=\cos(x_2,\boldsymbol{\sigma}_i)$
1	$\boldsymbol{\sigma}_1$	$CS_1S_2\sin\varepsilon_p+C^{-1}\cos\varepsilon_p$	$CS_3\sin\varepsilon_p$
2	$\boldsymbol{\sigma}_2$	$CS_2\cos\lambda(S_1\cos Q_p-S_3\sin Q_p)+C^{-1}\sin\lambda$	$C\cos\lambda(S_3\cos Q_p+S_1\sin Q_p)$
3	$\boldsymbol{\sigma}_3$	$-CS_2S_3$	CS_1
4	$\boldsymbol{\sigma}_4$	$-CS_1S_2$	$-CS_3$
5	$\boldsymbol{\sigma}_5$	$1/C$	0

这样，根据式（6.3.47）和式（6.3.48），就可以得到系统各误差源在提前点引起的线误

差$\boldsymbol{\sigma}_i$，在x_1、x_2轴的投影$\boldsymbol{\sigma}_i(x_1)$、$\boldsymbol{\sigma}_i(x_2)$，见表 6.3.8。

表 6.3.8　各误差源在提前点引起的线误差$\boldsymbol{\sigma}_i$在x_1、x_2轴的投影

	σ_i	所属方向	$\sigma_i(x_1)$	$\sigma_i(x_2)$
1	$\boldsymbol{\sigma}_{nj0}$	σ_1	$\boldsymbol{\sigma}_{nj0}\times a_{11}$	$\boldsymbol{\sigma}_{nj0}\times a_{21}$
2	$\boldsymbol{\sigma}_{zj0}$	σ_3	$\boldsymbol{\sigma}_{zj0}\times a_{13}$	$\boldsymbol{\sigma}_{zj0}\times a_{23}$
3	$\boldsymbol{\sigma}_{\varphi m}$	σ_1	$\boldsymbol{\sigma}_{\varphi m}\times a_{11}$	$\boldsymbol{\sigma}_{\varphi m}\times a_{21}$
4	$\boldsymbol{\sigma}_{\beta m}$	σ_3	$\boldsymbol{\sigma}_{\beta m}\times a_{13}$	$\boldsymbol{\sigma}_{\beta m}\times a_{23}$
5	$\boldsymbol{\sigma}_{v0}$	σ_1，σ_2	$\boldsymbol{\sigma}_{\theta v0}\times a_{11}+\boldsymbol{\sigma}_{tv0}\times a_{12}$	$\boldsymbol{\sigma}_{\theta v0}\times a_{21}+\boldsymbol{\sigma}_{tv0}\times a_{22}$
6	$\boldsymbol{\sigma}_{\rho}$	σ_1，σ_2	$\boldsymbol{\sigma}_{\theta\rho}\times a_{11}+\boldsymbol{\sigma}_{t\rho}\times a_{12}$	$\boldsymbol{\sigma}_{\theta\rho}\times a_{21}+\boldsymbol{\sigma}_{\theta\rho}\times a_{22}$
7	$\boldsymbol{\sigma}_{wd}$	σ_1，σ_2	$\boldsymbol{\sigma}_{\theta w}\times a_{11}+\boldsymbol{\sigma}_{tw}\times a_{12}$	$\boldsymbol{\sigma}_{\theta w}\times a_{21}+\boldsymbol{\sigma}_{tw}\times a_{22}$
8	$\boldsymbol{\sigma}_{wz}$	σ_3	$\boldsymbol{\sigma}_{wz}\times a_{13}$	$\boldsymbol{\sigma}_{wz}\times a_{23}$
9	$\boldsymbol{\sigma}_{\varphi c}$	σ_1	$\boldsymbol{\sigma}_{\varphi c}\times a_{11}$	$\boldsymbol{\sigma}_{\varphi c}\times a_{21}$
10	$\boldsymbol{m}_{\varphi c}$	σ_1	$\boldsymbol{m}_{\varphi c}\times a_{11}$	$\boldsymbol{m}_{\varphi c}\times a_{21}$
11	$\boldsymbol{\sigma}_{\beta c}$	σ_3	$\boldsymbol{\sigma}_{\beta c}\times a_{13}$	$\boldsymbol{\sigma}_{\beta c}\times a_{23}$
12	$\boldsymbol{m}_{\beta c}$	σ_3	$\boldsymbol{m}_{\beta c}\times a_{13}$	$\boldsymbol{m}_{\beta c}\times a_{23}$
13	$\boldsymbol{\sigma}_{Dp}$	σ_5，σ_4，σ_3	$\boldsymbol{\sigma}_{DHp}\times a_{15}+\boldsymbol{\sigma}_{Ddp}\times a_{14}+\boldsymbol{\sigma}_{Dzp}\times a_{13}$	$\boldsymbol{\sigma}_{DHp}\times a_{25}+\boldsymbol{\sigma}_{Ddp}\times a_{24}+\boldsymbol{\sigma}_{Dzp}\times a_{23}$
14	$\boldsymbol{m}_{Dp}$	σ_5，σ_4，σ_3	$\boldsymbol{m}_{DHp}\times a_{15}+\boldsymbol{m}_{Ddp}\times a_{14}+\boldsymbol{m}_{Dzp}\times a_{13}$	$\boldsymbol{m}_{DHp}\times a_{25}+\boldsymbol{m}_{Ddp}\times a_{24}+\boldsymbol{m}_{Dzp}\times a_{23}$
15	$\boldsymbol{\sigma}_{\varphi p}$	σ_5，σ_4，σ_3	$\boldsymbol{\sigma}_{\varphi Hp}\times a_{15}+\boldsymbol{\sigma}_{\varphi dp}\times a_{14}+\boldsymbol{\sigma}_{\varphi zp}\times a_{13}$	$\boldsymbol{\sigma}_{\varphi Hp}\times a_{25}+\boldsymbol{\sigma}_{\varphi dp}\times a_{24}+\boldsymbol{\sigma}_{\varphi zp}\times a_{23}$
16	$\boldsymbol{m}_{\varphi p}$	σ_5，σ_4，σ_3	$\boldsymbol{m}_{\varphi Hp}\times a_{15}+\boldsymbol{m}_{\varphi dp}\times a_{14}+\boldsymbol{m}_{\varphi zp}\times a_{13}$	$\boldsymbol{m}_{\varphi Hp}\times a_{25}+\boldsymbol{m}_{\varphi dp}\times a_{24}+\boldsymbol{m}_{\varphi zp}\times a_{23}$
17	$\boldsymbol{\sigma}_{\beta p}$	σ_4，σ_3	$\boldsymbol{\sigma}_{\beta dp}\times a_{14}+\boldsymbol{\sigma}_{\beta zp}\times a_{13}$	$\boldsymbol{\sigma}_{\beta dp}\times a_{24}+\boldsymbol{\sigma}_{\beta zp}\times a_{23}$
18	$\boldsymbol{m}_{\beta p}$	σ_4，σ_3	$\boldsymbol{m}_{\beta dp}\times a_{14}+\boldsymbol{m}_{\beta zp}\times a_{13}$	$\boldsymbol{m}_{\beta dp}\times a_{24}+\boldsymbol{m}_{\beta zp}\times a_{23}$

表 6.3.8 为已知火控系统单机精度条件下给出的，若已知火控系统总精度，则其在x_1、x_2轴的投影$\boldsymbol{\sigma}_i(x_1)$、$\boldsymbol{\sigma}_i(x_2)$见表 6.3.9。

表 6.3.9　火控系统总精度在x_1、x_2轴的投影

σ_i	所属方向	$\sigma_i(x_1)$	$\sigma_i(x_2)$
$\boldsymbol{\sigma}_{\varphi s}$	σ_1	$\boldsymbol{\sigma}_{\varphi s}\times a_{11}$	$\boldsymbol{\sigma}_{\varphi s}\times a_{21}$
$\boldsymbol{m}_{\varphi s}$	σ_1	$\boldsymbol{m}_{\varphi s}\times a_{11}$	$\boldsymbol{m}_{\varphi s}\times a_{21}$
$\boldsymbol{\sigma}_{\beta s}$	σ_3	$\boldsymbol{\sigma}_{\beta s}\times a_{13}$	$\boldsymbol{\sigma}_{\beta s}\times a_{23}$
$\boldsymbol{m}_{\beta s}$	σ_3	$\boldsymbol{m}_{\beta s}\times a_{13}$	$\boldsymbol{m}_{\beta s}\times a_{23}$

6.3.5　协方差矩阵$\boldsymbol{K}_\varphi$和数学期望列阵$\boldsymbol{M}$

根据前面的分析及表 6.3.8 可得$\boldsymbol{K}_\varphi$和$\boldsymbol{M}$。

6.3.5.1　射击误差协方差矩阵$\boldsymbol{K}_\varphi$

$\boldsymbol{K}_\varphi$为对称矩阵，有

$$\boldsymbol{K}_\varphi=\begin{pmatrix} K_{\varphi 11} & K_{\varphi 12} \\ K_{\varphi 21} & K_{\varphi 22} \end{pmatrix}$$

式中

$$K_{\varphi 11}=\sum \boldsymbol{\sigma}_i^2(x_1) \tag{6.3.49}$$

$$K_{\varphi 22}=\sum \boldsymbol{\sigma}_i^2(x_2) \tag{6.3.50}$$

$$K_{\varphi 12}=K_{\varphi 21}=\sum \boldsymbol{\sigma}_i(x_1)\boldsymbol{\sigma}_i(x_2)=\sum \boldsymbol{\sigma}_i(x_2)\boldsymbol{\sigma}_i(x_1) \tag{6.3.51}$$

按相关性对射击误差进行分组，可分为三组，即不相关误差协方差矩阵 $\boldsymbol{K}_b$、弱相关误差协方差矩阵 $\boldsymbol{K}_r$ 和强相关误差协方差矩阵 $\boldsymbol{K}_g$，它们为

$$\boldsymbol{K}_b=\begin{pmatrix} K_{b11} & K_{b12} \\ K_{b21} & K_{b22} \end{pmatrix}=\begin{pmatrix} \sum \sigma_{bi}^2(x_1) & \sum \sigma_{bi}(x_1)\sigma_{bi}(x_2) \\ \sum \sigma_{bi}(x_1)\sigma_{bi}(x_2) & \sum \sigma_{bi}^2(x_2) \end{pmatrix}$$

$$\boldsymbol{K}_r=\begin{pmatrix} K_{r11} & K_{r12} \\ K_{r21} & K_{r22} \end{pmatrix}=\begin{pmatrix} \sum \sigma_{ri}^2(x_1) & \sum \sigma_{ri}(x_1)\sigma_{ri}(x_2) \\ \sum \sigma_{ri}(x_1)\sigma_{ri}(x_2) & \sum \sigma_{ri}^2(x_2) \end{pmatrix}$$

$$\boldsymbol{K}_g=\begin{pmatrix} K_{g11} & K_{g12} \\ K_{g21} & K_{g22} \end{pmatrix}=\begin{pmatrix} \sum \sigma_{gi}^2(x_1) & \sum \sigma_{gi}(x_1)\sigma_{gi}(x_2) \\ \sum \sigma_{gi}(x_1)\sigma_{gi}(x_2) & \sum \sigma_{gi}^2(x_2) \end{pmatrix}$$

通常，对空碰炸射击，按重复性对射击误差进行分组，可分为两组，即非重复误差协方差矩阵 $\boldsymbol{K}_f$ 和重复误差协方差矩阵 $\boldsymbol{K}_C$，它们为

$$\boldsymbol{K}_f=\boldsymbol{K}_b+(1-C_g)\boldsymbol{K}_r=\begin{pmatrix} K_{f11} & K_{f12} \\ K_{f21} & K_{f22} \end{pmatrix}$$

$$\boldsymbol{K}_C=\boldsymbol{K}_g+C_g\boldsymbol{K}_r=\begin{pmatrix} K_{C11} & K_{C12} \\ K_{C21} & K_{C22} \end{pmatrix}$$

6.3.5.2 数学期望列阵 $\boldsymbol{M}$

数学期望列阵 $\boldsymbol{M}$ 可表示为：

$$\boldsymbol{M}=\begin{pmatrix} m_1 \\ m_2 \end{pmatrix}$$

式中

（1）若 m_i 的符号为已知，则用代数和法，即

$$\begin{cases} m_1=\sum m_i(x_1) \\ m_2=\sum m_i(x_2) \end{cases} \tag{6.3.52}$$

（2）若 m_i 的符号为未知，则用方和根法，即

$$\begin{cases} m_1=(\sum m_i^2(x_1))^{1/2} \\ m_2=(\sum m_i^2(x_2))^{1/2} \end{cases} \tag{6.3.53}$$

则由式（6.3.49）～式（6.3.53）可得对空碰炸射击误差分布密度函数表达式

$$\varphi(x_1,x_2)=\frac{1}{2\pi\sqrt{|\boldsymbol{K}_\varphi|}}\exp[-\frac{1}{2}(\boldsymbol{X}-\boldsymbol{M})^{\mathrm{T}}\boldsymbol{K}_\varphi^{-1}(\boldsymbol{X}-\boldsymbol{M})] \tag{6.3.54}$$

【例 6.4】 某小口径舰炮武器系统对空中目标射击，已知目标提前点位置为 $H_p = 500\text{m}$，$d_p = 1000\text{m}$，$Q_p = 30^\circ$ 右，目标速度 $V_m = 200\text{m/s}$，$\lambda = 0^\circ$，取散布经验修正系数 $C_j = 1.1$，系统各射击误差为

随动系统瞄准误差：$\sigma_{\varphi m} = \sigma_{\beta m} = 2\text{mil}$；

确定初速偏差的误差：$\sigma_{v0} = 0.4\% V_0$；

确定空气密度偏差的误差：$\sigma_\rho = 1.3\% \rho_{ON}$；

确定纵、横风误差：$\sigma_{wd} = \sigma_{wz} = 2.2\text{m/s}$；

雷达测量精度：$\sigma_{\varphi r} = \sigma_{\beta r} = 1.5\text{mil}$，$m_{\varphi r} = m_{\beta r} = 1.5\text{mil}$，$\sigma_{dr} = 15\text{m}$，$m_{dr} = 0$；

指挥仪输出精度：$\sigma_{\varphi c} = \sigma_{\beta c} = 2\text{mil}$，$m_{\varphi c} = m_{\beta c} = 1.8\text{mil}$。

试求：该系统射击误差协方差矩阵 $\boldsymbol{K}_\varphi$ 和数学期望列阵 $\boldsymbol{M}$。

解:

（1）先求各误差源在目标提前点引起的线误差 $\boldsymbol{\sigma}_i$。

在某小口径舰炮对空基本射表中，根据 $H_p = 500\text{m}$，$d_p = 1000\text{m}$，查得：斜距 $D_p = 1118\text{m}$，高低角 $\varepsilon_p = 443\text{mil} = 26.58^\circ$，弹丸飞行时间 $t_f = 1.5\text{s}$，弹道切线倾斜角 $\theta = 26^\circ$，弹丸存速 $V_c = 624\text{m/s}$，横风速 10m/s 时的方向变化量 $f_{zw} = 2\text{m}$。又由 $t_f = 1.5\text{s}$，在射表中查得：法向散布概率误差 $E_{n0} = 0.65\text{m}$，方向散布概率误差 $E_{z0} = 0.65\text{m}$。

这样，根据式（6.3.1）、式（6.3.2）得

$$\sigma_{nj0} = 1.48 \times 1.1 \times 0.65 = 1.06(\text{m})$$

$$\sigma_{zj0} = 1.48 \times 1.1 \times 0.65 = 1.06(\text{m})$$

由式（6.3.3）、式（6.3.4）得

$$\sigma_{\varphi m} = 2\pi / 6000 \times 1118 \times 2 = 2.34(\text{m})$$

$$\sigma_{\beta m} = 2\pi / 6000 \times 1000 \times 2 = 2.09(\text{m})$$

根据 $\varepsilon_p = 26.58^\circ$，$D_p = 1118\text{m}$，查表 6.3.1～表 6.3.3 得 $f_{\theta v0} = 2.13$，$f_{tv0} = 0.20$，$f_{\theta\rho} = 0.27$，$f_{t\rho} = 0.03$，$f_{\theta w} = -0.92$，$f_{tw} = 0$。

由式（6.3.7）、式（6.3.8）得

$$\sigma_{\theta v0} = 0.1 \times 2\pi / 6000 \times 1118 \times 2.13 \times 0.4 = 0.1(\text{m})$$

$$\sigma_{tv0} = 0.1 \times 200 \times 0.20 \times 0.4 = 1.6(\text{m})$$

由式（6.3.9）、式（6.3.10）得

$$\sigma_{\theta\rho} = 0.1 \times 2\pi / 6000 \times 1118 \times 0.27 \times 1.3 = 0.04(\text{m})$$

$$\sigma_{t\rho} = 0.1 \times 200 \times 0.03 \times 1.3 = 0.78(\text{m})$$

由式（6.3.11）、式（6.3.12）得

$$\sigma_{\theta w} = 0.1 \times 2\pi / 6000 \times 1118 \times 0.92 \times 2.2 = 0.24(\text{m})$$

$$\sigma_{tw} = 0$$

由式（6.3.13）得

$$\sigma_{wz} = 0.1 \times 2 \times 2.2 = 0.44(\text{m})$$

由式（6.3.14）得

$$d = [1000^2 + (200 \times 1.5 \times \cos 0^\circ)^2 + 2 \times 1000 \times 200 \times 1.5 \times \cos 0^\circ \times \cos 30^\circ]^{1/2} = 1268.71(\text{m})$$

由式（6.3.16）得

$$H = 500 - 200 \times 1.5 \times \sin 0^\circ = 500(\text{m})$$

由式（6.3.15）得

$$D = (1000^2 + 500^2)^{1/2} = 1363.68(\text{m})$$

由式（6.3.17）得

$$\varepsilon = \arctan(500 / 1268.71) = 21.51^\circ$$

由式（6.3.24）得

$$\Delta Q = \arccos\{[1000^2 + 1268.71^2 - (200 \times 1.5 \times \cos 0^\circ)^2]/(2 \times 1000 \times 1268.71)\} = 6.79^\circ$$

由式（6.3.18）～式（6.3.23）得

$$\sigma_{DHp} = \sin 21.51^\circ \times 15 = 5.50(\text{m})$$

$$\sigma_{Ddp} = \cos 21.51^\circ \times \cos 6.79^\circ \times 15 = 13.86(\text{m})$$

$$\sigma_{Dzp} = \cos 21.51^\circ \times \sin 6.79^\circ \times 15 = 1.65(\text{m})$$

$$m_{DHp} = m_{Ddp} = m_{Dzp} = 0$$

由式（6.3.25）～式（6.3.30）得

$$\sigma_{\varphi Hp} = 2\pi / 6000 \times 1363.68 \times \cos 21.51^\circ \times 1.5 = 1.99(\text{m})$$

$$m_{\varphi Hp} = 1.99(\text{m})$$

$$\sigma_{\varphi dp} = 2\pi / 6000 \times 1363.68 \times \sin 21.51^\circ \times \cos 6.79^\circ \times 1.5 = 0.78(\text{m})$$

$$m_{\varphi dp} = 0.78(\text{m})$$

$$\sigma_{\varphi zp} = 2\pi / 6000 \times 1363.68 \times \sin 21.51^\circ \times \sin 6.79^\circ \times 1.5 = 0.09(\text{m})$$

$$m_{\varphi zp} = 0.09(\text{m})$$

由式（6.3.31）～式（6.3.34）得

$$\sigma_{\beta dp} = 2\pi / 6000 \times 1268.71 \times \sin 6.79^\circ \times 1.5 = 0.24(\text{m})$$

$$m_{\beta dp} = 0.24(\text{m})$$

$$\sigma_{\beta zp} = 2\pi / 6000 \times 1268.71 \times \cos 6.79^\circ \times 1.5 = 1.98(\text{m})$$

$$m_{\beta zp} = 1.98(\text{m})$$

由式（6.3.35）～式（6.3.38）得

$$\sigma_{\varphi c}=2\pi/6000\times1118\times2=2.34(\mathrm{m})$$

$$m_{\varphi c}=2\pi/6000\times1118\times1.8=2.11(\mathrm{m})$$

$$\sigma_{\beta c}=2\pi/6000\times1000\times2=2.09(\mathrm{m})$$

$$m_{\beta c}=2\pi/6000\times1000\times1.8=1.88(\mathrm{m})$$

（2）计算向量误差$\boldsymbol{\sigma}_i$与x_1、x_2轴的方向余弦。

由式（6.1.2）～式（6.1.6）得

$$V_R=[624^2+200^2+2\times624\times200\times(\cos26^\circ\cos30^\circ)]^{1/2}=790\mathrm{m/s}$$

$$S_1=\frac{624\cos26^\circ+200\cos30^\circ}{790}=0.929，S_2=\frac{624\sin26^\circ}{790}=0.346，S_3=-\frac{200\sin30^\circ}{790}=-0.127$$

$$C^{-1}=[0.929^2+(-0.127)^2]^{1/2}=0.938，\ C=1.066$$

根据表 6.3.7 得

$$a_{11}=1.066\times0.929\times0.346\sin26.58^\circ+0.938\cos26.58^\circ=1.145$$

$$a_{21}=1.066\times(-0.127)\sin26.58^\circ=-0.061$$

$$a_{12}=1.066\times0.346\times1\times[0.938\cos30^\circ-(-0.127\sin30^\circ)]=0.938\times0=0.320$$

$$a_{22}=1.066\times1\times[(-0.127)\cos30^\circ+0.938\sin30^\circ]=0.378$$

$$a_{13}=-1.066\times0.346\times(-0.127)=0.047$$

$$a_{23}=1.066\times0.929=0.990$$

$$a_{14}=-1.066\times0.929\times0.346=-0.343$$

$$a_{24}=-1.066\times(-0.127)=0.135$$

$$a_{15}=0.938$$

$$a_{25}=0$$

（3）计算提前点线误差在x_1、x_2轴的投影值。

根据表 6.3.8 得

$$\sigma_{nj0}(x_1)=1.06\times1.145=1.21，\quad \sigma_{nj0}(x_2)=1.06\times(-0.061)=-0.06$$

$$\sigma_{zj0}(x_1)=1.06\times0.047=0.05，\quad \sigma_{zj0}(x_2)=1.06\times0.99=1.03$$

$$\sigma_{\varphi m}(x_1)=2.34\times1.145=2.68，\quad \sigma_{\varphi m}(x_2)=2.34\times(-0.061)=-0.14$$

$$\sigma_{\beta m}(x_1)=2.09\times0.047=0.10，\quad \sigma_{\beta m}(x_2)=2.09\times0.99=2.07$$

$$\sigma_{v0}(x_1)=0.1\times1.145+1.6\times0.32=0.627$$

$$\sigma_{v0}(x_2)=0.1\times(-0.061)+1.6\times0.378=0.599$$

$$\sigma_{Dp}(x_1)=5.50\times0.938+13.86\times(-0.343)+1.65\times0.047=0.48$$

$$\sigma_{Dp}(x_2)=5.50\times0+13.86\times0.135+1.65\times0.99=3.50$$

其他线误差在 x_1、x_2 轴的投影值列在表 6.3.10 中。

表 6.3.10 各线误差在 x_1、x_2 轴的投影值

	σ_i	$\sigma_i(x_1)$	$\sigma_i(x_2)$	$\sigma_i^2(x_1)$	$\sigma_i^2(x_2)$	$\sigma_i(x_1)\ \sigma_i(x_2)$
1	σ_{nj0}	1.21	−0.06	1.464	0.004	−0.073
2	σ_{zj0}	0.05	1.03	0.003	1.061	0.052
3	$\sigma_{\varphi m}$	2.68	−0.14	7.182	0.020	−0.375
4	$\sigma_{\beta m}$	0.10	2.07	0.01	4.285	0.207
5	σ_{v0}	0.627	0.599	0.393	0.36	0.376
6	σ_{ρ}	0.295	0.29	0.087	0.084	0.086
7	σ_{wd}	0.27	−0.01	0.073	0	−0.003
8	σ_{wz}	0.02	0.44	0	0.194	0.009
9	σ_{Dp}	0.48	3.50	0.23	12.25	1.68
10	$\sigma_{\varphi p}$	1.60	0.19	2.56	0.04	0.30
11	$\sigma_{\beta p}$	0.01	1.99	0	3.96	0.02
12	$\sigma_{\varphi c}$	2.68	−0.14	7.182	0.020	−0.375
13	$\sigma_{\beta c}$	0.10	2.07	0.01	4.285	0.207
			Σ	19.22	26.56	1.67

（4）计算射击误差协方差矩阵 $\boldsymbol{K}_{\varphi}$。协方差矩阵 $\boldsymbol{K}_{\varphi}$ 中各元素 $K_{\varphi ij}$，按式（6.3.49）～式（6.3.51）计算得到，其值见表 6.3.10。

$$\boldsymbol{K}_{\varphi}=\begin{pmatrix}19.22 & 1.67\\ 1.67 & 26.56\end{pmatrix}$$

（5）计算数学期望列阵 $\boldsymbol{M}$。先计算射击误差的数学期望（系统误差）在 x_1、x_2 轴的投影值，并整理于表 6.3.11 中。

表 6.3.11 数学期望在 x_1、x_2 轴的投影值

	m_i	$m_i(x_1)$	$m_i(x_2)$	${m_i}^2(x_1)$	${m_i}^2(x_2)$
1	$m_{\varphi p}$	1.60	0.19	2.56	0.036
2	$m_{\beta p}$	0.01	1.99	0	3.96
3	$m_{\varphi c}$	2.42	−0.13	5.856	0.017
4	$m_{\beta c}$	0.09	1.86	0.008	3.460
	Σ	4.12	3.91	8.42	7.47

计算数学期望列阵 $\boldsymbol{M}$ 中各元素 m_i：

（1）若火控系统各单机精度中，系统误差的符号未知，则按式（6.3.53）计算，有

$$m_1=(8.42)^{1/2}=2.90(\text{m}),\qquad m_2=(7.47)^{1/2}=2.73(\text{m})$$

则数学期望列阵 $\boldsymbol{M}$ 为

$$\boldsymbol{M}=(2.90\quad 2.73)^{\mathrm{T}}$$

（2）若火控系统各单机精度中，系统误差的符号已知（在此例中，假定各单机系统误差均为正），则按式（6.3.52），得

$$m_1 = 4.12 , \qquad m_2 = 3.91$$

则数学期望列阵 $\boldsymbol{M}$ 为

$$\boldsymbol{M} = (4.12 \quad 3.91)^{\mathrm{T}}$$

6.4　对空碰炸射击毁伤概率计算

舰炮武器系统对空碰炸射击毁伤概率的计算与对海射击毁伤概率的计算相似。但在舰炮发射率较高情况下，射击误差的分组将有不同，并对射击误差采用了矩阵形式表示。

6.4.1　单发命中概率

单发命中概率为

$$P = \iint_{A_T} \varphi(x_1, x_2)\,\mathrm{d}x_1 \mathrm{d}x_2 \tag{6.4.1}$$

式中　$\varphi(x_1, x_2)$——射击误差分布密度函数，有

$$\varphi(x_1, x_2) = \frac{1}{2\pi\sqrt{|\boldsymbol{K}_\varphi|}} \exp\left[-\frac{1}{2}(\boldsymbol{X}-\boldsymbol{M})^{\mathrm{T}} \boldsymbol{K}_\varphi^{-1} (\boldsymbol{X}-\boldsymbol{M})\right]$$

式中　$\boldsymbol{K}_\varphi$——射击误差协方差矩阵，有

$$\boldsymbol{K}_\varphi = \begin{bmatrix} K_{\varphi 11} & K_{\varphi 12} \\ K_{\varphi 21} & K_{\varphi 22} \end{bmatrix}$$

$\boldsymbol{M}$——射击误差的数学期望列阵，有

$$\boldsymbol{M} = (m_1 \quad m_2)^{\mathrm{T}}$$

A_T——目标命中面积。

由于在 $x_1\ x_2$ 平面上，射击误差 Δ_i 的两个分量 $\Delta_i(x_1)$、$\Delta_i(x_2)$ 是相关的，使得单发命中概率 P 的计算比较复杂。为此，下面介绍两种计算 P 的方法：近似计算法和精确计算法。

6.4.1.1　近似计算法

当目标命中面积 A_T 较小时，即 A_T 在各方向上的量值均小于相应射击误差散布椭圆轴方向的一倍概率误差（或 0.7 倍均方差），则可采用分布律综合的方法近似计算 P，式（6.4.1）可改写为

$$P = A_T \iint_{\Delta_T} g(x_1, x_2) \varphi(x_1, x_2) \mathrm{d}x_1 \mathrm{d}x_2 \tag{6.4.2}$$

式中　$g(x_1, x_2)$——均匀分布密度函数，有

$$g(x_1, x_2) = \begin{cases} \dfrac{1}{A_T} & ((x_1, x_2) \in A_T) \\ 0 & ((x_1, x_2) \overline{\in} A_T) \end{cases}$$

所以，式（6.4.2）中的积分为均匀分布与正态分布的综合，根据概率论分布律综合知识可知，此综合近似为一个正态分布，并记为$\psi(x_1,x_2)$，即

$$\psi(x_1,x_2)=\iint\limits_{A_T} g(x_1,x_2)\varphi(x_1,x_2)\,\mathrm{d}x_1\mathrm{d}x_2$$

将上式代入式（6.4.2），就得到了单发命中概率的近似计算公式，即

$$P=A_T\cdot\psi(x_1,x_2)=A_T\frac{\exp(-\boldsymbol{M}^{\mathrm{T}}\boldsymbol{K}_\psi^{-1}\boldsymbol{M}/2)}{2\pi\sqrt{|\boldsymbol{K}_\psi|}} \tag{6.4.3}$$

式中 $\boldsymbol{K}_\psi$——综合分布密度$\psi(x_1,x_2)$的协方差矩阵，有

$$\boldsymbol{K}_\psi=\boldsymbol{K}_\varphi+\boldsymbol{K}_T=\begin{bmatrix}K_{\varphi 11} & K_{\varphi 12}\\ K_{\varphi 21} & K_{\varphi 22}\end{bmatrix}+\begin{bmatrix}K_{T11} & K_{T12}\\ K_{T21} & K_{T22}\end{bmatrix}$$

$$=\begin{bmatrix}K_{\psi 11} & K_{\psi 12}\\ K_{\psi 21} & K_{\psi 22}\end{bmatrix}=\begin{bmatrix}K_{\varphi 11}+K_{T11} & K_{\varphi 12}+K_{T12}\\ K_{\varphi 21}+K_{T21} & K_{\varphi 22}+K_{T22}\end{bmatrix}$$

其中，$\boldsymbol{K}_\varphi$为射击误差协方差矩阵；$\boldsymbol{K}_T$为目标协方差矩阵。

$\boldsymbol{K}_\psi^{-1}$——$\boldsymbol{K}_\psi$的逆矩阵，有

$$\boldsymbol{K}_\psi^{-1}=\frac{1}{|\boldsymbol{K}_\psi|}\begin{bmatrix}K_{\psi 22} & -K_{\psi 21}\\ -K_{\psi 12} & K_{\psi 11}\end{bmatrix}$$

$\boldsymbol{M}$——射击误差的数学期望，有

$$\boldsymbol{M}=(m_1\quad m_2)^{\mathrm{T}}$$

$$\boldsymbol{M}^{\mathrm{T}}\boldsymbol{K}_\psi^{-1}\boldsymbol{M}=\frac{m_1^2K_{\psi 22}-2m_1m_2K_{\psi 12}+m_2^2K_{\psi 11}}{|K_\psi|} \tag{6.4.4}$$

现在，来讨论如何确定$\boldsymbol{K}_T$中各元素K_{Tij}，按协方差矩阵的定义，有

$$K_{Tij}=\iint\limits_{A_T} x_ix_jg(x_1,x_2)\,\mathrm{d}x_1\mathrm{d}x_2=\frac{1}{A_T}\iint\limits_{A_T} x_ix_j\,\mathrm{d}x_1\mathrm{d}x_2$$

假设A_T为矩形，$A_T=2l_{x1}\times 2l_{x2}$，则上式变为

$$K_{Tij}=\frac{1}{A_T}\int_{-l_{x1}}^{l_{x1}}\int_{-l_{x2}}^{l_{x2}} x_ix_j\,\mathrm{d}x_1\mathrm{d}x_2$$

$$K_{T11}=\frac{1}{A_T}\int_{-l_{x1}}^{l_{x1}}\int_{-l_{x2}}^{l_{x2}} x_1^2\,\mathrm{d}x_1\mathrm{d}x_2=\frac{1}{A_T}\left[\frac{1}{3}(2l_{x1}^3\times 2l_{x2})\right]=\frac{l_{x1}^2}{3}$$

同样

$$K_{T22}=\frac{1}{A_T}\int_{-l_{x1}}^{l_{x1}}\int_{-l_{x2}}^{l_{x2}} x_2^2\,\mathrm{d}x_1\mathrm{d}x_2=\frac{l_{x2}^2}{3}$$

$$K_{T12}=\frac{1}{A_T}\int_{-l_{x1}}^{l_{x1}}\int_{-l_{x2}}^{l_{x2}} x_1x_2\,\mathrm{d}x_1\mathrm{d}x_2=0$$

$$K_{T21}=\frac{1}{A_T}\int_{-l_{x1}}^{l_{x1}}\int_{-l_{x2}}^{l_{x2}} x_2x_1\,\mathrm{d}x_1\mathrm{d}x_2=0$$

故矩形目标协方差矩阵 $\boldsymbol{K}_T$ 为

$$\boldsymbol{K}_T=\begin{bmatrix}\dfrac{l_{x1}^2}{3} & 0\\ 0 & \dfrac{l_{x2}^2}{3}\end{bmatrix} \tag{6.4.5}$$

若 A_T 为边长为 $2l$ 的正方形，即 $l_{x1}=l_{x2}=l$，则 $A_T=4l^2$，或 $l^2=A_T/4$，并代入式（6.4.5）中，可得正方形目标协方差矩阵，有

$$\boldsymbol{K}_T=\begin{bmatrix}\dfrac{l^2}{3} & 0\\ 0 & \dfrac{l^2}{3}\end{bmatrix}=\begin{bmatrix}\dfrac{A_T}{12} & 0\\ 0 & \dfrac{A_T}{12}\end{bmatrix} \tag{6.4.6}$$

特殊情况：当射击误差中不存在系统误差时，即 $\boldsymbol{M}=(0,0)^{\mathrm{T}}$，式（6.4.3）变为

$$P=\frac{A_T}{2\pi\sqrt{|\boldsymbol{K}_\psi|}}$$

6.4.1.2　精确计算法

对空射击时，由于坐标轴的选择通常与散布误差主轴不一致，而导致射击误差在 x_1、x_2 轴上的分量 $\varDelta_i(x_1)$、$\varDelta_i(x_2)$ 是相互关联、不独立的，即误差之间存在耦合关系，使得难以用式（6.4.1）直接计算单发命中概率。如果采用坐标变换方法，使得新的坐标轴方向与射击误差主轴方向一致，可以改变误差分量的相关性，使它们变为不相关的、独立的误差，相互解耦。这样，单发命中概率 P 就可以应用拉普拉斯算法进行计算。

假设散布中心的坐标为 m_1、m_2，x_1 轴与综合误差散布主轴 x_1' 的夹角为 θ_0，于是可用 m_1、m_2、θ_0、$\boldsymbol{K}'_{\varphi11}$、$\boldsymbol{K}'_{\varphi22}$ 这 5 个量来描述散布误差。散布中心 m_1、m_2 可由下式得

$$m_1=\sum_{i=1}^{n}x_{1i}/n,\quad m_2=\sum_{i=1}^{n}x_{2i}/n$$

其中，x_{1i}、x_{2i} $(i=1,2,\cdots,n)$ 为具体弹着点的坐标值。

将 Ox_1x_2 坐标系中的任一点 (x_1,x_2) 变换到 $O'x_1'x_2'$ 坐标系（图 6.4.1），即

$$\begin{cases}x_1'=(x_1-m_1)\cos\theta_0+(x_2-m_2)\sin\theta_0\\ x_2'=-(x_1-m_1)\sin\theta_0+(x_2-m_2)\cos\theta_0\end{cases} \tag{6.4.7}$$

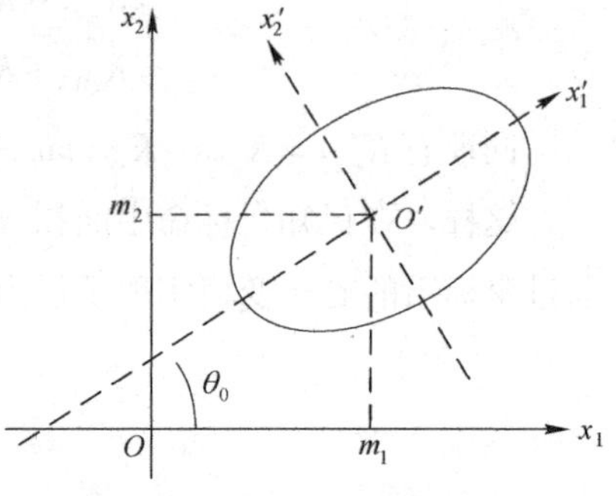

图 6.4.1　坐标旋转变换

显然，x_1',x_2' 的数学期望为 0，即

$$\begin{cases}M(x_1')=0\\ M(x_2')=0\end{cases}$$

再根据随机变量 x_1',x_2' 的方差和协方差的定义和相关公式，可得方差为

$$\begin{cases}D_{x1}'=M(x_1'^2)-[M(x_1')]^2=M(x_1'^2)\\ D_{x2}'=M(x_2'^2)-[M(x_2')]^2=M(x_2'^2)\end{cases}$$

协方差为

$$\mathrm{Cov}(x_1',x_2')=M[(x_1'-M(x_1'))(x_2'-M(x_2'))]=M(x_1'x_2')$$

将式（6.4.7）左右分别相乘，且对其乘积取数学期望，得

$$
\begin{aligned}
K_{x_1'x_2'} &= M(x_1'x_2') \\
&= -M[(x_1-m_1)^2]\cos\theta_0\sin\theta_0 + M[(x_1-m_1)(x_2-m_2)](\cos^2\theta_0-\sin^2\theta_0) \\
&\quad + M[(x_2-m_2)^2]\cos\theta_0\sin\theta_0 \\
&= -\frac{1}{2}\sin 2\theta_0(K_{\varphi 11}-K_{\varphi 22}) + K_{\varphi 12}\cos 2\theta_0
\end{aligned}
$$

由于选择的坐标主轴与误差散布方向一致，x_1',x_2' 相互独立，协方差 $K_{x_1'x_2'}$ 为 0，所以由上式可化简得到

$$\tan 2\theta_0 = \frac{2K_{\varphi 12}}{K_{\varphi 11}-K_{\varphi 22}}，\quad \theta_0 = \frac{1}{2}\arctan\left(\frac{2K_{\varphi 12}}{K_{\varphi 11}-K_{\varphi 22}}\right) \tag{6.4.8}$$

再将式（6.4.7）左右分别平方，且对其取数学期望，得

$$
\begin{cases}
K'_{\varphi 11} = D'_{x1} = K_{\varphi 11}\cos^2\theta_0 + K_{\varphi 22}\sin^2\theta_0 + 2K_{\varphi 12}\sin\theta_0\cos\theta_0 \\
K'_{\varphi 22} = D'_{x2} = K_{\varphi 11}\sin^2\theta_0 + K_{\varphi 22}\cos^2\theta_0 - 2K_{\varphi 12}\sin\theta_0\cos\theta_0
\end{cases} \tag{6.4.9}
$$

从式（6.4.9）的第一式得

$$K'_{\varphi 11} = K_{\varphi 11} + (K_{\varphi 22}-K_{\varphi 11})\sin^2\theta_0 + 2K_{\varphi 12}\sin\theta_0\cos\theta_0$$

将式（6.4.8）代入上式化简得

$$
\begin{aligned}
K'_{\varphi 11} &= K_{\varphi 11} - \frac{2K_{\varphi 12}\sin^2\theta_0}{\tan 2\theta_0} + 2K_{\varphi 12}\sin\theta_0\cos\theta_0 \\
&= K_{\varphi 11} - 2K_{\varphi 12}\frac{\cos 2\theta_0\sin^2\theta_0}{\sin 2\theta_0} + 2K_{\varphi 12}\sin\theta_0\frac{\cos^2\theta_0}{\cos\theta_0} \\
&= K_{\varphi 11} - K_{\varphi 12}\tan\theta_0\cos 2\theta_0 + 2K_{\varphi 12}\tan\theta_0\cos^2\theta_0 \\
&= K_{\varphi 11} - K_{\varphi 12}\tan\theta_0(\cos 2\theta_0 - 2\cos^2\theta_0) \\
&= K_{\varphi 11} + K_{\varphi 12}\tan\theta_0
\end{aligned}
$$

同理有 $K'_{\varphi 22} = K_{\varphi 22} - K_{\varphi 12}\tan\theta_0$。

这样，在已知目标命中面积 A_T、射击误差协方差矩阵 $\boldsymbol{K}_\varphi$ 和数学期望列阵 $\boldsymbol{M}$ 的条件下，通过坐标系的旋转变换实现了射击误差的解耦，得到 $\boldsymbol{K}_\varphi$ 的正交矩阵 $\boldsymbol{K}'_\varphi$：

$$\boldsymbol{K}'_\varphi = \begin{bmatrix} K'_{\varphi 11} & 0 \\ 0 & K'_{\varphi 22} \end{bmatrix}$$

式中 $K'_{\varphi 11}$、$K'_{\varphi 22}$——射击误差在其综合分布主轴 x_1'、x_2' 上的误差分量的协方差，有

$$
\begin{cases}
K'_{\varphi 11} = K_{\varphi 11} + K_{\varphi 12}\tan\theta_0 \\
K'_{\varphi 22} = K_{\varphi 22} - K_{\varphi 12}\tan\theta_0
\end{cases} \tag{6.4.10}
$$

其中，θ_0 为射击误差综合分布主轴与 x_1 轴的夹角，有

$$\theta_0 = \frac{1}{2}\arctan\left(\frac{2K_{\varphi 12}}{K_{\varphi 11}-K_{\varphi 22}}\right) \tag{6.4.11}$$

再根据图 6.4.1 计算 $\boldsymbol{M}=(m_1,m_2)^{\mathrm{T}}$ 在射击误差综合分布主轴 x_1'、x_2' 上的投影 m_1'、m_2'，

即

$$\begin{cases} m_1' = m_1 \cos\theta_0 + m_2 \sin\theta_0 \\ m_2' = -m_1 \sin\theta_0 + m_2 \cos\theta_0 \end{cases} \tag{6.4.12}$$

最后，计算单发命中概率 P，有

$$P = \frac{1}{4}[\Phi(c) - \Phi(d)][\Phi(e) - \Phi(f)] \tag{6.4.13}$$

拉普拉斯函数 $\Phi(x)$ 可查附录 A 的表 A.1 得到，应用计算机时可用近似拉普拉斯函数代替。

积分区间 c、d、e、f 为

$$c = \frac{m_1' + l}{\sqrt{2K'_{\varphi 11}}}, d = \frac{m_1' - l}{\sqrt{2K'_{\varphi 11}}}, e = \frac{m_2' + l}{\sqrt{2K'_{\varphi 22}}}, f = \frac{m_2' - l}{\sqrt{2K'_{\varphi 22}}} \tag{6.4.14}$$

式中　l——正方形目标命中面积边长的 1/2，有

$$l = \frac{\sqrt{A_T}}{2} \tag{6.4.15}$$

6.4.2　发射一发的毁伤概率 P_{k1}

发射一发的毁伤概率 P_{k1} 可表示为

$$P_{k1} = P \times K(1) = \frac{P}{\omega} \tag{6.4.16}$$

式中　$K(1)$——命中一发的条件毁伤概率，$K(m)$ 符合指数毁伤定律，则 $K(1) = 1/\omega$；

P——单发命中概率；

ω——毁伤目标所需的平均命中数。

【例 6.5】 已知某型舰炮武器系统对空碰炸射击，在某个目标提前点的射击误差协方差矩阵 $\boldsymbol{K}_\varphi$ 和系统误差列阵 $\boldsymbol{M}$ 分别为

$$\boldsymbol{K}_\varphi = \begin{pmatrix} 23.40 & 3.09 \\ 3.09 & 16.04 \end{pmatrix}, \qquad \boldsymbol{M} = \begin{pmatrix} 3.15 \\ 2.43 \end{pmatrix}$$

又知目标命中面积 $A_T = 28\text{m}^2$，$\omega = 3$，试求发射一发的目标毁伤概率 P_{K1}。

解：

1）计算单发命中概率 P

（1）用近似计算法计算 P。

① 检验本例是否满足使用式（6.4.3）的条件，并计算 K_T：

设目标为边长等于 $2l$ 的正方形，则

$$l = \frac{\sqrt{A_T}}{2} = \frac{\sqrt{28}}{2} \approx 2.65(\text{m})$$

因为

$$\sigma(x_1) = (K_{\varphi 11})^{1/2} = (23.40)^{1/2} = 4.84(\text{m})$$

$$\sigma(x_2) = (K_{\varphi 22})^{1/2} = (16.04)^{1/2} = 4.00(\text{m})$$

又

$$l = 2.65 < 0.7\sigma(x_1) = 0.7 \times 4.84 = 3.39$$

$$l = 2.65 < 0.7\sigma(x_2) = 0.7 \times 4.00 = 2.8$$

所以，可以应用式（6.4.3）近似计算 P。

按式（6.4.6）计算 $\boldsymbol{K}_T$，则

$$\boldsymbol{K}_T = \begin{pmatrix} 28/12 & 0 \\ 0 & 28/12 \end{pmatrix} = \begin{pmatrix} 2.33 & 0 \\ 0 & 2.33 \end{pmatrix}$$

② 计算 $\boldsymbol{K}_\psi$、$\left|\boldsymbol{K}_\psi\right|$、$\sqrt{\left|\boldsymbol{K}_\psi\right|}$。

$$\boldsymbol{K}_\psi = \begin{pmatrix} 23.40 & 3.09 \\ 3.09 & 16.04 \end{pmatrix} + \begin{pmatrix} 2.33 & 0 \\ 0 & 2.33 \end{pmatrix} = \begin{pmatrix} 25.73 & 3.09 \\ 3.09 & 18.37 \end{pmatrix}$$

$$\left|\boldsymbol{K}_\psi\right| = 463.11$$

$$\sqrt{\left|\boldsymbol{K}_\psi\right|} = 21.52$$

③ 计算 P。

按式（6.4.4）计算 $\boldsymbol{M}^{\mathrm{T}}\boldsymbol{K}_\psi^{-1}\boldsymbol{M}$，则

$$\boldsymbol{M}^{\mathrm{T}}\boldsymbol{K}_\psi^{-1}\boldsymbol{M} = (3.15^2 \times 18.37 - 2 \times 3.15 \times 2.43 \times 3.09 + 2.43^2 \times 25.73)/463.11 = 0.6196$$

按式（6.4.3）求得单发命中概率 P，则

$$P = 28\exp(-0.6196/2)/(2\pi \times 21.52) = 0.152$$

（2）用精确计算法计算 P。

按式（6.4.11）计算射击误差综合分布主轴 x_1' 与 x_1 轴的夹角 θ_0，则

$$\theta_0 = \frac{1}{2}\arctan\left(\frac{2 \times 3.09}{23.40 - 16.04}\right) = 20.01^\circ$$

按式（6.4.10）计算 $\boldsymbol{K}_\varphi$ 正交矩阵 $\boldsymbol{K}_\varphi'$ 中元素 $K_{\varphi 11}'$、$K_{\varphi 22}'$，则

$$K_{\varphi 11}' = 23.40 + 3.09\tan(20.01^\circ) = 24.525(\mathrm{m}^2)$$

$$K_{\varphi 22}' = 16.04 - 3.09\tan(20.01^\circ) = 14.915(\mathrm{m}^2)$$

按式（6.4.12）计算 m_1、m_2 在射击误差综合分布主轴上的投影 m_1'、m_2'，则

$$m_1' = 3.15\cos(20.01^\circ) + 2.43\sin(20.01^\circ) = 3.791(\mathrm{m})$$

$$m_2' = -3.15\sin(20.01^\circ) + 2.43\cos(20.01^\circ) = 1.205(\mathrm{m})$$

按式（6.4.15）计算正方形目标命中面积边长的一半 l，则

$$l = \frac{\sqrt{28}}{2} = 2.646(\mathrm{m})$$

按式（6.4.14）计算积分区间 c、d、e、f，即

$$c = (3.791 + 2.646)/(2 \times 24.525)^{1/2} = 0.919$$

$$d = (3.791 - 2.646)/(2 \times 24.525)^{1/2} = 0.163$$

$$e = (1.205 + 2.646)/(2 \times 14.915)^{1/2} = 0.705$$

$$f = (1.205 - 2.646)/(2 \times 14.915)^{1/2} = -0.264$$

按式（6.4.13）计算单发命中概率 P，则

$$P = \frac{1}{4}[\Phi(0.919) - \Phi(0.163)][\Phi(0.705) - \Phi(-0.264)]$$

$\Phi(x)$ 可从附录 A 的表 A.1 查得，然后计算，即

$$P = \frac{1}{4}[0.8041 - 0.1822][0.6811 + 0.2911] = 0.152$$

从此例可以看出：单发命中概率 P 的近似计算与精确计算结果十分接近，一般情况下，只要目标命中面积 A_T 小于射击误差单位散布椭圆面积，即 $A_T < \pi E_{x1} E_{x2}$（或 $A_T < 0.5\pi\sigma_{x1}\sigma_{x2}$），应用近似计算法计算 P，可得到比较满意的计算精度。

2）计算发射一发的目标毁伤概率 P_{K1}

按式（6.4.16）计算 P_{K1}，即

$$P_{K1} = \frac{0.152}{3} = 0.051$$

式中的单发命中概率 P 是利用了近似计算法的计算结果。

6.4.3　一座舰炮一次点射的毁伤概率 P_{kn}

6.4.3.1　射击误差分析

舰炮武器系统对空碰炸射击时，舰炮大多为多管炮。这样，一座舰炮一次点射，发射弹数 n 为

$$n = K \times T(发)$$

式中　K——舰炮一个射管点射长度（发）；

T——一座舰炮同时射击的身管数。

在这种射击条件下，射击误差可分为两组：

（1）非重复误差：点射中不相关、非重复误差。误差源包括射弹散布误差 Δn 、 Δz ，舰炮随动系统误差 $\Delta\varphi_m$ 、 $\Delta\beta_m$ ，以及火控系统输出误差 $\Delta\varphi_s$ 、 $\Delta\beta_s$ 中的不相关部分。

非重复误差的协方差矩阵 $\boldsymbol{K}_f$ 为

$$\boldsymbol{K}_f = \boldsymbol{K}_b + (1 - C_g)\boldsymbol{K}_r$$

式中　$\boldsymbol{K}_b$——不相关误差协方差矩阵；

$\boldsymbol{K}_r$——弱相关误差协方差矩阵；

C_g——弱相关误差中的强相关部分比重系数。

（2）重复误差：点射中强相关、重复误差。误差源包括弹道气象准备误差 ΔV_0 、$\Delta\rho$ 、ΔW ，以及火控系统输出误差 $\Delta\varphi_s$ 、 $\Delta\beta_s$ 中的强相关部分。

重复误差的协方差矩阵 $\boldsymbol{K}_c$ 为

$$\boldsymbol{K}_c = \boldsymbol{K}_g + C_g\boldsymbol{K}_r$$

式中　$\boldsymbol{K}_g$——强相关误差协方差矩阵。

（3）另外，射击误差中还有数学期望（系统误差）$\boldsymbol{M}$。

6.4.3.2　毁伤概率计算

1．一组误差型

按一组误差型计算 P_{kn}，就是将一次点射过程中的每一发射击误差均看作独立的，按第一组误差处理，即认为都是不相关、非重复误差，每次发射都是独立发射。

一组误差型的射击误差协方差矩阵为 K_φ：

$$\boldsymbol{K}_\varphi = \boldsymbol{K}_f + \boldsymbol{K}_c = \boldsymbol{K}_b + \boldsymbol{K}_r + \boldsymbol{K}_g$$

若发射一发的毁伤概率为 P_{k1}，则一次点射 n 发的毁伤概率 P_{kn} 为

$$P_{kn} = 1-(1-P_{k1})^n \tag{6.4.17}$$

2．两组误差型

按两组误差型计算 P_{kn}，就是要考虑点射过程中的误差分组，即存在两组误差：非重复误差和重复误差。

（1）计算公式。按两组误差型计算一次点射发射 n 发毁伤概率的计算公式，与对海碰炸射击中，一门炮发射 n 发毁伤概率计算公式的推导过程完全相同，只是公式形式有所不同。为此，省略推导过程。

当 $\boldsymbol{X}_c$ 为某一特定值条件下，一发的毁伤概率 $P_{k1}(\boldsymbol{X}_c)$ 为

$$P_{k1}(\boldsymbol{X}_c) = \frac{P(\boldsymbol{X}_c)}{\omega}$$

式中　$\boldsymbol{X}_c$——重复误差，$\boldsymbol{X}_c = (x_{c1}, x_{c2})$；

　　$P(\boldsymbol{X}_c)$——当 $\boldsymbol{X}_c$ 为某一特定值条件下，一发命中条件概率，有

$$P(\boldsymbol{X}_c) = \iint_{A_T} \varphi_f(\boldsymbol{X}_c)\,\mathrm{d}X$$

其中，$\varphi_f(\boldsymbol{X}_c)$ 为非重复误差分布密度函数，有

$$\varphi_f(\boldsymbol{X}_c) = \frac{1}{2\pi\sqrt{|\boldsymbol{K}_f|}} \exp[-\frac{1}{2}(\boldsymbol{X}-\boldsymbol{X}_c-\boldsymbol{M})^{\mathrm{T}} \boldsymbol{K}_f^{-1} (\boldsymbol{X}-\boldsymbol{X}_c-\boldsymbol{M})]$$

考虑 $\boldsymbol{X}_c$ 的全部可能值，则一次点射 n 发的毁伤概率 P_{kn} 为

$$P_{kn} = \int_{-\infty}^{\infty}\int \varphi_c(\boldsymbol{X}_c)\left\{1-[1-P_{k1}(\boldsymbol{X}_c)]^n\right\}\mathrm{d}X_c$$

式中　$\varphi_c(\boldsymbol{X}_c)$——重复误差分布密度函数，有

$$\varphi_c = \frac{1}{2\pi\sqrt{|\boldsymbol{K}_c|}} \exp\left[-\frac{1}{2}\boldsymbol{X}_c^{\mathrm{T}} \boldsymbol{K}_c^{-1} \boldsymbol{X}_c\right]$$

按上式计算两组误差型毁伤概率是十分困难的，通常使用数值积分法。

（2）数值积分近似计算 P_{kn}。数值积分法是先用有限积分代替无穷积分，再用求和代替积分的近似计算方法，如下

$$P_{kn}=\int_{-\infty}^{\infty}\int\varphi_c(\boldsymbol{X}_c)\left\{1-[1-P_{k1}(\boldsymbol{X}_c)]^n\right\}\mathrm{d}X_c$$

$$=1-\int_{-\infty}^{\infty}\int\varphi_c(\boldsymbol{X}_c)[1-P_{k1}(\boldsymbol{X}_c)]^n\mathrm{d}X_c \tag{6.4.18}$$

$$\approx 1-\int_{-a}^{a}\int_{-b}^{b}\varphi_c(x_{c1},x_{c2})[1-P_{k1}(x_{c1},x_{c2})]^n\mathrm{d}x_{c1}\mathrm{d}x_{c2}$$

式中　$\boldsymbol{X}_c$——重复误差：$\boldsymbol{X}_c=(x_{c1},x_{c2})$；

a、b——近似积分区间。

对式（6.4.18）的数值积分，可用矩形法来具体计算，步骤如下：

已知条件：n、A_T、ω、K_f、K_c、M。

① 计算正方形目标命中面积边长的 1/2，有

$$l=\frac{\sqrt{A_T}}{2}\text{（m）}$$

② 计算 $\boldsymbol{K}_f$ 正交矩阵 $\boldsymbol{K}'_f$ 的元素 K'_{f11}、K'_{f22}，有

$$\begin{cases}K'_{f11}=K_{f11}+K_{f12}\tan\theta_1\text{（m}^2\text{）}\\K'_{f22}=K_{f22}-K_{f12}\tan\theta_1\text{（m}^2\text{）}\end{cases}$$

式中　θ_1——非重复误差散布主轴 x_{f1} 与 x_1 轴的夹角（图 6.4.2），有

$$\theta_1=\frac{1}{2}\arctan\left(\frac{2K_{f12}}{K_{f11}-K_{f22}}\right)\quad(°)$$

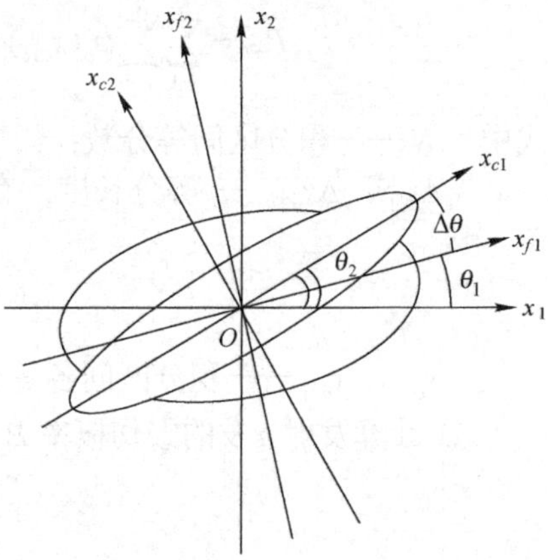

图 6.4.2　重复误差组和非重复误差组

③ 计算 $\boldsymbol{K}_c$ 正交矩阵 $\boldsymbol{K}'_c$ 的元素 K'_{c11}、K'_{c22}，有

$$\begin{cases}K'_{c11}=K_{c11}+K_{c12}\tan\theta_2\text{（m}^2\text{）}\\K'_{c22}=K_{c22}-K_{c12}\tan\theta_2\text{（m}^2\text{）}\end{cases}$$

式中　θ_2——重复误差散布主轴 x_{c1} 与 x_1 轴的夹角（图 6.4.2），有

$$\theta_2=\frac{1}{2}\arctan\left(\frac{2K_{c12}}{K_{c11}-K_{c22}}\right)\quad(°)$$

④ 计算发射一发的命中条件概率 $P(x_{c1},x_{c2})$，有

$$P(x_{c1},x_{c2})=\frac{1}{4}[\Phi(c)-\Phi(d)][\Phi(e)-\Phi(f)]$$

$$\begin{cases}c=(t_1+l)/(2K'_{f11})^{1/2}\\d=(t_1-l)/(2K'_{f11})^{1/2}\\e=(t_2+l)/(2K'_{f22})^{1/2}\\f=(t_2-l)/(2K'_{f22})^{1/2}\end{cases}$$

式中　t_1、t_2——x_{c1},x_{c2} 的特定值及 m_1、m_2 在非重复误差散布主轴 x_{f1}、x_{f2} 的投影值，有

$$\begin{cases}t_1=x_{c1}\cos\Delta\theta-x_{c2}\sin\Delta\theta+m_1\cos\theta_1+m_2\sin\theta_1\\t_2=x_{c1}\sin\Delta\theta+x_{c2}\cos\Delta\theta-m_1\sin\theta_1+m_2\cos\theta_1\end{cases}$$

式中 $\Delta\theta$——非重复误差散布主轴 x_{f1} 与重复误差分布主轴 x_{c1} 的夹角，有

$$\Delta\theta = \theta_1 - \theta_2$$

⑤ 计算发射 n 发的不毁伤概率 $\overline{P}_{kn}$，有

$$\overline{P}_{kn} = \int_{-a}^{a}\int_{-b}^{b}[1 - P(x_{c1}, x_{c2})/\omega]^n \varphi_c(x_{c1}, x_{c2})\mathrm{d}x_{c1}\mathrm{d}x_{c2} \quad (6.4.19)$$

式中 a、b——近似积分区间，有

$$\begin{cases} a = 5(K'_{c11})^{1/2} \\ b = 5(K'_{c22})^{1/2} \end{cases}$$

⑥ 采用数值积分近似计算式（6.4.19），有

$$\overline{P}_{kn} = \sum_{i=1}^{N}\sum_{j=1}^{N}\varphi_c(x_{c1i})\Delta x_{c1} \cdot \varphi_c(x_{c2j})\Delta x_{c2} \cdot [1 - P(x_{c1i}) \cdot P(x_{c2j})/\omega]^n$$

式中 N——积分区间等分数；

Δx_{c1}、Δx_{c2}——等分长度，有

$$\begin{cases} \Delta x_{c1} = 2a/N \\ \Delta x_{c2} = 2b/N \end{cases}$$

x_{c1i}、x_{c2i}——积分区间各等分中点坐标值。

⑦ 计算发射 n 发的毁伤概率 P_{kn}，有

$$P_{kn} = 1 - \overline{P}_{kn}$$

6.4.4 *S* 座舰炮一次点射的毁伤概率

S 座舰炮一次点射的情况有两种，其毁伤概率的计算是不相同的。

6.4.4.1 一套火控系统控制 *S* 座舰炮射击

这种情况可近似采用一座舰炮一次点射的计算方法来计算。这时，可认为一座舰炮一次点射射弹数 n 为

$$n = S \times T \times K \quad (6.4.20)$$

式中 S——舰炮座数；

T——每座舰炮同时射击身管数；

K——一个身管点射长度。

6.4.4.2 多套舰炮武器系统同时射击

这种情况下，每套武器系统都受自己的火控系统控制，此时，各系统的射击都是独立的。

若武器系统的类型一样，射击精度相同，可采用一套火控系统控制 *S* 座舰炮射击的同样计算方法来计算毁伤概率，只是式（6.4.20）的发射射弹数 $n = S \times T \times K$ 中，T 应为每一套舰炮武器系统同时射击身管数的总和。

若武器系统的类型不一样，或类型相同但射击精度不同时，就应分别计算每套系统一次点射的毁伤概率 P_{kni}，然后，用下式计算多套系统同时射击的毁伤概率 P_{kn}，即

$$P_{kn} = 1 - \prod_{i=1}^{N}(1 - P_{kni}) \quad (6.4.21)$$

式中　N——同时射击的舰炮武器系统数量（套）；

P_{kni}——每套系统一次点射的毁伤概率。

式（6.4.21）对计算不是同时射击的多套武器系统的毁伤概率也同样适用。

6.4.5　全航路的毁伤概率

6.4.5.1　概述

前面所研究的舰炮一次点射毁伤概率计算的各种情况，都是对目标航路上同一提前点进行的。

实际上，舰炮对空中目标射击时，通常采用的是跟踪射击，它可以看成是在目标航路上，按一定的时间间隔，对不同的提前点进行多次点射。显而易见，全航路毁伤概率是系统在各个提前点毁伤概率的累积结果。因此，有时也称全航路毁伤概率为累积毁伤概率。

舰炮武器系统对空碰炸射击，采用数学模拟法计算全航路毁伤概率是比较复杂的，计算步骤一般可以归纳为以下几点：

（1）确定射击条件。

① 目标条件：

a．目标现在点坐标；

b．目标运动规律及运动参数；

c．目标易损性；

d．目标外形特征。

② 舰炮武器系统条件：

a．同时射击的身管数；

b．射击范围；

c．火控系统的工作方式；

d．试射方法（对空一般不试射）；

e．发射方式；

f．武器系统精度（总精度或各单机精度）；

g．射击准备精度（弹道气象准备精度）。

（2）确定弹道诸元及修正诸元。

（3）确定目标提前点坐标。

（4）计算目标命中面积。

（5）分析和计算射击误差。

（6）确定全航路毁伤概率计算的数学模型。

（7）计算全航路毁伤概率。

（8）分析计算结果。

上述计算全航路毁伤概率步骤中的部分内容已在有关章节进行了介绍。下面将对确定弹道诸元及修正诸元、目标提前点坐标、全航路毁伤概率计算数学模型等内容进行介绍。

6.4.5.2　确定弹道诸元及修正诸元的方法

弹道诸元及修正诸元是舰炮武器系统射击效力分析中必不可少的基础数据，如在解相遇确定目标提前点坐标、计算目标命中面积、计算射击误差等过程中，都需要知道弹道诸元及修正诸元中的一些有关诸元，才能完成。

小口径舰炮武器系统对空碰炸射击时，弹道诸元包括：提前点斜距 D_p （或提前点水平距离 d_p ）、高低角 ε_p 、距离角 α 、射角 θ_0 、弹丸飞行时间 t_f 、弹丸存速 V_c 及弹道切线倾斜角 θ 等诸元；修正诸元包括：初速变化10%引起的射角改变量 $f_{\theta v0}$ 和弹丸飞行时间改变量 f_{tv0} 、空气密度变化10%引起的射角改变量 $f_{\theta\rho}$ 和弹丸飞行时间改变量 $f_{t\rho}$ 、纵风速度变化10m/s引起的射角改变量 $f_{\theta w}$ 和弹丸飞行时间改变量 f_{tw} 及横风速度变化10m/s引起的弹丸方向改变量 f_{zw} 。

应用计算机计算舰炮武器系统对空碰炸射击的全航路毁伤概率时，确定上述的弹道诸元及修正诸元，可分两种情况讨论：一种是有射表条件下，确定弹道诸元及修正诸元的方法，即射表的处理方法；另一种是没有射表条件下，确定弹道诸元及修正诸元的解析计算法。

1．射表处理方法

在舰炮已编制有射表的条件下，计算系统全航路毁伤概率时，对射表中弹道诸元及修正诸元有三种处理方法：

（1）将舰炮射表中与毁伤概率计算有关的弹道诸元及修正诸元的表格函数，拟合成满足一定精度要求的解析函数式。这是通常采用的方法。

（2）把与毁伤概率计算有关的弹道诸元及修正诸元表格函数全部（或简化后部分）装入计算机内，而与每个目标提前点对应的弹道诸元及修正诸元可以通过查表得到，或者通过插值子程序求得。在当今计算机大存储量的前提下，存储很细的表格函数已不是问题。

（3）把与每个提前点对应的弹道诸元及修正诸元，先从射表中查得，作为计算程序的输入量给出。

对上述三种方法的选择，主要取决于航路中目标提前点的多少及计算精度的要求。

2．弹道诸元及修正诸元的解析计算法

在新型舰炮武器系统论证和研制阶段，舰炮的射表还未编制；在需要了解外军某型舰炮武器系统射击效力，但没有得到射表的情况下，为能定量计算系统的射击效力，可采用如下介绍的解析计算法来确定弹道诸元和修正诸元。

（1）弹道诸元的解析计算法。在舰炮武器系统对空碰炸射击时，要求弹丸在弹道比较平伸的上升段与目标相遇，以确保弹丸对目标具有一定的毁伤作用。根据外弹道理论，弹丸飞离炮口后主要受到空气阻力和重力作用，而对平伸弹道的弹道诸元，可用下述近似公式计算，即

$$\alpha = \cos\varepsilon_p \cdot g \cdot D_p \cdot G_\alpha /(2V_0^2) \tag{6.4.22}$$

$$\omega = \cos\varepsilon_p \cdot g \cdot D_p \cdot G_\omega /(2V_0^2) \tag{6.4.23}$$

$$V_c = V_0 \cdot \cos\theta_0 \cdot G_v / \cos\theta \tag{6.4.24}$$

$$t_f = \cos\varepsilon_p \cdot D_p \cdot G_t /(\cos\theta_0 \cdot V_0) \tag{6.4.25}$$

$$\theta_0 = \varepsilon_p + \alpha \tag{6.4.26}$$

$$\theta = \varepsilon_p - \omega \tag{6.4.27}$$

其中，α 、θ_0、ε_p、θ 、ω 的意义见图6.4.3。

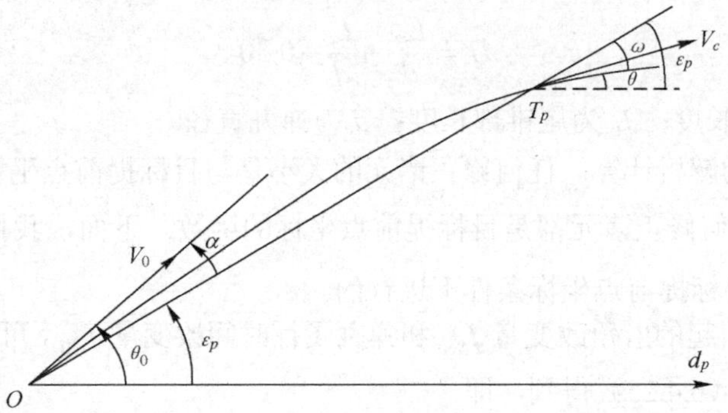

α 为距离角（rad）；g 为重力加速度（m/s²）；V_0 为初速（m/s）；ε_p 为目标高低角（rad）；d_p 为斜距（m）；
ω 为着角（rad）；V_c 为弹丸存速（m/s）；θ_0 为射角（rad）；t_f 为弹丸飞行时间（s）。

图 6.4.3　提前点的弹道诸元示意图

G_α、G_ω、G_v、G_t——1943 年阻力定律（注：标准弹丸的阻力系数函数称为空气阻力定律，所谓标准弹丸就是选定的一个或一组特定形状的弹丸）空气弹道修正函数表的拟合函数，见附录 A 的表 A.5，均为 C_{HD} 和 V_0 的二元函数，即

$$G_\alpha = G_\alpha(C_{HD}, V_0)$$
$$G_\omega = G_\omega(C_{HD}, V_0)$$
$$G_v = G_v(C_{HD}, V_0)$$
$$G_t = G_t(C_{HD}, V_0)$$

其中

$$C_{HD} = C_{43} Y(H) D_P$$

式中　C_{43}——1943 年阻力定律的弹道系数（除了 1943 年阻力定律外，目前常用的还有西亚切阻力定律和 1930 年阻力定律）；

$Y(H)$——高度函数，可按下式近似计算，即

$$Y(H) = (1 - 2.1922 \times 10^{-5} H)^{4.4}$$

其中，H 为目标提前点高度（m）。

由式（6.4.22）～式(6.4.27)可知，对于任何对空碰炸射击的舰炮武器系统，只要给出初速 V_0 和弹道系数 C_{43} 后，就可解析计算出任一给定航路上所有提前点坐标的弹道诸元了。V_0 和 C_{43} 是舰炮武器系统的两个基本性能指标，一般在系统论证阶段就应确定。若在系统论证阶段没有直接给出 C_{43} 值，或对外军的舰炮系统 C_{43} 未知时，C_{43} 值可按下式计算，即

$$C_{43} = i_{43} d^2 \times 10^3 / G$$

式中　i_{43}——1943 年阻力定律弹形系数，该值由系统给出或由相似弹形估计确定；

d——弹丸直径（m）；

G——弹丸质量（kg）。

计算弹形系数的近似公式很多，这里介绍一种估算一般旋转稳定炮弹弹形系数的公式，即

$$i_{43} = 2.9 - 1.373H + 0.32H^2 - 0.026H^3$$

式中

$$H = \frac{L_H}{d} + \frac{L_i}{d} - 0.30$$

其中，L_H 为弹头部长度；L_i 为尾锥部长度；d 为弹丸直径。

（2）修正诸元的解析计算。任何修正诸元的大小是与目标提前点坐标（D_p、ε_p 或 d_p、H_p）有关的，即任何修正诸元都是目标提前点坐标的函数。下面，我们讨论修正诸元解析计算时，是在给定目标提前点坐标条件下进行的。

初速变化 10%引起的射角改变量 $f_{\theta v0}$ 和弹丸飞行时间改变量 f_{tv0}，可通过改变初速 V_0 值，由式（6.4.22）及式（6.4.25）得到，即

$$\begin{cases} f_{\theta v0} = \alpha(V_0) - \alpha(90\% V_0) \\ f_{tv0} = t_f(V_0) - t_f(90\% V_0) \end{cases} \tag{6.4.28}$$

空气密度的变化可由高度函数 $Y(H)$ 表示，因为有

$$Y(H) = \frac{\rho}{\rho_{ON}}$$

式中　ρ——目标提前点高度上的空气密度；

ρ_{ON}——标准气象条件下的地面空气密度。

又有

$$C_{HD} = C_{43} Y(H) D_p$$

因此，可以通过改变 $Y(H)$ 值，由式（6.4.22）及式（6.4.25）得到空气密度变化 10%引起的射角改变量 $f_{\theta\rho}$ 和弹丸飞行时间改变量 $f_{t\rho}$，即

$$\begin{cases} f_{\theta\rho} = \alpha[Y(H)] - \alpha[Y(90\% H)] \\ f_{t\rho} = t_f[Y(H)] - t_f[Y(90\% H)] \end{cases} \tag{6.4.29}$$

纵风、横风修正诸元不能像初速、空气密度修正诸元那样，可以直接借助弹道诸元近似计算公式求取。但是通过分析弹道诸元近似计算式（6.4.22）～式（6.4.27）（或其他弹道微分方程组）可以发现：在给定目标提前点坐标后，弹道诸元取决于初速 V_0 和 1943 年阻力定律的弹道系数 C_{43}。并且，对不同舰炮，初速 V_0 大的要比初速 V_0 小的修正诸元小；而 C_{43} 大的要比 C_{43} 小的修正诸元要大。据此，我们可选取一门与待求舰炮性能要求大致相同，且初速为 $\tilde{V}_0$、弹道系数为 $\tilde{C}_{43}$ 的已知舰炮，对其已有的纵风、横风修正诸元函数表进行适当修正后，即可得到待求舰炮武器系统的纵风、横风修正诸元。这个修正量的大小将与待求舰炮的初速大小成反比，而与其弹道系数 C_{43} 成正比关系。下面给出计算纵风、横风修正诸元 $f_{\theta w}$、f_{tw} 及 f_{zw} 的经验计算公式，即

$$f_{\theta w} = \left(\frac{\tilde{V}_0 C_{43}}{V_0 \tilde{C}_{43}}\right)^{r_\theta} \tilde{F}_\theta(D_p, \varepsilon_p)$$

$$f_{tw} = \left(\frac{\tilde{V}_0 C_{43}}{V_0 \tilde{C}_{43}}\right)^{r_t} \tilde{F}_t(D_p, \varepsilon_p)$$

$$f_{zw} = \left(\frac{\tilde{V}_0 C_{43}}{V_0 \tilde{C}_{43}}\right)^{r_z} \tilde{F}_z(d_p, H_p)$$

式中　$\tilde{F}_{\theta}(D_P,\varepsilon_P)$、$\tilde{F}_t(D_P,\varepsilon_P)$、$\tilde{F}_z(d_P,H_P)$——已知舰炮武器系统的纵风速度变化 10m/s 引起的射角改变量、弹丸飞行时间改变量，以及横风速度变化 10m/s 引起的弹丸方向改变量的函数表；

r_{θ}、r_t、r_z——经验修正系数。

6.4.5.3　确定目标提前点坐标

全航路毁伤概率是指在目标航路中系统射击范围内的毁伤概率。

在计算全航路上的目标提前点坐标之前，应先确定目标运动参数、目标运动规律假设、系统射击范围及系统发射方式，然后，以系统射击范围的一端（近端或远端均可）所对应的目标现在点为起始点，开始进行目标提前点坐标计算。

实际上，有指挥仪舰炮武器系统对空碰炸射击时，一次点射中的每一发弹都对应一个提前点。但在应用解析方法计算一次点射毁伤概率时，为了减少提前点坐标的计算量，通常采用如下近似处理：以每次点射时间区间中点时刻相应的提前点坐标来代表一次点射中所有的提前点坐标，其意义是指：一次点射的全部弹丸均射向同一个提前点。

目标提前点坐标采用迭代法计算，其计算公式（符号意义见图 6.4.4）为

$$\begin{cases} S = V_m t_f + \dfrac{1}{2} a_m t_f^2 \\ d_p = [d^2 + (S\cos\lambda)^2 - 2d \cdot S\cos\lambda\cos Q]^{1/2} \\ H_p = H + S\sin\lambda \\ t_f = f(d_p, H_p) \end{cases} \tag{6.4.30}$$

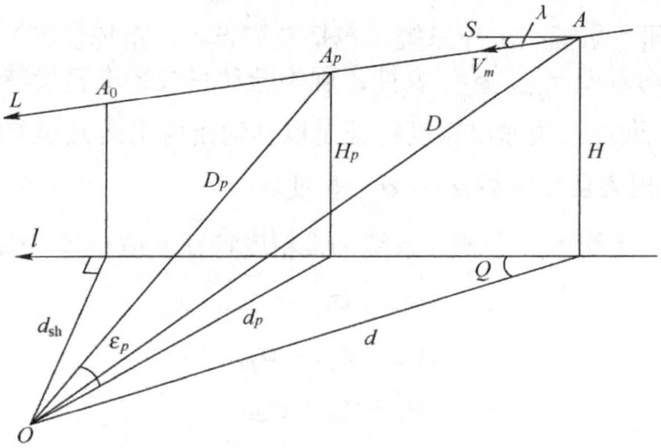

图 6.4.4　目标飞行航路

式中　S——目标提前量；

V_m、a_m——目标运动速度、加速度；

d、H——目标现在点水平距离、高度；

λ——目标俯冲角，俯冲为负、上仰为正；

Q——目标现在点舷角；

t_f——弹丸飞行时间；

d_p、H_p——目标提前点水平距离、高度。

其他的提前点诸元为

$$\begin{cases} D_p = (d_p^2 + H_p^2)^{1/2} \\ \varepsilon_p = \arctan(H_p / d_p) \end{cases} \tag{6.4.31}$$

式中 D_p、ε_p——目标提前点斜距、高低角。

6.4.5.4 全航路毁伤概率计算

假设在目标航路上有 N 个提前点，系统对各个提前点都点射一次，并认为射击误差对各次点射均为不相关、非重复的，即各次点射相互独立。若系统对第 i 个提前点点射一次的目标毁伤概率为 $P_{kn}(i)$，则可用连乘法求得全航路目标毁伤概率 P_{kn}，有

$$P_{kn} = 1 - \prod_{i=1}^{N} [1 - P_{kn}(i)] \tag{6.4.32}$$

6.5 误差对射击效果的影响分析

6.5.1 基本概念

精度参数通常是以误差的形式给出的，分析误差对系统射击效果的影响就是研究各分系统（或设备、单机）的精度参数对毁伤概率的影响程度，以便确定使毁伤概率获得较大数值时，各精度参数之间的最优（或亚优）匹配关系。

在选定典型航路、典型目标情况下，武器系统其他的射击条件，如射速、点射长度、点射间隔时间等均保持不变时，目标航路上的毁伤概率 P_{kn} 是各分系统精度参数的函数。设武器系统是由舰炮、舰炮随动系统、火控系统（包括观测设备、指挥仪等）组成。舰炮散布精度特征以其散布误差的均方差 σ_{nj0}、σ_{zj0} 表征；舰炮随动系统瞄准精度特征以其瞄准误差的均方差 $\sigma_{\varphi m}$、$\sigma_{\beta m}$ 表征；火控系统输出精度特征是以其输出射击诸元误差的均方差 $\sigma_{\varphi s}$、$\sigma_{\beta s}$、数学期望 $m_{\varphi s}$、$m_{\beta s}$ 及相关衰减系数 $\alpha_{\varphi s}$、$\alpha_{\beta s}$ 表征。

为使研究的问题表述简单，令各分系统二维精度特征取值相等，即有

$$\begin{cases} \sigma_{j0} = \sigma_{nj0} = \sigma_{zj0} \\ \sigma_m = \sigma_{\varphi m} = \sigma_{\beta m} \\ \sigma_s = \sigma_{\varphi s} = \sigma_{\beta s} \\ m_s = m_{\varphi s} = m_{\beta s} \\ \alpha_s = \alpha_{\varphi s} = \alpha_{\beta s} \end{cases}$$

这样，毁伤概率 P_{kn} 与各分系统精度参数的函数关系可由下式表达，即

$$P_{kn} = f(\sigma_{j0}, \sigma_m, \sigma_s, m_s, \alpha_s, \sigma_g)$$

式中 σ_g——射击准备的综合精度，由确定初速偏差量误差均方差 σ_{v0}、确定空气密度偏差量误差均方差 σ_ρ，以及确定弹道风误差均方差 σ_w 等表征。

通常是以待分析的精度参数为变量（在某一范围内取值），其他精度参数为常量的方法，来研究该精度参数对毁伤概率的影响，最后找出诸精度参数之间的匹配关系。

6.5.2　舰炮散布精度对毁伤概率的影响

为了分析舰炮散布精度 σ_{j0} 对毁伤概率 P_{kn} 的影响，选择小、中、大三组，并假定其他精度参数保持不变，对应图 6.5.1 中的曲线 1、2、3 和表 6.5.1 中的 1、2、3 行。从图表中可以看出，在其他精度参数保持不变时，当 σ_{j0} 较小时，如 σ_{j0} 在 2mrad 以内变化时，对 P_{kn} 的影响较少。当 σ_{j0} >2mrad 时，在其他精度参数较小（曲线 1）时，P_{kn} 随 σ_{j0} 的增大而快速减小；但在其他精度参数较大（曲线 3）时，P_{kn} 随 σ_{j0} 的增大而无明显变化。对于小口径舰炮武器系统，单身管的单发散布精度一般不超过 1～2mrad，精度是比较好的。只是在多身管连射时，散布精度才会明显地降低，一般要增大 3～5 倍，为 4～6mrad。因此，舰炮散布精度对毁伤概率的影响，与其他精度参数相比不是主要的。

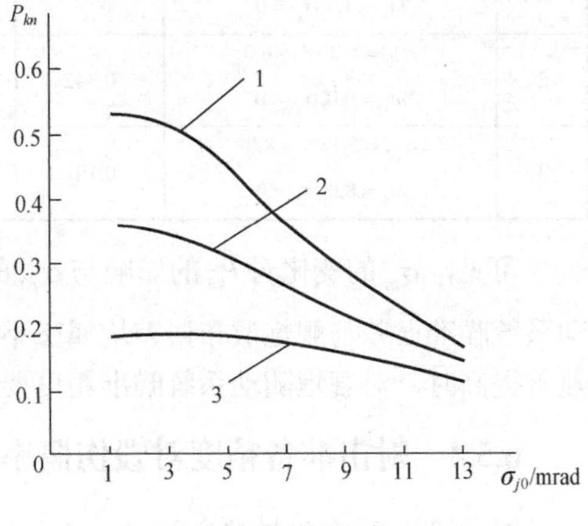

图 6.5.1　舰炮散布精度对毁伤概率的影响

表 6.5.1　舰炮散布精度对毁伤概率的影响　　（单位：mrad）

组号	其他精度参数 \ P_{kn} \ σ_{j0}	1.0	3.0	5.0	7.0	9.0	11.0
1	$\sigma_m = 2.5, \sigma_s = 4.5$ $m_s = 3.5, \sigma_g = 0$	0.528	0.518	0.456	0.371	0.292	0.229
2	$\sigma_m = 3.0, \sigma_s = 6.0$ $m_s = 5.0, \sigma_g = 0$	0.358	0.354	0.328	0.284	0.237	0.195
3	$\sigma_m = 3.2, \sigma_s = 8.0$ $m_s = 8.0, \sigma_g = 0$	0.189	0.191	0.189	0.178	0.161	0.142

目前，若系统其他精度参数（如火控系统精度）没有显著提高时，不应对舰炮散布精度要求过高。要求过高，意义不大。

6.5.3　舰炮随动系统瞄准精度对毁伤概率的影响

舰炮随动系统瞄准精度 σ_m 变化对毁伤概率 P_{kn} 的影响如图 6.5.2 所示和表 6.5.2 所列。从图表可以看出，在其他精度参数保持不变时，当 σ_m 较小时，如 σ_m 在小于 2mrad 范围内变化，对毁伤概率 P_{kn} 的影响较小；当 σ_m 较大时，如 σ_m >2mrad，随 σ_m 的增大，毁伤概率 P_{kn} 迅速减小。

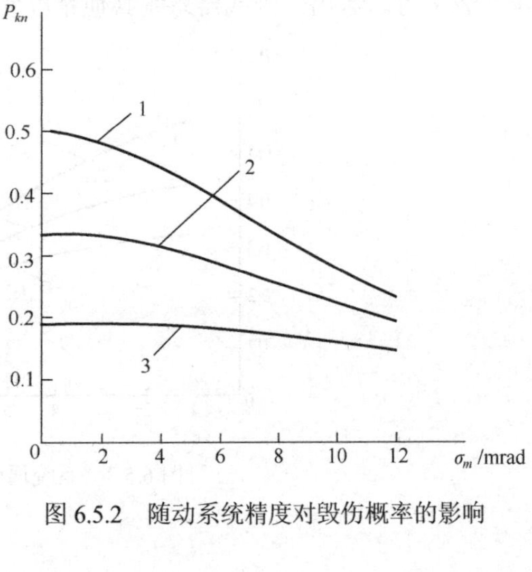

图 6.5.2　随动系统精度对毁伤概率的影响

表 6.5.2 舰炮随动系统瞄准精度对毁伤概率的影响 （单位：mrad）

组号	其他精度参数 \ P_{kn} \ σ_m	0.0	2.0	4.0	6.0	8.0	10.0
1	$\sigma_{j0}=4.5,\sigma_s=4.5$ $m_s=3.5,\sigma_g=0$	0.497	0.483	0.444	0.388	0.327	0.272
2	$\sigma_{j0}=5.0,\sigma_s=6.0$ $m_s=6.0,\sigma_g=0$	0.342	0.335	0.317	0.288	0.254	0.220
3	$\sigma_{j0}=5.1,\sigma_s=8.0$ $m_s=8.0,\sigma_g=0$	0.191	0.190	0.186	0.179	0.168	0.154

可见，σ_m 的变化对 P_{kn} 的影响与 σ_{j0} 的变化对 P_{kn} 的影响规律是非常相似的，这是由于随动系统瞄准误差与舰炮散布误差均属于不相关误差的缘故。同样，在系统其他精度参数没有显著提高时，对舰炮随动系统瞄准精度要求过高，意义不大。

6.5.4 射击准备精度对毁伤概率的影响

射击准备精度包括确定初速、空气密度偏差量的精度，以及确定弹道风的精度。射击准备的精度与其准备的方法及技术水平密切相关。在研究各种准备精度对毁伤概率的影响时，一般可将其作为系统误差（常量）来考虑。这是因为射击准备误差属于强相关误差的缘故。

6.5.5 火控系统输出精度对毁伤概率的影响

火控系统输出精度是以误差的大小来表征的。火控系统输出误差属于弱相关误差，其误差特征包括火控系统输出误差的数学期望 m_s（又称系统误差）、均方差 σ_s 及相关衰减系数 α_s。

6.5.5.1 系统误差 m_s 对毁伤概率的影响

火控系统输出精度中的系统误差 m_s 对毁伤概率的影响如图 6.5.3 所示和表 6.5.3 所列。从图和表中可以看出，当武器系统其他精度参数保持不变时，有如下关系。

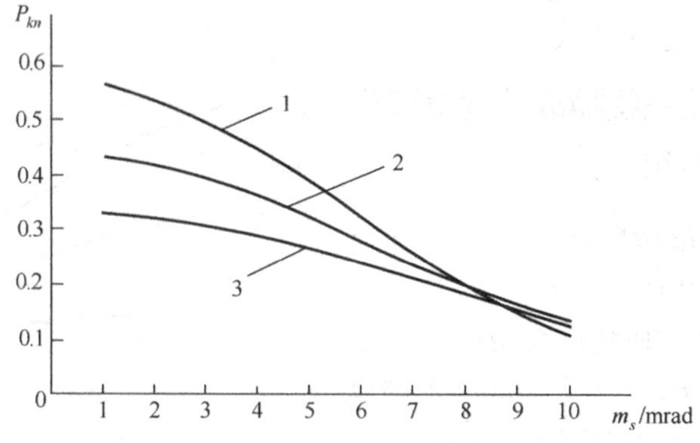

图 6.5.3 系统误差 m_s 对毁伤概率的影响

表 6.5.3　系统误差 m_s 对毁伤概率的影响　（单位：mrad）

组号	其他精度参数 \ P_{kn} \ m_s	1.0	2.0	3.0	4.0	5.0	6.0	8.0
1	$\sigma_{j0}=4.5,\sigma_m=2.5$ $\sigma_s=4.5,\sigma_g=0$	0.569	0.543	0.501	0.447	0.384	0.318	0.192
2	$\sigma_{j0}=5.0,\sigma_m=3.0$ $\sigma_s=6.0,\sigma_g=0$	0.437	0.422	0.398	0.366	0.328	0.286	0.201
3	$\sigma_{j0}=5.0,\sigma_m=3.2$ $\sigma_s=8.0,\sigma_g=0$	0.335	0.326	0.312	0.293	0.270	0.244	0.189

（1）随着系统误差 m_s 的逐渐增大，毁伤概率逐渐减小，且减小的速度逐渐加快；

（2）在武器系统其他精度参数不同的条件下（1、2、3 组），比较系统误差的变化对毁伤概率的影响程度：精度参数数值小（精度高）的（如第 1 组）比精度参数数值大（精度低）的（如第 3 组）受 m_s 影响程度要大得多，而且毁伤概率变化速度也快得多。

以上现象说明：系统误差与武器系统其他精度参数之间存在最优的匹配关系。当武器系统其他精度较低时，不应对系统误差提出过高要求，否则意义也不大。

6.5.5.2　均方差 σ_s 对毁伤概率的影响

火控系统输出精度中的均方差 σ_s 的变化对毁伤概率的影响如表 6.5.4 所列和图 6.5.4 所示。从表和图中看出，当武器系统其他精度参数的数值较小（精度高）时，毁伤概率 P_{kn} 随 σ_s 的增大而减小，σ_s 越大，P_{kn} 越小；当武器系统其他精度参数的数值较大（精度低）时，毁伤概率 P_{kn} 变化曲线有极大值，即 σ_s 有极值点。

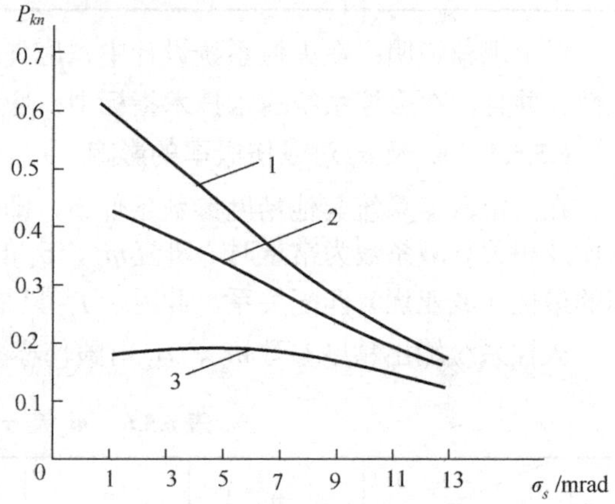

图 6.5.4　均方差 σ_s 对毁伤概率的影响

表 6.5.4　均方差 σ_s 对毁伤概率的影响　（单位：mrad）

组号	其他精度参数 \ P_{kn} \ σ_s	1.0	3.0	5.0	7.0	9.0	11.0
1	$\sigma_{j0}=4.5,\sigma_m=2.5$ $\sigma_s=3.5,\sigma_g=0$	0.612	0.546	0.451	0.359	0.282	0.222
2	$\sigma_{j0}=5.0,\sigma_m=3.0$ $\sigma_s=5.0,\sigma_g=0$	0.439	0.408	0.357	0.299	0.245	0.199
3	$\sigma_{j0}=5.0,\sigma_m=3.2$ $\sigma_s=8.0,\sigma_g=0$	0.178	0.193	0.202	0.196	0.179	0.157

以上现象说明：当武器系统其他精度参数数值较大（精度较差）时，σ_s 存在较佳的取值范围。

6.5.5.3 相关衰减系数α_s对毁伤概率的影响

火控系统输出误差的相关衰减系数α_s的变化对毁伤概率P_{kn}的影响，如表 6.5.5 所列。

从表中可以看出：毁伤概率P_{kn}随着相关衰减系数α_s的增大而增大；当α_s＜0.8 时，P_{kn}随α_s的减小而迅速减小；当α_s＞0.8 时，P_{kn}随α_s的增大而平稳增大，变化较小。

表 6.5.5 相关衰减系数α_s对毁伤概率的影响 （单位：mrad）

组号	其他精度参数 \ P_{kn} \ α_s	0.0	0.4	0.8	1.2	1.6	2.0	3.0
1	$\sigma_{j0}=4.5,\sigma_m=2.5$ $m_s=3.5,\sigma_s=4.5,\sigma_g=0$	0.443	0.464	0.474	0.480	0.484	0.486	0.490
2	$\sigma_{j0}=5.0,\sigma_m=3.0$ $m_s=5.0,\sigma_s=6.0,\sigma_g=0$	0.301	0.319	0.327	0.331	0.334	0.336	0.338
3	$\sigma_{j0}=5.0,\sigma_m=3.2$ $m_s=8.0,\sigma_s=8.0,\sigma_g=0$	0.167	0.182	0.188	0.191	0.193	0.194	0.196

以上现象说明：在火控系统设计中，应使相关衰减系数α_s大于 0.8，增大输出误差的独立性。并且，在火控系统战术技术指标中，应考虑对相关衰减系数α_s的要求。

6.5.5.4 m_s及σ_s对毁伤概率的影响

在给定武器系统其他精度参数条件下，即舰炮散布精度、随动系统瞄准精度、射击准备精度及相关衰减系数为常量时，研究m_s、σ_s的变化对毁伤概率的影响，以便确定m_s与σ_s之间的最优（或亚优）匹配关系。此时，P_{kn}只是m_s和σ_s的函数，即$P_{kn}=f(m_s,\sigma_s)$。

火控系统输出精度参数m_s、σ_s对毁伤概率P_{kn}的影响如表 6.5.6 所列和图 6.5.5 所示。

表 6.5.6 m_s及σ_s对毁伤概率的影响 （单位：mrad）

m_s \ P_{kn} \ σ_s	0	2	4	6	8	10
1.5	0.538	0.601	0.563	0.475	0.375	0.313
3.0	0.376	0.452	0.463	0.394	0.314	0.263
4.5	0.225	0.288	0.351	0.338	0.262	0.224
6.0	0.113	0.188	0.238	0.264	0.213	0.186

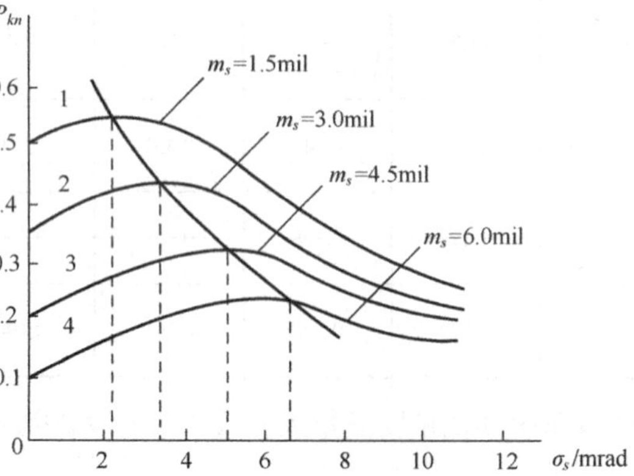

图 6.5.5 m_s及σ_s对毁伤概率的影响

从表 6.5.6 和图 6.5.5 中可以看出：

（1）毁伤概率 P_{kn} 随系统误差 m_s 的增大而减小；

（2）毁伤概率 P_{kn} 随均方差 σ_s 的增大，并不存在单调递减关系，P_{kn} 曲线有极大值。

以上现象说明：① 若武器系统中不存在其他具有系统误差性质的误差源（如射击准备误差），则火控系统输出精度中的系统误差 m_s 越小越好；若武器系统中存在具有系统误差性质的其他误差源时，对系统误差 m_s 的要求不应过高，因为要求过高，对 P_{kn} 提高并不大，反而会加大技术难度，增加费用。② 当存在系统误差 m_s，且 m_s 为定值时，均方差 σ_s 不是越小越好；P_{kn} 曲线中的最大值，对应 σ_s 有最佳值，即 m_s 和 σ_s 存在最优匹配关系。系统误差 m_s 增加时，也应适当增加均方差 σ_s。

应该注意，m_s 与 σ_s 最优匹配关系的确定，还与许多条件有关，如航路条件、目标特性、射击条件、武器系统其他设备精度参数等。

6.6　应用统计模拟法计算毁伤概率

6.6.1　统计模拟法基本思想

统计模拟法又称蒙特卡洛（Monte-Carlo）法、统计试验法，它是一种运用数理统计理论，近似求解各种实际问题的方法。

统计模拟法的基本思想是：为了求解某个问题，首先要建立一个概率模型，使它的概率特征等于问题的数值解；然后对模型进行随机抽样试验，经过统计计算，以符合精度要求的统计估计值作为问题的近似解。简言之，统计模拟法的基本思想就是：通过随机抽样与统计计算来确定包含多种复杂因素的概率特征。

应用统计模拟法求解某一问题，其计算是比较简单的，其模拟过程也比较灵活，统计模拟法特别适用于解决用解析法难以解决的、甚至是不可能解决的一些问题，比如对目标毁伤概率计算问题，解析法只能用来解决简单情况下的目标毁伤概率，并需要做很多假设和简化，如假设目标没有毁伤积累，射击误差是相互独立的或只有微弱相关，目标命中面积是简单形状的等，使得解析法的计算比较粗略。而对于实际中常遇到的复杂情况，统计模拟法是最有效的计算方法。

6.6.2　随机事件的模拟

利用均匀随机数可以模拟许多简单的随机事件。

6.6.2.1　模拟单个事件

模拟概率为 P 的某事件 A 时，可用抽取（0,1）均匀随机数 x 的方法来进行判断。判断的条件是：若 $x>P$，则事件 A 没有发生，记为 0；若 $x\leqslant P$，则事件 A 发生，记为 1，即

$$A=\begin{cases}1 & (x\leqslant P)\\ 0 & (x>P)\end{cases} \tag{6.6.1}$$

6.6.2.2　模拟全事件组

设互斥事件 $A_i(i=1,2,\cdots,t)$ 组成一个全事件组，事件 A_i 的概率为 $P(A_i)=P_i(i=1,2,\cdots)$，有

$$\sum_{i=1}^{t} P_i = 1$$

利用（0,1）均匀随机数 x，模拟该事件组时，若 x 满足不等式

$$l_{i-1} < x \leqslant l_i$$

则认为事件 A_i 发生。式中 $l_i = \sum_{j=1}^{i} P_j (j = 1,2,\cdots,i)$ 是区间界限，见图 6.6.1。显然

$$P_i = \sum_{j=1}^{i} P_j - \sum_{j=1}^{i-1} P_{j-1} = l_i - l_{i-1}$$

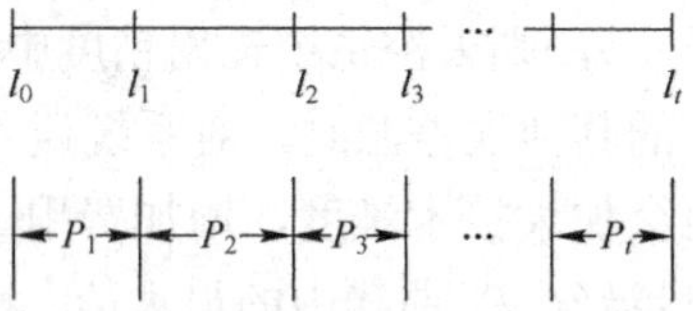

图 6.6.1　全事件组的模拟

在进行模拟试验时，抽取（0,1）均匀随机数 x，与 l_i 进行比较，若 x 出现在第 j 区间，则表示该次试验的现实为事件 A_i 发生，有

$$A_i = \begin{cases} 1 & (l_{i-1} < x \leqslant l_i) \\ 0 & (\text{其他}) \end{cases}$$

【例 6.6】 舰炮对敌舰艇射击，该舰艇可认为是由五部分组成的。已知舰炮命中第 i 部分（A_i）的概率 $P_i (i = 1,2,\cdots,5)$ 分别为 0.15，0.20，0.18，0.01，0.46，试模拟舰炮发射一发炮弹的射击结果。

解：

（1）计算事件 $A_i (i = 1,2,\cdots,5)$ 相应的区间界限 $l_0 = 0$，$l_1 = 0.15$，$l_2 = 0.35$，$l_3 = 0.53$，$l_4 = 0.54$，$l_5 = 1.00$。

（2）抽取一个（0,1）均匀随机数 x，假设抽到 $x = 0.46$，因

$$l_2 < x = 0.46 \leqslant l_3$$

则表明，此次模拟结果为该发弹命中第三部分。

6.6.2.3　模拟复合事件

1．独立事件

如果复合事件中各事件是独立的，那么，可通过试验分别模拟各事件是否发生，再综合得出复合事件出现的现实。

设事件 A 和 B 的概率分别为 P_A 和 P_B，由于 A 和 B 是独立的，这样，在一次试验中，抽取两个（0,1）均匀随机数，按式（6.6.1）分别判断 A 和 B 是否出现，从而得出复合事件出现的一个现实。

2．不独立事件

设事件 A 和 B 的概率分别为 P_A 和 P_B，又知事件 A 出现条件下事件 B 出现的条件概率为 $P(B/A)$。那么，为了能模拟一次试验中复合事件出现的现实，还需要求出事件 A 不出现条件下事件 B 出现的条件概率 $P(B/\overline{A})$，有

$$P(B/\overline{A}) = \frac{[P(B) - P(A)P(B/A)]}{[1 - P(A)]} \tag{6.6.2}$$

这样，一次试验的过程和试验结果——复合事件出现的现实，可以用图 6.6.2 来表示和检查。

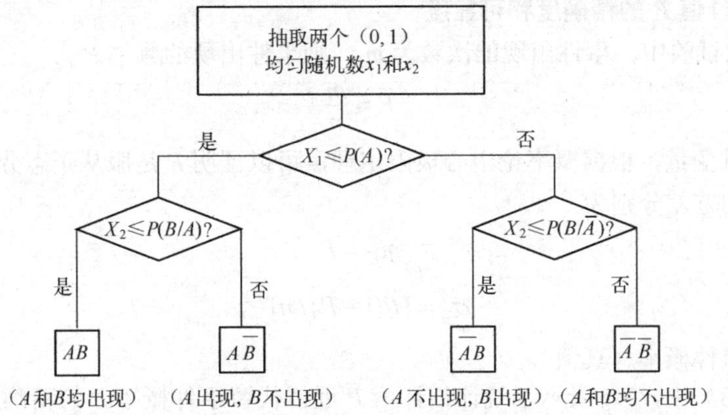

图 6.6.2　复合事件出现的现实

【例 6.7】 舰炮对目标发射两发炮弹，已知炮弹的命中概率相等，即 $P_A = 0.40$，$P_B = 0.40$。两发弹射击命中事件是相关的，且 $P(B/A) = 0.80$，试模拟舰炮发射两发炮弹的射击结果。

解：先按式（6.6.2）计算 $P(B/\overline{A})$，有

$$P(B/\overline{A}) = \frac{(0.40 - 0.40 \times 0.80)}{(1 - 0.40)} = 0.13$$

再抽取两个（0,1）均匀随机数，假设抽取结果为

$$x_1 = 0.32, x_2 = 0.87$$

根据图 6.6.1 可知，由于

$$x_1 = 0.32 \leqslant P_A = 0.40$$

则表明 A 发炮弹命中目标；又由于

$$x_2 = 0.87 > P(B/A) = 0.80$$

则表明 B 发炮弹没有命中目标。

这样，本次模拟的射击结果是：A 发弹命中目标，B 发弹不命中目标。

6.6.3　统计模拟法的精确度

统计模拟法的精确度问题是一个很重要的问题，因为精确度实质上决定了统计模拟法的适用程度。由于统计模拟法是以统计估计值近似所求实际问题数值解的，因此，很容易看出，统计模拟法的精确度是与随机抽样（试验）次数密切相关的。也就是说，若要求问题解的精确度越高，则需要取得的随机抽样次数也越多。但是，实际上，随机抽样不能无限增加，否则必然会使计算时间过长，严重时会导致对统计模拟法的拒绝使用。

下面通过统计模拟法确定事件概率和数学期望两个问题，来讨论其精确度与随机抽样次数的关系。

6.6.3.1 统计模拟法确定事件概率的精确度

统计模拟法确定事件概率是指以统计估计值——事件频率 $\overline{P}$ 近似代替事件概率 P。

1．统计估计值 $\overline{P}$ 的精确度和可靠度

假设在 n 次试验中，事件出现的次数为 m，则事件出现的频率 $\overline{P}$ 为

$$\overline{P}=\frac{m}{n}$$

显然，$\overline{P}$ 为随机变量，根据概率论中心极限定理，可以证明 $\overline{P}$ 是服从正态分布的随机变量，其数学期望和均方差分别为

$$m_{\overline{P}}=P$$

$$\sigma_{\overline{P}}=[P(1-P)/n]^{1/2} \tag{6.6.3}$$

式中　P——事件概率（真值）。

在式（6.6.3）中，$\sigma_{\overline{P}}$ 表示了统计估计值 $\overline{P}$ 近似代替事件概率 P 的精确度，它是与事件概率 P 和抽样次数 n 有关的。但是，我们并不能直接应用此式，因为事件概率（真值）P 是不知道的。因此，只能以 $\overline{P}$ 近似代替 P。

由数理统计可知，以统计估计值代替真值的可靠程度是由置信限和置信概率这两个数量指标描述的。置信限是指真值可能存在的区间，它描述了统计值的精确度；置信概率是指统计估计值与真值之差小于某给定值的概率，它描述了统计估计值的可靠度。

当用统计估计值 $\overline{P}$ 近似代替事件概率 P 时，其置信概率由下式表示

$$P(|\overline{P}-P|<\varepsilon)=P(|\Delta P|<\varepsilon)=\alpha \tag{6.6.4}$$

式中　α——置信概率，又称置信度（可靠度）；

ε——置信限，又称不确定度（不精确度）。它是一个给定的误差限，即最大误差。显然，ε 就是 $\overline{P}$ 近似 P 的精确度。

式（6.6.4）的含义是 $\overline{P}$ 与 P 之差 $|\Delta P|$ 小于给定值 ε 的概率等于 α。

这样，对式（6.6.4）的解释是，当 $\overline{P}$ 近似 P 的精确度为 ε 时，其置信概率为 α；也可以这样说，当 $\overline{P}$ 近似 P 的置信概率为 α 时，其精确度为 ε，即 $\overline{P}$ 与 P 之差 $|\Delta P|$ 的最大误差为 ε。式（6.6.4）也说明：当置信限 ε 给定时，置信概率 α 越大，则表示 $\overline{P}$ 近似 P 的可靠程度也越高；当 α 给定时，ε 越小，则表示 $\overline{P}$ 近似 P 的精确度越高。

现举例说明置信限和置信概率的意义，设 $\varepsilon=0.05$，$\alpha=0.95$，则说明用统计模拟法的统计估计值 $\overline{P}$ 近似代替事件概率 P 值时，其精确度为 0.05，即 P 出现在（$\overline{P}$-0.05，$\overline{P}$+0.05）范围内的置信概率为 95%，在实际模拟时，可以这样认为，在 100 次相同条件的试验中，统计估计值 $\overline{P}$ 与事件概率 P 之差，可能有 95 次小于 0.05。

置信限 ε 与均方差 $\sigma_{\overline{P}}$ 有如下关系，即

$$\varepsilon=K_z\sigma_{\overline{P}} \tag{6.6.5}$$

式中　K_z——置信系数。

由于 ΔP 为正态分布随机变量，置信系数 K_z 与置信概率 α 是相互唯一确定的，即根据给定的 K_z（或 α）可以在有关表格中查得 α（或 K_z），见表 6.6.1。

表 6.6.1　置信概率与置信系数的关系

置信概率 α	0.9973	0.9876	0.9545	0.8664	0.6827
置信系数 K_z	3.0	2.5	2.0	1.5	1

2．模拟次数的确定

直观地看，统计模拟法试验次数 n 是由给定置信概率 α 条件下的精确度 ε 确定的。

统计模拟法试验次数 n 的计算式可由式（6.6.5）与式（6.6.3）直接推得，即将式（6.6.3）代入式（6.6.5），得

$$\varepsilon = K_z\sqrt{\frac{P(1-P)}{n}}$$

变换上式形式，则得精确度为 ε 时所需的模拟次数 n，即

$$n = \frac{K_z^2 P(1-P)}{\varepsilon^2} \tag{6.6.6}$$

在通常情况下，若给定置信概率 $\alpha = 95.4\%$ 时，可认为以统计估计值 $\bar{P}$ 近似代替事件概率 P 的可靠程度已经相当高了。将此 α 条件下置信系数 $K_z = 2$ 代入式(6.6.6)，即得 $\alpha = 95.4\%$ 条件下，精确度为 ε 时，所需次数 n 的计算式，即

$$n = \frac{4P(1-P)}{\varepsilon^2} \tag{6.6.7}$$

【例 6.8】 若 $P = 0.5$，求置信概率为 95.4%，精度为 0.01 及 0.05 时，所需模拟次数。

解：若 $\varepsilon = 0.01$，按式（6.6.7），则得

$$n = \frac{4\times 0.5\times(1-0.5)}{0.01^2} = 10000$$

若 $\varepsilon = 0.05$，则

$$n = \frac{4\times 0.5\times(1-0.5)}{0.05^2} = 400$$

现在，以不同的 P 和 ε，再按式（6.6.7）计算，得出所需模拟次数 n，见表 6.6.2。

表 6.6.2　置信概率为 95.4%时，不同的 P 和 ε 所需模拟次数

P \ ε	0.05	0.01	0.005	0.001
0.1(0.9)	144	3600	14400	36×10^4
0.2(0.8)	256	6400	25600	64×10^4
0.3(0.7)	336	8400	33600	84×10^4
0.4(0.6)	384	9600	38400	96×10^4
0.5	400	1×10^4	4×10^4	1×10^6

从表 6.6.2 中可以看出，在置信概率相同的情况下，随着精度要求的提高，所需模拟次数将大大增加。这种情况正是严重限制应用统计模拟法的原因之一，故统计模拟法适用于求解精度要求不是很高的问题。

3．统计模拟法确定事件概率 P 的步骤

统计模拟法是以统计估计值 $\bar{P}$ 近似代替事件概率 P 的。模拟次数采用式（6.6.7）计算时，

由于P是真值，是未知的。这样，式中有两个待求未知数n和P。因此，若要求得P，需要用$\overline{P}$代替P。模拟确定P的方法是，通过不断地补充模拟次数，迭代确定n_i（i为迭代次数）；并不断地计算$\overline{P}_i$；最后以满足精度要求的$\overline{P}_i$代替P。模拟确定P的具体步骤如下：

（1）根据所求问题的实际需要，给出模拟精度ε和置信概率α（现给定$\alpha=95.4\%$）。

（2）给出初始模拟次数n_0，按统计模拟法进行n_0次模拟，求出$\overline{P}_1$；以$\overline{P}_1$代替P，按式（6.6.7）计算n_1。

（3）若$n_1>n_0$，则补充模拟（n_1-n_0）次，再继续进行统计模拟得到$\overline{P}_2$与n_2；如此重复进行，直到$\left|\overline{P}_i-\overline{P}_{i-1}\right|<\varepsilon$，或$n_i<n_{i-1}$为止。

（4）以n_{i-1}为最后的模拟次数，统计计算出的$\overline{P}_i$即所求P值。

【例 6.9】 若已经确定出求某事件概率的统计模拟法，现要求$\alpha=95.4\%$，$\varepsilon=0.03$，求所需的模拟次数n和事件概率P。

解：首先，给出初始模拟次数$n_0=500$；按已确定的统计模拟法求得$\overline{P}_1=0.25$；以$\overline{P}_1$代替P，按式（6.6.7）计算，得

$$n_1=\frac{4\times0.25\times(1-0.25)}{0.03^2}=833$$

补充模拟（833-500）=333 次，并继续按已确定的统计模拟法求得$\overline{P}_2=0.263$；

以$\overline{P}_2$代替P，按式（6.6.7）计算，得

$$n_2=\frac{4\times0.263\times(1-0.263)}{0.03^2}=861$$

补充模拟（861-833）=28 次，按已确定的统计模拟法求得$\overline{P}_3=0.262$；

由于$\left|\overline{P}_3-\overline{P}_2\right|=\left|0.262-0.263\right|=0.01<\varepsilon=0.03$，则可停止计算；最后给出结果为

$$\begin{cases}n=861\\P=0.262\end{cases}$$

6.6.3.2 统计模拟法确定数学期望的精确度

统计模拟法确定数学期望是指以统计估计值——随机变量的算术平均值$\overline{x}$近似代替其数学期望m_x。

1．算术平均值$\overline{x}$的精确度和可靠度

设随机变量X的数学期望为m_x，均方差为σ_x，现有X的n个抽样：$x_1,x_2,\cdots,x_n$，则X的算术平均值$\overline{x}$和统计均方差S_x分别为

$$\overline{x}=\frac{\sum_{i=1}^{n}x_i}{n}$$

$$S_x^2=\frac{\sum_{i=1}^{n}(x_i-\overline{x})^2}{n}=\frac{\sum_{i=1}^{n}x_i^2}{n}-\overline{x}^2$$

显然，$\overline{x}$为一随机变量，根据数理统计知识可知，$\overline{x}$是服从正态分布的随机变量，其数学期望和均方差分别为

$$\begin{cases} m_{\bar{x}} = m_x \\ \sigma_{\bar{x}} = \dfrac{\sigma_x}{\sqrt{n}} \end{cases} \tag{6.6.8}$$

当用统计估计值 $\bar{x}$ 近似代替数学期望 m_x 时，其置信概率由下式表示

$$P(|\bar{x} - m_x| < \varepsilon) = P|\Delta x| < \varepsilon = \alpha$$

上式含义是：$\bar{x}$ 与 m_x 之差 $|\Delta x|$ 小于给定值 ε 的概率等于 α。式中不确定度 ε，即 $\bar{x}$ 近似 m_x 的精确度，并有

$$\varepsilon = K_z \sigma_{\bar{x}} \tag{6.6.9}$$

式中的置信系数 K_z 可按置信概率 α 在表 6.6.1 中查到。

2．模拟次数的确定

统计模拟法确定数学期望的模拟次数 n 是由给定置信概率 α 条件下的精确度 ε 确定的。

模拟次数 n 的计算式可由式（6.6.9）与式（6.6.8）直接推得，即将式（6.6.8）代入式（6.6.9），得

$$\varepsilon = \frac{K_z \sigma_x}{\sqrt{n}}$$

再对上式进行变换得到精确度为 ε 时所需的模拟次数 n，有

$$n = \frac{K_z^2 \sigma_x^2}{\varepsilon^2} \tag{6.6.10}$$

同样，我们不能直接应用式（6.6.10），因为随机变量均方差 σ_x 是未知的。因而采用以统计均方差 S_x 近似代替 σ_x 的方法，求得所需的模拟次数 n，此时式（6.6.10）变为

$$n = K_z^2 S_x^2 / \varepsilon^2$$

在实际统计模拟时，通常给定置信概率 $\alpha = 95.4\%$，与此 α 对应的置信系数 $K_z = 2$，这样，满足模拟精度 ε 的模拟次数 n 的计算式为

$$n = \frac{4S_x^2}{\varepsilon^2} \tag{6.6.11}$$

3．统计模拟法确定数学期望 m_x 的步骤

统计模拟法是以统计估计值 $\bar{x}$ 近似代替随机变量数学期望 m_x 的。

模拟确定 m_x 的方法是，通过不断地补充模拟次数迭代确定 n_i（i 为迭代次数）；并不断地计算 $\bar{x}_i$ 和 S_{xi}；最后以满足精度要求的 $\bar{x}_i$ 代替 m_x。模拟确定 m_x 的具体步骤如下：

（1）根据所求问题的实际需要，给定模拟精度 ε 和置信概率 α（现给定 $\alpha = 95.4\%$）。

（2）给出初始模拟次数 n_0，按统计模拟法进行 n_0 模拟，求出 $\bar{x}_1$ 和 S_{x1}；再按式（6.6.11）计算出 n_1。

（3）若 $n_1 > n_0$，则补充模拟（$n_1 - n_0$）次，再继续进行统计模拟，求出 $\bar{x}_2$、S_{x2} 和 n_2；如此重复进行，直到 $|\bar{x}_i - \bar{x}_{i-1}| < \varepsilon$，或 $n_i < n_{i-1}$ 为止。

（4）以 n_{i-1} 作为最后的模拟次数，由其统计计算出的 $\bar{x}_i$ 即所求 m_x 值。

【例 6.10】 若已经确定出求随机变量 X 的数学期望的统计模拟法，现要求 $\alpha = 95.4\%$，$\varepsilon = 0.03$，求所需的模拟次数 n 和数学期望 m_x。

解：首先给出初始模拟次数 $n_0 = 400$；假定按确定的某种统计模拟法计算，结果为

$$\overline{x}_1 = \frac{\sum_{i=1}^{400} x_i}{400} = 12.43, \qquad \frac{\sum_{i=1}^{400} x_i^2}{400} = 154.72$$

$$S_{x1}^2 = \frac{\sum_{i=1}^{400} x_i^2}{400} - \overline{x}_1^2 = 154.72 - 12.43^2 = 0.2151$$

$$n_1 = \frac{4S_{x1}^2}{\varepsilon^2} = \frac{4 \times 0.2151}{0.03^2} = 956$$

补充模拟（956−400）=556 次，再继续进行统计模拟，求得

$$\overline{x}_2 = \frac{\sum_{i=1}^{956} x_i}{956} = 14.86$$

$$\frac{\sum_{i=1}^{956} x_i^2}{956} = 221.03$$

$$S_{x2}^2 = 221.03 - 14.86^2 = 0.2104$$

$$n_2 = 4 \times 0.2104 / 0.03^2 = 935$$

因为 $n_2 < n_1$，故可停止模拟，最后给出结果为

$$\begin{cases} n = 956 \\ m_x = 14.86 \end{cases}$$

6.6.4 毁伤概率统计模拟算法

在计算机上应用统计模拟法计算一个实际问题的基本步骤，可归纳为：

（1）根据计算目的，确定能够代表问题解的概率模型；

（2）确定初始数据；

（3）确定各种随机变量的抽样方法；

（4）编制计算机计算程序，上机实现；

（5）计算模拟次数，判断模拟精度，给出计算结果。

在应用统计模拟法求解实际问题时，应该注意，求解问题的概率模型不是唯一的，因此，确定概率模型时要力求简单，计算时间少；同时，要根据初始数据的精度，问题的性质，给出合理适当的模拟精度，切忌盲目追求高精度。

利用统计模拟法计算毁伤概率的程序流程图如图 6.6.3 所示，下面再通过实例来说明应用统计模拟法计算毁伤概率的步骤。

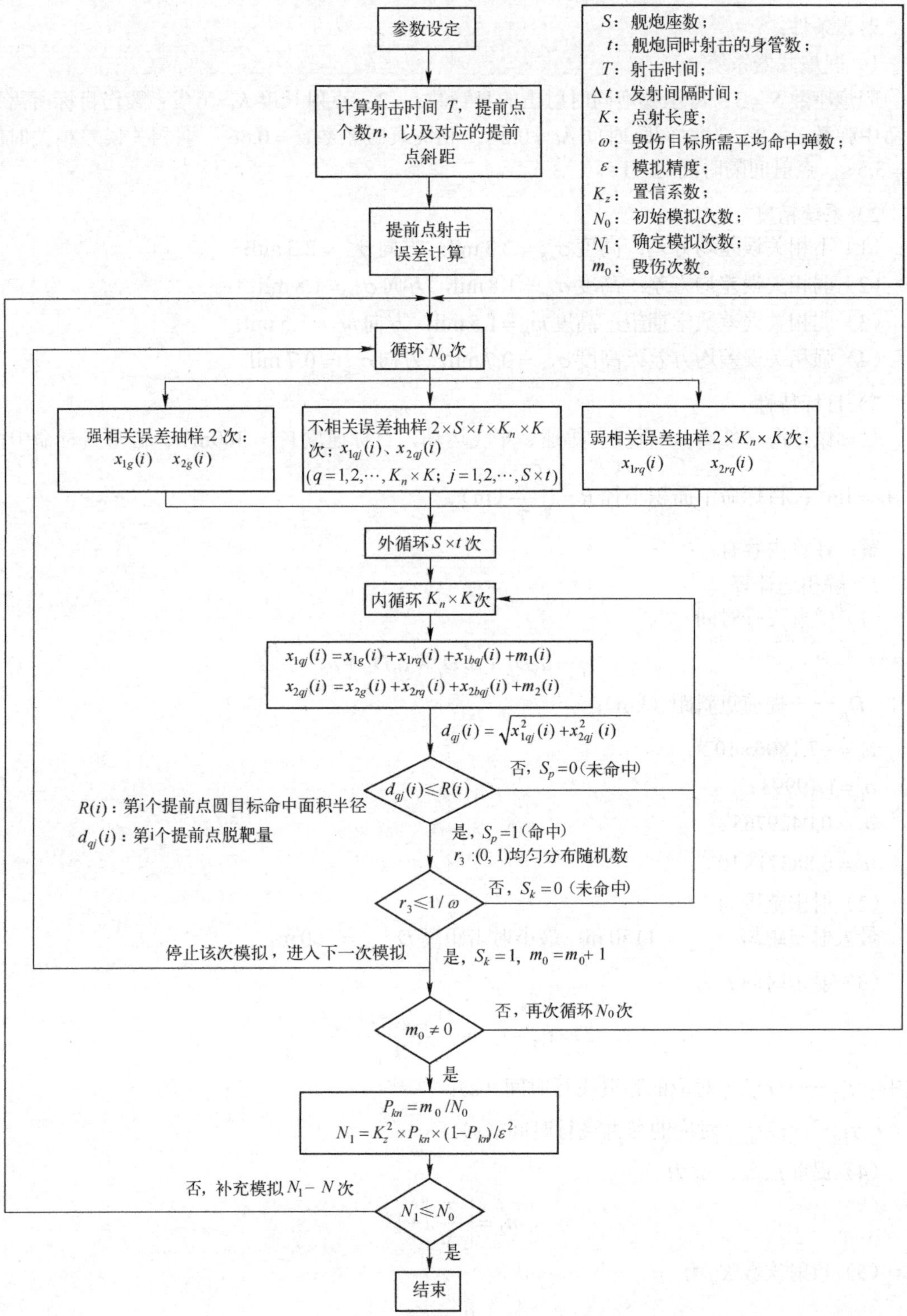

图 6.6.3　统计模拟法计算毁伤概率程序流程图

【例 6.11】 某舰炮武器系统对空中目标射击，求其航路上的毁伤概率。已知条件如下：

射击条件：

1）舰炮武器系统

舰炮座数$S=3$；每座舰炮同时射击的身管数$t=2$；点射长度$K=6$发；毁伤目标所需平均命中弹数$\omega=2$；发射间隔时间$\Delta t=0.2$ s；相关衰减系数$\alpha=0.86$；弱相关误差相关时间$t_r=3.5$ s；点射间隔时间$t_p=1$ s。

2）系统精度

（1）不相关误差均方差：高度$\sigma_{hb}=2.3$ mil，方向$\sigma_{zb}=2.3$ mil；

（2）弱相关误差均方差：高度$\sigma_{hr}=1.8$ mil，方向$\sigma_{zr}=1.8$ mil；

（3）弱相关误差数学期望：高度$m_h=1.5$ mil，方向$m_z=1.5$ mil；

（4）强相关误差均方差：高度$\sigma_{hg}=0.7$ mil，方向$\sigma_{zg}=0.7$ mil。

3）目标特性

目标做掠海（舷高）、直线、等速、平飞运动，目标速度$V_m=300\text{m/s}$。圆形目标命中面积$A_T=1\text{m}^2$；目标命中面积半径$R=\sqrt{\dfrac{A_T}{\pi}}$（m）。

解：计算内容有：

1）解相遇计算

（1）弹丸飞行时间t_f为

$$t_f=a_3D_p^3+a_2D_p^2+a_1D_p+a_0$$

式中 D_p——提前点斜距（km）；

$a_0=-7.1806\times10^{-3}$；

$a_1=1.19993$；

$a_2=0.0429765$；

$a_3=6.88371\times10^{-3}$。

（2）射击范围为

最大射击距离$D_{p\max}=1150$ m；最小射击距离$D_{p\min}=500$ m。

（3）射击时间T为

$$T=t_{f1}-t_{f2}+\frac{D_{p\max}-D_{p\min}}{V_m}$$

式中 t_{f1}——$D_{p\max}$对应的弹丸飞行时间（s）；

t_{f2}——$D_{p\min}$对应的弹丸飞行时间（s）。

（4）提前点数目n_2为

$$n_2=\left\lfloor\frac{T}{\Delta t}\right\rfloor+1$$

（5）点射次数K_n为

$$K_n=\left\lfloor\frac{n_2-K}{K-1+t_p/\Delta t}\right\rfloor+1$$

（6）迭代计算第i个提前点斜距D_{pi}，则

$$D_{pi} = D_i - V_m \times t_f$$

式中　D_i——第 i 个现在点斜距（m）。

2）提前点射击误差计算

（1）第 i 个提前点射击误差均方差为

高度：$\boldsymbol{\sigma}_{hji} = \sigma_{hji} \times D_{pi} / 955$（m）　$(j = b,r,g)$；

方向：$\boldsymbol{\sigma}_{zji} = \sigma_{zji} \times d_{pi} / 955$（m）　$(j = b,r,g)$；

式中，d_{pi} 为第 i 个提前点水平距离（m）（本例 $d_{pi} = D_{pi}$）。

（2）第 i 个提前点射击误差数学期望为

高度：$\boldsymbol{m}_{hi} = m_{hi} \times D_{pi} / 955$（m）；

方向：$\boldsymbol{m}_{zi} = m_{zi} \times d_{pi} / 955$（m）。

（3）第 i 个提前点射击误差协方差矩阵 $\boldsymbol{K}_{ji}(j = b,r,g)$，有

$$\boldsymbol{K}_{ji} = \begin{bmatrix} \overline{\sigma}_{hji}^2 & 0 \\ 0 & \overline{\sigma}_{zji}^2 \end{bmatrix}$$

（4）第 i 个提前点射击误差数学期望列阵 $\boldsymbol{M}_i$，有

$$\boldsymbol{M}_i = (\boldsymbol{m}_{hi} \quad \boldsymbol{m}_{zi})^{\mathrm{T}}$$

3）射击误差的抽样

（1）$N(0,1)$正态分布随机数的抽样，有

$$u_1 = \sqrt{-2\ln r_1}\cos(2\pi r_2) \tag{6.6.12}$$

$$u_2 = \sqrt{-2\ln r_1}\sin(2\pi r_2) \tag{6.6.13}$$

式中　u_1、u_2——$N(0,1)$正态分布随机数抽样值；

r_1、r_2——（0,1）均匀分布随机数抽样值。

（2）强相关误差的抽样，有

$$x_{1g} = a_{11}u_1 \tag{6.6.14}$$

$$x_{2g} = a_{21}u_1 + a_{22}u_2 \tag{6.6.15}$$

式中　x_{1g}、x_{2g}——强相关误差抽样值，有

$$a_{11} = (K_{g11})^{\frac{1}{2}} \tag{6.6.16}$$

$$a_{21} = K_{g21} / a_{11} \tag{6.6.17}$$

$$a_{22} = (K_{g22} - a_{21}^2)^{\frac{1}{2}} \tag{6.6.18}$$

其中，K_{guv} 为强相关误差协方差矩阵元素（m^2）（u、$v = 1$、2）。

（3）弱相关误差的抽样。

① 单位弱相关误差的抽样，有

$$x'_{1r1} = u_{11} \tag{6.6.19}$$

$$x'_{1rq} = \exp(-\alpha\Delta t)x'_{1rq-1} + [1 - \exp(-2\alpha\Delta t)^{\frac{1}{2}}]u_{1q} \quad (2 \leqslant q \leqslant K_0) \tag{6.6.20}$$

$$x'_{2r1}=u_{21} \tag{6.6.21}$$

$$x'_{2rq}=\exp(-\alpha\Delta t)x'_{2rq-1}+[1-\exp(-2\alpha\Delta t)^{\frac{1}{2}}]u_{2q} \quad (2\leqslant q\leqslant K_0) \tag{6.6.22}$$

式中　x'_{1rq}、x'_{2rq}——单位弱相关误差抽样值；

q——弱相关误差采样变量，$q=1,2,\cdots,K_0$；

Δt——发射间隔时间（s）；

α——相关衰减系数。

② 弱相关误差的抽样，有

$$x_{1rq}=a_{11}x'_{1rq} \tag{6.6.23}$$

$$x_{2rq}=a_{21}x'_{1rq}+a_{22}x'_{2rq} \tag{6.6.24}$$

式中　x_{1rq}、x_{2rq}——弱相关误差抽样值，有

$$a_{11}=(K_{r11})^{\frac{1}{2}} \tag{6.6.25}$$

$$a_{21}=K_{r21}/a_{11} \tag{6.6.26}$$

$$a_{22}=(K_{r22}-a_{21}^2)^{\frac{1}{2}} \tag{6.6.27}$$

K_{ruv}——弱相关误差协方差矩阵元素（m^2）（u、$v=1$、2）。

（4）不相关误差抽样方法，有

$$x_{1bqj}=a_{11}u_1 \tag{6.6.28}$$

$$x_{2bqj}=a_{21}u_1+a_{22}u_2 \tag{6.6.29}$$

式中　x_{1bqj}、x_{2bqj}——不相关误差抽样值；

j——一次齐射中发射弹丸变量，$j=1,2,\cdots,(s\times t)$；

$$a_{11}=(K_{b11})^{\frac{1}{2}} \tag{6.6.30}$$

$$a_{21}=K_{b21}/a_{11} \tag{6.6.31}$$

$$a_{22}=(K_{b22}-a_{21}^2)^{\frac{1}{2}} \tag{6.6.32}$$

K_{buv}——不相关误差协方差矩阵元素（m^2）（u、$v=1$、2）。

对目标航路上n_2个提前点，发射n发的毁伤概率P_{kn}的统计模拟步骤如下。

1）确定初始条件

（1）统计估计值的置信概率：$a=95.4\%$。

（2）模拟精度：$\varepsilon=0.03$。

（3）初始试验次数：$N_0=100$。

2）一次模拟

从第1个提前点开始模拟，共n_2个提前点。

（1）模拟弹着点坐标现实：

① 抽取两个（0,1）均匀分布随机数，按式（6.6.14）、式（6.6.15）变换成强相关误差的抽样值$x_{1g}(i)$、$x_{2g}(i)$，$i=1,2,\cdots,n_2$；

② 计算弱相关误差相关时间样本数K_r：

$$K_r=t_r/\Delta t \tag{6.6.33}$$

式中　t_r——弱相关误差相关时间。

③ 计算点射间隔时间内的样本数 K_p：

$$K_p = t_p / \Delta t \tag{6.6.34}$$

式中　t_p——点射间隔时间。

④ 抽取 $\{2\times[(K_r+K)+(K_n-1)(K_p+K)]\}$ 个（0,1）均匀分布随机数，按式（6.6.23）、式（6.6.24）变换成弱相关误差的抽样值 $x_{1rq}(i)$、$x_{2rq}(i)$，$q=1,2,\cdots,[(K_r+K)+(K_n-1)(K_p+K)]$；

与每次齐射相对应的弱相关误差样本数有 $[2\times K_n\times K]$ 个；其抽样值下标变量为

$$q=(K_r+k)+(k_n-1)(K_p+k) \tag{6.6.35}$$

式中　k_n——点射次数变量，$k_n=1,2,\cdots,K_n$；

k——一次点射中齐射次数变量，$k=1,2,\cdots,K$。

⑤ 抽取 $(2\times S\times t\times K\times K_n)$ 个（0,1）均匀分布随机数，按式（6.6.28）、式（6.6.29）变换成不相关误差的抽样值 $x_{1bqj}(i)$、$x_{2bqj}(i)$，[$q=(K_r+k)+(k_n-1)(K_p+K)$，（$k_n=1,2,\cdots,K_n$；$k=1,2,\cdots,K$）；$j=1,2,\cdots,S\times t$]。

⑥ 计算弹着点坐标现实 $x_{1qj}(i)$、$x_{2qj}(i)$，[$q=(K_r+k)+(k_n-1)(K_p+K)$，（$k_n=1,2,\cdots,K_n$；$k=1,2,\cdots,K$）；$j=1,2,\cdots,S\times t$]，有

$$x_{1qj}(i)=x_{1g}(i)+x_{1rq}(i)+x_{1bqj}(i)+m_1(i) \tag{6.6.36}$$

$$x_{2qj}(i)=x_{2g}(i)+x_{2rq}(i)+x_{2bqj}(i)+m_2(i) \tag{6.6.37}$$

（2）判断命中，有

$$S_p=\begin{cases}0 & (d_{qj}(i)>R(i),\text{未命中})\\ 1 & (d_{qj}(i)\leqslant R(i),\text{命中})\end{cases} \tag{6.6.38}$$

式中　$R(i)$——第 i 个提前点的圆形目标命中面积半径（m）；

$d_{qj}(i)$——第 i 个提前点脱靶量现实，有

$$d_{qj}(i)=\sqrt{x_{1qj}^2(i)+x_{2qj}^2(i)} \tag{6.6.39}$$

（3）判断毁伤

当 $S_p=1$，抽取一个（0,1）均匀分布随机数 r_3，判断是否毁伤，即

$$S_k=\begin{cases}0 & (r_3>1/\omega,\text{未毁伤})\\ 1 & (r_3\leqslant 1/\omega,\text{毁伤})\end{cases} \tag{6.6.40}$$

式中　ω——毁伤目标必须平均命中数（发）。

若 $S_k=0$，则对第 $(i+1)$ 个提前点进行模拟 $(i=1,2,\cdots,n_2)$；

若 $S_k=1$，表明本次全航路毁伤计算，已经毁伤目标，则停止该次模拟，跳出循环，转入下一次模拟。

3）N_0 次模拟

（1）统计毁伤次数 m_0，有

$$m_0=\sum_{k=1}^{N_0} S_k \tag{6.6.41}$$

若 $m_0=0$，再重复模拟 N_0 次，一直到 $m_0\neq 0$ 为止。

（2）计算事件频率 P_{kn}，有

$$P_{kn}=m_0/N_0 \tag{6.6.42}$$

（3）确定模拟次数 N_1，有

$$N_1=K_z^2P_{kn}(1-P_{kn})/\varepsilon^2 \tag{6.6.43}$$

若 $N_1>N_0$，则补充模拟（N_1-N_0）次，再继续进行模拟，并将 $N_0\leftarrow N_1$；

若 $N_1\leqslant N_0$，则停止模拟，给出满足精度要求的统计结果——发射 n 发的毁伤概率 P_{kn}。

4）模拟结果

模拟发射 72 发的毁伤概率为 $P_{kn}=0.528829$，共进行了 $N=1110$ 次模拟。

本章小结

本章的知识结构与第 5 章基本相似，这里主要给出命中概率和毁伤概率的分析思路和计算流程。

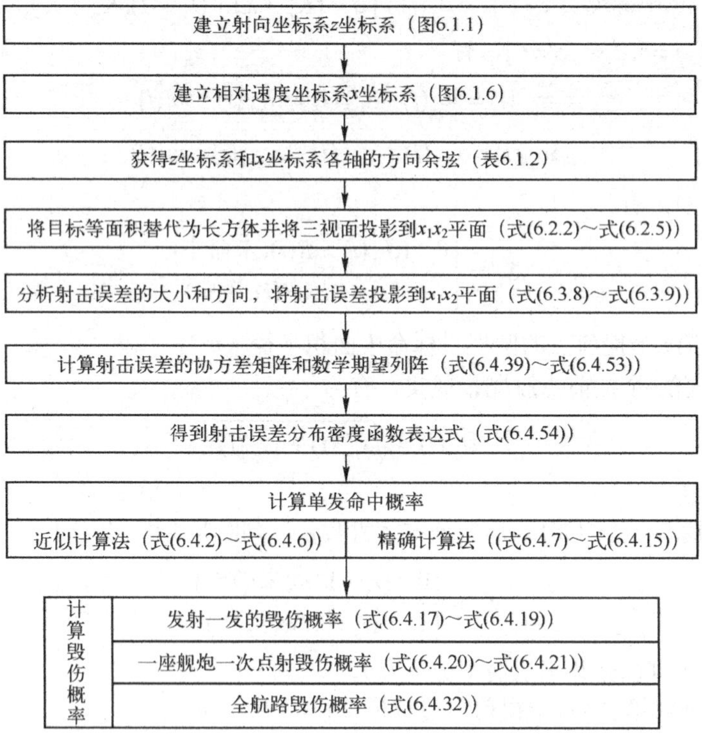
建立射向坐标系z坐标系（图6.1.1）
建立相对速度坐标系x坐标系（图6.1.6）
获得z坐标系和x坐标系各轴的方向余弦（表6.1.2）
将目标等面积替代为长方体并将三视面投影到x1x2平面（式(6.2.2)～式(6.2.5)）
分析射击误差的大小和方向，将射击误差投影到x1x2平面（式(6.3.8)～式(6.3.9)）
计算射击误差的协方差矩阵和数学期望列阵（式(6.4.39)～式(6.4.53)）
得到射击误差分布密度函数表达式（式(6.4.54)）
计算单发命中概率
近似计算法（式(6.4.2)～式(6.4.6)）
精确计算法（(式6.4.7)～式(6.4.15)）
计算毁伤概率
发射一发的毁伤概率（式(6.4.17)～式(6.4.19)）
一座舰炮一次点射毁伤概率（式(6.4.20)～式(6.4.21)）
全航路毁伤概率（式(6.4.32)）

习题

1．舰载武器系统对空射击具有哪些特点？

2．试列表分析对空碰炸射击时的射弹散布误差、舰炮随动系统误差、弹道气象准备误差、火控系统输出误差，在发射 1 发、齐射 1 次和点射 1 次射击条件下的重复性和相关性。

3．试比较对空射击和对海射击关于弱相关误差处理方式的不同。

4．试分析射击误差在 x_1x_2 平面上的两个分量相关的原因。如何对它们进行解耦？

5．试对所学的舰炮对空射击全航路毁伤概率的计算方法进行归纳总结。

6．系统精度分析研究的问题是什么？研究的方法是什么？要达到什么目标？

7．某双管小口径舰炮对空射击，目标提前点水平距离为 1900m，高度为 1000m，试求高度散布均方差 σ_{h0} 和方向散布均方差 σ_{z0}。

8．以某双管小口径舰炮武器系统对敌反舰导弹射击，已知目标提前点位置为：高度 $H_p = 100\,\text{m}$；水平距离 $d_p = 1200\,\text{m}$；舷角 $Q_p = 0°$；$V_m = 400\,\text{m/s}$；λ=0°；目标面积：前视面积 $S_{yz} = 0.79\text{m}^2$；侧视、顶视面积 $S_{xy} = S_{zx} = 9\text{m}^2$。求目标命中面积 A_T。

9．以某双管小口径舰炮武器系统对敌反舰导弹射击，已知条件与上题相同。系统射击误差为：随动系统瞄准误差 $\sigma_{\varphi m} = \sigma_{\beta m} = 1.5\text{mil}$，确定初速偏差的误差 $\sigma_{vo} = 0.4(\%V_0)$，确定空气密度偏差的误差 $\sigma_\rho = 1.3(\%\rho_{ON})$，确定纵、横风误差 $\sigma_{wd} = \sigma_{wz} = 2.2\text{m/s}$，火控系统误差 $\sigma_{\varphi s} = \sigma_{\beta s} = 2.5\text{mil}$、$m_{\varphi s} = m_{\beta s} = 2.5\text{mil}$。舰炮散布经验修正系数取 $C_j = 1.1$。求：

（1）射击误差协方差矩阵 $\boldsymbol{K}_\varphi$ 和数学期望列阵 $\boldsymbol{M}$；

（2）设 ω=2，试分别用近似计算法和精确计算法计算此时发射一发的毁伤概率 P_{k1}。

10．简述统计模拟法的基本思想。

11．简述统计模拟法确定事件概率 P 的步骤。

12．简要分析统计模拟法确定事件概率和数学期望的原理。

13．在应用统计模拟法求解实际问题时，应该注意哪些问题？

14．若 $P = 0.67$，求置信概率为95.4%，精度为 0.07 及 0.09 时的所需模拟次数。

15．针对本章例 6.11 的条件和计算方法，统计模拟发射 72 发的毁伤概率 P_{kn}。

第 7 章　舰炮武器对空空炸射击效力分析

本章导读

舰炮武器系统对空空炸射击，在毁伤目标的机理上与对空碰炸射击不同，因此射击效力分析方法也有所不同。对空碰炸射击时，毁伤目标概率取决于命中目标弹数，以及在命中弹数条件下毁伤目标的条件概率（命中毁伤定律）；对空空炸射击时，毁伤目标事件是由两个事件构成的共现事件，即弹丸在空中某点爆炸及在该点爆炸时目标被毁伤，因此，毁伤目标概率取决于炸点分布（射击误差的分布特征）及炸点在某点出现的条件下毁伤目标的条件概率（坐标毁伤定律）。空炸射击不再计算目标命中面积，也不计算弹丸对目标的命中概率，而是直接根据炸点分布和坐标毁伤定律计算射击毁伤概率。

本章内容组织如下。7.1 节求取对空空炸射击误差：首先建立空炸射击坐标系，包括 z 坐标系和 x 坐标系，其中 z 坐标系和第 6 章中相同，是提前射面坐标系，但 x 坐标系与 6.1 节中不同，由于空炸射击是考虑在炸点处弹丸破片和目标的相对运动，而不是弹丸和目标的相对运动，因此不再建立弹目相对速度坐标系，而是根据弹丸存速建立 x 坐标系，并求出两坐标系各轴的夹角余弦；分析对空空炸射击误差，求出射击误差在 x 坐标系的投影。7.2 节介绍坐标毁伤定律，指明条件毁伤概率随炸点坐标变化而变化的规律。7.3 节介绍空炸射击毁伤概率的计算。

要求：本章内容难度较大，一些计算常需根据经验或试验进行简化计算和近似计算，在知识掌握上以理解概念、理解分析思路为主；内容上要求掌握对空空炸射击误差分析方法，理解坐标毁伤定律，理解对空空炸射击毁伤概率计算方法。

7.1　对空空炸射击误差

对空空炸射击时，系统射击误差将在目标提前点引起炸点相对目标的偏差，且偏差服从空间三维正态分布。空炸射击与碰炸射击相比，系统又增加了一个引信误差源。

7.1.1　对空空炸射击坐标系

7.1.1.1　z 坐标系

对空空炸射击选取的 z 坐标系与对空碰炸射击选取的 z 坐标系相同。即坐标原点与目标提前点 T_p 重合；z_1 轴与目标提前点水平距离 d_p 的方向相同；z_2 轴与目标提前点高度 H_p 方向相同；z_3 轴垂直于 z_1z_2 平面，并指向目标航路一侧。

7.1.1.2　x 坐标系

为使毁伤概率计算方便，选取的 x 坐标系如图 7.1.1 所示。

坐标原点与目标提前点 T_p 重合，x_3 轴与弹丸在提前点的存速 V_c 的反方向相同；x_1 轴位于 x_3 轴与目标航路 L 组成的平面内并垂直于 x_3 轴，且指向目标航路一侧；x_2 轴垂直于 x_1x_3 平面，且方向向上。

7.1.1.3　x、z 坐标系各轴间的方向余弦

根据图 7.1.1 所示，可以推得 x、z 坐标系各轴之间的方向余弦 $\cos(x_k, z_j)$，并令 $a_{kj} = \cos(x_k, z_j)(k、j = 1,2,3)$，其值见表 7.1.1。

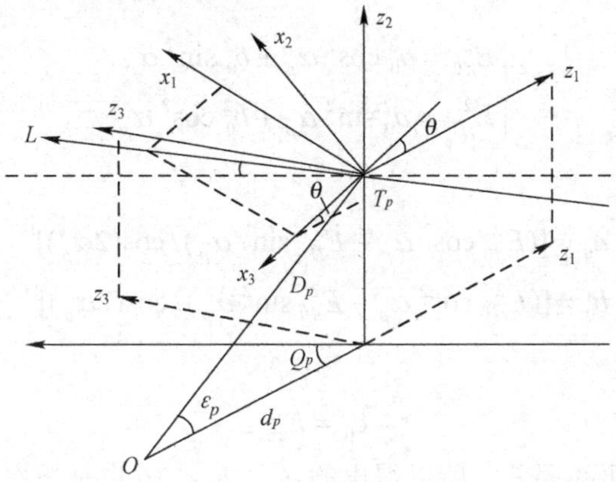

图 7.1.1　空炸射击 z 坐标系

表 7.1.1　方向余弦 $\cos(x_k, z_j)$

z_j \ x_k	z_1	z_2	z_3
x_1	$-C\sin\theta(\cos\theta\sin\lambda + \sin\theta\cos\lambda\cos Q_p)$	$C\cos\theta(\cos\theta\sin\lambda + \sin\theta\cos\lambda\cos Q_p)$	$C\cos\lambda\sin Q_p$
x_2	$-C\sin\theta\cos\lambda\sin Q_p$	$C\cos\theta\cos\lambda\sin Q_p$	$-C(\cos\theta\sin\lambda + \sin\theta\cos\lambda\cos Q_p)$
x_3	$-\cos\theta$	$-\sin\theta$	0

其中

$$C = 1/[\cos^2\lambda\sin^2 Q_p + (\sin\lambda\cos\theta + \cos\lambda\sin\theta\cos Q_p)^2]^{1/2} \tag{7.1.1}$$

7.1.2　射击误差

7.1.2.1　射弹散布误差

对空空炸射击，射弹散布误差包括水平距离散布误差 Δd_0、高度散布误差 ΔH_0 和方向散布 Δz_0。这些散布误差均属于不相关、非重复误差。

散布误差 Δd_0、ΔH_0、Δz_0 的统计特征，可以根据射击斜距离和高度，在火炮对空基本射表中查到：

E_{d0}——水平距离概率误差（m）；

E_{H0}——高度概率误差（m）；

E_{z0}——方向概率误差（m）；

α_p——散布椭圆倾斜角，它是射击平面内的单位散布椭圆主轴与 z_1 轴（水平距离方向）之间的夹角，见图 7.1.2。

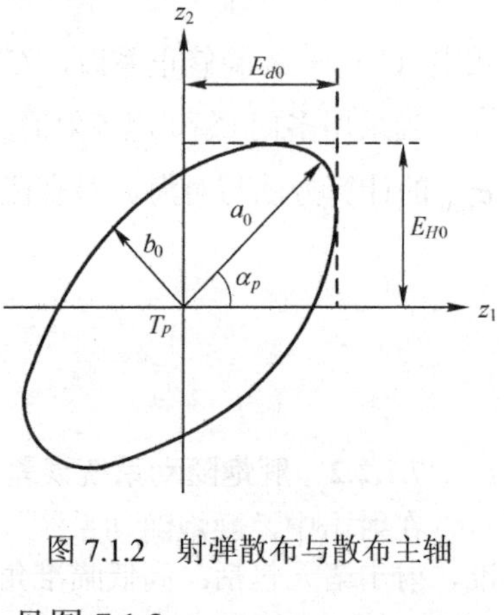

图 7.1.2　射弹散布与散布主轴

E_{d0}与E_{H0}是在射击面内的散布椭圆上，它们不是单位散布椭球的主半轴，因此是相关的。为便于概率计算，还需要确定单位椭球主半轴a_0、b_0、c_0。

根据图 7.1.2，参照方差运算法则：两个相互独立的随机变量Δa_0与Δb_0之和（差）的方差等于两个随机变量的方差之和，对概率误差同样可以建立E_{d0}、E_{H0}与a_0、b_0的如下关系，即

$$\begin{cases} E_{d0}^2 = a_0^2\cos^2\alpha_p + b_0^2\sin^2\alpha_p \\ E_{H0}^2 = a_0^2\sin^2\alpha_p + b_0^2\cos^2\alpha_p \end{cases} \tag{7.1.2}$$

解此联立方程，得

$$\begin{cases} a_0 = [(E_{d0}^2\cos^2\alpha_p - E_{H0}^2\sin^2\alpha_p)/\cos(2\alpha_p)]^{1/2} \\ b_0 = [(E_{H0}^2\cos^2\alpha_p - E_{d0}^2\sin^2\alpha_p)/\cos(2\alpha_p)]^{1/2} \end{cases} \tag{7.1.3}$$

并有

$$c_0 = E_{z0} \tag{7.1.4}$$

E_{d0}、E_{H0}、E_{z0}是概率误差，所以得出的a_0、b_0、c_0也是概率误差。若射击散布误差以均方差表示，则

$$\begin{cases} \boldsymbol{\sigma}_{a0} = 1.48a_0 \\ \boldsymbol{\sigma}_{b0} = 1.48b_0 \\ \boldsymbol{\sigma}_{c0} = 1.48c_0 \end{cases} \tag{7.1.5}$$

$\boldsymbol{\sigma}_{a0}$的方向：在射面内，与水平方向夹角为α_p。

$\boldsymbol{\sigma}_{b0}$的方向：在射面内，与水平方向夹角为$(90^\circ + \alpha_p)$。

$\boldsymbol{\sigma}_{c0}$的方向：垂直于射面，并与目标航路在同一侧。

非标准射击条件下，舰单炮散布要比射表散布大，其散布的大小由经验公式给出，有

$$\begin{cases} \boldsymbol{\sigma}_{aj0} = C_j\boldsymbol{\sigma}_{a0} = 1.48C_j a_0 \\ \boldsymbol{\sigma}_{bj0} = C_j\boldsymbol{\sigma}_{b0} = 1.48C_j b_0 \\ \boldsymbol{\sigma}_{cj0} = C_j\boldsymbol{\sigma}_{c0} = 1.48C_j c_0 \end{cases} \tag{7.1.6}$$

式中 C_j——经验修正系数，C_j=1.1～1.3。

当采用多门（管）炮齐射时，射弹散布比舰单炮散布要大，舰炮齐射散布误差$\boldsymbol{\sigma}_{aq0}$、$\boldsymbol{\sigma}_{bq0}$、$\boldsymbol{\sigma}_{cq0}$的计算方法与对海、对空碰炸射击类似，有

$$\begin{cases} \boldsymbol{\sigma}_{aq0} = 1.2\boldsymbol{\sigma}_{aj0} \\ \boldsymbol{\sigma}_{bq0} = 1.2\boldsymbol{\sigma}_{bj0} \\ \boldsymbol{\sigma}_{cq0} = \boldsymbol{\sigma}_{cj0} \end{cases} \tag{7.1.7}$$

7.1.2.2 舰炮随动系统误差

在射击中，舰炮随动系统（包括引信测合机）根据火控系统给出的射击诸元带动舰炮瞄准，射击诸元包括：高低瞄准角φ、方向瞄准角β和引信分划N。舰炮随动系统的瞄准误差包括高低瞄准角误差$\Delta\varphi_m$、方向瞄准角误差$\Delta\beta_m$和引信装订误差ΔN_m。

舰炮随动系统误差$\Delta\varphi_m$、$\Delta\beta_m$、ΔN_m属于弱相关误差，因其衰减较快，故可作为不相关误差处理；对于不同炮，它们为非重复误差，而对同一门炮的各管则为重复误差，所以属于单炮重复误差，但从简便计算考虑，把它们视为对各炮、各管均为非重复误差。

$\Delta\varphi_m$、$\Delta\beta_m$、ΔN_m的均方差分别记为$\sigma_{\varphi m}$、$\sigma_{\beta m}$、σ_{Nm}，一般取值为

$$\sigma_{\varphi m}=\sigma_{\beta m}=1\sim 3\text{mrad}$$

$$\sigma_{Nm}=0.2\sim 0.3\text{刻线}$$

舰炮随动系统误差$\Delta\varphi_m$、$\Delta\beta_m$、ΔN_m，将在提前点引起线误差$\Delta\boldsymbol{\varphi}_m$、$\Delta\boldsymbol{\beta}_m$、$\Delta\boldsymbol{N}_m$，其均方差分别以$\boldsymbol{\sigma}_{\varphi m}$、$\boldsymbol{\sigma}_{\beta m}$、$\boldsymbol{\sigma}_{Nm}$表示，有

$$\begin{cases}\boldsymbol{\sigma}_{\varphi m}=C_m\cdot D_p\cdot\sigma_{\varphi m} & (\text{m})\\ \boldsymbol{\sigma}_{\beta m}=C_m\cdot d_p\cdot\sigma_{\beta m} & (\text{m})\\ \boldsymbol{\sigma}_{Nm}=V_R\cdot l_0\cdot\sigma_{Nm} & (\text{m})\end{cases}\tag{7.1.8}$$

式中 D_p——目标提前点斜距；

d_p——目标提前点水平距离；

V_R——弹丸对目标的相对速度，其大小和方向按 6.1 节的相对速度计算公式计算；

l_0——引信分划一个刻线相应的弹丸飞行时间，某中口径舰炮$l_0=0.16$ s。

$\boldsymbol{\sigma}_{\phi m}$的方向：在射面内，并垂直于斜距$D_p$。

$\boldsymbol{\sigma}_{\beta m}$的方向：在射面的垂直方向上。

$\boldsymbol{\sigma}_{Nm}$的方向：与弹丸对目标的相对速度$\boldsymbol{V}_R$方向相同。

7.1.2.3　弹道气象准备误差

弹道气象准备误差包括：确定初速偏差的误差ΔV_0，确定空气密度偏差的误差$\Delta\rho$和确定弹道风误差ΔW，ΔV_0、$\Delta\rho$、ΔW均属于强相关、重复误差。

1．确定初速偏差的误差ΔV_0

确定初速偏差的误差ΔV_0，其均方差为σ_{V_0}，平均可取$\sigma_{V_0}=0.6\%V_0$。

弹道气象准备时，需给指挥仪装订初速修正量。当$\Delta V_0<0$时，将使得炸点偏高偏远；$\Delta V_0>0$时，则相反。

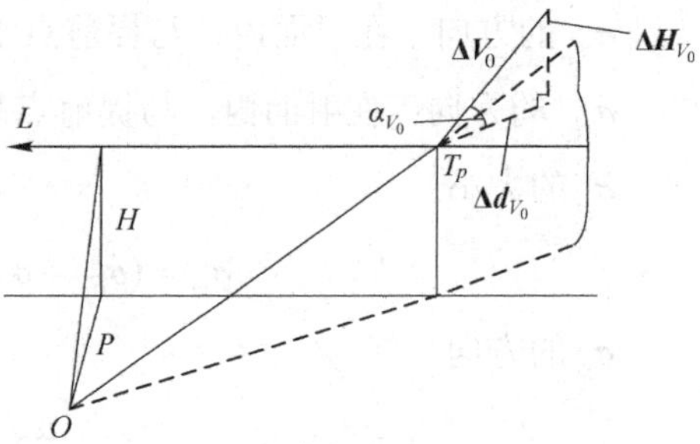

图 7.1.3　确定初速度偏差的误差

ΔV_0将在提前点引起线误差$\Delta\boldsymbol{V}_0$，见图 7.1.3，它为炸点距离误差$\Delta\boldsymbol{d}_{V_0}$和炸点高度误差$\Delta\boldsymbol{H}_{V_0}$的综合，有

$$\boldsymbol{\sigma}_{V_0}=\boldsymbol{\sigma}_{dV_0}+\boldsymbol{\sigma}_{HV_0}\tag{7.1.9}$$

式中 $\boldsymbol{\sigma}_{V_0}$——$\Delta V_0$在提前点引起的线误差$\Delta\boldsymbol{V}_0$的均方差；

$\boldsymbol{\sigma}_{dV_0}$、$\boldsymbol{\sigma}_{HV_0}$——$\Delta\boldsymbol{d}_{V0}$、$\Delta\boldsymbol{H}_{V0}$的均方差，有

$$\begin{cases}\boldsymbol{\sigma}_{dV_0}=f_{dV_0}\cdot\sigma_{V_0}\\ \boldsymbol{\sigma}_{HV_0}=f_{HV_0}\cdot\sigma_{V_0}\end{cases}\tag{7.1.10}$$

其中，f_{dV_0}、f_{HV_0} 为初速变化1%V_0时，引起炸点在水平距离和高度上的偏差量，此值可根据目标提前点的斜距和高度，在火炮对空基本射表中查到。

$\boldsymbol{\sigma}_{dV_0}$ 的方向：在射面内，与提前点水平距离 d_p 方向一致。

$\boldsymbol{\sigma}_{HV_0}$ 的方向：在射面内，与提前点高度 H_p 方向一致。

$\boldsymbol{\sigma}_{V_0}$ 的大小：

$$\boldsymbol{\sigma}_{V_0} = (\boldsymbol{\sigma}_{dV_0}^2 + \boldsymbol{\sigma}_{HV_0}^2)^{1/2} = (f_{dV_0}^2 + f_{HV_0}^2)^{1/2}\sigma_{V_0} \tag{7.1.11}$$

$\boldsymbol{\sigma}_{V_0}$ 的方向：

$$\alpha_{V_0} = \arctan(f_{HV_0} / f_{dV_0}) \tag{7.1.12}$$

其中，α_{V0} 为 $\boldsymbol{\sigma}_{V_0}$ 与水平方向（z_1）的夹角（图 7.1.3）。

2．确定空气密度偏差的误差 $\Delta\rho$

确定空气密度偏差的误差 $\Delta\rho$，其均方差为 σ_ρ，平均可取 $\sigma_\rho = 1.3\%\rho_{ON}$，$\rho_{ON}$ 为标准气象条件下对应的地面空气密度。当 $\Delta\rho$>0 时，将使炸点偏高偏远；$\Delta\rho$<0 时，则相反。$\Delta\rho$ 将会在提前点引起线误差 $\Delta\boldsymbol{\rho}$，它为炸点距离误差 $\Delta\boldsymbol{d}_\rho$ 和炸点高度误差 $\Delta\boldsymbol{H}_\rho$ 的综合，有

$$\boldsymbol{\sigma}_\rho = \boldsymbol{\sigma}_{d_\rho} + \boldsymbol{\sigma}_{H_\rho} \tag{7.1.13}$$

式中 $\boldsymbol{\sigma}_\rho$——$\Delta\rho$ 在提前点引起的线误差 $\Delta\boldsymbol{\rho}$ 的均方差；

$\boldsymbol{\sigma}_{d_\rho}$、$\boldsymbol{\sigma}_{H_\rho}$——$\Delta\boldsymbol{d}_\rho$ 和 $\Delta\boldsymbol{H}_\rho$ 的均方差：

$$\begin{cases} \boldsymbol{\sigma}_{d_\rho} = 0.1 f_{d_\rho} \cdot \sigma_\rho \\ \boldsymbol{\sigma}_{H_\rho} = 0.1 f_{H_\rho} \cdot \sigma_\rho \end{cases} \tag{7.1.14}$$

式中 f_{d_ρ}、f_{H_ρ}——空气密度变化 10%时，引起炸点在水平距离和高度上的偏差量，此值可根据目标提前点的斜距 D_p 和高度 H_p，在火炮对空基本射表中查得。

$\boldsymbol{\sigma}_{d_\rho}$ 的方向：在射面内，与提前点水平距离 d_p 方向一致；

$\boldsymbol{\sigma}_{H_\rho}$ 的方向：在射面内，与提前点高度 H_p 方向一致。

$\boldsymbol{\sigma}_\rho$ 的大小：

$$\boldsymbol{\sigma}_\rho = (\boldsymbol{\sigma}_{d_\rho}^2 + \boldsymbol{\sigma}_{H_\rho}^2)^{1/2} = 0.1 \times (f_{d_\rho}^2 + f_{H_\rho}^2)^{1/2}\sigma_\rho \tag{7.1.15}$$

$\boldsymbol{\sigma}_\rho$ 的方向：

$$\alpha_\rho = \arctan(f_{H_\rho} / f_{d_\rho}) \tag{7.1.16}$$

其中，α_ρ 为 $\boldsymbol{\sigma}_\rho$ 与水平方向（z_1）的夹角。

3．确定弹道风误差 ΔW

确定弹道风误差 ΔW 可分解为纵风误差 ΔW_d 和横风误差 ΔW_z，其均方差分别为 σ_{W_d} 和 σ_{W_z}，平均可取 $\sigma_{W_d} = \sigma_{W_z}$=2.2m/s。

当纵风误差 ΔW_d<0 时，会使炸点偏高偏远；当 ΔW_d>0 时，则相反。ΔW_d 将会在提前点引起线误差 $\Delta\boldsymbol{W}_d$，它为炸点距离误差 $\Delta\boldsymbol{d}_w$ 和炸点高度误差 $\Delta\boldsymbol{H}_w$ 的综合，有

$$\boldsymbol{\sigma}_{W_d} = \boldsymbol{\sigma}_{d_w} + \boldsymbol{\sigma}_{H_w} \tag{7.1.17}$$

式中　$\boldsymbol{\sigma}_{W_d}$ ——ΔW_d 在提前点引起的线误差 $\Delta \boldsymbol{W}_d$ 的均方差；

$\boldsymbol{\sigma}_{d_w}$、$\boldsymbol{\sigma}_{H_w}$ ——$\Delta \boldsymbol{d}_w$ 和 $\Delta \boldsymbol{H}_w$ 的均方差，有

$$\begin{cases}\boldsymbol{\sigma}_{d_w} = 0.1 f_{d_w} \cdot \sigma_{W_d} \\ \boldsymbol{\sigma}_{H_w} = 0.1 f_{H_w} \cdot \sigma_{W_d}\end{cases} \tag{7.1.18}$$

式中　f_{d_w}、f_{H_w} ——纵风变化 10m/s 时，引起炸点在水平距离和高度上的偏差量，此值可根据目标提前点的斜距和高度，在火炮对空基本射表中查到。

$\boldsymbol{\sigma}_{d_w}$ 的方向：在射面内，与提前点水平距离 d_p 方向一致；

$\boldsymbol{\sigma}_{H_w}$ 的方向：在射面内，与提前点高度 H_p 方向一致。

$\boldsymbol{\sigma}_{W_d}$ 的大小：

$$\boldsymbol{\sigma}_{W_d} = (\boldsymbol{\sigma}_{d_w}^2 + \boldsymbol{\sigma}_{H_w}^2)^{1/2} = 0.1 \times (f_{d_w}^2 + f_{H_w}^2)^{1/2} \sigma_{W_d} \tag{7.1.19}$$

$\boldsymbol{\sigma}_{W_d}$ 的方向：

$$\alpha_w = \arctan(f_{H_w} / f_{d_w}) \tag{7.1.20}$$

其中，α_w 为 $\boldsymbol{\sigma}_{W_d}$ 与水平方向（z_1）的夹角。

横风误差 ΔW_z 在提前点将会引起炸点方向线误差 $\Delta \boldsymbol{W}_z$，其均方差为 $\boldsymbol{\sigma}_{W_z}$，有

$$\boldsymbol{\sigma}_{W_z} = 0.1 C_m \cdot d_p \cdot f_{z_w} \cdot \sigma_{W_z} \tag{7.1.21}$$

式中　f_{z_w} ——横风变化 10m/s 时引起的炸点方向偏差量，单位为 mrad 或 mil，其值可根据目标提前点斜距和高度，在火炮对空基本射表中查到。

$\boldsymbol{\sigma}_{W_z}$ 的方向：在射面的垂直方向上。

7.1.2.4　火控系统输出误差

火控系统输出误差包括射角误差 $\Delta\varphi_s$、方位角误差 $\Delta\beta_s$ 和引信误差 ΔN_s，它们的统计特征值分别以均方差和数学期望（系统误差）σ_{φ_s}、m_{φ_s}、σ_{β_s}、m_{β_s}、σ_{N_s}、m_{N_s} 来表征。有关资料表明，这些统计特征值的大小与观测方式、目标数量、目标速度、飞行条件等有关。

火控系统输出误差 $\Delta\varphi_s$、$\Delta\beta_s$、ΔN_s 均属于弱相关、重复误差。其相关系数的确定方法与对空碰炸射击相同，故不再复述。

若要以火控系统的各设备为误差源，来分析火控系统输出误差，其方法与对海、对空碰炸射击情况相似，故也不再复述。

火控系统输出误差 $\Delta\varphi_s$、$\Delta\beta_s$、ΔN_s 在目标提前点将引起线误差 $\Delta\varphi_s$、$\Delta\boldsymbol{\beta}_s$、$\Delta\boldsymbol{N}_s$，其均方差和数学期望为

$$\begin{cases}\boldsymbol{\sigma}_{\varphi_s} = C_m \cdot D_p \cdot \sigma_{\varphi_s}, & \boldsymbol{m}_{\varphi_s} = C_m \cdot D_p \cdot m_{\varphi_s} \\ \boldsymbol{\sigma}_{\beta_s} = C_m \cdot d_p \cdot \sigma_{\beta_s}, & \boldsymbol{m}_{\beta_s} = C_m \cdot d_p \cdot m_{\beta_s} \\ \boldsymbol{\sigma}_{N_s} = V_R \cdot l_0 \cdot \sigma_{N_s}, & \boldsymbol{m}_{N_s} = V_R \cdot l_0 \cdot m_{N_s}\end{cases} \tag{7.1.22}$$

$\boldsymbol{\sigma}_{\varphi_s}$、$\boldsymbol{m}_{\varphi_s}$ 的方向：在射面内，垂直于斜距 D_p；

$\boldsymbol{\sigma}_{\beta_s}$、$\boldsymbol{m}_{\beta_s}$ 的方向：在射面的垂直方向上；

$\boldsymbol{\sigma}_{N_s}$、$\boldsymbol{m}_{N_s}$ 的方向：与弹丸对目标的相对速度 V_R 方向相同。

7.1.3 射击误差在 x 坐标系的投影

7.1.3.1 射击误差与 z 坐标轴的方向余弦

通过前面对射击误差的分析，我们可以将所有的线误差归纳为 7 种向量误差：

$\boldsymbol{\sigma}_1$：在射面内，垂直于斜距 D_p，包括 $\boldsymbol{\sigma}_{\varphi_m}$、$\boldsymbol{\sigma}_{\varphi_s}$、$\boldsymbol{m}_{\varphi_s}$；

$\boldsymbol{\sigma}_2$：在射面的垂直方向上，包括 $\boldsymbol{\sigma}_{\beta_m}$、$\boldsymbol{\sigma}_{\beta_s}$、$\boldsymbol{m}_{\beta_s}$、$\boldsymbol{\sigma}_{cj0}$（或 $\boldsymbol{\sigma}_{cq0}$）、$\boldsymbol{\sigma}_{W_z}$；

$\boldsymbol{\sigma}_3$：在弹丸对目标的相对速度 V_R 方向上，包括 $\boldsymbol{\sigma}_{N_m}$、$\boldsymbol{\sigma}_{N_s}$、$\boldsymbol{m}_{N_s}$；

$\boldsymbol{\sigma}_4$：在射面内，与水平距离 d_p 方向相同，包括 $\boldsymbol{\sigma}_{dV_0}$、$\boldsymbol{\sigma}_{d_\rho}$、$\boldsymbol{\sigma}_{d_w}$；

$\boldsymbol{\sigma}_5$：在射面内，与高度 H_p 方向相同，包括 $\boldsymbol{\sigma}_{HV_0}$、$\boldsymbol{\sigma}_{H_\rho}$、$\boldsymbol{\sigma}_{H_w}$；

$\boldsymbol{\sigma}_6$：在射面内，与水平方向夹角为 α_p，包括 $\boldsymbol{\sigma}_{aj0}$（或 $\boldsymbol{\sigma}_{aq0}$）；

$\boldsymbol{\sigma}_7$：在射面内，与水平方向夹角为（$90^\circ+\alpha_p$），包括 $\boldsymbol{\sigma}_{bj0}$（或 $\boldsymbol{\sigma}_{bq0}$）。

向量误差 $\boldsymbol{\sigma}_i(i=1,2,\cdots,7)$ 与 z 坐标系各轴 $z_i(j=1,2,3)$ 的方向余弦为 $\cos(z_j,\boldsymbol{\sigma}_i)$，并令 $b_{ji}=\cos(z_j,\boldsymbol{\sigma}_i)$。方向余弦 $\cos(z_j,\boldsymbol{\sigma}_i)$ 的值列入表 7.1.2 中。

表 7.1.2 方向余弦 $b_{ji}=\cos(z_j,\boldsymbol{\sigma}_i)$

z_j \ σ_i	σ_1	σ_2	σ_3	σ_4	σ_5	σ_6	σ_7
z_1	$-\sin\varepsilon_p$	0	$(V_c\cos\theta+V_m\cos\lambda\cos Q_p)/V_R$	1	0	$\cos\alpha_p$	$-\sin\alpha_p$
z_2	$\cos\varepsilon_p$	0	$(V_c\sin\theta+V_m\sin\lambda)/V_R$	0	1	$\sin\alpha_p$	$\cos\alpha_p$
z_3	0	1	$(-V_m\cos\lambda\sin Q_p)/V_R$	0	0	0	0

7.1.3.2 射击误差在 x 坐标系中的投影

向量误差 $\boldsymbol{\sigma}_i$ 在 x 坐标系中各轴的投影记为 $\boldsymbol{\sigma}_i(x_k)$ $(k=1,2,3)$，有

$$\begin{cases}\boldsymbol{\sigma}_i(x_1)=\boldsymbol{\sigma}_i\cos(x_1,\boldsymbol{\sigma}_i)\\ \boldsymbol{\sigma}_i(x_2)=\boldsymbol{\sigma}_i\cos(x_2,\boldsymbol{\sigma}_i)\\ \boldsymbol{\sigma}_i(x_3)=\boldsymbol{\sigma}_i\cos(x_3,\boldsymbol{\sigma}_i)\end{cases}\tag{7.1.23}$$

其中，方向余弦 $\cos(x_1,\boldsymbol{\sigma}_i)$、$\cos(x_2,\boldsymbol{\sigma}_i)$、$\cos(x_3,\boldsymbol{\sigma}_i)$ 可以通过 $\boldsymbol{\sigma}_i$ 与 z 坐标系各轴的方向余弦 $\cos(z_j,\boldsymbol{\sigma}_i)$、$z_j$ 轴与 x_k 轴的方向余弦 $\cos(x_k,z_j)$ 得到，即

$$\begin{cases}\cos(x_1,\boldsymbol{\sigma}_i)=\sum\limits_{j=1}^{3}\cos(x_1,z_j)\cos(z_j,\boldsymbol{\sigma}_i)\\ \cos(x_2,\boldsymbol{\sigma}_i)=\sum\limits_{j=1}^{3}\cos(x_2,z_j)\cos(z_j,\boldsymbol{\sigma}_i)\\ \cos(x_3,\boldsymbol{\sigma}_i)=\sum\limits_{j=1}^{3}\cos(x_3,z_j)\cos(z_j,\boldsymbol{\sigma}_i)\end{cases}\tag{7.1.24}$$

式中的 $a_{kj}=\cos(x_k,z_j)$ 见表 7.1.1，$b_{ji}=\cos(z_j,\boldsymbol{\sigma}_i)$ 见表 7.1.2。

【例 7.1】 求向量误差 $\boldsymbol{\sigma}_1$ 与 x_1 轴的方向余弦。

解：由式（7.1.24），得

$$\begin{aligned}
&\cos(x_1,\boldsymbol{\sigma}_1)=\sum_{j=1}^{3}\cos(x_1,z_j)\cos(z_j,\boldsymbol{\sigma}_1)\\
&=\cos(x_1,z_1)\cos(z_1,\boldsymbol{\sigma}_1)+\cos(x_1,z_2)\cos(z_2,\boldsymbol{\sigma}_1)+\cos(x_1,z_3)\cos(z_3,\boldsymbol{\sigma}_1)\\
&=a_{11}b_{11}+a_{12}b_{21}+a_{13}b_{31}\\
&=C\sin\theta\sin\varepsilon_p(\cos\theta\sin\lambda+\sin\theta\cos\lambda\cos Q_p)+C\cos\theta\cos\varepsilon_p(\cos\theta\sin\lambda+\sin\theta\cos\lambda\cos Q_p)\\
&=C(\sin\theta\sin\varepsilon_p+\cos\theta\cos\varepsilon_p)\cdot(\cos\theta\sin\lambda+\sin\theta\cos\lambda\cos Q_p)
\end{aligned}$$

$\boldsymbol{\sigma}_i$ 与 x_k 轴的方向余弦为 $\cos(x_k,\boldsymbol{\sigma}_i)$，并令 $c_{ki}=\cos(x_k,\boldsymbol{\sigma}_i)$ $(k=1,2,3;\ i=1,2,\cdots,7)$。

方向余弦 $\cos(x_k,\boldsymbol{\sigma}_i)$ 的值见表 7.1.3，如：$c_{11}=\cos(x_1,\boldsymbol{\sigma}_1)=a_{11}b_{11}+a_{12}b_{21}$。

表 7.1.3　方向余弦 $\cos(\boldsymbol{x_k},\boldsymbol{\sigma}_i)$

x_k \ σ_i	σ_1	σ_2	σ_3	σ_4	σ_5	σ_6	σ_7
x_1	$a_{11}b_{11}+a_{12}b_{21}$	a_{13}	$a_{11}b_{13}+a_{12}b_{23}+a_{13}b_{33}$	a_{11}	a_{12}	$a_{11}b_{16}+a_{12}b_{26}$	$a_{11}b_{17}+a_{12}b_{27}$
x_2	$a_{21}b_{11}+a_{22}b_{21}$	a_{23}	$a_{21}b_{13}+a_{22}b_{23}+a_{23}b_{33}$	a_{21}	a_{22}	$a_{21}b_{16}+a_{22}b_{26}$	$a_{21}b_{17}+a_{22}b_{27}$
x_3	$a_{31}b_{11}+a_{32}b_{21}$	0	$a_{31}b_{13}+a_{32}b_{23}$	a_{31}	a_{32}	$a_{31}b_{16}+a_{32}b_{26}$	$a_{31}b_{17}+a_{32}b_{27}$

这样，根据式（7.1.23）可以得到线误差 $\boldsymbol{\sigma}_i$ 在 x 坐标系各轴上的投影 $\boldsymbol{\sigma}_i(x_k)$，即

$$\boldsymbol{\sigma}_i(x_k)=\boldsymbol{\sigma}_i\cos(x_k,\boldsymbol{\sigma}_i)=c_{ki}\boldsymbol{\sigma}_i \tag{7.1.25}$$

表 7.1.4 给出了 $\boldsymbol{\sigma}_i$ 在 $x_k(k=1,2,3)$ 轴上的投影值。

表 7.1.4　$\boldsymbol{\sigma}_i$ 在 $\boldsymbol{x_k}(\boldsymbol{k=1,2,3})$ 轴上的投影值

序号	σ_i \ 投影	所属向量	$\sigma_i(x_1)$	$\sigma_i(x_2)$	$\sigma_i(x_3)$
1	$\boldsymbol{\sigma}_{aj0}$	$\boldsymbol{\sigma}_6$	$c_{16}\boldsymbol{\sigma}_{aj0}$	0	$c_{36}\boldsymbol{\sigma}_{aj0}$
2	$\boldsymbol{\sigma}_{bj0}$	$\boldsymbol{\sigma}_7$	$c_{17}\boldsymbol{\sigma}_{bj0}$	0	$c_{37}\boldsymbol{\sigma}_{bj0}$
3	$\boldsymbol{\sigma}_{cj0}$	$\boldsymbol{\sigma}_2$	0	$c_{22}\boldsymbol{\sigma}_{cj0}$	0
4	$\boldsymbol{\sigma}_{\varphi_m}$	$\boldsymbol{\sigma}_1$	$c_{11}\boldsymbol{\sigma}_{\varphi_m}$	0	$c_{31}\boldsymbol{\sigma}_{\varphi_m}$
5	$\boldsymbol{\sigma}_{\beta_m}$	$\boldsymbol{\sigma}_2$	0	$c_{22}\boldsymbol{\sigma}_{\beta_m}$	0
6	$\boldsymbol{\sigma}_{N_m}$	$\boldsymbol{\sigma}_3$	$c_{13}\boldsymbol{\sigma}_{N_m}$	0	$c_{33}\boldsymbol{\sigma}_{N_m}$
7	$\boldsymbol{\sigma}_{V_0}$	$\boldsymbol{\sigma}_4$、$\boldsymbol{\sigma}_5$	$c_{14}\boldsymbol{\sigma}_{dV_0}+c_{15}\boldsymbol{\sigma}_{HV_0}$	0	$c_{34}\boldsymbol{\sigma}_{dV_0}+c_{35}\boldsymbol{\sigma}_{HV_0}$
8	$\boldsymbol{\sigma}_{\rho}$	$\boldsymbol{\sigma}_4$、$\boldsymbol{\sigma}_5$	$c_{14}\boldsymbol{\sigma}_{d_\rho}+c_{15}\boldsymbol{\sigma}_{H\rho}$	0	$c_{34}\boldsymbol{\sigma}_{d_\rho}+c_{35}\boldsymbol{\sigma}_{H\rho}$
9	$\boldsymbol{\sigma}_{W_d}$	$\boldsymbol{\sigma}_4$、$\boldsymbol{\sigma}_5$	$c_{14}\boldsymbol{\sigma}_{d_W}+c_{15}\boldsymbol{\sigma}_{H_W}$	0	$c_{34}\boldsymbol{\sigma}_{d_W}+c_{35}\boldsymbol{\sigma}_{H_W}$
10	$\boldsymbol{\sigma}_{W_z}$	$\boldsymbol{\sigma}_2$	0	$c_{22}\boldsymbol{\sigma}_{W_z}$	0
11	$\boldsymbol{\sigma}_{\varphi_s}$	$\boldsymbol{\sigma}_1$	$c_{11}\boldsymbol{\sigma}_{\varphi_s}$	0	$c_{31}\boldsymbol{\sigma}_{\varphi_s}$
12	$\boldsymbol{\sigma}_{\beta_s}$	$\boldsymbol{\sigma}_2$	0	$c_{22}\boldsymbol{\sigma}_{\beta_s}$	0
13	$\boldsymbol{\sigma}_{N_s}$	$\boldsymbol{\sigma}_3$	$c_{13}\boldsymbol{\sigma}_{N_s}$	0	$c_{33}\boldsymbol{\sigma}_{N_s}$
14	$\boldsymbol{m}_{\varphi_s}$	$\boldsymbol{\sigma}_1$	$c_{11}\boldsymbol{m}_{\varphi_s}$	0	$c_{31}\boldsymbol{m}_{\varphi_s}$
15	$\boldsymbol{m}_{\beta_s}$	$\boldsymbol{\sigma}_2$	0	$c_{22}\boldsymbol{m}_{\beta_s}$	0
16	$\boldsymbol{m}_{N_s}$	$\boldsymbol{\sigma}_3$	$c_{13}\boldsymbol{m}_{N_s}$	0	$c_{33}\boldsymbol{m}_{N_s}$

【例 7.2】　试求舰炮随动系统误差 $\boldsymbol{\sigma}_{\varphi_m}$ 在 $x_k(k=1,2,3)$ 轴上的投影值。

解：因为$\boldsymbol{\sigma}_{\varphi_m}$的方向与$\boldsymbol{\sigma}_1$相同，查表 7.1.3 可得

$$\boldsymbol{\sigma}_{\varphi_m}(x_1)=c_{11}\boldsymbol{\sigma}_{\varphi_m}=(a_{11}b_{11}+a_{12}b_{21})\boldsymbol{\sigma}_{\varphi_m}$$

$$\boldsymbol{\sigma}_{\varphi_m}(x_2)=c_{21}\boldsymbol{\sigma}_{\varphi_m}=(a_{21}b_{11}+a_{22}b_{21})\boldsymbol{\sigma}_{\varphi_m}$$

$$\boldsymbol{\sigma}_{\varphi_m}(x_3)=c_{31}\boldsymbol{\sigma}_{\varphi_m}=(a_{31}b_{11}+a_{32}b_{21})\boldsymbol{\sigma}_{\varphi_m}$$

或者直接查表 7.1.4 求得$\boldsymbol{\sigma}_{\varphi_m}$在$x_k$轴上的投影值。

7.1.4 协方差矩阵$\boldsymbol{K}_\varphi$和数学期望列阵$\boldsymbol{M}_\varphi$

对空空炸射击时，射击误差服从三维正态分布，其分布密度函数为

$$\varphi(\boldsymbol{X})=\frac{1}{(2\pi)^{3/2}\sqrt{|\boldsymbol{K}_\varphi|}}\exp\left[-\frac{1}{2}(\boldsymbol{X}-\boldsymbol{M}_\varphi)^{\mathrm{T}}\boldsymbol{K}_\varphi^{-1}(\boldsymbol{X}-\boldsymbol{M}_\varphi)\right] \tag{7.1.26}$$

式中 $\boldsymbol{X}$——炸点相对目标的位置坐标：

$$\boldsymbol{X}=(x_1,x_2,x_3)^{\mathrm{T}} \tag{7.1.27}$$

$\boldsymbol{K}_\varphi$——射击误差协方差矩阵，有

$$\boldsymbol{K}_\varphi=\begin{bmatrix}K_{\varphi11} & K_{\varphi12} & K_{\varphi13}\\ K_{\varphi21} & K_{\varphi22} & K_{\varphi23}\\ K_{\varphi31} & K_{\varphi32} & K_{\varphi33}\end{bmatrix} \tag{7.1.28}$$

其中，$K_{\varphi11}=\sum\boldsymbol{\sigma}_i^2(x_1)$，$K_{\varphi22}=\sum\boldsymbol{\sigma}_i^2(x_2)$，$K_{\varphi33}=\sum\boldsymbol{\sigma}_i^2(x_3)$，$K_{\varphi13}=\sum\boldsymbol{\sigma}_i(x_1)\boldsymbol{\sigma}_i(x_3)$，$K_{\varphi31}=\sum\boldsymbol{\sigma}_i(x_3)\boldsymbol{\sigma}_i(x_1)$，并且$K_{\varphi13}=K_{\varphi31}$。

由于射击误差在x_1轴及x_2轴的投影（误差分量）是相互独立的，所以

$$K_{\varphi12}=K_{\varphi21}=\sum\boldsymbol{\sigma}_i(x_1)\boldsymbol{\sigma}_i(x_2)=0$$

同理

$$K_{\varphi23}=K_{\varphi32}=\sum\boldsymbol{\sigma}_i(x_2)\boldsymbol{\sigma}_i(x_3)=0$$

这样，协方差矩阵$\boldsymbol{K}_\varphi$可表示为

$$\boldsymbol{K}_\varphi=\begin{bmatrix}K_{\varphi11} & 0 & K_{\varphi13}\\ 0 & K_{\varphi22} & 0\\ K_{\varphi31} & 0 & K_{\varphi33}\end{bmatrix}=\begin{bmatrix}\sum\boldsymbol{\sigma}_i^2(x_1) & 0 & \sum\boldsymbol{\sigma}_i(x_1)\boldsymbol{\sigma}_i(x_3)\\ 0 & \sum\boldsymbol{\sigma}_i^2(x_2) & 0\\ \sum\boldsymbol{\sigma}_i(x_3)\boldsymbol{\sigma}_i(x_1) & 0 & \sum\boldsymbol{\sigma}_i^2(x_3)\end{bmatrix} \tag{7.1.29}$$

式（7.1.26）中的$\boldsymbol{M}_\varphi$为射击误差数学期望列阵，有

$$\boldsymbol{M}_\varphi=(m_{x1}\quad m_{x2}\quad m_{x3})^{\mathrm{T}} \tag{7.1.30}$$

列阵中各元素$m_{xi}(i=1,2,3)$的计算方法与各误差数学期望的确定性有关，若各数学期望属于已定系统误差，即数学期望的大小和符号均为已知，则射击误差的数学期望可采用代数和方法综合，有

$$\boldsymbol{M}_\varphi=\left(\sum m_i(x_1)\ \sum m_i(x_2)\ \sum m_i(x_3)\right)^{\mathrm{T}} \tag{7.1.31}$$

若各数学期望属于未定系统误差，即数学期望的大小或符号不能完全确定，则可用方和根法计算综合数学期望，即

$$\boldsymbol{M}_{\varphi}=\left(\left[\sum m_i^2(x_1)\right]^{1/2}\ \left[\sum m_i^2(x_2)\right]^{1/2}\ \left[\sum m_i^2(x_3)\right]^{1/2}\right)^{\mathrm{T}} \tag{7.1.32}$$

【例 7.3】 以某中口径舰炮武器系统对空中目标射击，使用空炸榴弹、机械定时引信，目标提前点斜距 $D_p=4000\,\text{m}$、高度 $H_p=2000\,\text{m}$、$V_m=250\,\text{m/s}$，$\lambda=0^\circ$，$Q_p=0^\circ$，引信分划一个刻线相应的弹丸飞行时间 $l_0=0.16\,\text{s}$。系统各射击误差源误差为

瞄准误差：$\sigma_{\varphi_m}=\sigma_{\beta_m}=2\text{mil}$，$\sigma_{N_m}=0.3$ 刻线；

确定初速偏差的误差：$\sigma_{v_0}=0.6\%V_0$；

确定空气密度偏差的误差：$\sigma_{\rho}=1.3\%\rho$；

确定纵、横风误差：$\sigma_{w_d}=\sigma_{w_z}=2.2\text{m/s}$；

火控系统输出误差：$\sigma_{\varphi_s}=4\text{mil}$，$m_{\varphi_s}=3.5\text{mil}$，$\sigma_{\beta_s}=3.8\text{mil}$，$m_{\beta_s}=-3.4\text{mil}$，$\sigma_{N_s}=0.8$ 刻线，$m_{N_s}=0.5$ 刻线。

试求该系统射击误差协方差矩阵 $\boldsymbol{K}_{\varphi}$ 和系统误差列阵 $\boldsymbol{M}_{\varphi}$。

解：

1）计算提前点各射击误差的线误差

根据 $D_p=4000\text{m}$、$H_p=2000\text{m}$，从某中口径火炮对空基本射表中查得

水平距离 $d_p=3464\text{m}$，高低角 $\varepsilon_p=500\text{mil}=500\times0.06=30^\circ$；

散布椭圆的倾斜角 $\alpha_p=470\text{mil}=470\times0.06=28.2^\circ$；

水平距离概率误差 $E_{d0}=38\text{m}$，高度概率误差 $E_{H0}=22\text{m}$，方向概率误差 $E_{z0}=2\text{m}$；

弹丸存速 $V_c=630\text{m/s}$，弹道切线倾斜角 $\theta=470\text{mil}=28.2^\circ$；

初速改变 1%时，水平距离偏差量 $f_{dv0}=33\text{m}$ 和高度偏差量 $f_{Hv0}=20\text{m}$；

空气密度改变 10%时，水平距离偏差量 $f_{d\rho}=54\text{m}$ 和高度偏差量 $f_{H\rho}=30\text{m}$；

纵风速 10m/s 时，水平距离偏差量 $f_{dw}=12\text{m}$ 和高度偏差量 $f_{Hw}=2\text{m}$；

横风速 10m/s 时，方向偏差量 $f_{zw}=3\text{mil}$。

根据式（7.1.3）、式（7.1.4）计算 a_0、b_0、c_0，则

$$\begin{aligned}a_0&=\{[(E_{d0}\cos\alpha_p)^2-(E_{H0}\sin\alpha_p)^2]/\cos(2\alpha_p)\}^{1/2}\\&=\{[(38\cos28.2^\circ)^2-(22\sin28.2^\circ)^2]/\cos(2\times28.2^\circ)\}^{1/2}\\&=42.79(\text{m})\end{aligned}$$

$$\begin{aligned}b_0&=\{[(E_{H0}\cos\alpha_p)^2-(E_{d0}\sin\alpha_p)^2]/\cos(2\alpha_p)\}^{1/2}\\&=\{[(22\cos28.2^\circ)^2-(38\sin28.2^\circ)^2]/\cos(2\times28.2^\circ)\}^{1/2}\\&=9.83(\text{m})\end{aligned}$$

$$c_0=E_{z0}=2\text{m}$$

按式（7.1.6），计算单炮散布线误差，取 $C_j=1.1$，则

$$\sigma_{aj0}=1.7a_0=1.7\times42.79=72.74(\text{m})$$

$$\sigma_{bj0}=1.7b_0=1.7\times 9.83=16.71(\text{m})$$

$$\sigma_{zj0}=1.7c_0=1.7\times 2=3.4(\text{m})$$

按式（7.1.7）～式（7.1.22），计算其他线误差，有

$$\sigma_{\varphi_m}=C_mD_p\sigma_{\varphi_m}=1.047\times 10^{-3}\times 4000\times 2\approx 8.38(\text{m})$$

$$\sigma_{\beta_m}=C_md_p\sigma_{\beta_m}=1.047\times 10^{-3}\times 3464\times 2\approx 7.25(\text{m})$$

因为

$$\begin{aligned}V_R&=(V_c^2+V_m^2+2V_cV_m\cos\theta)^{1/2}\\&=(630^2+250^2+2\times 630\times 250\times\cos 28.2^\circ)^{1/2}=858.49(\text{m/s})\end{aligned}$$

所以

$$\sigma_{N_m}=V_Rl_0\sigma_{N_m}=858.49\times 0.16\times 0.3=41.21(\text{m})$$

$$\sigma_{dV_0}=f_{dV_0}\sigma_{V_0}=33\times 0.6=19.8(\text{m})$$

$$\sigma_{HV_0}=f_{HV_0}\sigma_{V_0}=20\times 0.6=12(\text{m})$$

$$\sigma_{d_\rho}=0.1f_{d_\rho}\sigma_\rho=0.1\times 54\times 1.3=7.02(\text{m})$$

$$\sigma_{H_\rho}=0.1f_{H_\rho}\sigma_\rho=0.1\times 30\times 1.3=3.9(\text{m})$$

$$\sigma_{d_w}=0.1f_{d_w}\sigma_{W_d}=0.1\times 12\times 2.2=2.64(\text{m})$$

$$\sigma_{H_w}=0.1f_{H_w}\sigma_{W_d}=0.1\times 2\times 2.2=0.44(\text{m})$$

$$\sigma_{W_z}=0.1C_md_pf_{z_W}\sigma_{W_z}=0.1\times 1.047\times 10^{-3}\times 3464\times 3\times 2.2=2.39(\text{m})$$

$$\sigma_{\varphi_s}=C_mD_p\sigma_{\varphi_s}=1.047\times 10^{-3}\times 4000\times 4=16.75(\text{m})$$

$$m_{\varphi_s}=C_mD_pm_{\varphi_s}=1.047\times 10^{-3}\times 4000\times 3.5=14.66(\text{m})$$

$$\sigma_{\beta_s}=C_md_p\sigma_{\beta_s}=1.047\times 10^{-3}\times 3464\times 3.8=13.78(\text{m})$$

$$m_{\beta_s}=C_md_pm_{\beta_s}=1.047\times 10^{-3}\times 3464\times(-3.4)=-12.33(\text{m})$$

$$\sigma_{N_s}=V_Rl_0\sigma_{N_s}=858.49\times 0.16\times 0.8=109.89(\text{m})$$

$$m_{N_s}=V_Rl_0m_{N_s}=858.49\times 0.16\times 0.5=68.68(\text{m})$$

2）计算方向余弦 a_{ij}、b_{ij}

（1）计算 $a_{ij}=\cos(x_i,z_j)$。

按式（7.1.1）及表 7.1.1 计算，得表 7.1.5。

表 7.1.5 方向余弦 $a_{ij}=\cos(x_i,z_j)$

x_i \ z_j	z_1	z_2	z_3
x_1	$a_{11}=-\sin\theta$	$a_{12}=\cos\theta$	$a_{13}=0$
x_2	$a_{21}=0$	$a_{22}=0$	$a_{23}=-1$
x_3	$a_{31}=-\cos\theta$	$a_{32}=-\sin\theta$	$a_{33}=0$

因为 $\lambda=0^\circ$、$Q_p=0$，所以 $C=1/\sin\theta$。

（2）计算 $b_{ji}=\cos(z_j,\sigma_i)$。

按表 7.1.2 计算，得表 7.1.6。

表 7.1.6　方向余弦 $b_{ji}=\cos(z_j,\sigma_i)$

z_j \ σ_i	σ_1	σ_2	σ_3	σ_4	σ_5	σ_6	σ_7
z_1	$b_{11}=-\sin\varepsilon_p$	$b_{12}=0$	$b_{13}=(V_c\cos\theta+V_m)/V_R$	$b_{14}=1$	$b_{15}=0$	$b_{16}=\cos\alpha_p$	$b_{17}=-\sin\alpha_p$
z_2	$b_{21}=\cos\varepsilon_p$	$b_{22}=0$	$b_{23}=V_c\sin\theta/V_R$	$b_{24}=0$	$b_{25}=1$	$b_{26}=\sin\alpha_p$	$b_{27}=\cos\alpha_p$
z_3	$b_{31}=0$	$b_{32}=1$	$b_{33}=0$	$b_{34}=0$	$b_{35}=0$	$b_{36}=0$	$b_{37}=0$

（3）计算 $c_{ki}=\cos(x_k,\sigma_i)$。

按表 7.1.3 计算，得

$$c_{11}=\cos(\varepsilon_p-\theta)=\cos(30^\circ-28.2^\circ)=0.9995$$

$$c_{21}=0$$

$$c_{31}=\sin(\varepsilon_p-\theta)=\sin(30^\circ-28.2^\circ)=0.0314$$

$$c_{12}=0 \qquad c_{22}=-1 \qquad c_{32}=0$$

$$c_{13}=-V_m\sin\theta/V_R=-250\times\sin 28.2^\circ/858.49=-0.1376$$

$$c_{23}=0$$

$$c_{33}=-(V_c+V_m\cos\theta)/V_R=-(630+250\times\cos 28.2^\circ)/858.49=-0.9905$$

$$c_{14}=-\sin\theta=-0.4736 \qquad c_{24}=0 \qquad c_{34}=-\cos\theta=-0.8813$$

$$c_{15}=\cos\theta=0.8813 \qquad c_{25}=0 \qquad c_{35}=-\sin\theta=-0.4736$$

$$c_{16}=-\sin\theta\cos\alpha_p+\cos\theta\sin\alpha_p=-\sin(\theta-\alpha_p)=0$$

$$c_{26}=0$$

$$c_{36}=-\cos\theta\cos\alpha_p-\sin\theta\sin\alpha_p=-\cos(\theta-\alpha_p)=-1$$

$$c_{17}=\sin\theta\sin\alpha_p+\cos\theta\cos\alpha_p=\cos(\theta-\alpha_p)=1$$

$$c_{27}=0$$

$$c_{37}=\cos\theta\sin\alpha_p-\sin\theta\cos\alpha_p=\sin(\theta-\alpha_p)=0$$

3）计算 $\sigma_i(x_1)$、$\sigma_i(x_2)$、$\sigma_i(x_3)$

按已算出的 c_{ki} 和表 7.1.4 计算 $\sigma_i(x_1)$、$\sigma_i(x_2)$、$\sigma_i(x_3)$，并整理得表 7.1.7。

4）计算协方差矩阵 $\boldsymbol{K}_\varphi$ 和数学期望列阵 $\boldsymbol{M}_\varphi$

$$K_{\varphi 11}=\sum_{i=1}^{13}\sigma_i^2(x_1)=892.63$$

$$K_{\varphi 22}=\sum_{i=1}^{13}\sigma_i^2(x_2)=259.74$$

$$K_{\varphi 33}=\sum_{i=1}^{13}\sigma_i^2(x_3)=19411.51$$

$$K_{\varphi 13} = K_{\varphi 31} = \sum_{i=1}^{13} \sigma_i(x_1) \cdot \sigma_i(x_3) = 1861.32$$

$$m_{x1} = \sum_{i=1}^{3} \boldsymbol{m}_i(x_1) = 5.20$$

$$m_{x2} = \sum_{i=1}^{3} \boldsymbol{m}_i(x_2) = 12.33$$

$$m_{x3} = \sum_{i=1}^{3} \boldsymbol{m}_i(x_3) = -67.57$$

$$\boldsymbol{K}_\varphi = \begin{pmatrix} 892.63 & 0 & 1816.32 \\ 0 & 259.74 & 0 \\ 1861.32 & 0 & 19411.51 \end{pmatrix}, \quad \boldsymbol{M}_\varphi = \begin{pmatrix} 5.20 \\ 12.33 \\ -67.57 \end{pmatrix}$$

表 7.1.7 线误差计算结果

序号	$\boldsymbol{\sigma}_i$, $\boldsymbol{m}_i$	$\boldsymbol{\sigma}_i(x_1)$	$\boldsymbol{\sigma}_i(x_2)$	$\boldsymbol{\sigma}_i(x_3)$	$\boldsymbol{\sigma}_i(x_1)^2$	$\boldsymbol{\sigma}_i(x_2)^2$	$\boldsymbol{\sigma}_i(x_3)^2$	$\boldsymbol{\sigma}_i(x_1)\cdot\boldsymbol{\sigma}_i(x_2)$	$\boldsymbol{\sigma}_i(x_1)\cdot\boldsymbol{\sigma}_i(x_3)$	$\boldsymbol{\sigma}_i(x_2)\cdot\boldsymbol{\sigma}_i(x_3)$
1	σ_{aj0}	0	0	−72.74	0	0	5291.11	0	0	0
2	σ_{bj0}	16.71	0	0	279.22	0	0	0	0	0
3	σ_{cj0}	0	−3.4	0	0	11.56	0	0	0	0
4	$\overline{\sigma}_{\varphi m}$	8.38	0	0.26	70.22	0	0.07	0	2.18	0
5	σ_{β_m}	0	−7.25	0	0	52.56	0	0	0	0
6	$\overline{\sigma}_{Nm}$	−5.67	0	−40.82	32.15	0	1666.27	0	231.45	0
7	σ_{V_0}	1.22	0	−23.12	1.45	0	534.53	0	−28.21	0
8	σ_ρ	0.12	0	−8.03	0.01	0	64.48	0	−0.96	0
9	σ_{W_d}	−0.86	0	−2.54	0.74	0	6.45	0	2.18	0
10	σ_{W_z}	0	−2.39	0	0	5.73	0	0	0	0
11	σ_{φ_s}	16.74	0	0.53	280.23	0	0.28	0	8.87	0
12	σ_{β_s}	0	−13.78	0	0	189.89	0	0	0	0
13	σ_{N_s}	−15.12	0	−108.85	228.61	0	1184.32	0	1645.81	0
14	$\boldsymbol{m}_{\varphi_s}$	14.65	0	0.46						
15	$\boldsymbol{m}_{\beta_s}$	0	12.33	0						
16	$\boldsymbol{m}_{N_s}$	−9.45	0	−68.03						

7.2 坐标毁伤定律

对空空炸射击是利用弹丸在目标附近爆炸后的破片来毁伤目标的，这种破片对目标的毁伤作用取决于弹丸炸点相对目标的空间位置坐标。我们将在炸点坐标一定的条件下，目标被毁伤的概率，称为空炸射击的条件毁伤概率。坐标毁伤定律是指条件毁伤概率随炸点坐标变化而变化的规律，即指条件毁伤概率与炸点坐标之间的函数关系。坐标毁伤定律又简称坐标毁伤律，以 $K(\boldsymbol{X})$ 表示，其中，$\boldsymbol{X} = (x_1, x_2, x_3)^\mathrm{T}$ 表示弹丸炸点相对目标的某一空间位置的坐标。坐标毁伤定律实质上就是炸点坐标为 $\boldsymbol{X}$ 条件下的目标条件毁伤概率。

下面来研究弹丸在空间某点爆炸后，其破片的一些主要特征。

7.2.1 弹丸破片散飞情况

弹丸破片散飞情况随弹丸结构不同而异，例如，有的弹丸为了加强其动能，在预制破片中加入了部分钨钢珠，这里讨论的破片散飞情况是针对不含钨钢珠的弹丸而言的。

空炸射击时，弹丸破片要毁伤目标必须具有一定的动能，这一动能被称为杀伤能。如对空中飞机目标，穿透其发动机、油箱、驾驶舱等需要 100～150(kg·m)的杀伤能；对反舰导弹目标，穿透其侧面约需 300(kg·m)的杀伤能，而对有装甲的弹头和战斗部等，可能需要更大的杀伤能；对人员需要 8～10(kg·m)的杀伤能。而某中口径舰炮空炸榴弹，弹重 15.6kg，取弹丸在弹道上的平均速度为 400m/s，则它具有动能为

$$E=\frac{1}{2}mV^2=\frac{1}{2}\times\frac{15.6}{9.81}\times(400)^2=12.72\times10^4(\text{kg}\cdot\text{m})$$

这个动能大约为穿透空中飞机目标致命部位所需杀伤能的 1000 倍，用这么大动能直接杀伤目标是没有必要的。在它爆炸后，可以产生具有不同杀伤能的重量破片，其破片数及重量分布情况见表 7.2.1。

表 7.2.1　某中口径舰炮空炸榴弹破片数及重量分布

级别	1	2	3	4	5	破片总数
重量/g	3 (1～5)	10 (5～15)	20 (15～25)	50 (25～75)	100 (75～125)	
破片数/块	550	293	120	123	8	1094

空炸弹爆炸时的破片初速 V_0 是由三个速度合成的：弹丸存速度 V_c、弹丸爆炸作用给破片带来的附加速度 V_g、弹丸旋转产生的切线速度 V_K。由于 V_K 比 V_c、V_g 要小得多，可忽略不计，则破片初速 V_0（见图 7.2.1）为

$$\boldsymbol{V}_0=\boldsymbol{V}_c+\boldsymbol{V}_g$$

V_c 的方向为弹道切线方向，可从射表中查到；V_g 的方向与弹壁垂直。例如，某中口径舰炮弹丸 V_g 的大小平均为 800m/s。V_0 的大小为

$$V_0=(V_c^2+V_g^2)^{1/2} \tag{7.2.1}$$

向空间散飞的全部弹丸破片可以分成三部分，见图 7.2.2：头部圆锥体Ⅰ、侧部圆锥体Ⅱ和底部圆锥体Ⅲ。由于头部和底部圆锥体的破片数量很少，从简化计算考虑，将其忽略。这样，只认为弹丸破片均由侧部圆锥体向周围散飞，又称其为散飞圆锥体。此散飞圆锥体的大小是以圆锥体的边缘与弹轴线的夹角表示的，称此夹角为散飞角，见图 7.2.3。试验结果表明，它们可由下式计算，即

$$\begin{aligned}\psi_1&=\psi_0-15^\circ\\ \psi_2&=\psi_0+15^\circ\end{aligned} \tag{7.2.2}$$

式中　ψ_1、ψ_2——内、外散飞角；

ψ_0——散飞圆锥角，有

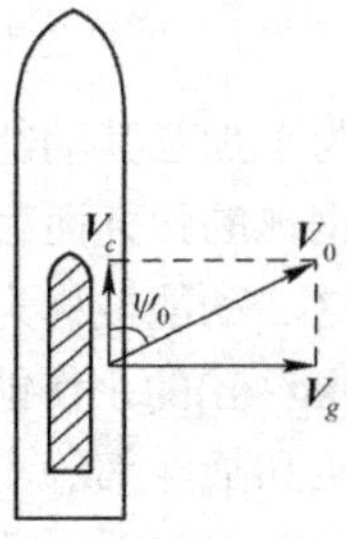

图 7.2.1 破片初速

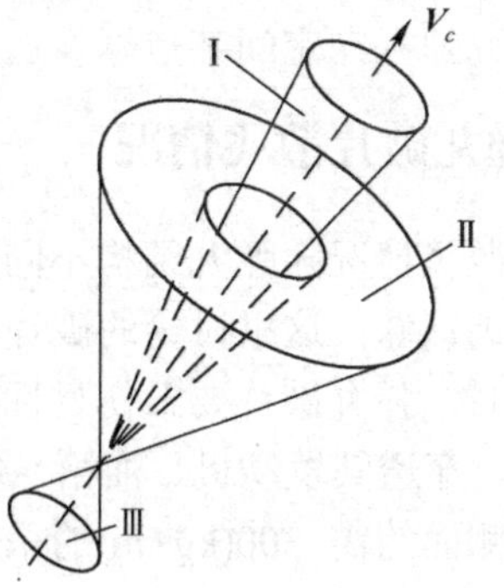

图 7.2.2 破片散飞圆锥体

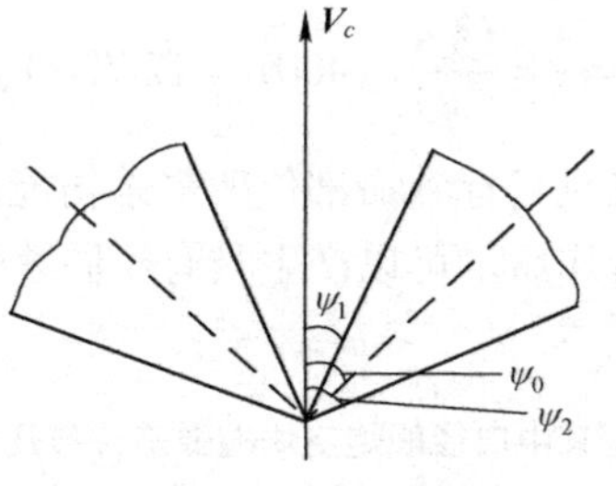

图 7.2.3 散飞圆锥角

$$\psi_0 = \arctan\left(\frac{V_g}{V_c}\right) \tag{7.2.3}$$

可以认为破片在散飞圆锥体内是均匀分布的。显然，只有目标位于散飞圆锥体内，才可能被破片毁伤，否则目标不可能被毁伤。在距炸点 L 处的散飞圆锥体球表面面积 S_L 为

$$S_L = 2\pi L^2(\cos\psi_1 - \cos\psi_2) \tag{7.2.4}$$

7.2.2 破片的飞行特性

破片的飞行特性是指，对初速 V_0 的弹丸破片，其飞行距离为 L 时所具有的存速 V_L 和飞行时间 t_L 。

通过计算和试验证明，破片在 200～300m 距离内飞行时，受重力的影响很小，可以忽略不计，破片的飞行轨迹为直线，其运动方程为

$$\frac{\mathrm{d}V_L}{\mathrm{d}t} = -\frac{F}{m} = -\frac{g}{q}F \tag{7.2.5}$$

式中 F——质量为 q 的破片在飞行中所受到的空气阻力，其值为

$$F = 0.00374q^{2/3} \cdot g^{-1}Y(H) \cdot V_L^2 \tag{7.2.6}$$

式中 g——重力加速度（$\mathrm{m/s^2}$）；

V_L——破片速度（m/s）；

q——破片质量（kg）；

$Y(H)$——高度函数，随高度 H 变化的空气相对密度，其值由表 7.2.2 查得，或由下式计算得到

$$Y(H)=1.01717337\times(1-9.35381645\times10^{-6}\times H)^{11.32102984}$$

表 7.2.2　高度函数值

H	$Y(H)$	$\varDelta$	H	$Y(H)$	$\varDelta$
0	1.000	47	5500	0.568	30
500	0.953	46	6000	0.538	29
1000	0.907	43	6500	0.509	28
1500	0.863	42	7000	0.481	27
2000	0.821	40	7500	0.454	25
2500	0.781	40	8000	0.429	25
3000	0.741	37	8500	0.404	23
3500	0.704	36	9000	0.381	23
4000	0.668	35	9500	0.358	22
4500	0.633	33	10000	0.336	—
5000	0.600	32			

将 F 代入式（7.2.5），有

$$\frac{\mathrm{d}V_L}{\mathrm{d}t}=-\frac{g}{q}0.00374q^{2/3}\cdot g^{-1}Y(H)\cdot V_L^2=-0.00374q^{-1/3}Y(H)V_L^2=-AV_L^2 \tag{7.2.7}$$

式中

$$A=0.00374q^{-1/3}Y(H) \tag{7.2.8}$$

又由于

$$\frac{\mathrm{d}V_L}{\mathrm{d}t}=\frac{\mathrm{d}V_L}{\mathrm{d}L}\cdot\frac{\mathrm{d}L}{\mathrm{d}t}=\frac{\mathrm{d}V_L}{\mathrm{d}L}\cdot V_L \tag{7.2.9}$$

于是

$$\begin{cases}V_L\cdot\dfrac{\mathrm{d}V_L}{\mathrm{d}L}=-AV_L^2\\[2mm]\dfrac{\mathrm{d}V_L}{V_L}=-A\mathrm{d}L\end{cases} \tag{7.2.10}$$

将式（7.2.10）右边由 0 至 L 对 L 积分，则左边为破片初速 V_0 到破片飞行 L 距离处的存速 V_L 对 V_L 积分，有

$$\begin{cases}\displaystyle\int_{V_0}^{V_L}\frac{\mathrm{d}V_L}{V_L}=\int_0^L-A\mathrm{d}L\\[2mm]\ln\dfrac{V_L}{V_0}=-AL\\[2mm]V_L=V_0\exp(-AL)\end{cases} \tag{7.2.11}$$

式（7.2.11）为初速 V_0 的破片飞行距离 L 时的存速 V_L 计算式。

破片通过 L 距离的飞行时间为 t_L，可由式（7.2.11）推得

$$\frac{\mathrm{d}L}{\mathrm{d}t}=V_L=V_0\exp(-AL)$$

$$\mathrm{d}t=\left[\frac{1}{V_0}\exp(AL)\right]\mathrm{d}L$$

对上式两边积分

$$\int_0^{t_L} \mathrm{d}t = \int_0^L \left[\frac{1}{V_0}\exp(AL)\right]\mathrm{d}L$$

$$\begin{aligned} t_L &= \frac{1}{V_0 \cdot A}[\exp(AL)-1] = \frac{1}{V_0 \cdot A}\left(\frac{V_0}{V_L}-1\right) \\ &= \frac{1}{A}\left(\frac{1}{V_L}-\frac{1}{V_0}\right) \end{aligned} \tag{7.2.12}$$

由于空中目标一般速度较高，因此，在研究弹丸破片对目标的毁伤作用时，应考虑破片对目标的相对速度$\boldsymbol{V}_{Rp}$，则

$$\boldsymbol{V}_{Rp} = \boldsymbol{V}_L - \boldsymbol{V}_m \tag{7.2.13}$$

由图 7.2.4 可得

$$V_{Rp} = (V_L^2 + V_m^2 - 2V_L V_m \cos\beta)^{1/2} \tag{7.2.14}$$

式中 β——相遇点处的破片存速$\boldsymbol{V}_L$与目标速度$\boldsymbol{V}_m$的夹角，其计算式为

$$\cos\beta = \cos\psi\cos\gamma + \sin\psi\cos\alpha\sin\gamma \tag{7.2.15}$$

其中，ψ、α为破片在球坐标系中的坐标参数纬度角、经度角；γ为目标速度$\boldsymbol{V}_m$与弹丸存速$\boldsymbol{V}_c$反向之间的夹角。γ角的计算如图 7.2.5 所示。设目标做平飞运动，图 7.2.5 中：P为炸点位置；θ_c为弹道切线倾斜角，可在对空基本射表中查得；Q_p为提前点目标舷角。将PA_p在目标航路上投影：

$$PA_p\cos\gamma = PD\cos Q_p = PA_p\cos\theta_c\cos Q_p$$

故

$$\begin{cases} \cos\gamma = \cos\theta_c\cos Q_p \\ \gamma = \arccos(\cos\theta_c\cos Q_p) \end{cases} \tag{7.2.16}$$

如果目标俯冲攻击，俯冲角为λ，同样可将PA_p在目标俯冲航路上投影得到

$$\cos\gamma = \cos\theta_c\cos Q_p\cos\lambda + \sin\theta_c\sin\lambda \tag{7.2.17}$$

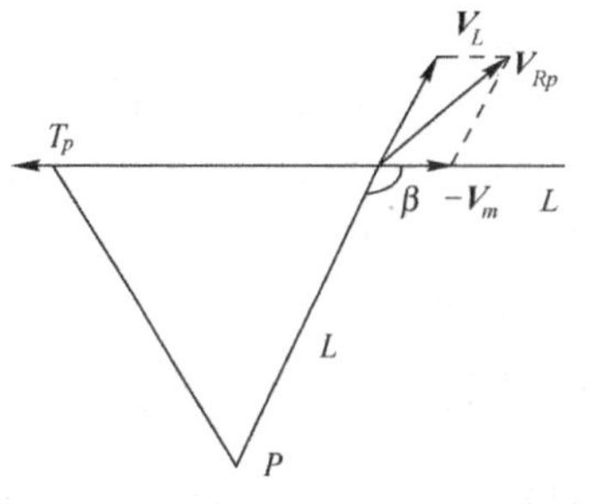

图 7.2.4 破片对目标的相对速度

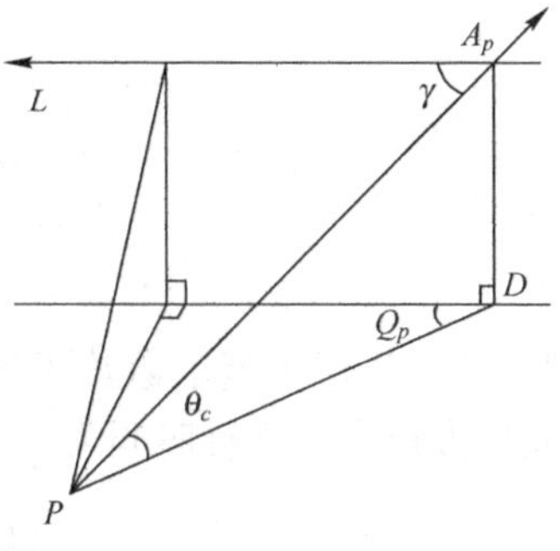

图 7.2.5 γ 角的计算

7.2.3 坐标毁伤定律 $K(X)$计算

坐标毁伤定律$K(\boldsymbol{X})$是指炸点坐标为$\boldsymbol{X}$时毁伤目标的条件毁伤概率。为了使其计算简

化，做如下假设，即目标是由致命部位和非致命部位两大部分组成的。不考虑几个部位同时命中导致的毁伤，目标无毁伤积累。如此假设是由于空中目标的致命部位组合和有毁伤积累部位所占比重很小。当不考虑目标毁伤积累时，会使计算结果偏小；当不考虑致命部位组合时，会使计算结果偏大，两者结合可减小计算误差。

设第 i 个重量级的一块破片毁伤目标的条件毁伤概率为 K_i，其质量为 q_i，该重量级破片数为 N_i，则 n 个重量级的全部破片不毁伤目标的条件概率 $\overline{K(\boldsymbol{X})}$ 为

$$\overline{K(\boldsymbol{X})}=\prod_{i=1}^{n}(1-K_i)^{N_i} \tag{7.2.18}$$

一般情况下，由于 K_i 很小，可用指数方法代替乘方近似计算，即

$$\overline{K(\boldsymbol{X})}\approx\prod_{i=1}^{n}\exp(-K_iN_i)=\exp(-\sum_{i=1}^{n}K_iN_i) \tag{7.2.19}$$

所以全部破片毁伤目标的条件毁伤概率为

$$K(\boldsymbol{X})=1-\overline{K(\boldsymbol{X})}=1-\exp(-\sum_{i=1}^{n}K_iN_i) \tag{7.2.20}$$

如何计算 K_i 呢？因为一破片毁伤目标事件是破片命中目标致命部位和命中致命部位时目标被毁伤两个事件的共现事件，所以，破片毁伤目标的条件毁伤概率 K_i 是炸点为 $\boldsymbol{X}$ 时，破片命中目标致命部位的条件概率与破片命中致命部位时导致目标毁伤的条件毁伤概率的乘积。

试验表明，破片毁伤空中目标有两种情况：一是破片命中目标造成穿孔毁伤，设目标该部分面积为 A_1；二是破片命中目标造成燃油起火毁伤，设目标该部分面积为 A_2。则一块破片毁伤目标的条件毁伤概率 K_i 为

$$K_i=P(A_1)\cdot K_c(E_c)+P(A_2)\cdot K_q(E_q) \tag{7.2.21}$$

式中　$P(A_1)$——第 i 个重量级的一块破片命中 A_1 部分的条件命中概率；

$K_c(E_c)$——破片命中 A_1 条件下，穿孔毁伤目标的条件毁伤概率；

$P(A_2)$——破片命中 A_2 部分的条件命中概率；

$K_q(E_q)$——破片命中 A_2 条件下，起火毁伤目标的条件毁伤概率。

现在分别给出 $P(A_1)$、$P(A_2)$、$K_c(E_c)$、$K_q(E_q)$ 的经验计算公式

$$P(A_1)=\frac{S_{a1}}{S_L}=\frac{S_0+K\cdot q^{1/3}}{S_L} \tag{7.2.22}$$

$$P(A_2)=\frac{S_{a2}}{S_L}=\frac{S_q}{S_L} \tag{7.2.23}$$

式中　S_{a1}，S_{a2}——A_1、A_2 的平均投影面积，即

$$S_{a1}=S_0+K\cdot q^{1/3} \tag{7.2.24}$$

$$S_{a2}=S_q \tag{7.2.25}$$

对于不同的目标，S_0、K、S_q 值可在表 7.2.3 中查得。

表 7.2.3 空中目标的有关参数

目标类型	h /mm	S_0 /m^2	$K/(m^2/g^{1/3})$	S_q / m^2
双发喷气轰炸机	12	0.85	0.18	7.8
四发喷气轰炸机	15	0.16	0.02	20
飞航式导弹	10	0.5	0.3	0.4

穿孔毁伤目标的条件毁伤概率 $K_c(E_c)$ 与破片质量 q(g)、破片对目标的相对速度 V_{Rp}(m/s)、目标强度 h（以硬铝合金厚度 h 表示，单位为mm）有关，根据不同的目标类型，h 可在表 7.2.3 中查得，其关系以计算参数 E_c 表示，即

$$E_c = \frac{1}{9.81\times10^3}\frac{q^{1/3}V_{Rp}^2}{h} = 1.02\times10^{-4}q^{1/3}V_{Rp}^2/h \tag{7.2.26}$$

则

$$K_c(E_c) = \begin{cases} 1-\exp[-(0.07E_c-0.235)] & (E_c \geqslant 3.3) \\ 0 & (E_c < 3.3) \end{cases} \tag{7.2.27}$$

起火毁伤目标的条件毁伤概率 $K_q(E_q)$ 与 V_{Rp}、q 及空气密度 $Y(H)$ 有关，而且在破片相对 V_{Rp} <400m/s 时，不会导致目标燃油起火。其关系以计算参数 E_q 表示，即

$$E_q = 0.6\times10^{-4}q^{2/3}(V_{Rp}-400)Y(H) \tag{7.2.28}$$

则

$$K_q(E_q) = \begin{cases} 1-\exp(-E_q) & (V_{Rp} \geqslant 400) \\ 0 & (V_{Rp} < 400) \end{cases} \tag{7.2.29}$$

将式（7.2.27）、式（7.2.29）、式（7.2.22）、式（7.2.23）代入式（7.2.21），即得到一块破片毁伤目标的条件毁伤概率 K_i，即

$$K_i = \frac{1}{S_L}[S_{a1}K_c(E_c) + S_{a2}K_q(E_q)] \tag{7.2.30}$$

再将式（7.2.30）代入式（7.2.20），得坐标毁伤定律 $K(\boldsymbol{X})$ 的计算式，即

$$K(\boldsymbol{X}) = 1-\exp\left\{-\frac{1}{S_L}\left[\sum_{i=1}^{n}(S_{a1}N_iK_c(E_c) + S_{a2}N_iK_q(E_q))\right]\right\} \tag{7.2.31}$$

7.2.4 简化的坐标毁伤定律

7.2.4.1 坐标毁伤定律简化的思路

简化坐标毁伤定律的基本思路是将依赖于炸点坐标 $\boldsymbol{X}$ 的条件毁伤概率 $K(\boldsymbol{X})$ 简化为仅依赖于炸点与目标距离 $|\boldsymbol{X}|$ 的条件毁伤概率 $K(|\boldsymbol{X}|)$，或写成 $K(L)(L=|\boldsymbol{X}|)$，从而使坐标毁伤定律的计算大为简化。

条件毁伤概率随炸点距离变化而变化的规律称为简化的坐标毁伤定律。换言之，简化的坐标毁伤定律是指条件毁伤概率与炸点距离之间的函数关系。

坐标毁伤定律 $K(\boldsymbol{X})$ 的简化方法是：通过坐标变换，将直角坐标形式的 $K(\boldsymbol{X})$ 变换为球坐标形式的坐标毁伤定律 $K(L,\psi,\alpha)$，然后采用数值积分法近似计算 $K(\boldsymbol{X})$。

7.2.4.2　坐标毁伤定律简化步骤

下面介绍以球坐标形式表示的坐标毁伤定律 $K(L,\psi,\alpha)$ 的简化步骤。

（1）将 ψ 的范围 $(0,\pi)$ 分为 n 个区间，并从中选取 n 个数值 $\psi_k(k=1,2,\cdots,n)$。

（2）将 α 的范围 $(0,2\pi)$ 分为 m 个区间，并从中选取 m 个数值 $\alpha_t(t=1,2,\cdots,m)$。

（3）在 L 的范围 $(0,\infty)$ 内，选取 γ 个数值 $L_j(j=1,2,\cdots,\gamma)$。

这样，对空间中每个炸点位置 (L_j,ψ_k,α_t) 都能够计算出目标毁伤定律的值：$K(L_j,\psi_k,\alpha_t)$，然后对其在距离 L_j 上对 ψ 和 α 取平均值，得

$$K(L_j)=\frac{1}{n\cdot m}\sum_{k=1}^{n}\sum_{t=1}^{m}K(L_j,\psi_k,\alpha_t) \tag{7.2.32}$$

为使计算毁伤概率简便，还需要将 $K(L_j)(j=1,2,\cdots,\gamma)$ 各函数值通过一定的计算方法，如最小二乘法，拟合为正态形式的函数式，则

$$K(L)=\exp\left[-\frac{1}{2}(\frac{L}{\sigma_k})^2\right] \tag{7.2.33}$$

式中　σ_k——毁伤参数。

当确定毁伤参数 σ_k 后，则得出简化的坐标毁伤定律为

$$K(\boldsymbol{X})=\exp\left[-\frac{1}{2}(\frac{L}{\sigma_k})^2\right]=\exp\left[-\frac{(x_1^2+x_2^2+x_3^2)}{2\sigma_k^2}\right] \tag{7.2.34}$$

下面举例说明坐标毁伤定律的简化方法。

【例 7.4】 某中口径舰炮武器系统使用空炸榴弹、机械引信，对空中目标射击，目标提前点斜距 D_p=4000m，高度 H_p=2000m，V_m=250m/s，$\lambda=0^\circ$，$Q_p=0^\circ$。目标为双发喷气轰炸机，求简化的坐标毁伤定律。

解：

1）已知条件

（1）舰炮口径、弹种：某中口径舰炮，机械定时引信，榴弹，$V_g=870\text{m/s}$，破片质量分布见表 7.2.1。

（2）目标类型：双发喷气轰炸机，由表 7.2.3 得：$h=12\text{mm}$，$S_0=0.85\text{m}^2$，$K=0.18\text{m}^2/\text{g}^{1/3}$，$S_q=7.8\text{m}^2$。

（3）目标运动参数：$V_m=250\text{m/s}$，$\lambda=0^\circ$。

（4）目标提前点坐标：$H_p=2000\text{m}$，$D_p=4000\text{m}$，$Q_p=0^\circ$。

2）简化方法

（1）用常量 ψ_0 代替 ψ。因为根据实际计算表明，在 $(0,\pi)$ 范围内，$K(L,\psi,\alpha)$ 随 ψ 的变化不大，取 $\psi_0=\arctan\left(\frac{V_g}{V_c}\right)$。

（2）将 α 的变化范围 $(0,2\pi)$ 分为 4 个区间，则对 $\alpha_t(t=1,2,3,4)$ 的取值分别为 0°、90°、180°、270°。

（3）将 L 的变化范围 $(0,\infty)$ 近似为（0～150m），则对 $L_j(j=1,2,\cdots,10)$ 的取值分别为 10、

15、20、25、30、40、50、70、100、150。

3）计算步骤与公式

（1）计算散飞圆锥角。

由某中口径舰炮对空基本射击表查出：$V_c = 630\text{m/s}$，$\theta = 28.2^\circ$，则

$$\psi_1 = \psi_0 - 15^\circ，\ \psi_2 = \psi_0 + 15^\circ$$

（2）根据不同的 L_j 和 α_t，计算破片相对速度 V_{rjt}。

① 计算质量为 40g 的破片存速 V_{Lj}：

由表 7.2.2 查得：
$$Y(H) = Y(2000) = 0.821$$

$$V_0 = (V_g^2 + V_c^2)^{1/2}$$

$$V_{Lj} = V_0 \exp(-AL_j)$$

$$AL_j = 0.00374 \times 0.04^{-1/3} \times Y(H) \times L_j = 0.0109358Y(H)L_j$$

② 计算 $\alpha_t (t = 1 \sim 4)$ 的破片与目标的相遇角 β_t：

$$\lambda = 0$$

$$\cos\gamma = \cos\theta\cos Q_p$$

$$\cos\beta_t = \cos\psi_0\cos\gamma + \sin\psi_0\sin\gamma\cos\alpha_t$$

注意：上式中 $\cos\alpha_t$ 为偶数，即 $\cos\alpha_t = \cos(-\alpha_t)$，而其他为常数，故只需计算 $(0,\pi)$ 范围的 $\cos\beta_t$。

③ 计算 V_{rjt}：

$$V_{rjt} = (V_{Lj}^2 + V_m^2 + 2V_{Lj}V_m\cos\beta_t)^{1/2}$$

（3）按不同的 L_j、α_t 及破片质量 q_i，计算穿孔毁伤条件概率 $K_c(E_{jti})$。

① 计算参数 E_{jti}：

$$E_{jti} = 1.02 \times 10^{-4} q_i^{1/3} V_{rjt}^2 / h$$

② 计算 $K_c(E_{jti})$：

$$E_c(E_{jti}) = 1 - \exp[-(0.07E_{jti} - 0.235)]$$

（4）按不同的 L_j、α_t、q_i，计算起火毁伤条件概率 $K_q(F_{jti})$。

① 计算参数 F_{jti}：

$$F_{jti} = 0.6 \times 10^{-4} q_i^{2/3}(V_{rjt} - 400)Y(H)$$

② 计算 $K_q(F_{jti})$：

$$K_q(F_{jti}) = 1 - \exp(-F_{jti})$$

（5）计算 K_{jt}。

① 计算球表面积 S_{Lj}：

$$S_{Lj} = S_3 L_j^2$$

$$S_3 = 2\pi(\cos\psi_1 - \cos\psi_2)$$

② 求穿孔部位 A_1 的投影面 S_{a1i}：

$$S_{a1i} = S_0 + Kq_i^{1/3}$$

③ 计算 K_{jt}：

$$K_{jt} = 1 - \exp\left\{-\frac{1}{S_{Lj}}\sum_{i=1}^{5}[(S_{a1i}K_c(E_{jti}) + S_q K_q(F_{jti}))N_i]\right\}$$

（6）计算坐标毁伤定律 $K(L_j)$。

$$K(L_j) = \frac{1}{4}\sum_{t=1}^{4} K_{jt}$$

（7）用最小二乘法拟合 $K(L_j)$。

① 拟合公式形式为

$$y = \exp\left[-\frac{1}{2}\left(\frac{x}{\sigma}\right)^2\right]$$

上式可变为

$$r = at$$

其中

$$\begin{cases} r = \ln y \\ t = x^2 \\ a = -\dfrac{1}{2\sigma^2} \end{cases}$$

② 最小二乘法计算 σ_k：

$$a = \sum t_i r_i / \sum t_i^2 = \sum x_i^2 \ln y_i / \sum x_i^4$$

若以 $K(L_j)$、L_j 代入上式，有

$$y_i = K(L_j), x_i = L_j \qquad (i = j)$$

$$a = \sum_{j=1}^{10} L_j^2 \ln K(L_j) / \sum_{j=1}^{10} L_j^4 \qquad (j = 1, 2, \cdots, 10)$$

$$\sigma_k = (-1/2a)^{1/2}$$

4）编程计算 $K(L_j)$ 及 σ_k

对上述计算简化的坐标毁伤定律 $K(\boldsymbol{X})$ 的数学模型，采用计算机编程计算，结果为

$$\sigma_k = 15.78\text{m}$$

则简化的坐标毁伤定律 $K(\boldsymbol{X})$ 为

$$K(\boldsymbol{X}) = \exp\left[-\frac{x_1^2 + x_2^2 + x_3^2}{2\sigma_k^2}\right] = \exp\left[-\frac{x_1^2 + x_2^2 + x_3^2}{2 \times (15.78)^2}\right]$$

7.3 对空空炸射击毁伤概率计算

7.3.1 发射一发的毁伤概率 P_{k1}

空炸射击、发射一发弹丸时，毁伤目标事件是弹丸在空间某点爆炸及在该点爆炸时目标被毁伤这两个事件的共现事件。由概率乘法定理可知，发射一发的毁伤概率 P_{k1} 等于弹丸在空间某点爆炸的概率与弹丸在该点爆炸条件下对目标的条件毁伤概率的乘积，并考虑到炸点在空间的所有可能值，有

$$P_{k1}=\int\int_{-\infty}^{\infty}\int\phi(\boldsymbol{X})K(\boldsymbol{X})\mathrm{d}\boldsymbol{X} \tag{7.3.1}$$

式中 $\boldsymbol{X}$ ——炸点坐标，$\boldsymbol{X}=(x_1,x_2,x_3)^{\mathrm{T}}$；

$\phi(\boldsymbol{X})$ ——射击误差（或炸点）分布密度函数；

$K(\boldsymbol{X})$ ——炸点为 $\boldsymbol{X}$ 时的目标条件毁伤概率。

式（7.3.1）是计算单发毁伤概率 P_{k1} 的精确公式，但若直接应用此式计算是十分困难的，为此，采用分布律合成方法，将其变为两个正态分布的合成。

设一个变换函数 $\mathscr{K}(X)$ 函数，将其视为正态分布函数，有

$$\mathscr{K}(X)=\frac{K(\boldsymbol{X})}{\int\int_{-\infty}^{\infty}\int K(\boldsymbol{X})\mathrm{d}\boldsymbol{X}}=\frac{K(\boldsymbol{X})}{C} \tag{7.3.2}$$

式中 C ——变换参数，有

$$C=\int\int_{-\infty}^{\infty}\int K(\boldsymbol{X})\mathrm{d}\boldsymbol{X} \tag{7.3.3}$$

将式（7.3.2）代入式（7.3.1）得

$$P_{k1}=C\int\int_{-\infty}^{\infty}\int\phi(\boldsymbol{X})\mathscr{K}(\boldsymbol{X})\mathrm{d}\boldsymbol{X} \tag{7.3.4}$$

7.3.1.1 坐标毁伤定律变换参数 C 和变换函数 $\mathscr{K}(X)$ 的计算

1．变换参数 C

下面在 X 坐标系中讨论变换参数 C。由式（7.3.3）知

$$C=\int\int_{-\infty}^{\infty}\int K(\boldsymbol{X})\mathrm{d}\boldsymbol{X}=\iiint_V K(\boldsymbol{X})\mathrm{d}V \tag{7.3.5}$$

式中的 V 是满足 $K(\boldsymbol{X})>0$ 的空间积分域，欲求得 C 就要先确定积分域 V。

积分域 V 具有这样的性质：它不是无限的，是 $K(\boldsymbol{X})>0$ 的区域。只要弹丸炸点在 V 域内，破片就可能命中目标；若炸点在 V 域外，则破片不可能命中目标，即 $K(\boldsymbol{X})=0$。对目标来说，此积分域就是绝对危险的区域。因此，将 $V_m=0$ 时、$K(\boldsymbol{X})>0$ 的积分区域称为绝对危险炸点区。

现在，以目标为原点作一个圆锥体，使其与破片散飞圆锥体相同，只是方向相差 180°。

当目标速度 $V_m=0$ 时，若炸点出现在此圆锥体内，如 P_1 点，如图 7.3.1 所示，则 $K(\boldsymbol{X})>0$；若炸点出现在此圆锥体外，如 P_2 点，则 $K(\boldsymbol{X})=0$，故此圆锥体就是积分域 V。换言之，当 $V_m=0$ 时，绝对危险炸点区域 V 与破片散飞圆锥体是等效的。

在考虑目标运动、$V_m\neq 0$ 时，绝对危险炸点区域 V 将发生变化。如图 7.3.2 所示，我们考查在 $V_m=0$ 时，危险炸点区域的距离 L 处的四点 P_1、P_2、P_3、P_4。当 $V_m\neq 0$ 时，上述四点相应地变为 P_{r1}、P_{r2}、P_{r3}、P_{r4}，只有弹丸在这四点和 T_p 围成的区域内爆炸，破片才能命中目标。由于破片飞行距离 L 和飞行时间 t_L 不成正比，使得危险炸点区 V 变成一个弓形圆锥体 V_r（图 7.3.2 中的 $T_pP_{r1}P_{r4}$ 体），所以称 V_r 为相对危险炸点区域，若有炸点坐标 $\boldsymbol{X}\in V_r$，则 $K(\boldsymbol{X})>0$；若 $\boldsymbol{X}\notin V_r$，则 $K(\boldsymbol{X})=0$。此时，变换参数 C 的计算式为

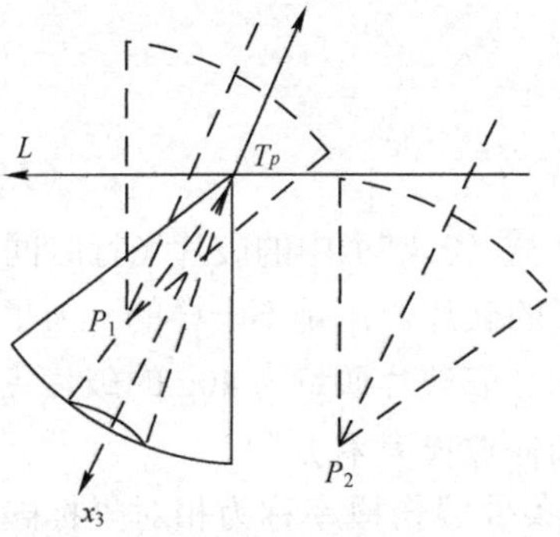

图 7.3.1　绝对危险炸点区

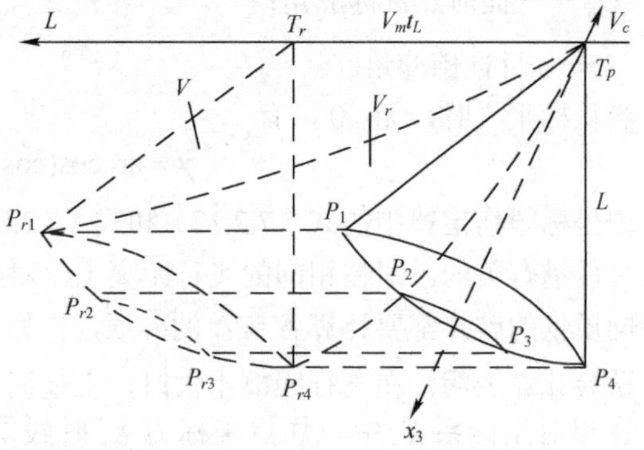

图 7.3.2　相对危险炸点区

$$C=\iiint_{V_r}K(\boldsymbol{X})\mathrm{d}V_r \tag{7.3.6}$$

但在 $V_m\neq 0$ 时，相对危险炸点区域 V_r 很难以表达和确定，为此，参数 C 要采用坐标变换方法来计算。

选择一个相对坐标系 $X_r(x_{r1},x_{r2},x_{r3})$，它是由 X 坐标系平移得到的，将 X 坐标系在目标航路上平移 $\boldsymbol{V}_mt_L$，得 X_r 坐标系，坐标原点为 T_r。

X 和 X_r 坐标系的关系如图 7.3.3 所示。

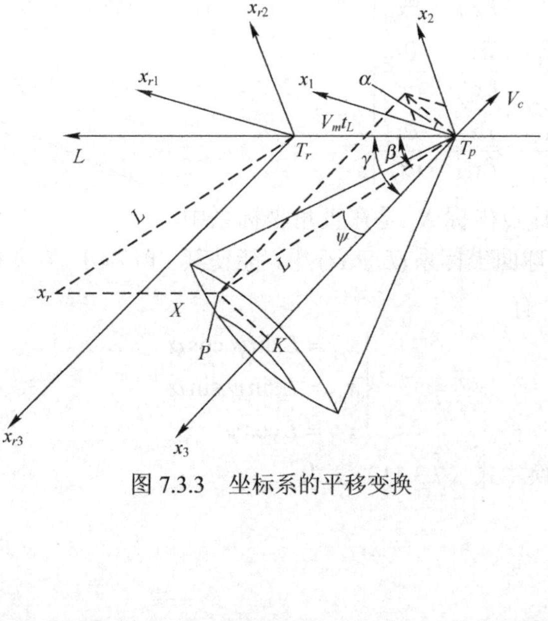

图 7.3.3　坐标系的平移变换

$$X = X_r + V_m t_L \tag{7.3.7}$$

以分量形式表示式（7.3.7），则有

$$\begin{cases} x_1 = x_{r1} + V_m t_L \sin\gamma \\ x_2 = x_{r2} \\ x_3 = x_{r3} + V_m t_L \cos\gamma \end{cases} \tag{7.3.8}$$

式中 γ——目标速度V_m与弹丸存速V_c反向之间的夹角，其计算式为

$$\gamma = \arccos(\cos\theta\cos Q_p\cos\lambda + \sin\theta\sin\lambda) \tag{7.3.9}$$

式中 θ——弹道切线倾斜角；

Q_p——提前点目标舷角；

λ——目标俯冲角。

当目标平飞时，$\lambda = 0$，有

$$\gamma = \arccos(\cos\theta\cos Q_p) \tag{7.3.10}$$

由坐标毁伤定律中的式（7.2.12）和式（7.2.8）可知，式（7.3.7）中的破片飞行时间t_L是与破片质量有关的，即在相同的飞行距离上，对不同质量的破片，t_L是不一样的。为了避免对不同质量的破片都要计算各自t_L的麻烦，作如下简化：t_L取破片质量为40g的破片飞行时间。试验计算表明，在飞行距离不大时，上述简化引起的计算误差不大。

在相对坐标系X_r中，炸点坐标为X_r时毁伤目标的条件毁伤概率称为相对坐标毁伤定律，记为$K_r(X_r)$。若有炸点坐标$X_r \in V$，则$K_r(X_r) > 0$；若$X_r \notin V$，则$K_r(X_r) = 0$。

对炸点坐标X_r进行坐标平移变换，式（7.3.6）变为

$$C = \iiint_{V_r} K(X)\mathrm{d}V_r = \iiint_{V} K_r(X_r) J \mathrm{d}V \tag{7.3.11}$$

式中 V_r——相对危险炸点区域；

V——绝对危险炸点区域；

J——变换式（7.3.7）的雅可比行列式，有

$$J = \begin{vmatrix} \dfrac{\partial x_1}{\partial x_{r1}} & \dfrac{\partial x_2}{\partial x_{r1}} & \dfrac{\partial x_3}{\partial x_{r1}} \\ \dfrac{\partial x_1}{\partial x_{r2}} & \dfrac{\partial x_2}{\partial x_{r2}} & \dfrac{\partial x_3}{\partial x_{r2}} \\ \dfrac{\partial x_1}{\partial x_{r3}} & \dfrac{\partial x_2}{\partial x_{r3}} & \dfrac{\partial x_3}{\partial x_{r3}} \end{vmatrix}$$

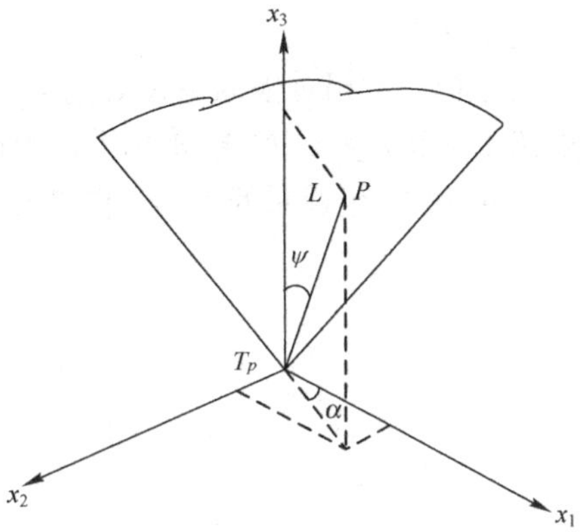

图 7.3.4 直角坐标系到球面坐标系的变换

式（7.3.11）中的炸点坐标X_r是在直角坐标系中表示的，若将其变换到球面坐标系(L,ψ,α)中，能使其计算简便，见图 7.3.4，有

$$\begin{cases} x_{r1} = L\sin\psi\cos\alpha \\ x_{r2} = L\sin\psi\sin\alpha \\ x_{r3} = L\cos\psi \end{cases} \tag{7.3.12}$$

对炸点X_r进行变换，式（7.3.11）变为

$$C=\iiint\limits_{v} K_r(X_r)J\mathrm{d}V=\int_0^{\infty}\int_{\psi 1}^{\psi 2}\int_0^{2\pi}K(L,\psi,\alpha)J\cdot J_1\mathrm{d}L\mathrm{d}\psi\mathrm{d}\alpha \tag{7.3.13}$$

式中 J_1——变换式（7.3.12）的雅可比行列式，有

$$J_1=\begin{vmatrix}\dfrac{\partial x_{r1}}{\partial L} & \dfrac{\partial x_{r2}}{\partial L} & \dfrac{\partial x_{r3}}{\partial L}\\ \dfrac{\partial x_{r1}}{\partial \psi} & \dfrac{\partial x_{r2}}{\partial \psi} & \dfrac{\partial x_{r3}}{\partial \psi}\\ \dfrac{\partial x_{r1}}{\partial \alpha} & \dfrac{\partial x_{r2}}{\partial \alpha} & \dfrac{\partial x_{r3}}{\partial \alpha}\end{vmatrix}=L^2\sin\psi \tag{7.3.14}$$

J 行列式中各元素的计算如下：

在式（7.3.8）中，t_L 为 40g 质量的破片的飞行时间，由式（7.2.12）得

$$t_L=\frac{1}{V_0A}[\exp(AL)-1]$$

$$A=0.00374q^{-1/3}Y(H)\qquad (q=40\mathrm{g})$$

$$L=(x_{r1}^2+x_{r2}^2+x_{r3}^2)^{1/2}$$

$$\frac{\partial x_1}{\partial x_{r1}}=1+V_m\sin\gamma\left(\frac{1}{V_0A}\cdot\exp(AL)\cdot A\cdot\frac{1}{2}\cdot\frac{2x_{r1}}{L}\right)$$

由式（7.2.11）及式（7.3.12）可得

$$V_0=V_L\exp(AL)$$

$$x_{r1}=L\sin\psi\cos\alpha$$

故

$$\frac{\partial x_1}{\partial x_{r1}}=1+\frac{V_m}{V_L}\sin\gamma\sin\psi\cos\alpha$$

同理

$$\frac{\partial x_3}{\partial x_{r3}}=\frac{\partial}{\partial x_{r3}}(x_{r3}+V_mt_L\cos\gamma)=1+\frac{V_m}{V_L}\cos\gamma\cos\psi$$

$$\frac{\partial x_1}{\partial x_{r3}}=\frac{\partial}{\partial x_{r3}}(x_{r1}+V_mt_L\sin\gamma)=\frac{V_m}{V_L}\sin\gamma\cos\psi$$

$$\frac{\partial x_3}{\partial x_{r1}}=\frac{\partial}{\partial x_{r1}}(x_{r3}+V_mt_L\cos\gamma)=\frac{V_m}{V_L}\cos\gamma\sin\psi\cos\alpha$$

$$\frac{\partial x_2}{\partial x_{r2}}=1,\quad \frac{\partial x_2}{\partial x_{r1}}=\frac{\partial x_2}{\partial x_{r3}}=0$$

$$J=\begin{vmatrix}1+\dfrac{V_m}{V_L}\sin\gamma\sin\psi\cos\alpha & 0 & \dfrac{V_m}{V_L}\cos\gamma\sin\psi\cos\alpha\\ \dfrac{\partial x_1}{\partial x_{r2}} & 1 & \dfrac{\partial x_3}{\partial x_{r2}}\\ \dfrac{V_m}{V_L}\sin\gamma\cos\psi & 0 & 1+\dfrac{V_m}{V_L}\cos\gamma\cos\psi\end{vmatrix} \tag{7.3.15}$$

$$=1+\frac{V_m}{V_L}(\sin\gamma\sin\psi\cos\alpha+\cos\gamma\cos\psi)$$

根据图 7.3.3，进一步简化式（7.3.15）：PT_p 为破片飞行方向，它与航路 L 的夹角为 β，由于 $T_pP=T_pK+KP$，故将它们向 L 上投影得

$$L\cos\beta = L\cos\psi\cos\gamma + L\sin\psi\cos\alpha\cos(90^\circ-\gamma)$$

则

$$\cos\beta = \cos\psi\cos\gamma + \sin\psi\cos\alpha\sin\gamma \tag{7.3.16}$$

将式（7.3.16）代入式（7.3.15），则 J 为

$$J = 1+\frac{V_m}{V_L}\cos\beta \tag{7.3.17}$$

从式（7.3.15），可以看出 J 为 L、ψ、α 的函数，即 $J=J(L,\psi,\alpha)$。

根据上述推导结果，整理式（7.3.13），即得参数 C 的计算式，有

$$C=\int_0^\infty\int_{\psi 1}^{\psi 2}\int_0^{2\pi}K(L,\psi,\alpha)J(L,\psi,\alpha)\cdot L^2\sin\psi\mathrm{d}L\mathrm{d}\psi\mathrm{d}\alpha \tag{7.3.18}$$

下面具体介绍式(7.3.18)的近似计算方法。首先以常数 ψ_0 代替变量 ψ，$\psi_0=(\psi_1+\psi_2)/2$。因为根据实际计算表明，$K(L,\psi,\alpha)J(L,\psi,\alpha)$ 随 ψ 的变化很小，故可以用 $K(L,\psi_0,\alpha)J(L,\psi_0,\alpha)$ 代替，于是式（7.3.18）写为

$$C=\int_0^\infty\int_0^{2\pi}K(L,\psi_0,\alpha)J(L,\psi_0,\alpha)L^2(\cos\psi_1-\cos\psi_2)\mathrm{d}L\mathrm{d}\alpha \tag{7.3.19}$$

对式（7.3.19）可以采用数值积分法进行近似计算。将 α 划分为 n 个区间，例如，取 $n=4$，故区间间隔 $\Delta\alpha=\pi/2$，$\alpha_t(t=1,2,3,4)$ 的取值分别为 0°、90°、180°、270°。这样，式（7.3.19）改写为

$$C=\int_0^\infty\frac{\pi}{2}(\cos\psi_1-\cos\psi_2)L^2\left[\sum_{t=1}^{4}K(L,\psi_0,\alpha_t)J(L,\psi_0,\alpha_t)\right]\mathrm{d}L \tag{7.3.20}$$

再将 L 划分为 m 段，以某中口径舰炮空炸弹为例，可取 m=8，所取 L_j 与 ΔL_j 值如表 7.3.1 所列。

表 7.3.1　L_j 与 ΔL_j 取值关系

L_j /m	10	20	30	40	50	70	100	150
范围	5～15	15～25	25～35	35～45	45～55	55～85	85～115	115～185
ΔL_j	10	10	10	10	10	30	30	70

于是，式（7.3.20）变为

$$\begin{aligned}C&=\frac{\pi}{2}(\cos\psi_1-\cos\psi_2)\sum_{j=1}^{8}\left[\Delta L_j\cdot L_j^2\cdot\sum_{t=1}^{4}K(L_j,\psi_0,\alpha_t)J(L_j,\psi_0,\alpha_t)\right]\\&=\sum_{j=1}^{8}\left[\Delta L_j\cdot H_j\cdot\sum_{t=1}^{4}K_{jt}J_{jt}\right]\end{aligned} \tag{7.3.21}$$

式中　H_j、K_{jt}、J_{jt}——简写符号，有

$$H_j=\frac{\pi}{2}(\cos\psi_1-\cos\psi_2)L_j^2$$

$$K_{jt}=K(L_j,\psi_0,\alpha_t)$$

$$J_{jt}=J(L_j,\psi_0,\alpha_t)$$

2．变换函数 $\mathscr{K}(\boldsymbol{X})$ 的计算

$\mathscr{K}(\boldsymbol{X})$ 为正态分布函数，其分布密度为

$$\mathscr{K}(\boldsymbol{X})=\frac{1}{(2\pi)^{3/2}\sqrt{|\boldsymbol{K}_k|}}\cdot\exp[-\frac{1}{2}(\boldsymbol{X}-\boldsymbol{M}_k)^{\mathrm{T}}\boldsymbol{K}_k^{-1}(\boldsymbol{X}-\boldsymbol{M}_k)]$$

计算 $\mathscr{K}(\boldsymbol{X})$，就是要计算其分布特征量：数学期望 $\boldsymbol{M}_k$ 和协方差矩阵 $\boldsymbol{K}_k$。

（1）数学期望列阵：

$$\boldsymbol{M}_k=(m_{k1},m_{k2},m_{k3})^{\mathrm{T}}$$

$\boldsymbol{M}_k$ 中各元素 m_{ki} 的计算过程与计算参数 C 相同，即通过两次坐标变换（$X\to X_r$，$X_r\to(L,\psi,\alpha)$），得出计算式，然后采用数值积分法近似计算。

由数学期望定义可得

$$\begin{aligned}\boldsymbol{M}_k&=\int\int_{-\infty}^{\infty}\int\boldsymbol{X}\mathscr{K}(\boldsymbol{X})\mathrm{d}X=\frac{1}{C}\iiint_{V_r}XK(\boldsymbol{X})\mathrm{d}V_r\\&=\frac{1}{C}\iiint_V(\boldsymbol{X}_r+\overline{V}_m t_L)K(\boldsymbol{X}_r)J\mathrm{d}V\end{aligned}\tag{7.3.22}$$

$$\begin{aligned}P_{kn}&=kCE_3(V)\exp\left(-\frac{1}{2}\boldsymbol{M}_\phi^{\mathrm{T}}\boldsymbol{K}_\xi^{-1}\boldsymbol{M}_\phi\right)/[(2\pi)^{3/2}\left|\boldsymbol{K}_\xi\right|^{1/2}]\\&=k\sigma_k^3E_3(V)\exp\left(-\frac{1}{2}\boldsymbol{M}_\phi^{\mathrm{T}}\boldsymbol{K}_\xi^{-1}\boldsymbol{M}_\phi\right)/\left|\boldsymbol{K}_\xi\right|^{1/2}\end{aligned}\tag{7.3.23}$$

与式（7.3.21）相似，式（7.3.23）可近似为

$$\begin{aligned}m_{k1}&=\frac{1}{C}\cdot\frac{\pi}{2}(\cos\psi_1-\cos\psi_2)\sum_{j=1}^{8}[\Delta L_j\cdot L_j^2\sum_{t=1}^{4}(L_j\sin\psi_0\cos\alpha_t+V_m t_{Lj}\sin\gamma)\cdot K(L_j,\psi_0,\alpha_t)J(L_j,\psi_0,\alpha_t)]\\&=\frac{1}{C}\sum_{j=1}^{8}\Delta L_j H_j\sum_{t=1}^{4}x_{r1jt}K_{jt}J_{jt}\end{aligned}\tag{7.3.24}$$

式中

$$x_{r1jt}=L_j\sin\psi_0\cos\alpha_t+V_m t_{Lj}\sin\gamma\tag{7.3.25}$$

式中其他符号意义与式（7.3.21）相同。

同样

$$m_{k3}=\frac{1}{C}\iiint_V(x_{r3}+V_m t_L\cos\gamma)K(\boldsymbol{X}_r)J\mathrm{d}V=\frac{1}{C}\sum_{j=1}^{8}\Delta L_j H_j\sum_{t=1}^{4}x_{r3jt}K_{jt}J_{jt}\tag{7.3.26}$$

式中

$$x_{r3jt}=L_j\cos\psi_0+V_m t_L\cos\gamma\tag{7.3.27}$$

$$m_{k2}=\frac{1}{C}\iiint_V x_{r2}K(\boldsymbol{X}_r)J\mathrm{d}V=\frac{1}{C}\sum_{j=1}^{8}\Delta L_j H_j\sum_{t=1}^{4}x_{r2jt}K_{jt}J_{jt}\tag{7.3.28}$$

式中

$$x_{r2jt}=L_j\sin\psi_0\sin\alpha_t \tag{7.3.29}$$

从式（7.3.29）可以看出，当$\alpha_t=0^\circ$和180° 时，$\sin\alpha_t=0$，则$x_{r2jt}=0$；当$\alpha_t=90^\circ$时，$\sin\alpha_t=1$，则$x_{r2jt}=L_j\sin\psi_0$；当$\alpha_t=270^\circ$时，$\sin\alpha_t=-1$，则$x_{r2jt}=-L_j\sin\psi_0$。因此，在式（7.3.29）中，由于其他数值又一样，故求和结果是$m_{k2}=0$。它的物理意义是：弹丸破片对目标的毁伤作用，在x_{r2}轴的正、反方向上完全相同。

（2）协方差矩阵：

$$\boldsymbol{K}_k=\begin{vmatrix} K_{k11} & K_{k12} & K_{k13}\\ K_{k21} & K_{k22} & K_{k23}\\ K_{k31} & K_{k32} & K_{k33}\end{vmatrix} \tag{7.3.30}$$

$\boldsymbol{K}_k$中各元素K_{kij}的计算方法也与计算参数C相同，即通过两次坐标变换后得出计算式，然后采用数值积分法近似计算。

由协方差定义可得

$$\begin{aligned}K_{kij}&=\int\int_{-\infty}^{\infty}\int(x_i-m_{ki})(x_j-m_{kj})\mathscr{K}(\boldsymbol{X})\mathrm{d}\boldsymbol{X}=\frac{1}{C}\iiint_{V_r}(x_i-m_{ki})(x_j-m_{kj})K(\boldsymbol{X})\mathrm{d}V_r\\&=\frac{1}{C}\iiint_{V_r}x_ix_jK(\boldsymbol{X})\mathrm{d}V_r-m_{ki}m_{kj}=\frac{1}{C}\iiint_{V}x_{ri}x_{rj}K(\boldsymbol{X}_r)J\mathrm{d}V-m_{ki}m_{kj}\quad(i,j=1,2,3)\end{aligned} \tag{7.3.31}$$

则有

$$\begin{aligned}P_{k1}&=\sigma_k^3\exp\left(-\frac{1}{2}\boldsymbol{M}_\phi^{\mathrm{T}}\boldsymbol{K}_f^{-1}\boldsymbol{M}_\phi\right)/\left|\boldsymbol{K}_f\right|^{1/2}\\&=(15.78)^3\exp\left(-\frac{1}{2}\times0.696217\right)/(0.982672\times10^5)\\&=0.0282\end{aligned}$$

类似参数 $\boldsymbol{K}_f^*=\begin{pmatrix}508.75\times19660.52 & 0 & -508.75\times1861.32\\ 0 & 1141.64\times19660.52-1861.32^2 & 0\\ -508.75\times1861.32 & 0 & 1141.64\times508.75\end{pmatrix}$ 及 $\boldsymbol{K}_f=\boldsymbol{K}_\phi+\boldsymbol{K}_k=\begin{pmatrix}1141.64 & 0 & 1861.32\\ 0 & 508.75 & 0\\ 1861.32 & & 19660.52\end{pmatrix}$ 的近似计算方法，有

$$K_{k11}=\frac{1}{C}\sum_{j=1}^{8}\Delta L_jH_j\sum_{t=1}^{4}x_{r1jt}^2K_{jt}J_{jt}-m_{k1}^2 \tag{7.3.32}$$

同理

$$K_{k22}=\frac{1}{C}\sum_{j=1}^{8}\Delta L_jH_j\sum_{t=1}^{4}x_{r3jt}^2K_{jt}J_{jt}-m_{k2}^2 \tag{7.3.33}$$

$$K_{k33}=\frac{1}{C}\sum_{j=1}^{8}\Delta L_jH_j\sum_{t=1}^{4}x_{r3jt}^2K_{jt}J_{jt}-m_{k3}^2 \tag{7.3.34}$$

$$K_{k13}=\frac{1}{C}\sum_{j=1}^{8}\Delta L_j H_j\sum_{t=1}^{4}x_{r1jt}x_{r3jt}K_{jt}J_{jt}-m_{k1}m_{k3} \tag{7.3.35}$$

$$K_{k31}=K_{k13} \tag{7.3.36}$$

$$K_{k12}=\frac{1}{C}\sum_{j=1}^{8}\Delta L_j H_j\sum_{t=1}^{4}x_{r1jt}x_{r2jt}K_{jt}J_{jt}-m_{k1}m_{k2}=0 \tag{7.3.37}$$

$K_{k12}=0$ 的原因与 $m_{k2}=0$ 的原因一样，不再赘述。同理

$$K_{k21}=K_{k23}=K_{k32}=0 \tag{7.3.38}$$

7.3.1.2　简化坐标毁伤定律变换函数计算

简化坐标毁伤定律 $K(\boldsymbol{X})$ 的变换函数 $\mathscr{K}(\boldsymbol{X})$ 和变换参数 C 的计算，由式（7.3.2）、式（7.3.3）可知

$$\mathscr{K}(\boldsymbol{X})=\frac{K(\boldsymbol{X})}{\iiint_{-\infty}^{\infty}K(\boldsymbol{X})\mathrm{d}\boldsymbol{X}}=\frac{K(\boldsymbol{X})}{C}$$

$$C=\iiint_{-\infty}^{\infty}K(\boldsymbol{X})\mathrm{d}\boldsymbol{X}$$

变换函数 $\mathscr{K}(\boldsymbol{X})$ 实质是坐标毁伤定律 $K(\boldsymbol{X})$ 的分布密度函数。

将简化坐标毁伤定律 $K(\boldsymbol{X})$，即

$$K(\boldsymbol{X})=\exp\left[-\frac{(x_1^2+x_2^2+x_3^2)}{2\sigma_k^2}\right]$$

代入前面两式，即得其变换参数 C 和变换函数 $\mathscr{K}(\boldsymbol{X})$，有

$$C=\iiint_{-\infty}^{\infty}K(\boldsymbol{X})\mathrm{d}\boldsymbol{X}=(2\pi)^{3/2}\sigma_k^3 \tag{7.3.39}$$

$$\mathscr{K}(\boldsymbol{X})=\frac{K(\boldsymbol{X})}{C}=\frac{1}{(2\pi)^{3/2}\sigma_k^3}\exp[-(x_1^2+x_2^2+x_3^2)/2\sigma_k^2] \tag{7.3.40}$$

从式（7.3.40）可以看出，$\mathscr{K}(\boldsymbol{X})$ 为正态分布密度函数，若以矩阵形式表示，则为

$$\mathscr{K}(\boldsymbol{X})=\frac{1}{(2\pi)^{3/2}\sqrt{|\boldsymbol{K}_k|}}\exp\left(-\frac{1}{2}\boldsymbol{X}^{\mathrm{T}}\boldsymbol{K}_k^{-1}\boldsymbol{X}\right) \tag{7.3.41}$$

式中　$\boldsymbol{K}_k$ —— $\mathscr{K}(\boldsymbol{X})$ 的协方差矩阵，有

$$\boldsymbol{K}_k=\begin{bmatrix}\sigma_k^2 & 0 & 0\\ 0 & \sigma_k^2 & 0\\ 0 & 0 & \sigma_k^2\end{bmatrix}=\mathrm{diag}(\sigma_k^2,\sigma_k^2,\sigma_k^2) \tag{7.3.42}$$

7.3.1.3　发射一发毁伤概率 P_{k1} 的计算

1．复杂的坐标毁伤定律条件下的 P_{k1}

由式（7.3.4）可得 P_{k1} 计算式，即

$$\begin{aligned}P_{k1}&=\iiint_{-\infty}^{\infty}\phi(\boldsymbol{X})K(\boldsymbol{X})\mathrm{d}\boldsymbol{X}=C\iiint_{V}\phi(\boldsymbol{X})\mathscr{K}(\boldsymbol{X})\mathrm{d}\boldsymbol{X}\\&=\frac{C}{(2\pi)^{3/2}\sqrt{|\boldsymbol{K}_f|}}\exp[-\frac{1}{2}(\boldsymbol{M}_\phi-\boldsymbol{M}_k)^{\mathrm{T}}\boldsymbol{K}_f^{-1}(\boldsymbol{M}_\phi-\boldsymbol{M}_k)]\end{aligned} \tag{7.3.43}$$

式中 $\boldsymbol{K}_f=\boldsymbol{K}_\phi+\boldsymbol{K}_k$；

$\boldsymbol{K}_\phi$、$\boldsymbol{M}_\phi$——射击误差分布密度函数$\phi(\boldsymbol{X})$的协方差矩阵、数学期望列阵；

$\boldsymbol{K}_k$、$\boldsymbol{M}_k$——坐标毁伤定律$K(\boldsymbol{X})$的变换函数$\mathscr{K}(\boldsymbol{X})$的协方差矩阵、数学期望列阵。

2．简化的坐标毁伤定律条件下的P_{k1}

由式（7.3.1）可得发射一发毁伤概率P_{k1}的计算式为

$$P_{k1}=\iiint\limits_V\phi(\boldsymbol{X})K(\boldsymbol{X})\mathrm{d}V=C\iiint\limits_V\phi(\boldsymbol{X})\mathscr{K}(\boldsymbol{X})\mathrm{d}V \tag{7.3.44}$$

式中 $\phi(\boldsymbol{X})$——射击误差分布密度函数：

$$\phi(\boldsymbol{X})=\frac{1}{(2\pi)^{3/2}\sqrt{|\boldsymbol{K}_\phi|}}\exp\left[-\frac{1}{2}(\boldsymbol{X}-\boldsymbol{M}_\phi)^{\mathrm{T}}\boldsymbol{K}_\phi^{-1}(\boldsymbol{X}-\boldsymbol{M}_\phi)\right]$$

C——简化的坐标毁伤定律$K(X)$的变换参数，有

$$C=(2\pi)^{3/2}\sigma_k^3$$

$\mathscr{K}(\boldsymbol{X})$——简化的坐标毁伤定律$K(\boldsymbol{X})$的分布密度函数，有

$$\mathscr{K}(\boldsymbol{X})=\frac{1}{(2\pi)^{3/2}\sqrt{|\boldsymbol{K}_k|}}\exp\left[-\frac{1}{2}\boldsymbol{X}^{\mathrm{T}}\boldsymbol{K}_k^{-1}\boldsymbol{X}\right]$$

式（7.3.44）积分号内为两个正态分布函数的卷积式，则式（7.3.44）可变为

$$P_{k1}=\frac{C}{(2\pi)^{3/2}\sqrt{|\boldsymbol{K}_f|}}\exp\left[-\frac{1}{2}\boldsymbol{M}_\phi^{\mathrm{T}}\boldsymbol{K}_f^{-1}\boldsymbol{M}_\phi\right]=\frac{\sigma_k^3}{\sqrt{|\boldsymbol{K}_f|}}\exp\left(-\frac{1}{2}\boldsymbol{M}_\phi^{\mathrm{T}}\boldsymbol{K}_f^{-1}\boldsymbol{M}_\phi\right) \tag{7.3.45}$$

式中

$$\boldsymbol{K}_f=\boldsymbol{K}_\phi+\boldsymbol{K}_k \tag{7.3.46}$$

7.3.2 K门舰炮齐射一次的毁伤概率 P_{kn}

7.3.2.1 射击误差分析

在这种射击条件下，射击误差可分为两组：

（1）非重复误差组：为一次齐射中，对各炮取值均不相同的误差，它们均属于第一组误差，包括$\boldsymbol{\sigma}_{aq0}$、$\boldsymbol{\sigma}_{bq0}$、$\boldsymbol{\sigma}_{cq0}$、$\boldsymbol{\sigma}_{\varphi_m}$、$\boldsymbol{\sigma}_{\beta_m}$、$\boldsymbol{\sigma}_{N_m}$。非重复误差组的协方差矩阵用$\boldsymbol{K}_b$表示。

（2）重复误差组：为一次齐射中，对各炮取值均相同的误差，包括$\boldsymbol{\sigma}_{\varphi_s}$、$\boldsymbol{\sigma}_{\beta_s}$、$\boldsymbol{\sigma}_{N_s}$、$\boldsymbol{\sigma}_{V_0}$、$\boldsymbol{\sigma}_\rho$、$\boldsymbol{\sigma}_{W_d}$和$\boldsymbol{\sigma}_{W_z}$。重复误差组的协方差矩阵用$\boldsymbol{K}_c$表示。

（3）系统误差：火控系统误差的数学期望，包括$\boldsymbol{m}_{\varphi_s}$、$\boldsymbol{m}_{\beta_s}$、$\boldsymbol{m}_{N_s}$。

7.3.2.2 毁伤概率计算

1．一组误差型

一组误差型计算P_{kn}，有

$$P_{kn}=1-(1-P_{k1})^k \tag{7.3.47}$$

2．两组误差型

下面给出按两组误差型计算P_{kn}的近似计算方法，即通过两次分布律合成，使计算得以简化。

已知条件：

舰炮齐射门数 k；

射击误差：$\boldsymbol{K}_b$、$\boldsymbol{K}_c$、$\boldsymbol{M}_\phi$；

若取复杂的坐标毁伤定律：C、$\boldsymbol{K}_c$、$\boldsymbol{M}_k$；

若取简化的坐标毁伤定律；C、$\boldsymbol{K}_k$。

（1）计算协方差矩阵 $\boldsymbol{K}_f$，则

$$\boldsymbol{K}_f = \boldsymbol{K}_b + \boldsymbol{K}_k$$

（2）计算 V，则

$$V = kC \Big/ \left[(2\pi)^{3/2} \left| \boldsymbol{K}_f \right|^{1/2} \right]$$

（3）由附录 A 的表 A.4，查得 $E_3(V)$、$F_3(V)$。

（4）计算协方差矩阵 $\boldsymbol{K}_\xi$：

$$\boldsymbol{K}_\xi = \boldsymbol{K}_c + F_3(V)\boldsymbol{K}_f$$

（5）计算毁伤概率 P_{kn}：

若取复杂的坐标毁伤定律，P_{kn} 计算式为

$$P_{kn} = kCE_3(V)\exp\left[-\frac{1}{2}(\boldsymbol{M}_\phi - \boldsymbol{M}_k)^{\mathrm{T}} \boldsymbol{K}_\xi^{-1} (\boldsymbol{M}_\phi - \boldsymbol{M}_k) \right] \Big/ \left[(2\pi)^{3/2} \left| \boldsymbol{K}_\xi \right|^{1/2} \right] \tag{7.3.48}$$

若取简化的坐标毁伤定律，P_{kn} 计算式为

$$\begin{aligned} P_{kn} &= kCE_3(V)\exp\left(-\frac{1}{2}\boldsymbol{M}_\phi^{\mathrm{T}} \boldsymbol{K}_\xi^{-1} \boldsymbol{M}_\phi \right) \Big/ \left[(2\pi)^{3/2} \left| \boldsymbol{K}_\xi \right|^{1/2} \right] \\ &= k\sigma_k^3 E_3(V)\exp\left(-\frac{1}{2}\boldsymbol{M}_\phi^{\mathrm{T}} K_\xi^{-1} \boldsymbol{M}_\phi \right) \Big/ \left| \boldsymbol{K}_\xi \right|^{1/2} \end{aligned} \tag{7.3.49}$$

7.3.3　航路上齐射 *t* 次的毁伤概率 P_{kn}

航路上齐射 t 次的毁伤概率 P_{kn} 的计算，与对空碰炸射击时航路上点射 t 次的毁伤概率的计算分析方法基本相同，此处不再赘述。

【例 7.5】 条件同例 7.4、例 7.3，选取简化的坐标毁伤定律，求发射一发的毁伤概率 P_{k1}。

解：由例 7.3 可知，射击误差的协方差矩阵 $\boldsymbol{K}_\phi$ 和系统误差列阵 $\boldsymbol{M}_\phi$ 为

$$\boldsymbol{K}_\phi = \begin{pmatrix} 892.63 & 0 & 1861.32 \\ 0 & 259.74 & 0 \\ 1861.32 & 0 & 19411.51 \end{pmatrix}, \quad \boldsymbol{M}_\phi = \begin{pmatrix} 5.20 & 12.33 & -67.57 \end{pmatrix}^{\mathrm{T}}$$

由例 7.4 可知，简化的坐标毁伤定律 $K(\boldsymbol{X})$ 的协方差矩阵 $\boldsymbol{K}_k$ 为

$$\boldsymbol{K}_k = \mathrm{diag}(\sigma_k^2, \sigma_k^2, \sigma_k^2) = \mathrm{diag}(15.78^2, 15.78^2, 15.78^2)$$

$$\boldsymbol{K}_f = \boldsymbol{K}_\phi + \boldsymbol{K}_k = \begin{pmatrix} 1141.64 & 0 & 1861.32 \\ 0 & 508.75 & 0 \\ 1861.32 & 0 & 19660.52 \end{pmatrix}$$

$$\left| \boldsymbol{K}_f \right| = 0.9656443 \times 10^{10}, \quad \sqrt{\left| \boldsymbol{K}_f \right|} = 0.982672 \times 10^5$$

$$\boldsymbol{K}_f^* = \begin{pmatrix} 508.75\times19660.52 & 0 & -508.75\times1861.32 \\ 0 & 1141.64\times19660.52-1861.32^2 & 0 \\ -508.75\times1861.32 & 0 & 1141.64\times508.75 \end{pmatrix}$$

$$\boldsymbol{K}_f^{-1} = \frac{\boldsymbol{K}_f^*}{\left|\boldsymbol{K}_f\right|} = \begin{pmatrix} 103.582 & 0 & -0.980637 \\ 0 & 19.6560 & 0 \\ -0.980637 & 0 & 0.601473 \end{pmatrix}\times10^{-4}$$

$$\boldsymbol{M}_\phi^{\mathrm{T}}\boldsymbol{K}_f^{-1}\boldsymbol{M}_\phi = \begin{pmatrix}5.20 & 12.33 & -67.57\end{pmatrix}\boldsymbol{K}_f^{-1}\begin{pmatrix}5.20\\12.33\\-67.57\end{pmatrix} = 0.696217$$

按式（7.3.45），求 P_{k1}，则

$$\begin{aligned} P_{k1} &= \sigma_k^3 \exp\left(-\frac{1}{2}\boldsymbol{M}_\phi^{\mathrm{T}}\boldsymbol{K}_f^{-1}\boldsymbol{M}_\phi\right)/\left|\boldsymbol{K}_f\right|^{1/2} \\ &= (15.78)^3 \exp\left(-\frac{1}{2}\times0.696217\right)/(0.982672\times10^5) = 0.0282 \end{aligned}$$

本章小结

本章的知识结构与第 5 章及第 6 章基本相似，这里主要给出命中概率和毁伤概率的分析思路和计算流程。

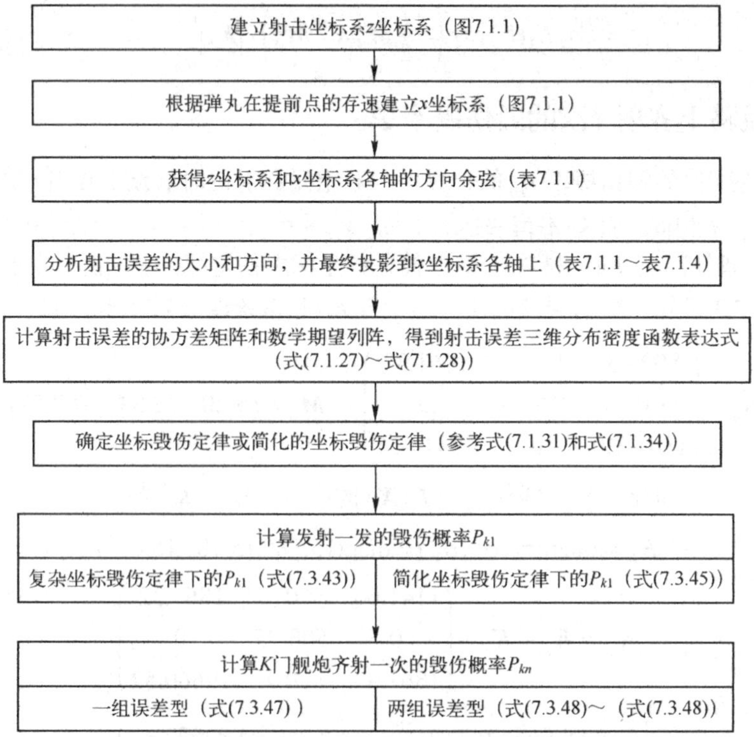
建立射击坐标系z坐标系（图7.1.1）
根据弹丸在提前点的存速建立x坐标系（图7.1.1）
获得z坐标系和x坐标系各轴的方向余弦（表7.1.1）
分析射击误差的大小和方向，并最终投影到x坐标系各轴上（表7.1.1～表7.1.4）
计算射击误差的协方差矩阵和数学期望列阵，得到射击误差三维分布密度函数表达式（式(7.1.27)～式(7.1.28)）
确定坐标毁伤定律或简化的坐标毁伤定律（参考式(7.1.31)和式(7.1.34)）
计算发射一发的毁伤概率P_k1
复杂坐标毁伤定律下的P_k1（式(7.3.43)）
简化坐标毁伤定律下的P_k1（式(7.3.45)）
计算K门舰炮齐射一次的毁伤概率P_kn
一组误差型（式(7.3.47)）
两组误差型（式(7.3.48)～（式(7.3.48)）

习题

1．试列表分析舰炮对空空炸射击时发射 1 发、齐射 1 次、点射 1 次条件下的射弹散布误差、舰炮随动系统误差、弹道气象准备误差、火控系统输出误差的重复性和相关性。

2．某中口径舰炮使用机械引信对空射击，提前点斜距为 5000m，高度为 3000m，试求炸点散布椭球体的概率误差。

3．在舰炮武器系统对空空炸射击效力分析中，z 坐标系和 x 坐标系的作用是什么？

4．舰炮对空空炸射击误差的线误差可以归结为 7 种向量误差，它们与对空碰炸射击时的向量方向和所包含的向量有何异同点？

5．简述绝对危险炸点区和相对危险炸点区的概念。

6．已知弹丸破片命中空中目标穿孔部分的条件命中概率为 0.4，命中穿孔部分而造成目标毁伤的概率为 0.8；命中起火部分的条件命中概率为 0.6，命中起火部分而造成目标毁伤的概率为 0.2，则破片毁伤目标的条件毁伤概率是多大？

7．概述坐标毁伤定律的计算方法。

8．使用简化坐标毁伤定律的优点是什么？简述坐标毁伤定律简化的基本方法。

9．两座双管某中口径舰炮武器系统，对一双发喷气轰炸机射击，定时榴弹、机械引信，设目标提前点为 D_p=10000m，$H_p = 4000$ m，$V_m = 250$ m/s，λ=0°，Q_p=0°；系统各误差源误差为：随动系统误差 $\sigma_{\varphi m} = \sigma_{\beta m} = 2\text{mil}$、$\sigma_{Nm} = 0.3$ 刻线，确定初速偏差的误差 $\sigma_{v_0} = 0.6\%V_0$，确定空气密度偏差的误差 $\sigma_\rho = 1.3\%\rho_o$，确定弹道风误差 $\sigma_{wd} = \sigma_{wz} = 2.2$ m/s，火控系统输出误差 $\sigma_{\varphi s} = 4\text{mil}$、$m_{\varphi s} = -8\text{mil}$，$\sigma_{\beta s} = 6\text{mil}$、$m_{\beta s} = -4\text{mil}$，$\sigma_{Ns}$= 0.8 刻线、$m_{Ns} = -0.5$ 刻线。又知坐标毁伤定律 $K(X)$ 的变换参数 C=77219，变换函数 $K(X)$ 的分布特征：

$$\boldsymbol{K}_k = \begin{pmatrix} 2932 & 0 & 625 \\ 0 & 2838 & 0 \\ 625 & 0 & 1683 \end{pmatrix}$$

$$\boldsymbol{M}_k = \begin{pmatrix} 15.69 & 0 & 59.10 \end{pmatrix}^{\mathrm{T}}$$

试求：

（1）系统射击误差协方差矩阵 $\boldsymbol{K}_\phi$ 和系统误差列阵 $\boldsymbol{M}_\phi$；

（2）按一组误差型，计算舰炮齐射一次的毁伤概率。

第 8 章　舰载导弹武器效能分析

本章导读

本章介绍舰载导弹武器系统的效能分析方法。由于导弹武器具有精确制导能力，因此其效能分析方法与前面章节所述的舰炮武器射击效力分析方法有所不同。舰载导弹武器也可分为碰炸射击和空炸射击，本章将介绍采用碰炸射击方式的舰载反舰导弹和采用空炸射击方式的舰载防空导弹武器的射击效力分析方法，以及基于排队论的对空防御体系对抗空中目标流的整体作战效能分析方法。8.1 节介绍舰载导弹武器系统概述；8.2 节分别介绍舰载反舰导弹射击误差源和射击效力分析方法；8.3 节介绍舰空导弹武器系统射击效力分析方法；8.4 节介绍基于排队论的导弹群武器系统防空作战整体效能分析方法。

要求：掌握反舰导弹射击误差分析方法，重点掌握反舰导弹射击效力指标分析计算方法，掌握舰空导弹射击误差分析和射击效力指标计算思路，掌握基于排队论的导弹群武器系统防空作战整体效能分析方法。

舰载导弹武器属于精确制导武器，它有两个显著的特点：一是弹上有动力装置，其飞行轨迹是可控的；二是弹上不仅有爆炸毁伤目标的引信和战斗部，而且还有将战斗部引向目标的制导系统。与传统武器相比，导弹具有命中精度高、可实施远程精确打击、作战效能高、发展技术潜力大等突出优点，因此各型舰载导弹武器系统在现代海战中发挥着主导作用。本章介绍舰载导弹武器系统效能分析方法，包括单发和多发导弹武器系统的射击效力指标计算，以及导弹群武器系统作战的综合效能。

8.1　舰载导弹武器系统概述

不同类型的舰载导弹可能存在不同的误差源，也会产生不同的效能分析方法。本节简要介绍舰载导弹武器系统的分类、组成和发射过程等，以便于后续导弹武器系统射击效能概念和分析方法的引入。

8.1.1　舰载导弹武器系统的分类

通常，舰载导弹武器系统可按其作战使命、攻击目标所在的位置、射程、飞行方式、战斗部类型、弹道形式、外形特征及制导方式进行分类。

1．按作战使命分类

按作战使命可分为：战略导弹和战术导弹两类，前者的打击目标一般比后者有更大的军事意义，如敌方的大城市、最高阶层指挥中心、大型军事基地等。

2．按攻击目标所在位置分类

按攻击目标所在位置，舰载导弹可分为舰空、舰舰、反潜、对陆攻击导弹等，分别用于舰艇防空和反导、对舰攻击、反潜和对陆打击。

3．按导弹的射程分类

导弹的射程根据其作战用途的不同，也有多种分类方法。防空作战导弹的射程可分为：超近程导弹（<5km）、近程导弹（5～15km）、中程导弹（15～100km）、远程导弹（>100km）；对海作战导弹的射程可分为近程导弹（<60km）、中程导弹（60～150km）、远程导弹（150～550km 及以上）；对于弹道式导弹，按射程可分为近程导弹（100～1000km）、中程导弹（1000～4000km）、远程导弹（4000～8000km）、洲际导弹（>8000km）。

4．按导弹的弹道特征分类

导弹按弹道特征可分为飞航式导弹和弹道导弹。

飞航式导弹包括巡航导弹和各类防空导弹。它利用喷气发动机推动力克服前进阻力在大气层内飞行，具有突防能力强、机动性能好、命中精度高、摧毁力强等优点，可用于打击固定或运动目标。弹道导弹在起飞阶段在大气层中做有动力飞行并实施制导，平飞前进阶段主要在空气稀少的高空或外层空间，下降阶段再入大气层，此后利用惯性攻击目标。

5．按制导方式分类

按制导方式可分为惯性制导、地形匹配制导、GPS 制导、遥控制导、寻的制导、复合制导、双模（多模）复合寻的制导等。

惯性制导是在导弹上，由检测到的加速度推算出速度和位置并能与预先存储的数据比较的制导方式。

地形匹配制导是在导弹内装订攻击航路的数字地图，导弹在飞行过程中的关键节点（校正点）应用导航雷达测量航路的地形特征，与存储的数字地图相比较，得到飞行航迹与预定航迹的误差，修正导弹的控制信号，使其按照预定航路飞行。

GPS 制导中，弹上装有 GPS 接收机，只要在巡航导弹中装订飞行航路和攻击目标的经度、纬度，巡航导弹便可以自主飞行，攻击精度达到米级甚至更高，且攻击精度与飞行距离无关。

遥控制导以设在导弹武器外部的舰载（机载）制导系统和/或地面制导站完成对目标与导弹的相对位置和相对运动的测定，然后引导导弹飞向目标。遥控制导可分为波束制导、指令制导和 TVM（Track Via Missile，“通过导弹跟踪”）制导三类。波束制导是指控制平台提供控制基准（由雷达发射波束形成），弹上设备测出导弹与控制基准的偏差并形成控制信号控制导弹飞向目标。指令制导是在运载平台上测量导弹和目标航迹，计算导弹的攻击航路误差，然后发送无线电控制指令。导弹接收控制指令，并根据指令修正航路误差，以便准确跟踪和攻击目标。TVM 的目标照射信号由舰（地）面雷达发射，弹上 TVM 接收机接收目标的回波信号，并将它向舰（地）面雷达转发，雷达接收弹上转发的 TVM 信号，进行处理，求出导弹跟踪目标的误差信息，然后向导弹发送修正导弹飞行的控制指令，实现通过导弹接收转发来达到跟踪攻击目标的目的。

寻的制导是指导弹能够自主地搜索、捕捉、跟踪和攻击目标的制导，这是用于导弹武器系统中最主要的现代制导体制。寻的制导体制又被称为自动导引制导体制。它是利用导引头接收目标辐射或反射的某种特征能量（电磁、红外线、可见光、激光等）识别目标，并确定导弹与目标的相对位置，在弹上形成控制指令，自动地将导弹引向目标。寻的制导体制可根据能源所在位置不同分为主动式、半主动式和被动式三种；也可按照能源的物理特征分为微波与毫米波的（雷达的）、红外线的、激光的及电视的等几种。主动式自动寻的制导是指弹头装有主动雷达自动寻的系统，可以“发射后不管”。半主动式自动寻的制导在弹上装有雷达接收机，接收舰上照射雷达发射和经目标反射的连续雷达波信号形成导引信号对导弹进行导引。被动式自动寻的制导是利用弹上传感器探测目标的物理场形成导引信号控制导弹跟踪直到命中目标。

复合制导是一种高制导精度的制导体制，已成为导弹制导技术发展的重要趋势。所谓复合制导是在导弹飞向目标的过程中，采用两种或多种制导方式，相互衔接、协调配合，共同完成制导的一种新型制导方式。从本质上讲，复合制导能避免单一制导体制的弊端，发挥多种制导体制各自的长处。它通常把导弹的整个飞行过程分为初制导、中制导和末制导阶段。初段主要完成导弹起飞、转弯和进入制导空域，常采用程序控制方式或直接射入截获空域。中段和末段为制导飞行阶段。适用于中段的制导方式主要有指令制导和惯性制导，而用于末段的主要有主动、半主动和被动寻的制导，地形及景象匹配制导，TVM 制导等。

此外，近年来还出现了双模（多模）复合寻的制导体制。双模（多模）复合制导体制是在导弹遇到对抗层次越来越高、对抗手段越来越复杂、作战环境和目标特性探测日益严峻的情况下产生的。所谓双模（多模）复合寻的制导是指由两种（多种）模式的寻的导引头参与制导共同完成导弹的寻的制导任务。它利用多传感器探测手段获取目标信息，经计算机综合处理，得出目标与背景的混合信息，然后进行目标识别、捕捉和跟踪，再借助最优化导引规律和相应实时控制策略，在末制导阶段导引导弹飞行，最终实现高精度命中目标。

8.1.2 导弹武器系统的组成和发射过程

由于导弹武器系统属于制导武器，它在发射之后，通过运用制导方式对弹体进行控制，其误差源和射击精度分析方法与非制导武器不同，为此首先需要对导弹系统的组成和导弹的运动情形有一个大致的了解。

导弹武器系统一般由以下几个分系统组成：探测设备、火控设备、发射装置和导弹。探测设备一般有雷达、声呐、光电设备等。探测设备首先进行目标探测，发现目标后，一面进行跟踪和把目标数据传到指挥系统，另一面使弹上电子设备处于工作状态并对弹上系统进行检测。火控设备根据目标数据和舰载导航系统输入的本舰运动要素，计算导弹的飞行弹道，编制飞行程序，并向导弹输入必要的数据。当目标进入导弹射程之内，选定作战方式即可发射导弹。

发射之后，导弹需按一定的飞行弹道去打击（拦截）目标。飞行弹道一般分为自控段和导引段，导弹在自控段的飞行弹道由火控设备确定，而导引段的飞行弹道由导引方法和导引律确定。导引方法解决的任务是给出在导弹接近目标过程中与目标之间的运动关系，不同的导引方法会产生不同的导引律，从而引导导弹按照不同的弹道接近目标。分析与选择导引方法的优劣将直接影响对目标的命中精度和导弹的作战效能。导引方法的选择和导引律的设计需要综合考虑导弹制导方式、导弹性能、目标特性等多个因素。

8.1.3 导弹武器系统的效能指标

为了评价武器系统在特定条件下的效能，要合理选用效能指标并对指标进行分析计算。本章中，选取命中概率和毁伤概率作为单发导弹武器系统的射击效能指标，用对目标的拦截概率作为导弹群武器系统整体作战的效能指标进行分析。

导弹的命中概率，即发射一发或多发导弹对目标的命中概率，是导弹武器系统重要的性能指标之一，也是计算射击效能指标的重要数据，可在对射击精度进行分析的基础上计算得出；命中概率仅在碰炸射击方式下讨论。导弹对目标的毁伤概率在碰炸射击方式下，是同时考虑命中概率和命中的条件下毁伤目标概率而得到的；在空炸射击方式下是同时考虑炸点坐标和导弹在该点爆炸条件下毁伤目标概率而得到的；毁伤概率是武器执行作战任务效能的直接体现。

对目标的拦截概率即在多座导弹武器系统应对多个来袭的空中目标时，目标进入导弹群武器系统发射区后，在离开该区域前，被导弹武器成功拦截的概率。

8.2 舰载反舰导弹武器射击效力分析

8.2.1 射击误差分析

考虑采用“自控+自导”的制导体制的舰载反舰导弹武器系统（以下简称舰舰导弹），其射击过程是：在导弹和发射装置获得射击诸元之后，导弹发射架根据一定的发射位置(β_t)发射导弹；导弹飞完自控飞行时间 t_{zk} 到达导弹自控终点；导弹的末制导雷达开始搜索目标，捕捉到目标后，导弹对目标进行自动跟踪飞行，直到命中目标。在导弹的整个射击过程中，任何一个环节都存在误差，并都会影响导弹的射击效果。

当舰舰导弹采用“自控+自导”的制导体制时，为研究其射击误差，一般将全部射击误差分为两部分，即自控终点误差和落点散布误差。

8.2.1.1 自控终点误差

把实际的导弹自控终点相对理论的导弹自控终点的偏差量称为导弹自控终点误差，简称自控终点误差。

自控终点是空间中的某一点，但由于它在高度上的误差对导弹捕捉海上目标的影响很小，为此，为使研究简单起见，通常在水平面上研究自控终点误差。选择 xOz 平面直角坐标系来研究自控终点误差：坐标原点与理论自控终点重合，x 轴与射击方向一致，z 轴与射击方向垂直，x 轴、z 轴在同一水平面内。

这样，自控终点误差在水平面 x 轴、z 轴上的投影 Δx_k、Δz_k，分别称为自控终点纵向误差和自控终点侧向误差，如图 8.2.1 所示。

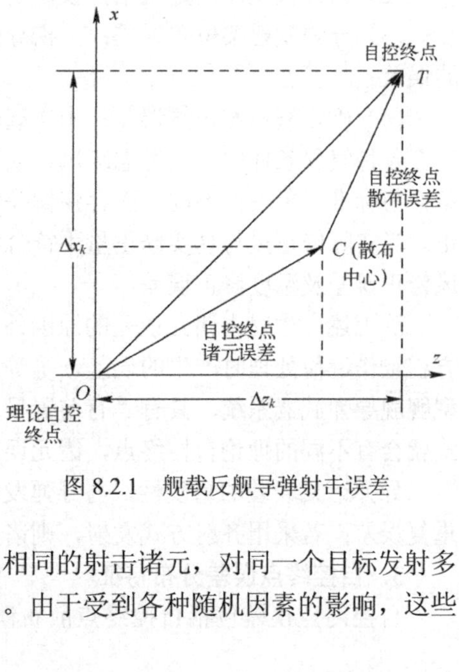

图 8.2.1　舰载反舰导弹射击误差

自控终点误差存在于舰舰导弹从发射到飞至自控终点的过程之中。

自控终点误差包括以下两部分误差：自控终点散布误差和自控终点诸元误差。

1. 自控终点散布误差

1）自控终点散布误差的概念

当使用同一个发射筒，在相同的射击条件下，以相同的射击诸元，对同一个目标发射多发导弹，每发弹都对应有自己的一条弹道及自控终点。由于受到各种随机因素的影响，这些弹道互不重合，使其自控终点也互不重合，而是散布在一定的范围内。在这些自控终点中，有一个与未受任何随机因素影响的中央弹道相对应的自控终点被称为自控终点的散布中心。

把自控终点相对散布中心的偏差量称为自控终点散布误差，它在水平面 x 轴、z 轴的投影，分别称为自控终点纵向散布误差和侧向散布误差。

2）产生自控终点散布误差的原因

自控终点散布误差主要是以下几种随机误差的综合结果。

（1）导弹飞行速度误差：这是由于导弹的助推器、发动机推力与设计的理论推力不符合而造成的误差。

（2）导弹弹道初始条件误差：这是由于导弹发射时的弹道初始条件与实际的弹道初始条件不符合而造成的误差。

（3）导弹自控飞行过程中的环境误差：这是指在导弹自控飞行过程中，由于受到外部环境条件，如风、空气密度、压力、温度等，与标准条件或装订的修正条件不符合而造成的误差。

由自控终点散布误差产生的原因可以看出，自控终点散布误差属于非重复误差。

2．自控终点诸元误差

舰舰导弹的射击诸元主要包括自控飞行时间 t_{zk} 和方向提前量（或前置航向角）β_t。每组射击诸元都决定一个自控终点的位置。而这个自控终点即为自控终点的散布中心，如图 8.2.1 所示。因此，不难看出，每组射击诸元误差都对应有一个自控终点散布中心。

对误差源而言，射击诸元误差是指实际的导弹射击诸元相对理论的射击诸元的偏差量，而对自控终点而言，射击诸元误差是指自控终点的散布中心相对理论自控终点的偏差量。

射击诸元误差存在于确定射击诸元的过程之中。以导弹武器系统的分系统或设备为误差源来分析射击诸元误差，它包括以下几种误差。

（1）导弹攻击雷达测量误差：是指攻击雷达确定目标现在点坐标时所产生的误差。

（2）指挥仪误差：是指指挥仪确定导弹射击诸元时，所产生的误差。

（3）导弹发射架位置误差：是指导弹发射架的实际发射位置，与射击诸元不符合而产生的误差。

（4）确定气象修正量误差：由于舰舰导弹是制导武器，其制导能力及精度都比较高，所以在各种气象条件中，只考虑纵风、横风、气温对射击的影响。在发射导弹时，当实际气象条件与标准气象条件不同，而存在偏差时，需要通过在指挥仪上装订修正量的方法来加以修正。当实际修正量与真实修正量不符合时，将产生气象修正量误差，包括纵风修正误差、横风修正误差及温度修正误差。

除上述产生射击诸元误差的原因外，还有一些其他原因，如还有原理误差，即导弹射击方程组作近似处理时产生的误差，等等。实际上，诸元误差还与系统工作方式有关。例如某型舰舰导弹武器系统，具有“有前置量”和“无前置量”两种工作方式，采用不同的工作方式就会有不同的理论自控终点，诸元误差也会不同。

导弹诸元误差的重复性，与导弹发射方式有关，若采用单射方式发射，诸元误差属于非重复误差；若采用齐射方式发射，则诸元误差属于重复误差。

3．自控终点误差分布特征

自控终点误差包括自控终点散布误差和自控终点诸元误差。由于引起自控终点散布误差、自控终点诸元误差的随机因素很多，且每种影响因素的作用很小，因此根据概率论知识，这两类误差均属于正态分布随机误差，它们的综合误差——自控终点误差也必然服从正态分布律，并为二维正态分布。

在对海上目标射击时，如果导弹发射采用单射方式发射，不但自控终点散布误差属于非重复误差，而且自控终点诸元误差也属于非重复误差，此时可将诸元误差视为产生自控终点散布误差的原因之一。因此，在导弹采用单射方式发射时，也称自控终点误差为自控终点散布误差。

自控终点误差分布特征，即指自控终点散布误差的数字特征，包括自控终点纵向散布概率误差 E_{xk} 和侧向散布概率误差 E_{zk}。它们是通过靶场实弹射击试验，经统计计算处理后得到的。

通过理论分析及实弹试验表明，舰舰导弹自控终点散布误差是以自控终点散布中心为中心的二维正态分布误差，其分布密度函数 $f(x,z)$ 为

$$f(x,z)=\frac{\rho^2}{\pi E_{xk}\cdot E_{zk}}\exp\left\{-\rho^2\theta\left[\frac{(x-m_{xk})^2}{E_{xk}^2}+\frac{(z-m_{zk})^2}{E_{zk}^2}\right]\right\} \tag{8.2.1}$$

式中　m_{xk}、m_{zk}——自控终点散布中心的坐标；

E_{xk}、E_{zk}——自控终点纵向、侧向散布概率误差。

8.2.1.2　落点散布误差

1．落点散布误差的概念

舰舰导弹的弹道与目标命中平面的交点称为导弹落点，或简称落点。

目标命中平面是目标的投影平面，该平面垂直于导弹速度方向。对于弹道比较平直的舰舰导弹，在接近目标时，导弹速度方向与水平面的夹角很小，所以可近似认为目标命中平面为铅垂平面。目标命中平面又简称命中平面。本节是在命中平面上来研究落点散布误差的。

在研究落点散布误差时，先假设在导弹射击过程中不存在自控终点散布误差。这样，当使用同一个发射筒，在相同的射击条件下，以相同的射击诸元，对同一个目标发射多发导弹，每发弹的弹道在自控终点相互重合。但它们的落点并不相互重合，而是在命中平面上的一定范围之内散布。在这些落点中，有一个落点是与未受任何随机因素影响的中央弹道相对应的，该落点为落点的散布中心。同时，它也是目标的反射中心。

为研究落点散布误差，选择 yOz 平面直角坐标系；yOz 平面垂直于导弹速度方向；坐标原点与落点散布中心重合，y 轴与高度方向一致，z 轴与高度方向垂直，y 轴、z 轴在同一铅垂面内，如图 8.2.2 所示。

落点相对其散布中心的偏差量，称为落点散布误差。因为散布中心即为目标反射中心，所以也称这个偏差量为脱靶量。落点散布误差在铅垂面 y 轴、z 轴上的投影 Δy_d、Δz_d，分别称为落点高度散布误差和落点方向散布误差。

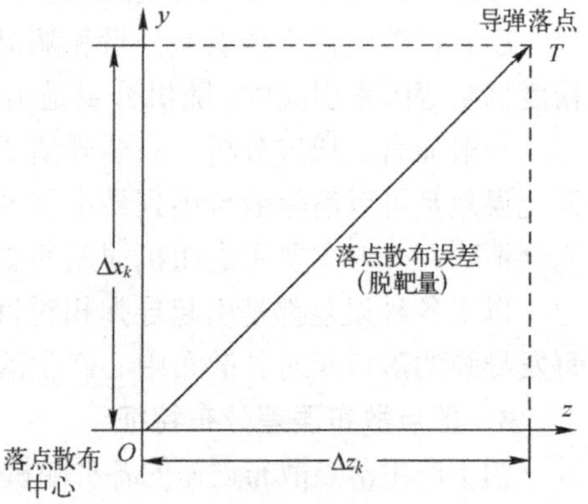

图 8.2.2　导弹落点散布误差

落点散布误差存在于导弹从自控终点飞至落点

的整个过程之中。这是一个导弹末制导雷达及其制导系统自动跟踪目标的复杂过程，落点散布误差是这个过程中以下几种误差的综合结果。

2．产生落点散布误差的原因

1）起伏误差

导弹的自导飞行是由末制导雷达发射并接收目标反射回波，并按照预先确定的引导规律来完成的。在此过程中，当目标机动、摇摆，以及导弹弹体的空间位置、速度变化时，会使目标的雷达有效反射面积和反射中心产生变化，因而末制导雷达接收到的回波信号的幅度和相位也就会随机变化，把这种随机变化分别称为幅起伏和角起伏，而将由此随机变化引起的误差分别称为幅起伏误差和角起伏误差，统称起伏误差。在起伏误差中，角起伏误差影响最大。另外，产生起伏误差的原因还有雷达接收机的内部噪声、导弹制导系统的噪声干扰等。

起伏误差全是随机误差。

2）动态误差

在自导飞行过程，导弹是受本身与目标之间的目标偏差信号的控制而跟踪目标的。这个目标偏差信号是一个随时间不断变化的信号。由于导弹的惯性、制导系统的动态滞后、灵敏度等原因将会使目标偏差信号产生误差，这个误差称为动态误差。

动态误差的大小，跟导弹与目标之间的距离远近有关。导弹与目标之间距离越近，它们的相对位置变化越快，则动态误差越大。

动态误差包括系统误差分量和随机误差分量。其中系统误差分量取决于导引方法、目标运动规律、导弹及制导系统的动力学性质的平均状态。随机误差分量取决于制导系统各环节的延迟特性、导弹质量、质心、惯性矩的偏差等随机因素及其变化。

3）大目标效应误差

在导弹接近目标过程中，如果目标的视角超过末制导雷达水平波束角，则目标的反射中心将在横向上由一个点扩大成为一条线。此时，即使雷达波束轴线偏离了目标原来的反射中心，但只要雷达波束仍在目标范围内，末制导雷达就不能产生目标偏差信号了，这种现象称为雷达“大目标效应”。导弹在临近目标时，大目标效应是雷达产生跟踪误差的重要原因。

4）工具误差

工具误差又称为仪器误差，它主要包括：弹体、动力装置的安装和工艺加工误差；导弹制导系统结构设计不完善造成的误差，以及零部件加工、装配误差等。

工具误差包括系统误差分量和随机误差分量。系统误差分量是由测量仪器的安装误差、精度调整等因素引起的。随机分量是由仪器设备的加工、装配等造成的随机偏差引起的误差。

一般而言，通过分析，只要弄清了系统误差源及其变化规律，并经过修正（校正）后，系统误差是可以消除或减小到最小程度的；而随机误差可以被减小到一定程度，但是不可能完全消除。一般主要考虑随机误差的影响。

以上各种误差都是引起导弹相对目标产生跟踪误差的原因，并因此在命中平面上，使得每发导弹的落点相对其散布中心产生落点散布误差。

3．落点散布误差分布特征

由于产生落点散布误差的各种随机误差均属于正态分布随机误差，则它们的综合误差——落点散布误差也一定服从正态分布律并为二维正态分布。

从落点散布误差产生的原因可以看出，落点散布误差属于非重复误差。

落点散布误差分布特征，即落点散布误差的数字特征，包括落点高度散布概率误差 E_{yd} 和落点方向散布概率误差 E_{zd}。它们也是通过靶场实弹射击试验，经过统计计算处理后得到的。

例如，某型舰舰导弹对固定目标实弹射击，试验数据统计处理后，其落点散布概率误差值如下：

落点高度散布概率误差：E_{yd}=1.4m；落点方向散布概率误差：E_{zd}=4.7m。

舰舰导弹落点散布误差分布密度函数 $g(y,z)$ 为

$$g(y,z)=\frac{\rho^2}{\pi E_{yd}\cdot E_{zd}}\exp\left\{-\rho^2\left[\frac{(y-m_{yd})^2}{E_{yd}^2}+\frac{(z-m_{zd})^2}{E_{zd}^2}\right]\right\} \quad (8.2.2)$$

8.2.2　命中概率计算

单发命中概率是导弹武器系统的重要战术技术指标之一，也是评价导弹武器系统质量、分析作战能力的重要条件和依据。它取决于射击误差的分布特征和目标外形特征。

在分析了“自控+自导”制导体制的舰舰导弹射击误差源的基础上，本节介绍其单发命中概率和多发命中概率的一般计算方法。

8.2.2.1　概述

在单目标且不考虑目标对抗的条件下，发射一发导弹命中目标事件是一个复杂事件，它是由以下几个事件构成的共现事件：

在导弹的全部飞行过程中，导弹各分系统均能正常工作；

在导弹正常工作条件下，导弹末制导雷达捕捉到目标；

在导弹末制导雷达捕捉到目标条件下，导弹自导跟踪目标直至命中。

由概率乘法定理可知，发射一发导弹命中目标概率等于上述各事件概率之乘积，有

$$P=P_R\cdot P_b\cdot P_d$$

式中　P——导弹单发命中概率；

P_R——导弹的可靠度；

P_b——导弹的捕捉概率；

P_d——导弹的自导命中概率。

在导弹系统工作可靠，并且为单个目标无对抗的条件下，导弹的单发命中概率为

$$P=P_b\cdot P_d \quad (8.2.3)$$

下面分别来讨论导弹捕捉概率 P_b 和导弹自导命中概率 P_d 的计算方法。

8.2.2.2　捕捉概率

导弹飞至自控终点后，末制导雷达即加高压开锁开始工作。雷达依靠距离波门和波束的左右转动形成扇形搜索区，以便捕捉目标。如果在搜索区内出现目标，则雷达有可能捕捉到目标。把导弹末制导雷达开锁后捕捉到目标的可能性大小称为捕捉概率，用 P_b 表示。

1．末制导雷达的搜索区

导弹自控飞行结束后，末制导雷达开始搜索目标，其搜索范围在水平面上的投影称为末制导雷达的搜索区。舰舰导弹末制导雷达的搜索区分为选择搜索区和全程搜索区。

1）选择搜索区

导弹末制导雷达开锁工作后，先进行选择搜索，其搜索区大小为：以预先装订的自导头作用距离 d_L 为中心，沿搜索扇面中心线方向前、后各延伸距离 a，a 称为距离选择搜索区半长。

在选择搜索时间 t_x 内，导弹仍要向前飞行距离 d_x，设导弹飞行速度为 V_d，则

$$d_x = V_d \cdot t_x \tag{8.2.4}$$

末制导雷达的选择搜索区如图 8.2.3 所示。

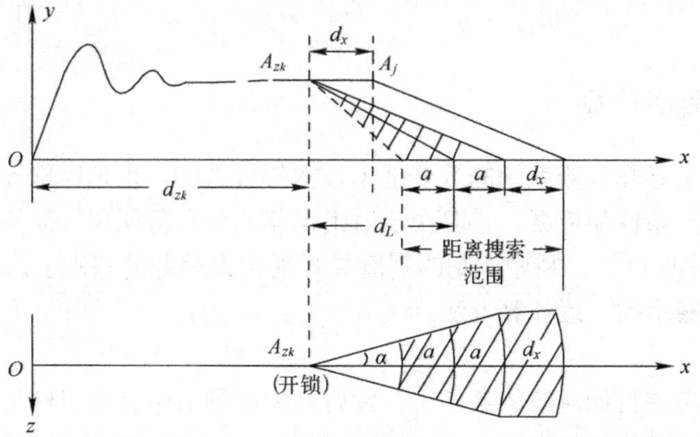

d_{zk} —导弹自控飞行距离；d_L —自导头作用距离；a —距离选择搜索区半长；

α —搜索扇面半角；A_{zk} —自控终点；d_x —选择搜索距离；A_j —全程搜索开始点。

图 8.2.3　导弹末制导雷达的选择搜索区

2）全程搜索区

如果在选择搜索区范围内，末制导雷达未捕捉到目标，则其自动停止选择搜索，变为在其作用距离范围内的全程搜索。全程搜索区随着导弹的飞行不断向前延伸，直至末制导雷达工作结束。

导弹末制导雷达的全程搜索区如图 8.2.4 所示。

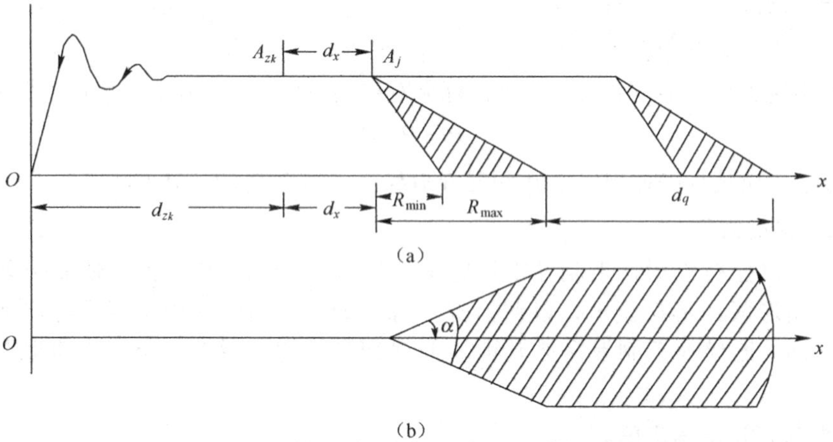

R_{min} —末制导雷达最小作用距离，即搜索盲区；

R_{max} —末制导雷达最大作用距离；d_q —末制导雷达全程搜索时的导弹飞行距离。

图 8.2.4　导弹末制导雷达的全程搜索区

图 8.2.4（b）中斜线部分为全程搜索区。

舰舰导弹在其搜索区内搜索目标，无论是在选择搜索区，还是在全程搜索区，只要目标位于该区域内，末制导雷达都有可能捕捉到目标。

2．捕捉概率的计算

根据舰舰导弹自控终点的散布规律，导弹捕捉到预定目标多发生在选择搜索区内，而在全程搜索区捕捉到预定目标的可能性是较小的，因此这里只分析在选择搜索区内导弹的捕捉概率。

为了计算简便，先将末制导雷达的选择搜索区作一简化，如图 8.2.5 所示。

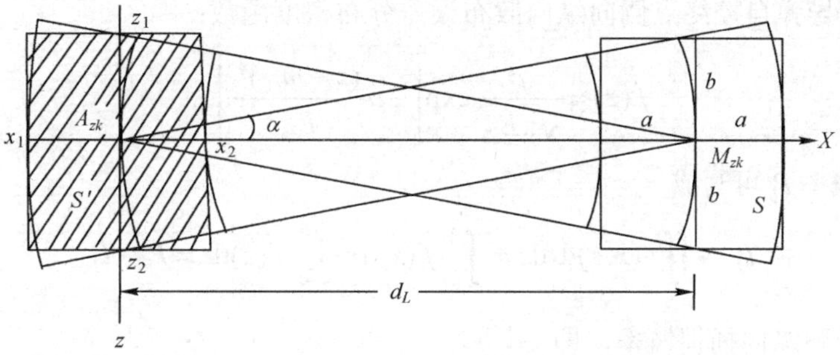

图 8.2.5　导弹末制导雷达选择搜索区的简化

图中将扇形搜索区简化成矩形搜索区 S，同时在简化过程中，忽略了 t_x 期间由于导弹飞行所形成的搜索区扩大部分。

简化搜索区（以后称搜索区）半长为 a，半宽为 b，b 值可由下式求出

$$b = d_L \sin\alpha \tag{8.2.5}$$

式中　d_L——装订的自导头作用距离；

α——搜索扇面半角。

例如，某型导弹的搜索扇面半角 $\alpha = 10.7^\circ$，则 b 与 d_L 的关系见表 8.2.1。

表 8.2.1　某型导弹搜索区半宽与自导头作用距离的关系

d_L /km	6.0	6.5	7.4	8.3	9.3	10.2	11.1
b /m	1118	1204	1375	1584	1719	1891	2063

当末制导雷达在 A_{zk} 点开锁搜索时，只要目标处于 S 内即可能被捕捉。换言之，当目标位于 M_{zk} 点时，导弹的自控终点只要散布在矩形 S' 内，目标就可能为导弹所捕捉，称 S' 为导弹能捕捉到目标的自控终点允许散布区，其散布中心为 A_{zk} 点，散布区形状为矩形：$2a \times 2b$。显然，导弹自控终点只有散布在 S' 内，才可能捕捉到位于 M_{zk} 点的目标，否则就不可能捕捉目标。因此，可以把捕捉概率计算问题转化为自控终点散布在允许散布区 S' 内的概率问题，于是有

$$P_b = P[(x,z) \subset S'] = \iint_{S'} f(x,z)\mathrm{d}x\mathrm{d}z \tag{8.2.6}$$

式中　$f(x,z)$——导弹自控终点误差分布密度函数；

$$
\begin{aligned}
f(x,z) &= \frac{\rho^2}{\pi E_{xk}\cdot E_{zk}}\exp\left\{-\rho^2\left[\frac{(x-m_{xk})^2}{E_{xk}^2}+\frac{(z-m_{zk})^2}{E_{zk}^2}\right]\right\} \\
&= \frac{\rho}{\sqrt{\pi}E_{xk}}\exp\left[-\rho\frac{(x-m_{xk})^2}{E_{xk}^2}\right]\cdot\frac{\rho}{\sqrt{\pi}E_{zk}}\exp\left[-\rho\frac{(z-m_{zk})^2}{E_{zk}^2}\right]=f(x)\cdot f(z)
\end{aligned}
\tag{8.2.7}
$$

式中 $f(x)$——导弹自控终点纵向散布误差分布密度函数：

$$
f(x)=\frac{\rho}{\sqrt{\pi}E_{xk}}\exp\left[-\rho\frac{(x-m_{xk})^2}{E_{xk}^2}\right] \tag{8.2.8}
$$

式中 $f(z)$——导弹自控终点侧向纵向散布误差分布密度函数：

$$
f(z)=\frac{\rho}{\sqrt{\pi}E_{zk}}\exp\left[-\rho\frac{(z-m_{zk})^2}{E_{zk}^2}\right] \tag{8.2.9}
$$

导弹捕捉概率 P_b 可写成

$$
P_b=\iint\limits_{S'}f(x,z)\mathrm{d}x\mathrm{d}z=\int_{-a}^{a}f(x)\mathrm{d}x\cdot\int_{-b}^{b}f(z)\mathrm{d}z=P_{bx}\cdot P_{bz} \tag{8.2.10}
$$

式中 P_{bx}——导弹纵向捕捉概率，即

$$
\begin{aligned}
P_{bx} &= \int_{-a}^{a}f(x)\mathrm{d}x=\int_{-a}^{a}\frac{\rho}{\sqrt{\pi}E_{xk}}\exp\left[-\rho\frac{(x-m_{xk})^2}{E_{xk}^2}\right]\mathrm{d}x \\
&= \frac{1}{2}\left[\hat{\Phi}\left(\frac{a+m_{xk}}{E_{xk}}\right)+\hat{\Phi}\left(\frac{a-m_{xk}}{E_{xk}}\right)\right]
\end{aligned}
\tag{8.2.11}
$$

式中 a——搜索区半长。

式（8.2.10）中的 P_{bz} 为导弹侧向捕捉概率，即

$$
\begin{aligned}
P_{bz} &= \int_{-b}^{b}f(z)\mathrm{d}z=\int_{-b}^{b}\frac{\rho}{\sqrt{\pi}E_{zk}}\exp\left[-\rho\frac{(z-m_{zk})^2}{E_{zk}^2}\right]\mathrm{d}z \\
&= \frac{1}{2}\left[\hat{\Phi}\left(\frac{b+m_{zk}}{E_{zk}}\right)+\hat{\Phi}\left(\frac{b-m_{zk}}{E_{zk}}\right)\right]
\end{aligned}
\tag{8.2.12}
$$

式中 b——搜索区半宽。

舰舰导弹通常按有前置量方式进行射击，该射击方式的主要特点是：末制导雷达在理论开锁点 A_{zk} 开机时，目标恰好处于搜索区域的中心 M_{zk} 点（图 8.2.5）。也就是说，此时自控终点的系统误差（自控终点散布中心与理论开锁点 A_{zk} 的偏差）为零。若坐标原点取在自控终点散布中心（A_{zk}），则 $m_{xk}=m_{zk}=0$。

因此，有前置量方式射击时的捕捉概率表达式，可由式（8.2.11）、式（8.2.12）直接得到

$$
P_{bx}=\hat{\Phi}\left(\frac{a}{E_{xk}}\right) \tag{8.2.13}
$$

$$
P_{bz}=\hat{\Phi}\left(\frac{b}{E_{zk}}\right) \tag{8.2.14}
$$

则

$$P_b = \hat{\Phi}\left(\frac{a}{E_{xk}}\right) \cdot \hat{\Phi}\left(\frac{b}{E_{zk}}\right) \tag{8.2.15}$$

3．提高导弹捕捉概率的措施

由以上分析可知，捕捉概率的大小取决于导弹末制导雷达的搜索区和自控终点误差，因此，要想提高捕捉概率，需从这两方面考虑。

1）正确确定导弹搜索区

导弹搜索区由搜索区半长 a 和半宽 b 决定，如某型导弹 a=1650m，$b = d_L \sin 10.7^\circ$。

显然 d_L 增大，则 S 增大、S' 增大，P_b 亦增大，但是当 d_L 增大时，提前了末制导雷达的工作时间，降低了隐蔽性。因此对 d_L 的装订值要综合考虑。

2）正确确定射击方式

减少自控终点误差，主要是尽力减少自控终点散布的系统误差。为此目的，对运动目标射击时，要力争按有前置量方式射击。当选用其他射击方式时，可适当缩小射击距离，以减少导弹自控飞行时间，即减少自控终点的系统误差。

8.2.2.3　自导命中概率

导弹捕捉（选捕）到目标后，按预定的导引规律自动跟踪直至命中目标的概率称为自导命中概率，用 P_d 表示。自导命中概率的大小，取决于导弹落点散布误差分布特征和目标命中面积大小。关于分布特征在射击误差中已分析，下面先介绍舰舰导弹射击水面舰艇时目标命中面积的确定方法，进而介绍 P_d 的近似计算。

1．舰艇的垂直命中面积

当用舰舰导弹打击水面舰艇时，其命中面积是目标沿导弹落速（进入失控区的速度）方向在铅垂面上的投影面积称为垂直命中面积。

为了计算垂直命中面积，建立命中坐标系 $Oxyz$，原点取目标几何中心，x 轴与导弹临近目标时的速度方向（进入失控区时的速度方向）一致，为水平方向；y 轴在过原点的铅垂面内与 x 轴铅垂向上为正；z 轴与 x、y 轴组成右手直角坐标系。yOz 平面称为命中平面，即垂直命中平面，如图 8.2.6 所示。

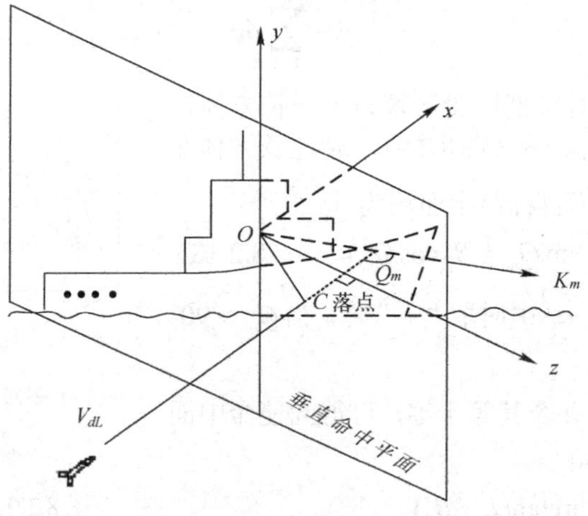

图 8.2.6　舰艇垂直命中平面

图 8.2.6 中 V_{dL} 为导弹失控点的速度，由于导弹失控时间很短（不超过 1s），所以可以认为失控点的速度与导弹落点的速度是一致的。

在计算垂直命中面积时，导弹弹道低伸、落角小，一般不把舰船只等效为一个简单的长方体，而是等效为一个长方体组合，如图 8.2.7 所示。再将此长方体组合投影到垂直命中面上，得到垂直命中面上的矩形组合，即垂直命中面积，如图 8.2.8 所示。由于垂直命中面积是个矩形组合，所以就比较容易计算了。

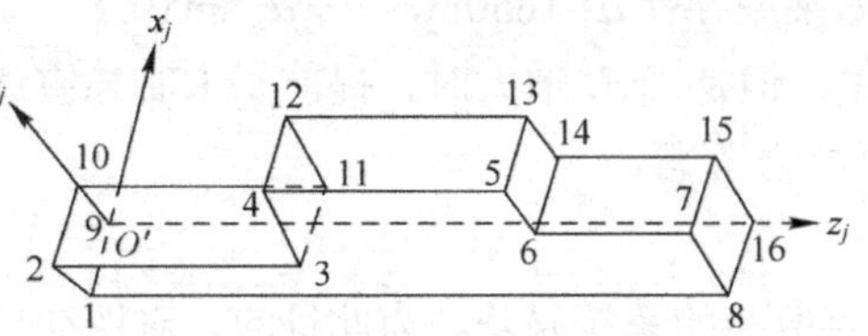

图 8.2.7　舰船的长方体组合

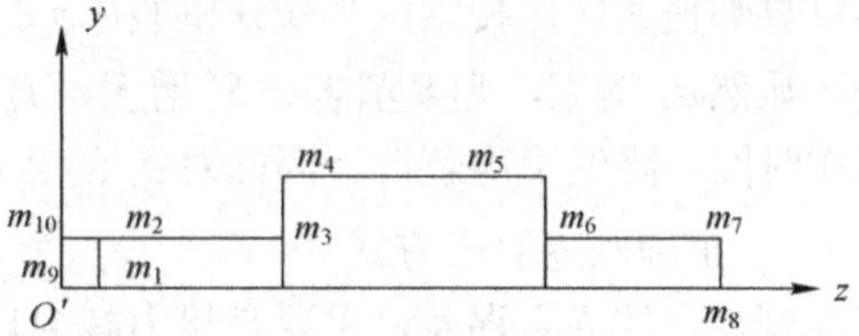

图 8.2.8　舰船垂直命中平面的矩形组合

例如，某舰的等效长方体组合如图 8.2.7 所示，以舰艉左舷水线处为原点，沿舰体的纵、竖、横轴，建立一个舰体坐标系 $O'x_jy_jz_j$，长方体组合特征点 j_1，j_2，…的位置坐标为 x_{ji}、y_{ji}、$z_{ji}\,(i=1,2,\cdots)$。将长方体投影到垂直命中面上得矩形组合，即垂直命中面积。再将命中坐标系原点 O 移到舰体坐标系原点 O' 上，如图 8.2.8（以 $Q_m<90°$ 为例），则此矩形组合各特征点在命中面积 $yO'z$ 中的坐标 (y_i, z_i)，可由长方体组合各特征点在舰体坐标系中的坐标 (x_{ji}, y_{ji}, z_{ji}) 转换而来

$$\begin{cases} y_i = y_{ji} \\ z_i = z_{ji}\sin Q_m + x_{ji}\cos Q_m \end{cases} \tag{8.2.16}$$

式中　Q_m——导弹命中目标时刻的目标舷角，通常取导弹失控时的目标舷角（失控时刻弹速与目标航向的交角）。

由矩形组合各特征点的坐标 y_i 和 z_i，可求出组合中各矩形的面积 A_k（k=1,2,…），则目标的垂直命中面积为

$$A = \sum_{k=1}^{n} A_k \tag{8.2.17}$$

为了计算简便，有时可把舰船等效为单一长方体，其长、高、宽为 L_j、H_j、B_j（图8.2.9），则此长方体在命中平面上投影，即矩形目标命中面积为

$$A = H_j \cdot (L_j \sin Q_m \pm B_j \cos Q_m) \tag{8.2.18}$$

对于式中的“±”，当 $Q_m<90°$ 时取“+”号，当 $Q_m>90°$ 时取“−”号。

对式（8.2.18）求导并令其等于零，可得到使命中面积达到极大值的目标舷角

$$Q_m = \arctan(L_j / B_j)$$

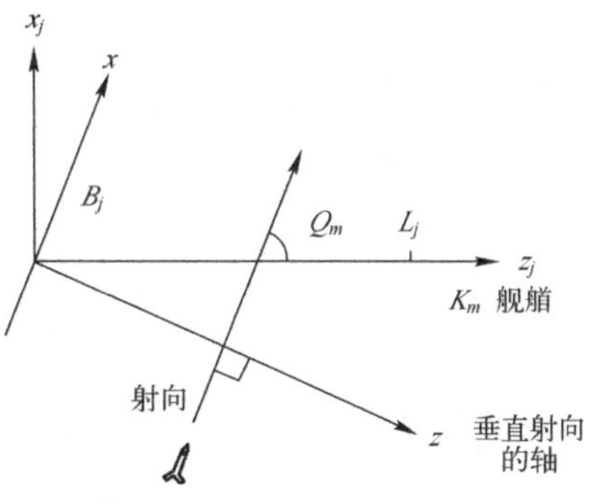

图 8.2.9　长方体边长投影关系

在 L_j/B_j 一定时，使命中面积达到极大值的目标舷角有两个，见表 8.2.2。

表 8.2.2　长宽比固定时命中面积最大的目标舷角

L_j / B_j	7	8	9	10	11
Q_m（极值点）	82°（98°）	83°（97°）	84°（96°）	84°（96°）	87°（93°）

驱护舰的长宽比一般为 8～10，使垂直命中面积达到极大值的目标舷角 Q_m 约为 90°±（6°～7°）。可见，并非目标舷角 Q_m=90° 时目标垂直命中面积最大，而是在 90° 附近的某一舷角时，命中面积达到极大值。

【例 8.1】 某舰的垂直命中面积如图 8.2.8 所示，已知矩形组合的特征点坐标如表 8.2.3 所列，求该舰命中面积。

表 8.2.3　某舰矩形组合特征点坐标

坐标 \ 特征点	m_9	m_{10}	m_1	m_2	m_3	m_4	m_5	m_6	m_7	m_8
z_i /m	0	0	2	2	63	63	99	99	151	151
y_i /m	0	2	0	10	10	28	28	10	10	0

解： 由式（8.2.16）和式（8.2.17）可知，该舰命中面积为

$$A = 10\times 63 + 28\times(99-63) + 10\times(151-99) = 2158\ (\mathrm{m}^2)$$

2．自导命中概率计算

在进行 P_d 计算时，通常认为导弹落点散布误差在命中平面上服从正态分布规律，且在 y 轴和 z 轴上的散布误差相互独立；落点散布中心的坐标为 m_{yd}、m_{zd}，其概率误差为 E_{yd}、E_{zd}；目标命中面积为 A，则自导命中概率可按下式计算

$$P_d = \iint_A \frac{\rho^2}{\pi E_{yd}\cdot E_{zd}} \exp\left\{-\rho^2\left[\frac{(y-m_{yd})^2}{E_{yd}^2} + \frac{(z-m_{zd})^2}{E_{zd}^2}\right]\right\}\mathrm{d}y\mathrm{d}z \tag{8.2.19}$$

当目标命中面积简化成矩形组合时，可对每一个矩形分别计算其自导命中概率 P_{di}，然后求出矩形组合的自导命中概率

$$P_d = \sum_{i=1}^{n} P_{di} \tag{8.2.20}$$

式中

$$P_{di} = \frac{1}{4}\left[\hat{\Phi}\left(\frac{y_{i2}-m_{yd}}{E_{yd}}\right) - \hat{\Phi}\left(\frac{y_{i1}-m_{yd}}{E_{yd}}\right)\right]\cdot\left[\hat{\Phi}\left(\frac{z_{i2}-m_{zd}}{E_{zd}}\right) - \hat{\Phi}\left(\frac{z_{i1}-m_{zd}}{E_{zd}}\right)\right] \tag{8.2.21}$$

式中 y_{i2}、y_{i1}、z_{i2}、z_{i1}——第 i 个矩形在命中坐标系的顶点坐标，并有 $y_{i2} > y_{i1}$，$z_{i2} > z_{i1}$。

当把目标转化为单一长方体，目标命中面积为单一矩形时，计算 P_d 就比较简单了。设单一矩形命中面积的长和高为

$$L_1 = 2l,\quad H_1 = 2h$$

将命中坐标系的原点移至矩形左下角得到 $yO'z$ 坐标系，如图 8.2.10 所示。

图 8.2.10 中，m 点为目标命中面积的中心，其坐标为 l、h；C 点为落点散布中心，其相对命中面积中心 m 的坐标为 m_{yd}、m_{zd}，于是得到 P_d 的表达式为

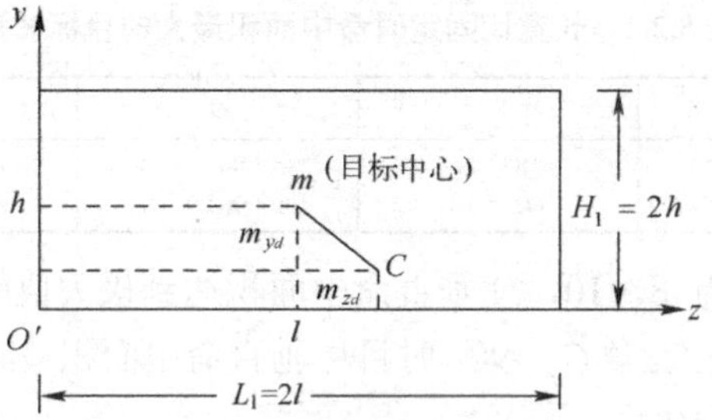

图 8.2.10 目标命中面积简化为单一矩形

$$P_d=\frac{1}{4}\left[\hat{\Phi}\left(\frac{l+m_{zd}}{E_{zd}}\right)+\hat{\Phi}\left(\frac{l-m_{zd}}{E_{zd}}\right)\right]\cdot\left[\hat{\Phi}\left(\frac{h+m_{yd}}{E_{yd}}\right)+\hat{\Phi}\left(\frac{h-m_{yd}}{E_{yd}}\right)\right] \tag{8.2.22}$$

由式（8.2.22）看出：影响 P_d 的主要因素是落点散布误差特征 m_{yd}、m_{zd}，E_{yd}、E_{zd}，以及目标特征 l、h。但落点散布误差特征没有比较准确的数据可供使用，因此准确计算自导命中概率是困难的。

目标命中面积越大，P_d 越大。而目标命中面积与目标舷角有关：当舷角在 90° 附近，目标命中面积较大，使 P_d 提高；当目标舷角在 0° 或 180° 附近时，情况则相反。另外，目标舷角又对导弹的散布特征有影响，当舷角在 90° 附近时，目标噪声大，产生大目标效应的时间较长，因而侧向跟踪误差较大，使 P_d 下降；当舷角在 0° （或 180° ）附近时，情况则相反。两种因素的综合结果，使自导命中概率与目标舷角的关系不够明显。只是当舷角在 0° 或 180° 附近时，由于目标命中面积显著变小，使 P_d 下降较大。

综合考虑各种射击条件时，某型舰舰导弹对不同类型目标的自导命中概率可参考表 8.2.4 所给出的数据。

表 8.2.4 某型舰舰导弹对不同类型目标的自导命中概率

目标类型	自导命中概率
航空母舰	0.95
巡洋舰	0.93
运输船（万吨以上）	0.93
驱逐舰	0.84

8.2.2.4 单发命中概率

由式（8.2.3）可知，在导弹系统工作可靠，并且为单个目标无对抗的条件下，发射单发导弹的命中概率为

$$P=P_b\cdot P_d \tag{8.2.23}$$

其中，导弹捕捉概率 P_b 由式（8.2.10）～式（8.2.15）确定，导弹自导命中概率 P_d 由式（8.2.19）～式（8.2.22）确定。

如果考虑目标的对抗，则导弹单发命中概率进一步变为

$$P=P_b\cdot P_d\cdot P_t \tag{8.2.24}$$

式中 P_t——导弹突防概率，表征舰舰导弹在攻击目标过程中，能突破敌方防御体系，不被导弹、舰炮或各类有源和无源电子干扰设备摧毁或干扰的能力。

舰舰导弹突防能力与导弹所使用的技术和战术都相关。在技术上采用末段机动、掠海、超高速飞行、弹体隐身、抗干扰技术等，可以提高导弹的拦截难度，增加突防概率，此外缩短雷达开机时间，也可以提高导弹隐蔽性，降低被拦截或干扰的时间和概率。在战术上，采用隐蔽突击、饱和攻击、利用导弹航路规划功能进行多方向攻击等，也可以有效增加导弹的

突防概率。

式（8.2.23）和式（8.2.24）主要是针对单个目标计算导弹单发命中概率，其中的捕捉概率 P_b 是导弹末制导雷达开机搜索到目标的概率。由于一发导弹只能捕捉到一个目标，如果在预定攻击目标附近存在多个目标，如舰船、假目标、岛礁等，它们可能与预定目标共同进入弹上雷达的搜索区，此时导弹能捕捉到预定目标而不是其他目标，就涉及选择捕捉问题，导弹单发命中概率为

$$P = P_{xb} \cdot P_d \cdot P_t \tag{8.2.25}$$

式中 P_{xb} ——导弹对预定目标的选择捕捉概率，是导弹捕捉目标的概率 P_b 与导弹选择目标概率 P_{xz} 的乘积，即 $P_{xb} = P_b \cdot P_{xz}$ 。

舰舰导弹的目标选择模式包括距离选择模式（选远、选近）、方位选择模式（选左、选右、选中、选控），以及基于目标 RCS 的能量选择模式（选大、选小）等，选择概率 P_{xz} 在单目标条件下是 100%，在多目标条件下其影响因素有目标环境、目标数量、目标间距和队形、导弹末端攻击方向、预定目标在编队中所处的位置、雷达分辨率及编队战术态势等。由于攻击过程中不确定性大，因此多目标条件下导弹选择概率一般较难确定，为了提高选择概率一般可以在保证捕捉概率的前提下，适当缩小导弹的搜索区域。

本节介绍的是在导弹武器系统可靠条件下，单发命中概率的一般计算方法，除了上述解析方法之外，还可以应用统计模拟法或蒙特卡洛法。统计模拟法是一种以计算机模拟为基础，对具有随机因素影响的系统进行统计分析的方法。导弹武器系统的发射和导引过程中，包含着大量不确定的随机因素，往往很难用统一的解析模型进行描述，而统计模拟法在解决随机问题时则十分有效。统计模拟法的基本思想是对研究对象尽可能用确定性数学模型进行描述，对不确定的随机因素在近似的统计分布基础上采用随机抽样，由此产生一次仿真结果；最后通过对大量模拟仿真结果的统计计算得出描述系统效能指标参量的期望值和方差量。应用统计模拟法计算命中（毁伤）概率的方法在第 6 章中已有详细介绍，这里不再重复。

统计模拟法具有通用性强，没有原理误差，以及精度结果可以预测和控制等优点。然而这种方法的缺点就是它需要足够多的样本才能统计出可信的计算结果，足够大的抽样试验又需要足够多的时间。这样，在一些类似指挥控制系统这种对实时性、快速性要求较高的环境里，统计模拟法无法使用。

8.2.2.5　多发命中概率

发射多发导弹，可以是一次齐射、连射，或连续多次齐射。连射和连续多次齐射又分为逐发（或逐次）观效射击和不观效射击两种情况。根据导弹的实际发射情况，单舰多发导弹的齐射，实际是密集的连射，只不过各发导弹的间隔时间很短。

多发导弹对目标命中概率的计算可以分为两种情况：一是单目标情况；二是集群目标的情况。

1．多发导弹攻击单目标

此时各发导弹之间的发射误差一般是弱相关的，但为了计算方便，在研究射击效力时，通常作为不相关误差来处理，在计算上与第 5 章舰炮武器对海射击效力分析计算相类似，这里简要给出计算方法。

设每次发射的命中概率均为 P ，则发射 n 发导弹命中 m 发的概率 P_{nm} 为

$$P_{nm} = C_n^m P^m (1-P)^{n-m} \tag{8.2.26}$$

发射 n 发导弹至少命中 m 发的概率 P_{Lm} 为

$$P_{Lm} = \sum_{i=m}^{n} C_n^i P^i (1-P)^{n-i} = \sum_{i=m}^{n} \frac{n!}{i!\,(n-i)!} P^i (1-P)^{n-i} \tag{8.2.27}$$

或者应用对立事件计算 P_{Lm}，则

$$P_{Lm} = 1 - \sum_{i=0}^{m-1} C_n^i P^i (1-P)^{n-i} = 1 - \sum_{i=0}^{m-1} \frac{n!}{i!\,(n-i)!} P^i (1-P)^{n-i} \tag{8.2.28}$$

发射 n 发导弹至少命中 1 发的概率 P_{L1} 可由式（8.2.28）直接推得，即

$$P_{L1} = 1-(1-P)^n \tag{8.2.29}$$

在相同的条件下发射 n 发导弹，若每发导弹对目标命中概率不相同，设第 i 发弹的命中概率为 P_i，则对目标命中弹数的数学期望 M_P 为

$$M_P = \sum_{i=1}^{n} P_i \tag{8.2.30}$$

若导弹对目标的命中概率均相同，则命中导弹数的数学期望 M_P 为

$$M_P = nP \tag{8.2.31}$$

2．多发导弹攻击集群目标

当目标以编队方式作战时，导弹对目标的攻击存在选择问题。舰舰导弹对集群目标的选择有几种不同的情况，即选择攻击一个目标，选择攻击几个目标，任意攻击集群中的一个目标，任意攻击集群中的几个目标，等等。集群目标中可能是同类型目标，也可能是不同类型目标；它们可能是疏散配置，也可能是密集配置；目标不同的类型和不同的配置形式，对于导弹的选择概率和抗击效果都有影响。

攻击集群目标时的任务要求，可能是按一定的概率命中（或毁伤）尽可能多的目标，也可能是按一定的概率命中（或毁伤）某一个或某几个目标，而且，对不同目标所要求的命中（或毁伤）概率也可能是不同的。

1）多发导弹对集群中某一目标的命中概率

设发射 n 发导弹命中集群中的各目标是相互独立的事件，则对其中第 i 个目标的命中概率为

$$P_i = 1 - \prod_{j=1}^{n} (1 - r_{ji} P_{ji}) \tag{8.2.32}$$

式中 r_{ji}——第 j 发导弹攻击第 i 个目标的概率（当导弹对集群目标为确定性分配时，$r_{ji}=0$ 或 $r_{ji}=1$；当导弹对目标采用随机分配时，$0 \leqslant r_{ji} \leqslant 1$）；

P_{ji}——第 j 发导弹攻击第 i 个目标的单发命中概率。

2）命中目标数的数学期望

设集群目标由 m 个目标组成，n 发导弹射击中，对第 i 个目标的命中概率为 P_i，则命中目标数的数学期望，即平均命中目标数为

$$M_b = \sum_{i=1}^{m} P_i = \sum_{i=1}^{m} [1 - \prod_{j=1}^{n} (1 - r_{ji} P_{ji})] \tag{8.2.33}$$

式（8.2.33）意味着对目标群射击时的平均命中目标数，等于目标群中所有各单个目标的被命中概率之和。

在特殊情况下，当命中各个目标的概率相等，即 $P_i = P$ 时，有

$$M_b = \sum_{i=1}^{m} P_i = mP \tag{8.2.34}$$

需要注意，上式中对目标的命中概率 P_i 或 P 随导弹对目标火力分配方式的不同，其计算也有所不同。

8.2.3　毁伤概率计算

与舰炮武器对海射击毁伤概率计算相似，舰舰导弹毁伤目标事件也是命中目标和在命中条件下毁伤目标两个事件的共现事件，目标毁伤概率等于命中概率与命中条件下毁伤目标概率的乘积。第 5 章中介绍的命中毁伤定律同样适用于舰舰导弹对海射击毁伤概率计算，用于表征在不同命中弹数条件下毁伤目标的条件概率。

以 P_{kn} 表示发射 n 发导弹对目标的毁伤概率，则

$$P_{kn} = \sum_{m=0}^{n} P(m)K(m) \tag{8.2.35}$$

式中　n——发射的导弹数量；

m——命中目标的导弹数量，$m = 0,1,\cdots,n$；

$P(m)$——发射 n 发，命中 m 发导弹的概率；

$K(m)$——命中 m 发导弹条件下，目标条件毁伤概率。

在上式中，若 $K(m)$ 为指数毁伤定律，毁伤概率的计算更为简单，一般情况下，指数毁伤定律的假设也比较符合实际情况。因此，本节也以命中毁伤定律是指数毁伤律作为前提进行毁伤概率计算，即

$$K(m) = 1 - [1 - K(1)]^m$$

或

$$K(m) = 1 - (1 - \frac{1}{\omega})^m$$

式中　$K(1)$——命中 1 发的条件毁伤概率；

ω——毁伤目标所需命中数的数学期望，有 $K(1) = 1/\omega$。

8.2.3.1　单发毁伤概率

导弹武器的单发毁伤概率与舰炮武器计算思路相同，由式（8.2.35）可得

$$P_{k1} = \sum_{m=0}^{1} P(m)K(m) = P(0)K(0) + P(1)K(1) = \frac{P}{\omega} \tag{8.2.36}$$

式中　P——单发命中概率。

8.2.3.2　多发毁伤概率

向目标独立发射 n 发导弹，且各发导弹的命中概率皆为 P 时，发射 n 发导弹对目标的毁伤概率由式（8.2.26）和式（8.2.35）可得

$$
\begin{aligned}
P_{kn} &= \sum_{m=0}^{n} P(m)K(m) \\
&= \sum_{m=0}^{n} C_n^m P^m (1-P)^{n-m} \cdot \left[1-(1-\frac{1}{\omega})^m\right] \\
&= 1-\left(1-\frac{P}{\omega}\right)^n
\end{aligned}
\tag{8.2.37}
$$

类似地，当各发导弹的命中概率 P_i 互不相同时，也可得 n 发导弹对目标的毁伤概率为

$$
P_{kn} = 1-\prod_{i=1}^{n}\left(1-\frac{P_i}{\omega}\right) \tag{8.2.38}
$$

8.2.3.3 导弹消耗量预估

为完成预定的作战任务并达到预期作战效果，需要对导弹消耗量进行预估，以便进行备弹和兵力编成。导弹消耗量估计是根据导弹和目标的特性及作战任务的要求而确定的。

导弹和目标特性中主要考虑下列因素：

（1）导弹的单发命中概率；

（2）导弹的威力；

（3）导弹的突防能力；

（4）导弹的可靠性及导弹武器系统的可用性；

（5）导弹的选择性（考虑目标舰在敌编队中的位置及编队中各舰的间距）；

（6）目标舰的大小（吨位、尺寸）；

（7）目标舰的易损性；

（8）目标舰及其编队对导弹的防御能力（探测设备的数量和性能、反导武器装备数量和性能、指挥自动化水平、人员素质及戒备程度等）；

（9）导弹攻击的战术运用方法（突然性、导弹发射密度、导弹攻击样式、是否观校射击、协同兵力及保障兵力的配备和能力等）；

（10）导弹攻击任务的要求，预期作战效果（毁伤目标的数量、概率及毁伤目标的标准）。

导弹攻击任务要求通常由以下数量指标给出：

（1）使目标至少命中 1（2、3、…）发导弹的概率达到给定值；

（2）使导弹对目标毁伤概率达到给定值；

（3）使平均命中导弹数（数学期望）达到给定值；

（4）使命中或毁伤目标数达到给定值；

（5）使舰艇编队中指定目标至少命中 1（2、3、…）发导弹的概率达到给定值；

（6）使舰艇编队中指定几个（或全部）目标至少命中 1（2、3、…）发导弹的概率分别达到各自的给定值。

这些指标中，按指标的数字特征分为概率值和数学期望两类，按对目标达成的攻击效果分为命中和毁伤两类，按目标的状态分为单个目标和集群目标两类。就命中和毁伤来说，常用的是以命中为指标，尤其以至少命中一发导弹为指标，因为导弹杀伤威力较大，对于大多数驱护舰来说，被命中一发导弹就基本丧失了战斗力。

若要对目标至少命中一发导弹的概率达到预定值 P_A，则在单发命中概率为 P 时，导弹消

耗量n_A可由式（8.2.29）得

$$n_A = \frac{\ln(1-P_A)}{\ln(1-P)} \tag{8.2.39}$$

类似地，若要对目标的毁伤概率达到预定值P_B，则导弹消耗量n_B可由式（8.2.29）得

$$n_B = \frac{\ln(1-P_B)}{\ln(1-P/\omega)} \tag{8.2.40}$$

【例 8.2】 假设某型舰舰导弹对单艘护卫舰目标实施攻击。导弹的基本参数信息为：无抗击条件下，导弹单发命中概率$P_{无}=0.75$；有抗击条件下，导弹对该型舰艇目标的突防概率$Q=0.7$。对目标进行易损性分析后得导弹毁伤敌舰目标的平均所需命中数$\omega=2$。试分析计算：

（1）在敌无抗击和有抗击条件下，发射 1～8 发导弹至少命中 1 发导弹的概率和毁伤敌舰的概率；

（2）毁伤敌舰概率达到 0.8 时所需的导弹消耗量。

解： 由题意可知，有抗击条件下，导弹对该型舰艇目标的突防概率$Q=0.7$，则有抗击条件下导弹对目标的命中概率为$P_{抗}=P_{无}\cdot Q=0.7\cdot 0.75=0.525$。

（1）由式（8.2.29），可以求出发射 1～8 发导弹时至少命中 1 发导弹的概率见下表。

发射数量 n		1	2	3	4	5	6	7	8
P_{L1}	无抗击	0.75	0.94	0.98	0.99	1.0	1.0	1.0	1.0
	有抗击	0.53	0.78	0.90	0.95	0.98	0.99	0.99	1.0

由式（8.2.37），可以求出发射 1～8 发导弹时毁伤敌舰的概率见下表。

发射数量		1	2	3	4	5	6	7	8
P_{kn}	无抗击	0.38	0.61	0.75	0.85	0.90	0.94	0.96	0.98
	有抗击	0.27	0.46	0.60	0.71	0.79	0.84	0.88	0.91

（2）毁伤敌舰概率达到 0.8 时导弹消耗量。

由式（8.2.40），可以求出重伤敌舰的概率达到 0.8 时导弹消耗量。

无抗击条件下：n=4 发；

有抗击条件下：n=6 发。

8.3　舰空导弹武器射击效力分析

8.3.1　射击误差分析

8.3.1.1　基本概念

舰空导弹发射后，一般需要根据目标和导弹的运动信息及各种约束条件，按选定的制导规律，舰面制导系统或弹上制导系统导引和控制导弹运动轨迹，以尽可能高的精度接近目标，飞至离目标最近点（遭遇点），在导弹引信作用下，引爆战斗部，靠战斗部破片或其爆炸产生的极大瞬间冲击力将目标摧毁。

在舰空导弹向目标射击的过程中，由于各种内外部因素，如战场环境、目标探测、射击诸元解算、制导和射击等的综合作用，使导弹制导回路形成控制信号不准确、传递有变形、执行有偏差和延迟，从而产生了射击误差。

在导弹整个飞行过程中的每一瞬时，导弹的实际弹道（导弹在实际飞行中的质心运动轨迹）与理想弹道（导弹完全按理想导引规律飞行的质点，其质心在空间的运动轨迹，即运动学弹道）之间都存在偏差，称为制导误差。但最终影响射击效果的是导弹与目标遭遇时的制导误差。为了便于分析问题，在靶平面上讨论制导误差。

靶平面，是指过目标的质心且与导弹相对速度矢量相垂直的平面，如图 8.3.1 所示。在靶平面内，导弹实际弹道与其运动学弹道之间的偏差称为脱靶量（靶平面内的制导误差），实际弹道的平均弹道与靶平面的交点称为散布中心，实际弹道与靶平面的交点围绕散布中心散布，如图 8.3.2 所示。

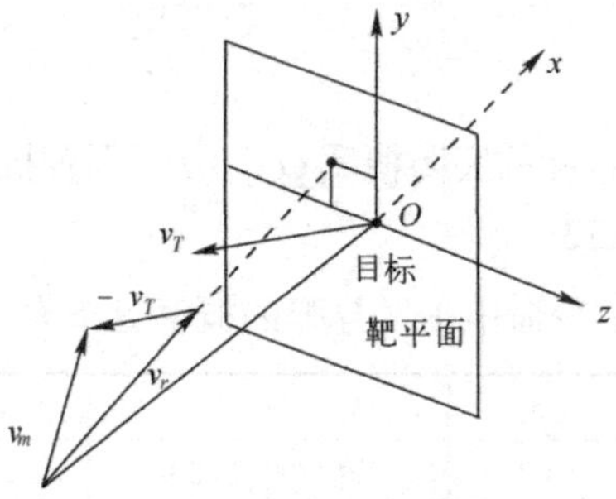

图 8.3.1　靶平面

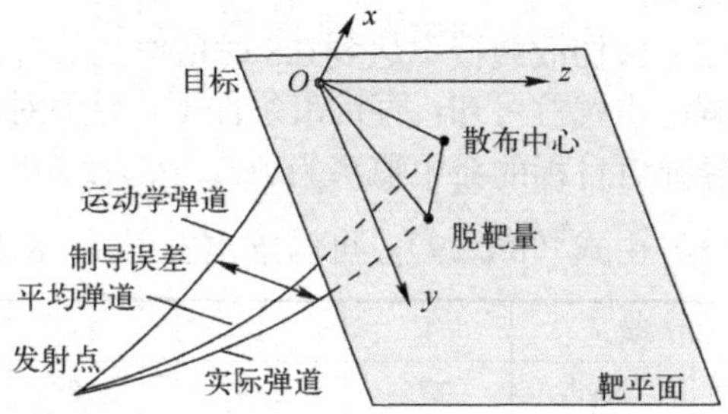

图 8.3.2　制导误差与靶平面

与舰舰导弹制导误差的分析相类似，舰空导弹制导误差产生的原因也可分为动态误差、起伏误差和仪器误差等，在误差性质上也分为系统误差和随机误差两大类，其中系统误差是实际弹道的平均弹道相对运动学弹道的偏差，随机误差是导弹实际弹道相对其平均弹道的偏差。制导误差的影响因素包括战场环境、目标探测、制导系统内部噪声、导弹外形、弹重、转动惯量等偏差干扰、发动机推力偏心、导弹和制导系统各环节惯性等。

8.3.1.2　制导误差一般表达式

在靶平面 yOz 平面内，制导误差的分布密度函数可以认为服从二维正态分布，可以表示为

$$\varphi(y,z)=\frac{1}{2\pi\sqrt{\left|\boldsymbol{K}_{\varphi}\right|}}\exp\left[-\frac{1}{2}(\boldsymbol{X}-\boldsymbol{M})^{\mathrm{T}}\boldsymbol{K}_{\varphi}^{-1}(\boldsymbol{X}-\boldsymbol{M})\right] \tag{8.3.1}$$

式中 $\boldsymbol{X}$——制导误差向量，$\boldsymbol{X}=(y,z)^{\mathrm{T}}$；

$\boldsymbol{M}$——射击误差向量 $\boldsymbol{X}$ 的数学期望列阵，$\boldsymbol{M}=(m_y,m_z)^{\mathrm{T}}$，其中 m_y、m_z 是射击误差的数学期望在 y、z 轴上的投影值。

$\left|\boldsymbol{K}_{\varphi}\right|$——$\boldsymbol{K}_{\varphi}$ 的行列式。

$\boldsymbol{K}_{\varphi}$ 为协方差矩阵，有

$$\boldsymbol{K}_{\varphi}=\begin{pmatrix}K_{11} & K_{12}\\ K_{21} & K_{22}\end{pmatrix}=\begin{pmatrix}\sigma_y^2 & \rho\sigma_y\sigma_z\\ \rho\sigma_y\sigma_z & \sigma_z^2\end{pmatrix}$$

其中，σ_y、σ_z 为射击误差均方差 σ 在 y、z 轴上的投影值，ρ 为随机变量 y 与 z 的相关系数。

式（8.3.1）中的 $\boldsymbol{K}_\varphi^{-1}$ 为 $\boldsymbol{K}_\varphi$ 的逆矩阵，即

$$\boldsymbol{K}_\varphi^{-1}=\frac{\boldsymbol{K}_\varphi^*}{\left|\boldsymbol{K}_\varphi\right|}=\frac{1}{\left|\boldsymbol{K}_\varphi\right|}\begin{pmatrix} K_{22} & -K_{21} \\ -K_{12} & K_{11}\end{pmatrix}$$

其中，$\boldsymbol{K}_\varphi^*$ 为 $\boldsymbol{K}_\varphi$ 的伴随矩阵。

8.3.1.3 制导误差简化表达式

式（8.3.1）是服从正态分布律的制导误差的一般表达式。在某些特定的情况下，可以将式（8.3.1）进行简化。

若舰空导弹射击时的实际弹道散布椭圆的长轴与短轴很接近，为了简化计算，可以近似地认为 $\sigma_y=\sigma_z=\sigma$，即将椭圆散布近似地看作圆散布。这时，式（8.3.1）可简化为

$$\varphi(y,z)=\frac{1}{2\pi\sigma^2}\exp\left[-\frac{1}{2}\times\frac{(y-m_y)^2+(z-m_z)^2}{\sigma^2}\right] \tag{8.3.2}$$

或直接将制导误差分布规律写成极坐标形式。极坐标（r,θ）与直角坐标（y,z）的关系可表示为

$$\begin{cases} y=r\sin\theta \\ z=r\cos\theta\end{cases},\quad \begin{cases} m_y=r_0\sin\theta \\ m_z=r_0\cos\theta\end{cases} \tag{8.3.3}$$

式中 r_0——表示制导误差的系统误差大小。

由式（8.3.2）和式（8.3.3），可以得到误差分布规律

$$\varphi(r)=\frac{r}{\sigma^2}\exp\left[-\frac{1}{2\sigma^2}(r^2+r_0^2)\right]\cdot I_0\left(\frac{rr_0}{\sigma^2}\right) \tag{8.3.4}$$

该分布为莱斯分布，式中的 I_0 为零阶虚参量贝塞尔函数。当系统误差与随机误差相比很小，即 $r_0=0$ 时，$I_0(0)=1$，$\varphi(r)=\frac{r}{\sigma^2}\exp\left[-\frac{r^2}{2\sigma^2}\right]$，莱斯分布就退化为瑞利分布，所以，莱斯分布也称为广义瑞利分布。

$$\varphi(r)=\frac{r}{\sigma^2}\exp\left[-\frac{r^2}{2\sigma^2}\right] \tag{8.3.5}$$

该式称为瑞利分布，它仍然是圆散布，但此时散布中心与目标质心重合。

8.3.1.4 制导误差的确定方法

制导误差通常用其数字特征，即数学期望和方差来表征，它们可以应用理论计算方法、导弹制导过程的数学模拟方法、实弹射击和上述三种的组合方法等来确定。

1. 理论计算方法

这种方法是通过求解描述舰空导弹制导过程的方程组来获得制导误差的数字特征。由于目标参数和射击条件的变化范围很大，而且制导回路中有各种随机干扰，因此用来描述制导过程的方程组是十分复杂的，要精确建立描述各种复杂情况下将导弹导向目标的制导过程方程组并对其进行求解是很困难的。所以，通常应对制导过程方程组进行简化，并采用近似计

算方法或利用计算机来求解。所谓简化，必须保留制导过程的主要规律和主要特征量。

制导误差由动态误差、起伏误差和仪器误差等组成。总制导误差向量$\boldsymbol{r}$可表示为

$$\boldsymbol{r} = \boldsymbol{r}_g + \boldsymbol{r}_c + \boldsymbol{r}_s \tag{8.3.6}$$

式中 $\boldsymbol{r}_g$——动态误差向量；

$\boldsymbol{r}_c$——起伏误差向量；

$\boldsymbol{r}_s$——仪器误差向量。

由概率论可知，几个随机变量之和的数学期望等于各个随机变量的数学期望之和。因此

$$r_0 = r_{0g} + r_{0c} + r_{0s} \tag{8.3.7}$$

式中 r_0——制导误差的数学期望；

r_{0g}——动态误差的数学期望；

r_{0c}——起伏误差的数学期望；

r_{0s}——仪器误差的数学期望。

分别将式（8.3.7）各项向y轴和z轴上投影，得

$$\begin{cases} y_0 = y_{0g} + y_{0c} + y_{0s} \\ z_0 = z_{0g} + z_{0c} + z_{0s} \end{cases} \tag{8.3.8}$$

式中 y_0，z_0——制导误差的数学期望在y轴和z轴上的投影；

y_{0g}，z_{0g}——动态误差的数学期望在y轴和z轴上的投影；

y_{0c}，z_{0c}——起伏误差的数学期望在y轴和z轴上的投影；

y_{0s}，z_{0s}——仪器误差的数学期望在y轴和z轴上的投影。

制导误差的数学期望就是系统误差，它决定了导弹实际弹道的散布中心。可以认为动态误差、起伏误差和仪器误差是相互独立的。由方和根法可得

$$\begin{cases} \sigma_y^2 = \sigma_{gy}^2 + \sigma_{cy}^2 + \sigma_{sy}^2 \\ \sigma_z^2 = \sigma_{gz}^2 + \sigma_{cz}^2 + \sigma_{sz}^2 \end{cases} \tag{8.3.9}$$

即

$$\begin{cases} \sigma_y = \sqrt{\sigma_{gy}^2 + \sigma_{cy}^2 + \sigma_{sy}^2} \\ \sigma_z = \sqrt{\sigma_{gz}^2 + \sigma_{cz}^2 + \sigma_{sz}^2} \end{cases} \tag{8.3.10}$$

式中 σ_y，σ_z——制导误差在y轴和z轴方向的均方差；

σ_{gy}，σ_{gz}——动态误差在y轴和z轴方向的均方差；

σ_{cy}，σ_{cz}——起伏误差在y轴和z轴方向的均方差；

σ_{sy}，σ_{sz}——仪器误差在y轴和z轴方向的均方差。

制导误差的均方差表示随机误差，它决定了导弹实际弹道相对散布中心的离散程度。

在得到动态误差、起伏误差和仪器误差的数字特征（y_{0g}，y_{0c}，y_{0s}，z_{0g}，z_{0c}，z_{0s}，σ_{gy}，σ_{gz}，σ_{cy}，σ_{cz}，σ_{sy}，σ_{sz}）之后，就可以按照式（8.3.8）和式（8.3.10）来求得制导误差的数字特征（y_0，z_0，σ_y，σ_z）。

2．数学模拟与混合模拟方法

数学模拟又称为数字仿真，在确定导弹制导误差的研究工作中，数学模拟方法都得到广泛应用。数学模拟是通过建立导弹制导的数字仿真数学模型，使用计算机计算来进行模拟。混合模拟除使用计算机之外，还使用实物。也就是说，混合模拟方法是将仪器设备组装成制导系统，而制导回路中短缺的环节则由计算机来进行模拟，模拟的过程是实时进行并按真实时间度量的。

3．实弹射击

在实弹射击时，观测站借助观测仪器设备，直接测出导弹的制导误差，以便检验和修正理论计算结果和模拟试验结果。实弹射击的目标可以是真实目标，也可以是模拟目标。

通过实弹射击，由观测数据来统计出制导误差的数学期望和均方差，必然要消耗大量的导弹，这在经济上是难以承受的。所以，目前多利用数字仿真试验来弥补实弹射击试验次数的不足。

4．组合方法

利用组合方法来求取导弹制导误差的数字特征，就是将理论计算、数学仿真或模拟实验和实弹射击三者结合起来，相互补充、取长补短。这样，既可获得比较精确、可靠的结果，又使所花费的经济代价不至于太大。组合方法是研究导弹制导误差时广泛应用的方法。

8.3.1.5　导弹制导精度

导弹对目标射击时的制导精度是评判武器系统制导性能的重要指标，一般可以用脱靶量和落入概率等参数来表征。

1．脱靶量

如前所述，导弹脱靶量是导弹实际弹道相对于运动学弹道在靶平面上的偏差。由于导弹运动学弹道在靶平面上过目标点，因此，可以说导弹脱靶量也就是指在靶平面内导弹与目标之间的距离。

2．落入概率

落入概率是描述导弹落入以目标为中心的特定区域内的概率。它是表征制导精度的另一个重要的统计技术指标。下面举例说明在给定半径圆上的落入概率的计算方法。

【例 8.3】　设某型舰空导弹射击时的制导误差服从圆分布，其分布规律为

$$\varphi(r)=\frac{r}{\sigma^2}\exp\left[-\frac{r^2}{2\sigma^2}\right]$$

设系统误差为 0，σ=6m，求舰空导弹落入半径 R=10m 的圆内的概率。

解：

$$\begin{aligned}\Phi(r<R)&=\int_0^R\varphi(r)\mathrm{d}r=\int_0^R\frac{r}{\sigma^2}\exp\left(-\frac{r^2}{2\sigma^2}\right)\mathrm{d}r\\&=1-\exp\left(-\frac{R^2}{2\sigma^2}\right)=1-\exp\left(-\frac{10^2}{2\times6^2}\right)\approx0.75\end{aligned}$$

8.3.2　单发毁伤概率

舰空导弹射击效力指标的选择，主要取决于舰空导弹作战任务、目标特点和战场环境条

件等。通常，舰空导弹的主要作战任务是拦截对本舰或被掩护舰艇构成威胁的反舰导弹和对海攻击飞机。导弹射击的对象，可能是单个目标，也可能是可以分解成多个单个目标的群目标。从海上反导作战形势分析，由多枚反舰导弹组成的密集“导弹流”更可能成为舰空导弹的作战目标。因此，在完成此类作战任务时，舰空导弹射击效力指标通常包括：对某一个空中来袭目标的毁伤概率；对所有来袭目标的毁伤概率；毁伤空中目标数量的数学期望；毁伤不低于指定数量的目标的概率；被掩护目标的安全概率等。本节在介绍舰空导弹战斗部和引信的基础上，重点介绍舰空导弹对单个目标射击的单发毁伤概率，在此基础上下一节将介绍多发舰空导弹对单个目标或群目标的毁伤概率等指标计算方法。

8.3.2.1 舰空导弹的引信和战斗部

舰空导弹接近目标后，通过战斗部爆炸的方式达到毁伤空中目标的目的。由于舰空导弹直接同目标碰撞的概率比较小，所以战斗部的启爆通常由非触发引信实现。舰空导弹战斗部一般采用非触发近炸引信，最常见的是无线电引信和红外引信。近炸引信感受来自目标的物理量（如无线电波、红外辐射等），自动地确定引爆的时间和位置，从而使战斗部爆炸后能有效毁伤目标。

舰空导弹采用的战斗部有：破片毁伤型战斗部、连续杆式战斗部、聚能型战斗部、爆破型战斗部等，其中前两种应用较广，尤其以破片毁伤型战斗部应用最多。这种战斗部在空中爆炸后，形成高速的破片群，以击穿、引燃和引爆作用来毁伤目标。击穿作用是指高速破片击穿目标的机体、发动机、控制与操纵系统等，使部件遭受破坏而失去作用。引燃作用是指高速破片击中目标的推进剂或油箱而使目标起火，以烧毁目标。引爆作用是指高速破片击中飞机携带的弹药和反舰导弹的战斗部而引起爆炸。无论是目标重要部件失去作用，还是目标着火、爆炸，都意味着目标被毁伤。

8.3.2.2 单发毁伤概率的一般表达式

舰空导弹利用非触发引信在目标附近爆炸后，其战斗部形成的大量破片对目标的毁伤作用取决于爆炸点相对目标的空间位置坐标。类似于第 7 章中舰炮空炸射击的毁伤概率分析过程，将在炸点坐标一定的条件下，目标被毁伤的概率称为空炸射击的条件毁伤概率，则舰空导弹对目标的毁伤情况可以用坐标毁伤定律来描述，即条件毁伤概率随炸点坐标 $\boldsymbol{X}=(x,y,z)^{\mathrm{T}}$ 变化而变化的规律，用 $K(\boldsymbol{X})$ 来表示。

坐标毁伤定律的分析见 7.2 节，本章不再赘述。

单发舰空导弹毁伤目标的事件，是导弹战斗部在空间某点爆炸，及在该点爆炸时目标被毁伤这两个事件的共现事件。由概率乘法定理可知，发射一发导弹对目标的毁伤概率 P_{k1} 等于战斗部在空间某点 $\boldsymbol{X}=(x,y,z)^{\mathrm{T}}$ 爆炸的概率与战斗部在该点爆炸条件下对目标的条件毁伤概率 $K(\boldsymbol{X})$ 的乘积，并考虑到炸点在空间的所有可能值，有

$$P_{k1}=\iiint_{-\infty}^{\infty}\varphi(\boldsymbol{X})K(\boldsymbol{X})\mathrm{d}\boldsymbol{X} \tag{8.3.11}$$

式中 $\boldsymbol{X}$——炸点坐标，$\boldsymbol{X}=(x,y,z)^{\mathrm{T}}$；

$\varphi(\boldsymbol{X})$——制导误差分布密度函数；

$K(\boldsymbol{X})$——炸点为 $\boldsymbol{X}$ 时的目标条件毁伤概率。

可见，要计算舰空导弹单发毁伤概率 P_{k1}，必须首先确定射击误差规律 $\varphi(\boldsymbol{X})$ 和目标坐标

毁伤定律 $K(\boldsymbol{X})$。

舰空导弹射击误差分布密度函数 $\varphi(x,y,z)$ 由制导误差规律和近炸引信引爆点的散布规律形成，所以射击误差规律可以改写成

$$\varphi(x,y,z)=\varphi(y,z)f(x,y,z) \tag{8.3.12}$$

式中 $\varphi(y,z)$——制导误差规律，它主要取决于制导系统的特性；

$f(x,y,z)$——引信引爆规律，它取决于引爆点的散布特性。

近炸引信（非触发引信）的引爆规律可以表示为

$$f(x,y,z)=f_1(x|y,z)f_2(y,z) \tag{8.3.13}$$

式中 $f_1(x|y,z)$——给定制导误差 (y,z) 时引信引爆点沿 x 轴的散布规律，是条件散布概率密度；

$f_2(y,z)$—— 与制导误差有关的引信引爆概率。

由上得出舰空导弹对空中目标的单发毁伤概率的一般表达式为

$$P_{k1}=\int_{-\infty}^{+\infty}\int_{-\infty}^{+\infty}\int_{-\infty}^{+\infty}\varphi(y,z)f_1(x|y,z)f_2(y,z)K(x,y,z)\mathrm{d}x\mathrm{d}y\mathrm{d}z \tag{8.3.14}$$

上式中，$f_2(y,z)$ 和 $K(x,y,z)$ 为概率，而 $\varphi(y,z)$ 和 $f_1(x|y,z)$ 为概率密度。$\varphi(y,z)$ 和 $f_2(y,z)$ 与 x 无关，而 $f_1(x|y,z)$ 和 $K(x,y,z)$ 与 x 有关。引入新的函数

$$K_0(y,z)=\int_{-\infty}^{\infty}f_1(x|y,z)K(x,y,z)\mathrm{d}x \tag{8.3.15}$$

$K_0(y,z)$ 称为目标坐标条件毁伤定律，又称为二元目标毁伤定律，它反映了引信和战斗部特性及引信与战斗部的配合问题。因此，舰空导弹的单发毁伤概率可表示为

$$P_{k1}=\int_{-\infty}^{\infty}\int_{-\infty}^{\infty}\varphi(y,z)f_2(y,z)K_0(y,z)\,\mathrm{d}y\mathrm{d}z \tag{8.3.16}$$

8.3.2.3　单发毁伤概率的极坐标表达式

若采用极坐标 (r,θ) 表示舰空导弹的单发毁伤概率，可将 (r,θ) 代入式（8.3.15）和式（8.3.16），按照积分的变量置换法则进行推导得出

$$K_0(r,\theta)=\int_{-\infty}^{\infty}f_1(x|r,\theta)K(x,r,\theta)\mathrm{d}x \tag{8.3.17}$$

$$P_{k1}=\int_0^{2\pi}\int_0^{\infty}\varphi(r,\theta)f_2(r,\theta)K_0(r,\theta)\mathrm{d}r\mathrm{d}\theta \tag{8.3.18}$$

当 $\varphi(r,\theta)$、$f_2(r,\theta)$ 和 $K_0(r,\theta)$ 仅为战斗部毁伤半径 r 的函数时，式(8.3.17)和式(8.3.18)又可表示为

$$K_0(r)=\int_{-\infty}^{\infty}f_1(x|r)K(x,r)\mathrm{d}x \tag{8.3.19}$$

$$P_{k1}=\int_{-\infty}^{\infty}\varphi(r)f_2(r)K_0(r)\mathrm{d}r \tag{8.3.20}$$

式（8.3.14）、式（8.3.16）、式（8.3.18）、式（8.3.20）都是计算舰空导弹对空中目标单发毁伤概率的表达式。显然，为了计算单发毁伤概率，需要知道以下四个条件：

（1）舰空导弹武器系统的制导误差规律 $\varphi(y,z)$ 或 $\varphi(r)$；

（2）给定制导误差 (y,z) 时引信引爆点沿 x 轴的散布规律 $f_1(x|y,z)$ 或 $f_1(x|r)$；

（3）与制导误差有关的引信引爆概率 $f_2(y,z)$ 或 $f_2(r)$；

（4）目标坐标毁伤定律 $K(x,y,z)$ 或 $K_0(r)$。

8.3.2.4 单发毁伤概率计算

要具体计算舰空导弹单发毁伤概率是十分复杂的，因为导弹制导误差、目标坐标毁伤规律，以及引信引爆特性参数都不易确定。下面以式（8.3.19）和式（8.3.20）来介绍在极坐标条件下计算单发导弹毁伤概率的过程和步骤。

1．制导误差分布密度函数 $\varphi(r)$

设舰空导弹的制导误差服从圆散布，即 $\sigma_z=\sigma_y=\sigma$，且散布中心与目标中心重合，则制导误差散布为

$$\varphi(r)=\frac{r}{\sigma^2}\exp\left[-\frac{r^2}{2\sigma^2}\right] \tag{8.3.21}$$

式中 σ——制导误差 r 的均方差；

r——导弹制导误差，即脱靶量，$r=\sqrt{y^2+z^2}$。

当导弹制导误差服从圆散布，散布中心与目标中心不重合，则

$$\varphi(r)=\frac{r}{\sigma^2}\exp\left[-\frac{r^2+r_0^2}{2\sigma^2}\right]\cdot I_0\left(\frac{rr_0}{\sigma^2}\right) \tag{8.3.22}$$

式中 r_0——导弹脱靶量 r 的散布中心到目标质心的距离，它的大小表明系统偏差的大小，且有 $r_0=\sqrt{m_y^2+m_z^2}$；

I_0——零阶虚参量贝塞尔函数。

2．非触发引信的引爆规律

1）给定制导误差时引信引爆点沿 x 轴的散布规律 $f_1(x\,|\,r)$

大量实验表明，多数无线电引信和红外引信在给定制导误差时的引爆点沿 x 轴的散布服从正态分布，即

$$f_1(x\,|\,r)=\frac{1}{\sqrt{2\pi}\sigma_x}\exp\left[-\frac{(x-m_x)^2}{2\sigma_x^2}\right] \tag{8.3.23}$$

式中 σ_x——沿 x 轴的引爆距离均方差；

m_x——沿 x 轴的引爆距离的数学期望。

2）引信的引爆概率 $f_2(r)$

引信的引爆概率 $f_2(r)$ 与引信体制、工作原理等有关。当为无线电引信或红外引信时，其引爆概率可按下式计算

$$f_2(r)=1-F\left(\frac{r-m_f}{\sigma_f}\right) \tag{8.3.24}$$

式中 $F(\cdot)$——分布函数；

σ_f——引信引爆距离的均方差；

m_f——引信引爆距离的数学期望；

r——导弹脱靶量。

在一般情况下，为简单起见，对红外或无线电引信可近似取下式计算

$$f_2'(r)=\begin{cases}1 & (r\leqslant r_{f\max})\\ 0 & (r>r_{f\max})\end{cases} \tag{8.3.25}$$

式中　$r_{f\max}$——引信最大引爆距离相对应的脱靶量。

3．目标坐标毁伤定律

对目标的坐标毁伤定律的计算可参照 7.2 节中的内容，其中式（7.2.34）给出了简化的坐标毁伤定律表达式为

$$K(X)=\exp\left[-\frac{1}{2}\left(\frac{L}{\sigma_k}\right)^2\right]=\exp\left[-\frac{(x_1^2+x_2^2+x_3^2)}{2\sigma_k^2}\right]$$

在分析舰空导弹对目标的毁伤概率时，可以用脱靶量 r 来表示舰空导弹制导误差。随着脱靶量 r 的增大，战斗部破片群的分布密度和撞击目标的速度将下降，从而造成导弹毁伤目标的概率变小。一般情况下，当忽略脱靶方位角的影响时，二元目标毁伤定律 $K_0(y,z)$ 或 $K_0\left(r,\theta\right)$ 成为脱靶量 r 的函数，有

$$K_0(r)=\exp\left[-\frac{r^2}{2\sigma_k^2}\right] \tag{8.3.26}$$

式中　r——导弹脱靶量；

σ_k——毁伤参数，通常与导弹和目标特性、相遇条件等有关。

此外也可按目标的圆条件坐标毁伤定律近似计算，其表达式为

$$K_0(r)=1-\exp\left[-\frac{\delta_0^2}{r^2}\right] \tag{8.3.27}$$

式中　δ_0——毁伤参数，一般有 $\sigma_k^2=1.5\delta_0^2$。

下面根据导弹制导误差的不同散布规律，分情况介绍舰空导弹单发毁伤概率的近似计算方法。

（1）导弹制导误差取圆散布，$\sigma_y=\sigma_z=\sigma$；无系统误差，即导弹弹道的散布中心与目标质心重合；非触发引信，引爆半径不受限制（取 $f_2(r)=1$）。目标条件坐标毁伤定律按式（8.3.26）取为

$$K_0\left(r\right)=\exp\left[-\frac{r^2}{2\sigma_k^2}\right]$$

制导误差规律为

$$\varphi(r)=\frac{r}{\sigma^2}\exp\left[-\frac{r^2}{2\sigma^2}\right]$$

则由式（8.3.20）可知，导弹单发毁伤目标的概率为

$$\begin{aligned}P_{k1}&=\int_{-\infty}^{\infty}\varphi(r)f_2(r)K_0(r)\mathrm{d}r\\&=\int_0^{\infty}\frac{r}{\sigma^2}\exp\left(-\frac{r^2}{2\sigma^2}\right)\exp\left(-\frac{r^2}{2\sigma_k^2}\right)\mathrm{d}r=\int_0^{\infty}\frac{r}{\sigma^2}\exp\left[-\frac{r^2}{2}\left(\frac{\sigma_k^2+\sigma^2}{\sigma_k^2\sigma^2}\right)\right]\mathrm{d}r\end{aligned}$$

进行积分变量置换，令$t=\frac{r^2}{2}\left(\frac{\sigma_k^2+\sigma^2}{\sigma_k^2\sigma^2}\right)$，则$\mathrm{d}r=\frac{1}{r}\left(\frac{\sigma_k^2\sigma^2}{\sigma_k^2+\sigma^2}\right)\mathrm{d}t$，有

$$P_{k1}=\frac{\sigma_k^2}{\sigma_k^2+\sigma^2}\int_0^{\infty}\exp(-t)\mathrm{d}t=\frac{\sigma_k^2}{\sigma_k^2+\sigma^2}=\frac{1}{1+\left(\frac{\sigma}{\sigma_k^2}\right)^2} \tag{8.3.28}$$

【例 8.4】 舰空导弹制导误差规律和目标条件坐标毁伤定律同情况 1，$\sigma_y=\sigma_z=\sigma=10\text{m}$，$\sigma_k=30\text{m}$，无系统误差，非触发引信，引爆半径不受限制。试求单发导弹毁伤概率P_{k1}。

解： 已知$\sigma=10\text{m}$，$\sigma_k=30\text{m}$，由式（8.3.28）得

$$P_{k1}=\frac{1}{1+(10/30)^2}=0.9$$

（2）其他条件同情况 1，设目标条件坐标毁伤定律为

$$K_0(r)=1-\exp\left(-\frac{\delta_0^2}{r^2}\right)$$

则导弹单发毁伤概率可表示为

$$\begin{aligned}P_{k1}&=\int_{-\infty}^{\infty}\varphi(r)f_2(r)K_0(r)\mathrm{d}r\\&=\int_0^{\infty}\frac{r}{\sigma^2}\exp\left(-\frac{r^2}{2\sigma^2}\right)\left[1-\exp\left(-\frac{\delta_0^2}{r^2}\right)\right]\mathrm{d}r\end{aligned}$$

设对上式进行积分变量变换，令$t=\frac{r^2}{2\sigma^2}$，则$\mathrm{d}t=\frac{r}{\sigma^2}\mathrm{d}r$，$r^2=2\sigma^2t$，则

$$\begin{aligned}P_{k1}&=\int_0^{\infty}\frac{r}{\sigma^2}\exp\left(-\frac{r^2}{2\sigma^2}\right)\left[1-\exp\left(-\frac{\delta_0^2}{r^2}\right)\right]\mathrm{d}r\\&=\int_0^{\infty}\frac{r}{\sigma^2}\exp(-t)\left[1-\exp\left(-\frac{\delta_0^2}{2\sigma^2t}\right)\right]\frac{\sigma^2}{r}\mathrm{d}t=\int_0^{\infty}\exp(-t)\left[1-\exp\left(-\frac{\delta_0^2}{2\sigma^2t}\right)\right]\mathrm{d}t\\&=\int_0^{\infty}\exp(-t)\mathrm{d}t-\int_0^{\infty}\exp\left[-\left(t+\frac{\delta_0^2}{2\sigma^2t}\right)\right]\mathrm{d}t=1-\int_0^{\infty}\exp\left[-\left(t+\frac{\delta_0^2}{2\sigma^2t}\right)\right]\mathrm{d}t\end{aligned}$$

这个积分可用属于柱函数的改进的一阶亨格尔函数$H_1(x)$来表示，即

$$P_{k1}=1-xH_1(x) \tag{8.3.29}$$

式中的$H_1(x)$为一阶亨格尔函数，$x=\sqrt{2}\delta_0/\sigma$。$H_1(x)$已做成表，只要算出$x$的值，$H_1(x)$值即可由附录 A 表 A.8 查出。

【例 8.5】 已知某型舰空导弹的制导误差均方差$\sigma_y=\sigma_z=\sigma=10\text{m}$，$\delta_0=25\text{m}$，无系统误差，非触发引信，引爆半径不受限制。试求单发导弹毁伤概率P_{k1}。

解：

$$x=\sqrt{2}\delta_0/\sigma=\sqrt{2}\times25/10=3.54$$

查附录 A 表 A.8，得$H_1(3.54)=0.021$。因此

$$P_{k1} = 1 - 3.54 \times 0.021 = 0.926$$

由例 8.4 和例 8.5 的计算结果可以看出，采用不同的近似目标条件坐标毁伤定律，计算得出的结果略有偏差，但是不大，这在近似计算中是允许的。例 8.4 的计算方法更简便一些。

（3）其他条件同情况 1，但是舰空导弹射击时制导误差的系统误差不为零，即弹道散布中心与目标质心不重合。设制导误差的系统误差为 r_0，由式（8.3.22）得制导误差规律为

$$\varphi(r) = \frac{r}{\sigma^2}\exp\left[-\frac{r^2 + r_0^2}{2\sigma^2}\right] \cdot I_0\left(\frac{rr_0}{\sigma^2}\right)$$

设目标条件坐标毁伤定律为

$$K_0(r) = \exp\left[-\frac{r^2}{2\sigma_k^2}\right]$$

则单发导弹毁伤目标的概率 P_{k1} 为

$$\begin{aligned}
P_{k1} &= \int_{-\infty}^{\infty} \varphi(r) f_2(r) K_0(r) \mathrm{d}r \\
&= \int_0^{\infty} \frac{r}{\sigma^2}\exp\left(-\frac{r^2 + r_0^2}{2\sigma^2}\right) \cdot I_0\left(\frac{rr_0}{\sigma^2}\right) \cdot \exp\left(-\frac{r^2}{2\sigma_k^2}\right)\mathrm{d}r \\
&= \frac{1}{\sigma^2}\exp\left(-\frac{r_0^2}{2\sigma^2}\right)\int_0^{\infty} r\exp\left[-r^2\left(\frac{\sigma_k^2 + \sigma^2}{2\sigma_k^2\sigma^2}\right)v\right] \cdot I_0\left(\frac{rr_0}{\sigma^2}\right) \cdot \mathrm{d}r
\end{aligned}$$

这个积分的解是

$$P_{k1} = \frac{\sigma_k^2}{\sigma_k^2 + \sigma^2}\exp\left[-\frac{r_0^2}{2\sigma^2}\left(1 - \frac{\sigma_k^2}{\sigma_k^2 + \sigma^2}\right)\right] \tag{8.3.30}$$

当无系统误差时，有 $r_0 = 0$，则

$$P_{k1} = \frac{\sigma_k^2}{\sigma_k^2 + \sigma^2}$$

这就是情况 1 的解，见式（8.3.28）。

（4）其他条件同情况 3，但是目标条件坐标毁伤定律为

$$K_0(r) = 1 - \exp\left[-\frac{\delta_0^2}{r^2}\right]$$

则单发导弹毁伤概率为

$$P_{k1} = \int_0^{\infty} \frac{r}{\sigma^2}\exp\left(-\frac{r^2 + r_0^2}{2\sigma^2}\right) \cdot I_0\left(\frac{rr_0}{\sigma^2}\right) \cdot \left[1 - \exp\left(-\frac{\delta_0^2}{r^2}\right)\right]\mathrm{d}r \tag{8.3.31}$$

（5）用 1 发舰空导弹对目标进行射击。已知：导弹制导误差服从椭圆散布（设 $\sigma_y < \sigma_z$），导弹的弹道散布中心与目标质心重合，非触发引信最大作用半径所对应的脱靶量为 $r_{\max}$。

在上述条件下，导弹的制导误差规律为

$$\varphi(r) = \frac{r}{\sigma_y\sigma_z}\exp\left[-\frac{r^2(\sigma_y^2 + \sigma_z^2)}{4\sigma_y^2\sigma_z^2}\right] \cdot I_0\left[\frac{r^2(\sigma_z^2 - \sigma_y^2)}{4\sigma_y^2\sigma_z^2}\right] \tag{8.3.32}$$

设目标的条件坐标毁伤定律为

$$K_0(r)=\exp\left[-\frac{r^2}{2\sigma_k^2}\right]$$

则单发导弹的毁伤概率为

$$\begin{aligned}P_{k1}&=\int_0^{r_{\max}}\frac{r}{\sigma_y\sigma_z}\exp\left[-\frac{r^2(\sigma_y^2+\sigma_z^2)}{4\sigma_y^2\sigma_z^2}\right]\cdot I_0\left[\frac{r^2(\sigma_z^2-\sigma_y^2)}{4\sigma_y^2\sigma_z^2}\right]\exp\left(-\frac{r^2}{2\sigma_k^2}\right)\mathrm{d}r\\&=\int_0^{r_{\max}}\frac{r}{\sigma_y\sigma_z}\exp\left[-r^2\left(\frac{\sigma_y^2+\sigma_z^2}{4\sigma_y^2\sigma_z^2}+\frac{1}{2\sigma_k^2}\right)\right]\cdot I_0\left[\frac{r^2(\sigma_z^2-\sigma_y^2)}{4\sigma_y^2\sigma_z^2}\right]\mathrm{d}r\end{aligned}\tag{8.3.33}$$

此函数借助 $J_e(K,\tau)$ 函数积分得

$$P_{k1}=\frac{4\sigma_y\sigma_z\sigma_k^2}{(\sigma_y^2+\sigma_z^2)\sigma_k^2+2\sigma_y^2\sigma_z^2}J_e(K,\tau)\tag{8.3.34}$$

式中

$$K=\frac{\sigma_k^2(\sigma_z^2-\sigma_y^2)}{(\sigma_y^2+\sigma_z^2)\sigma_k^2+2\sigma_y^2\sigma_z^2}$$

$$\tau=\frac{(\sigma_y^2+\sigma_z^2)\sigma_k^2+2\sigma_y^2\sigma_z^2}{4\sigma_k^2\sigma_y^2\sigma_z^2}r_{\max}^2$$

$$J_e(K,\tau)=\int_0^{\tau}\mathrm{e}^{-t}I_0(K,t)\mathrm{d}t$$

其中，$I_0(K,t)$ 为零阶贝塞尔函数，$t=r^2\left(\dfrac{\sigma_y^2+\sigma_z^2}{4\sigma_y^2\sigma_z^2}+\dfrac{1}{2\sigma_k^2}\right)$。

为便于描述，引入符号

$$a_1=\sigma_y/\sigma_z,\quad a_2=\sigma_y/\sigma_k$$

则

$$K=\frac{1-a_1^2}{1+a_1^2+2a_2^2}$$

$$\tau=\frac{1+a_1^2+2a_2^2}{4\sigma_y^2}r_{\max}^2$$

则单发毁伤概率为

$$P_{k1}=\frac{2a_1}{1+a_1^2+2a_2^2}J_e(K,\tau)\tag{8.3.35}$$

其中，函数 $J_e(K,\tau)$ 数值可查附录 A 表 A.9。

【例 8.6】 已知某型舰空导弹 $\sigma_y=5\text{m}$，$\sigma_z=10\text{m}$，$r_{\max}=20\text{m}$，$\sigma_k=30\text{m}$，求单发导弹毁伤概率 P_{k1}。

解：由题知 $a_1=\sigma_y/\sigma_z=5/10=0.5$，$a_2=\sigma_y/\sigma_k=5/30=1/6$，则 $a_1^2=0.25$，$a_2^2=0.027$，有

$$K=\frac{1-a_1^2}{1+a_1^2+2a_2^2}=0.577$$

$$\tau=\frac{1+a_1^2+2a_2^2}{4\sigma_y^2}r_{\max}^2=5.216$$

查附录 A 表 A.9 得

$$J_e(K,\tau)=J_e(0.577,5.216)\approx 1.175$$

则单发毁伤概率为

$$P_{k1}=\frac{2a_1}{1+a_1^2+2a_2^2}J_e(K,\tau)=\frac{2\times 0.5}{1+0.25+2\times 0.027}\times 1.175\approx 0.9$$

8.3.3 多发毁伤概率

根据当前导弹武器的技术发展水平，舰空导弹的单发毁伤概率目前一般为 0.5～0.9，为了提高对目标的毁伤概率，增大任务完成的可靠度，可以增加舰空导弹的发射数量来获得更好的射击效果。发射多发舰空导弹武器，可以通过选择舰空导弹武器系统的发射种类，或选择舰艇及其编队组织射击时的射击种类来实现。

1．导弹武器系统发射种类

舰空导弹的发射种类分为“单发发射（单射）”和“连续发射（连射）”。单射是每次射击发射 1 发导弹；连射是每次对同一个目标射击时，以系统规定的时间间隔发射 n 发导弹，通常为 $n=2\sim 3$ 发，相邻 2 发导弹的发射间隔时间由系统限定为数秒到十几秒。垂直发射系统的发射间隔为 1～4s，多联装瞄准式发射装置的发射间隔一般为 3s，依靠重复装填的单臂式发射装置的发射间隔时间为 10s 左右。

2．对空射击的射击种类

舰艇或编队组织对空射击时，射击种类分为单射、齐射、连续射击、转火射击等。单射和齐射为舰空导弹的基本射击种类，连续射击和转火射击中的每一次射击，可以是单射，也可以是齐射。一次射击向目标发射 1 发导弹，称为单射。在对某一目标射击时，如果在第一发导弹与目标相遇之前，共有 n（$n\geqslant 2$）发导弹被发射出去，这种方法称为“齐射”。根据舰空导弹武器系统的性能和配置特点，齐射的导弹可能是从同一发射架（或同一个火力单元）发射的，也可能是从几个发射架（不同火力单元）发射的。齐射的这些导弹，可以是同一类导弹，也可能是不同的几种导弹。

假定第一发导弹在空中飞行的时间为 t，而相邻两发导弹之间的时间间隔都相等，且等于 Δt，则凡满足以下关系的射击都称为齐射

$$(n-1)\Delta t\leqslant t \tag{8.3.36}$$

例如，使用舰空导弹对某一目标射击，第一发导弹的飞行时间为 $t=20\,\text{s}$，相邻两发导弹的发射间隔时间 $\Delta t=3\,\text{s}$，则

$$(n-1)\Delta t\leqslant t$$

$$3(n-1) \leqslant 20$$

$$n \leqslant 23/3 \approx 7$$

即 $n \leqslant 7$ 时，都称为齐射。

8.3.3.1 多发导弹对单个目标的毁伤概率

在通过连射或齐射对同一目标发射 n 发导弹时，对目标的毁伤概率与目标的特性有关，即要考虑目标的毁伤积累问题。不考虑目标毁伤积累的射击称为第一类射击，考虑目标毁伤积累的射击称为第二类射击。

考虑最简单的情况，即无毁伤积累的情况，且认为 n 发导弹是从同一舰艇发射的毁伤概率相等（都等于 P_{k1}）的同一类导弹，此时目标未被第一发导弹毁伤的概率为（$1-P_{k1}$）。因为不计损伤积累，即各发导弹对目标的毁伤是独立事件，则目标未被第二发导弹毁伤的概率为 $(1-P_{k1})^2$，以此类推。因此，目标未被 n 发导弹中任何一发毁伤的概率为 $(1-P_{k1})^n$。则 n 发导弹对目标的毁伤概率为

$$P_{kn} = 1-(1-P_{k1})^n \tag{8.3.37}$$

式中，P_{k1} 为单发导弹毁伤概率，认为是已知的。因此，只要给出 n 就可求得 P_{kn}。

8.3.3.2 毁伤目标平均所需导弹数

当 P_{k1} 已知时，利用式（8.3.37）还可以求得保证总的毁伤概率 P_{kn} 为定值（如 $P_{kn}=0.8$）时所需的导弹数 n。这时，式（8.3.37）可改写成

$$n = \frac{\ln(1-P_{kn})}{\ln(1-P_{k1})} \tag{8.3.38}$$

当考虑目标有毁伤积累时，每发导弹的毁伤概率不再是相等的，即

$$P_{k1} \leqslant P_{k2} \leqslant \cdots \leqslant P_{ki} \leqslant \cdots \leqslant P_{kn} \tag{8.3.39}$$

式中 P_{ki}——考虑目标有毁伤积累时，第 i 发导弹的毁伤概率，$i=1,2,\cdots,n$。

这时，n 发导弹毁伤目标的概率可表示为

$$P_{kn} = 1-(1-P_{k1})(1-P_{k2})\cdots(1-P_{kn}) \tag{8.3.40}$$

实际上，精确地计算每发导弹有毁伤积累时的毁伤概率 P_{ki} 的值是非常复杂的。通常根据式（8.3.37）计算出 n 发导弹毁伤目标的概率，再用系数修正的方法考虑毁伤积累的影响。

8.3.3.3 多发导弹对群目标的毁伤概率

在舰空导弹对空作战中，空中的群目标主要是指各种类型的飞机群和导弹群。群目标可分为密集型和疏散型两种。

密集型群目标可以理解为一群相互间距很小的多个目标，以至于制导观测显示的是连成一片的光点，从这些光点上无法分辨出单个目标。在现代空袭作战中，空中目标，例如歼击机群、轰炸机群或反舰导弹群等，很少成为密集型群目标。这一方面是因为目标速度越来越高，相互间距离太小时容易发生碰撞事故；另一方面是为了减少在遭到大杀伤威力的导弹攻击时的损失。

疏散型群目标应理解为一群相互间距离较大的多个目标，制导观测显示的是多个有一定距离的孤立光点。

1．多发导弹对疏散型群目标的毁伤概率

由于疏散型群目标中各单个目标相互间的距离较大，使毁伤了某单个目标的导弹不可能再毁伤其他的单个目标。

设某一舰空导弹武器系统对由 m 个单个目标组成的疏散型群目标进行射击。由于单个目标相互间的距离较大，可以认为对各单个目标的射击结果相互独立，并用 P_{kni} 表示发射 n 发导弹 $(n>m)$ 时毁伤第 i 个单个目标的概率，$i=1,2,\cdots,m$。

1）当毁伤各个目标的概率相等时

导弹毁伤各个目标的概率相等，即

$$P_{kn1}=P_{kn2}=\cdots=P_{kni}=\cdots=P_{knm}=P_{kt}$$

每个目标受到导弹射击的次数预先是不确定的，不妨假定各个目标受到射击威胁的程度是相同的，即每个目标受到 n/m 发导弹的射击。这时，由式（8.3.37）得每个目标被毁伤的概率 P_{kt} 为

$$P_{kt}=1-(1-P_{k1})^{n/m} \tag{8.3.41}$$

上式是个伯努利概型，可以应用二项分布规律来确定毁伤概率的计算模型。

（1）恰好毁伤 k 个目标的概率：

$$P(x=k)=C_m^k P_{kt}^k(1-P_{kt})^{m-k} \tag{8.3.42}$$

式中　x——毁伤群目标中单个目标的数量；

k——规定的毁伤目标数量。

（2）至少毁伤 k 个目标的概率：

$$P(x\geqslant k)=\sum_{x=k}^{m} C_m^x P_{kt}{}^x(1-P_{kt})^{m-x} \tag{8.3.43}$$

或用对立事件的概率表示为

$$P(x\geqslant k)=1-P(x<k)=1-\sum_{x=0}^{k-1} C_m^x P_{kt}{}^x(1-P_{kt})^{m-x} \tag{8.3.44}$$

（3）毁伤目标数的数学期望：

$$E(m)=mP_{kt} \tag{8.3.45}$$

在式（8.3.42）～式（8.3.45）中没有出现 n，这并非说明发射的导弹数对导弹毁伤群目标的各特征量没有影响。实际上，n 的影响是通过 P_{kt} 实现的，而上面各式中，P_{kt} 的影响是很大的。

2）当毁伤各个目标的概率不相等时

当导弹毁伤各个目标的概率不相等时，分别记为 P_{kn1}，P_{kn2}，…，P_{knm}。

（1）恰好毁伤 k 个目标的概率。

这时，恰好毁伤 k 个目标的概率 $P(x=k)$ 可由下面母函数求得。

$$\varphi_m(z)=\prod_{i=1}^{m}[(1-P_{kni})+P_{kni}z]=\sum_{j=0}^{m}a_j z^j \tag{8.3.46}$$

上式展开后 z^k 项的系数 a_k 即是所求的概率

$$P(x=k)=a_k \tag{8.3.47}$$

（2）至少毁伤 k 个目标的概率。

根据概率论互斥事件的加法定理，至少毁伤 k 个目标的概率可表示为

$$P(x\geqslant k)=P(x=k)+P(x=k+1)+\cdots+P(x=m)$$

应用式（8.3.47），得

$$P(x\geqslant k)=\sum_{j=k}^{m}a_j \tag{8.3.48}$$

或应用对立事件的概率关系，得

$$P(x\geqslant k)=1-\sum_{j=0}^{k-1}a_j \tag{8.3.49}$$

（3）毁伤目标数的数学期望：

$$E(m)=\sum_{i=1}^{m}P_{kni} \tag{8.3.50}$$

【例 8.7】 用多发导弹对由 3 个目标组成的疏散型群目标进行射击，导弹毁伤 3 个目标的概率分别为 $P_{kn1}=0.7$，$P_{kn2}=0.5$，$P_{kn3}=0.9$。试求恰好毁伤和至少毁伤 0～3 个目标的概率及毁伤目标数的数学期望。

解：先求母函数 $\varphi_m(z)$ 的展开式，由式（8.3.46），得

$$\begin{aligned}\varphi_m(z)&=[(1-P_{kn1})+P_{kn1}z][(1-P_{kn2})+P_{kn2}z][(1-P_{kn3})+P_{kn3}z]\\&=[(1-0.7)+0.7z][(1-0.5)+0.5z][(1-0.9)+0.9z]\\&=0.015+0.185z+0.485z^2+0.315z^3\end{aligned}$$

即 $a_0=0.015$，$a_1=0.185$，$a_2=0.485$，$a_3=0.315$。

因此，恰好毁伤 0～3 个目标的概率由式（8.3.47）得 $P(x=0)=a_0=0.015$，$P(x=1)=a_1=0.185$，$P(x=2)=a_2=0.485$，$P(x=3)=a_3=0.315$。

至少毁伤 0～3 个目标的概率由式（8.3.48）得

$$\begin{aligned}P(x\geqslant 0)&=a_0+a_1+a_2+a_3=1\\P(x\geqslant 1)&=a_1+a_2+a_3=0.985\\P(x\geqslant 2)&=a_2+a_3=0.8\\P(x\geqslant 3)&=a_3=0.315\end{aligned}$$

毁伤目标数的数学期望由式（8.3.50）得

$$E(3)=P_1+P_2+P_3=2.1$$

2．多发导弹对密集型群目标的毁伤概率

设有一舰空导弹武器系统对由 m 个单个目标组成的密集型群目标发射 n（$n>m$）发导弹。

假定舰空导弹武器系统的制导站或导弹导引头截获群目标中任一单个目标的概率都相等；在单发导弹导向某单个目标的前提下，单发导弹毁伤该单个目标的概率为 P_{k1}，且毁伤这个目标的单发导弹再不能毁伤其他目标。

（1）单发导弹毁伤第 i 个目标的概率。

若用 P_{k1i} 表示单发导弹毁伤第 i 个目标的概率，用 P_d 表示制导站或导引头截获群目标中任一目标的概率，则

$$P_{k1i} = P_d P_{k1} \tag{8.3.51}$$

其中，$P_d = 1/m$。

因此

$$P_{k1i} = P_{k1} / m \tag{8.3.52}$$

（2）n 发导弹毁伤第 i 个目标的概率。

若用 P_{kni} 表示 n 发导弹毁伤第 i 个目标的概率，用 $\overline{P}_{kni}$ 表示 n 发导弹未毁伤第 i 个目标的概率。由于各发导弹毁伤各个目标是相互独立的，则 $\overline{P}_{kni}$ 可表示为

$$\overline{P}_{kni} = (1 - P_{k1i})^n = \left(1 - P_{k1} / m\right)^n$$

因此

$$P_{kni} = 1 - \overline{P}_{kni} = 1 - \left(1 - P_{k1} / m\right)^n \tag{8.3.53}$$

（3）n 发导弹至少毁伤 k 个目标的概率：

$$P_n(x \geqslant k) = \sum_{x=k}^{m} C_m^x P_{kni}^x (1 - P_{kni})^{m-x} \tag{8.3.54}$$

（4）n 发导弹毁伤目标数的数学期望：

$$E(m) = mP_{kni} = m[1 - (1 - P_{k1} / m)^n] \tag{8.3.55}$$

8.4　导弹群武器系统整体作战效能分析

为分析由多枚导弹组成的防御体系的整体作战效能，本节考虑多枚舰空导弹对抗多个空袭目标的过程。为有效描述防空战中的动态攻防对抗过程，将建立基于排队论的数学模型。

排队论又称随机服务系统理论，它的出现是由于现实生活中资源的稀缺，使得对于任何一个供需过程，都不能真正意义上做到随时都能按需实现任意双方用户的任意要求，这就导致了服务等待的产生，排队论也是在此背景下提出的。自 20 世纪 60 年代初出现以后，排队论很快就被应用到军事运筹和作战分析中。基于排队论的数学模型是具有统计分析特征的解析分析模型，它可以用来分析在特定环境中的武器系统或防御体系的作战有效性。

8.4.1　导弹群武器系统防空作战的排队论模型

理想条件下（这里指各火力单元属于同一型号，且发射区相互重叠等），由于导弹群防空武器系统综合发射区纵深较大，如果来袭目标飞越这个纵深所需要的时间大于武器系统射击目标所需要的时间，则即使来袭目标到达时防空导弹群的所有火力单元都在射击先前的目标，只要在来袭目标飞离发射区之前有一个火力单元结束了射击，就仍然可以向该来袭目标

射击。来袭目标在发射区逗留飞行，表明来袭目标处于等待“服务”状态，相当于顾客在服务系统中排队等待服务。来袭目标飞离发射区造成突防，就相当于顾客因为在服务系统中排队等待时间过长而自动离去。综上考虑，可以利用排队论对防空导弹群整体作战效能进行研究。

对持续入侵的空中目标，在时刻t处于某发射区内的数量是一个随机变量，设为$N(t)$。$N(t)$的变化是一个马尔可夫链，因为时刻$t+\Delta t$的数量$N(t+\Delta t)$只与$N(t)$有关，而与$t-\Delta t$时刻及之前的目标数量无关，具有无后效性。舰空导弹群武器系统可视为一个有限服务台，无限系统容量的先到先服务的服务系统。

8.4.1.1 基本假设及事件概率分析

设舰空导弹武器系统为服务系统，每个火力通道为一个服务台，并设空袭目标为顾客，下面对服务系统做如下基本假设。

（1）顾客到达情况：设顾客按参数为λ的泊松（Poisson）流到达，即假设$X(\Delta t)$为在Δt时间内进入武器系统火力发射区的空袭目标的随机数，则有

① $X(0)=0$；

② $\{X(t),t\geqslant 0\}$具有独立增量，即对任取的n个时刻：$0<t_1<t_2<\cdots<t_n$，随机变量$X(t_1)-X(0)$，$X(t_2)-X(t_1)$，…，$X(t_n)-X(t_{n-1})$是相互独立的；

③ $\{X(t),t\geqslant 0\}$具有平稳增量，即对$t\geqslant 0$，$\Delta t\geqslant 0$，在Δt时间内有k个目标进入武器系统火力发射区这一事件出现的概率为

$$P(X(t+\Delta t)-X(t)=k)=\frac{(\lambda\Delta t)^k}{k!}\mathrm{e}^{-\lambda\Delta t}\quad(k=0,1,2,\cdots)\tag{8.4.1}$$

其中，$\lambda(>0)$为常数。

在上述定义中，② 表示到达过程具有无后效性，即在不相交的时间区间内到达的顾客数是相互独立的；③ 表示在Δt时间内到达的顾客数只与时间区间的长度有关，而与起点无关，且服从泊松分布，参数λ的物理意义是在单位时间内到达顾客的平均数。

（2）服务台对一个顾客的服务时间：服从参数为μ的负指数分布。假设火力单元进行一次射击后立即观察射击结果，如果目标被击毁，则火力单元即刻转向其他目标；如果未被击毁，则继续向这个目标进行射击，直至其被击毁或离开火力单元的火力发射区。设t_r为火力单元对一个目标射击所用的随机时间，则有

$$P(t_r<t)=1-\mathrm{e}^{-\mu t}\tag{8.4.2}$$

式中的μ可取为平均服务时间的倒数，其物理意义是对一位顾客的平均服务速度，而当有足够的火力通道进行防御时，对一个目标的平均射击时间$\overline{t_r}$为

$$\overline{t_r}=P_k\overline{t_1}\sum_{i=1}^{I_{\max}}i\cdot(1-P_k)^{i-1}+I_{\max}\cdot\overline{t_1}\cdot(1-P_k)^{I_{\max}}\tag{8.4.3}$$

式中 P_k——火力单元的单发毁伤概率；

$I_{\max}$——目标飞越火力单元发射区能够受到的最大射击数；

$\overline{t_1}$——一次射击所用的平均时间。

所以，可取$\mu=1/\overline{t_r}$。

（3）顾客的耐心程度与排队情况：顾客的等待服务时间，也即目标在发射区的逗留时间。当有空袭目标进入武器系统发射区时，若有火力单元空闲，则捕捉该目标进行射击；若无火力单元空闲，目标将在发射区飞行，直至穿越发射区。设 t_s 为单个目标在发射区内逗留的随机时间，它服从参数为 v 的负指数分布

$$P(t_s < t) = 1 - \mathrm{e}^{-vt} \tag{8.4.4}$$

式中，v 可取为目标平均逗留时间的倒数，它依赖于来袭目标的速度相对于服务它的防空导弹武器火力单元的发射区长度。

在上述随机服务系统中，有三个基本事件：空袭目标进入武器系统发射区、火力单元完成射击、有目标飞离武器系统发射区。下面分析在 Δt 时间内，各事件的发生概率。

由于 e^{-at} 在一个小的时间段 Δt 上展开成级数形式有

$$\mathrm{e}^{-a\Delta t} \approx 1 - a\Delta t + \frac{a^2}{2!}(\Delta t)^2 - \cdots + \frac{(-1)^n a^n}{n!}(\Delta t)^n + \cdots \tag{8.4.5}$$

若 $\Delta t \to 0$，则含有 $(\Delta t)^2$ 项与其后各项为高阶无穷小，记为 $o(\Delta t)$。因此在 Δt 时间内无目标、有一个目标和两个以上目标进入武器系统发射区的概率可近似写为

$$\begin{cases} P(X_{\Delta t} = 0) = \mathrm{e}^{-\lambda\Delta t} \approx 1 - \lambda\Delta t + o(\Delta t) \\ P(X_{\Delta t} = 1) = \lambda\Delta t \cdot \mathrm{e}^{-\lambda\Delta t} \approx \lambda\Delta t + o(\Delta t) \\ P(X_{\Delta t} \geqslant 2) = (\lambda\Delta t)^2 \cdot \mathrm{e}^{-\lambda\Delta t} / 2 = o(\Delta t) \end{cases} \tag{8.4.6}$$

式中将 $P(X(t+\Delta t) - X(t) = k)$ 简写成了 $P(X_{\Delta t} = k)$ 的形式。

在 Δt 时间内，没有火力单元完成射击、有一个和 k 个（$k \geqslant 2$）火力单元完成射击的概率分别为

$$\begin{cases} P(t_r > \Delta t) = \mathrm{e}^{-\mu\Delta t} \approx 1 - \mu\Delta t + o(\Delta t) \\ P(t_r < \Delta t) = 1 - \mathrm{e}^{-\mu\Delta t} \approx \mu\Delta t + o(\Delta t) \\ \underbrace{P(t_r < \Delta t) \cdots P(t_r < \Delta t)}_{k个} = o(\Delta t) \end{cases} \tag{8.4.7}$$

在 Δt 时间内，没有目标飞离发射区、有一个目标飞离和有 k 个（$k \geqslant 2$）目标飞离发射区的概率分别为

$$\begin{cases} P(t_s < \Delta t) = 1 - \mathrm{e}^{-v\Delta t} \approx v\Delta t + o(\Delta t) \\ P(t_s > \Delta t) = \mathrm{e}^{-v\Delta t} \approx 1 - v\Delta t + o(\Delta t) \\ \underbrace{P(t_s < \Delta t) \cdots P(t_s < \Delta t)}_{k个} = o(\Delta t) \end{cases} \tag{8.4.8}$$

类似地还可以计算出在 Δt 时间内，有目标进入发射区、有火力单元完成射击、有目标飞离发射区等事件中，同时有两个以上不同类型事件出现的概率，在 $\Delta t \to 0$ 时都是 Δt 的高阶无穷小。

8.4.1.2　状态分析

将时刻 t 处于某发射区内目标的随机数量 $N(t)$ 取为随机服务系统的状态。根据基本假设可知，有 n 个 $(n > 1)$ 火力单元的防空系统可能出现的状态有：

（1）$N(t)=0$，所有 n 个火力单元都不射击；

（2）$N(t)=k \quad (k=1,2,\cdots,n)$，$n$ 个火力单元中有 k 个正在射击；

（3）$N(t)=n+s$，所有 n 个火力单元都在射击，同时还有 $s\ (s=1,2,\cdots)$ 个目标在发射区内飞行，尚未受到射击。

用 $P_i(t)\ (i=0,1,\cdots)$ 表示时刻 t 系统处于上述各状态的概率。

1．系统处于状态 $N(t)=0$ 的情况

系统处于状态 $N(t)=0$ 的概率可以表示为下列两个互不相容事件的概率之和：

（1）在时刻 t 系统处于状态 $N(t)=0$，发射区内没有目标存在，且在 Δt 时间内没有新目标出现，该事件的概率为

$$P_0(t)[1-\lambda\Delta t+o(\Delta t)]=P_0(t)(1-\lambda\Delta t)+o(\Delta t) \tag{8.4.9}$$

（2）在时刻 t 系统处于状态 $N(t)=1$，有一个火力单元正在射击发射区内唯一的一个目标，在 Δt 时间内结束射击，且没有新目标出现，该事件的概率为

$$P_1(t)[\mu\Delta t+o(\Delta t)][1-\lambda\Delta t+o(\Delta t)]=P_1(t)\mu\Delta t+o(\Delta t) \tag{8.4.10}$$

因此，在 $t+\Delta t$ 时刻处于状态 $N(t)=0$ 的概率为

$$P_0(t+\Delta t)=P_0(t)(1-\lambda\Delta t)+P_1(t)\mu\Delta t+o(\Delta t) \tag{8.4.11}$$

移项，并用 Δt 除等式两端，同时令 $\Delta t\to 0$，可得

$$P_0'(t)=-\lambda P_0(t)+\mu P_1(t) \tag{8.4.12}$$

2．系统处于状态 $N(t)=k(1\leqslant k\leqslant n-1)$ 的情况

系统处于状态 $N(t)=k\ (1\leqslant k\leqslant n-1)$ 的概率可以表示为下列三个互不相容事件的概率之和：

（1）在时刻 t 系统处于状态 $N(t)=k$，在 Δt 时间内没有新目标出现，且 k 个火力单元没有一个结束射击，该事件的概率为

$$P_k(t)[1-\lambda\Delta t+o(\Delta t)][1-\mu\Delta t+o(\Delta t)]^k=P_k(t)[1-\lambda\Delta t+o(\Delta t)][1-k\mu\Delta t+o(\Delta t)] \tag{8.4.13}$$

（2）在时刻 t 系统处于状态 $N(t)=k+1$，在 Δt 时间内有一个火力单元结束射击，且没有新目标出现，该事件的概率为

$$P_{k+1}(t)[1-\lambda\Delta t+o(\Delta t)]\cdot C_{k+1}^1[\mu\Delta t+o(\Delta t)] \tag{8.4.14}$$

（3）在时刻 t 系统处于状态 $N(t)=k-1$，在 Δt 时间内没有一个火力单元结束射击，但有一个新目标出现在发射区内，该事件的概率为

$$P_{k-1}(t)[\lambda\Delta t+o(\Delta t)][1-\mu\Delta t+o(\Delta t)]^{k-1}=P_{k-1}(t)[\lambda\Delta t+o(\Delta t)][1-(k-1)\mu\Delta t+o(\Delta t)] \tag{8.4.15}$$

同上有

$$P_k'(t)=-(\lambda+k\mu)P_k(t)+\lambda P_{k-1}(t)+(k+1)\mu P_{k+1}(t) \quad (1\leqslant k\leqslant n-1) \tag{8.4.16}$$

3．系统处于状态 $N(t)=n$ 的情况

系统处于状态 $N(t)=n$ 的概率可以表示为下列三个互不相容事件的概率之和：

（1）在时刻 t 系统处于状态 $N(t)=n$，在 Δt 时间内没有新目标出现，且 n 个火力单元没有一个结束射击，该事件的概率为

$$P_n(t)[1-\lambda\Delta t+o(\Delta t)][1-\mu\Delta t+o(\Delta t)]^n=P_n(t)[1-\lambda\Delta t+o(\Delta t)][1-n\mu\Delta t+o(\Delta t)] \tag{8.4.17}$$

（2）在时刻 t 系统处于状态 $N(t)=n+1$，在 Δt 时间内没有新目标出现，但是有一个火力单元结束射击，或有一个目标飞离发射区，该事件的概率为

$$P_{n+1}(t)[1-\lambda\Delta t+o(\Delta t)][n\mu\Delta t+v\Delta t+o(\Delta t)] \tag{8.4.18}$$

（3）在时刻 t 系统处于状态 $N(t)=n-1$，在 Δt 时间内没有一个火力单元结束射击，但有一个新目标出现在发射区内，该事件的概率为

$$\begin{aligned}&P_{n-1}(t)[\lambda\Delta t+o(\Delta t)]\cdot C_{n-1}^{1}[1-\mu\Delta t+o(\Delta t)]=\\&P_{n-1}(t)[\lambda\Delta t+o(\Delta t)][1-(n-1)\mu\Delta t+o(\Delta t)]\end{aligned} \tag{8.4.19}$$

同上有

$$P_n'(t)=-(\lambda+n\mu)P_n(t)+\lambda P_{n-1}(t)+(n\mu+v)P_{n+1}(t) \tag{8.4.20}$$

4．系统处于状态 $N(t)=n+s\ (s=1,2,\cdots)$ 的情况

系统处于状态 $N(t)=n+s\ (s=1,2,\cdots)$ 的概率可以表示为下列三个互不相容事件的概率之和：

（1）在时刻 t 系统处于状态 $N(t)=n+s$ ，在 Δt 时间内没有新目标出现，n 个火力单元没有一个结束射击，且 s 个未受射击的目标没有一个离开发射区，该事件的概率为

$$P_{n+s}(t)[1-\lambda\Delta t+o(\Delta t)][1-n\mu\Delta t+o(\Delta t)][1-sv\Delta t+o(\Delta t)] \tag{8.4.21}$$

（2）在时刻 t 系统处于状态 $N(t)=n+s+1$，在 Δt 时间内没有新目标出现，但是有一个火力单元结束射击，或有一个目标飞离发射区，该事件的概率为

$$P_{n+s+1}(t)[1-\lambda\Delta t+o(\Delta t)][n\mu\Delta t+(s+1)v\Delta t+o(\Delta t)] \tag{8.4.22}$$

（3）在时刻 t 系统处于状态 $N(t)=n+s-1$，在 Δt 时间内没有一个火力单元结束射击且没有一个目标飞离发射区，但有一个新目标出现在发射区内，该事件的概率为

$$P_{n+s-1}(t)[\lambda\Delta t+o(\Delta t)][1-n\mu\Delta t+o(\Delta t)][1-(s-1)v\Delta t+o(\Delta t)] \tag{8.4.23}$$

同上有

$$P_{n+s}'(t)=-(\lambda+n\mu+sv)P_{n+s}(t)+\lambda P_{n+s-1}(t)+[n\mu+(s+1)v]P_{n+s+1}(t)\quad(s=1,2,\cdots) \tag{8.4.24}$$

综上，可得到舰空导弹武器随机服务系统状态变化的微分差分方程组为

$$\begin{cases}P_0'(t)=-\lambda P_0(t)+\mu P_1(t)\\P_k'(t)=-(\lambda+k\mu)P_k(t)+\lambda P_{k-1}(t)+(k+1)\mu P_{k+1}(t)\quad(1\leqslant k\leqslant n-1)\\P_n'(t)=-(\lambda+n\mu)P_n(t)+\lambda P_{n-1}(t)+(n\mu+v)P_{n+1}(t)\\P_{n+s}'(t)=-(\lambda+n\mu+sv)P_{n+s}(t)+\lambda P_{n+s-1}(t)+[n\mu+(s+1)v]P_{n+s+1}(t)\quad(s=1,2,\cdots)\end{cases} \tag{8.4.25}$$

该随机服务过程为可列无限系统状态的生灭过程，其系统状态转移强度图如图 8.4.1 所示（有关生灭过程的定义及定理见附录 B）。

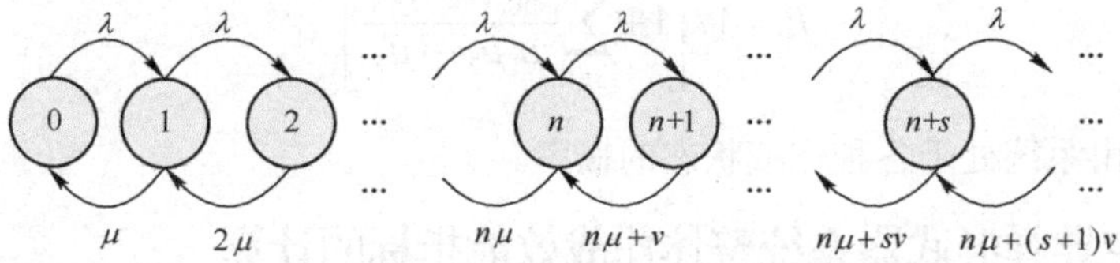

图 8.4.1　防空导弹群服务系统状态转移强度图

令

$$\lambda_i = \lambda (i = 0,1,2,\cdots) \tag{8.4.26}$$

$$\mu_i = \begin{cases} i\mu & (i = 1,2,\cdots,n) \\ n\mu + (i-n)v & (i = n+1, n+2, \cdots) \end{cases} \tag{8.4.27}$$

由 λ, μ, v 的物理意义知，$\lambda_i < \mu_{i+1}$，因此该无限状态生灭过程满足极限定理条件

$$1 + \sum_{j=1}^{\infty} \frac{\lambda_0 \lambda_1 \cdots \lambda_{j-1}}{\mu_1 \mu_2 \cdots \mu_j} < \infty \text{（收敛）}$$

及

$$\frac{1}{\lambda_0} + \sum_{j=1}^{\infty} \left(\frac{\lambda_0 \lambda_1 \cdots \lambda_{j-1}}{\mu_1 \mu_2 \cdots \mu_j} \right)^{-1} \cdot \frac{1}{\lambda_j} = \infty \text{（发散）}$$

则 $\{P_j, j = 0,1,2,\cdots\}$ 存在，与初始条件无关，且 $P_j > 0$，$\sum_{j=0}^{\infty} P_j = 1$，即 $\{P_j, j = 0,1,2,\cdots\}$ 为平稳分布。

又可得该无限状态生灭过程满足其微分差分方程组解的存在条件

$$\sum_{j=1}^{\infty} \left(\frac{1}{\lambda_j} + \frac{\mu_j}{\lambda_j \lambda_{j-1}} + \cdots + \frac{\mu_j \mu_{j-1} \cdots \mu_1}{\lambda_j \lambda_{j-1} \cdots \lambda_0} \right) = \infty$$

且 $P_j(t) \geqslant 0$，$\sum_{j=0}^{\infty} P_j(t) \leqslant 1$，则该生灭过程对任给的初始条件，式（8.4.25）的解存在且唯一。式(8.4.25)两端在 $t \to \infty$ 时极限存在，且左端极限为 0，因此可得到其平衡方程为

$$\begin{cases} 0 = -\lambda P_0 + \mu P_1 \\ 0 = -(\lambda + k\mu) P_k + \lambda P_{k-1} + (k+1)\mu P_{k+1} \quad (1 \leqslant k \leqslant n-1) \\ 0 = -(\lambda + n\mu) P_n + \lambda P_{n-1} + (n\mu + v) P_{n+1} \\ 0 = -(\lambda + n\mu + sv) P_{n+s} + \lambda P_{n+s-1} + [n\mu + (s+1)v] P_{n+s+1} \quad (s = 1,2,\cdots) \end{cases} \tag{8.4.28}$$

再结合 $\sum_{j=0}^{\infty} P_j = 1$，可得

$$P_j = \left(\frac{\lambda_0 \lambda_1 \cdots \lambda_{j-1}}{\mu_1 \mu_2 \cdots \mu_j} \right) P_0 \tag{8.4.29}$$

式中

$$P_0 = 1 \Big/ \left[1 + \sum_{j=1}^{\infty} \frac{\lambda_0 \lambda_1 \cdots \lambda_{j-1}}{\mu_1 \mu_2 \cdots \mu_j} \right]$$

至此可计算出系统处于各种作战状态的概率。

8.4.2 舰空导弹群武器系统整体作战效能指标的计算

舰空导弹武器系统整体作战效能可以用对目标的拦截概率作为评价指标。拦截概率 P_L

可表示为

$$P_L = P_S \cdot P_H \tag{8.4.30}$$

式中　P_S——空袭目标受到射击的概率；

P_H——目标受到射击且被毁伤的概率。

式（8.4.29）给出系统处于各种状态的概率 $P_j\ (j=0,1,2,\cdots)$，由此可计算出舰空导弹随机服务系统的平均等待队长，即火力发射区内尚未受到射击目标的平均数为

$$L_Q = \sum_{i=1}^{\infty} i \cdot P_{n+i} \tag{8.4.31}$$

由于 ν 是目标在发射区内平均逗留时间的倒数，λ 是单位时间内到达的平均目标数，因此在单位时间内，未受到射击飞离发射区的目标数 N_ν 和受到射击的目标数 N_μ 可分别写为

$$N_\nu = L_Q / \frac{1}{\nu} = \nu L_Q \tag{8.4.32}$$

$$N_\mu = \lambda - \nu L_Q \tag{8.4.33}$$

因此，空袭目标受到射击的概率为

$$P_H = \frac{\lambda - \nu L_Q}{\lambda} = 1 - \frac{\nu L_Q}{\lambda} = 1 - \frac{\nu}{\lambda}\sum_{i=1}^{\infty} i \cdot P_{n+i} \tag{8.4.34}$$

空袭目标可能受到 $i = 1,2,\cdots,I_{\max}$ 次射击而被击毁，击毁概率的期望值为

$$P_H = \frac{1}{I_{\max}} \sum_{i=1}^{I_{\max}} (1-P_k)^{i-1} \cdot P_k \tag{8.4.35}$$

故导弹群武器系统对目标的拦截概率为

$$P_L = P_S \cdot P_H = \frac{1}{I_{\max}} \cdot \left(1 - \frac{\nu}{\lambda}\sum_{i=1}^{\infty} i \cdot P_{n+i}\right) \cdot \left[\sum_{i=1}^{I_{\max}} (1-P_k)^{i-1} \cdot P_k\right] \tag{8.4.36}$$

该值即可作为导弹群武器系统整体作战效能的评价指标。

本章小结

- 舰舰导弹射击误差
  - 自控终点误差
    - 分为：
      - 散布误差
        - 原因：飞行速度、弹道初始条件、环境等误差
        - 性质：非重复误差
      - 诸元误差
        - 原因：发射管位置、确定气象修正量、火控系统等误差
        - 性质：单射为非重复误差，齐射为重复误差
    - 分布特征：$f(x,z) = \dfrac{\rho^2}{\pi E_{xk} \cdot E_{zk}} \exp\left\{-\rho^2\left[\dfrac{(x-m_{xk})^2}{E_{xk}^2} + \dfrac{(z-m_{zk})^2}{E_{zk}^2}\right]\right\}$
  - 落点散布误差
    - 分为：高度散布误差、方向散布误差
    - 原因：起伏误差、动态误差、大目标效应误差和工具误差等
    - 性质：非重复误差
    - 分布特征：$g(y,z) = \dfrac{\rho^2}{\pi E_{yd} \cdot E_{zd}} \exp\left\{-\rho^2\left[\dfrac{(y-m_{yd})^2}{E_{yd}^2} + \dfrac{(z-m_{zd})^2}{E_{zd}^2}\right]\right\}$

- 舰舰导弹射击效力指标
  - 命中概率
    - 单发命中概率（不考虑可靠性时 $P=P_b\cdot P_d$）
      - 捕捉概率 P_b：式（8.2.10）~式（8.2.15）
      - 自导命中概率 P_d：
        - 自导命中面积 A 计算：式（8.2.16）~式（8.2.18）
        - 自导命中概率：式（8.2.19）~式（8.2.22）
      - 考虑突防能力：$P=P_b\cdot P_d\cdot P_t$
      - 考虑选择捕捉能力：$P=P_{xb}\cdot P_d\cdot P_t$
    - 多发命中概率
      - 攻击单目标
        - 发射 n 发弹命中 m 发的概率：式（8.2.26）
        - 发射 n 发弹至少命中 m 发的概率：式（8.2.27）~式（8.2.28）
        - 发射 n 发弹至少命中1发的概率：式（8.2.29）
        - 对目标命中弹数的数学期望：式（8.2.30）~式（8.2.31）
      - 攻击多目标
        - 对集群中某一目标的命中概率：式（8.2.32）
        - 命中目标数的数学期望：式（8.2.33）~式（8.2.34）
  - 毁伤概率
    - 单发毁伤概率：式（8.2.38）
    - 多发毁伤概率：式（8.2.37）~式（8.2.38）
    - 导弹消耗量预估：式（8.2.39）~式（8.2.40）

- 舰空导弹射击误差
  - 制导误差
    - 一般表达式：式（8.3.1）
    - 简化表达式：式（8.3.2）~式（8.3.5）
  - 误差性质：非重复误差
  - 特征量计算
    - 数学期望：式（8.3.8）
    - 均方差：式（8.3.10）
  - 制导精度表征
    - 脱靶量
    - 落入概率

- 舰空导弹射击效力指标
  - 单发毁伤概率
    - 制导误差 $\varphi(r)$：式（8.3.21）~式（8.3.22）
    - 给定制导误差下引信引爆点沿 x 轴散布规律 $f_1(x|r)$：式（8.3.23）
    - 引信引爆概率 $f_2(r)$：式（8.3.25）
    - 坐标毁伤定律 $K_0(r)$：式（8.3.26）~式（8.3.27）
  - 多发毁伤概率
    - 攻击单目标
      - 多发导弹对单目标毁伤概率：式（8.3.37），式（8.3.40）
      - 毁伤目标平均所需导弹数：式（8.3.38）
    - 攻击多目标
      - 疏散型群目标：效力指标见式（8.3.41）~式（8.3.50）
      - 密集型群目标：效力指标见式（8.3.51）~式（8.3.55）

- 导弹群系统总体作战效能
  - 排队论模型
    - 顾客到达：服从泊松分布，式（8.4.1）$P(k,\Delta t)=\dfrac{(\lambda\Delta t)^k}{k!}\mathrm{e}^{-\lambda\Delta t}$
    - 服务时间：服从负指数分布，式（8.4.2）$P(t_r<t)=1-\mathrm{e}^{-\mu t}$
    - 等待服务时间：服从负指数分布，式（8.4.4）$P(t_s<t)=1-\mathrm{e}^{-\nu t}$
  - 系统处于各状态概率：式（8.4.29）
  - 对目标拦截概率：$P_L=P_s\cdot P_H$，具体见式（8.4.30）~式（8.4.36）

习题

1．简述舰载导弹武器系统制导方式的分类。

2．简述舰载反舰导弹采用“自控+自导”的制导体制时的自控终点误差和落点散布误差的定义和性质。

3．假设目标命中面积可简化为用图 8.2.8 和表 8.2.2 来表示。落点散布中心坐标 $y=5$，$z=81$，$E_{yd}=5$、$E_{zd}=8$。采用有前置量方式射击，计算导弹对目标的单发命中概率。

4．设某型导弹对某目标的命中毁伤律 $K(m)$ 为：$K(1)=0.2$，$K(2)=0.3$，$K(3)=0.6$，$K(4)=0.9$，$K(5)=1$。导弹对目标进行了四次独立射击，各次的单发命中概率分别为 $P_1=0.4$，$P_2=0.4$，$P_3=0.5$，$P_4=0.2$。试计算毁伤目标的概率。

5．设某型导弹对某目标的命中毁伤律 $K(m)$ 为：$K(0)=0$，$K(1)=1$。导弹的单发命中概率为 $P=0.4$。试计算 4 发导弹击毁目标的概率。

6．对 3 个飞机平台组成的疏散型空中目标群进行射击，各飞机平台被毁伤的概率分别为 0.4、0.5 和 0.6，计算平均毁伤的空中平台数量，以及至少毁伤 2 个飞机平台的概率。

7．对 3 个飞机目标组成的密集空中目标群用 2 发导弹射击。假设无毁伤积累，各发导弹射击相互独立，且单发导弹最多只能毁伤 1 个目标。已知单发导弹毁伤各目标的概率分别为 0.2、0.3 和 0.1，计算毁伤目标的概率分布和平均毁伤目标数。

8．舰空导弹制导误差规律为圆散布，$\sigma_y=\sigma_z=\sigma=20\text{m}$，目标条件坐标毁伤定律参数 $\sigma_k=40\text{m}$，无系统误差，非触发引信，引爆半径不受限制。试求单发导弹毁伤概率 P_{k1}。

9．导弹群武器系统对抗空中目标时目标的突防概率也可作为系统作战的效能指标，基于排队论模型推导目标突防概率的计算公式。

10．假定反舰导弹对舰艇目标的命中毁伤定律服从命中即毁伤的“0-1 毁伤律”，计算独立发射 n 发反舰导弹，且各发导弹对目标的命中概率分别为 $P_1,P_2,\cdots,P_n$ 时，目标的毁伤概率。

第 9 章　鱼雷和深弹武器射击效力分析

本章导读

本章将介绍鱼雷和深弹两种水下武器对潜射击的效能分析方法。由于鱼雷和深弹武器都有各自的作用特点，因此分析思路与前面各章节有所不同。鱼雷是具有自导能力的武器，本章首先简单介绍鱼雷射击控制的基本原理，在此基础上，针对声自导鱼雷，介绍命中概率计算的解析法；针对线导鱼雷，由于其和目标的相对运动较为复杂，因此采用统计模拟法计算命中概率。深弹武器与舰炮武器射击效能分析总体思路类似，在恰当建立坐标系的基础上，将分析武器的射击误差、命中面积，从而计算命中概率，但其是水下武器，又分为触发式和非触发式，对目标也存在可测深和不可测深两种情况，因此计算命中面积和命中概率的具体方法与舰炮不同，其中理解上的难点在于散布误差共轭半径的计算，以及在共轭轴方向上的等效潜艇毁伤面积的计算。

要求：了解鱼雷射击控制基本原理，掌握声自导鱼雷命中概率计算方法，了解线导鱼雷命中概率的统计模拟法；掌握深弹武器射击误差分析方法，掌握触发式和非触发式深弹对目标命中面积的计算方法，掌握在可测深和不可测深情况下深弹对目标的命中概率计算方法。

鱼雷和火箭深弹武器是两类重要的水中武器，鱼雷武器的主要使命是打击敌水面舰船和潜艇，火箭深弹武器（又称火箭式深水炸弹）的主要使命是打击敌潜艇和拦截来袭鱼雷。

本章将根据两类水中武器的特点，分别研究鱼雷和火箭深弹武器射击效力的分析和计算方法。

9.1　鱼雷射击控制原理

鱼雷武器作战效能主要涉及鱼雷运载平台的生存能力、发控系统的效能、鱼雷捕获目标能力、鱼雷命中目标能力、鱼雷毁伤目标能力、鱼雷抗干扰能力等因素，由于篇幅有限，这里主要介绍两种主流制导方式鱼雷的命中概率的计算以及必要的准备知识。

为了分析鱼雷武器的射击效力，先对自导鱼雷发现目标与命中目标的条件、有利的射击提前角等知识进行简单的介绍。

9.1.1　发现目标与命中目标的条件

9.1.1.1　射击三角形

射击三角形描述了直航鱼雷解相遇的基本几何关系，解相遇的任务是求取鱼雷射击诸元，使鱼雷命中目标。所以，射击三角形也称为相遇三角形或命中三角形。如图 9.1.1 所示，设射击时刻目标从现在点 M 以速度 V_m 和航向 C_m 做等速直航运动，鱼雷从 T 点以速度 V_T 对提前角 φ 方向的 C 点发射，若要鱼雷准确命中目标，则二者航行到 C 点所需的时间相等，即同时到达 C 点。由此可得到下面的关系式：

$$\frac{S_T}{V_T}=\frac{S_m}{V_m}$$

或

$$S_m = mS_T,\quad S_T \leqslant L_T \tag{9.1.1}$$

式中 S_T, S_m——射击时刻至相遇时刻的鱼雷航程和目标航程；

m——速度比，$m = V_m / V_T$；

L_T——鱼雷动力航程。

式（9.1.1）表明，在鱼雷航程不大于动力航程的条件下，当目标航程与鱼雷航程之比等于目标航速与鱼雷航速之比时，鱼雷即可命中目标。这就是直航非自导鱼雷命中目标的条件，简称命中条件。

命中条件实质就是鱼雷与目标的相遇条件。在一定射击条件下，满足命中条件的鱼雷与目标相遇运动构成相遇三角形，即图 9.1.1 中的 ΔMTC。

在射击三角形中：

TM——射距，即发射鱼雷时刻目标现在点与鱼雷发射点的距离（以 D_s 表示），其方向是发射方位线，又称瞄准线，在研究鱼雷与目标的相对运动时它是相对移动线；

θ——命中角，它是目标航向线到鱼雷射向反方向线之间的夹角；

φ——提前角，它是发射方位线（瞄准线）到鱼雷射向之间的夹角；

Q_m——发射敌舷角，即发射鱼雷时发射舰艇所处的目标舷角。

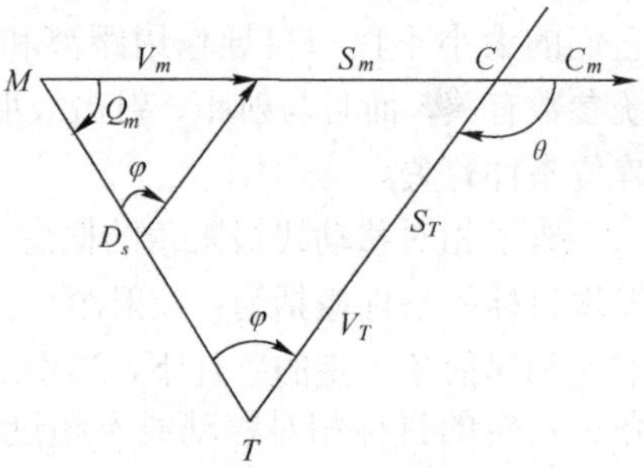

图 9.1.1　射击三角形

在一定射击条件下，若鱼雷射向相对目标现在方位提前的角度满足命中条件，则称这个提前的角度为提前角。

当已知 V_m、V_T、Q_m 时，在射击三角形 TMC 中，由正弦定理得

$$\frac{S_T}{\sin Q_m}=\frac{mS_T}{\sin\varphi}$$

从而射击提前角为

$$\varphi = \arcsin(m\sin Q_m) \tag{9.1.2}$$

通过该式求得的提前角通常称为正常提前角。

9.1.1.2　发现目标条件

对于直航非自导鱼雷，只要满足命中条件，鱼雷就会在直航过程中命中目标，而自导鱼雷能否命中目标，关键在于自导装置能否发现目标。要想使自导装置发现目标，就必须使目标能进入自导装置有效作用范围内，即目标要落入到自导扇面之内。

在图 9.1.2 中，$\varphi = \arcsin(m\sin Q_m)$ 为正常提前角。假设自导作用区域（水平面）为一扇形，距离为 r，开角之半为 λ。如果测定的目标运动要素没有误差，关闭了自导装置的鱼雷会在 C 点与目标相遇。但在鱼雷接近目标过程中，自导装置是要开启工作的，因此鱼雷尚未到达 C 点，而在 T_a 点就会发现目标。因为这时自导扇面边缘接触到了目标，以后鱼雷便改为

按一定导引弹道追击目标。

当目标运动要素有误差时，要通过鱼雷与目标的相对运动分析来讨论。过目标位置点M作与自导扇面的连线Mb、Me。若假定鱼雷不动，目标不但沿相对移动线MT运动时能被发现，而且沿$\angle eMb$范围内所有方向的相对移动线移动均能被发现。在目标速度一定的条件下，这些相对移动线与一定的敌舷角相对应；而在敌舷角一定的条件下，这些相对移动线与一定的目标航速相对应。只要目标航速和舷角的综合影响对应的相对移动线不超出$\angle eMb$范围即可。$\angle eMb$称为相对移动线极限角，定义如下：在射距D_s、鱼雷速度V_T、提前角φ和自导作用距离r一定的条件下，假定鱼雷不动，目标以相对速度沿相对移动线做相对运动，由目标速度和航向（舷角）确定的且能被自导装置发现的目标相对移动线的最大允许范围，称为相对移动线极限角。

由图9.1.2看出，$\angle eMb=\psi_1+\psi_2$，ψ_2和ψ_1就决定了自导扇面所能遮盖的目标运动要素正、负极限误差。它们的大小不仅与自导作用距离和自导扇面等自导系统参数有关，而且与射距、射击敌舷角、射击提前角等阵位条件有关。

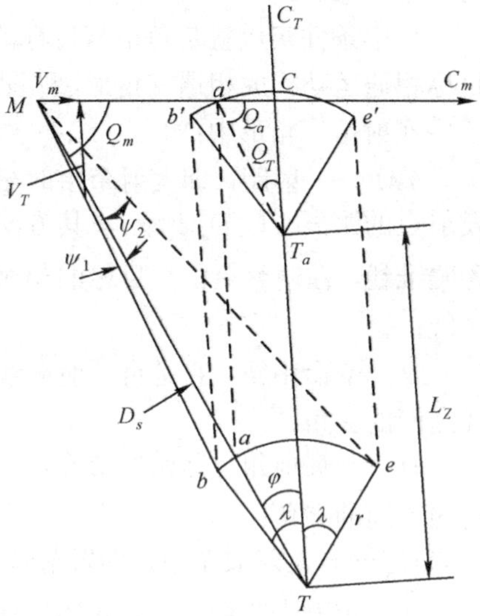

图9.1.2 自导鱼雷按正常提前角射击

有了相对移动线极限角的概念，就可以把自导鱼雷发现目标的条件概括为：在射距、自导作用距离、鱼雷航速和提前角一定的条件下，当由目标航速和航向（舷角）决定的目标相对移动线不超过极限角（$\psi_1+\psi_2$）范围时，目标即可被鱼雷发现。

9.1.1.3 命中目标条件

鱼雷发现并捕获目标后，在追踪段能否命中目标与自导装置捕获目标时的阵位条件及其本身的战术技术性能有关。这些条件决定了鱼雷在自导装置控制下所消耗的航程、鱼雷弹道曲率半径、鱼雷命中目标时的相对速度以及自导装置丢失目标后再次捕获到目标的可能性。这些问题的解决有赖于鱼雷追踪弹道的分析。

常见的追踪弹道主要有尾追式、固定提前角式、自动调整提前角式和比例导引式等。这些弹道各有特点，其中尾追式弹道具有较大的追踪航程、较小的弹道曲率半径和较快的旋回速率，因而对鱼雷技术性能要求严格。所以，有必要对尾追弹道进行深入的分析和讨论。

1. 尾追式弹道方程

所谓尾追式弹道，是指鱼雷自导装置捕获目标后，始终控制鱼雷运动的速度向量对准目标（视为质点）。设目标和鱼雷在同一水平面内，以t时刻目标位置点为原点，以其运动方向为极轴建立极坐标系，则鱼雷位置点T_0坐标为（D，Q_m）；经过$\mathrm{d}t$时刻，目标运动到M_1点，鱼雷运动到T_1点，则T_1点坐标为（$D+\mathrm{d}D$，$Q_m+\mathrm{d}Q_m$），因此可根据图9.1.3建立质点运动的微分方程。

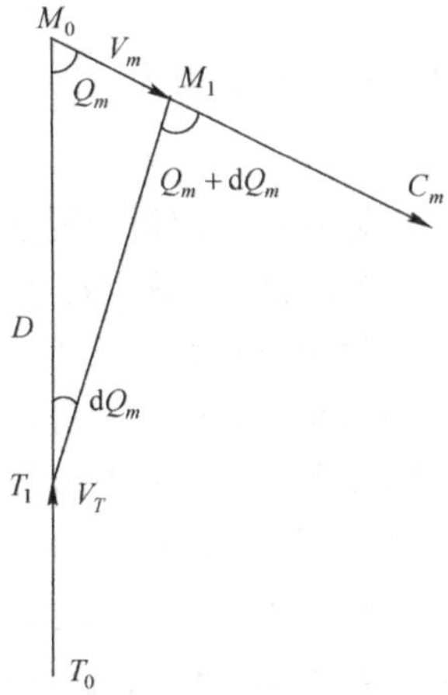

图9.1.3 尾追式弹道分析

距离变化率

$$\frac{\mathrm{d}D}{\mathrm{d}t}=-(V_m\cos Q_m+V_T) \tag{9.1.3}$$

方位变化率

$$\frac{\mathrm{d}Q_m}{\mathrm{d}t}=\frac{V_m\sin Q_m}{D} \tag{9.1.4}$$

两式相除并分离变量得

$$\frac{\mathrm{d}D}{D}=\frac{-(V_m\cos Q_m+V_T)}{V_m\sin Q_m}\mathrm{d}Q_m$$

其解为

$$D=D_0\left(\tan\frac{Q_a}{2}\right)^{\frac{1}{m}}\sin Q_a\frac{\left(\cot\frac{Q_m}{2}\right)^{\frac{1}{m}}}{\sin Q_m} \tag{9.1.5}$$

令

$$C=D_0\left(\tan\frac{Q_a}{2}\right)^{\frac{1}{m}}\sin Q_a \tag{9.1.6}$$

则

$$D=C\frac{\left(\cot\frac{Q_m}{2}\right)^{\frac{1}{m}}}{\sin Q_m} \tag{9.1.7}$$

式中　D——鱼雷与目标之间的瞬时距离；

D_0——鱼雷发现目标时的初始距离，通常等于自导作用距离 r，为自导段初始条件；

Q_m——追踪过程中瞬时目标舷角；

Q_a——鱼雷发现目标时的初始敌舷角，为自导段初始条件。

式（9.1.7）为尾追式弹道方程，它表示了追踪过程中任一瞬时鱼雷相对于目标的距离及相对舷角。

2．尾追弹道的曲率半径分析

由图 9.1.3 可知，弹道的曲率半径为

$$R=\frac{V_T}{\omega}$$

式中　ω——弹道角速率，按式 $\omega=\frac{\mathrm{d}Q_m}{\mathrm{d}t}$ 计算。

将式（9.1.4）、式（9.1.7）代入上式并整理得

$$R=\frac{C}{4m}\cdot\frac{\left(\cos\frac{Q_m}{2}\right)^{\frac{1}{m}-2}}{\left(\sin\frac{Q_m}{2}\right)^{\frac{1}{m}+2}} \tag{9.1.8}$$

可见，弹道曲率半径是鱼雷发现目标时的初始条件C、速率比m和该时刻对应敌舷角Q_m的函数。设鱼雷旋回半径为R_T，当$R_T > R$时，鱼雷将脱离理论轨迹。通常把$R = R_T$时所对应的敌舷角Q_m称为极限敌舷角，用Q_{mj}表示。

每种弹道均有其最小的曲率半径$R_{\min}$。当由式（9.1.8）求得对应的极限敌舷角时，只能确定鱼雷脱离理论轨迹的一点。下面分析鱼雷运动曲率半径的变化规律及$R_{\min}$的发生位置。

先取式（9.1.8）对Q_m的微商，再代入运动方程可以得

$$\frac{\mathrm{d}R}{\mathrm{d}Q_m} = -D\frac{\frac{1}{m} + 2\cos Q_m}{m\sin^2 Q_m}$$

R的极值出现在$\mathrm{d}R/\mathrm{d}Q_m = 0$处，可求得

$$Q_m{}^* = \arccos\left(-\frac{1}{2m}\right) \tag{9.1.9}$$

又可求得$\frac{\mathrm{d}^2 R}{\mathrm{d}Q_m^2} > 0$，故当敌舷角为$Q_m^*$时$R$为极小值。显然有$90^\circ < Q_m^* \leqslant 180^\circ$，即$R$极小值出现在第二象限。将$Q_m^*$值及初始条件$C$代入式（9.1.8），即可求得

$$\begin{cases} R_{\min} = \dfrac{4mC}{4m^2 - 1}\left[\dfrac{2m-1}{\sqrt{4m^2-1}}\right]^{\frac{1}{m}} \\ C = D_0 \sin Q_a \left(\tan\dfrac{Q_a}{2}\right)^{\frac{1}{m}} \end{cases} \tag{9.1.10}$$

将上式求得的弹道最小曲率半径与鱼雷旋回半径比较，即可判断鱼雷是否会脱离理论轨迹，以此可以指导作战使用人员选择适当的射击方案，并占领合适阵位。

3．鱼雷旋回速率分析

鱼雷旋回速率是舷角对时间的变化率，即

$$\omega = \frac{\mathrm{d}Q_m}{\mathrm{d}t} = \frac{V_m}{D}\sin Q_m = \frac{4V_m}{C}\cdot\frac{\left(\sin\dfrac{Q_m}{2}\right)^{\frac{1}{m}+2}}{\left(\cos\dfrac{Q_m}{2}\right)^{\frac{1}{m}-2}} \tag{9.1.11}$$

旋回速率的最大值点同样出现在$Q_m^* = \arccos\left(-\frac{1}{2m}\right)$处，这时有

$$\omega_{\max} = \frac{V_m}{C}\left[1 - \left(\frac{1}{2m}\right)^2\right]^{\frac{1}{2m}-1}\left(1 - \frac{1}{2m}\right)^{-\frac{1}{m}} \tag{9.1.12}$$

当$Q_m < Q_m{}^*$时，随着Q_m增大，ω逐渐增大趋于$\omega_{\max}$；在$Q_m > Q_m{}^*$时，随着Q_m增大，ω逐渐由极大值$\omega_{\max}$变小，直到Q_m趋于π时，ω趋于零。由此可知，如果$Q_a > Q_m{}^*$且鱼雷一开始就有$\omega_T > \omega_{\max}$，则以后永远不会脱离理论轨迹。

9.1.2　鱼雷射击的有利提前角

9.1.2.1　有利提前角的含义

自导鱼雷发现目标的概率是射击条件和提前角的函数。当射击条件一定时，发现概率就是提前角的函数了。在一定的射击条件下，使自导鱼雷发现概率最高的提前角称为有利提前角，记作 φ_a。

自导鱼雷按正常提前角射击时，自导扇面遮盖敌正、负运动要素误差范围是不对称的。在误差为正态分布假设前提下，遮盖正、负误差范围不对称，就意味着自导鱼雷发现目标的概率不是最高，因此，正常提前角不是有利提前角。要想使自导扇面遮盖绝对值相等的正负敌运动要素误差，需要把提前角减小，使相对移动线上移（见图 9.1.4），直到将极限角分成相等的两部分，即 $\psi_1 = \psi_2$ 为止，这时鱼雷发现概率最大，对应的提前角为有利提前角。显然，当鱼雷以有利提前角射击时，不再是使鱼雷与目标相遇，而是使自导扇面中的 B 点与目标相遇。

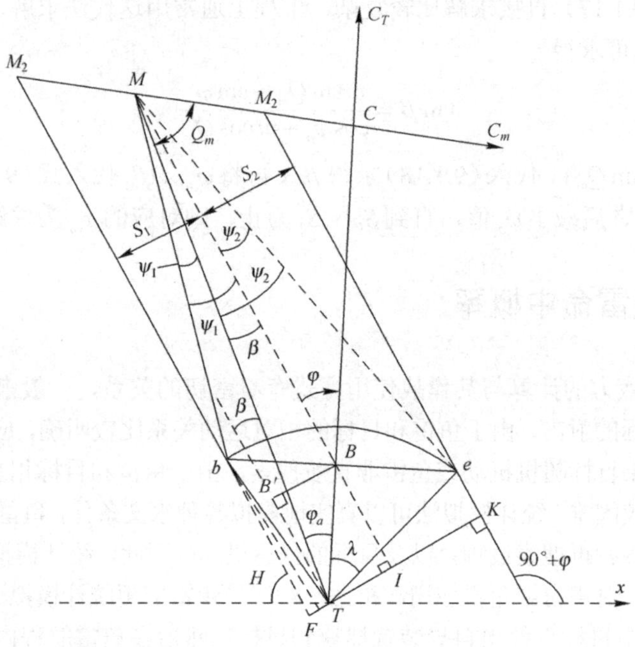

图 9.1.4　声自导鱼雷有利提前角

值得说明的是：设 S 为自导扇面按相对移动线移动时的最大搜索宽度，则 S 同样被相对移动线分为 S_1、S_2 两段。从遮盖误差分布区间的角度看，只有当 $S_1 = S_2$ 时，对应的提前角才是有利提前角。实际上，条件 $\psi_1 = \psi_2$ 与条件 $S_1 = S_2$ 是不等同的。$\psi_1 = \psi_2$ 条件与有利提前角相对应，但通常情况下，该条件与 $S_1 = S_2$ 相差不大，所以实际求解时，两条件均有使用。

9.1.2.2　单雷对定速直航目标射击的有利提前角

这里采用 $S_1 = S_2$ 的条件来求解有利提前角 φ_a。

由图 9.1.4 可以得到如下结果：

$$S_1 = D_s \sin\beta + r\sin(\lambda - \varphi_a - \beta) \tag{9.1.13}$$

当 $\lambda+\varphi_a+\beta<90^\circ$ 时

$$S_2 = r\sin(\lambda+\varphi_a+\beta) - D_s\sin\beta \tag{9.1.14}$$

当 $\lambda+\varphi_a+\beta\geqslant 90^\circ$ 时

$$S_2 = r - D_s\sin\beta \tag{9.1.15}$$

在相遇三角形△BMC 中，有

$$\varphi=\varphi_a+\beta=\arcsin(m\sin(Q_m-\beta)) \tag{9.1.16}$$

令 $S_1=S_2$，则由式（9.1.13）～式（9.1.16）可得到下面方程组

$$\begin{cases}\varphi_a+\beta=\arcsin(m\sin(Q_m-\beta)) \\ r[1-\sin(\lambda-\varphi_a-\beta)]=2D_s\sin\beta & (\lambda+\varphi_a+\beta\geqslant 90^\circ) \\ r[\sin(\lambda+\varphi_a+\beta)-\sin(\lambda-\varphi_a-\beta)]=2D_s\sin\beta & (\lambda+\varphi_a+\beta<90^\circ)\end{cases} \tag{9.1.17}$$

解此方程组即可得到 φ_a。

由于方程组（9.1.17）直接求解比较复杂，工程上通常用迭代法求解，过程如下。

由式（9.1.16）可求得

$$\tan\beta=\frac{m\sin Q_m-\sin\varphi_a}{\cos\varphi_a+m\cos Q_m} \tag{9.1.18}$$

初设 $\varphi_{a0}=\arcsin(m\sin Q_m)$，代入（9.1.18）求得 β_0，再将 φ_{a0}、β_0 代入式（9.1.13）～式（9.1.15）中求得 S_1、S_2 值，之后减小 φ_a 值，直到 $S_1\approx S_2$ 为止，则对应的 φ_{ai} 为求解的有利提前角。

9.2 声自导鱼雷命中概率

鱼雷武器射击效力的计算与其作战使用方式有着密切的关系，一般来讲，直航搜索鱼雷对等速直线运动目标的射击，由于鱼雷和目标的相对运动关系比较明确，应用解析法容易得出较精确的解。但如果目标随机机动或鱼雷非直航搜索，由于鱼雷和目标相互运动的不确定性，使得应用解析法比较困难。统计模拟法可以真实地模拟各种水文条件，鱼雷复杂的环形、蛇形、梯形等搜索弹道和各种再搜索过程，以及目标的任意机动，因此，统计模拟法在这些条件下可以得到广泛的应用。对声自导鱼雷应用解析法，对线导鱼雷应用统计模拟法来计算命中概率。

声自导鱼雷命中目标事件由自导装置捕获到目标，然后在鱼雷航程内追踪上目标这两个事件的复合事件，因此，按捕获概率和追踪概率来研究声自导鱼雷命中概率问题。

9.2.1 捕获概率

9.2.1.1 求解捕获概率的基本模型

对于单平面自导鱼雷，能否捕获到目标取决于水平面内的捕获情况；对于双平面反潜鱼雷，捕获目标的概率 P_a 是水平面的捕获概率 P_{as} 和垂直面上捕获概率 P_{ah} 的乘积，即

$$P_a=P_{as}\cdot P_{ah} \tag{9.2.1}$$

1．水平面内自导鱼雷捕获概率计算

如图 9.2.1 所示，假如目标和鱼雷运动都没有误差，则鱼雷航行到 T_a 点时，自导扇面的 a

点将在 a' 点接触到目标。但实际上鱼雷是有散布的，航行一段时间后其扇面边缘上的 a 点将散布在 a' 附近一定范围内。同样，由于目标运动存在误差，这时也散布在 a' 点附近一定范围内。通过 a' 点作垂直于鱼雷和目标相对移动线的 PP 轴，则扇面边缘 a 点（相当于是鱼雷）的散布在 PP 轴上是以 a' 为中心呈现正态分布。

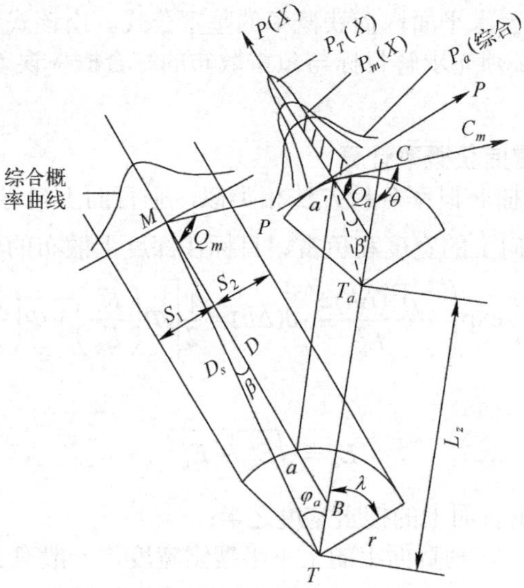

图 9.2.1　计算水平面内自导鱼雷捕获概率

搜索扇面 a 点在 PP 轴上用概率误差表示的分布密度函数为

$$P_T(X)=\frac{\rho}{\sqrt{\pi}E_T}\exp\left(-\frac{\rho^2X^2}{E_T^2}\right) \tag{9.2.2}$$

同样，目标在 PP 轴上的散布为

$$P_m(X)=\frac{\rho}{\sqrt{\pi}E_m}\exp\left(-\frac{\rho^2X^2}{E_m^2}\right) \tag{9.2.3}$$

将 $P_T(X)$ 和 $P_m(X)$ 两个正态分布进行综合相当于对两者概率误差进行综合，有

$$E_s=\sqrt{{E_T}^2+{E_m}^2} \tag{9.2.4}$$

这样，可以把扇面边缘上的 a 点看作没有散布，而只是目标具有概率误差为 E_s 的散布了。把 a' 点左右两侧的自导扇面投影到 PP 轴上，得到的 S_1、S_2 即为相对搜索宽度。显然，只要目标出现在 S_1、S_2 遮盖的范围内，自导扇面就能发现目标，因此，自导鱼雷在水平面内的捕获概率，就是目标出现在区间 $[S_1, S_2]$ 中的概率。将目标综合误差分布密度函数在该区间上积分，即可求得自导鱼雷在水平面内的捕获概率，即有

$$P_{as}=\int_{-S_1}^{S_2}\frac{\rho}{\sqrt{\pi}E_s}\exp\left(-\frac{\rho^2(\Delta s)^2}{{E_s}^2}\right)\mathrm{d}(\Delta s)$$

上式积分可用拉普拉斯函数表示如下：

$$P_{as}=\frac{1}{2}\left[\Phi\left(\frac{S_1}{E_s}\right)+\Phi\left(\frac{S_2}{E_s}\right)\right] \tag{9.2.5}$$

式中 S_1、S_2——自导扇面相对搜索宽度；

E_s——目标和鱼雷综合概率误差。

该式即为求解自导鱼雷水平面内捕获概率的基本公式。由该式看出，为了求解自导鱼雷在水平面内的捕获概率，必须先求解目标与鱼雷散布的综合概率误差 E_s 和自导鱼雷的相对搜索宽度 S_1、S_2。

2．垂直面内自导鱼雷捕获概率计算

与水平面内自导鱼雷捕获概率分析方法相类似，垂直面上自导鱼雷捕获目标的概率 P_{ah} 取决于自导波束在垂直方向上的宽度和鱼雷、目标在深度上散布的概率误差，即

$$P_{ah}=\frac{\rho}{\sqrt{\pi}E_h}\int_{-k_1}^{k_2}\exp\left(-\frac{\rho^2(\Delta h)2}{E_h^2}\right)\mathrm{d}(\Delta h)=\frac{1}{2}\left[\Phi\left(\frac{K_1}{E_h}\right)+\Phi\left(\frac{K_2}{E_h}\right)\right]=\Phi\left(\frac{K}{E_h}\right) \tag{9.2.6}$$

且

$$E_h=\sqrt{E_{h_T}^2+E_{h_m}^2} \tag{9.2.7}$$

式中 K——自导鱼雷在垂直面上的搜索宽度之半；

K_1、K_2——自导鱼雷在垂直面上的上下半搜索宽度，一般有 $K_1=K_2=K$；

E_h——鱼雷与目标在深度上散布的综合概率误差；

E_{h_T}——鱼雷在深度上散布的概率误差；

E_{h_m}——目标在深度上散布的概率误差。

根据 E_h、E_{h_T}、E_{h_m} 可画出鱼雷、目标在深度上散布的正态分布曲线 $P_{h_T}(X)$、$P_{h_m}(X)$ 及其综合分布曲线 $P_h(X)$，见图 9.2.2。

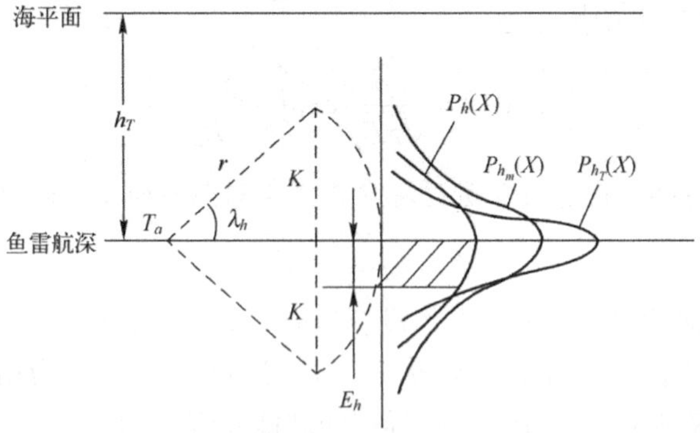

图 9.2.2 垂直面上鱼雷散布及捕获概率计算

搜索扇面在垂直面上的宽度为 $2K$，那么只要目标出现在 $2K$ 范围内，自导扇面就能搜索到目标。因此，自导鱼雷在垂直面内的捕获概率 P_{ah} 就是目标在区间 $[-K,K]$ 中出现的概率。从图 9.2.2 中还可以看出，垂直面上的搜索宽度为

$$K=\gamma\sin\lambda_h \tag{9.2.8}$$

式中 λ_h——自导波束垂直张角的 1/2。

通常自导鱼雷在垂直面的搜索宽度很宽，而鱼雷和目标在垂直面上的散布误差很有限，因此鱼雷在垂直面的捕获概率一般为 100%。在许多要求不是非常严格的情况下，考核自导鱼雷的捕获概率往往只需计算水平面捕获概率即可。这样处理的结果与实际情况差别不大。

9.2.1.2　综合概率误差

在鱼雷射击过程中，通常射击误差及其散布包含两方面的内容：鱼雷航行误差及其引起的鱼雷散布，目标运动要素及其引起的目标散布。射击误差分为系统误差和随机误差，一般来说系统误差是能够被消除或基本消除的，因此，鱼雷射击时，主要考虑以下误差源误差。

目标运动要素误差：敌速误差；敌舷角（航向）误差；射距误差。

鱼雷航行误差：鱼雷速度误差；鱼雷航向误差。

发控系统误差：瞄准误差。

由敌速误差 ΔV_m、敌舷角误差 ΔQ_m、射距误差 ΔD_s 及瞄准误差 ΔF 的概率误差可求得目标散布的概率误差 E_m。由航速误差 ΔV_T、航向误差 $\Delta\alpha$ 的概率误差可求得鱼雷散布的概率误差 E_T。但求解水平面捕获概率时，往往假定自导扇面 a 点没有误差（图 9.2.1），而目标具有概率误差为 E_s 的散布，因此目标出现在区间 $[-S_1, S_2]$ 中的概率为发现概率。注意：相对搜索宽度是将自导扇面沿相对移动线投影到 PP 轴上得到的，因此，鱼雷与目标误差散布不能直接综合，而必须将它们投影到 PP 轴上再进行综合，即 E_s 表示等效在 PP 轴上的综合概率误差。由此可得到其求解过程是：先求解鱼雷和目标各要素误差引起散布的概率误差量 E_i，再求解各误差向量与 PP 轴的夹角 β_i，并由 $E_i\cos\beta_i$ 求得它们在 PP 轴上的投影之后，由

$$E_s = \sqrt{\sum_{i=1}^{6}(E_i\cos\beta_i)^2} \tag{9.2.9}$$

求得等效在 PP 轴上的目标散布综合概率误差。下面具体讨论由各误差量引起的目标散布概率误差的求解。

1．由敌舷角误差引起的目标散布概率误差

当不考虑其他误差量的影响（下同），只考虑敌舷角误差的影响时，阵位关系如图 9.2.3 所示。

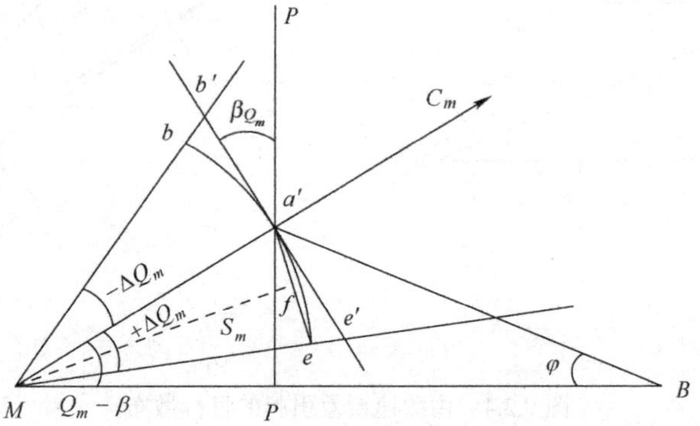

图 9.2.3　由敌舷角误差引起的目标散布

以 $\pm\Delta Q_m$ 表示极限误差，由于该误差的存在，当鱼雷自导扇面的 a 点接触目标于 a' 点时，目标将处于 be 弧上。Ma' 即对应自导鱼雷搜索段航程 L_z 的目标航程 S_m，有 $S_m = mL_z$，m 为

速度比。过 a' 点作 be 的切线交目标最大误差方向线于 b' 和 e' 点，则线段 $a'b'$ 与 $a'e'$ 为舷角误差 ΔQ_m 所对应的极限向量误差。极限误差可以取 4 倍或 5 倍的概率误差。这里不妨取 $a'b'$ 与 $a'e'$ 为 5 倍的概率误差 E_{Q_m}。

为求得 $a'e'$，自 a' 点作 $a'e$ 的弦线 $a'e$，弦中点为 f，有 $a'e=2fe$，而

$$fe=S_m\sin\frac{\Delta Q_m}{2}$$

故

$$a'e=2fe=2S_m\sin\frac{\Delta Q_m}{2}=2mL_z\sin\frac{\Delta Q_m}{2}$$

由于 ΔQ_m 一般较小，所以有 $a'e\approx a'e'=5E_{Q_m}$，则

$$E_{Q_m}=0.4mL_z\sin\frac{\Delta Q_m}{2} \tag{9.2.10}$$

式（9.2.10）为由敌舷角误差引起的目标散布的概率误差表达式。由图示关系容易看出，E_{Q_m} 与 PP 轴的夹角为

$$\beta_{Q_m}=Q_m-\beta \tag{9.2.11}$$

则 $E_{Q_m}\cos\beta_{Q_m}$ 即投影在 PP 轴上的由目标舷角误差引起目标散布的概率误差。

2．由敌速误差引起的目标散布概率误差

如图 9.2.4 所示，由于目标速度存在误差 $\pm\Delta V_m$，当自导扇面的 a 点接触目标于 a' 点时，目标将处于 nl 区间上，$a'n$ 和 $a'l$ 即敌速误差 ΔV_m 对应的极限向量误差，其大小为 5 倍的概率误差 E_{V_m}。

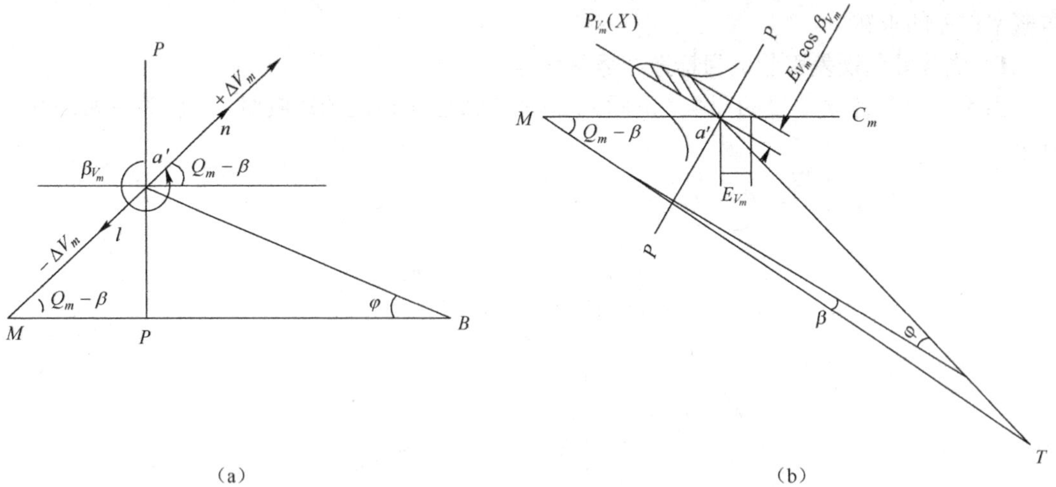

图 9.2.4　由敌速误差引起的目标散布

显然有

$$a'n=\Delta V_m\cdot t=\Delta V_m\cdot\frac{L_z}{V_T}=5E_{V_m}$$

所以

$$E_{V_m} = 0.2L_z \cdot \frac{\Delta V_m}{V_T} \tag{9.2.12}$$

该式为由敌速误差引起的目标散布的概率误差表达式。由图示关系看出，E_{V_m} 与 PP 轴的夹角为

$$\beta_{V_m} = 270^\circ + Q_m - \beta \tag{9.2.13}$$

则 $E_{V_m}\cos\beta_{V_m}$ 即投影在 PP 轴上的由敌速误差引起目标散布的概率误差。

3．由射距误差引起的目标散布概率误差

如图 9.2.5 所示，在初始目标方位线上，以 M 点为中心，以极限射距误差 ΔD_s 为步长，可截得 M_1、M_2 两点，则 $\overline{M_1M_2}$ 即目标初始点散布区间。自 M_1、M_2 点引目标航向的平行线，与过 a' 点引目标初始方位线的平行线交于 g、h 两点，则 $a'g$ 和 $a'h$ 为射距误差 ΔD_s 对应的极限向量误差，有

$$a'g = a'h = 5E_{D_s} = \Delta D_s$$

即

$$E_{D_s} = 0.2\Delta D_s \tag{9.2.14}$$

该式为由射距误差引起的目标散布的概率误差。

由图示关系容易看出，E_{D_s} 与 PP 轴的夹角为

$$\beta_{D_s} = 90^\circ - \beta \tag{9.2.15}$$

则 $E_{D_s}\cos\beta_{D_s}$ 为投影在 PP 轴上的由射距误差引起的目标散布概率误差。

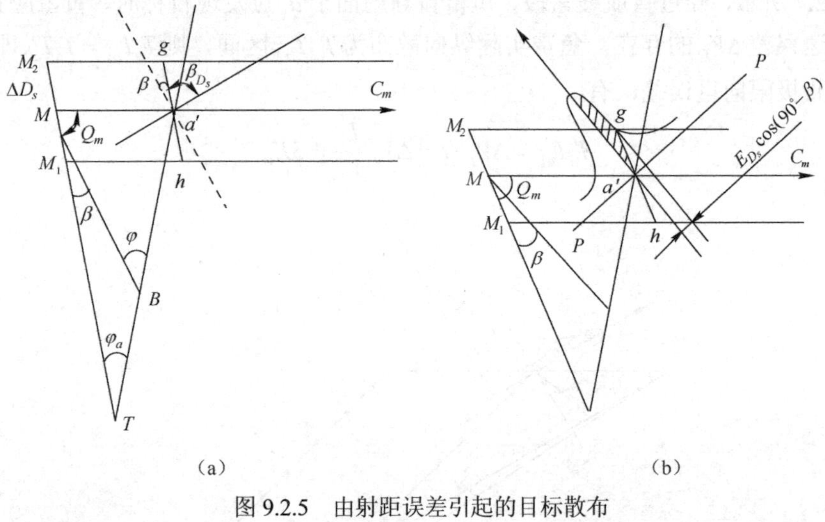

图 9.2.5　由射距误差引起的目标散布

4．由瞄准误差引起的目标散布概率误差

如图 9.2.6 所示，图中 $a'R$ 和 $a'S$ 是由瞄准误差 $\pm\Delta F$ 引起的瞄准点的极限向量误差，有

$$a'R = M_1M = 2D_s \sin\frac{\Delta F}{2} = 5E_F$$

所以

$$E_F = 0.4D_s \sin\frac{\Delta F}{2}$$

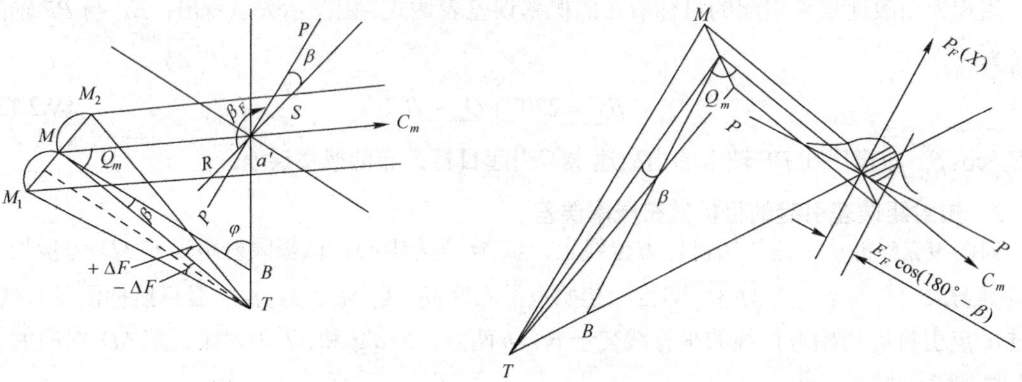

（a）　　　　　　　　　　　　（b）

图 9.2.6　由瞄准误差引起的目标散布

因为 a' 点为鱼雷自导扇面边缘点，考虑到自导作用距离 r 的影响，有

$$E_F = 0.4(D_s - r)\sin\frac{\Delta F}{2} \tag{9.2.16}$$

该式为由瞄准误差引起的目标散布概率误差。由图示关系看出，F_F 与 PP 轴夹角为

$$\beta_F = 180^\circ - \beta \tag{9.2.17}$$

则 $E_F \cos\beta_F$ 为投影在 PP 轴上的由射距误差引起的目标散布概率误差。

5．由鱼雷航速误差引起的鱼雷散布概率误差

如图 9.2.7 所示，经过直航搜索段，鱼雷自导扇面于 a' 点发现目标时，鱼雷应到达 T_a 点。由于鱼雷航速误差 ΔV_T 的存在，鱼雷实际纵向散布为 $T_{a1}T_{a2}$ 区间，则 $T_aT_{a1} = T_aT_{a2}$ 即由 ΔV_T 引起的鱼雷散布极限向量误差，有

$$T_aT_{a1} = \Delta V_T \cdot t = \Delta V_T \frac{L_z}{V_T} = 5E_{V_T}$$

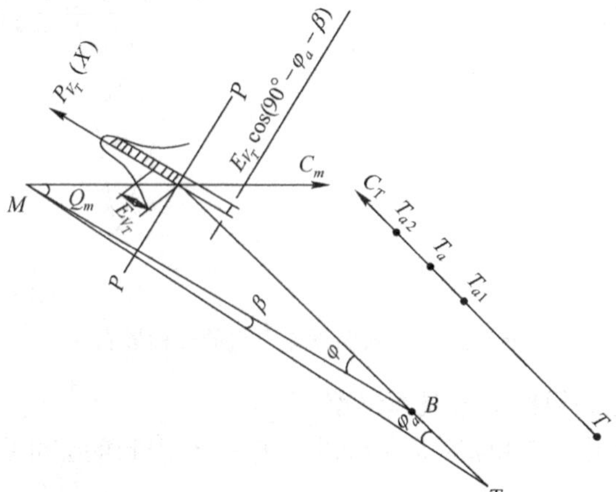

图 9.2.7　由鱼雷航速误差引起的鱼雷散布

所以

$$E_{V_T}=0.2L_z\frac{\Delta V_T}{V_T} \tag{9.2.18}$$

该式为鱼雷航速误差引起的鱼雷散布概率误差。由图示关系看出，E_{V_T} 与 PP 轴夹角为

$$\beta_{V_T}=90^\circ-(\varphi_a+\beta) \tag{9.2.19}$$

则 $E_{V_T}\cos\beta_{V_T}$ 为投影在 PP 轴上的由鱼雷航速误差引起的鱼雷散布概率误差。

6. 由鱼雷航向误差引起的鱼雷散布概率误差

如图 9.2.8 所示，若鱼雷运动无误差，则经过直航搜索发现目标于 a' 点时，鱼雷到达 T_a。由于鱼雷航向误差 $\Delta\alpha$ 的存在，鱼雷实际横向散在 $l\widehat{T_a}r$ 弧上。过 T_a 点做鱼雷航向线的垂线交 Tl 、Tr 于 l' 、r' 两点，则 T_al' 、T_ar' 即由航向误差 $\Delta\alpha$ 对应的极限向量误差，有

$$T_al'=T_ar'=L_z\cdot\tan\Delta\alpha=5E_\alpha$$

由于 $\Delta\alpha$ 一般很小，故有 $\tan\Delta\alpha\approx\Delta\alpha$，所以

$$E_\alpha=0.2L_z\cdot\Delta\alpha \tag{9.2.20}$$

该式为由鱼雷航向误差引起的鱼雷散布概率误差。由图示关系看出，E_α 与 PP 轴夹角为

$$\beta_\alpha=-(\varphi_a+\beta) \tag{9.2.21}$$

$E_\alpha\cos\beta_\alpha$ 为投影在 PP 轴上的由鱼雷航向误差引起的鱼雷散布概率误差。

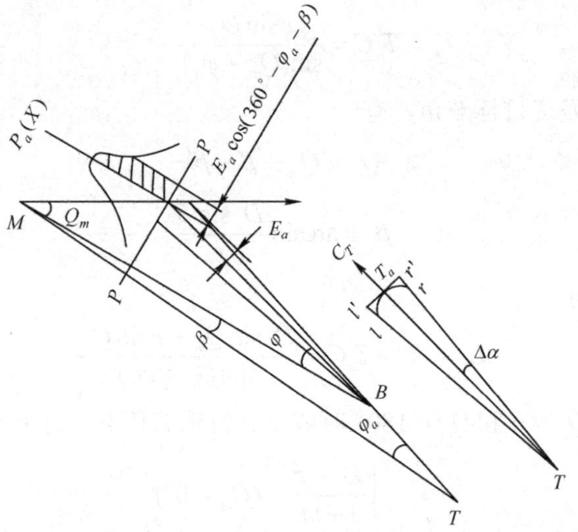

图 9.2.8　由鱼雷航向误差引起的鱼雷散布

由上述前四项误差的组合可求得目标散布概率误差 E_m，有

$$E_m=\sqrt{E_{Q_m}^2\cos^2\beta_{Q_m}+E_{V_m}^2\cos^2\beta_{V_m}+E_{D_s}^2\cos^2\beta_{D_s}+E_F^2\cos^2\beta_F} \tag{9.2.22}$$

由后二项组合可求得鱼雷散布概率误差 E_T，有

$$E_T = \sqrt{E^2_{V_T} \cos\beta_{V_T} + E_\alpha^2 \cos\beta_\alpha} \tag{9.2.23}$$

将 E_m、E_T 代入式（9.2.4）或将六项概率误差直接代入式（9.2.9），即可求得水平面内目标综合散布概率误差。

9.2.1.3 相对搜索宽度

在 9.1.2.2 小节讨论单雷对定速直航目标射击的有利提前角时，已给出了当自导鱼雷以有利提前角 φ_a 射击时，相对搜索宽度的求解公式

$$S_1 = D_s \sin\beta + r\sin(\lambda - \varphi_a - \beta) \tag{9.2.24}$$

当 $\lambda + \varphi_a + \beta < 90°$ 时

$$S_2 = r\sin(\lambda + \varphi_a + \beta) - D_s \sin\beta \tag{9.2.25}$$

当 $\lambda + \varphi_a + \beta \geqslant 90°$ 时

$$S_2 = r - D_s \sin\beta \tag{9.2.26}$$

当已知 φ_a 及 β 后，由上面各式可求得相对搜索宽度 S_1、S_2。

9.2.1.4 直航搜索段航程

综合概率误差的求解需要先求得一个中间变量——自导鱼雷直航搜索段航程 L_z。当自导鱼雷以正常提前角射击时的搜索段航程，根据图 9.1.2 所示阵位关系很容易求解。当自导鱼雷以有利提前角射击时，直航搜索段航程可根据图 9.2.1 阵位关系求解。

$$TC = \frac{D_s \sin Q_m}{\sin(Q_m + \varphi_a)}$$

$$T_aC = \frac{r \sin Q_a}{\sin(Q_m + \varphi_a)}$$

其中，Q_a 为自导鱼雷发现目标舷角，有

$$Q_a = Q_m - \beta + \beta' \tag{9.2.27}$$

$$\beta' = \arcsin\frac{D_s \sin\beta}{r} \tag{9.2.28}$$

则有直航搜索段航程为

$$L_z = TC - T_aC = \frac{D_s \sin Q_m - r\sin Q_a}{\sin(Q_m + \varphi_a)} \tag{9.2.29}$$

应注意上式仅在 $Q_m \neq 0$ 和 $Q_m \neq 180°$ 时成立。特殊舷角下，有下面求解 L_z 公式：

$$L_z = \begin{cases} \dfrac{D_s - r}{1+m} & (Q_m = 0°) \\ \dfrac{D_s - r}{1-m} & (Q_m = 180°) \end{cases} \tag{9.2.30}$$

式中 m——速度比，$m = \dfrac{V_m}{V_T}$。

9.2.1.5 解析法计算捕获概率的步骤

假定目标进行定速直航运动，鱼雷为双平面自导鱼雷，其自导作用距离已确定。不考虑目标对鱼雷进行的规避和对抗，则用解析法求解自导鱼雷对定速直航目标的捕获概率时，应

输入以下初始参数：

（1）目标速度V_m；

（2）鱼雷速度V_T；

（3）鱼雷自导作用距离r；

（4）水平半扇面角λ；

（5）垂直半扇面角λ_h；

（6）初始敌舷角Q_m；

（7）射距D_s；

（8）鱼雷航向极限误差$\Delta\alpha$；

（9）鱼雷速度极限误差ΔV_T；

（10）目标舷角极限误差ΔQ_m；

（11）目标速度极限误差ΔV_m；

（12）射距极限误差ΔD_s；

（13）瞄准极限误差ΔF；

（14）鱼雷在深度上散布的概率误差E_{h_T}；

（15）目标在深度上散布的概率误差E_{h_m}。

根据以上输入参数，按下列步骤计算捕获概率：

（1）计算速度比m;

（2）按 9.1.2.2 小节公式计算有利提前角φ_a和相对移动角β；

（3）按式（9.2.27）计算发现目标时的舷角Q_a；

（4）按式（9.2.29）或式（9.2.30）计算直航搜索段航程L_z；

（5）按 9.2.1.3 小节公式计算相对搜索宽度S_1、S_2；

（6）按 9.2.1.2 小节公式计算水平面综合概率误差E_s；

（7）按式（9.2.5）计算水平面捕获概率P_{as}；

（8）按式（9.2.8）计算垂直面搜索宽度K；

（9）按式（9.2.7）计算垂直面综合概率误差E_h；

（10）按式（9.2.6）计算垂直面捕获概率P_{ah}；

（11）按式（9.2.1）计算自导鱼雷捕获概率P_a。

9.2.2　追踪概率

9.2.2.1　求解追踪概率的基本模型

自导鱼雷捕获目标后，便进入了自导追踪段工作过程。鱼雷能否追踪上目标直到命中目标，取决于其自导、控制、动力总体性能，具体说来，主要与下列条件和因素有关：

（1）鱼雷捕获目标后，有足够的剩余航程用于追踪和可能的再搜索再攻击；

（2）追踪过程中，鱼雷自导系统要始终与目标保持可靠的声接触，不丢失目标；

（3）在鱼雷追踪到目标附近非触发引信作用距离以内之前，不能因旋回半径过小丢失目标或者在无自导的末弹道航行中远离目标而去。

第一条是对鱼雷总航程作出要求，这是鱼雷追踪目标最关键当然也是最基本的需要。后两条是对鱼雷自导与控制性能的要求。当后两条不满足时，鱼雷便丢失目标，要进行再搜索。再搜索过程中若重新发现目标，要进行再攻击，这时就要考虑再搜索捕获目标的概率和再搜索再攻击航程需要。

综上所述，可得到求解追踪概率 P_t 的基本模型如下：

$$P_t=\begin{cases}P_{at}P_p+(1-P_{at})P_r & (R_T\leqslant R_{\min})\\ P_r & (R_T>R_{\min})\end{cases} \tag{9.2.31}$$

式中 P_{at}——鱼雷追踪过程中自导装置与目标保持可靠声接触的概率，通常情况下该值比较高，计算时可取 0.95～1.0 内的常数；当考虑到对方施放干扰时，P_{at} 将显著降低，甚至可以为零（如鱼雷追踪诱饵而去）。

P_p——鱼雷在动力航程内追上目标的追击概率，有

$$P_p=\begin{cases}1\,(L_T-L_z\geqslant L_t)\\ 0\,(L_T-L_z<L_t)\end{cases} \tag{9.2.32}$$

L_T——鱼雷总（动力）航程。

L_z——直航搜索段航程。

L_t——追踪段航程。

P_r——鱼雷再搜索再攻击过程中，在动力航程内重新捕获目标并保持可靠的声接触，直到追上并命中目标的概率，有

$$P_r=\begin{cases}C_r\ (L_T-L_z-L_t\geqslant L_r)\\ 0\ \ (L_T-L_z-L_t<L_r)\end{cases} \tag{9.2.33}$$

该式中 C_r 为取值在 0～1 的常数，视自导鱼雷的再搜索能力而定。一般来说，当追踪到目标附近或是近距离丢失目标时再搜索重新捕获目标的概率还是比较高的，这时 C_r 可取为 0.8～0.95 的常数。L_r 为鱼雷再搜索再攻击航程。

上面追踪概率的求解模型尽管形式上简单，但涉及一些不定因素，需要结合具体型号鱼雷的自导工作性能来定。有时，为了计算方便，可假定 P_{at} 及 C_r 为 1，则追踪概率计算模型便简化为下面形式：

$$P_t=\begin{cases}1 & (R_T\leqslant R_{\min}\text{且}L_T-L_z\geqslant L_t\text{ 或 }R_T>R_{\min}\text{且}L_T-L_z-L_t\geqslant L_r)\\ 0 & (\text{其他情况})\end{cases} \tag{9.2.34}$$

从以上模型看出，除了参数 P_{at} 及 C_r 需要人工选定外，求解追踪概率的关键是鱼雷航行各阶段航程及弹道最小曲率半径的求解，其中直航搜索段航程 L_z 见式（9.2.29）、式（9.2.30）。下面讨论其他参数的求解。

9.2.2.2 自导追踪段航程

鱼雷自导追踪弹道有多种形式，其中目前较常用的有尾追式、固定提前角式和自动调整提前角式导引弹道。弹道不同，追踪目标所用的航程就不同。

为了求解鱼雷自导段航程，必须先求得鱼雷追踪运动时间。对于尾追弹道由微分方程式（9.1.3）、式（9.1.4）及弹道方程式（9.1.7）经变换分析，可得到从自导装置发现目标到追踪过程任一瞬时所经过的时间为

$$t=\frac{D\left(\cos Q_m-\dfrac{1}{m}\right)-D_0\left(\cos Q_a-\dfrac{1}{m}\right)}{\dfrac{1}{m}V_T-V_m} \tag{9.2.35}$$

追上目标时，$D=0$，则所用追踪时间为

$$T=\frac{D_0\left(\cos Q_a-\dfrac{1}{m}\right)}{V_m-\dfrac{1}{m}V_T}=\frac{D_0}{V_m}\cdot\frac{\cos Q_a-\dfrac{1}{m}}{1-\left(\dfrac{1}{m}\right)^2} \tag{9.2.36}$$

有了追踪运动时间，则任一时刻鱼雷追踪航程为

$$L_t=V_T\cdot t=V_T\frac{D\left(\cos Q_m-\dfrac{1}{m}\right)-D_0\left(\cos Q_a-\dfrac{1}{m}\right)}{\dfrac{1}{m}V_T-V_m} \tag{9.2.37}$$

追上目标时所用航程为

$$L_t=D_0\frac{1-m\cos Q_a}{1-m^2} \tag{9.2.38}$$

当发现目标距离等于鱼雷自导作用距离 r 时（理想情况下，自导扇面边缘捕获目标），式（9.2.38）便成了下面形式：

$$L_t=r\cdot\frac{1-m\cos Q_a}{1-m^2} \tag{9.2.39}$$

对于其他几种导引弹道的追踪航程，这里不再推导，只给出最终结果。

固定提前角导引弹道的追踪航程

$$L_t=r\cdot\frac{1-m\cos(Q_a-\varphi_T)}{(1-m^2)\cos\varphi_T} \tag{9.2.40}$$

式中 φ_T——鱼雷接近目标时的提前角。

自动调整提前角导引弹道的追踪航程

$$L_t=r\cdot\frac{A\sin Q_a}{\sin(Q_a+\arcsin(m\cdot\sin Q_a))} \tag{9.2.41}$$

其中，修正系数 A 与发现目标舷角 Q_a 的大小有关，计算时可近似取固定值 $A=1.2$。

9.2.2.3　再搜索与再攻击航程

自导鱼雷丢失目标后，一般要进行再搜索和再攻击。目前自导鱼雷采用的再搜索方式几乎全是环行再搜索（简称环搜）。在鱼雷重新捕获目标之前，可能连续环行多个周期。但对于固定环行搜索角速度的再搜索过程来说，对目标的重新捕获主要发生在第一个环行周期。特别是当鱼雷由于旋回半径过大而丢失目标时，一般都处于追踪弹道的末段，离目标很近，所以再搜索时容易捕获到目标。另外，鱼雷经过再搜索重新捕获目标时，多数情况下处于目标的后方，在此条件下进行的尾追运动一般不会由于鱼雷旋回半径过大而再次丢失目标。因此，为便于解析计算，特对鱼雷的再捕获再攻击过程做如下假设：

（1）鱼雷丢失目标后，在一个环搜周期内重新捕获目标；

（2）计算再攻击追踪航程时，不再计及鱼雷丢失目标时鱼雷与目标之间的距离，而认为鱼雷与目标自同一位置开始运动，鱼雷进行环行搜索，目标仍等速直航运动；

（3）再攻击过程中，鱼雷不会因自导装置中断与目标的声接触或鱼雷旋回半径过大而再次丢失目标，即只考虑鱼雷一次再搜索与再攻击过程。

鱼雷进行环行搜索时，一般采用尽可能大的环行角速度，以便及早发现目标，因此可认为环搜半径为 R_T。按第(1)点假设，则经过一个环搜周期的航程为 $2\pi R_T$，经过的时间为 $2\pi R_T / V_T$。在此时间内，目标运动了 $2\pi R_T V_m / V_T$ 距离。按第（2）点假设，该距离为鱼雷重新捕获目标并进行再攻击时的距离，由此可求得再攻击航程为 $2\pi mR_T/(1-m)$。综合两部分航程，可得到鱼雷再搜索再攻击航程为

$$L_r = 2\pi R_T + \frac{2\pi m R_T}{1-m} = \frac{2\pi R_T}{1-m} \tag{9.2.42}$$

9.2.2.4 弹道最小曲率半径

尾追弹道的曲率半径可以参考 9.1.1.3 小节的分析及式（9.1.10）的结论。对于自动调整提前角式弹道，可认为曲率半径无穷大，即无须对鱼雷旋回半径做要求。固定提前角弹道与比例导引弹道的最小曲率半径都大于尾追弹道的最小曲率半径，由于其推导过程及结果表达式复杂，这里不再介绍。计算中遇到这类追踪弹道时，可认为鱼雷机动性能满足弹道要求，即认为 $R_{\min}$ 为无穷大或不考虑鱼雷旋回半径影响问题。

9.2.2.5 解析法计算追踪概率的步骤

追踪概率的计算一般是在计算捕获概率的基础上进行的。这时，除了用到计算捕获概率时输入的部分参数外，还要用到计算捕获概率时得到的一些中间结果。具体说，需要另外输入以下参数：

（1）鱼雷总（动力）航程 L_T；

（2）鱼雷旋回半径 R_T；

（3）自导保持与目标声接触概率 P_{at}；

（4）再搜索再攻击能力系数 C_r；

（5）固定提前角 φ_T（对固定提前角追踪弹道）。

用到下面结果：

（1）速度比 m；

（2）直航搜索段航程 L_z；

（3）发现目标舷角 Q_a。

根据输入参数及上述结果，按下列步骤计算追踪概率：

（1）按式（9.2.39）～式（9.2.41）计算追踪航程 L_t；

（2）按式（9.2.42）计算再搜索再攻击航程 L_r；

（3）按式（9.1.10）计算最小弹道曲率半径 $R_{\min}$；

（4）按式（9.2.32）计算追击概率 P_p；

（5）按式（9.2.33）计算再搜索再攻击概率 P_r；

（6）按式（9.2.31）或式（9.2.34）计算追踪概率。

9.3　线导鱼雷命中概率计算

现代大型鱼雷大量地应用了线导技术，而且线导技术有向小型鱼雷应用的趋势。线导技术能够有效地提高鱼雷命中目标的概率，提高鱼雷的抗干扰能力，缩短发射舰艇的反应时间，提高先敌攻击的概率。

为了计算线导鱼雷的命中概率，首先对线导鱼雷的导引方法进行简单介绍。

9.3.1　线导导引方法

线导鱼雷的导引方法很多，根据导引平台、被导引点以及导向点的不同，通常可以将线导导引方法分为三大类：方位导引法、前置点导引法和其他导引法。其中最常用的导引方法是方位导引法。

方位导引法的基本思想是力求将被导引点、导向点和导引平台重合在同一方位线上。其中被导引点和导向点的选择取决于已知的目标运动要素和线导鱼雷的自导工作方式。对于具有尾流自导的线导鱼雷，通常选择鱼雷作为被导引点，而以舰船有效尾流内的某一点（如中点）作为导向点。而对于具有声自导的线导鱼雷，可以选择线导鱼雷本身或者其自导扇面形心作为被导引点，同时可以选择目标现在位置（方位）或者未来方位作为导向点。因此，方位导引法又可分为现在方位法、现在方位形心法、未来方位法、未来方位形心法等具体方法。这里只介绍后面将要用到的现在方位导引法，至于其他导引法，读者可以参考有关资料。

现在方位法的被导引点是鱼雷本身，而导向点为目标现时位置。因此，其导引准则是将鱼雷导引到现在时刻的导引舰艇和目标连线上，也就是说，鱼雷在下一导引时刻应落在现在的导引舰艇和目标的连线上。图 9.3.1 给出了现在方位法的导引模式。图中没有考虑发射舰艇声呐的测量误差和鱼雷位置解算及遥控的误差。

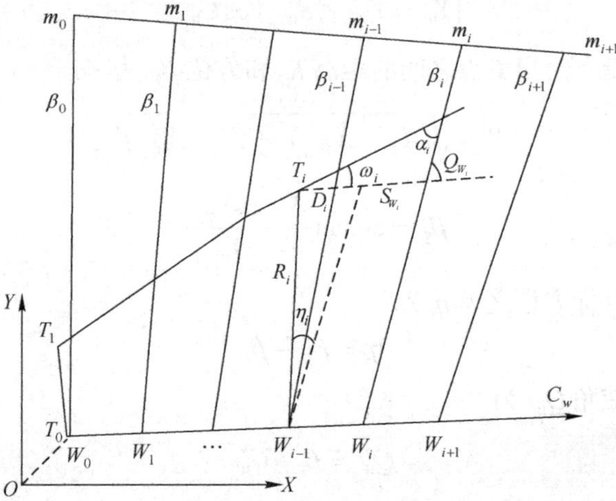

图 9.3.1　现在方位法的导引模式

假设目标做等速直航运动，只考虑水平面内线导鱼雷的运动情况，则取鱼雷发射点为原点，正东方向为 X 轴，正北方向为 Y 轴，建立大地平面直角坐标系。对于现在方位法导引，就是在已知鱼雷航速V_T、本舰艇航向C_{W_i}、本舰艇航速V_W、导引时间间隔Δt_i及由本舰艇声呐测得目标方位β_i的情况下，求解每一导引时刻鱼雷及本舰艇所在位置坐标及本次导引鱼雷应取的航向C_{T_i}。对于初始发射，本舰艇、鱼雷及目标位置为

$$\begin{cases} X_{W_0}=0 \\ Y_{W_0}=0 \\ X_{T_0}=0 \\ Y_{T_0}=0 \\ X_{m_0}=D_S\sin\beta_0 \\ Y_{m_0}=D_S\cos\beta_0 \end{cases} \tag{9.3.1}$$

假设采用零提前角法射击，则经过Δt时间鱼雷到达开始导引点时，本舰艇航程、鱼雷的航程以及鱼雷的航向分别为

$$\begin{cases} S_{W_0}=V_W\Delta t \\ S_{T_0}=V_T\Delta t \\ C_{T_0}=\beta_0 \end{cases} \tag{9.3.2}$$

在上述初始值条件下，有下面的导引通式：经过$i(i=1,2,3,\cdots)$次导引，鱼雷、本舰艇的位置分别为

$$\begin{cases} X_{T_i}=X_{T_{i-1}}+S_{T_{i-1}}\sin C_{T_{i-1}} \\ Y_{T_i}=Y_{T_{i-1}}+S_{T_{i-1}}\cos C_{T_{i-1}} \end{cases} \tag{9.3.3}$$

$$\begin{cases} X_{W_i}=X_{W_{i-1}}+S_{W_{i-1}}\sin C_{W_{i-1}} \\ Y_{W_i}=Y_{W_{i-1}}+S_{W_{i-1}}\cos C_{W_{i-1}} \end{cases} \tag{9.3.4}$$

这时鱼雷与本舰艇上一导引点之间的距离R_i和方位β_{T_i}为

$$R_i=\sqrt{(X_{T_i}-X_{W_{i-1}})^2+(Y_{T_i}-Y_{W_{i-1}})^2} \tag{9.3.5}$$

$$\beta_{T_i}=\arctan\frac{X_{T_i}-X_{W_{i-1}}}{Y_{T_i}-Y_{W_i-1}} \tag{9.3.6}$$

鱼雷方位与现在目标方位之差η_i为

$$\eta_i=\beta_{T_i}-\beta_i \tag{9.3.7}$$

目标相对本舰艇舷角Q_{W_i}为

$$Q_{W_i}=\beta_i-C_{W_{i-1}} \tag{9.3.8}$$

鱼雷与现目标方位平行线的相对距离D_i为

$$D_i=\frac{R_i\sin\eta_i}{\sin Q_{W_i}} \tag{9.3.9}$$

鱼雷、本舰艇在本次导引时间间隔Δt_i内的航程为

$$S_{T_i} = V_T \Delta t_i \tag{9.3.10}$$

$$S_{W_i} = V_W \Delta t_i \tag{9.3.11}$$

则可求得本次导引鱼雷航向与目标方位线及本舰艇航向的相对夹角 α_i 和 ω_i 分别为

$$\alpha_i = \arcsin \frac{(D_i + S_{W_i}) \sin Q_{W_i}}{S_{T_i} + R_C} \tag{9.3.12}$$

$$\omega_i = Q_{W_i} - \alpha_i \tag{9.3.13}$$

式中 R_C——自导扇面形心到雷头的距离，对于现在方位法，有 $R_C = 0$。

由此得到本次导引鱼雷瞬时航向 C_{T_i} 为

$$C_{T_i} = C_{W_{i-1}} + \omega_i \tag{9.3.14}$$

9.3.2　线导导引效果的影响因素及评估方法

1．影响线导导引效果的主要因素

对鱼雷进行线导遥控导引的目的是通过导引舰艇火控系统综合声呐测得的目标信息、舰艇运动信息以及返回的鱼雷信息，形成导引指令发送给鱼雷，导引鱼雷接近目标，以利于鱼雷自导装置发现目标转入自导攻击，最后命中目标。线导鱼雷从准备发射到命中目标，鱼雷和导引舰艇火控系统通过导线始终是一个有机整体，它们之间通过相互交换指令和信息，统一分配功能。线导导引的成功实施将是鱼雷和导引舰艇火控系统共同协作的结果，因此，线导导引战术效果评估是一个涉及鱼雷性能，目标性能，战术态势，导引舰艇声呐、导航、发控等系统性能，以及整个鱼雷武器系统功能协调、误差分配等诸多因素的复杂系统工程问题。具体来说，线导导引战术效果主要和以下因素有关。

（1）鱼雷性能：包括鱼雷速度、航程、自导作用距离、自导扇面开角、辐射噪声等；

（2）目标性能：包括目标速度、噪声特性、对抗鱼雷攻击的能力以及机动运动情况等；

（3）战术态势：包括阵位和射距；

（4）导引舰艇性能：包括声呐性能、导航性能、火控系统性能；

（5）鱼雷武器系统各环节的误差：包括目标方位（声呐测向）误差，目标距离（声呐测距）误差，目标速度解算误差，目标航向解算误差，目标方位预测误差，导引舰艇速度、航向测量误差，鱼雷速度、航向、深度内测误差，鱼雷陀螺漂移误差，鱼雷雷位解算误差，鱼雷一舰艇间信息传输误差，鱼雷遥控误差等；

（6）线导导引方法。

在评定线导鱼雷的作战效能时，应对上述相关因素给出具体的战术想定与约束规定。

2．战术效果评估标准及方法

由线导导引的目的可知，评估线导导引战术效果主要有两个标准：

（1）自导发现目标的概率；

（2）发现目标时鱼雷是否还具备足够的自导攻击航程。

同自导鱼雷命中概率计算类似，线导导引战术效果评估也有两种方法：统计模拟法和随机过程理论方法（解析法）。两种方法各有特点，实践证明，只要建模正确，两种方法得到的评估结果基本一致。由于计算机仿真技术的发展以及鱼雷线导导引过程的复杂，目前进行线导导引战术效果评估时，主要应用统计模拟法。

另外，考虑声呐不能测深时，线导导引通常只在水平面进行，在深度上只在某些特殊情况下进行个别的人工干预。因此，线导导引战术效果分析可以只考虑水平面弹道情况。

9.3.3 统计模拟法计算“线导+声自导”鱼雷发现概率的步骤

以现在方位导引法为例，按以下方法步骤进行模拟。

（1）建立坐标系：假定目标做等速直航运动（与目标做机动运动的处理方法相同），只考虑水平面内线导鱼雷的捕获情况，则以鱼雷发射点为原点，正东方为 X 轴，正北方为 Y 轴，建立大地平面直角坐标系（图 9.3.1）。

（2）输入下列初始参数：

① 鱼雷速度 V_T；

② 射距 D_s；

③ 测量的本舰艇瞬时速度 V_{W_i}；

④ 测量的本舰艇瞬时航向 C_{W_i}；

⑤ 测量的目标瞬时速度 V_{m_i}；

⑥ 测量的目标瞬时航向 C_{m_i}；

⑦ 测量的目标瞬时方位 β_i；

⑧ 线导导引间隔时间 Δt_i；

⑨ 目标速度的均方差 σ_{V_m}；

⑩ 目标航向的均方差 σ_{C_m}；

⑪ 声呐测向的均方差 σ_β；

⑫ 本舰艇速度的均方差 σ_{V_W}；

⑬ 本舰艇航向的均方差 σ_{C_W}；

⑭ 鱼雷速度的均方差 σ_{V_T}；

⑮ 鱼雷转角的均方差 σ_ω；

⑯ 鱼雷陀螺漂移均方差 σ_{C_T}；

⑰ 鱼雷自导作用距离 r（计算求得）；

⑱ 自导鱼雷扇面开角的半角宽度 λ；

⑲ 鱼雷总航程 L_T；

⑳ 模拟精度 $\varDelta$。

（3）根据模拟精度和估计概率值计算模拟次数 N。

（4）进行 N 次模拟仿真，对于每次模拟，需完成下列具体工作：

① 导引初值按式（9.3.1）、式（9.3.2）确定。

② 对有关参数附加误差量：

目标速度

$$\tilde{V}_{m_i} = V_{m_i} + \delta_i \cdot \sigma_{v_m} \tag{9.3.15}$$

目标航向

$$\tilde{C}_{m_i} = C_{m_i} + \delta_i \cdot \sigma_{C_m} \tag{9.3.16}$$

鱼雷速度

$$\tilde{V}_T = V_T + \delta_i \cdot \sigma_{v_T} \tag{9.3.17}$$

鱼雷航向

$$\tilde{C}_{T_i} = C_{T_i} + \delta_i \cdot \sigma_{C_T} \tag{9.3.18}$$

鱼雷转角

$$\tilde{\omega}_i = \omega_i + \delta_i \cdot \sigma_{\omega} \tag{9.3.19}$$

声呐测向

$$\tilde{\beta}_i = \beta_i + \delta_i \cdot \sigma_{\beta} \tag{9.3.20}$$

本舰艇速度

$$\tilde{V}_{W_i} = V_{W_i} + \delta_i \cdot \sigma_{v_W} \tag{9.3.21}$$

本舰艇航向

$$\tilde{C}_{W_i} = C_{W_i} + \delta_i \cdot \sigma_{C_W} \tag{9.3.22}$$

以上各式中，δ_i 为标准正态分布随机数。

③ 按式（9.3.3）～式（9.3.14）导引通式进行模拟仿真。

④ 计算下面中间变量并进行捕获目标的判断：

目标瞬时坐标

$$\begin{cases} X_{m_i} = X_{m_{i-1}} + \tilde{V}_{m_i} \Delta t_i \sin \tilde{C}_{m_i} \\ Y_{m_i} = Y_{m_{i-1}} + \tilde{V}_{m_i} \Delta t_i \cos \tilde{C}_{m_i} \end{cases} \tag{9.3.23}$$

鱼雷和目标的相对距离

$$D(i) = \sqrt{(X_{m_i} - X_{T_i})^2 + (Y_{m_i} - Y_{T_i})^2} \tag{9.3.24}$$

目标相对鱼雷航向的方位

$$\beta(i) = \arctan\left(\frac{X_{m_i} - X_{T_i}}{Y_{m_i} - Y_{T_i}}\right) - \tilde{C}_{T_i} \tag{9.3.25}$$

鱼雷发现目标舷角

$$Q_a = \arctan\left(\frac{X_{T_i} - X_{m_i}}{Y_{T_i} - Y_{m_i}}\right) - \tilde{C}_{m_i} \tag{9.3.26}$$

鱼雷自导追踪航程

$$L_t = r \cdot \frac{1 - m\cos Q_a}{1 - m^2} \tag{9.3.27}$$

线导捕获目标并有足够自导追踪航程情况按下式判断：

$$Sp_n = \begin{cases} 1 \ (D(i) \leqslant r、\left|\beta(i)\right| \leqslant \lambda \text{且} \sum S_{T_i} + L_t \leqslant L_T) \\ 0 \ (\text{其余情况}) \end{cases} \tag{9.3.28}$$

⑤重复②～④工作，直到鱼雷发现目标或航行终了。

（5）统计 N 次模拟捕获次数，计算发现概率：

捕获次数

$$n_a = \sum_{n=1}^{N} S_{p_n} \tag{9.3.29}$$

线导鱼雷发现概率

$$P_a = \frac{n_a}{N} \tag{9.3.30}$$

注意，这里发现目标及在此之前的运动过程完全用统计模拟法计算，但在捕获目标后的自导追踪航程计算中，用的是解析法结果进行估算；如果在每次模拟中自导捕获目标后的追踪一直用模拟法按自导工作周期模拟下去，直到命中目标或航程终了，则可得到用纯模拟法计算得到“线导+声自导”鱼雷的命中概率。实际上从解析法的观点看，经过上面各步骤得到的自导发现目标概率基本上等同于命中概率，只是忽略了自导追踪过程丢失目标情况及个别阵位条件下对鱼雷机动性的特殊要求。

9.3.4 “线导+尾流自导”鱼雷命中概率的仿真计算

“线导+尾流自导”制导方式是各国反舰鱼雷的主流制导方式。由于制导方式的特殊性，“线导+尾流自导”鱼雷在以下三个方面与“线导+声自导”鱼雷有明显的不同。

（1）“线导+尾流自导”鱼雷线导导引过程的导向点是目标舰船有效尾流区内的一点，通常为有效尾流的中点或其前置点，而不是舰船本身。因此，当目标机动运动时,其导向点是较难解算的，这给线导导引带来了很大的难度。

（2）舰船尾流区通常贴近海面，而潜艇通常在水下一定深度发射和导引线导鱼雷。在初始导引阶段，为了减小噪声辐射以便于听测目标和隐蔽，鱼雷可以在一定深度上慢速接近目标尾流。但在到达目标尾流区之前一定距离时，鱼雷必须改变航深到浅水探测尾流状态，同时改为高速运动，随后尾流自导装置通过向海面发射超声脉冲进行抗海面干扰的自适应门限调整。该调整过程在鱼雷变深变速稳定航行后通常进行数秒钟。如果线导导引遥控指令给出的太晚，使鱼雷自导自适应调整未结束或者变深变速没完成就穿越舰船尾流区，则无法检测到尾流，线导导引失败。

（3）尾流自导装置对舰船尾流的探测是通过判断尾流区与非尾流区对声脉冲反射的差异实现的，因此要求鱼雷在首次进入尾流时，进入角度不能太小，也不能太大，以保证鱼雷及时穿出尾流。所以，线导导引除了要保证将鱼雷导引进入尾流区外，还要保证一定范围的进入角度，以确保尾流自导装置对舰船尾流的正确检测，这也对线导导引提出了更高的要求。

“线导+尾流自导”鱼雷命中概率的仿真方法与“线导+声自导”鱼雷命中概率仿真方法相似，只是其各个时间节点更明确了。在尾流自导装置开机后，并不需要马上仿真它对尾流的检测，因为它要经过抑制混响和海面反射干扰的自适应调整过程后，才开始正常检测尾流。在完成自导自适应调整前的时间是单纯的线导导引期间。鱼雷第一次穿越尾流后，便进入单纯的尾流自导雷导向阶段的仿真。而在这两个节点之间，一方面要仿真鱼雷在线导导引下的运动，同时要仿真它对尾流的检测情况。具体说，主要有以下几方面的工作。

（1）建立坐标系：假定目标做等速直航（或随机机动）运动，只仿真水平面内对鱼雷的线导导引及鱼雷的捕获追踪情况，则可以鱼雷发射点为原点，正东方向为 x 轴，正北方向为 y 轴，建立大地平面直角坐标系。

（2）输入初始参数。

（3）确定模拟次数 N 及线导导引方法。

（4）进行 N 次模拟仿真，对于每次模拟，需完成下列具体工作：

① 对有关参数附加误差量。

② 根据阵位关系计算目标及本舰艇的初始位置坐标。

③ 按导引通式模拟仿真目标、鱼雷及本舰艇的运动（对于混合导引法，要注意导引法之间的转换问题）。

④ 在距尾流一定距离处（线导过程中计算得到），线导遥控鱼雷进行变深、变速和尾流自导自适应调整。经过一定的调整时间后，尾流自导正常工作，检测尾流。从该时刻起，不仅要按线导导引间隔模拟目标、鱼雷和本舰艇的运动情况，还要根据尾流自导工作方式，按更小的检测周期，模拟鱼雷对尾流的检测情况。该模拟与尾流自导鱼雷射击时的模拟方法完全一致。

⑤ 若尾流自导正常工作后，一直检测不到尾流，则仍按线导导引仿真。若自导发现尾流，则应根据该鱼雷的具体动作要求进行仿真。通常情况是鱼雷切断线导导线，完全中止线导过程，转入对目标的尾流自导追踪。这之后的追踪、命中、再搜索攻击等过程的仿真与尾流自导鱼雷完全一致。

⑥ 鱼雷进入尾流后，按尾流自导鱼雷命中概率仿真的方法仿真追踪、命中及再搜索攻击等过程，进行命中目标判断，直到该次射击命中目标或鱼雷航行终了。

（5）统计 N 次模拟中命中目标次数，计算命中目标概率。

9.4　火箭深弹武器对潜射击误差

火箭深弹武器系统对敌潜艇攻击时，其射击效力分析的方法与前面已介绍过的舰炮武器系统对海碰炸射击效力分析的方法有许多相同或相似之处，但也有其特点。例如，由于深弹从入水到命中目标，有一段下沉时间，所以深弹散布误差存在深度误差，而且对于触发式引信深弹和非触发式引信深弹，其散布误差是不同的。另外，在计算射击效力指标时，还要考虑声呐能否测量目标深度、考虑散布误差主轴与目标命中面积边长不平行的情况。

9.4.1　射击坐标系

火箭深弹武器系统主要由以下分系统（或设备）组成：声呐（搜索声呐和攻击声呐）、指挥仪、火箭深弹炮电力瞄准传动装置（简称电瞄）、火箭深弹发射炮等。主要以各分系统作为误差源来研究射击误差。这些误差源产生的误差基本上服从正态分布规律，只有当声呐不能测深时，潜艇在深度上的散布服从均匀分布规律。

为便于研究对潜射击误差，选择 X 和 X_T 两个坐标系，并在此基础上研究射击误差。

1．坐标系的选择

1）X 坐标系

该坐标系为射击坐标系（见图 9.4.1）：

坐标系原点 O 与目标提前点 T_P 在水平面上的投影 T_P' 重合；

x 轴：与水平射击方向一致；

z 轴：垂直于 x 轴，与 x 在同一水平面内；

y 轴：垂直于 xOz 平面，方向向下为正。

2）X_T 坐标系

该坐标系为目标运动坐标系（见图 9.4.1）：

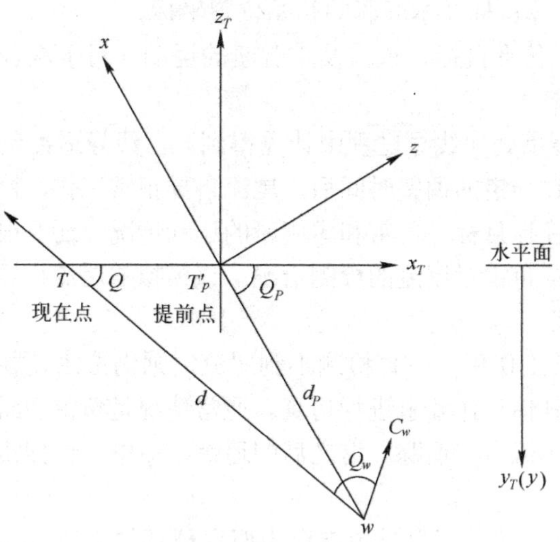

图 9.4.1 对潜射击坐标系

坐标原点 O 与目标提前点 T_P 在水平面上的投影 T_P' 重合；

x_T 轴：在水平面内与目标航向一致；

z_T 轴：垂直于 x_T 轴，与 x_T 轴在同一水平面内；

y_T 轴：垂直于 x_Tz_T 平面，方向向下为正。

2．X 坐标系与 X_T 坐标系坐标轴的方向余弦

X 坐标系与 X_T 坐标系各坐标轴之间的方向余弦，可由图 9.4.1 直接得出，见表 9.4.1。

表 9.4.1 X 坐标系与 X_T 坐标系的方向余弦

	x	y	z
x_T	$-\cos Q_p$	0	$\sin Q_p$
y_T	0	1	0
z_T	$\sin Q_p$	0	$\cos Q_p$

表 9.4.1 中，Q_p 为提前点目标舷角。

3．对潜射击误差计算步骤

首先，根据各误差源的误差，在 X 坐标系中，计算其在提前点引起的线误差（包括大小和方向)；再在 X_T 坐标系中，求取上述线误差在各坐标轴上的投影分量；然后，将各轴上的投影分量再进行综合求取综合散布椭球体各主轴；有时由于散布误差主轴与潜艇命中面积长方体边长不平行，或者由于坐标系的选择不当使得误差分量之间不相互独立，为了能够使用拉普拉斯函数计算法，还需要求取共轭轴方向的射击误差的概率误差。

9.4.2　射击误差计算

深弹射击误差主要包括深弹散布误差、电力瞄准传动装置瞄准误差、弹道气象准备误差、声呐测量误差、指挥仪误差、延迟发射误差等。

9.4.2.1　深弹散布误差

选择直角坐标系来研究深弹散布误差，坐标原点与散布中心重合，各坐标轴与 X 坐标系各轴方向一致。

火箭深弹武器以相同的射击诸元，用单发射管连续发射若干发深弹，则所有深弹在水中的炸点，形成了深弹炸点散布，简称深弹散布，如图 9.4.2 所示。

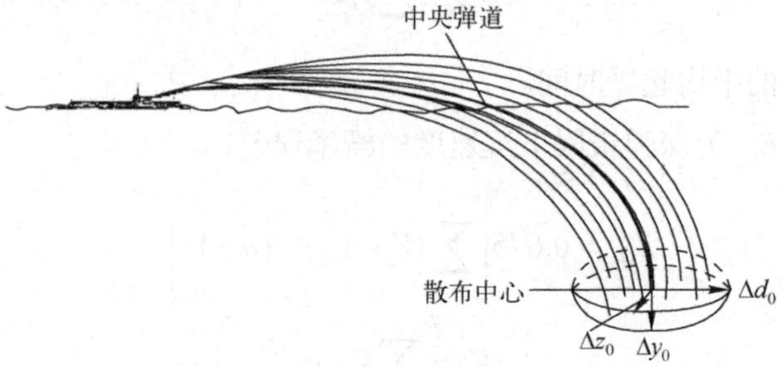

图 9.4.2　深弹散布

深弹散布误差包括深弹距离散布误差 Δd_0、方向散布误差 Δz_0、深度散布误差 Δy_0，见图 9.4.2。通常以其概率误差来表征，它们是通过靶场试验及统计计算后得到的。

对于深弹散布误差，按触发式引信深弹和非触发式引信深弹分别进行分析。

触发式深弹散布误差属于二维正态分布误差，其概率误差是在水平面上得到的，包括：

E_{d0}——深弹距离散布概率误差，其方向与水平射击方向一致；

E_{z0}——深弹方向散布概率误差，其方向在水平面内垂直于射击方向。

E_{d0} 和 E_{z0} 的值可以在火箭深弹基本射表中查到，所以也称深弹散布误差为射表散布误差。

试验表明：火箭式深弹方向散布随射程增大而增加，而射距散布一般随射程增加而减小。如以 E_{d0}、E_{z0} 为轴作散布椭圆，则在小射距时，$E_{d0}>E_{z0}$；在最大射距时，$E_{z0}>E_{d0}$；在某一中间射距时，$E_{d0}=E_{z0}$，如图 9.4.3 所示。

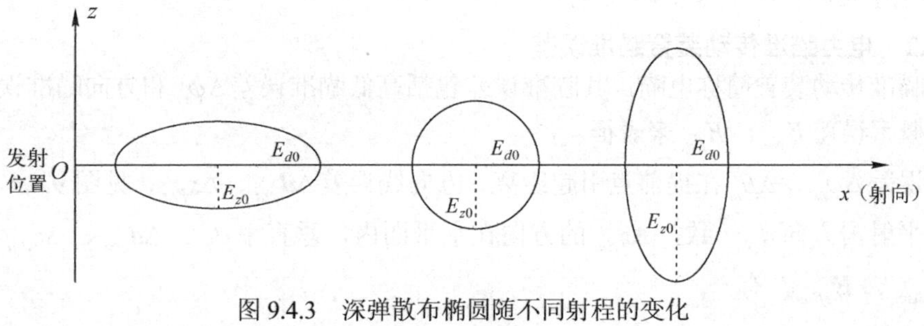

图 9.4.3　深弹散布椭圆随不同射程的变化

非触发式深弹散布误差属于三维正态分布误差，它不但包括深弹距离散布误差Δd_0、方向散布误差Δz_0，还有深度散布误差Δy_0，深度散布误差的方向垂直于水平面向下。当使用定时引信时，深弹深度散布误差是由深弹定时引信起爆时间的误差和深弹极限下沉速度的误差共同引起的，所以，其概率误差E_{y0}需用下式计算得到：

$$E_{y0}=[(V_{jx}E_{Tqb})^2+(T_{jx}E_{vjx})^2]^{1/2} \tag{9.4.1}$$

式中 V_{jx}——深弹极限下沉速度；

T_{jx}——深弹下沉到潜艇深度时所用的时间；

E_{Tqb}——定时引信起爆时间的概率误差：

$$E_{Tqb}=0.675\left[\sum_{i=1}^{n}(T_i-T_p)^2/(n-1)\right]^{1/2} \tag{9.4.2}$$

$$T_p=\sum_{i=1}^{n}T_i/n \tag{9.4.3}$$

其中，T_p为定时引信的平均起爆时间。

式（9.4.1）中的E_{vjx}为深弹极限下沉速度的概率误差：

$$E_{vjx}=0.675\left[\sum_{i=1}^{n}(V_i-V_p)^2/(n-1)\right]^{1/2} \tag{9.4.4}$$

$$V_p=\sum_{i=1}^{n}V_i/n \tag{9.4.5}$$

其中，V_p为深弹的平均极限下沉速度。

深弹散布误差Δd_0、Δz_0、Δy_0均为向量误差，为便于以后进行射击误差分析，用向量符号表示，即$\Delta \boldsymbol{d}_0$、$\Delta \boldsymbol{z}_0$、$\Delta \boldsymbol{y}_0$，见图 9.4.4，其概率误差为$\boldsymbol{E}_{d0}$、$\boldsymbol{E}_{z0}$、$\boldsymbol{E}_{y0}$。

$\boldsymbol{E}_{d0}$、$\boldsymbol{E}_{z0}$在x_T轴、z_T轴上的投影分量为

$$\boldsymbol{E}_{xd0}=-\cos Q_p\cdot \boldsymbol{E}_{d0} \tag{9.4.6}$$

$$\boldsymbol{E}_{zd0}=\sin Q_p\cdot \boldsymbol{E}_{d0} \tag{9.4.7}$$

$$\boldsymbol{E}_{xz0}=\sin Q_p\cdot \boldsymbol{E}_{z0} \tag{9.4.8}$$

$$\boldsymbol{E}_{zz0}=\cos Q_p\cdot \boldsymbol{E}_{z0} \tag{9.4.9}$$

$\boldsymbol{E}_{y0}$在y_T轴的投影不变，仍为$\boldsymbol{E}_{y0}$。

9.4.2.2 电力瞄准传动装置瞄准误差

电力瞄准传动装置简称电瞄，其瞄准误差包括高低瞄准误差$\Delta\varphi_m$和方向瞄准误差$\Delta\beta_m$，分别以其概率误差$E_{\varphi m}$、$E_{\beta m}$来表征。

瞄准误差$\Delta\varphi_m$、$\Delta\beta_m$在提前点引起距离、方向线误差$\Delta \boldsymbol{d}_{\varphi m}$、$\Delta \boldsymbol{z}_{\beta m}$，见图 9.4.4，$\Delta \boldsymbol{d}_{\varphi m}$的方向与水平射击方向$d_p$一致，$\Delta \boldsymbol{z}_{\beta m}$的方向在水平面内，垂直于$d_p$。$\Delta \boldsymbol{d}_{\varphi m}$、$\Delta \boldsymbol{z}_{\beta m}$概率误差分别为$\boldsymbol{E}_{d\varphi m}$、$\boldsymbol{E}_{z\beta m}$，有

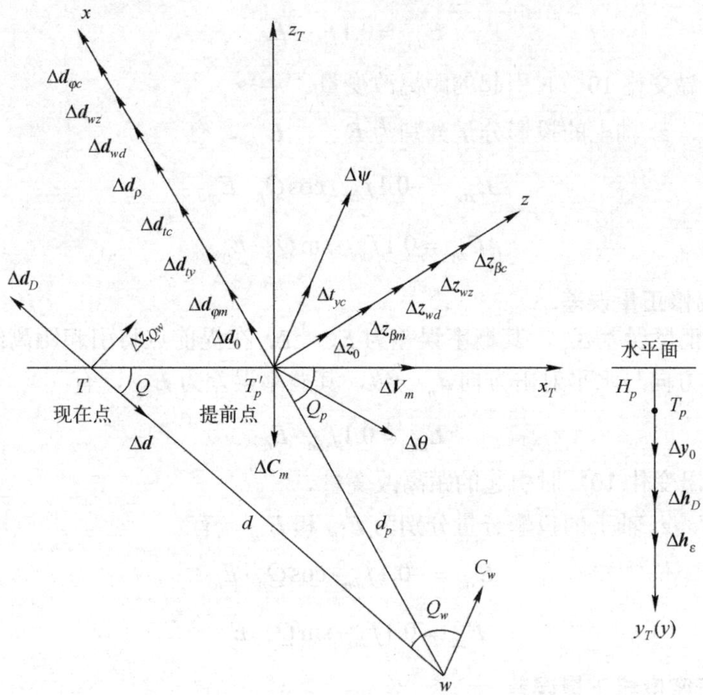

图 9.4.4　提前点的各种向量误差

$$\boldsymbol{E}_{d\varphi m} = f_{d\varphi} \cdot E_{\varphi m} \tag{9.4.10}$$

$$\boldsymbol{E}_{z\beta m} = C_m \cdot d_p \cdot E_{\beta m} \tag{9.4.11}$$

式中　$f_{d\varphi}$——射角改变 1 个单位（1mil 或 1mrad）时引起的距离改变量；

C_m——角度变换系数，若角度误差以毫弧度给出，$C_m = 1/1000$；若以密位给出，$C_m = 2\pi/6000 = 1/955$；

d_p——提前点水平距离。

$\boldsymbol{E}_{d\varphi m}$、$\boldsymbol{E}_{z\beta m}$ 在 x_T 轴、z_T 轴上的投影分量为

$$\boldsymbol{E}_{xd\varphi m} = -\cos Q_p \cdot \boldsymbol{E}_{d\varphi m} = -\cos Q_p \cdot f_{d\varphi} \cdot E_{\varphi m} \tag{9.4.12}$$

$$\boldsymbol{E}_{zd\varphi m} = \sin Q_p \cdot \boldsymbol{E}_{d\varphi m} = \sin Q_p \cdot f_{d\varphi} \cdot E_{\varphi m} \tag{9.4.13}$$

$$\boldsymbol{E}_{xz\varphi m} = \sin Q_p \cdot \boldsymbol{E}_{z\beta m} = \sin Q_p \cdot C_m \cdot d_p \cdot E_{\beta m} \tag{9.4.14}$$

$$\boldsymbol{E}_{zz\beta m} = \cos Q_p \cdot \boldsymbol{E}_{z\beta m} = \cos Q_p \cdot C_m \cdot d_p \cdot E_{\beta m} \tag{9.4.15}$$

9.4.2.3　弹道气象准备误差

弹道气象准备误差包括确定药温修正量、气温修正量、空气密度修正量、纵风及横风等误差。

1．确定药温修正量误差

确定药温修正量误差 Δt_y，其概率误差为 E_{ty}。Δt_y 在提前点将引起距离线误差 $\Delta \boldsymbol{d}_{ty}$，见图 9.4.4，$\Delta \boldsymbol{d}_{ty}$ 的方向与水平射击方向 d_p 一致，其概率误差为 $\boldsymbol{E}_{dty}$，有

$$\boldsymbol{E}_{dty} = 0.1 f_{dty} \cdot E_{ty} \tag{9.4.16}$$

式中　f_{dty}——药温变化 10° 时引起的距离改变量。

$\boldsymbol{E}_{dty}$ 在 x_T 轴、z_T 轴上的投影分量分别为 $\boldsymbol{E}_{xty}$、$\boldsymbol{E}_{zty}$，有

$$\boldsymbol{E}_{xty} = -0.1 f_{dty} \cdot \cos Q_p \cdot E_{ty} \tag{9.4.17}$$

$$\boldsymbol{E}_{zty} = 0.1 f_{dty} \cdot \sin Q_p \cdot E_{ty} \tag{9.4.18}$$

2．确定气温修正量误差

确定气温修正量误差 Δt_c，其概率误差为 E_{tc}。Δt_c 在提前点将引起距离线误差 $\Delta \boldsymbol{d}_{tc}$，见图 9.4.4，$\Delta \boldsymbol{d}_{tc}$ 的方向与水平射击方向 d_p 一致，其概率误差为 $\boldsymbol{E}_{dtc}$，有

$$\boldsymbol{E}_{dtc} = 0.1 f_{dtc} \cdot E_{tc} \tag{9.4.19}$$

式中　f_{dtc}——气温变化 10° 时引起的距离改变量。

$\boldsymbol{E}_{dtc}$ 在 x_T 轴、z_T 轴上的投影分量分别为 $\boldsymbol{E}_{xtc}$ 和 $\boldsymbol{E}_{ztc}$，有

$$\boldsymbol{E}_{xtc} = -0.1 f_{dtc} \cdot \cos Q_p \cdot E_{tc} \tag{9.4.20}$$

$$\boldsymbol{E}_{ztc} = 0.1 f_{dtc} \cdot \sin Q_p \cdot E_{tc} \tag{9.4.21}$$

3．确定空气密度修正量误差

确定空气密度修正量误差 $\Delta\rho$，其概率误差为 E_ρ。$\Delta\rho$ 在提前点将引起距离线误差 $\Delta \boldsymbol{d}_\rho$，见图 9.4.4，$\Delta \boldsymbol{d}_\rho$ 的方向与水平射击方向 d_p 一致，其概率误差为 $\boldsymbol{E}_{d\rho}$，有

$$\boldsymbol{E}_{d\rho} = 0.1 f_{d\rho} \cdot E_\rho \tag{9.4.22}$$

式中　$f_{d\rho}$——空气密度变化 10%时引起的距离改变量。

$\boldsymbol{E}_{d\rho}$ 在 x_T 轴、z_T 轴上的投影分量分别为 $\boldsymbol{E}_{x\rho}$、$\boldsymbol{E}_{z\rho}$，有

$$\boldsymbol{E}_{x\rho} = -0.1 f_{d\rho} \cdot \cos Q_p \cdot E_\rho \tag{9.4.23}$$

$$\boldsymbol{E}_{z\rho} = 0.1 f_{d\rho} \cdot \sin Q_p \cdot E_\rho \tag{9.4.24}$$

4．确定纵风和横风误差

纵风误差 ΔW_d 和横风误差 ΔW_z，其概率误差为 E_{wd} 和 E_{wz}。弹道风对火箭深弹的影响比较复杂，ΔW_d 和 ΔW_z 在提前点将引起距离线误差 $\Delta \boldsymbol{d}_{wd}$、$\Delta \boldsymbol{d}_{wz}$ 和方向线误差 $\Delta \boldsymbol{z}_{wd}$、$\Delta \boldsymbol{z}_{wz}$，见图 9.4.4，则有

$$\boldsymbol{E}_{dw} = [(0.1 f_{dwd} \cdot E_{wd})^2 + (0.1 f_{dwz} \cdot E_{wz})^2]^{1/2} \tag{9.4.25}$$

$$\boldsymbol{E}_{zw} = [(0.1 f_{zwd} \cdot E_{wd})^2 + (0.1 f_{zwz} \cdot E_{wz})^2]^{1/2} \tag{9.4.26}$$

式中　$\boldsymbol{E}_{dw}$、$\boldsymbol{E}_{zw}$——纵风、横风误差在提前点引起的距离、方向线误差的概率误差；

f_{dwd}、f_{zwd}——纵风 10m/s 时，引起的距离、方向改变量；

f_{dwz}、f_{zwz}——横风 10m/s 时，引起的距离、方向改变量。

$\boldsymbol{E}_{dw}$ 的方向：与水平射击方向 d_p 一致；$\boldsymbol{E}_{zw}$ 的方向：与水平面内垂直于 d_p。

$\boldsymbol{E}_{dw}$、$\boldsymbol{E}_{zw}$ 在 x_T 轴、z_T 轴上的投影分量分别为 $\boldsymbol{E}_{xdw}$、$\boldsymbol{E}_{zdw}$ 和 $\boldsymbol{E}_{xzw}$、$\boldsymbol{E}_{zzw}$，有

$$\boldsymbol{E}_{xdw} = -\cos Q_p \cdot \boldsymbol{E}_{dw} = -\cos Q_p [(0.1 f_{dwd} \cdot E_{wd})^2 + (0.1 f_{dwz} \cdot E_{wz})^2]^{1/2} \tag{9.4.27}$$

$$\boldsymbol{E}_{zdw} = \sin Q_p \cdot \boldsymbol{E}_{dw} = \sin Q_p[(0.1f_{dwd} \cdot E_{wd})^2 + (0.1f_{dwz} \cdot E_{wz})^2]^{1/2} \tag{9.4.28}$$

$$\boldsymbol{E}_{xzw} = \sin Q_p \cdot \boldsymbol{E}_{zw} = \sin Q_p[(0.1f_{zwd} \cdot E_{wd})^2 + (0.1x_{zwz} \cdot E_{wz})^2]^{1/2} \tag{9.4.29}$$

$$\boldsymbol{E}_{zzw} = \cos Q_p \cdot \boldsymbol{E}_{zw} = \cos Q_p[(0.1f_{zwd} \cdot E_{wd})^2 + (0.1x_{zwz} \cdot E_{wz})^2]^{1/2} \tag{9.4.30}$$

9.4.2.4　声呐测量误差

火箭深弹武器系统对潜攻击时，如果声呐能够测深，则可由声呐测量目标现在点坐标参数：斜距 D 、我舷角 Q_w 及深度角 ε 。

声呐测量误差是指声呐测量目标现在点坐标参数误差，包括斜距误差 ΔD 、我舷角误差 ΔQ_w 及深度角误差 $\Delta\varepsilon$ ，其概率误差分别为 E_D 、 E_{Qw} 及 E_ε 。

ΔD 在现在点分解为两个分量，即水平距离误差 $\Delta\boldsymbol{d}_D$ 和深度误差 $\Delta\boldsymbol{h}_D$ ，如图 9.4.5 所示，其概率误差为 $\boldsymbol{E}_{dD}$ 、 $\boldsymbol{E}_{hD}$ ，有

$$\boldsymbol{E}_{dD} = \cos\varepsilon \cdot E_D$$

$$\boldsymbol{E}_{hD} = \sin\varepsilon \cdot E_D$$

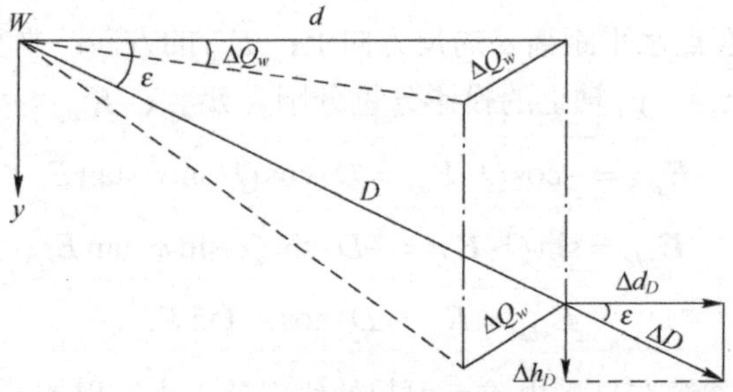

图 9.4.5　测距和舷角的向量误差

式中　ε——目标深度角。

$\boldsymbol{E}_{dD}$ 的方向：与现在点水平距离 d 一致； $\boldsymbol{E}_{hD}$ 的方向：垂直于水平面向下。

$\boldsymbol{E}_{dD}$ 、 $\boldsymbol{E}_{hD}$ 在 x_T 、 z_T 、 y_T 轴上的投影分量 $\boldsymbol{E}_{xdD}$ 、 $\boldsymbol{E}_{zdD}$ 、 $\boldsymbol{E}_{ydD}$ ，可由图 9.4.4 得出

$$\boldsymbol{E}_{xdD} = -\cos Q \cdot \boldsymbol{E}_{dD} = -\cos\varepsilon \cdot \cos Q \cdot E_D \tag{9.4.31}$$

$$\boldsymbol{E}_{zdD} = \sin Q \cdot \boldsymbol{E}_{dD} = \cos\varepsilon \cdot \sin Q \cdot E_D \tag{9.4.32}$$

$$\boldsymbol{E}_{yhD} = \boldsymbol{E}_{hD} = \sin\varepsilon \cdot E_D \tag{9.4.33}$$

式中　Q——现在点目标舷角。

ΔQ_w 在现在点将引起方向线误差 $\Delta\boldsymbol{z}_{Qw}$ ，见图 9.4.5，其概率误差为 $\boldsymbol{E}_{zQw}$ ，有

$$\boldsymbol{E}_{zQw} = d \cdot \tan E_{Qw}$$

式中　d——现在点水平距离。

$\boldsymbol{E}_{zQw}$ 的方向：在水平面内垂直于现在点水平距离 d 。

$\boldsymbol{E}_{zQw}$ 在 x_T 轴、 z_T 轴上的投影分量分别为 $\boldsymbol{E}_{xzQw}$ 、 $\boldsymbol{E}_{zzQw}$ ，有

$$\boldsymbol{E}_{xzQw} = \sin Q \cdot \boldsymbol{E}_{zQw} = \sin Q \cdot d \cdot \tan E_{Qw} \tag{9.4.34}$$

$$\boldsymbol{E}_{zzQw} = \cos Q \cdot \boldsymbol{E}_{zQw} = \cos Q \cdot d \cdot \tan E_{Qw} \tag{9.4.35}$$

$\Delta\varepsilon$ 在现在点将引起线误差 $\Delta\boldsymbol{\varepsilon}$，见图 9.4.6，其概率误差为 $\boldsymbol{E}_\varepsilon$（$\boldsymbol{E}_\varepsilon = D \cdot \tan E_\varepsilon$）。$\Delta\boldsymbol{\varepsilon}$ 水平距离分量为 $\Delta\boldsymbol{d}_\varepsilon$，深度分量为 $\Delta\boldsymbol{h}_\varepsilon$，其概率误差分别为 $\boldsymbol{E}_{d\varepsilon}$ 和 $\boldsymbol{E}_{h\varepsilon}$，有

$$\boldsymbol{E}_{d\varepsilon} = -D \cdot \sin\varepsilon \cdot \tan E_\varepsilon \tag{9.4.36}$$

$$\boldsymbol{E}_{h\varepsilon} = D \cdot \cos\varepsilon \cdot \tan E_\varepsilon \tag{9.4.37}$$

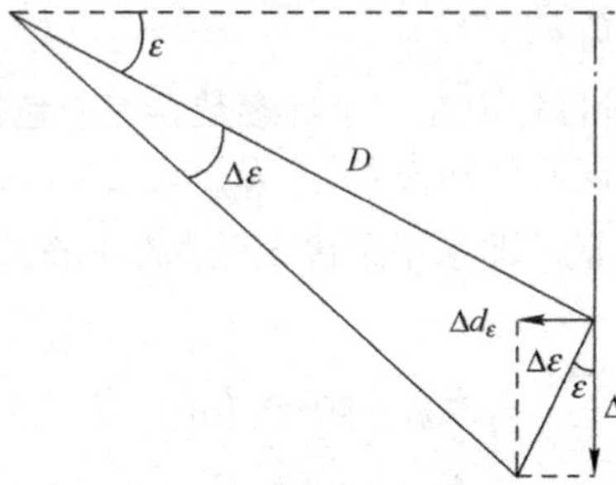

图 9.4.6　测深向量误差

$\boldsymbol{E}_{d\varepsilon}$ 的方向：在现在点水平距离 $\boldsymbol{d}$ 的反方向上；$\boldsymbol{E}_{h\varepsilon}$ 的方向：垂直于水平面向下。

$\boldsymbol{E}_{d\varepsilon}$、$\boldsymbol{E}_{h\varepsilon}$ 在 x_T、z_T、y_T 轴上的投影分量分别为 $\boldsymbol{E}_{xd\varepsilon}$、$\boldsymbol{E}_{zd\varepsilon}$、$\boldsymbol{E}_{yh\varepsilon}$，有

$$\boldsymbol{E}_{xd\varepsilon} = -\cos Q \cdot \boldsymbol{E}_{d\varepsilon} = D \cdot \cos Q \cdot \sin\varepsilon \cdot \tan E_\varepsilon \tag{9.4.38}$$

$$\boldsymbol{E}_{zd\varepsilon} = \sin Q \cdot \boldsymbol{E}_{d\varepsilon} = -D \cdot \sin Q \cdot \sin\varepsilon \cdot \tan E_\varepsilon \tag{9.4.39}$$

$$\boldsymbol{E}_{yh\varepsilon} = \boldsymbol{E}_{h\varepsilon} = D \cdot \cos\varepsilon \cdot \tan E_\varepsilon \tag{9.4.40}$$

射击误差是指各误差源在目标提前点引起的线误差大小。现在，根据声呐测量精度，已求出其在现在点引起的线误差大小，还应将此线误差转换成提前点线误差。但是，由于在深弹飞行时间内，潜艇运动距离不会很大，故可近似认为目标提前点与目标现在点重合，则声呐测量目标现在点坐标的误差即为测量目标提前点坐标的误差。

如果声呐不能测深，则目标现在点坐标参数为斜距 D 和我舷角 Q_w，误差分析可参照上述三坐标情况进行。

9.4.2.5　指挥仪误差

指挥仪误差包括确定目标运动参数误差、纵摇误差和横摇误差、指挥仪计算误差。

1．确定目标运动参数误差

确定目标运动参数误差包括目标速度误差 ΔV_m 和目标航向误差 ΔC_m，其概率误差分别为 E_{vm} 和 E_{cm}。

ΔV_m、ΔC_m 将在提前点引起线误差 $\Delta\boldsymbol{V}_m$、$\Delta\boldsymbol{C}_m$，见图 9.4.4。$\Delta\boldsymbol{V}_m$ 的方向与目标运动方向相同（与 x_T 轴方向一致）；$\Delta\boldsymbol{C}_m$ 的方向垂直于目标运动方向，$\Delta\boldsymbol{V}_m$、$\Delta\boldsymbol{C}_m$ 的概率误差分别引起距离和方向概率误差 $\boldsymbol{E}_{xvm}$、$\boldsymbol{E}_{zcm}$，有

$$\boldsymbol{E}_{xvm} = T_f \cdot E_{vm} \tag{9.4.41}$$

$$\boldsymbol{E}_{zcm} = V_m \cdot T_f \cdot \tan E_{cm} \tag{9.4.42}$$

式中　V_m——目标速度；

T_f——深弹空中飞行时间和水中下沉时间之和。

2．纵摇误差和横摇误差

纵摇误差$\Delta\psi$、横摇误差$\Delta\theta$的概率误差分别为E_ψ、E_θ。$\Delta\psi$、$\Delta\theta$将在提前点引起线误差$\Delta\boldsymbol{\psi}$、$\Delta\boldsymbol{\theta}$，见图 9.4.4。$\Delta\boldsymbol{\psi}$的方向与我舰航向$C_W$一致；$\Delta\boldsymbol{\theta}$的方向垂直于$C_W$。$\Delta\boldsymbol{\psi}$、$\Delta\boldsymbol{\theta}$的概率误差分别为$\boldsymbol{E}_\psi$、$\boldsymbol{E}_\theta$，有

$$\boldsymbol{E}_\psi = C_m \cdot d_p \cdot E_\psi \tag{9.4.43}$$

$$\boldsymbol{E}_\theta = C_m \cdot d_p \cdot E_\theta \tag{9.4.44}$$

$\boldsymbol{E}_\psi$、$\boldsymbol{E}_\theta$在x_T轴、z_T轴上的投影分量分别为$\boldsymbol{E}_{x\psi}$、$\boldsymbol{E}_{z\psi}$、$\boldsymbol{E}_{x\theta}$、$\boldsymbol{E}_{z\theta}$，有

$$\boldsymbol{E}_{x\psi} = -\cos\Delta C \cdot \boldsymbol{E}_\psi = d_p \cdot \cos\Delta C \cdot C_m \cdot E_\psi \tag{9.4.45}$$

$$\boldsymbol{E}_{z\psi} = \sin\Delta C \cdot \boldsymbol{E}_\psi = d_p \cdot \sin\Delta C \cdot C_m \cdot E_\psi \tag{9.4.46}$$

$$\boldsymbol{E}_{x\theta} = \sin\Delta C \cdot \boldsymbol{E}_\theta = d_p \cdot \sin\Delta C \cdot C_m \cdot E_\theta \tag{9.4.47}$$

$$\boldsymbol{E}_{z\theta} = -\cos\Delta C \cdot \boldsymbol{E}_\theta = -d_p \cdot \cos\Delta C \cdot C_m \cdot E_\theta \tag{9.4.48}$$

式中　ΔC——我航向与目标航向之间的夹角：

$$\Delta C = Q \pm Q_w \tag{9.4.49}$$

3．指挥仪计算误差

指挥仪计算误差包括高低瞄准角误差$\Delta\varphi_c$和方向瞄准角误差$\Delta\beta_c$，其概率误差分别为$E_{\varphi c}$和$E_{\beta c}$。

$\Delta\varphi_c$、$\Delta\beta_c$将在提前点引起距离、方向线误差$\Delta\boldsymbol{d}_{\varphi c}$、$\Delta\boldsymbol{z}_{\beta c}$，见图 9.4.4，$\Delta\boldsymbol{d}_{\varphi c}$的方向与射击方向相同；$\Delta\boldsymbol{z}_{\beta c}$的方向垂直于射击方向，其概率误差分别为$\boldsymbol{E}_{d\varphi c}$、$\boldsymbol{E}_{z\beta c}$，有

$$\boldsymbol{E}_{d\varphi c} = f_{d\varphi} \cdot E_{\varphi c} \tag{9.4.50}$$

$$\boldsymbol{E}_{z\beta c} = C_m \cdot d_p \cdot E_{\beta c} \tag{9.4.51}$$

$\boldsymbol{E}_{d\varphi c}$、$\boldsymbol{E}_{z\beta c}$在$x_T$轴、$z_T$轴上的投影分量分别为$\boldsymbol{E}_{xd\varphi c}$、$\boldsymbol{E}_{zd\varphi c}$、$\boldsymbol{E}_{xz\beta c}$、$\boldsymbol{E}_{zz\beta c}$，有

$$\boldsymbol{E}_{xd\varphi c} = -\cos Q_p \cdot \boldsymbol{E}_{d\varphi c} = -\cos Q_p \cdot f_{d\varphi} \cdot E_{\varphi c} \tag{9.4.52}$$

$$\boldsymbol{E}_{zd\varphi c} = \sin Q_p \cdot \boldsymbol{E}_{d\varphi c} = \sin Q_p \cdot f_{d\varphi} \cdot E_{\varphi c} \tag{9.4.53}$$

$$\boldsymbol{E}_{xz\beta c} = \sin Q_p \cdot \boldsymbol{E}_{z\beta c} = \sin Q_p \cdot C_m \cdot d_p \cdot E_{\beta c} \tag{9.4.54}$$

$$\boldsymbol{E}_{zz\beta c} = \cos Q_p \cdot \boldsymbol{E}_{z\beta c} = \cos Q_p \cdot C_m \cdot d_p \cdot E_{\beta c} \tag{9.4.55}$$

9.4.2.6　延迟发射误差

延迟发射时间误差Δt_{yc}，其概率误差为E_{tyc}。

Δt_{yc}将在提前点引起线误差$\Delta\boldsymbol{t}_{yc}$，该误差与我舰艇的速度$V_W$有关，其方向与我舰航向$C_W$一致，见图 9.4.4。$\Delta\boldsymbol{t}_{yc}$的概率误差为$\boldsymbol{E}_{tyc}$，有

$$\boldsymbol{E}_{tyc} = V_W \cdot E_{tyc} \tag{9.4.56}$$

$\boldsymbol{E}_{tyc}$在x_T轴、z_T轴上的投影分量分别为$\boldsymbol{E}_{xtyc}$、$\boldsymbol{E}_{ztyc}$，有

$$E_{xtyc} = \cos\Delta C \cdot E_{tyc} = \cos\Delta C \cdot V_W \cdot E_{tyc} \qquad (9.4.57)$$

$$E_{ztyc} = \sin\Delta C \cdot E_{tyc} = \sin\Delta C \cdot V_W \cdot E_{tyc} \qquad (9.4.58)$$

综上对前述射击误差的分析，可以将水平面内的射击误差归纳为 8 种向量误差。

E_1：与水平射击方向一致；

E_2：垂直于水平射击方向；

E_3：与目标现在点敌我连线方向一致；

E_4：垂直于目标现在点敌我连线方向；

E_5：与目标运动方向一致；

E_6：垂直于目标运动方向；

E_7：与我舰运动方向一致；

E_8：垂直于我舰运动方向。

射击误差水平分量在 x_T、z_T 轴投影分量如表 9.4.1 所列。

表 9.4.1 射击误差水平分量在 x_T、z_T 轴的投影

序号	射击误差	所属方向	X_T坐标系投影分量概率误差	
			x_T 轴投影分量	z_T 轴投影分量
1	距离散布误差 Δd_0	E_1	$E_{xd0} = -\cos Q_p \cdot E_{d0}$	$E_{zd0} = \sin Q_p \cdot E_{d0}$
2	方向散布误差 Δz_0	E_2	$E_{xz0} = \sin Q_p \cdot E_{z0}$	$E_{zz0} = \cos Q_p \cdot E_{z0}$
3	高低瞄准误差 $\Delta d_{\varphi m}$	E_1	$E_{xd\varphi m} = -\cos Q_p \cdot E_{d\varphi m} = -\cos Q_p \cdot f_{d\varphi} \cdot E_{\varphi m}$	$E_{zd\varphi m} = \sin Q_p \cdot E_{d\varphi m} = \sin Q_p \cdot f_{d\varphi} \cdot E_{\varphi m}$
4	方向瞄准误差 $\Delta z_{\beta m}$	E_2	$E_{xz\varphi m} = \sin Q_p \cdot E_{z\beta m} = \sin Q_p \cdot d_p \cdot E_{\beta m}$	$E_{zz\beta m} = \cos Q_p \cdot E_{z\beta m} = \cos Q_p \cdot d_p \cdot E_{\beta m}$
5	确定药温修正量误差 Δd_{ty}	E_1	$E_{xty} = -0.1 f_{dty} \cdot \cos Q_p \cdot E_{ty}$	$E_{zty} = 0.1 f_{dty} \cdot \sin Q_p \cdot E_{ty}$
6	确定气温修正量误差 Δd_{tc}	E_1	$E_{xtc} = -0.1 f_{dtc} \cdot \cos Q_p \cdot E_{tc}$	$E_{ztc} = 0.1 f_{dtc} \cdot \sin Q_p \cdot E_{tc}$
7	确定空气密度修正量误差 Δd_ρ	E_1	$E_{x\rho} = -0.1 f_{d\rho} \cdot \cos Q_p \cdot E_\rho$	$E_{z\rho} = 0.1 f_{d\rho} \cdot \sin Q_p \cdot E_\rho$
8	纵风误差 Δd_{wd}	E_1E_2	$E_{xdw} = -\cos Q_p \cdot E_{dw}$	$E_{zdw} = \sin Q_p \cdot E_{dw}$
9	横风误差 Δd_{wz}	E_1E_2	$E_{xzw} = \sin Q_p \cdot E_{zw}$	$E_{zzw} = \cos Q_p \cdot E_{zw}$
10	声呐测量斜距误差水平距离分量 Δd_D	E_3	$E_{xdD} = -\cos Q \cdot E_{dD}$	$E_{zdD} = \sin Q \cdot E_{dD}$
11	声呐测量我舷角误差 Δz_{Qw}	E_4	$E_{xzQw} = \sin Q \cdot E_{zQw}$	$E_{zzQw} = \cos Q \cdot E_{zQw}$
12	声呐测量深度角误差水平距离分量 Δd_ε	E_3	$E_{xd\varepsilon} = -\cos Q \cdot E_{d\varepsilon}$	$E_{zd\varepsilon} = \sin Q \cdot E_{d\varepsilon} = -D \cdot \sin Q \cdot \sin\varepsilon \cdot \tan E_\varepsilon$
13	确定目标运动速度误差 ΔV_m	E_5	$E_{xvm} = T_f \cdot E_{vm}$	—
14	确定目标运动目标航向误差 ΔC_m	E_6	—	$E_{zcm} = V_m \cdot T_f \cdot \tan E_{cm}$
15	纵摇误差 $\Delta\psi$	E_7	$E_{x\psi} = -\cos\Delta C \cdot E_\psi = d_p \cdot \cos\Delta C \cdot C_m \cdot E_\psi$	$E_{z\psi} = \sin\Delta C \cdot E_\psi = d_p \cdot \sin\Delta C \cdot C_m \cdot E_\psi$
16	横摇误差 $\Delta\theta$	E_8	$E_{x\theta} = \sin\Delta C \cdot E_\theta = d_p \cdot \sin\Delta C \cdot C_m \cdot E_\theta$	$E_{z\theta} = -\cos\Delta C \cdot E_\theta = -d_p \cdot \cos\Delta C \cdot C_m \cdot E_\theta$

续表

序号	射击误差	所属方向	X_T 坐标系投影分量概率误差	
			x_T 轴投影分量	z_T 轴投影分量
17	指挥仪计算高低瞄准角误差 $\Delta \boldsymbol{d}_{\varphi c}$	$\boldsymbol{E}_1$	$\boldsymbol{E}_{xd\varphi c} = -\cos Q_p \cdot \boldsymbol{E}_{d\varphi c}$ $= -\cos Q_p \cdot f_{d\varphi} \cdot E_{\varphi c}$	$\boldsymbol{E}_{zd\varphi c} = \sin Q_p \cdot \boldsymbol{E}_{d\varphi c}$ $= \sin Q_p \cdot f_{d\varphi} \cdot E_{\varphi c}$
18	指挥仪计算方向瞄准角误差 $\Delta z_{\beta c}$	$\boldsymbol{E}_2$	$\boldsymbol{E}_{xz\beta c} = \sin Q_p \cdot \boldsymbol{E}_{z\beta c}$ $= \sin Q_p \cdot C_m \cdot d_p \cdot E_{\beta c}$	$\boldsymbol{E}_{zz\beta c} = \cos Q_p \cdot \boldsymbol{E}_{z\beta c}$ $= \cos Q_p \cdot C_m \cdot d_p \cdot E_{\beta c}$
19	延迟发射时间误差 $\Delta \boldsymbol{t}_{yc}$	$\boldsymbol{E}_7$	$\boldsymbol{E}_{xtyc} = \cos \Delta C \cdot \boldsymbol{E}_{tyc}$ $= \cos \Delta C \cdot V_W \cdot E_{tyc}$	$\boldsymbol{E}_{ztyc} = \sin \Delta C \cdot \boldsymbol{E}_{tyc}$ $= \sin \Delta C \cdot V_W \cdot E_{tyc}$

射击误差在 y_T 轴的投影分量如表 9.4.2 所列。

表 9.4.2　射击误差在 y_T 轴的投影

序号	射击误差	y_T 轴投影分量
1	深度散布误差 $\Delta \boldsymbol{y}_0$	$\boldsymbol{E}_{y0}$
2	声呐测量斜距误差深度分量 $\Delta \boldsymbol{h}_D$	$\boldsymbol{E}_{yhD} = \boldsymbol{E}_{hD} = \sin \varepsilon \cdot E_D$
3	声呐测量深度角误差深度分量 $\Delta \boldsymbol{h}_\varepsilon$	$\boldsymbol{E}_{yh\varepsilon} = \boldsymbol{E}_{h\varepsilon} = D \cdot \cos \varepsilon \cdot \tan E_\varepsilon$

9.4.3　综合散布椭球主轴的计算

在 X_T 坐标系的各坐标轴上，已求得了系统各误差源在提前点引起的各种射击误差的投影分量。为了便于计算命中概率，还需要确定综合散布误差，求取散布椭球主半轴 a、b、c。a、b 为水平面内散布椭圆的两个主半轴，c 为垂直于水平面的深度主半轴，见图 9.4.7。

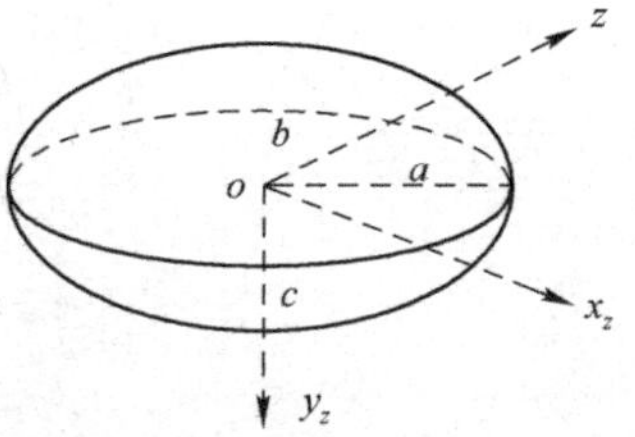

图 9.4.7　散布椭圆的三个主半轴

深度上的散布误差与水平面内的散布误差是相互独立的。深度主半轴 c，可由下式得到：

$$c = \left(\sum_{i=1}^{n} E_{yi}^2 \right)^{1/2} \tag{9.4.59}$$

式中　E_{yi}——各种射击误差在 y_T 轴上的投影分量。

由于水平面内散布椭圆主轴与坐标轴不一致，导致散布误差在 x, z 方向不独立，这时椭圆的方程不是标准型。在解析几何中，椭圆的一般型方程为二次曲线统一方程：

$$Ax^2 + 2Bxz + Cz^2 = 1$$

可以通过重新选择坐标系（旋转变换）使一般的椭圆方程变为标准的椭圆方程，不失一般性，仍取旋转后的坐标为 x, z：

$$a^2x^2 + b^2z^2 = 1 \qquad (a > b > 0)$$

根据工程数学知识，可以通过求二次型的特征值将方程化为标准形式，设

$$Ax^2 + 2Bxz + Cz^2 = \begin{bmatrix} x & z \end{bmatrix} \begin{bmatrix} A & B \\ B & C \end{bmatrix} \begin{bmatrix} x \\ z \end{bmatrix} = 1 \tag{9.4.60}$$

上式二次型的解，要求特征行列式为

$$\begin{vmatrix} \lambda-A & -B \\ -B & \lambda-C \end{vmatrix} = (\lambda-A)(\lambda-C)-B^2=0$$

$$\lambda^2-(A+C)\lambda+(AC-B^2)=0$$

$$\lambda_i=\frac{(A+C)\pm\sqrt{(A+C)^2-4(AC-B^2)}}{2}$$

根据二次曲线的要求：

$$(A+C)^2-4(AC-B^2)>0$$

即

$$(A-C)^2+4B^2>0$$

则得

$$\lambda_1=\frac{(A+C)+\sqrt{(A-C)^2+4B^2}}{2}=a^2 \tag{9.4.61}$$

$$\lambda_2=\frac{(A+C)-\sqrt{(A-C)^2+4B^2}}{2}=b^2 \tag{9.4.62}$$

因此得到水平面内两个半轴a、b：

$$a=((A+C)+((A-C)^2+4B^2)^{1/2})/2)^{1/2} \tag{9.4.63}$$

$$b=((A+C)-((A-C)^2+4B^2)^{1/2})/2)^{1/2} \tag{9.4.64}$$

$$\alpha=\frac{1}{2}\arctan\left(\frac{a^2-A}{B}\right) \tag{9.4.65}$$

式中 α——a轴与x_T轴的夹角。

$$A=\sum_{i=1}^{n}E_{xi}^2 \tag{9.4.66}$$

$$B=\sum_{i=1}^{n}E_{xi}\cdot E_{zi} \tag{9.4.67}$$

$$C=\sum_{i=1}^{n}E_{zi}^2 \tag{9.4.68}$$

式中 E_{xi}——各种射击误差在x_T轴上的投影分量；

E_{zi}——各种射击误差在z_T轴上的投影分量。

9.4.4 散布误差共轭半径的计算

后面在使用拉普拉斯函数计算深弹对潜命中概率时，需要对综合散布误差进行处理，即需要计算水平面内沿目标运动方向的综合散布误差椭圆的共轭半径E_x和E_z。

由解析几何的知识可知，椭圆的任一直径是若干平行弦中点的轨迹，与此直径平行的弦中点的轨迹是另一条直径，这两条直径称为共轭直径，其上的两条半径称为共轭半径，如

图 9.4.8 所示。显然，椭圆的长轴与短轴就是一对共轭直径。除长短轴外，椭圆的任一对共轭直径总被它的长短轴隔开。特别对于圆，它的任一对互相垂直的半径（如 a 和 b）都是共轭半径。通过伸缩变换

$$E_x = x, E_z = \frac{b}{a}z \quad (a > b > 0)$$

可将圆

$$x = a\cos\alpha, \quad z = a\sin\alpha$$

变成椭圆

$$E_x = a\cos\alpha, \quad E_z = b\sin\alpha$$

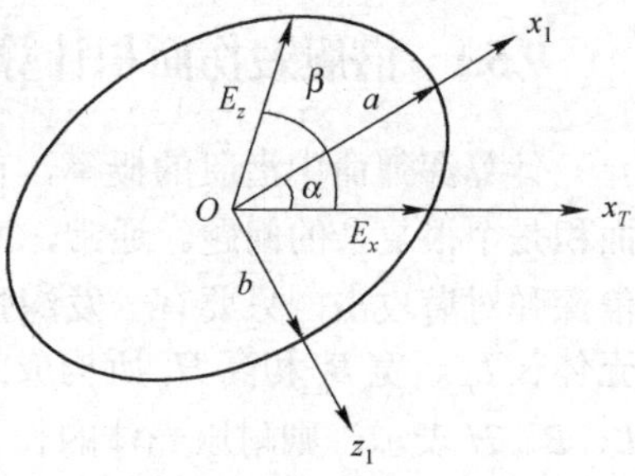

图 9.4.8　椭圆的共轭半径

将圆的互相垂直的半径 a 和 b 变成了椭圆的一对共轭半径 E_x 和 E_z，设 E_x 与 E_z 之间的夹角为 β，则有

$$\begin{cases} E_x \cdot E_z \cdot \sin\beta = a \cdot b \\ E_x^2 + E_z^2 = a^2 + b^2 \end{cases} \tag{9.4.69}$$

这就是说，作在椭圆的任一对共轭半径上的平行四边形的面积，等于作在椭圆的两个半轴上的长方形的面积。椭圆中任意一对共轭半径的平方和等于两个半轴的平方和。这两个结论称为关于椭圆的第一和第二阿波隆尼奥斯定理（见阿波隆尼奥斯的《圆锥曲线》第三卷）。

由图 9.4.8 可知，a、b、E_x、E_z 的端点均在椭圆上，所以可得下列方程：

$$\frac{x_1^2}{a^2} + \frac{z_1^2}{b^2} = 1 \tag{9.4.70}$$

$$x_1 = E_x \cos\alpha \tag{9.4.71}$$

$$z_1 = E_x \sin\alpha \tag{9.4.72}$$

将式（9.4.71）和式（9.4.72）代入式（9.4.70）可得

$$\frac{E_x^2 \cos^2\alpha}{a^2} + \frac{E_x^2 \sin^2\alpha}{b^2} = 1$$

$$E_x = \frac{a \cdot b}{\sqrt{a^2 \cdot \sin^2\alpha + b^2 \cdot \cos^2\alpha}} \tag{9.4.73}$$

再由式（9.4.69）得出

$$E_z = \sqrt{a^2 + b^2 - E_x^2} \tag{9.4.74}$$

$$\sin\beta = \frac{a \cdot b}{E_x \cdot E_z} \tag{9.4.75}$$

9.5　火箭深弹武器对潜射击效力计算

在计算火箭深弹武器系统对潜射击效力时，选择单发命中概率和齐射命中概率作为射击效力指标。

本节将在前面散布误差分析的基础上，介绍用解析法计算深弹命中概率的基本原理和方

法。在计算潜艇命中概率时，使用的积分区域为潜艇毁伤体积，所以计算的命中概率也是毁伤概率。因此，“命中”与“毁伤”的概念在此被认为是等价的。

9.5.1 潜艇毁伤面积计算

计算深弹命中潜艇的概率，首先应知道潜艇毁伤面积的大小，但要精确计算潜艇的毁伤面积是个很复杂的问题。通常，潜艇外壳是由非耐压壳体和耐压壳体组成的，如使用触发引信深弹对潜攻击，只要有一发深弹命中潜艇耐压壳体范围内，潜艇就会毁伤。将潜艇的耐压壳体长 L_n、宽 B_n 和高 H_n 所构成的长方体称为潜艇的毁伤体。如果潜艇的长、宽、高分别用 L、B、H 表示，则耐压壳体的长、宽、高一般取为：L_n=0.8L、B_n=0.8B、H_n=0.8H。

9.5.1.1 触发式深弹攻潜时毁伤面积

在目标运动坐标系中，将由 L_n、B_n、H_n 构成的长方体投影到水平面 x_TOz_T 和垂直面 x_TOy_T 上，可得出如图 9.5.1 所示的毁伤面积图。

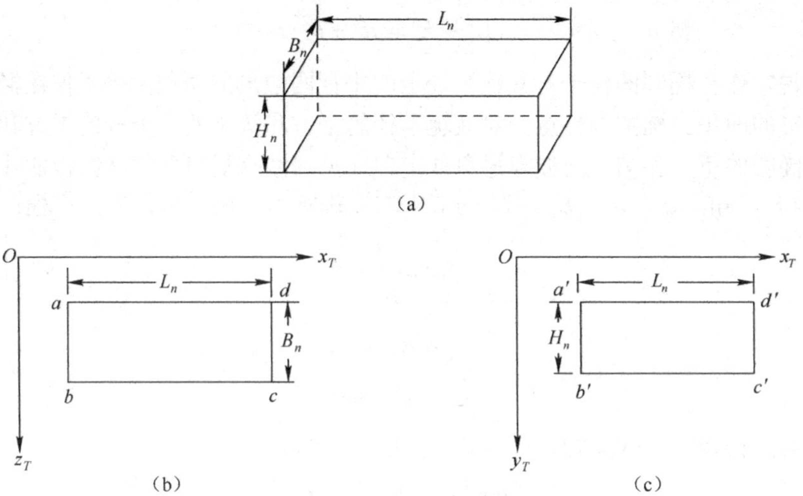

图 9.5.1 潜艇的毁伤面积

假如使用触发引信的深弹（称触发式深弹）对潜攻击，则只要深弹的轨迹通过水平平面的毁伤面积 $abcd$，或通过垂直平面的毁伤面积 $a'b'c'd'$，就认为潜艇被毁伤。

9.5.1.2 非触发式深弹攻潜时毁伤面积

假如使用非触发引信（如定时引信）式深弹对潜攻击，可采用等效毁伤面积的处理方法来近似计算潜艇毁伤面积，即认为当深弹距潜艇的通过点不大于定时式深弹的破坏半径 R_b，或非触发引信的作用距离（其作用距离通常相当于或稍小于深弹的破坏半径）时，深弹爆炸就能毁伤潜艇。这样潜艇的毁伤面积（又可称为毁伤范围）就好像在各个方向上扩大了一个深弹的破坏半径，如图 9.5.2 所示。

设这样的毁伤范围的长为：$L_d = L_n + 2R_b$，宽为：$B_d = B_n + 2R_b$，高为：$H_d = H_n + 2R_b$。由此长 L_d、宽 B_d、高 H_d 构成的长方体就是非触发式深弹的毁伤范围，即在水平面上的毁伤面积长为 $L_n + 2R_b$、宽为 $B_n + 2R_b$，高为 $H_n + 2R_b$；而触发式深弹的毁伤范围，即在水平面上的毁伤面积长为 L_n、宽为 B_n，高为 H_n。

将该等效潜艇毁伤体积投影到水平面 $x_T O z_T$ 上，得非触发式深弹水平面等效潜艇毁伤面积 $abcd$，见图 9.5.2（a），其面积 A_{xz} 为

$$A_{xz} = L_d \cdot B_d = L_n \cdot B_n + 2R_b(L_n + B_n) + 4R_b^2$$

从上式可以看出，非触发式深弹的水平面等效潜艇毁伤面积，要比触发式深弹的水平面潜艇毁伤面积大 $(2R_b(L_n + B_n) + 4R_b^2)$。这样，在相同条件下，使用非触发式深弹毁伤潜艇的概率就要比使用触发式深弹毁伤潜艇的概率增加许多。

同样，将非触发式深弹等效潜艇毁伤体积投影到垂直平面 $x_T O y_T$ 上，即可得到非触发式深弹垂直面等效潜艇毁伤面积 $a'b'c'd'$，见图 9.5.2（b）。

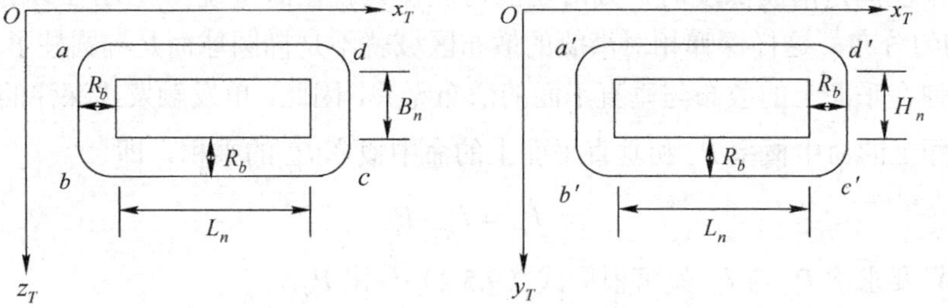

图 9.5.2　使用非触发引信时潜艇的毁伤面积

实际上正确的毁伤范围应该如图 9.5.2 那样有圆弧角的情况，但为了计算方便，仍与前面一样把它看成长方体。

9.5.1.3　在共轭轴方向上的等效潜艇毁伤面积

为了便于计算深弹对潜射击效力，需要将水平面潜艇毁伤面积变成与射击误差的一对共轭轴相互平行的平行四边形毁伤面积（见图 9.5.3），称该平行四边形毁伤面积为共轭轴方向上的等效潜艇毁伤面积。

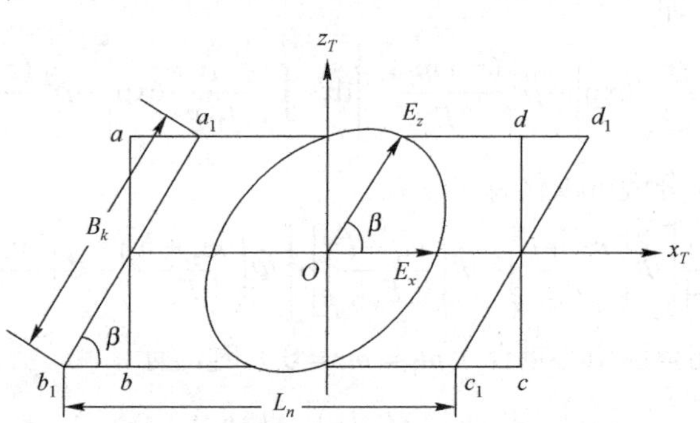

图 9.5.3　共轭轴方向上的等效潜艇毁伤面积

水平面潜艇毁伤面积为矩形 $abcd$，其边长分别为：长 $ad = L_n$，宽 $ab = B_n$。若潜艇毁伤面积 $abcd$ 变成平行四边形毁伤面积 $a_1b_1c_1d_1$，且其一边 a_1d_1 平行于共轭半径 E_x，另一边 a_1b_1 平行于共轭半径 E_z，E_x 与 E_z 之间夹角等于 β。现令其一边 a_1d_1 仍等于 L_n，另一边 a_1b_1 等于 B_k，根据等面积替代法，平行四边形 $a_1b_1c_1d_1$ 面积应与矩形 $abcd$ 面积相等，有

$$L_n \cdot B_k \sin\beta = L_n \cdot B_n$$

则

$$B_k = B_n / \sin\beta \tag{9.5.1}$$

9.5.2 单发命中潜艇的概率

单发命中概率是分析齐射命中概率的基础，它与声呐能否测定潜艇深度、深弹使用何种引信等均有关系，下面分别讨论。

9.5.2.1 当声呐不能测定潜艇深度时

1．单发触发式深弹

当声呐不能测定潜艇深度时，则潜艇的可能位置就在潜望镜深度 H_0 到潜艇最大下潜深度 $H_{\max}$ 内均匀分布。这样深弹相对潜艇的散布区域就不是椭圆球而是椭圆柱了。

由于深弹在平面上的散布与垂直平面的散布无关，因此，单发触发式深弹的命中概率 P_{cf} 就等于水平面上的命中概率 P_{sp} 和垂直平面上的命中概率 P_{cz} 的乘积，即

$$P_{cf} = P_{sp} \cdot P_{cz} \tag{9.5.2}$$

因此，只要求出 P_{sp} 与 P_{cz} 就可根据式（9.5.2）算出 P_{cf}。

1）求 P_{sp}

根据概率论知道，当散布中心与潜艇毁伤范围中心不重合时，P_{sp} 为

$$P_{sp} = \frac{\rho^2}{\pi E_x E_z} \iint_A \exp\left\{-\rho^2\left[\frac{(x-m_x)^2}{E_x^2} + \frac{(z-m_z)^2}{E_z^2}\right]\right\} \mathrm{d}x\mathrm{d}z \tag{9.5.3}$$

式中 A——潜艇毁伤面积。

由图 9.5.3 知，在水平面上潜艇平行四边形毁伤面积的边长分别平行于提前点散布椭圆的两个共轭半径，而散布椭圆的两个共轭半径是相互无关的，所以，上式的二重积分就可化成两个单积分的乘积，即

$$P_{sp} = \int_{-l}^{l} \frac{\rho}{\sqrt{\pi} E_x} \exp\left[-\rho^2 \frac{(x-m_x)^2}{E_x^2}\right] \mathrm{d}x \cdot \int_{-b}^{b} \frac{\rho}{\sqrt{\pi} E_z} \exp\left[-\rho^2 \frac{(z-m_z)^2}{E_z^2}\right] \mathrm{d}z \tag{9.5.4}$$

这样上面两个单积分就可以化为

$$P_{sp} = \frac{1}{4}\left[\hat{\Phi}\left(\frac{m_x+l}{E_x}\right) - \hat{\Phi}\left(\frac{m_x-l}{E_x}\right)\right] \cdot \left[\hat{\Phi}\left(\frac{m_z+b}{E_z}\right) - \hat{\Phi}\left(\frac{m_z-b}{E_z}\right)\right] \tag{9.5.5}$$

当散布中心与毁伤范围中心重合（$m_x = m_z = 0$）时，有

$$P_{sp} = \hat{\Phi}\left(\frac{l}{E_x}\right) \cdot \hat{\Phi}\left(\frac{b}{E_z}\right) \tag{9.5.6}$$

式中 l——潜艇等效毁伤面积长度 L_n 的一半；

b——潜艇等效毁伤面积在共轭方向上宽度 B_k 的一半；

E_x、E_z——互为共轭半径，E_x 方向与潜艇航向一致。

2）求 P_{cz}

由于不知道潜艇的深度，因此在计算 P_{cz} 时要考虑到潜艇各种可能深度。

设潜艇可能的深度范围为ΔH_m，则$\Delta H_m = H_{\max} - H_0$。因为只要触发式深弹触上潜艇就可将其毁伤，所以深弹不一定要落在毁伤面积中心就可毁伤潜艇，因此需要求出潜艇耐压壳体从首至尾都被毁伤的等效深度范围ΔH_1和ΔH_2。可见它们与潜艇耐压壳体的长度及深弹和潜艇的相对运动速度有关，如图 9.5.4 所示。

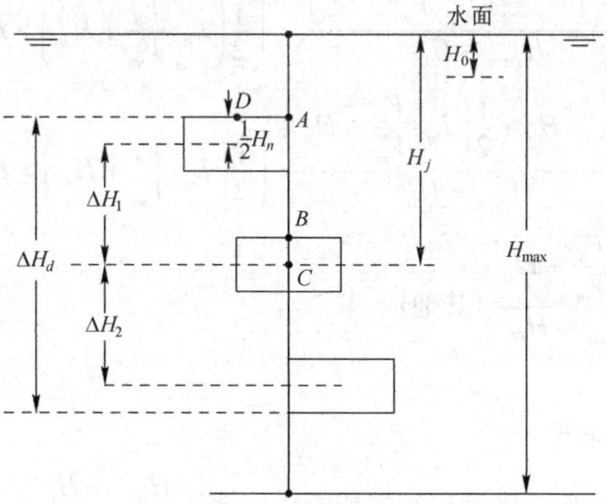

图 9.5.4　触发式深弹毁伤潜艇的深度

这样在垂直面上的命中概率P_{cz}应用下式计算：

$$P_{cz} = \frac{\Delta H_d}{\Delta H_m} = \frac{\Delta H_d}{H_{\max} - H_0} \tag{9.5.7}$$

式中　ΔH_d——触发式深弹相应毁伤潜艇的深度范围。

从图 9.5.4 中可以看出：

$$\Delta H_d = \Delta H_1 + \Delta H_2 + H_n \tag{9.5.8}$$

$$\Delta H_1 = \Delta H_2 = AB \tag{9.5.9}$$

$$DA = \frac{1}{2}L_n \tag{9.5.10}$$

毁伤面积以潜艇速度V_m从D移动到A的时间与深弹以其下沉速度V_d从A移到B的时间是相等的，因此有

$$\frac{DA}{V_m} = \frac{AB}{V_d} \tag{9.5.11}$$

所以

$$AB = \Delta H_1 = \Delta H_2 = \frac{L_n \cdot V_d}{2V_m} \tag{9.5.12}$$

$$\Delta H_d = L_n \frac{V_d}{V_m} + H_n \tag{9.5.13}$$

于是可得

$$P_{cz} = \frac{L_n \cdot \dfrac{V_d}{V_m} + H_n}{H_{\max} - H_0} \tag{9.5.14}$$

但由于$\frac{1}{2}\left(L_n \cdot \frac{V_d}{V_m}+H_n\right)$可能大于$H_j-H_0$或大于$H_{\max}-H_j$，因而对式（9.5.14）可做如下修正：

$$P_{cz}=\begin{cases}\dfrac{H_j-H_0+\frac{1}{2}\left(L_n \cdot \frac{V_d}{V_m}+H_n\right)}{H_{\max}-H_0} & \left(\frac{1}{2}\left(L_n \cdot \frac{V_d}{V_m}+H_n\right)>H_j-H_0\right)\\ \dfrac{H_{\max}-H_j+\frac{1}{2}\left(L_n \cdot \frac{V_d}{V_m}+H_n\right)}{H_{\max}-H_0} & \left(\frac{1}{2}\left(L_n \cdot \frac{V_d}{V_m}+H_n\right)>H_{\max}-H_j\right)\\ \dfrac{L_n \cdot \frac{V_d}{V_m}+H_n}{H_{\max}-H_0}\ (\text{其他}) & \end{cases} \tag{9.5.15}$$

式中 H_j——计算潜艇深度。

在特殊情况下，当潜艇运动速度很慢或静止，满足$\frac{H_{\max}-H_0}{V_d}<\frac{L_n}{V_m}$时，有$P_{cz}=1$，即深弹入水后，在垂直面内的命中概率可视为1，此时命中概率仅由水平命中概率决定。

2．单发非触发式深弹

计算非触发式（如定时引信）深弹命中概率同计算触发式深弹命中概率一样，首先要计算水平面内的概率P_{sp}和相应的垂直面内的概率P_{cz}，然后计算单个非触发式深弹的命中概率P_{ds}：

$$P_{ds}=P_{sp} \cdot P_{cz} \tag{9.5.16}$$

P_{sp}、P_{cz}的求法基本与触发式深弹的求法相同，只是毁伤范围有所变化。

1）求P_{sp}

当深弹散布中心与潜艇毁伤范围中心不重合时，有

$$P_{sp}=\frac{1}{4}\left[\hat{\Phi}\left(\frac{m_x+l}{E_x}\right)-\hat{\Phi}\left(\frac{m_x-l}{E_x}\right)\right] \cdot\left[\hat{\Phi}\left(\frac{m_z+b}{E_z}\right)-\hat{\Phi}\left(\frac{m_z-b}{E_z}\right)\right] \tag{9.5.17}$$

当深弹散布中心与潜艇毁伤范围中心重合（$m_x=m_z=0$）时，有

$$P_{sp}=\hat{\Phi}\left(\frac{l}{E_x}\right) \cdot \hat{\Phi}\left(\frac{b}{E_z}\right) \tag{9.5.18}$$

式中

$$l=\frac{1}{2}(L_n+2R_b)，\quad b=\frac{1}{2\sin\beta}(B_n+2R_b)$$

2）求P_{cz}

$$P_{cz}=\frac{\Delta H_d}{H_{\max}-H_0}=\frac{H_n+2R_b}{H_{\max}-H_0} \tag{9.5.19}$$

式中 ΔH_d——非触发式深弹相应毁伤潜艇的深度范围，此范围等于耐压壳体高度H_n，再加上两倍深弹破坏半径，即$\Delta H_d=H_n+2R_b$，如图9.5.5所示。

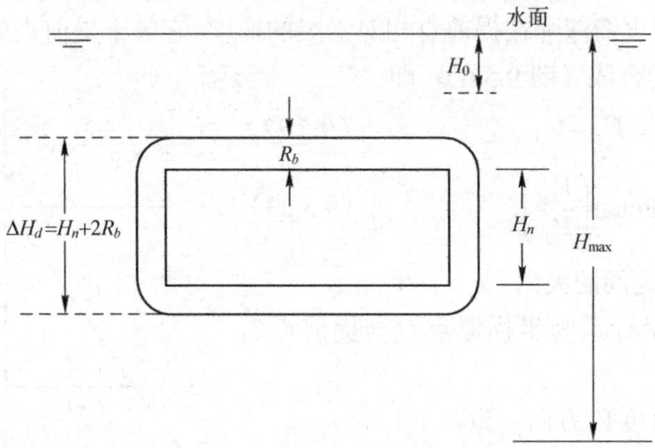

图 9.5.5　定时式深弹毁伤潜艇的深度范围

3．单发联合引信深弹

将上述触发和定时两种引信综合起来就成了联合引信。因此使用联合引信的深弹存在触发和非触发（定时）两种引信方式的共同作用。如果深弹与潜艇相遇早于定时引信的作用，则因撞击潜艇而使触发引信作用起爆、深弹命中潜艇；如果深弹没有碰到潜艇也可能在定时引信作用下起爆而命中潜艇。所以，要全面计算单发联合引信式深弹命中潜艇的概率，就必须将两种引信的命中概率综合起来，即联合引信式深弹命中概率为

$$P_{Lh} = P_{ds} + P_{cf} \tag{9.5.20}$$

式（9.5.20）适用于触发引信和定时引信相互没有重叠毁伤区域的情况，此时命中概率最大，这也是使用联合引信最有利的情况。

由于定时引信所定的深度不同，因此在使用式（9.5.20）计算 P_{Lh} 时会有区别。

9.5.2.2　声呐能测定潜艇深度时的单发命中概率

下面以触发式深弹为例研究单发命中概率计算中的问题。

前面已经讲过，当声呐能够测深时，目标深度误差服从正态分布，其概率误差用 E_y 表示。所以，各误差源误差在提前点形成的综合散布误差是三维正态分布的随机误差，散布误差的形状构成椭球分布。在 X_T 坐标系中，综合散布误差的概率误差为 E_x、E_z、E_y，散布中心为 m_x、m_z、m_y。潜艇毁伤体积为三维六面体，其目标特征为 L_n、B_k、H_n。这种情况下的单发命中概率等于射击误差分布密度函数在潜艇毁伤体积上的积分：

$$P_{cf} = \frac{\rho^3}{\pi^{3/2} E_x E_y E_z} \iiint_V \exp\left\{-\rho^2\left[\frac{(x-m_x)^2}{E_x^2} + \frac{(y-m_y)^2}{E_y^2} + \frac{(z-m_z)^2}{E_z^2}\right]\right\} \mathrm{d}x\mathrm{d}y\mathrm{d}z \tag{9.5.21}$$

式中　V——潜艇毁伤体积。

由于解式（9.5.21）三重积分很烦琐，为简化计算，需要把对体积的三重积分化为对平面的二重积分。这个积分的平面取为和深弹与潜艇相对运动方向垂直的平面（垂直于相对速度平面）。也就是说，在相对坐标系上来研究单发命中概率。

1．相对速度坐标系

为了简化命中概率的计算，需要建立相对速度坐标系 $Ox_r y_r z_r$。

相对速度V_r是指火箭深弹在提前点相对潜艇的速度，它等于提前点处的深弹下沉速度V_d与反向潜艇速度V_m的合成（图9.5.6），即

$$\boldsymbol{V}_r=\boldsymbol{V}_d-\boldsymbol{V}_m \tag{9.5.22}$$

$$\gamma=\arctan\left(\frac{V_m}{V_d}\right) \tag{9.5.23}$$

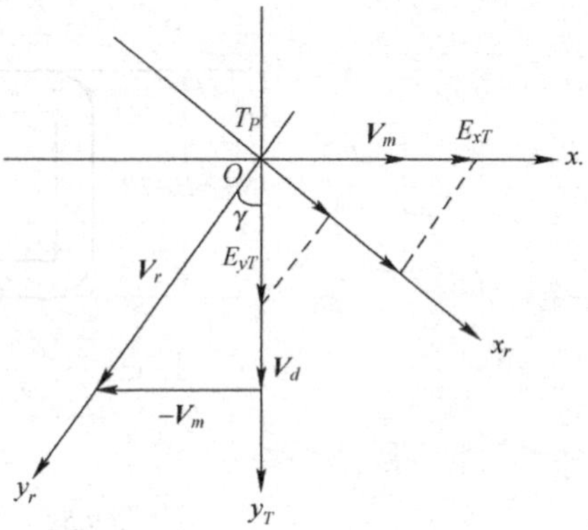

图9.5.6 相对速度坐标系

式中 γ——V_r与V_d之间的夹角。

这样，$Ox_ry_rz_r$坐标系为坐标原点O与提前点T_P重合；

y_r轴：与相对速度V_r方向一致；

x_r轴：在V_r的垂直平面内，垂直于y_r轴，指向潜艇航向一侧；

z_r轴：垂直于x_rOy_r平面，与z_T轴一致。

在计算命中概率时，射击误差、潜艇毁伤面积都是在相对速度坐标系中的x_rOz_r平面上投影后进行的，又称x_rOz_r平面为相对平面。

2．命中概率的计算方法

深弹的单发命中概率主要取决于射击误差分布特征和目标特征，只要将射击误差和潜艇毁伤体积投影到相对平面x_rOz_r上，就能进行深弹单发命中概率计算了。

1）射击误差在相对平面上的投影

在$Ox_Ty_Tz_T$坐标系下已求得射击误差分布特征为E_x、E_y、E_z，其中E_x、E_z为x_TOz_T平面的一对共轭概率误差，E_x与x_T轴方向一致；E_z为E_x的共轭半径，它与E_x之间夹角为β；而E_y与y_T方向一致。从$Ox_Ty_Tz_T$坐标系变换到$Ox_ry_rz_r$坐标系后，E_x、E_z共轭关系不再成立，需要重新计算相对平面x_rOz_r上的散布椭圆。由9.4节知，$Ox_Ty_Tz_T$坐标系中各轴上的误差投影分量为

$$\begin{cases}E_{xT}=(\sum\limits_{i=1}^{K}E_{xi}^2)^{1/2}\\E_{zT}=(\sum\limits_{i=1}^{M}E_{zi}^2)^{1/2}\\E_{yT}=(\sum\limits_{i=1}^{N}E_{yi}^2)^{1/2}\end{cases} \tag{9.5.24}$$

式中 E_{xi}——各种射击误差在x_T轴上的投影分量；

E_{yi}——各种射击误差在y_T轴上的投影分量；

E_{zi}——各种射击误差在z_T轴上的投影分量。

在$Ox_ry_rz_r$坐标系中，由于z_r轴与z_T轴一致，因此z_r轴的误差分量不变，有$E_{zr}=E_{zT}$；E_{xT}、E_{yT}在相对平面x_rOz_r上的投影，如图9.5.6所示，E_{xT}在x_rOz_r平面上投影为E_{xrx}，有

$$E_{xrx}=E_{xT}\cos\gamma \tag{9.5.25}$$

式中 γ——相对速度与深弹下沉速度之间的夹角。

E_{yT} 在 x_rOz_r 平面上投影为 E_{xry}，有

$$E_{xry} = E_{yT}\sin\gamma \tag{9.5.26}$$

E_x、E_y 在 x_rOz_r 平面上投影的综合误差为 E_{xr}，有

$$E_{xr} = (E_{xrx}^2 + E_{xry}^2)^{1/2} = (E_x^2\cos^2\gamma + E_y^2\sin^2\gamma)^{1/2} \tag{9.5.27}$$

同 9.4.3 节中的分析一样，在 x_rOz_r 平面内，x_r 轴和 z_r 轴上的误差 E_{xr} 和 E_{zr} 不是独立的，需要重新通过坐标轴旋转建立标准椭圆方程，并求得散布误差椭圆长半轴和短半轴，这一过程见式（9.4.60）～式（9.4.68），设求得的 x_rOz_r 平面内误差椭圆两个半轴为 a' 和 b'。为了便于利用拉普拉斯函数计算对潜命中概率，需要进一步对综合散布误差进行处理，计算误差椭圆的一对共轭半径，其中一个共轭半径的方向沿 x_r 轴方向，另一个共轭半径可参照 9.4.4 节中的式（9.4.70）～式（9.4.75）得到，设为 E_{zrg}，其与 E_{xr} 的夹角设为 β'。

2）潜艇毁伤体积在相对平面上的投影

潜艇毁伤体积特征为 L_n、B_k、H_n，其中 B_k 在 x_rOz_r 平面上的投影不变，仍为 B_k。L_n 与 x_T 轴方向一致，它在 x_rOz_r 平面上的投影为 L_{nr}，如图 9.5.7 所示，有

$$L_{nr} = L_n\cos\gamma \tag{9.5.28}$$

H_n 与 y_T 轴方向一致，它在 x_rOz_r 平面上的投影为 H_{nr}，有

$$H_{nr} = H_n\sin\gamma \tag{9.5.29}$$

L_n、H_n 在 x_rOz_r 平面上投影的总长度为 L_r，有

$$L_r = L_{nr} + H_{nr} = L_n\cos\gamma + H_n\sin\gamma \tag{9.5.30}$$

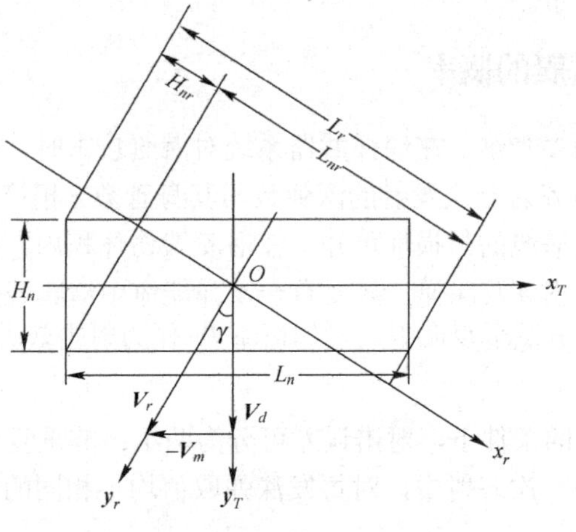

图 9.5.7　潜艇毁伤体积的投影

3．发射一发命中概率计算

在相对平面 x_rOz_r 上，已求得共轭轴方向上的等效潜艇毁伤面积特征：平行四边形的边长 L_r 和 B_k；射击误差的一对共轭轴方向上的概率误差 E_{xr} 和 E_{zrg}，如图 9.5.8 所示。

由于在 x_rOz_r 平面上，正态分布的射击误差在其散布椭圆一对共轭轴方向上的误差分量 E_{xr}、E_{zrg} 是相互独立的，因此，可用下式计算发射一发的命中概率，有

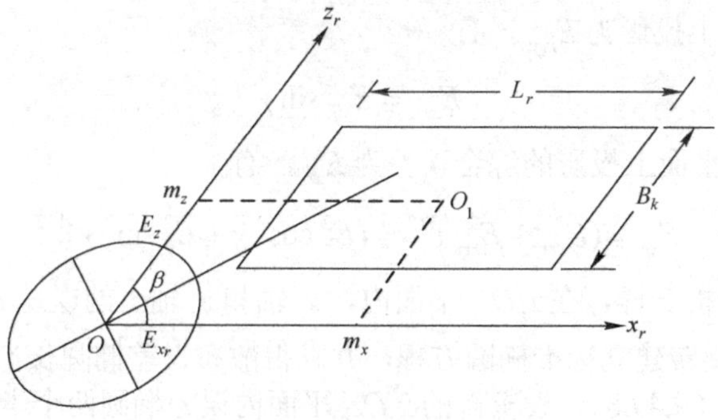

图 9.5.8 命中概率的计算

$$P=\frac{1}{4}\left[\hat{\Phi}\left(\frac{m_x+l}{E_{xr}}\right)-\hat{\Phi}\left(\frac{m_x-l}{E_{xr}}\right)\right]\cdot\left[\hat{\Phi}\left(\frac{m_z+b}{E_{zrg}}\right)-\hat{\Phi}\left(\frac{m_z-b}{E_{zrg}}\right)\right] \tag{9.5.31}$$

式中 l、b 分别为边长 L_r、B_k 的一半：

$$\begin{cases} l=L_r/2 \\ b=B_k/2 \end{cases} \tag{9.5.32}$$

当深弹散布中心与目标中心重合时，即当 $m_x=m_z=0$ 时，发射一发的命中概率为

$$P=\hat{\Phi}\left(\frac{l}{E_{xr}}\right)\cdot\hat{\Phi}\left(\frac{b}{E_z}\right) \tag{9.5.33}$$

上面介绍的是触发式深弹发射单发的命中概率。也可采用上述方法对非触发式深弹单发命中概率进行简易计算，只要将式（9.5.32）中的边长 L_r、B_k 改为与非触发式深弹等效毁伤体积相关的特征数值就行了。

9.5.3 齐射命中潜艇的概率

火箭深弹发射炮均为多管炮，在深弹武器系统对潜艇攻击时，往往都采用齐射发射方式进行。这样，一座发射炮齐射一次发射的深弹数与其身管数 n 相等，即齐射一次发射 n 发深弹。由火箭深弹的威力及潜艇的易损性可知，在潜艇毁伤体积内，命中一发深弹，潜艇即被毁伤，因此，齐射一次发射 n 发深弹，只要有一发弹能命中潜艇毁伤体积，即可毁伤潜艇。这样，就用齐射一次发射 n 发至少命中一发的概率 P_{L1} 作为射击效力指标。

1．射击误差分析

在齐射一次发射 n 发的条件下，射击误差可分为两组：非重复误差和重复误差。

（1）非重复误差：为一次齐射中，对每发深弹取值均不相同的误差，误差源只有深弹散布误差 E_{d0}、E_{z0} 和 E_{y0}。

（2）重复误差：为一次齐射中，对每发深弹取值均相同的误差，误差源包括 $\Delta\varphi_m$、$\Delta\beta_m$、Δt_y、Δt_c、$\Delta\rho$、ΔW_d、ΔW_z、ΔD、ΔQ_w、$\Delta\varepsilon$、ΔV_m、ΔC_m、$\Delta\psi$、$\Delta\theta$、$\Delta\varphi_c$、$\Delta\beta_c$、Δt_{yc} 等。

2．命中概率计算

1）一组误差型

按一组误差型计算 P_{L1}，就是将一次齐射过程中的全部射击误差均按非重复误差处理，对

每发深弹而言都是独立发射的，则齐射一次至少命中一发的概率 P_{L1} 为

$$P_{L1} = 1-(1-P)^n \tag{9.5.34}$$

式中　P——单发命中概率。

2）两组误差型

按两组误差型计算 P_{L1} 就是要考虑一次齐射过程中的误差分组，即存在两组误差（非重复误差和重复误差）的情况下，进行 P_{L1} 的计算。深弹武器系统齐射一次的 P_{L1} 两组误差型计算公式的推导与舰炮武器系统对海射击的 P_{L1} 两组误差型计算公式的推导过程完全一样，公式形式也完全一样。为此，这里只给出计算公式如下：

$$P_{L1} = \int_{-\infty}^{\infty}\int_{-\infty}^{\infty}\varphi(x_c,z_c)\{1-[1-P(x_c,z_c)]^n\}\mathrm{d}x_c\mathrm{d}z_c \tag{9.5.35}$$

式中　x_c、z_c——重复误差分量；

$P(x_c,z_c)$——x_c、z_c 为某特定值时，一发命中条件概率：

$$P(x_c,z_c) = \int_{-l_x}^{l_x}\int_{-l_z}^{l_z}\varphi(x,z)\mathrm{d}x\mathrm{d}z \tag{9.5.36}$$

其中，$\varphi(x,z)$ 为非重复误差分布密度函数：

$$\varphi(x,z) = \frac{\rho^2}{\pi E_{xf}E_{zf}}\exp\left\{-\rho^2\left[\left(\frac{x-x_c-m_x}{E_{xf}}\right)^2+\left(\frac{z-z_c-m_z}{E_{zf}}\right)^2\right]\right\} \tag{9.5.37}$$

其中，E_{xf}、E_{zf} 为非重复误差的概率误差；m_x、m_z 为系统误差分量。

式（9.5.35）中，l_x、l_z 为等效潜艇毁伤面积边长的 1/2；$\varphi(x_c,z_c)$ 为重复误差分布密度函数，即

$$\varphi(x_c,z_c) = \frac{\rho^2}{\pi E_{xc}E_{zc}}\exp\left[-\rho^2\left(\frac{x_c^2}{E_{xc}^2}+\frac{z_c^2}{E_{zc}^2}\right)\right] \tag{9.5.38}$$

其中，E_{xc}、E_{zc} 为重复误差的概率误差。

与舰炮武器系统对海射击一样，若用两组误差型计算 P_{L1}，通常采用数值积分近似计算式（9.5.35），具体计算步骤请参见舰炮武器系统对海射击毁伤概率计算的有关内容。

本章小结

1．鱼雷武器射击效能分析

为了计算鱼雷武器射击效能，首先介绍了自导鱼雷发现目标与命中目标的条件和鱼雷射击的有利提前角等概念。

1.1　声自导鱼雷命中概率计算

对声自导鱼雷应用解析法计算命中概率。

① 计算声自导鱼雷捕获概率 P_a（见 9.2.1.5 节）；

② 计算追踪概率 P_t（见 9.2.2.5 节）；

③ 计算声自导鱼雷命中概率 $P=P_a\cdot P_t$。

1.2　线导鱼雷命中概率计算

对线导鱼雷应用统计模拟法计算命中概率，具体过程见 9.3.3 节。

2．深弹武器对潜射击效能分析

2.1 坐标系

X坐标系：射击坐标系，x轴与水平射击方向一致，用于描述射击误差。

X_T坐标系：目标运动坐标系，x_t轴与目标运动方向一致，用于不能测深时深弹命中概率的计算；

X_r坐标系：相对速度坐标系，y_r轴与深弹相对目标运动速度方向一致，用于能测深时的深弹命中概率的计算。

2.2 射击误差

射击误差共有如下六类，见图 9.4.4。

（1）深弹散布误差$\Delta \boldsymbol{d}_0$、$\Delta \boldsymbol{z}_0$、$\Delta \boldsymbol{y}_0$；

（2）瞄准误差提前点引起距离、方向线误差$\Delta \boldsymbol{d}_{\varphi m}$、$\Delta \boldsymbol{z}_{\beta m}$；

（3）弹道气象准备误差包括：确定药温修正量$\Delta \boldsymbol{d}_{ty}$，气温修正量$\Delta \boldsymbol{d}_{tc}$，空气密度修正量$\Delta \boldsymbol{d}_{\rho}$，纵风误差在提前点引起的距离和方向误差$\Delta \boldsymbol{d}_{wd}$、$\Delta \boldsymbol{z}_{wd}$，以及横风误差在提前点引起的距离和方向误差$\Delta \boldsymbol{d}_{wz}$、$\Delta \boldsymbol{z}_{wz}$；

（4）声呐测量目标现在点坐标参数误差包括：斜距误差$\Delta \boldsymbol{d}_D$、$\Delta \boldsymbol{h}_D$，我舷角误差$\Delta \boldsymbol{z}_{Qw}$，以及深度角误差$\Delta \boldsymbol{d}_{\varepsilon}$、$\Delta \boldsymbol{h}_{\varepsilon}$；

（5）指挥仪误差包括：确定目标运动参数误差$\Delta \boldsymbol{V}_m$、$\Delta \boldsymbol{C}_m$，纵摇误差$\Delta \boldsymbol{\psi}$和横摇误差$\Delta \boldsymbol{\theta}$、指挥仪计算误差$\Delta \boldsymbol{d}_{\varphi c}$、$\Delta \boldsymbol{z}_{\beta c}$；

（6）延迟发射时间误差$\Delta \boldsymbol{t}_{yc}$。

2.3 命中概率计算

不可测深时深弹对潜射击误差计算步骤如下。

① X坐标系中计算提前点各误差（深弹散布、电瞄、弹道气象准备、声呐测量、指挥仪、延迟发射六类误差）。

② X_T坐标系中求误差在各轴的投影分量（见表 9.4.1 和表 9.4.2）。

③ X_T坐标系中求误差综合散布椭球主轴（见式（9.4.63）～式（9.4.68））。

④ X_T坐标系中求散布误差共轭半径，其中一条半径方向为X_T轴方向（见式（9.4.73）～式（9.4.75））。

⑤ 在共轭方向上求潜艇等效毁伤面积（见式（9.5.1））。

⑥ 利用（简化）拉普拉斯函数求水平面上对潜艇命中概率（触发式深弹见式（9.5.2）～式（9.5.6），非触发式深弹见式（9.5.7）～式（9.5.18））。

⑦ 求垂直面上深弹命中概率（触发式深弹见式（9.5.15），非触发式深弹见式（9.5.19）。

⑧ 求深弹单发命中概率（见式（9.5.2））。

可测深时深弹对潜射击误差计算步骤如下。

① X坐标系中计算提前点各误差（深弹散布、电瞄、弹道气象准备、声呐测量、指挥仪、延迟发射六类误差）。

② X_T坐标系中求误差在各轴的投影分量（见表 9.4.1 和表 9.4.2）。

③ X_T坐标系x_T和y_T轴误差投影到X_r坐标系的x_r和y_r轴。

④ 在x_rOz_r平面内求误差综合散布椭球主轴（见式（9.4.63）～式（9.4.68））。

⑤ 在 x_rOz_r 平面内求散布误差共轭半径，其中一条半径方向为 x_r 轴方向（见式(9.4.73)～式（9.5.75））。

⑥ 在 x_rOz_r 平面内求潜艇等效毁伤面积（见式（9.5.29））。

⑦ 利用（简化）拉普拉斯函数求水平面上对潜命中概率（见式（9.5.30）～式（9.5.32））。

深弹齐射命中潜艇的概率：一组误差型见式（9.5.33），两组误差型见式（9.5.34）～式（9.5.37）。

习题

1. 概述声自导鱼雷发现目标的条件，说明相对移动线和相对移动线极限角的概念。

2. 鱼雷在捕获目标后，怎样才能命中目标？

3. 什么是鱼雷射击的正常提前角和有利提前角？

4. 鱼雷按有利提前角射击有什么优点？

5. 鱼雷在射击过程中有哪些误差源误差，它们是如何分类的？

6. 概述计算鱼雷捕获概率的思路。

7. 鱼雷在捕获目标后的追踪概率与哪些因素有关？写出鱼雷追踪概率的计算模型。

8. 概述线导鱼雷的现在方位导引的方法和准则，总结其数学模型。

9. 概括“线导+尾流自导”鱼雷命中目标概率的统计模拟法。

10. 深弹武器在对潜射击时，存在的射击误差有哪几类?

11. 深弹武器方向散布和射距散布与射距有什么关系？

12. 在进行对潜射击误差计算时，为什么要求取共轭轴方向的射击误差的概率误差？

13. 在一般情况下，是怎样处理声呐不能测深时的潜艇分布的；声呐能够测深时测深误差分布有什么规律？

14. 当潜艇命中范围长度为 6m，潜艇命中范围宽在共轭半径方向的长度为 4.8m，相应的一对共轭半径长度为 $E_x = 4\,\text{m}$、$E_z = 3\,\text{m}$ 时，试求当散布中心与命中范围中心重合时单发触发式深弹在水平面上的命中概率。

15. 分析齐射命中概率和单发命中概率之间有什么区别和联系。

16. 目前，由于深弹射程近、命中概率低、系统反应时间长等问题，使深弹应用受到较大限制，但深弹同时也有结构简单、价格低廉、抗干扰能力强等优点，特别是针对我国沿海大陆架比较长、浅海区域广等具体国情具有特殊意义。通过对本章的学习和对深弹的认识，你能否对深弹武器的使用提出新的构想？

第 10 章　武器系统综合效能分析

本章导读

前面各章主要介绍舰载武器系统的单项效能分析方法，如射击能力、可靠性，以及以命中概率和毁伤概率为主的射击效力等，这些单项效能描述了系统某一方面的能力，在实际中单项效能对应比较简单的作战行动，涉及的因素少，效能分析工作也比较容易。本章将介绍武器系统的综合效能分析方法，综合效能一般用于描述系统多方面的综合能力，实际中应用于比较复杂的作战任务。综合效能分析需要考虑多种不确定的影响因素，因而是一件复杂和困难的工作。

要求：了解综合效能分析的主要思路和方法，重点掌握综合效能分析的 ADC 法、层次分析法和指数法。

武器系统最终是要用于实际作战的，因此最客观的评价方法是在实际战场上进行的，但在武器系统的论证设计阶段或对国外武器系统分析评价时，不可能采用这种方法。即便对现有系统，也很难有实战检验的机会。除实战评估法以外，还有试验法、数学模拟法。其中，试验法需要耗费大量的人力、物力、财力，不便于经常使用。

常用的效能分析方法是数学模拟法或建模与仿真的方法，本书前面各章都使用了数学模拟法。下面仍将使用该类方法分析系统的综合效能，主要有 ADC 法、层次分析法、指数法、SEA 法等。

10.1　ADC 法

ADC 法又称为 ADC 效能模型，作为求解武器系统作战效能评估方法或手段之一，是于 20 世纪 60 年代中期，由美国工业界武器系统效能咨询委员会（Weapon System Effectiveness Industry Advisory Committee，WSEIAC）在一份研究报告中首次提出的一个经典的武器系统效能模型。该模型在武器系统级或战技指标评估领域得到了广泛的应用，并且取得了很多有针对性的成果。用 ADC 法进行效能评估的基本原理可以概括为：首先，对影响待评估武器系统完成所赋予使命任务起重要作用的三个性能要素 $\boldsymbol{A}$、$\boldsymbol{D}$、$\boldsymbol{C}$ 进行分析；其次，按照 $\boldsymbol{A}$、$\boldsymbol{D}$、$\boldsymbol{C}$ 三者之间的依存关系，确定它们之间的耦合方式；最后，根据公式 $\boldsymbol{E}=\boldsymbol{A}\cdot\boldsymbol{D}\cdot\boldsymbol{C}$ 计算该武器系统完成所赋予使命任务的能力，即通常意义上的该武器系统的作战效能值。

10.1.1　ADC 法的基本原理

在公式 $\boldsymbol{E}=\boldsymbol{A}\cdot\boldsymbol{D}\cdot\boldsymbol{C}$ 中，矩阵 $\boldsymbol{E}$（Effectiveness）表示待评估武器系统综合作战效能值指标，是对武器系统完成所赋予它的使命任务能力的综合量度，通常用概率值表示。

矩阵 $\boldsymbol{A}$（Availability）表示待评估武器系统的可用度（有效性）指标，是对系统在开始执行任务时处于可工作状态或可承担任务状态程度的量度，通常用该系统在开始执行任务时处于可工作状态或可承担任务状态的概率表示，它与整个系统（包括系统部件和操作者之间的接口）的初始状态有关，反映了系统战备情况的优劣。

矩阵 $\boldsymbol{D}$（Dependability）表示待评估武器系统的可信度（可依赖性）指标，是对系统在开始执行任务时处于某一状态而在结束时处于另一状态的系统状态转移性指标的表述。可信赖性常用故障率（故障密度函数）、可信赖性函数和平均故障间隔时间等度量指标进行表示，反映了系统可靠性的高低。

矩阵 $\boldsymbol{C}$（Capability）表示武器系统的固有能力。武器系统在执行任务过程中可以处于多种不同的状态，矩阵 $\boldsymbol{C}$ 是对系统在各种不同状态条件下完成所赋予使命任务能力的量度，是设计者赋予武器系统的“本领”，反映了设计能力与作战实际要求能力之间的符合程度。

ADC 效能模型是一个基于过程的动态的系统概念，建立 ADC 效能模型需要考虑系统从开始运行到任务结束的全过程，以及其中的各种状态转换。要求武器系统的作战效能 $\boldsymbol{E}$，就必须对武器系统的可用度（$\boldsymbol{A}$）、可信度（$\boldsymbol{D}$）和能力（$\boldsymbol{C}$）三要素分别进行专项评估，根据三要素 $\boldsymbol{A}$、$\boldsymbol{D}$、$\boldsymbol{C}$ 之间的依存关系确定它们之间的耦合方式，从而得到武器系统的总的效能量度。下面介绍 ADC 效能模型的评估计算方法。

ADC 效能模型可表示为

$$\boldsymbol{E}=\boldsymbol{A}\cdot\boldsymbol{D}\cdot\boldsymbol{C} \tag{10.1.1}$$

其中，效能矩阵 $\boldsymbol{E}=[e_1,e_2,\cdots,e_m]$ 是 $1\times m$ 维行向量，$\boldsymbol{e}_i(i=1,2,\cdots,m)$ 是系统完成第 i 项任务需要求取的效能指标。如果只有一项任务，则 E 为一具体数值。为了简化描述，在后续分析时主要考虑系统执行单项任务的情况。

可用度（可信度）矩阵 $\boldsymbol{A}=[a_1,a_2,\cdots,a_n]$ 为 $1\times n$ 维行向量，是系统在执行任务开始时可用程度的量度，反映武器系统的使用准备程度。$\boldsymbol{A}$ 的任意分量 $a_j(j=1,2,\cdots,n)$ 是开始执行任务时系统处于状态 j 的概率，其中 j 是针对可用程度而言的系统可能状态序号。一般而言，系统可能状态是各子系统的可能状态、工作保障状态、定期维修状态、故障状态、等待备件状态等的集合。显然，系统处于可工作状态的概率是可能工作时间与总时间的比值。可用度与武器系统的可信赖性、维修性、维修管理水平、维修人员数量和质量水平及器材供应水平等因素有关。

可信度（可信赖度）矩阵 $\boldsymbol{D}$：当马尔可夫性（无后效性）成立时，若系统有 $\boldsymbol{n}$ 个可能状态，则 $\boldsymbol{D}$ 是一个 $n\times n$ 阶概率转移矩阵，即

$$\boldsymbol{D}=\begin{bmatrix} d_{11} & d_{12} & \cdots & d_{1n} \\ d_{21} & d_{22} & \cdots & d_{2n} \\ \vdots & \vdots & \cdots & \vdots \\ d_{n1} & d_{n2} & \cdots & d_{nn} \end{bmatrix}$$

其中，$d_{ij}(i=1,2,\cdots,n;j=1,2,\cdots,n)$ 为使用开始时系统处于 i 状态而在使用过程中转移到 j 状态的概率，显然有

$$\sum_{j=1}^{n} d_{ij}=1$$

这里马尔可夫性指的是马尔可夫过程的无后效性。可以这样理解：若把系统状态转移过

程看作时间连续状态离散的马尔可夫过程，那么该过程就具有无后效性，也就是说若已知过程在当前时刻 t_0 所处的状态，则过程在将来时刻 $t_n(t_n > t_0)$ 所处的状态只与过程在当前时刻所处的状态有关，而与过程在过去时刻 $t(t < t_0)$ 所处的状态无关。

当武器系统在使用过程中不能修理时，开始处于故障状态的系统在使用过程中不可能再开始工作。如果再设定状态序号越大表示故障越多，则可信度矩阵就成为一个三角矩阵：

$$\boldsymbol{D}=\begin{bmatrix} d_{11} & d_{12} & \cdots & d_{1n} \\ 0 & d_{22} & \cdots & d_{2n} \\ \vdots & \vdots & \cdots & \vdots \\ 0 & 0 & \cdots & d_{nn} \end{bmatrix}$$

任务可信度 $\boldsymbol{D}$ 直接取决于武器系统可信赖性和使用过程中的修复性，也与人员素质和指挥因素等有关。

$\boldsymbol{C}$ 代表系统固有的能力，表示在系统处于不同状态下，系统能达到任务目标的概率。在一般情况下，系统能力 $\boldsymbol{C}$ 是一个 $n \times m$ 矩阵（$m=1$ 或 $m=n$）：

$$\boldsymbol{C}=\begin{bmatrix} c_{11} & c_{12} & \cdots & c_{1m} \\ c_{21} & c_{22} & \cdots & c_{2m} \\ \vdots & \vdots & \cdots & \vdots \\ c_{n1} & c_{n2} & \cdots & c_{nm} \end{bmatrix}$$

其中，$c_{ij}(i=1,2,\cdots,n; j=1,2,\cdots,m)$ 为系统在可能状态 i 下达到第 j 项要求的概率。在操作正确高效的情况下，它取决于武器系统的设计能力。

上述系统指标的特点是：由三个分指标来刻画武器系统在作战使用过程中不同阶段的效能，且这三个分指标的乘积即系统效能指标：$\boldsymbol{E}=\boldsymbol{A}\cdot\boldsymbol{D}\cdot\boldsymbol{C}$。

当 $m=1$ 时，有

$$\boldsymbol{E}=\boldsymbol{A}\cdot\boldsymbol{D}\cdot\boldsymbol{C}=[a_1,a_2,\cdots,a_n]\cdot\begin{bmatrix} d_{11} & d_{12} & \cdots & d_{1n} \\ 0 & d_{22} & \cdots & d_{2n} \\ \vdots & \vdots & \cdots & \vdots \\ 0 & 0 & \cdots & d_{nn} \end{bmatrix}\cdot\begin{bmatrix} c_1 \\ c_2 \\ \vdots \\ c_n \end{bmatrix}=\sum_{i=1}^{n}\sum_{j=1}^{n}a_i d_{ij} c_j \qquad (10.1.2)$$

当 $m=n$ 时，有

$$\boldsymbol{E}=\boldsymbol{A}\cdot[\boldsymbol{D}]\cdot[\boldsymbol{C}]=[a_1,a_2,\cdots,a_n]\cdot\begin{bmatrix} d_{11} & d_{12} & \cdots & d_{1n} \\ 0 & d_{22} & \cdots & d_{2n} \\ \vdots & \vdots & \cdots & \vdots \\ 0 & 0 & \cdots & d_{nn} \end{bmatrix}\cdot\begin{bmatrix} c_{11} & c_{12} & \cdots & c_{1n} \\ c_{21} & c_{22} & \cdots & c_{2n} \\ \vdots & \vdots & \cdots & \vdots \\ c_{n1} & c_{n2} & \cdots & c_{nn} \end{bmatrix} \qquad (10.1.3)$$

令 $\boldsymbol{E}=[e_1 \quad e_2 \quad \cdots \quad e_n]$，其中

$$e_k=\sum_{j=1}^{n}\sum_{i=1}^{n}a_i d_{ij} c_{jk} \quad (k=1,2,\cdots,n) \qquad (10.1.4)$$

10.1.2　ADC 法的一般过程

用 ADC 模型可以对一些实际问题进行分析，在求解之前要描述系统的状态，系统的状

态是由执行任务之前或执行任务过程中发生的事件所形成的可分辨的系统状态。首先，要辨别与描述在开始执行任务时或在执行任务过程中系统可能呈现的各种不同的状态；然后，把可用度和可信度同系统的可能状态联系起来，并用能力的量度把系统的可能状态与执行任务的可能结果联系起来。

在最简单的情况下，一个系统不是处于工作状态，就是处于故障状态（修理状态）。在这种情况下，用可用度、可信度和能力的量度能回答下述几个基本问题：系统在开始执行任务时是处于工作状态还是处于故障状态；若系统在开始执行任务时处于工作状态，那么它能否继续工作；若系统在执行任务的过程中一直处于工作状态，那么它能否成功完成任务。

1．确定可用度矩阵

下面考虑系统只有工作状态和故障状态的情况。在这种情况下，可用度向量 $\boldsymbol{A}$ 只有两个分量 a_1 和 a_2，即

$$\boldsymbol{A}=[a_1,a_2]$$

式中　a_1 和 a_2——系统在任意时刻处于可工作状态和故障状态（修理状态）的概率。

若故障率 λ 和修复率 μ 为已知，当系统处于稳态时，有

$$a_1=\frac{\text{MTBF}}{\text{MTBF}+\text{MTTR}}=\frac{\mu}{\lambda+\mu}$$

$$a_2=\frac{\text{MTTR}}{\text{MTBF}+\text{MTTR}}=\frac{\lambda}{\lambda+\mu}$$

一般来说，在计算可用度向量各个元素时，必须考虑以下三点：故障与修理时间分布；预防性保养时间与其他的停机状态；检修程序、人员配备、配件、补给工具，以及运输和各种保障措施等。

2．确定可信度矩阵

根据前面的假设，若系统只有两个状态，可信度矩阵也由四个元素构成：

$$\boldsymbol{D}=\begin{bmatrix} d_{11} & d_{12} \\ d_{21} & d_{22} \end{bmatrix}$$

式中　d_{11}——在开始执行任务时系统处于可工作状态，在完成任务时仍处于可工作状态的概率；

d_{12}——在开始执行任务时系统处于可工作状态，在完成任务时系统处于故障状态的概率；

d_{21}——在开始执行任务时系统处于故障状态，在完成任务时系统处于可工作状态的概率；

d_{22}——在开始执行任务时系统处于故障状态，在完成任务时系统处于故障状态的概率。

若任务执行过程中不可修理，且系统的故障服从指数分布，故障率 λ 为常数，T 为任务持续时间，则

$$\boldsymbol{D}=\begin{bmatrix} \exp(-\lambda T) & 1-\exp(-\lambda T) \\ 0 & 1 \end{bmatrix}$$

对于可修理的武器系统，当平均无故障工作时间和平均修复时间都服从指数分布时，故障率 λ 和修复率 μ 均为常数，T 为任务持续时间，则上述矩阵的元素为

$$d_{11}=\frac{\mu}{\lambda+\mu}+\frac{\lambda}{\lambda+\mu}\mathrm{e}^{-(\lambda+\mu)T}$$

$$d_{12}=\frac{\lambda}{\lambda+\mu}[1-\mathrm{e}^{-(\lambda+\mu)T}]$$

$$d_{21}=\frac{\mu}{\lambda+\mu}[1-\mathrm{e}^{-(\lambda+\mu)T}]$$

$$d_{22}=\frac{\lambda}{\lambda+\mu}+\frac{\mu}{\lambda+\mu}\mathrm{e}^{-(\lambda+\mu)T}$$

3．确定固有能力矩阵

能力矩阵 $\boldsymbol{C}$ 是确定系统性能的依据，又是系统性能的集中体现。测定系统的能力是一个比较复杂的问题，建立能力矩阵（向量）是建立效能模型的最后一步，它一般由最初设计论证确定，在某些情况下可以查表获得，但有时必须通过具体计算得出结果。

4．计算系统的作战效能

根据以上分析，利用效能模型 $\boldsymbol{E}=\boldsymbol{A}\cdot\boldsymbol{D}\cdot\boldsymbol{C}$ 进行求解。此时应尤其注意根据能力矩阵 $\boldsymbol{C}$ 的形式来确定 $\boldsymbol{A}$、$\boldsymbol{D}$、$\boldsymbol{C}$ 三者之间的结合方式。求解过程的流程可以用图 10.1.1 来表示。

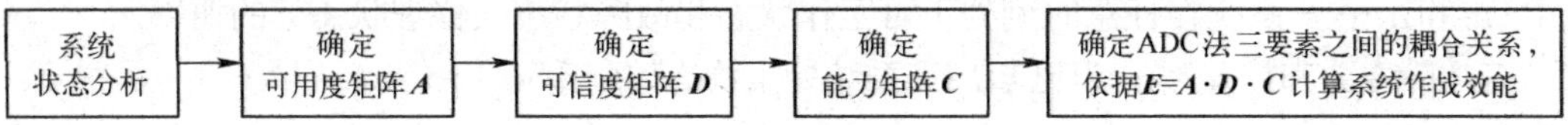

图 10.1.1 计算系统作战效能流程

10.1.3 ADC 法的应用

以下通过舰艇鱼雷武器系统作战效能评估的例子来说明 ADC 法在武器系统作战效能评估中的实际应用过程，并在此基础上对其特点和应用范围加以总结。

【例 10.1】 假设某舰艇的全鱼雷武器系统由两部声呐、指挥仪和鱼雷发射装置等设备组成，使用声自导鱼雷攻击目标，两部声呐通常结合使用，当一部声呐故障时，可单独使用另一部声呐；每部声呐平均故障间隔时间为 100h（$\lambda_1=1/100$），平均修复时间为 1h（$\mu_1=1$）；除声呐外，系统其他设备的平均故障间隔时间为 200h（$\lambda_2=1/200$），平均修复时间为 0.5h（$\mu_2=2$）；鱼雷实施一次攻击的时间为 0.5h，假设在这段时间内，鱼雷武器系统出现的故障是不可修复的。

此外，已知在两部声呐都正常工作的情况下，在有效距离内发现目标并在执行攻击任务的时间内连续跟踪与精确定位的声呐保证概率为 0.80，若其他系统均正常工作则此时声自导鱼雷对目标的毁伤概率为 0.70；当只有一部声呐可以正常工作时，声呐保证概率下降到 0.60，单雷的毁伤概率则下降到 0.40；当声呐全部故障或系统其他设备故障时，声呐保证概率为 0，单雷的毁伤概率也为 0。

试求：该舰艇在执行鱼雷攻击任务时声呐设备的作战效能 $\boldsymbol{E}_S$；该舰艇全鱼雷武器系统的总体作战效能 $\boldsymbol{E}$。

解： 应用 ADC 法求解该问题首先要明确系统的定义，分析系统在开始执行任务时的各种状态，然后建立可用度、可信度和能力矩阵，根据 ADC 模型进行求解。

1．可用度矩阵 $\boldsymbol{A}$

在开始执行任务时，鱼雷武器系统的状态有三种，即：系统在任一时刻两部声呐和系统所有其他设备均正常，系统可以工作；系统在任一时刻两部声呐之一故障，而另一部声呐和系统所有其他设备正常，系统可以工作；系统在任一时刻两部声呐都故障或系统其他设备故障，系统无法工作。

设系统处于以上三种状态下的概率分别为 a_1,a_2,a_3，则系统的可用度为

$$\boldsymbol{A}=[a_1 \quad a_2 \quad a_3]$$

设声呐和系统其他设备的可用度分别为 a_s 和 a_r，则

$$a_s=\frac{\mu_1}{\lambda_1+\mu_1}=\frac{100}{101}=0.9901$$

$$a_r=\frac{\mu_2}{\lambda_2+\mu_2}=\frac{200}{200.5}=0.9975$$

由概率论知识可得系统的可用度元素为

$$a_1=a_s^2a_r=0.9778 \qquad a_2=2a_s(1-a_s)a_r=0.0196 \qquad a_3=1-a_1-a_2=0.0026$$

从而系统的可用度为

$$\boldsymbol{A}=[0.9778 \quad 0.0196 \quad 0.0026]$$

2．可信度矩阵 *D*

如前所述系统有三种状态，可信度矩阵即概率矩阵可表示为

$$\boldsymbol{D}=\begin{bmatrix} d_{11} & d_{12} & d_{13} \\ d_{21} & d_{22} & d_{23} \\ d_{31} & d_{32} & d_{33} \end{bmatrix}$$

可信度矩阵元素可由系统故障分布求出，设两部声呐和系统其他设备的故障分布均服从指数分布，在进行鱼雷攻击的 $T=0.5\,\text{h}$ 期间，系统各部分故障均不可修复，得出每部声呐在执行任务期间的可信度为

$$R_s=\mathrm{e}^{-\lambda_1 T}=\mathrm{e}^{-0.5/100}=0.9950$$

同理，系统其他设备的可信度为

$$R_r=\mathrm{e}^{-\lambda_2 T}=\mathrm{e}^{-0.5/200}=0.9975$$

系统可信度矩阵各元素实际上就是各状态之间的转移概率

$$d_{11}=R_s^2R_r=0.9950^2\times0.9975=0.9876$$
$$d_{12}=R_s(1-R_s)R_r+(1-R_s)R_sR_r=2\times0.9950\times(1-0.9950)\times0.9975=0.0099$$
$$d_{13}=1-d_{11}-d_{12}=0.0025$$
$$d_{21}=0$$
$$d_{22}=R_sR_r=0.9950\times0.9975=0.9925$$
$$d_{23}=1-d_{21}-d_{22}=0.0075$$
$$d_{31}=0$$
$$d_{32}=0$$
$$d_{33}=1-d_{31}-d_{32}=1$$

由此得出系统可信度矩阵为

$$\boldsymbol{D}=\begin{bmatrix}0.9876 & 0.0099 & 0.0025\\ 0 & 0.9925 & 0.0075\\ 0 & 0 & 1\end{bmatrix}$$

3．声呐设备的能力矩阵 $\boldsymbol{C_S}$ 与单雷射击的能力矩阵 $\boldsymbol{C_L}$

根据已知条件可得出在执行鱼雷攻击任务过程中，声呐设备的能力矩阵为

$$\boldsymbol{C}_S=\begin{bmatrix}0.80\\ 0.60\\ 0\end{bmatrix}$$

单雷射击的能力矩阵为

$$\boldsymbol{C}_L=\begin{bmatrix}0.70\\ 0.40\\ 0\end{bmatrix}$$

4．声呐设备的作战效能 $\boldsymbol{E_S}$ 和鱼雷武器系统总的作战效能 $\boldsymbol{E}$

通过以上建模分析，可以得出声呐设备的作战效能为

$$\begin{aligned}\boldsymbol{E}_S&=\boldsymbol{A}\cdot\boldsymbol{D}\cdot\boldsymbol{C}\\ &=[0.9778\quad 0.0196\quad 0.0026]\begin{bmatrix}0.9876 & 0.0099 & 0.0025\\ 0 & 0.9925 & 0.0075\\ 0 & 0 & 1\end{bmatrix}\begin{bmatrix}0.80\\ 0.60\\ 0\end{bmatrix}=0.79\end{aligned}$$

将声呐设备能力矩阵改写成对角阵，即

$$\boldsymbol{C}'_S=\begin{bmatrix}0.80 & 0 & 0\\ 0 & 0.60 & 0\\ 0 & 0 & 0\end{bmatrix}$$

则可求出鱼雷武器系统的能力矩阵为

$$\boldsymbol{C}=\boldsymbol{C}'_S\cdot\boldsymbol{C}_L=\begin{bmatrix}0.56\\ 0.24\\ 0\end{bmatrix}$$

从而可求出该舰艇鱼雷武器系统总的作战效能为（单雷射击时）

$$\begin{aligned}\boldsymbol{E}&=\boldsymbol{A}\cdot\boldsymbol{D}\cdot\boldsymbol{C}\\ &=[0.9778\quad 0.0196\quad 0.0026]\begin{bmatrix}0.9876 & 0.0099 & 0.0025\\ 0 & 0.9925 & 0.0075\\ 0 & 0 & 1\end{bmatrix}\begin{bmatrix}0.56\\ 0.24\\ 0\end{bmatrix}=0.5478\end{aligned}$$

武器系统作战效能评估模型是基于武器系统的战技指标约束条件下，对该武器系统完成所赋予它的特定任务程度的量化分析过程。ADC 法具有建模（物理模型和数学模型）简单且便于计算（软件模型易于编写）的优点，但不足之处是尚不能全面反映武器系统达到一组特定任务要求的程度。考虑全面性要求的系统效能指标，就需要用多个分指标来描述武器系统在全寿命周期内作战使用的各属性，由系统各分指标构成系统总的效能指标。这样就不能仅

限于确定的函数关系，还要利用诸如多属性效用分析或层次分析这样的系统评价法，计入决策者的偏好进行综合，由此得到的系统效能方程常常具有如下的加权形式：

$$\boldsymbol{E}=(k_1\boldsymbol{A})\cdot(k_2\boldsymbol{D})\cdot(k_3\boldsymbol{C})$$

式中　k_1, k_2, k_3——决策者偏好的修正因子，或表示人掌握系统的能力、素质和训练水平的因子。

若考虑到武器系统在作战使用过程中基于双方对抗条件下的突防概率（或生存概率）H，则系统效能方程可变形为

$$\boldsymbol{E}=H\cdot(k_1\boldsymbol{A})\cdot(k_2\boldsymbol{D})\cdot(k_3\boldsymbol{C}) \tag{10.1.5}$$

由此建立效能模型同样可以得出相应的结论，但求解过程要相对复杂一些。虽然 ADC 法早期主要是基于战术任务和技术指标层面对武器系统级的效能进行评估，但也可以对它的应用领域进行拓展。只要能对研究对象按照 $\boldsymbol{A}$、$\boldsymbol{D}$、$\boldsymbol{C}$ 三要素进行表述，即可使用 ADC 法对研究对象进行作战效能的评估。任何一种作战效能的评估方法都不是万能的，需要其他方法进行补充。从评估的对象和评估的任务两个可变维视角考虑，ADC 法能用于武器系统、平台、基本作战单元、兵力集团、国家军队系统完成技术层次、战术层次甚至战略层次的作战效能评估。

【例 10.2】 某舰载防空武器系统，其探测雷达由两部发射机（为保证有足够的可靠性）、一个天线、一个接收机、一个显示器和操作同步机组成。设每部发射机的平均故障间隔时间为 10h，平均修理时间为 1h。其他 4 个部件的组合体的平均故障间隔时间为 50h，平均修理时间为 30min。目标被捕捉后，执行任务时间为 15min，在这期间雷达不能修理。

假设防空武器的有效性仅仅取决于雷达，它能探测与捕捉空中目标，并给出连续距离数据。求该系统在开始执行任务时的可用度矩阵。

假设雷达部件的故障时间服从指数分布 $P=\exp(-\lambda T)$，λ 为系统的故障率，计算该任务的可信度矩阵。

假设能力品质因数包括雷达在最大距离上发现目标的能力，以及在整个执行任务期间捕捉与跟踪目标给出连续精确的距离数据的能力。已知在最大发现目标距离上，两部发射机同时工作，发现目标的概率为 0.90，一部发射机工作，发现目标的概率为 0.683；在两部发射机同时工作时，雷达正确跟踪的概率为 0.97，当只有一部发射机正常工作时，雷达正确跟踪的概率为 0.88，当两部发射机都不能工作时，概率为 0。计算防空武器系统中雷达子系统的总效能指标。

假定两机同时工作，则有 15 发弹丸以 0.85 的毁伤概率射向目标，如果只有一部发射机正常工作，则仅有 10 发弹丸以 0.65 的毁伤概率射向目标。计算整个防空武器系统对飞机目标的毁伤概率。

解：用 ADC 法解该问题的步骤如下。

1）可用度矩阵 $\boldsymbol{A}$

在开始执行任务时雷达的系统状态应有三种：所有部件都能正常工作；一部发射机有故障，其他部件能正常工作；两部发射机同时发生故障，或雷达其他部件之一发生故障。

令 a_T 为每部发射机的可用度，亦即一部发射机正常工作的概率，a_R 为其他部件的可用度：

$$a_T=\frac{\text{MTBF}}{\text{MTBF}+\text{MTTR}}=\frac{10}{10+1}=0.909$$

$$a_R=\frac{\text{MTBF}}{\text{MTBF}+\text{MTTR}}=\frac{50}{50+0.5}=0.990$$

则

$$a_1=a_T^2a_R=0.818 \qquad a_2=2a_T(1-a_T)a_R=0.164 \qquad a_3=1-a_1-a_2=0.018$$

因此可用度矩阵 $\boldsymbol{A}=[a_1,a_2,a_3]=[0.818,0.164,0.018]$。

2）可信度矩阵 $\boldsymbol{D}$

假定系统在最大距离上发现与捕获目标的任务都是瞬时出现的，亦即执行任务时间为0s，在此情况下，可信度矩阵退化为单位矩阵，即

$$\boldsymbol{D}_1=\begin{bmatrix}1&0&0\\0&1&0\\0&0&1\end{bmatrix}$$

在15min跟踪目标，并给出连续精确的距离数据的执行任务期间，系统的可信度矩阵计算如下。

由于每部发射机的平均故障间隔时间为10h，其故障率为

$$\lambda_t=\frac{1}{10}=0.1$$

同理，其他部件组合体的故障率为 $\lambda_r=1/50=0.02$。

因为雷达发射机的故障时间服从指数分布，则得到每部发射机在执行任务中的可靠性为

$$R_t=\exp(-\lambda_t T)=\exp(-0.1\times0.25)=0.975$$

其他部件的可靠性为 $R_r=\exp(-\lambda_r T)=\exp(-0.02\times0.25)=0.995$，则

$$\begin{aligned}
d_{11}&=R_t^2R_r=0.946\\
d_{12}&=2(1-R_t)R_tR_r=0.048\\
d_{13}&=1-d_{11}-d_{12}=0.006\\
d_{21}&=0\\
d_{22}&=R_tR_r=0.97\\
d_{23}&=1-d_{21}-d_{22}=0.03\\
d_{31}&=0\\
d_{32}&=0\\
d_{33}&=1
\end{aligned}$$

$$\boldsymbol{D}_2=\begin{bmatrix}0.946&0.048&0.006\\0&0.970&0.030\\0&0&1\end{bmatrix}$$

3）求雷达子系统的效能

由已知条件知道，在最大距离上发现并捕捉目标能力为

$$\boldsymbol{C}_1=\begin{bmatrix}0.9\\0.683\\0\end{bmatrix}$$

在执行任务时，雷达正确跟踪能力向量为

$$\boldsymbol{C}_2=\begin{bmatrix}0.97\\0.88\\0\end{bmatrix}$$

雷达子系统的效能量度值为

$$\boldsymbol{E}=\boldsymbol{A}\boldsymbol{D}_1\boldsymbol{C}_1\boldsymbol{D}_2\boldsymbol{C}_2=[0.818\quad 0.164\quad 0.018]\begin{bmatrix}0.9&0&0\\0&0.683&0\\0&0&0\end{bmatrix}\begin{bmatrix}0.946&0.048&0.006\\0&0.970&0.030\\0&0&1\end{bmatrix}\begin{bmatrix}0.97\\0.88\\0\end{bmatrix}$$

$$=0.802$$

4）求整个防空武器系统对飞行目标的毁伤概率

武器系统发射弹丸是瞬间行为，因此 $\boldsymbol{D}_3$ 为单位矩阵。武器系统跟踪与瞄准的毁伤能力在雷达测距能力条件下，毁伤目标的能力（概率）向量为

$$\boldsymbol{C}_3=\begin{bmatrix}0.85\\0.65\\0\end{bmatrix}$$

因此整个防空武器系统对敌机的战斗毁伤概率或者说系统的效能量度值为

$$\boldsymbol{E}=\boldsymbol{A}\boldsymbol{D}_1\boldsymbol{C}_1\boldsymbol{D}_2\boldsymbol{C}_2\boldsymbol{D}_3\boldsymbol{C}_3$$

$$=[0.818\quad 0.164\quad 0.018]\begin{bmatrix}0.9&0&0\\0&0.683&0\\0&0&0\end{bmatrix}\begin{bmatrix}0.946&0.048&0.006\\0&0.970&0.030\\0&0&1\end{bmatrix}\begin{bmatrix}0.97&0&0\\0&0.88&0\\0&0&0\end{bmatrix}\begin{bmatrix}0.85\\0.65\\0\end{bmatrix}$$

$$=0.64$$

10.2　AHP 法

层次分析（Analytic Hierarchy Process，AHP）法是美国运筹学家 Saaty 在 20 世纪 70 年代提出的一种定量与定性相结合的，将人的主观判断用数量形式表达和处理的方法，其关键在于以一定的标度把人的主观感觉数量化。AHP 根据问题的性质和达到的目标，分解出问题的不同组成因素，并按因素间的相互关系及隶属关系，将其分层聚类组合，形成一个递阶的、有序的层次结构模型，然后，对模型中每一层次因素的相对重要性，依据人们对客观现实的判断给予定量表示，再利用数学方法确定每一层次全部因素相对重要性次序的权值。最后，通过综合计算各层因素相对重要性的权值，获得最低层因素对于最高层（总目标）的重要性权值，或进行优劣性排序，以此作为评价和选择方案的依据。

10.2.1　AHP 法的基本原理

为了说明 AHP 法的基本原理，首先让我们分析下面这个简单的事实。

假定已知 n 只西瓜的重量总和为 1，每只西瓜的重量分别为 $W_1,W_2,\cdots,W_n$。把这些西瓜两两比较（相除），很容易得到表示 n 只西瓜相对重量关系的比较矩阵（以后称判断矩阵）：

$$
A = \begin{bmatrix} W_1/W_1 & W_1/W_2 & \cdots & W_1/W_n \\ W_2/W_1 & W_2/W_2 & \cdots & W_2/W_n \\ \vdots & \vdots & \cdots & \vdots \\ W_n/W_1 & W_n/W_2 & \cdots & W_n/W_n \end{bmatrix} = (a_{ij})_{n\times n} \tag{10.2.1}
$$

显然 $a_{ii}=1$，$a_{ij}=1/a_{ji}$，及

$$
a_{ij}=a_{ik}/a_{jk} \quad (i,j,k=1,2,\cdots,n) \tag{10.2.2}
$$

且有

$$
AW = \begin{bmatrix} W_1/W_1 & W_1/W_2 & \cdots & W_1/W_n \\ W_2/W_1 & W_2/W_2 & \cdots & W_2/W_n \\ \vdots & \vdots & \cdots & \vdots \\ W_n/W_1 & W_n/W_2 & \cdots & W_n/W_n \end{bmatrix} \begin{bmatrix} W_1 \\ W_2 \\ \vdots \\ W_n \end{bmatrix} = \begin{bmatrix} nW_1 \\ nW_2 \\ \vdots \\ nW_n \end{bmatrix} = nW \tag{10.2.3}
$$

即 n 是 A 的一个特征根，每只西瓜的重量是 A 对应于特征根 n 的特征向量的各个分量。

现在提出一个相反的问题：如果事先不知道每只西瓜的重量，也没有衡器去称量，如能设法得到判断矩阵，能否导出西瓜的相对重量呢？显然是可以的，在判断矩阵具有完全一致性的条件下，可以通过解特征值问题

$$
AW=\lambda_{\max}W \tag{10.2.4}
$$

求出正规化特征向量（假设西瓜总重量为 1），从而得到 n 只西瓜的相对重量。同样，对于复杂系统问题，通过建立层次分析结构模型，构造出判断矩阵，利用特征值方法即可确定各种方案和措施的重要性排序权值，以供决策者参考。

使用 AHP 法判断矩阵的一致性是非常重要的。所谓判断矩阵的一致性，即判断矩阵是否满足如下关系：

$$
a_{ij}=a_{ik}/a_{jk} \quad (i,j,k=1,2,\cdots,n) \tag{10.2.5}
$$

上式在完全成立时，称判断矩阵具有完全一致性。此时矩阵的最大特征根 $\lambda_{\max}=n$，其余特征根均为零。在一般情况下，可以证明判断矩阵的最大特征根为单根，且

$$
\lambda_{\max}\geqslant n
$$

当判断矩阵具有满意的一致性时，$\lambda_{\max}$ 稍大于矩阵阶数 n，其余特征根接近于零。这时，基于 AHP 法得出的结论才基本合理。但由于客观事物的复杂性和人们认识上的多样性，要求所有判断都有完全的一致性是不可能的，但要求一定程度上的判断一致，因此对构造的判断矩阵需要进行一致性检验。

10.2.2 AHP 法的一般过程

用 AHP 法分析问题大体要经过以下五个步骤：建立层次结构模型、构造判断矩阵、层次单排序、层次总排序、一致性检验。其中后三个步骤在整个过程中需要逐层地进行。

1．建立层次结构模型

运用 AHP 法进行系统分析，首先要将所包含的因素分组，每一组作为一个层次，按照最高层、若干有关的中间层和最低层的形式排列起来，例如，对于决策问题，通常可以将其

划分成如图 10.2.1 所示的层次结构模型。

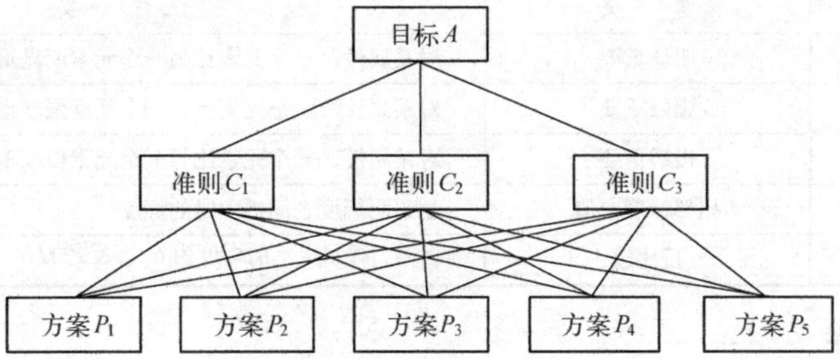

图 10.2.1　递阶的层次结构模型

最高层：表示解决问题的目的，即应用 AHP 法所要达到的目标。

中间层：表示采用某种措施和方案来实现预定目标所涉及的中间环节，一般又分为策略层、约束层、准则层等。

最低层：表示解决问题的措施或方案。

图 10.2.1 中标明上一层因素与下一层因素之间的联系。如果某个因素与下一层次所有因素均有联系，那么称这个因素与下一层次存在完全层次关系。有时存在不完全层次关系，即某个因素只与下一层次的部分因素有联系。层次之间可以建立子层次。子层次从属于主层次的某个因素，它的因素与下一层次的因素有联系，但不形成独立层次，层次结构模型往往用结构模型图表示。

2．构造判断矩阵

任何系统分析都以一定的信息为基础。AHP 法的信息基础主要是人们对每一层次各因素的相对重要性给出的判断，这些判断用数值表示出来，写成矩阵形式就是判断矩阵。判断矩阵是 AHP 法工作的出发点。构造判断矩阵是 AHP 法的关键一步。

判断矩阵表示针对上一层次某因素而言，本层次与之有关的各因素之间的相对重要性。假定 A 层中因素 A_k 与下一层次中因素 $B_1, B_2, \cdots, B_n$ 有联系，则构造的判断矩阵如表 10.2.1 所列。

表 10.2.1　判断矩阵的构成

A_k	B_1	B_2	…	B_n
B_1	b_{11}	b_{12}	…	b_{1n}
B_2	b	b_{22}	…	b_{2n}
⋮	⋮	⋮	⋮	⋮
B_n	b_{n1}	b_{n2}	…	b_{nn}

其中，b_{ij} 是对于 A_k 而言，B_i 对 B_j 的相对重要性的数值表示，一般可采用九标度法，即 b_{ij} 取 1～9 及它们的倒数，其含义如表 10.2.2 所列。

表 10.2.2　九标度法的标度含义

标　度	定　义	含　义
1	同样重要	两个元素对某属性同样重要
3	稍微重要	对某属性，一个元素比另一个元素稍微重要

续表

标　度	定　义	含　义
5	明显重要	对某属性，一个元素比另一个元素明显重要
7	强烈重要	对某属性，一个元素比另一个元素强烈重要
9	极端重要	对某属性，一个元素比另一个元素极端重要
2,4,6,8	相邻标度中值	相邻两标度之间折中时的标度
上列标度倒数	反比较	元素 i 对元素 j 的标度为 b_{ij}，反之 $1/b_{ij}$

3．层次单排序

所谓层次单排序是指，根据判断矩阵计算对于上一层某因素而言，本层次与之有关联的因素的重要性次序的权值。它是本层次所有因素相对上一层次而言的重要性进行排序的基础。

层次单排序可以归结为计算判断矩阵的特征根和特征向量问题，即对判断矩阵 $\boldsymbol{B}$，计算满足下式的特征根与特征向量：

$$\boldsymbol{BW} = \lambda_{\max}\boldsymbol{W} \tag{10.2.6}$$

式中 $\lambda_{\max}$——$\boldsymbol{B}$ 的最大特征根；

$\boldsymbol{W}$——对应于 $\lambda_{\max}$ 的正规化特征向量；

$\boldsymbol{W}$ 的分量 W_i——相应因素单排序的权值。

为了检验矩阵的一致性，需要计算它的一致性指标 CI，定义

$$\mathrm{CI} = \frac{\lambda_{\max} - n}{n-1} \tag{10.2.7}$$

显然，当判断矩阵具有完全一致性时，$\mathrm{CI}=0$。$\lambda_{\max}-n$ 越大，CI 越大，矩阵的一致性越差。

为了检验判断矩阵是否具有满意的一致性，需要将 CI 与平均随机一致性指标 RI 进行比较。对于 1～15 阶矩阵，RI 分别如表 10.2.3 所列。

表 10.2.3　平均随机一致性指标值

阶数	1	2	3	4	5	6	7	8
RI	0	0	0.52	0.89	1.12	1.26	1.36	1.41
阶数	9	10	11	12	13	14	15	
RI	1.46	1.49	1.52	1.54	1.56	1.58	1.59	

对于一阶、二阶判断矩阵，RI 只是形式上的，按照对判断矩阵所下的定义，一阶、二阶判断矩阵总是完全一致的。当阶数大于 2 时，判断矩阵的一致性指标 CI，与同阶平均随机一致性的指标 RI 之比称为判断矩阵的随机一致性比例，记为 CR。当 $\mathrm{CR}=\mathrm{CI/RI}<0.10$ 时，判断矩阵具有满意的一致性，否则就需要对判断矩阵进行调整。

4．层次总排序

利用同一层次中所有层次单排序的结果，就可以计算针对上一层次而言，本层次所有因素重要性的权值，这就是层次总排序。层次总排序需要从上到下逐层顺序进行，对于最高层下面的第二层，其层次单排序为总排序。假定上一层次所有因素 $A_1, A_2, \cdots, A_m$ 的总排序已完成，得到的权值分别为 $a_1, a_2, \cdots, a_m$，与 a_i 对应的本层次因素 $B_1, B_2, \cdots, B_n$ 单排序的结果为

$$b_1^i, b_2^i, \cdots, b_n^i$$

这里，若 B_j 与 A_i 无关，则 $b_j^i = 0$，层次总排序如表 10.2.4 所列。

表 10.2.4　层次总排序

层次 A	$A_1 \quad A_2 \quad \cdots \quad A_m$ $a_1 \quad a_2 \quad \cdots \quad a_m$	B 层次的总排序
B_1	$b_1^1 \quad b_1^2 \quad \cdots \quad b_1^m$	$\sum_{i=1}^{m} a_i b_1^i$
B_2	$b_2^1 \quad b_2^2 \quad \cdots \quad b_2^m$	$\sum_{i=1}^{m} a_i b_2^i$
⋮	⋮	⋮
B_n	$b_n^1 \quad b_n^2 \quad \cdots \quad b_n^m$	$\sum_{i=1}^{m} a_i b_n^i$

显然

$$\sum_{j=1}^{n}\sum_{i=1}^{m} a_i b_j^i = 1$$

即层次总排序仍然是归一化正规向量。

5．一致性检验

为评价层次总排序的计算结果的一致性，需要计算与单排序类似的检验量。CI 为层次总排序一致性指标；RI 为层次总排序平均随机一致性指标；CR 为层次总排序随机一致性比例。它们的表达式分别为

$$\mathrm{CI} = \sum_{i=1}^{m} a_i \mathrm{CI}_i \tag{10.2.8}$$

式中　CI_i——与 a_i 对应的 B 层次中判断矩阵的一致性指标。

$$\mathrm{RI} = \sum_{i=1}^{m} a_i \mathrm{RI}_i \tag{10.2.9}$$

式中　RI_i——与 a_i 对应的 B 层次中判断矩阵的平均随机一致性指标。

$$\mathrm{CR} = \frac{\mathrm{CI}}{\mathrm{RI}} \tag{10.2.10}$$

同样，当 $\mathrm{CR} \leqslant 0.10$ 时，认为层次总排序的计算结果具有满意的一致性。

层次分析法计算的根本问题是如何计算判断矩阵的最大特征根 $\lambda_{\max}$ 及其对应的特征向量 $\boldsymbol{W}$。为简化计算，可采用近似方法——和积法计算，具体计算步骤如下。

（1）将判断矩阵每一列正规化：

$$\overline{\boldsymbol{b}}_{ij} = \frac{b_{ij}}{\sum_{k=1}^{n} b_{kj}} \quad (i, j = 1, 2, \cdots, n) \tag{10.2.11}$$

（2）每一列经正规化后的判断矩阵按行相加：

$$\boldsymbol{W}_i = \sum_{j=1}^{n} \overline{\boldsymbol{b}}_{ij} \quad (j = 1, 2, \cdots, n) \tag{10.2.12}$$

（3）对向量$\overline{\boldsymbol{W}}=[\overline{W}_1,\overline{W}_2,\cdots,\overline{W}_n]^{\mathrm{T}}$正规化：

$$W_i=\frac{\overline{W}_i}{\sum_{j=1}^{n}\overline{W}_j}\ (i=1,2,\cdots,n) \tag{10.2.13}$$

所得到的$\boldsymbol{W}=[W_1,W_2,\cdots,W_n]^{\mathrm{T}}$即所求特征向量。

（4）计算判断矩阵$\boldsymbol{A}$的最大特征根$\lambda_{\max}$：

$$\lambda_{\max}=\sum_{i=1}^{n}\frac{(\boldsymbol{AW})_i}{nW_i} \tag{10.2.14}$$

式中 $(\boldsymbol{AW})_i$——向量$\boldsymbol{AW}$的第i个分量。

10.2.3 AHP法的应用

AHP法把一个复杂的无结构问题分解组合成若干部分或若干因素（统称为元素），如目标、准则、子准则、方案等，并按照属性的不同，把这些元素分组形成互不相交的层次，上一层次对相邻的下一层次的全部或某些元素起支配作用，这就形成了层次间自上而下的逐层支配关系，这就是一种递阶层次关系，在AHP中递阶层次思想占据核心地位。通过分析建立一个有效的、合理的递阶层次结构对于能否成功地解决问题具有决定性意义。

【例10.3】 利用AHP法，从系统反应时间、有效射击范围、火炮射击精度、弹丸毁伤能力、系统可靠性五个方面，综合评价三型给定舰炮武器的系统效能（数据见求解过程）。

解：目的是“评估舰炮武器的系统效能E”，故将第一层称为“目标层”；评价的相关指标是“反应时间u_1”“射击范围u_2”“射击精度u_3”“毁伤能力u_4”“可靠性能u_5”这五个方面，故将第二层称为“准则层”；待评价的有G_1、G_2、G_3三型舰炮，故将第三层称为“方案层”。

AHP法的基本过程大体可分为四个步骤：

（1）分析系统中各因素之间的关系，建立系统的递阶层次结构模型，如图10.2.2所示。

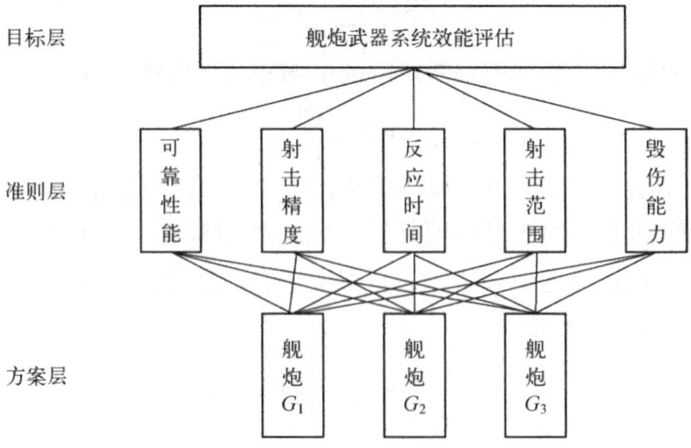

图10.2.2 舰炮武器系统层次结构

（2）对同一层次的各元素关于上一层次中某一元素的重要性进行两两比较，构造两两比较判断矩阵。

① 对于总目标，准则层各准则两两比较构造判断矩阵 $\boldsymbol{B}_E$，如表 10.2.5 所列。

表 10.2.5　$\boldsymbol{B}_E$

B_E	u_1	u_2	u_3	u_4	u_5
u_1	1	3	5	3	5
u_2	1/3	1	3	1	3
u_3	1/5	1/3	1	1/3	3
u_4	1/3	1	3	1	3
u_5	1/5	1/3	1/3	1/3	1

即

$$\boldsymbol{B}_E=\begin{bmatrix}1 & 3 & 5 & 3 & 5\\ 1/3 & 1 & 3 & 1 & 3\\ 1/5 & 1/3 & 1 & 1/3 & 3\\ 1/3 & 1 & 3 & 1 & 3\\ 1/5 & 1/3 & 1/3 & 1/3 & 1\end{bmatrix}$$

② 对于各准则，构造方案层各方案的判断矩阵 $\boldsymbol{B}_i(i=1,2,3,4,5)$。

对于准则 u_1，各方案的判断矩阵为

$$\boldsymbol{B}_1=\begin{bmatrix}1 & 1 & 5\\ 1 & 1 & 5\\ 1/5 & 1/5 & 1\end{bmatrix}$$

同样，可以给出对于准则 u_2、u_3、u_4、u_5，各方案的判断矩阵

$$\boldsymbol{B}_2=\begin{bmatrix}1 & 3 & 5\\ 1/3 & 1 & 2\\ 1/5 & 1/2 & 1\end{bmatrix},\quad \boldsymbol{B}_3=\begin{bmatrix}1 & 4 & 7\\ 1/4 & 1 & 4\\ 1/7 & 1/4 & 1\end{bmatrix},\quad \boldsymbol{B}_4=\begin{bmatrix}1 & 1/2 & 1/3\\ 2 & 1 & 1\\ 3 & 1 & 1\end{bmatrix},\quad \boldsymbol{B}_5=\begin{bmatrix}1 & 1/2 & 1/3\\ 2 & 1 & 1\\ 3 & 1 & 1\end{bmatrix}$$

（3）由判断矩阵计算同一层次元素对于上一层次中某一元素的相对权重。

① 对于总目标，求解判断矩阵 $\boldsymbol{B}_E$ 的最大特征值 $\lambda_{\max}$ 及其对应的特征向量 $\boldsymbol{P}_E$，并进行一致性检验，即

$$\boldsymbol{P}_E=[0.461,0.195,0.091,0.195,0.059]^{\mathrm{T}}$$

$$\lambda_{\max}=5.206$$

由式（10.2.10）和表 10.2.3 可知一致性比例

$$\mathrm{CR}=\frac{\mathrm{CI}}{\mathrm{RI}}=0.046<0.1$$

② 对于各准则，分别求解判断矩阵 $\boldsymbol{B}_i(i=1,2,3,4,5)$ 的最大特征值 $\lambda_{\max}^{(i)}$ 及其对应的特征向量 $\boldsymbol{P}_i$，并进行一致性检验，即

$$\boldsymbol{P}_1=[0.455,0.455,0.091]^{\mathrm{T}}$$

$$\lambda_{\max}^{(1)}=3,\quad \mathrm{CR}=0<0.1$$

$$\boldsymbol{P}_2 = \left[0.648, 0.230, 0.122\right]^{\mathrm{T}}$$

$$\lambda_{\max}^{(2)} = 3.005，\quad \mathrm{CR} = 0.005 < 0.1$$

$$\boldsymbol{P}_3 = \left[0.695, 0.299, 0.075\right]^{\mathrm{T}}$$

$$\lambda_{\max}^{(3)} = 3.079，\quad \mathrm{CR} = 0.076 < 0.1$$

$$\boldsymbol{P}_4 = \left[0.169, 0.387, 0.443\right]^{\mathrm{T}}$$

$$\lambda_{\max}^{(4)} = 3.018，\quad \mathrm{CR} = 0.017 < 0.1$$

$$\boldsymbol{P}_5 = \left[0.169, 0.387, 0.443\right]^{\mathrm{T}}$$

$$\lambda_{\max}^{(5)} = 3.018，\quad \mathrm{CR} = 0.017 < 0.1$$

（4）计算各层元素对系统目标的合成权重，并进行排序。

方案层 3 个待评估方案对准则层各准则的相对权重向量 $\boldsymbol{W}_i (i = 1,2,3,4,5)$ 构成 3×5 的矩阵

$$\boldsymbol{P}_u = [P_1, P_2, P_3, P_4, P_5] = \begin{bmatrix} 0.455 & 0.648 & 0.695 & 0.169 & 0.169 \\ 0.455 & 0.230 & 0.229 & 0.387 & 0.387 \\ 0.091 & 0.122 & 0.075 & 0.443 & 0.443 \end{bmatrix}$$

三个待评估方案对总目标的合成权重向量为

$$\boldsymbol{E} = P_u \cdot P_E = \left[e_1, e_2, e_3\right]^{\mathrm{T}} = \begin{bmatrix} 0.455 & 0.648 & 0.695 & 0.169 & 0.169 \\ 0.455 & 0.230 & 0.229 & 0.387 & 0.387 \\ 0.091 & 0.122 & 0.075 & 0.443 & 0.443 \end{bmatrix} \cdot \begin{bmatrix} 0.461 \\ 0.195 \\ 0.091 \\ 0.195 \\ 0.059 \end{bmatrix}$$

$$= \left[0.442, 0.374, 0.185\right]^{\mathrm{T}}$$

因此

$$e_1 = 0.442，\quad e_2 = 0.374，\quad e_3 = 0.185$$

这说明以上三型舰炮武器的系统效能大小关系是

$$G_1 > G_2 > G_3$$

10.3 指数法

指数原本是统计学中反映某一社会现象在一段时期内变动的指标，是对所谓“黑箱系统”进行量化的一种重要的数学建模方法。

将指数引入作战效能评估，可以反映人员和武器系统在一定条件下的相对的平均作战能力。其特点是在不同武器之间、军事力量之间建立一种相对的比例关系，以便统一衡量其作战效能，分析作战双方的力量对比，预测战斗结局。

武器系统作战效能指数是描述武器系统在作战能力时空域全域或部分域上的所有作战能力（作战效能）的综合表征值。作战能力指数也称战斗力指数，是量度部队或武器系统作

战能力相对关系的比数，是部队作战能力量度的一个相对参考指标，反映的作战能力是一种"平均"的潜在作战能力。

通常所说的作战能力指数，仅指武器系统本身在设计制造过程中所确定的内在作战能力，在求取作战能力指数时，将人的因素对作战能力影响看作常量，或者说都是正常发挥，战场环境条件设定为标准情况。

10.3.1　指数法的基本原理

武器系统作战能力指数是度量武器系统作战能力的一种相对指标，也是其作战效能的一种量度，主要用于以下几个领域：评价国家（地区）与国家（地区）作战能力；研究兵力结构以求取较优的兵力结构方案；宏观高层大系统论证；定量对比兵力作战能力；武器作战效果/费用分析。

指数法的类型有很多，主要包括：美国陆军司令部的火力指数（Firepower Score）；J.A.斯朵可弗希的火力指数；新火力指数（New-Power Index）；T.N.Dupuy（杜派）理论与实际杀伤力指数（Lethality Index）；J.B.泰勒的武器火力潜力指数；美国通用动力公司的武器指数；邓尼根的战斗力分级指数；幂指数；等等。

各军兵种对指数法的用法有所不同，海军主要用幂指数。幂指数函数法的基础理论研究的内容主要有两个方面：

（1）武器系统作战能力指数是其基本战术技术性能幂指数函数乘积；

（2）武器系统的"耦合联接"机理包括"串联、并联、合作、协同、保障"等多种形式。

武器系统完成任务程度的数量度量称为武器系统效果度量（Measurement of Effectiveness，MOE），这是作战指挥、武器战术技术性能和战役战术环境的函数。其形式上可表示为

$$\mathrm{MOE}=F(\boldsymbol{T},\boldsymbol{E},\boldsymbol{X}) \tag{10.3.1}$$

式中 $\boldsymbol{T}$——作战指挥；

$\boldsymbol{E}$——战役战术环境；

$\boldsymbol{X}$——武器战术技术性能。

在典型的战役战术环境下的作战效果度量称为作战能力函数（Combats Capability Value，CCV）即

$$\mathrm{CCV}=F(\boldsymbol{T}_0,\boldsymbol{E}_0,\boldsymbol{X}) \tag{10.3.2}$$

式中 $\boldsymbol{X}$——给定的一类武器系统的最基本的、不可能再简化的战术技术性能，是一个 n 维向量。

武器系统作战能力指数是一类特殊的作战能力函数，记为

$$I=F(\boldsymbol{X}) \tag{10.3.3}$$

对给定的某类武器系统中的每一武器系统，如果给出一个向量 $\boldsymbol{X}$，就可以计算其作战能力指数。$F(\boldsymbol{X})$ 应满足如下三个条件。

（1）连续性：武器效能指标的变化是随武器装备性能变化而连续变化的，要求 $F(\boldsymbol{X})$ 是关于 $\boldsymbol{X}$ 的可微函数。

（2）边际递减效应：武器装备的效能不可能无限增加，随着效能增加到一定程度，在同样数量的增加量 $\Delta\boldsymbol{X}$ 下，武器装备效能的增加量 $\Delta\boldsymbol{I}$ 将越来越小。

（3）量纲一致性：武器装备的性能由多种不同量纲的指标组成，需要有一个度量一致性指标，以保持效能指数的一致性。

满足上述要求的武器系统作战能力指数具有下列形式：

$$I = kx^{\alpha} y^{\beta} \cdots z^{\gamma} \tag{10.3.4}$$

式中 k——调整系数，在比较不同武器装备之间的指数值或统计由多种武器装备组成的战斗单位的数值时，对达到不同武器装备之间效能指数的一致性起着量级调整作用，因此也称为一致性调整系数；

x, y, z——武器系统的基本战技指标。

式（10.3.4）中，$\alpha > 0, \beta > 0, \cdots, \gamma > 0$，且$\alpha + \beta + \cdots + \gamma = 1$。

在建立指数法的效能评估模型时，由于在武器系统的诸多战技性能指标中，有一些指标或因素不方便量化，而且这些指标所产生的影响一般又处在一定的范围或区间内，不会无限增大或减小对效能指标值的影响程度。一般在处理时，通过在模型中加入影响因子的方式对武器系统的固有作战能力进行修正，因此式（10.3.4）变为

$$I = kx^{\alpha} y^{\beta} \cdots z^{\gamma} \psi \tag{10.3.5}$$

式中 ψ——影响因子。

在武器系统战技性能指标中，某些指标越大越优，即为效益型指标；某些指标越小越优，即为成本型指标。为了使模型求解的最终结果统一为越大越优，通常将效益型指标作为分子，将成本型指标作为分母，由此可将式（10.3.5）又变为

$$I = k \frac{x_1^{\omega_1} x_2^{\omega_2} \cdots x_n^{\omega_n}}{x_{n+1}^{\omega_{n+1}} x_{n+2}^{\omega_{n+2}} \cdots x_N^{\omega_N}} \psi \tag{10.3.6}$$

式中 $x_i (i = 1, 2, \cdots, n)$——效益型指标；

$x_i (i = n+1, n+2, \cdots, N)$——成本型指标；

$$\omega_i \leqslant 1\text{，}\quad i = 1, 2, \cdots, n, n+1, \cdots, N$$

式（10.3.4）～式（10.3.6）是指数法研究的基础理论之一。武器系统具有不同的组合，其形式多种多样，很复杂，只能具体问题具体分析。

10.3.2 指数法的一般过程

武器系统作战能力指数法的总体思路为：先确定系统作战能力指标体系，用幂指数函数乘积方法计算体系底层的作战能力指数。考虑作战指挥和战役战术环境（耦合）效应及体系的构成，分层次“构造”作战能力指数，用定性定量综合集成方法得到武器系统作战能力指数。

武器系统作战能力中的基本性能指标参数，是计算系统作战能力指数的基础。对给定的某个武器系统，其作战能力指数计算过程如图 10.3.1 所示。

指数权可以用层次分析（AHP）法计算出来的归一化特征向量给出，具体方法可见 10.2 节。

幂指数方法计算武器系统作战能力指数是很有效的。但是，武器系统指标体系的构成是很复杂的，例如，包含多个武器的作战系统，如反导武器系统、电子战系统、C^3I 系统等，而系统或体系的“耦合联接”方式是复杂多样的。这就要求用系统论证的方法对体系的构成进行分析，以武器系统作零件；用“耦合联接”方法将零件连接为部件，再“耦合联接”部件为子系统，以此类推，最终将子系统“耦合联接”为体系。耦合联接形式和具体处理方法如下：

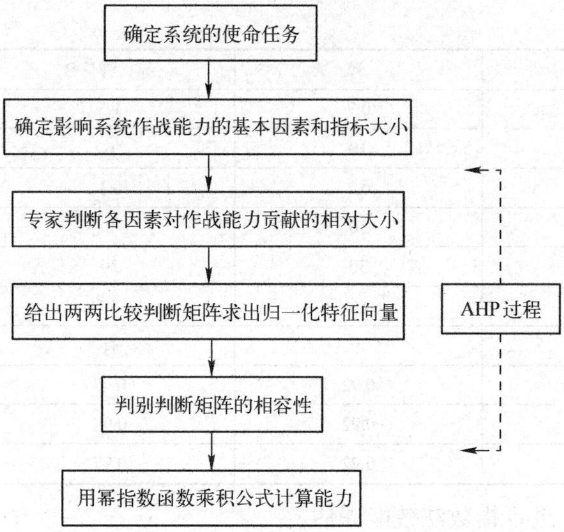
确定系统的使命任务
确定影响系统作战能力的基本因素和指标大小
专家判断各因素对作战能力贡献的相对大小
给出两两比较判断矩阵求出归一化特征向量
AHP 过程
判别判断矩阵的相容性
用幂指数函数乘积公式计算能力

图 10.3.1　作战能力指数计算过程

串联——乘（×）；

并联——加（＋）；

合作——加权和；

协同——加（＋）；

保障——乘以 $(1-\exp(-\alpha S_u))$，其中，S_u 为保障度，α 为常数；

综合集成——人的经验判断与基于知识库推理、定性推理（Qualitative Reasoning）、仿真推演等技术手段相融合的方法。

10.3.3　指数法应用

根据已经研究的工作实践和研究成果，将海军武器系统作战能力指数计算模型分为以下五种基本计算模型：单武器系统作战能力指数计算模型；海军典型平台单项作战能力指数计算模型；海军典型平台综合作战能力指数计算模型；编队单项作战能力指数计算模型；编队综合作战能力指数计算模型。

1．单武器系统作战能力指数计算模型

单武器系统的各功能组成之间，在总体上可视为串联关系，在表达形式上表现为幂指数乘积的形式，因此，基本计算模型同式（10.3.6）。

【例 10.4】 某三型巡航导弹武器系统战技指标如表 10.3.1 所列，试利用指数法对三型导弹武器系统进行作战效能分析评估。

表 10.3.1　某三型巡航导弹武器系统战技指标

指　标	导　弹　A	导　弹　B	导　弹　C
有效射程 L（km）	1200	900	1500
战斗部有效载荷 G（kg）	300	500	400
弹头种类 N（种类数）	2	3	5
最大巡航高度 H_{max}（m）	150	100	120

续表

指　标	导　弹　A	导　弹　B	导　弹　C
巡航速度 Ma（M）	0.7	1.5	2
射击精度 CEP（m）	10	6	5
弹头 RCS 值 σ（m^2）	0.2	0.1	0.05
转弯半径 R（km）	10	8	6
最小巡航高度 H_{min}（m）	30	20	25
发射准备时间 T（min）	60	30	15
有无突防/干扰装置	无	有	有
发射可靠度 μ_1	0.92	0.97	0.95
飞行可靠度 μ_2	0.92	0.97	0.95
爆炸可靠度 μ_3	0.92	0.97	0.95

解：根据图 10.3.1 进行指数法效能评估。

1）指标分析

由题意知，巡航导弹的有效射程 L、可携带弹头种类 N、战斗部有效载荷 G、最大巡航高度 H_{max}、巡航速度 Ma 和可靠度 μ_1、μ_2、μ_3 均为效益型指标。将三类可靠度指标综合为总体可靠度指标，并表示为 $\mu=\mu_1\cdot\mu_2\cdot\mu_3$。

射击精度 CEP、弹头 RCS 值 σ、转弯半径 R、最小巡航高度 H_{min}、发射准备时间 T 为成本型指标。此外，有无突防干扰装置是定性指标，可以作为影响因子，用 ψ 表示。设没有突防干扰装置时 $\psi=1$，有突防干扰装置时 $\psi=1.1$。由于三型巡航导弹属于同类武器系统，因此式（10.3.6）中的调整系数 $k=1$。

2）权重分配

接下来利用 AHP 法对各指标权重进行分配。令 ω_i（$i=1,2,\cdots,11$）分别表示各指标权重，则由式（10.3.6）可得指数法效能计算公式为

$$I=\frac{L^{\omega_1}\cdot N^{\omega_2}\cdot G^{\omega_3}\cdot H_{\max}^{\omega_4}\cdot \mathrm{Ma}^{\omega_5}\cdot \mu^{\omega_6}}{\mathrm{CEP}^{\omega_7}\cdot \sigma^{\omega_8}\cdot R^{\omega_9}\cdot H_{\min}^{\omega_{10}}\cdot T^{\omega_{11}}}\psi \tag{10.3.7}$$

对上式中的 11 个效能指标，通过专家咨询，将各指标进行两两比较，得到判断矩阵为

$$\begin{bmatrix}
1 & 5 & 5 & 5 & 3 & 3 & 1 & 3 & 3 & 5 & 3\\
1/5 & 1 & 1 & 1 & 1/3 & 1/3 & 1/5 & 1/3 & 1/3 & 1 & 1/3\\
1/5 & 1 & 1 & 1 & 1/3 & 1/3 & 1/5 & 1/3 & 1/3 & 1 & 1/3\\
1/5 & 1 & 1 & 1 & 1/3 & 1/3 & 1/5 & 1/3 & 1/3 & 1 & 1/3\\
1/3 & 3 & 3 & 3 & 1 & 1 & 1/3 & 1 & 1 & 3 & 1\\
1/3 & 3 & 3 & 3 & 1 & 1 & 1/3 & 1 & 1 & 3 & 1\\
1 & 5 & 5 & 5 & 3 & 3 & 1 & 3 & 3 & 5 & 3\\
1/3 & 3 & 3 & 3 & 1 & 1 & 1/3 & 1 & 1 & 3 & 1\\
1/3 & 3 & 3 & 3 & 1 & 1 & 1/3 & 1 & 1 & 3 & 1\\
1/5 & 1 & 1 & 1 & 1/3 & 1/3 & 1/5 & 1/3 & 1/3 & 1 & 1/3\\
1/3 & 3 & 3 & 3 & 1 & 1 & 1/3 & 1 & 1 & 3 & 1
\end{bmatrix}$$

在此基础上，利用和积法计算判断矩阵的最大特征值和特征向量，由式（10.2.11）～式（10.2.14）可得

$$\lambda_{\max} = 11.1151$$

$$\boldsymbol{\mu} = [0.2158 \quad 0.0326 \quad 0.0326 \quad 0.0326 \quad 0.0876 \quad 0.0876 \quad 0.2158 \quad 0.0876 \quad 0.0876 \quad 0.0326 \quad 0.0876]$$

由 AHP 法原理可知，特征向量 $\boldsymbol{\mu}$ 中的各元素为指标的权重，即 $\omega_i = \mu_i$，$i = 1,2,\cdots,11$。

在计算出权重后应进行一致性检验，利用 10.2 节中式（10.2.7）、式（10.2.10）和表 10.2.3，可得

$$\mathrm{CI} = \frac{\lambda_{\max} - n}{n-1} = \frac{11.1151 - 11}{10} = 0.012$$

$$\mathrm{CR} = \frac{\mathrm{CI}}{\mathrm{RI}} = \frac{0.012}{1.52} = 0.0079 < 0.1$$

即该判断矩阵通过一致性检验。

3）效能指标计算

给出各指标数值和权重后，根据式（10.3.7）可得各型巡航导弹在指数模型下的效能指标，分别为

$$I_A = 2.2747\text{，}\quad I_B = 3.3765\text{，}\quad I_C = 4.6682$$

根据作战效能指数值，可得三型导弹作战效能评估排序为

$$\text{导弹 C} > \text{导弹 B} > \text{导弹 A}$$

2．海军典型平台单项作战能力指数计算模型

这里的海军典型平台是指单个的海军兵种装备，如单架飞机、单艘舰艇等。海军典型平台单项作战能力指数计算模型包括：海军典型平台防空作战能力指数计算模型；海军典型平台反舰作战能力指数计算模型；海军典型平台反潜作战能力指数计算模型等。

海军典型平台的各武器系统之间，在功能上表现为并联关系，而海军典型平台的载体生存能力、载体对武器系统作战能力发挥的影响，以及载体电子设备对武器系统的保障、支援能力，则与武器系统作战能力之间表现为串联关系，因此，海军典型平台的单项作战能力指数在总体上表现为加权和的形式。在假定各武器系统作战能力不相关的前提下，海军典型平台单项作战能力的基本计算模型可表示为

$$I_{\text{单项}} = f_{\text{平台}} \times f_{\text{电子}} \times \sum_{m=1}^{M} I_{\text{武器}m}$$

式中　M——海军典型平台包含的具有该项作战能力的武器系统的数量；

$I_{\text{武器}m}$——第 m 项武器系统的作战能力指数；

$f_{\text{平台}}$ 和 $f_{\text{电子}}$——平台和电子设备的影响系数。

以水面舰艇为例，其反舰作战能力主要取决于舰载反舰导弹和舰炮的作战能力，因此，水面舰艇的反舰作战能力指数计算模型可表示为

$$I_{\text{反舰}} = f_{\text{平台}} \times f_{\text{电子}} \times \left(\sum_{m=1}^{M} I_{\text{导弹}m} + \sum_{n=1}^{N} I_{\text{舰炮}n} \right)$$

式中 M——水面舰艇上反舰导弹的型号数量；

$I_{导弹m}$——第 m 型导弹的作战能力指数；

N——水面舰艇上舰炮的型号数量；

$I_{舰炮n}$——第 n 型舰炮的作战能力指数。

3．海军典型平台综合作战能力指数计算模型

海军典型平台综合作战能力指数计算模型包括：单舰综合作战能力指数计算模型、单艇综合作战能力指数计算模型、单机综合作战能力指数计算模型等。

海军典型平台的单项作战能力指数从一个方面描述了装备作战能力的大小，而海军典型平台的综合作战能力指数则代表了平台在反舰、防空和反潜三方面的综合作战能力。由于不同的单项指数描述了不同的内容，因此，综合指数不等于单项指数的简单相加，而需要以某一种作战能力为基准，将其他作战能力转化为基准作战能力。

4．编队单项作战能力指数计算模型

编队单项作战能力指数计算模型包括：编队防空作战能力指数计算模型、编队反舰作战能力指数计算模型、编队反潜作战能力指数计算模型。

从严格意义上讲，编队内各平台的作战能力之间存在着相互补充或相互制约，这种相互作用将对单平台作战能力的发挥产生一定的影响。但为了便于计算，本模型未考虑编队内各平台之间的相互作用，因此对于同类平台组成的编队，其单项作战能力表现为编队内各平台单项作战能力的并联，其计算模型可表示为

$$I_{编单}=\sum_{m=1}^{M} I_{单项m}$$

式中 M——编队内的平台数量；

$I_{单项m}$——编队内第 m 项平台的单项作战能力指数。

对于不同类平台组成的编队，如由飞机和水面舰艇组成的海上机动作战编队，则需要考虑不同类平台作战能力指数之间的转换关系。在本模型中，以水面舰艇为基准，将飞机和潜艇的作战能力指数转换为水面舰艇作战能力指数，因此，对于不同类平台组成编队的单项作战能力指数计算模型可表示为

$$I_{编单}=\sum_{m=1}^{M} \beta_m \times \left(\sum_{n=1}^{N} I_{单项n}\right)$$

式中 M——编队武器平台类型数；

N——同类平台的数量；

$I_{单项n}$——同类平台中第 n 项的单项作战能力指数；

β_m——第 m 类平台作战能力的转换系数。

在计算编队单项作战能力指数时，还可以考虑一些其他因素，如不同平台的在航率、出动率等。在考虑在航率或出动率因素时，编队单项作战能力指数可表示为

$$I_{编单}=\sum_{m=1}^{M} f_m \times \beta_m \times \left(\sum_{n=1}^{N} I_{单项n}\right)$$

式中 f_m——第 m 类平台的在航率或出动率。

5．编队综合作战能力指数计算模型

编队综合作战能力指数计算模型在设计思想上与编队单项作战能力指数计算模型基本相同，只是在计算中选用各武器平台的综合作战能力指数，因此对于同类武器平台组成的编队，其综合作战能力指数的计算模型可表示为

$$I_{编综}=\sum_{m=1}^{M} I_{综合m}$$

式中　M——编队内的平台数量；

$I_{综合m}$——编队内第 m 项平台的综合作战能力指数。

对于不同类平台组成的编队，其综合作战能力指数计算模型可表示为

$$I_{编综}=\sum_{m=1}^{M} \beta_m \times \left(\sum_{n=1}^{N} I_{综合n}\right)$$

式中　M——平台类型数；

N——同类平台的数量；

$I_{综合n}$——同类平台中第 n 项的综合作战能力指数；

β_m——第 m 类平台作战能力的转换系数。

10.4　模糊综合评判法

模糊综合评判法就是以模糊数学为基础，应用模糊关系合成的原理，对受到多种因素制约的事物或对象，将一些边界不清、不易定量的因素定量化，按多项模糊的准则参数对备选方案进行综合评判，再根据综合评判结果对各备选方案进行比较排序，选出最好方案的一种方法。

10.4.1　模糊综合评判法的基本原理

与综合评判有关的有限论域有两种：准则参数集合和评估参数集合。

准则参数集合（又称因素集合）可表示为

$$U=\{u_1,u_2,\cdots,u_n\}$$

式中　u_i——准则参数。

每个准则参数均是评判的一种“着眼点”。如评判一作战方案，可取

$$U=\{符合上级决心程度(u_1),地形利用好坏(u_2),风险大小(u_3),突然性(u_4)\}$$

评估参数集合可表示为

$$V=\{v_1,v_2,\cdots,v_m\}$$

如

$$V=\{很好(v_1),比较好(v_2),不大好(v_3),不好(v_4)\}$$

对每一备选方案，可确定一个从准则参数集合 U 到评估参数集合 V 的模糊关系，它可表达成矩阵形式：

$$\boldsymbol{R}=(r_{ij})_{nm}$$

式中 r_{ij}——从准则参数 u_i 着眼，该方案能被评为 v_j 的隶属程度。因此矩阵 $\boldsymbol{R}$ 的第 i 行表示按准则 u_i 对该方案的单因素评判结果。

决策者对备选方案进行综合评判，是其对诸准则因素权衡轻重的结果。例如，对 u_1 权重为 a_1，对 u_2 权重为 a_2，这些权重组成 U 上的一个模糊子集 $\boldsymbol{A}$，即

$$\boldsymbol{A}=\{a_1,a_2,\cdots,a_n\}$$

模糊综合评判结果是 V 上的模糊子集 $\boldsymbol{B}$，即

$$\boldsymbol{B}=\{b_1,b_2,\cdots,b_m\}$$

如果把模糊关系 $\boldsymbol{R}$ 看作一个变换器，输入为权重集合 $\boldsymbol{A}$，则模糊综合评判 $\boldsymbol{B}$ 就是输出，按照模糊矩阵运算规则有

$$\boldsymbol{B}=\boldsymbol{A}\circ\boldsymbol{R}$$

10.4.2 模糊综合评判法的一般过程

（1）确定评判对象的因素（指标）集合 $U=(u_1,u_2,\cdots u_n)$ 共 n 个因素。

（2）确定评语等级集合 $V=(v_1,v_2,\cdots,v_m)$ 共 m 个因素。

（3）进行单因素评判，建立因素论域和评语论域之间的模糊关系矩阵为

$$\boldsymbol{R}=\begin{bmatrix} r_{11} & r_{12} & \cdots & r_{1m} \\ r_{21} & r_{22} & \cdots & r_{2m} \\ \vdots & \vdots & & \vdots \\ r_{n1} & r_{n2} & \cdots & r_{nm} \end{bmatrix}$$

式中 r_{ij}——U 中因素 u_i 对应 V 中等级 v_j 的隶属关系。

（4）确定评判权重向量 $\boldsymbol{A}$，为 U 中各因素对被评事物的隶属关系。

（5）选择合成算子，将 $\boldsymbol{A}$ 与 $\boldsymbol{R}$ 合成得到 $\boldsymbol{B}$。模糊综合评判的基本模型为 $\boldsymbol{B}=\boldsymbol{A}\circ\boldsymbol{R}$。最终按照最大隶属度原则，确定被评判对象所对应的评判等级。其中模糊综合评判的基本模型的选择对于最终的评判结果影响很大，选择合适的算子就非常重要。

在模糊综合评判 $\boldsymbol{B}=\boldsymbol{A}\circ\boldsymbol{R}$ 中，$\boldsymbol{A}$ 与 $\boldsymbol{R}$ 如何合成对综合评判结果有很大影响，对模糊算子的不同选取可以反映不同的作战要求，以及不同的作战方案评估结果。

10.4.3 模糊综合评判法的应用

对某一战斗方案进行评价，考虑三个评价因素：信息获取 u_1、突击兵力 u_2 和伴动兵力 u_3，记为因素集 $U=\{u_1,u_2,u_3\}$；选取了四个评判等级：很好 v_1、好 v_2、一般 v_3、差 v_4，记为评判集 $V=\{v_1,v_2,v_3,v_4\}$。

邀请 100 名军事专家、指挥员、作战参谋和领域专家进行问卷调查。在对信息获取（u_1）进行评价时，有 70 人认为很好（v_1）、20 人认为好（v_2）、10 人认为一般（v_3）、没有人认为差（v_4）。这样可以得到反映信息获取的模糊评价向量为

$$(r_{11},r_{12},r_{13},r_{14})=(0.7,0.2,0.1,0)$$

类似地，对突击兵力（u_2）和伴动兵力（u_3）做评价，分别得到模糊评价向量为

$$(r_{21},r_{22},r_{23},r_{24})=(0,0.4,0.5,0.1)$$

$$(r_{31}, r_{32}, r_{33}, r_{34}) = (0.2, 0.3, 0.4, 0.1)$$

写成模糊关系矩阵为

$$\boldsymbol{R} = \begin{bmatrix} 0.7 & 0.2 & 0.1 & 0 \\ 0 & 0.4 & 0.5 & 0.1 \\ 0.2 & 0.3 & 0.4 & 0.1 \end{bmatrix}$$

同样地，上述 100 名军事专家、指挥员、作战参谋和领域专家对信息获取、突击兵力与伴动兵力这三个因素在战斗方案评价中的重要性进行评价，得到其权重向量为

$$\boldsymbol{A} = (0.2, 0.5, 0.3)$$

于是，利用模糊综合评判基本模型 $\boldsymbol{B} = \boldsymbol{A} \circ \boldsymbol{R}$，并取合成算子“∘”为模糊取小取大关系，即 $b_j = \bigvee_{i=1}^{m} (a_i \wedge r_{ij})$，其中 $a_i \wedge r_{ij} = \min(a_i, r_{ij})$、$a_i \vee r_{ij} = \max(a_i, r_{ij})$，从而可得该战斗方案的模糊综合评价结果为

$$\boldsymbol{B} = \boldsymbol{A} \circ \boldsymbol{R} = (0.2, 0.5, 0.3) \circ \begin{pmatrix} 0.7 & 0.2 & 0.1 & 0 \\ 0 & 0.4 & 0.5 & 0.1 \\ 0.2 & 0.3 & 0.4 & 0.1 \end{pmatrix} = (0.2, 0.4, 0.5, 0.1)$$

在一些评价问题中需要将评价结果进行归一化处理。于是，将上述结果归一化后可得

$$\boldsymbol{B} = \left(\frac{0.2}{1.2}, \frac{0.4}{1.2}, \frac{0.5}{1.2}, \frac{0.1}{1.2} \right) = (0.17, 0.34, 0.4, 0.09)$$

根据最大隶属度原则，显然

$$\max\{0.17, 0.34, 0.4, 0.09\} = 0.4$$

因此，可以认为该战斗方案的评判等级属于“一般（v_3）”。

10.5 SEA 法

20 世纪 70 年代末 80 年代初，美国麻省理工学院信息与决策系统实验室的李维斯（A.H.levis）教授领导的研究小组，开展了关于系统效能的专题研究。他们认为，系统效能应是包含技术、经济和人的行为等因素在内的“混合”概念。对于一个被评估的人工系统而言，系统效能还应反映系统用户的需求，并且能体现系统技术、系统环境和用户需求的变化。因此系统效能分析的方法应该充分考虑“大范围”因素的影响，并且适应其中任何一个因素的变化要求。从这个意义上说，系统效能分析方法应具有足够的“灵活性”。

按照上述思想，李维斯等提出一种把如下两方面的问题紧密结合在一起的系统效能分析框架，即所谓的 SEA 法。

（1）系统所拥有的技术组成、结构及其行为所表现出的系统完成规定任务的能力；

（2）系统用户对系统上述能力的要求。

SEA 是系统效能分析（System Effectiveness Analysis）的简称。采用 SEA 法进行实际系统的效能分析，首先应用于民用系统，1985 年前后李维斯等人开始接触一些军事领域的问题，并把 SEA 法应用于军事指挥自动化系统的效能评估，以及陆战炮兵部队（系统）的效能评估等。在欧洲还可以见到 SEA 法的其他军事应用，如水面舰艇反潜作战系统的

效能分析等。

SEA 法基于六个基本概念：系统、使命、环境、原始参数、性能量度和系统效能。

系统是由相互关联的各个部分组成并协同动作的有机整体；使命是赋予系统必须完成的任务；环境是与系统发生作用而又不属于系统的元素的集合；原始参数是一组描述系统、环境及使命的独立的基本变量，它又划分为系统原始参数（如指挥自动化系统中的探测半径、系统反应时间、通信手段、可通率等）、环境原始参数（如指挥自动化系统所面临的交战双方兵力、目标威胁等）、使命原始参数（如要求系统完成任务的时间和程度等）；性能量度（用 MOP 表示）是描述系统完成使命品质的“量”，如系统完成任务时的敌我相对状态、毁伤敌人的概率等，它与系统使命的含义密切相关；系统效能（用 E 表示）是指在一定环境下，系统完成规定任务的程度。

在上述诸概念中，前三个概念用于提出问题，后三个概念用于确定分析过程中的关键量。

SEA 法的基本原理是：当系统在一定环境下运行时，系统运行状态可以由一组系统原始参数的表现值描述。对于一个实际系统，由于系统运行不确定因素的影响，系统运行状态可能有多个（对复杂系统甚至无数个）。那么，在这些状态组成的集合中，如果某一状态所呈现的系统完成预定任务的情况满足使命要求，就可以说系统在这一状态下能完成预定任务。由于系统在运行时落入何种状态是随机的，因此，在系统运行状态集中，系统落入可完成预定任务的状态的“概率”大小，就反映了系统完成预定任务的可能性，即系统效能。为了能对系统在任一状态下完成预定任务的情况与使命要求进行比较，必须把它们放在同一空间中，这一空间恰好可采用性能量度空间{MOP}。

实际上，SEA 法基于一般意义上效能评价的基本概念，即将客观对象（武器系统）的性能和主体（作战）对客观对象的需求联系起来，将两者进行“对比”得到评价结果。这种“对比”体现为系统轨迹和使命轨迹的比较，对比是按照某种标准进行的，得到的是系统的效能指标值。

SEA 法的上述思想可以用如图 10.5.1 所示的框架描述，具体解释如下。

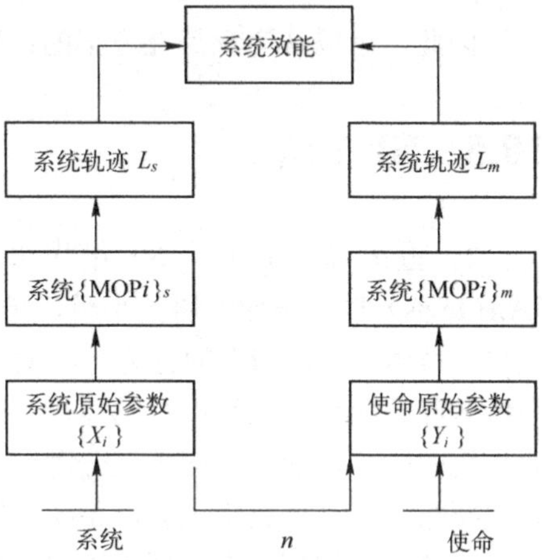

图 10.5.1　SEA 法基本原理

设法建立系统原始参数与性能量度{MOP}的函数关系，这样由系统原始参数值的可能变化范围就可以在 MOP 空间上形成一个区域（称为系统轨迹 L_s），该轨迹 L_s 表明了系统在度量系统使命品质的 MOP 空间上的行为。由于系统原始参数的具体取值是不确定的，因此，系统具体落在系统轨迹 L_s 上的哪一点也是不确定的，表现为随机特征。

同样，设法建立使命原始参数与性能量度{MOP}的函数关系，这样根据对系统的使命要求，就可确定使命原始参数取值的变化范围，由此可在 MOP 空间上形成另一个区域（称为使命轨迹 L_m）。

由此可见，具有随机特征的系统轨迹落入使命轨迹的概率就反映了系统完成使命的可能性，因此，由系统轨迹的随机分布规律，以及系统轨迹与使命轨迹的交合关系就可以计算系统效能指标。

应用 SEA 法进行效能评估的主要困难有：SEA 法的概念、系统的边界划分、任务原始参数的定义和模型等方面仍有待于进一步研究；对复杂系统如何寻找“系统的运行轨迹与使命所要求的轨迹相符合的程度”是相当困难的，其中有很强的主观性。对于 SEA 法的具体应用，读者可参考有关资料。

10.6　其他效能分析方法

武器系统效能分析的方法多种多样，除上述讨论的几种主要方法外，下面简单介绍其他的效能分析方法，有兴趣的读者可自行查阅相关书籍进行深入研究。

10.6.1　PAU 法

PAU 系统效能评估模型是由美国海军提出的，它由性能、可用性、适用性三个主要特性组成。它的定义为：在规定的环境条件下和确定的时间幅度范围内，系统预期能够完成其指定任务的程度的度量。其表达式为

$$E = P \cdot A \cdot U$$

式中　P——系统性能指数，即假设系统可用性和能力 100%利用条件下，表示系统能力的数值指数；

A——系统可用性指数，即系统做好战斗准备，并能圆满完成其规定功能的程度的数值指数；

U——系统适用性指数，即在执行作战任务中，系统性能能力适用程度的数值指数。

10.6.2　PRD 法

PRD 系统效能评估模型是由美国航空无线电公司（AIRINC）提出的，它由战备完好率、任务可靠度、设计恰当性三个部分组成。它定义系统效能为：在给定的时间内和规定的条件下工作时，能成功地满足某项工作要求的概率。其表达式为

$$E = P_{OR} \cdot R_M \cdot D_A$$

式中　P_{OR}——战备完好率，即系统正在良好工作或一旦需要即可投入使用的概率；

R_M——任务可靠度，即系统在任务要求的一段时间内，持续良好工作的概率；

D_A——设计恰当性，即系统在给定设计限度内，成功地完成规定任务的概率。

尽管上述两种评估模型的表达式各不相同，对系统效能分指标的定义也略有不同，但实质上都反映了系统效能的三个本质要素：

（1）随时投入使用的能力；

（2）执行任务期间，能正常工作的能力；

（3）战术、技术性能的综合能力。

10.6.3　理想解法

理想解法——TOPSIS，直译为“逼近理想解的排序方法”，它是通过构造综合评价问题中的理想解和负理想解，并以靠近理想解和远离负理想解两个基准作为评价各待评方案的判据。因而，理想解法又称为双基点法。

所谓理想解，是设想各指标属性都达到最满意的解。所谓负理想解，也是设想各指标属性都达到最不满意的解。

设一个多指标评估问题中有 m 个待评估方案，记为 $a_i(i=1,2,\cdots,m)$；n 个效能属性指标，记为 $u_j(j=1,2,\cdots,n)$；评估（决策）矩阵记为 $\boldsymbol{X}=(x_{ij})_{m\times n}$。理想解法的基本步骤如下。

（1）用向量归一化法对决策矩阵 $\boldsymbol{X}$ 进行标准化处理，得到标准化矩阵 $\boldsymbol{Y}=(y_{ij})_{m\times n}$。

（2）计算加权标准化矩阵 $\boldsymbol{V}$。假设已经得到指标权重向量为 $\boldsymbol{W}=[w_1,w_2,\cdots,w_n]$，则

$$\boldsymbol{V}=(v_{ij})_{m\times n}=(w_j y_{ij})_{m\times n}$$

（3）确定理想解 $V^*=\{v_1^*,v_2^*,\cdots,v_n^*\}$ 和负理想解 $V^-=\{v_1^-,v_2^-,\cdots,v_n^-\}$。

对于收益型指标

$$v_j^*=\max_{1\leqslant i\leqslant m} v_{ij}$$

$$v_j^-=\min_{1\leqslant i\leqslant m} v_{ij}$$

对于成本型指标

$$v_j^*=\min_{1\leqslant i\leqslant m} v_{ij}$$

$$v_j^-=\max_{1\leqslant i\leqslant m} v_{ij}$$

（4）计算到理想解和负理想解的距离。

到理想解的距离

$$S_i^*=\sqrt{\sum_{j=1}^{n}(v_{ij}-v_j^*)^2}\qquad (i=1,2,\cdots,m)$$

到负理想解的距离

$$S_i^-=\sqrt{\sum_{j=1}^{n}(v_{ij}-v_j^-)^2}\qquad (i=1,2,\cdots,m)$$

（5）计算各方案的相对贴近度。

$$C_i^*=\frac{S_i^-}{S_i^-+S_i^*}\qquad (i=1,2,\cdots,m)$$

（6）按相对贴近度的大小，对各方案进行排序。相对贴近度大者为优，相对贴近度小者为劣。

10.6.4 灰色关联分析法

灰色关联分析法实质上是一种多因素统计分析方法，以各种因素的样本数据为依据，用灰色关联度来描述因素间关系的强弱、大小和次序，主要是分析各个组成因素与整体的关联大小，其操作的对象是各因素的时间序列，而对于多指标综合评估对象可以把比较序列看成由被评事物的各项指标值构成的序列，参考序列是一个理想的比较标准，受到距离评估方法的启示，选最优指标和最劣指标作为参考序列，比较各作战方案与最优和最劣方案的关联程度，来评估各个方案相互之间的优劣。一般步骤如下。

（1）确定作战方案的性能指标体系，其中待评估的方案集，记为 $A=\{a_1,a_2,\cdots,a_m\}$；评估方案优劣的指标集，记为 $C=\{c_1,c_2,\cdots,c_n\}$。

（2）由仿真实验结果得到原始评估矩阵 $\boldsymbol{Y}$。

（3）数据的标准化处理。由于各种指标其量纲不一样，为了消除不同指标间的不可公度性的影响，保证指标间相同因素的可比性，对原始数据分别用以下两式之一进行无量纲标准化处理，即

$$X_{ij}=\frac{y_{ij}-\min\limits_{1\leqslant j\leqslant m} y_{ij}}{\max\limits_{1\leqslant j\leqslant m} y_{ij}-\min\limits_{1\leqslant j\leqslant m} y_{ij}} \tag{10.6.1}$$

$$X_{ij}=\frac{\max\limits_{1\leqslant j\leqslant m} y_{ij}-y_{ij}}{\max\limits_{1\leqslant j\leqslant m} y_{ij}-\min\limits_{1\leqslant j\leqslant m} y_{ij}} \tag{10.6.2}$$

其中，j 为方案号，i 为性能指标号，式（10.6.1）适用于值越大效用越好的因素属性（如蓝方毁伤数等），式（10.6.2）适用于值越小效用越好的因素属性（如红方毁伤数等）。所有因素进行无量纲化处理得到评估矩阵 $\boldsymbol{X}$。

（4）灰色关联系数计算。对于参考数列 X_0，比较数列 $X_1,X_2,\cdots,X_n$，令 $R=\left|X_{0j}-X_{ij}\right|$ 有下面式子：

$$\zeta_{ij}^0=\frac{\min\limits_i\min\limits_j R+u\cdot\max\limits_i\max\limits_j R}{R+u\cdot\max\limits_i\max\limits_j R}$$

式中 ζ_{ij}^0——X_{ij} 与 X_0 的相对差值，即为关联系数。

u——分辨系数，取值于（0,1），人为给定，u 越小分辨力越大，通常取 $u=0.5$。

（5）求关联度。关联度系数很多，信息分散，它的每一个值表明某一个指标两个数列的关联程度。为表现总体上两个数列的关联程度，对所有关联系数取平均值：

$$r_i=\frac{1}{n}\sum_{j=1}^{n}\zeta_{ij}^0$$

式中 r_i——对 X_0 的关联度，称为绝对值关联度。

它用于特定作战方案最后定量的评估，以及各个作战方案的优劣顺序，并进行分析，得到结论。

10.6.5 专家评定法

对于某些难以定量描述的指标，在评定时采用专家评定法。一般方法是，选取最能反映效能的特征指标，由专家对各评估指标进行两两比较，专家们根据主观感觉和经验，对每项评估指标按一定的记分制来打分，再将每项评估指标的得分相加，最后将和数除以参与打分的专家人数，就获得了各评估指标的得分数，然后通过对专家打分的处理，得到武器系统效能。

专家评定法在评定难以用定量计算描述的系统指标时，比较有效，多应用于层次分析法中。其难题之一是如何选专家，其次选取什么参数让专家进行评价。另外，专家评定法的缺点是主观性大，专家在评定时有很大的倾向性，如美国专家对苏联武器打分压得较低，因此

采用专家评定时要多加分析。

10.6.6 试验统计法

试验统计法是指在规定的现场中或精确模拟的环境中，观察武器系统的性能特性，收集数据，评定系统效能。其特点是依据实战、演习、试验获得大量统计资料评估效能指标，应用前提是，所获统计数据的随机特性可以清楚地用模型表示，并相应地加以利用。常用的统计评估方法有抽样调查、参数估计、假设检验、回归分析和相关分析等。试验统计法不但能得到效能指标的评估值，还能显示武器系统性能、作战规则等影响因素对效能指标的影响，从而为改进武器系统性能和作战规律提供定量分析基础，其结果比较准确，但需要有大量的武器装备作试验的物质基础，这在武器研制前无法实施，而且耗费太大，需要时间长，但目前试验统计法仍是评估武器系统效能比较可信的基本方法之一。

10.6.7 作战模拟法

作战模拟法也称作战仿真法，实质是以计算机模拟模型来进行作战仿真实验，由实验得到的关于作战进程和结果的数据，可直接或经过统计处理后给出效能指标评估值。作战模拟法考虑了对抗条件下，以具体作战环境和一定兵力编成为背景来评价，能够实施战斗过程的演示，比较形象，但需要大量可靠的基础数据和原始资料作依托。要得到完整资料有赖于有计划长期大量数据的收集，作战模拟时对作战环境模拟比较困难，如干扰环境的不确定性等直接影响结果。总之，作战模拟对于武器系统作战效能评估具有不可替代的重要作用。它具有省时、省费用等优点，在一定程度上反映了对抗条件和交战对象，考虑了武器装备的协同作用，武器系统的作战效能诸属性在作战全过程的体现，以及在不同规模作战效能的差别。此方法特别适合进行武器系统或作战方案的作战效能指标的预测评估。

10.7 效能分析方法的发展

现代海军武器系统效能分析最基本的方法还是系统建模与仿真方法。以下分别从系统建模与仿真的标准化、分布交互仿真、定性定量综合集成、人工智能与专家系统、虚拟现实技术和复杂电磁环境下的系统效能分析六个方面介绍系统效能分析方法未来的发展趋势。

10.7.1 建模与仿真的标准化

随着建模与仿真技术在作战指挥、军事训练、战法研究、装备效能评估、武器发展论证等军事领域越来越广泛的应用，各类作战模拟模型和仿真系统如雨后春笋，大量涌现，取得了十分显著的军事、经济效益。到20世纪80年代后期，美军在应用中的军事仿真模型已数以千计。与此同时，也暴露出许多不容忽视的问题。主要表现在以下几个方面。

（1）这一时期的作战模拟模型都是为某一特定目的而建立的，使得建模考虑的边界条件和数据准备即使在功能和类型都很相近的模拟模型之间也存在着显著的差别。这种差别又引起了仿真过程和结果的差异。模型之间很难建立互相引证的关系，甚至常常出现互相排斥的结果，因而引起了人们对仿真模型正确性的怀疑。

（2）由于建模的方法、数据准备、运行平台之间的差异，使得仿真模型的通用性受到极大的限制。建模与仿真存在低水平重复的现象，资源浪费严重。

（3）仿真模型中使用的数据标准不统一，数据不能共享，模拟的结果也不能为其他模型所利用；模型之间无法互通、互连、互操作，这种状况特别不适应现代战争联合作战仿真的需要。

（4）模型缺乏有效的校核、验证与确认，可信度低，可靠性差。

为了解决这些问题，1995 年美国以国防部指令的形式提出了规模宏大的建模与仿真主计划（DoD M&S Master Plan，MSMP）。该主计划包含六个目标，见表 10.7.1。

表 10.7.1　美国防部建模与仿真主计划

目　标	内　容
（1）建模与仿真公共技术框架	① 公共高层模拟的体系结构（HLA）；② 统一、权威的任务空间概念模型（CMMS）；③ 统一的数据标准（DS）
（2）自然环境的权威表达	① 地面表达；② 海洋表达；③ 大气表达；④ 空间表达
（3）系统的权威表达（包括世界各国主要平台、武器、传感器、军队、生命保障系统、C^4I 系统和后勤支援系统等）	① 系统模型及有关参数；② 分辨率、保真度等的公共标准；③ 所需的全部系统表达；④ 聚合与解聚算法
（4）人类行为的权威表达	① 人类个体行为的表达；② 群体和组织结构行为的表达
（5）建模与仿真的基础设施	① 建模与仿真的校核、验证与确认；② 提供建模与仿真的资源存储系统；③ 提供建模与仿真所需要的通信基础设施；④ 提供建模与仿真应用的操作支持
（6）建模与仿真的效益共享	① 全面地、量化地评价建模与仿真的影响；② 推进对潜在建模与仿真用户的宣传教育；③ 支持同其他政府业务部门、工业界和盟国的双向技术转移

建模与仿真主计划确立了美国国防建模与仿真的目标，提出了建模与仿真计划、规划、实现和职责分配的总体规划和预算综合框架，使作战模型开始从分散的、为某一目的建立的专用型仿真模型走向标准化、通用化的仿真模型。在美国国防部指令和建模与仿真主计划的推动下，美军建模与仿真的标准化工作取得了重要的进展。建模与仿真的标准化，是现代作战模拟技术和国防系统分析仿真技术的重要发展趋势，也将对海军装备效能分析方法的未来发展产生重要影响。

10.7.2　分布交互仿真

分布交互仿真（Distributed Interactive Simulation, DIS）是一项新兴的建模仿真技术。它较为完整的定义是："DIS 系统构筑了一个时间和空间的综合集成环境，该环境的建立首先是利用标准的计算机通信服务，将分布的、具有计算自治性的仿真实体、仿真模型、仿真器材及实用装备等互连，然后通过它们之间的数据单元的实时交换将演练过程中操作人员之间交互的、自由对抗的活动连接在一起。"

DIS 最初的概念起源于 1983 年，是在美国国防高级计划局（DARPA）和陆军共同资助的 SIMNET（Simulation Network）项目中产生的，该项目目的是将分散在 9 个地区的 250 多台战车模拟器用计算机网络连接起来，进行复杂的多兵种、多武器协调的攻防对抗体系仿真。DIS 以计算机网络为基础，通过联网技术将分散在各地的模拟器材、实际兵力及其他设备连接为一个整体，形成一个在时间和空间上一致的综合环境，实现平台与环境之间、平台与平台之间、环境与环境之间的交互作用和互相影响。

广域网技术的出现，特别是互联网技术的出现和发展，为作战模拟的网络化开辟了更为广阔的前景，使得对大规模联合作战模拟成为可能。人们可以把不同地点、不同型号的计算机，以及各种不同规模、不同战场分辨率的作战仿真模型连接在一起，形成一个大规模的分布式作战模拟，来模拟现代战争的各个方面：从单辆坦克、单架飞机、单艘舰艇的作战细节一直到谈判桌上世界军事格局的模拟。分布交互式模拟采用协调一致的结果、标准、协议和技术数据库，通过局域网和广域网将分散配置的作战模拟系统综合成为一个人可以参与交互作用的时空一致的共用模拟环境，实现包括实兵模拟、结构模拟和虚拟模拟等各种类型的模拟，可以使各种战场分辨率的模拟共存和互相连接，以表达一个完整的、多层次的综合战区。分布交互式模拟由于它广阔的应用前景，得到了迅速发展，代表了作战模拟仿真的发展方向。

10.7.3 定性定量综合集成技术

第二次世界大战中发展起来的运筹学方法，开创了使用定量分析方法解决实际战争问题的先河。20 世纪 60 年代，运筹学家麦克纳马拉任美国国防部部长时，把运筹学方法引入到美国国防费用管理方面，使运筹学方法进一步普及，特别是近年来在建模与仿真领域取得的巨大成功，更是为运筹学的定量分析技术赢得了声誉。然而从总的方面来看，尽管运筹学等定量分析方法在解决自然科学问题、工程技术问题中是非常有效的，但在解决社会问题和高层次、大范围宏观决策中，还未能取得十分理想的结果。此外，近年来在一些运筹学者中也出现了一种越来越把研究的注意力更多地集中在探讨定量分析的纯技术方法上，而忽视对现实问题研究的趋势。西方一些学者也看到了这一问题，美国著名的系统工程与运筹学专家丹多本纳指出："在大部分大学的院、系里，运筹学成了学术性模型，而不是现实世界的模型，研究的兴趣是算法……这正同我们当初提出的目的背道而驰。"

装备作战效能评估领域也是如此。如前所述，装备作战效能评估是"研究武器装备在一定条件下完成一定作战任务的程度"，涉及军事理论、工程技术、作战环境、战法运用、指挥策略等诸多领域，单一的定量模型，不论方法和手段如何改进，也难以完全胜任如此复杂的问题。面对这样的问题，人们逐渐认识到，系统工程、运筹学方法采用定量分析的方法是必要的，然而忽视定性分析也是片面的。从认识论观点看，人们对客观世界全面的、正确的认识来自定性与定量相结合、宏观与微观相结合、动态与静态相结合、长远与近期相结合的分析。在军事建模与仿真领域，更加强调军事与技术的结合，武器装备技术性能研究与武器装备作战使用研究相结合。

钱学森同志 1989 年提出了从定性到定量的综合集成法，将专家群体、数据和各种信息同计算机仿真有机结合起来，把各种学科的理论和人的经验、知识结合起来，发挥综合系统的整体优势去解决问题。钱学森在 1992 年进而提出了这一科学方法的应用形式，即聚诸方面成功经验的汇总，以各种各样的模型作为建筑材料，建设"从定性到定量综合集成的研讨厅"。军事系统是一个开放的复杂巨系统，在本质上具有科学与经验相结合的特征，钱学森给予科学与经验相结合、从定性到定量综合集成的方法论一种现代表达形式，指出了国防系统分析方法发展的方向，具有非常实用的意义。对国防系统建模与仿真而言，其面临的综合集成任务是：建立一种共同的计算机仿真的体系结构；必须面向用户的实际需要；必须实现作战模拟、讨论会和其他系统分析手段的综合集成。这种综合集成必须是自然耦合的，而不应强加人为的控制因素。

10.7.4　人工智能与专家系统

传统装备作战效能评估建模与仿真主要采用确定型算法或随机模型描述装备作战使用过程，只能考虑影响作战进程中易于定量分析的因素，对作战过程中其他不易分析的因素的变化反应不敏感，特别是无法描述军事人员在装备作战使用中独特的思维过程，因此大大影响了建模与仿真的精度。

人工智能和专家系统技术是用来处理那些不便定量处理的经验性知识的有效方法。专家系统是一种以知识为基础的具有专家解题水平的计算机软件系统。它将某个领域专家的经验总结出来，形成规律，并按某种知识表示方法存入计算机，建立知识库。当需要解决问题时，系统就进行处理，并运用知识库进行推理，做出具有专家水平的判断决策，从而起到专家的作用或成为专家的助手。

智能作战仿真系统是以知识库、数据库、模型库、方法库技术为基础建立的，称为四库一体化技术，其核心是知识库，可以用于描述作战指挥决策过程；数据库提供有关数据，包括动态数据和静态数据。动态数据反映作战过程中不断变化的态势，静态数据表示作战的基本特征，如武器装备性能和战场环境等。模型库有各种作战模拟模型，用于描述具体的作战过程，包括观察、攻击、防御等过程。方法库中有各种基本战术计算方法，供模型库中有关模型调用。

智能作战仿真系统的工作过程是：用户通过人机交互界面输入数据和设定条件，并启动仿真系统，整个模拟仿真过程由仿真系统总控模块调度，总控模块首先调用知识库系统进行作战决策，知识库调用数据库中有关数据作为决策的基本依据，根据知识库中的有关知识完成决策，决策结果以作战状态的形式输出至总控模块，总控模块根据作战状态调用模型库中有关作战仿真模型对特定作战过程进行描述，模型库同样需要数据库的数据支持，同时，模型库的有关中间计算结果更新数据库中的动态数据，模型库中有关基本战术计算调用方法库中有关函数计算。总控模块还负责整个模拟进程的控制和时间的更新，周期性调用知识库和模型库系统。人机交互界面还完成图形表页显示和计算结果的输出。

外军十分重视人工智能技术在军事建模与仿真领域的应用。目前，美军已开发完成和正在开发的军事专家系统约有 24 个。例如，美国太平洋舰队司令部使用的海军作战管理系统，就包括兵力需求、作战效能评估、编制作战计划、战略方案评价和作战模拟五个专家系统。人工智能和专家系统技术的应用，必将使装备作战效能评估与论证提高到一个新的水平。

10.7.5　虚拟现实技术

所谓虚拟现实技术，就是“使参与者能够与之交互作用，并具有临场感和多维感觉的计算机生成的综合环境，包括三维计算机图形和图像、空间立体声与语言、触觉反馈等。”

随着计算机技术的飞速发展，人们对于客观事件的表示，已经不能满足于简单的显示，而是转向“景物真实、动作真实、感觉真实”的多维信息系统。用户希望在模拟系统中得到的感觉与在真实条件下的感觉尽可能相同，有身临其境的逼真性。另外，人们希望能够得到在真实世界中无法亲身体验到的感受，突破物理空间、时间的限制，产生“超越现实”的虚拟性。实现这种目的的最好技术就是虚拟模拟技术，应用在作战模拟领域就是虚拟作战模拟技术。

虚拟现实的概念最初是由 J. Lanier 在 20 世纪 80 年代初提出来的，目的在于为人们提供一种更生动的计算机模拟现实的方法。1984 年 W. Gibson 在他的著作中，幻想将计算机用户的大脑神经网络和计算机相连接，从而使得人们可以自由自在地“神游”于计算机生成的人工合成环境世界里，他把这种梦幻世界统称为虚拟现实（VR）技术。此后，人们把类似的与计算机生成人工合成环境有关的概念，统称为 VR 技术。钱学森同志在 20 世纪 90 年代初指出，虚拟现实技术将来会在未来战争中使用，并提议我国科技界应不失时机地开展 VR 技术的研究。他为了使人们便于理解和接受虚拟现实技术的概念，按中国传统文化语义称 VR 技术为“灵境”技术。这个“灵境”概念正在越来越多地被我国科技界人士所引用。

虚拟现实是一种可以创建和体验虚拟世界的计算机系统。虚拟世界是全体虚拟环境或给定的全体模拟对象。从作战模拟应用来说，虚拟现实技术可以将视觉、听觉、触觉和其他感觉从计算机实时地传达给参与者，使参与者产生强烈的临场感。通过这种手段，可以把原来难于考虑的人的行为因素“揉”进作战模拟模型，使得虚拟的模拟有比实兵演习更加接近实战的效果，从而使指挥训练、作战研究、装备效能论证等更符合战争实际。为了研究如何设计和构成一个身临其境的灵境系统，需要进行计算机图形学、图像处理与模式识别、智能接口技术、人工智能技术、多传感器技术、语音处理与音响技术、网络技术、并行处理技术和高性能计算机系统等方面的研究。

VR 技术在作战模拟领域有非常广阔的发展和应用前景。它可以使模拟的战场环境更加逼真，参与者在应用过程中具有“沉浸”“交互”和“投入”等全方位逼真的感觉，是当前计算机模拟方法无可比拟的，也是 VR 技术与多媒体技术的本质区别。据悉，当年在联合国调停波黑冲突时，为了使波黑各方签订“和平协议”，美国政府曾利用装备在代顿美军基地的作战模拟系统“虚拟演示”了如果各方不接受“和平协议”而继续打下去，可能给波黑各方造成的严重后果，从而最终促成了波黑“和平协议”的签订。

10.7.6 复杂电磁环境的特点及效能分析

在现代战场上，由于大量使用电子信息装备，不仅数量庞大、体制复杂、种类多样，而且功率大，因此使得战场空间中的电磁信号非常密集，形成了极为复杂的电磁环境。

复杂电磁环境是指在一定的战场空间内，由空域、时域、频域、能量上分布的数量繁多、样式复杂、密集重叠、动态交迭的电磁信号构成的电磁环境。从它的定义可以看出，复杂电磁环境是战场电磁环境复杂化在空域、时域、频域和能量上的表现形式。这种复杂性主要表现在以下几个方面：

（1）构成上表现为类型众多，影响各异；

（2）空间上表现为无形无影，无处不在；

（3）时间上表现为变幻莫测，密集交迭；

（4）频谱上表现为无限宽广，拥挤重叠；

（5）能量上表现为密度不均，跌宕起伏；

（6）样式上表现为数量繁多，波形复杂。

在信息化战场上，围绕电磁频谱的控制和利用而形成的制电磁权，已经成为作战双方激烈争夺的新的战争“制高点”。充分认清和了解复杂电磁环境对作战的影响，合理运用己方的电子信息武器，构建有利于己而不利于敌的复杂电磁环境，是夺取制电磁权乃至夺取战争主动权的前提和基础。为此，美军采用计算机模拟与仿真技术来模拟复杂的电磁环境和对各种武器系统的性能指标、作战性能进行评估；还采用了分布式交互仿真技术，将分散在美国的 26 个指挥中心和训练基地的各兵种指挥人员置于同一背景、同一战场态势、同一作战想定之下，成功地进行了一次实时同步的复杂电磁环境下的联合作战大演习，为复杂电磁环境条件下的装备效能评估奠定了基础。

复杂电磁环境充满着影响武器系统效能发挥和作战行动的诸多新因素，因而必须建立一个新的效能评估体系，以满足复杂电磁环境下装备作战效能评估的要求。目前仍可以考虑采用 ADC 法、层次分析法、指数法和 SEA 法等效能评估方法。但其核心问题是选取合适的复杂电磁环境下的效能指标。根据作战目的的不同，选取的效能指标表现形式可能不一，空域、时域、频域和能量形式的效能指标都有可能。同时由于复杂电磁环境的不确定性，定性分析占有很大的比重，在建立效能评估体系的过程中，必须综合有关专家的意见，全方位地进行考虑，周密分析，深入研究。

本章小结

1．ADC 法

$$E=A\cdot D\cdot C\begin{cases}\text{可用度矩阵 } A\text{：系统开始执行任务时状态的度量}\\ \text{可信度矩阵 } D\text{：} n\times n \text{阶概率转移矩阵，其中 } d_{ij} \text{ 是系统开始处于状态 } i \text{ 结束时处于状态 } j \text{ 的概率}\\ \text{能力矩阵 } C\text{：} m\times n \text{阶矩阵，其中 } c_{ij} \text{ 是系统处于状态 } i \text{ 时完成第 } j \text{ 项任务的概率}\end{cases}$$

2．层次分析法

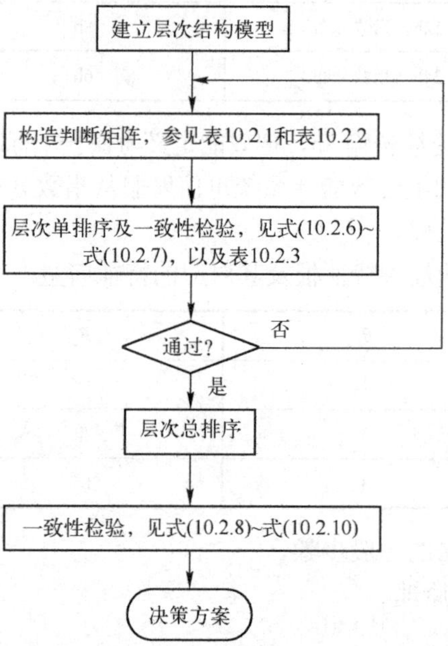

3．指数法

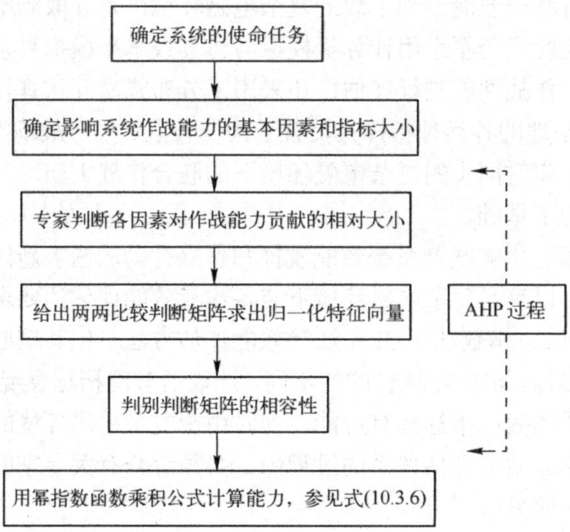
确定系统的使命任务
确定影响系统作战能力的基本因素和指标大小
专家判断各因素对作战能力贡献的相对大小
给出两两比较判断矩阵求出归一化特征向量
AHP过程
判别判断矩阵的相容性
用幂指数函数乘积公式计算能力，参见式(10.3.6)

习题

1．运用 ADC 法评估电子综合侦察船通信侦察系统作战效能。

假定某电子综合侦察船同时使用两套电子侦察通信系统 X 和 Y 传输信息。如果其中一套系统发生故障，另一套系统还能够单独使用，即 X 和 Y 在统计上是独立的。无论哪一套系统发生故障，或两套系统都发生故障，在系统工作期间均不可修复。已知 X 和 Y 两套系统有关参数如下表所列。

系　　统	平均故障间隔时间（T）	平均修理时间（R）	传输速度（v）
X	12h（指数分布）	8h	1.2×10^5 位/h
Y	24h（指数分布）	6h	1.0×10^5 位/h

设一个标准传输周期为连续传输 3h，把效能定义为在一个标准传输周期内至少传输 3.0×10^5 位的概率，试求 X 和 Y 的组合效能（系统可信度服从指数分布）。

2．简述指数法的一般过程。

3．计算下述判断矩阵的最大特征根及其对应的特征向量。

$\boldsymbol{A}$	$\boldsymbol{B}_1$	$\boldsymbol{B}_2$	$\boldsymbol{B}_3$
$\boldsymbol{B}_1$	1	1/5	1/3
$\boldsymbol{B}_2$	5	1	3
$\boldsymbol{B}_3$	3	1/3	1

4．简述模糊综合评判法的一般步骤。

5．简述 SEA 法的基本原理。

6．简述灰色关联分析法的一般步骤，并给出灰色关联系数的计算方法。

7．简述作战模拟法的基本原理及其优缺点。

8．如何理解建模与仿真的标准化发展需求？

9．简述分布交互仿真的基本概念。

10．简述智能作战仿真系统的工作过程。

11．简述虚拟现实技术的基本概念。

附录 A　部分函数数值表

表 A.1　拉普拉斯函数 $\Phi(x)=\dfrac{2}{\sqrt{\pi}}\int_0^x \exp(-t^2)\mathrm{d}t$ 数值表

x	$\Phi(x)$	Δ	x	$\Phi(x)$	Δ	x	$\Phi(x)$	Δ
0.00	0.0000	564	1.00	0.8427	197	2.00	0.9953	10
0.05	0.0564	561	1.05	0.8624	178	2.05	0.9963	7
0.10	0.1125	555	1.10	0.8802	159	2.10	0.9970	6
0.15	0.1680	547	1.15	0.8961	142	2.15	0.9976	5
0.20	0.2227	536	1.20	0.9103	126	2.20	0.9981	4
0.25	0.2763	528	1.25	0.9229	111	2.25	0.9985	3
0.30	0.3286	508	1.30	0.9340	98	2.30	0.9988	3
0.35	0.5794	490	1.35	0.9438	85	2.35	0.9991	2
0.40	0.4284	471	1.40	0.9523	74	2.40	0.9993	2
0.45	0.4755	450	1.45	0.9597	64	2.45	0.9995	1
0.50	0.5205	428	1.50	0.9661	55	2.50	0.9996	1
0.55	0.5633	406	1.55	0.9716	47	2.55	0.9997	1
0.60	0.6039	381	1.60	0.9736	41	2.60	0.9998	0
0.65	0.6420	358	1.65	0.9804	34	2.65	0.9998	1
0.70	0.6778	334	1.70	0.9838	29	2.70	0.9999	0
0.75	0.7112	309	1.75	0.9867	24	2.75	0.9999	0
0.80	0.7421	286	1.80	0.9891	20	2.80	0.9999	1
0.85	0.7707	262	1.85	0.9911	17	3.00	1.0000	
0.90	0.7969	240	1.90	0.9928	14			
0.95	0.8209	218	1.95	0.9942	11			

表 A.2　简化的拉普拉斯函数 $\hat{\Phi}(x)=\dfrac{2\rho}{\sqrt{\pi}}\int_0^x \exp(-\rho^2 t^2)\mathrm{d}t$ 数值表

x	$\hat{\Phi}(x)$	x	$\hat{\Phi}(x)$	x	$\hat{\Phi}(x)$
0.00	0.0000	1.30	0.6194	2.60	0.8205
0.05	0.0269	1.35	0.6375	2.65	0.9261
0.10	0.0538	1.40	0.6550	2.70	0.9314
0.15	0.0806	1.45	0.6719	2.75	0.9364
0.20	0.1073	1.50	0.6883	2.80	0.9410
0.25	0.1339	1.55	0.7042	2.85	0.9454
0.30	0.1604	1.60	0.7195	2.90	0.9495
0.35	0.1686	1.65	0.7342	2.95	0.9534
0.40	0.2127	1.70	0.7485	3.00	0.9570
0.45	0.2385	1.75	0.7621	3.05	0.9603
0.50	0.2641	1.80	0.7753	3.10	0.9635
0.55	0.2893	1.85	0.7879	3.15	0.9664
0.60	0.3143	1.90	0.8000	3.20	0.9691
0.65	0.3389	1.95	0.8116	3.25	0.9716
0.70	0.3632	2.00	0.8227	3.30	0.9740
0.75	0.3870	2.05	0.8332	3.35	0.9761
0.80	0.4105	2.10	0.8434	3.40	0.9782
0.85	0.4336	2.15	0.8530	3.45	0.9800
0.90	0.4562	2.20	0.8622	3.50	0.9818
0.95	0.4783	2.25	0.8709	3.60	0.9848
1.00	0.5000	2.30	0.8792	3.80	0.9896
1.05	0.5212	2.35	0.8871	4.00	0.9930
1.10	0.5419	2.40	0.8945	4.60	0.9976
1.15	0.5620	2.45	0.9016	5.00	0.9993
1.20	0.5817	2.50	0.9082		
1.25	0.6008	2.55	0.9146		

表 A.3　正态分布密度函数 $\phi(x)=\frac{\rho}{\sqrt{\pi}}\exp(-\rho^2x^2)$ 数值表

x	$\phi(x)$	x	$\phi(x)$	x	$\phi(x)$
0	0.2691	1.8	0.1288	3.6	0.0141
0.1	0.2685	1.9	0.1184	3.7	0.0120
0.2	0.2667	2.0	0.1083	3.8	0.0101
0.3	0.2636	2.1	0.0987	3.9	0.0085
0.4	0.2695	2.2	0.0895	4.0	0.0071
0.5	0.2542	2.3	0.0808	4.1	0.0059
0.6	0.2479	2.4	0.0726	4.2	0.0049
0.7	0.2407	2.5	0.0649	4.3	0.0040
0.8	0.2326	2.6	0.0578	4.4	0.0033
0.9	0.2238	2.7	0.0513	4.5	0.0027
1.0	0.2143	2.8	0.0452	4.6	0.0022
1.1	0.2043	2.9	0.0397	4.7	0.0018
1.2	0.1939	3.0	0.0347	4.8	0.0014
1.3	0.1832	3.1	0.0302	4.9	0.0011
1.4	0.1723	3.2	0.0262	5.0	0.0009
1.5	0.1613	3.3	0.0226	6.0	0.0001
1.6	0.1503	3.4	0.0194		
1.7	0.1394	3.5	0.0166		

表 A.4　$E_2(V)$、$F_2(V)$、$R_2(V)$ 函数数值表

V	$E_2(V)$	$F_2(V)$	$R_2(V)$	V	$E_2(V)$	$F_2(V)$	$R_2(V)$
0.00	1.0000	1.0000	0.0000	0.85	0.7579	1.148	0.5612
0.02	0.9929	1.0035	0.0198	0.90	0.7470	1.156	0.5816
0.04	0.9360	1.0070	0.0392	0.95	0.7357	1.165	0.5999
0.06	0.9791	1.0110	0.0581	1.00	0.7250	1.193	0.6181
0.08	0.9723	1.014	0.0767	1.50	0.6311	1.256	0.7537
0.10	0.9656	1.018	0.0949	2.00	0.5564	1.334	0.8342
0.12	0.9584	1.021	0.1126	2.50	0.4963	1.469	0.8446
0.14	0.9523	1.025	0.1301	3.00	0.4471	1.479	0.9069
0.16	0.9458	1.028	0.1472	3.50	0.4064	1.544	0.9212
0.18	0.9393	1.032	0.1638	4.00	0.3723	1.605	0.9279
0.20	0.9330	1.036	0.1801	4.50	0.3434	1.662	0.9298
0.25	0.9173	1.044	0.2197	5.00	0.3187	1.716	0.9286
0.30	0.9020	1.053	0.2570	5.50	0.2973	1.766	0.9259
0.35	0.8872	1.062	0.2924	6.00	0.2787	1.873	0.9223
0.40	0.8727	1.072	0.3256	6.50	0.2623	1.857	0.9181
0.45	0.8586	1.079	0.3581	7.00	0.2478	1.899	0.9134
0.50	0.8448	1.088	0.3882	7.50	0.2349	1.938	0.9091
0.55	0.8315	1.096	0.4173	8.00	0.2233	1.975	0.9045
0.60	0.8184	1.105	0.4444	8.50	0.2130	2.011	0.9003
0.65	0.8057	1.114	0.4701	9.00	0.2010	2.044	0.8982
0.70	0.7933	1.122	0.4949	9.50	0.1950	2.076	0.8923
0.75	0.7812	1.131	0.5180	10.00	0.1869	2.107	0.8870
0.80	0.7694	1.139	0.5404				

表 A.5 外弹道函数表（1943 年阻力定律）

V_0 \ C_{HD}	800	850	900	950	1000	1100	1200
（1）G_{α}							
500	1.049	1.047	1.046	1.045	1.045	1.043	1.042
1000	1.102	1.098	1.095	1.093	1.092	1.090	1.088
1500	1.160	1.154	1.151	1.148	1.145	1.141	1.138
2000	1.224	1.217	1.211	1.206	1.201	1.195	1.191
2500	1.294	1.285	1.277	1.269	1.264	1.254	1.247
3000	1.373	1.360	1.350	1.340	1.331	1.318	1.309
（2）G_{ω}							
500	1.099	1.096	1.093	1.091	1.090	1.088	1.086
1000	1.213	1.206	1.199	1.196	1.193	1.188	1.183
1500	1.343	1.331	1.322	1.315	1.308	1.298	1.291
2000	1.494	1.477	1.462	1.450	1.438	1.421	1.410
2500	1.667	1.643	1.622	1.603	1.588	1.562	1.545
3000	1.872	1.837	1.807	1.782	1.757	1.721	1.699
（3）G_t							
500	1.036	1.035	1.034	1.033	1.033	1.032	1.031
1000	1.075	1.073	1.071	1.069	1.069	1.067	1.065
1500	1.116	1.113	1.110	1.108	1.106	1.103	1.100
2000	1.161	1.156	1.153	1.150	1.147	1.140	1.137
2500	1.210	1.203	1.197	1.192	1.183	1.181	1.177
3000	1.262	1.254	1.247	1.240	1.234	1.224	1.218
（4）G_u							
500	0.9324	0.9330	0.9346	0.9357	0.9370	0.9383	0.9399
1000	0.8662	0.8684	0.8724	0.8748	0.8770	0.8800	0.8824
1500	0.8024	0.8071	0.8123	0.8155	0.8190	0.8235	0.8273
2000	0.7413	0.7484	0.7546	0.7597	0.7630	0.7700	0.7750
2500	0.6837	0.6918	0.6990	0.7060	0.7100	0.7191	0.7219
3000	0.6288	0.6377	0.6457	0.6533	0.6590	0.6691	0.6775

表 A.6 偏移圆函数 $P(r,h)$ 数值表

r \ h	1.0	1.1	1.2	1.3	1.4	1.5	1.6	1.7	1.8	1.9	2.0
0.0	0.3935	0.4539	0.5132	0.5704	0.6274	0.6753	0.7220	0.7643	0.8021	0.8355	0.8647
0.1	0.3920	0.4523	0.5115	0.5686	0.6229	0.6735	0.7202	0.7626	0.8005	0.8340	0.8633
0.2	0.3874	0.4474	0.5063	0.5632	0.6174	0.6681	0.7149	0.7575	0.7957	0.8296	0.8593
0.3	0.3801	0.4393	0.4977	0.5543	0.6083	0.6591	0.7061	0.7490	0.7877	0.8222	0.8525
0.4	0.3699	0.4282	0.4859	0.5421	0.5959	0.6466	0.6939	0.7373	0.7767	0.8119	0.8430
0.5	0.3573	0.4144	0.4712	0.5267	0.5802	0.6309	0.6785	0.7224	0.7625	0.7987	0.8309
0.6	0.3424	0.3980	0.4537	0.5084	0.5615	0.6122	0.6600	0.7045	0.7454	0.7826	0.8160
0.7	0.3256	0.3795	0.4338	0.4876	0.5400	0.5906	0.6386	0.8837	0.7255	0.7638	0.7986
0.8	0.3072	0.3592	0.4119	0.4645	0.5162	0.5665	0.6146	0.6602	0.7029	0.7424	0.7785
0.9	0.2876	0.3374	0.3888	0.4896	0.4904	0.5401	0.5883	0.6343	0.6778	0.7184	0.7559
1.0	0.2671	0.3146	0.3635	0.4132	0.4628	0.5120	0.5599	0.6062	0.6504	0.6921	0.7310
1.1	0.2461	0.2911	0.3378	0.3857	0.4340	0.4823	0.5299	0.5763	0.6210	0.6636	0.7038
1.2	0.2250	0.2673	0.3117	0.3575	0.4043	0.4515	0.4985	0.5447	0.5898	0.6332	0.6745
1.3	0.2040	0.2436	0.2855	0.3291	0.3741	0.4200	0.4661	0.5120	0.5571	0.6010	0.6433
1.4	0.1836	0.2203	0.2595	0.3008	0.3438	0.3881	0.4331	0.4783	0.5233	0.5675	0.6105
1.5	0.1638	0.1976	0.2341	0.2730	0.3138	0.3563	0.3999	0.4442	0.4887	0.5329	0.5763
1.6	0.1450	0.1759	0.2096	0.2459	0.2844	0.3249	0.3668	0.4099	0.4537	0.4975	0.5411

续表

h / r	1.0	1.1	1.2	1.3	1.4	1.5	1.6	1.7	1.8	1.9	2.0
1.7	0.1272	0.1553	0.1863	0.2198	0.2559	0.2942	0.3343	0.3759	0.4185	0.4618	0.5052
1.8	0.1108	0.1361	0.1642	0.1951	0.2286	0.2645	0.3025	0.3424	0.3873	0.4260	0.4782
1.9	0.0956	0.1183	0.1436	0.1718	0.2027	0.2361	0.2719	0.3098	0.3494	0.3905	0.4325
2.0	0.0819	0.1019	0.1247	0.1501	0.1784	0.2092	0.2426	0.2784	0.3161	0.3556	0.3965
2.1	0.0695	0.0871	0.1073	0.1302	0.1558	0.1840	0.2150	0.2484	0.2840	0.3217	0.3611
2.2	0.0585	0.0739	0.0917	0.1120	0.1350	0.1607	0.1890	0.2200	0.2534	0.2891	0.3267
2.3	0.0489	0.0621	0.0776	0.0956	0.1161	0.1392	0.1650	0.1935	0.2245	0.2579	0.2936
2.4	0.0404	0.0518	0.0652	0.0809	0.0990	0.1197	0.1429	0.1688	0.1974	0.2285	0.2620
2.5	0.0332	0.0428	0.0548	0.0679	0.0838	0.1021	0.1228	0.1463	0.1723	0.2010	0.2321
2.6	0.0270	0.0351	0.0449	0.0566	0.0703	0.0863	0.1048	0.1257	0.1492	0.1754	0.2042
2.7	0.0218	0.0285	0.0368	0.0467	0.0586	0.0725	0.0886	0.1072	0.1283	0.1520	0.1732
2.8	0.0174	0.0230	0.0299	0.0383	0.0483	0.0603	0.0744	0.0907	0.1094	0.1306	0.1544
2.9	0.0138	0.0184	0.0241	0.0311	0.0396	0.0498	0.0619	0.0761	0.0926	0.1114	0.1328
3.0	0.0108	0.0145	0.0192	0.0250	0.0321	0.0408	0.0511	0.0631	0.0777	0.0943	0.1133
3.1	0.0084	0.0114	0.0152	0.0200	0.0259	0.0331	0.0419	0.0523	0.0647	0.0792	0.0959
3.2	0.0065	0.0089	0.0119	0.0158	0.0207	0.0267	0.0340	0.0428	0.0534	0.0659	0.0805
3.3	0.0050	0.0068	0.0093	0.0124	0.0163	0.0213	0.0274	0.0348	0.0437	0.0544	0.0670
3.4	0.0038	0.0052	0.0072	0.0096	0.0128	0.0168	0.0218	0.0280	0.0355	0.0446	0.0554
3.5	0.0028	0.0040	0.0055	0.0074	0.0100	0.0132	0.0173	0.0224	0.0286	0.0362	0.0454
3.6	0.0021	0.0030	0.0041	0.0057	0.0077	0.0103	0.0136	0.0177	0.0228	0.0292	0.0368
3.7	0.0016	0.0022	0.0031	0.0043	0.0059	0.0079	0.0105	0.0139	0.0181	0.0233	0.0307
3.8	0.0011	0.0016	0.0023	0.0032	0.0044	0.0060	0.0081	0.0108	0.0142	0.0184	0.0237
3.9	0.0008	0.0012	0.0017	0.0024	0.0033	0.0046	0.0062	0.0093	0.0110	0.0145	0.0188
4.0	0.0006	0.0009	0.0012	0.0018	0.0025	0.0034	0.0047	0.0064	0.0085	0.0113	0.0147

表 A.7　正态分布函数表 $F(x)=\dfrac{1}{\sqrt{2\pi}}\int_{-\infty}^{x}\exp\left(-\dfrac{t^2}{2}\right)\mathrm{d}t$ 数值表

x	$F(x)$	x	$F(x)$	x	$F(x)$	x	$F(x)$
0.00	0.5000	0.80	0.7881	1.60	0.9452	2.35	0.9906
0.05	0.5199	0.85	0.8023	1.65	0.9505	2.40	0.9918
0.10	0.5398	0.90	0.8159	1.70	0.9554	2.45	0.9929
0.15	0.5596	0.95	0.8289	1.75	0.9599	2.50	0.9938
0.20	0.5793	1.00	0.8413	1.80	0.9641	2.55	0.9946
0.25	0.5987	1.05	0.8531	1.85	0.9678	2.58	0.9951
0.30	0.6179	1.10	0.8643	1.90	0.9713	2.60	0.9953
0.35	0.6368	1.15	0.8749	1.95	0.9744	2.65	0.9960
0.40	0.6554	1.20	0.8849	1.96	0.9750	2.70	0.9965
0.45	0.6736	1.25	0.8944	2.00	0.9772	2.75	0.9970
0.50	0.6915	1.30	0.9032	2.05	0.9798	2.80	0.9974
0.55	0.7088	1.35	0.9115	2.10	0.9821	2.85	0.9978
0.60	0.7257	1.40	0.9192	2.15	0.9842	2.90	0.9981
0.65	0.7422	1.45	0.9265	2.20	0.9861	2.95	0.9984
0.70	0.7580	1.50	0.9332	2.25	0.9878	3.00	0.9987
0.75	0.7734	1.55	0.9394	2.30	0.9893	4.00	1.0000

表 A.8　一阶亨格尔函数 $H_1(x)$ 数值表

x	$H_1(x)$	x	$H_1(x)$	x	$H_1(x)$	x	$H_1(x)$
0.0	∞	2.5	0.07389	5.0	0.004045	7.5	0.0002653
0.1	9.8538	2.6	0.06528	5.1	0.003619	7.6	0.0002383
0.2	1.7760	2.7	0.05774	5.2	0.003239	7.7	0.0002141
0.3	3.0560	2.8	0.05111	5.3	0.002900	7.8	0.0001924
0.4	2.1844	2.9	0.04529	5.4	0.002597	7.9	0.0001729
0.5	0.6564	3.0	0.04016	5.5	0.002326	8.0	0.0001554
0.6	1.3028	3.1	0.03563	5.6	0.002083	8.1	0.0001396
0.7	1.0503	3.2	0.03164	5.7	0.001866	8.2	0.0001255
0.8	0.8618	3.3	0.02812	5.8	0.001673	8.3	0.0001128
0.9	0.7165	3.4	0.02500	5.9	0.001499	8.4	0.0001014
1.0	0.6019	3.5	0.02224	6.0	0.001344	8.5	0.00009120
1.1	0.5098	3.6	0.01979	6.1	0.001205	8.6	0.00008200
1.2	0.4346	3.7	0.01763	6.2	0.001081	8.7	0.00007374
1.3	0.3725	3.8	0.01571	6.3	0.0009691	8.8	0.00006631
1.4	0.3208	3.9	0.01400	6.4	0.0008693	8.9	0.00005964
1.5	0.2774	4.0	0.01248	6.5	0.0007799	9.0	0.00005364
1.6	0.2406	4.1	0.01114	6.6	0.0006998	9.1	0.00004825
1.7	0.2094	4.2	0.009938	6.7	0.0006280	9.2	0.00004340
1.8	0.1826	4.3	0.008872	6.8	0.0005630	9.3	0.00003904
1.9	0.1597	4.4	0.007923	6.9	0.0005059	9.4	0.00003512
2.0	0.1399	4.5	0.007078	7.0	0.0004542	9.5	0.00003100
2.1	0.1227	4.6	0.006325	7.1	0.0004078	9.6	0.00002843
2.2	0.1079	4.7	0.005654	7.2	0.0003662	9.7	0.00002559
2.3	0.09498	4.8	0.005055	7.3	0.0003288	9.8	0.00002302
2.4	0.08372	4.9	0.004521	7.4	0.0002953	9.9	0.00002027
						10.0	0.00001865

表 A.9　$J_e(K,\tau)=\int_0^{\tau} e^{-t} I_0(K,t)\,dt$ 数值表

τ	K					
	0	0.2	0.4	0.6	0.8	1.0
0.0	0	0	0	0	0	0
0.2	0.1813	0.1813	0.1814	0.1815	0.1816	0.1818
0.4	0.3297	0.3298	0.3303	0.3311	0.3322	0.3337
0.6	0.4512	0.4517	0.4530	0.4554	0.4586	0.4629
0.8	0.5507	0.5516	0.5545	0.5593	0.5661	0.5749
1.0	0.6321	0.6337	0.6386	0.6468	0.6584	0.6736
1.2	0.6988	0.7012	0.7086	0.7209	0.7386	0.7620
1.4	0.7534	0.7567	0.7669	0.7841	0.8089	0.8422
1.6	0.7981	0.8025	0.8157	0.8383	0.8712	0.9157
1.8	0.8347	0.8401	0.8566	0.8850	0.9267	0.9839
2.0	0.8647	0.8712	0.8910	0.9255	0.9766	1.0426
2.2	0.8892	0.8968	0.9201	0.9607	1.0217	1.1025
2.4	0.9093	0.9179	0.9446	0.9916	1.0627	1.1642
2.6	0.9257	0.9354	0.9655	1.0186	1.1001	1.2183
2.8	0.9392	0.9499	0.9831	1.0424	1.1345	1.2699
3.0	0.9502	0.9618	1.9982	1.0635	1.1661	1.3195
3.2	0.9592	0.9718	1.0110	1.0822	1.1953	1.3672

续表

τ	K					
	0	0.2	0.4	0.6	0.8	1.0
3.4	0.9666	0.9800	1.0220	1.0988	1.2223	1.4132
3.6	0.9727	0.9868	1.0314	1.1136	1.2475	1.4578
3.8	0.9776	0.9925	1.0394	1.1268	1.2708	1.5010
4.0	0.9817	0.9971	1.0463	1.1386	1.2926	1.5430
4.2	0.9830	1.0010	1.0522	1.1492	1.3130	1.5839
4.4	0.9877	1.0043	1.0574	1.1587	1.3320	1.6237
4.6	0.9899	1.0070	1.0619	1.1679	1.3499	1.6625
4.8	0.9918	1.0092	1.0657	1.1749	1.3666	1.7005
5.0	0.9933	1.0111	1.0690	1.1818	1.3823	1.7376
5.4	0.9955	1.0140	1.0743	1.1937	1.4110	1.8025
5.8	0.9970	1.0160	1.0783	1.2034	1.4369	1.8786
6.2	0.9980	1.0174	1.0814	1.2114	1.4590	1.9452
6.6	0.9986	1.0183	1.0837	1.2180	1.4792	2.0097
7.0	0.9991	0.0190	1.0854	1.2237	1.4972	2.0722

附录B 生灭过程

定义 B.1 假定有一系统，设系统具有状态集 $E=\{0,1,2,\cdots,K\}$。令 $N(t)$ 表示在时刻 t 系统所处的状态，且有

$$p_{i,i+1}(\Delta t)=P\{N(t+\Delta t)=i+1|_{N(t)=i}\} \\ =\lambda_i \Delta t+o(\Delta t),\quad i=0,1,2,\cdots,K-1 \tag{B.1}$$

$$p_{i,i-1}(\Delta t)=P\{N(t+\Delta t)=i-1|_{N(t)=i}\} \\ =\mu_i \Delta t+o(\Delta t),\quad i=1,2,\cdots,K \tag{B.2}$$

$$p_{ij}(\Delta t)=P\{N(t+\Delta t)=j|_{N(t)=i}\} \\ =o(\Delta t),\quad |i-j|\geqslant 2 \tag{B.3}$$

其中 $\lambda_i>0, i=0,1,\cdots,K-1$，$\mu_i>0, i=1,2,\cdots,K$ 均为常数，则称随机过程 $\{N(t),t\geqslant 0\}$ 为**有限状态 $E=\{0,1,2,\cdots,K\}$ 上的生灭过程**，其状态转移强度图如图 B.1 所示。

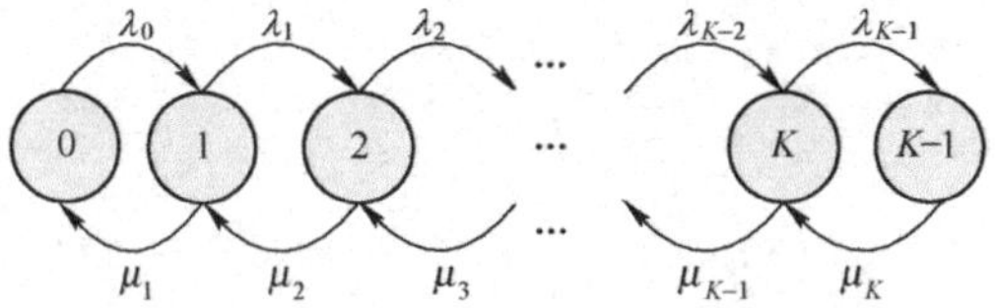

图 B.1　有限状态生灭过程状态转移强度图

当系统状态为可列无限状态 $E=\{0,1,2,\cdots\}$ 时，则称为**无限状态的生灭过程**，其状态转移强度图如图 B.2 所示。

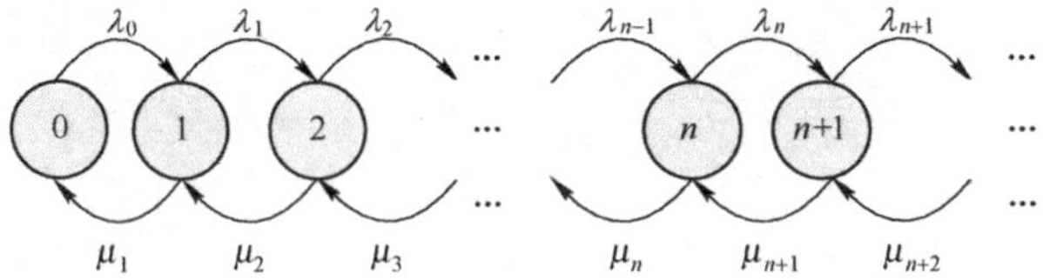

图 B.2　无限状态生灭过程状态转移强度图

令

$$p_j(t)=P\{N(t)=j\},\quad j\in E$$

则由全概率公式，有

$$\begin{aligned} p_j(t+\Delta t)&=\sum_{i\in E}P\{N(t+\Delta t)=j|_{N(t)=i}\}\cdot p_i(t)=\sum_{i\in E}p_i(t)\cdot p_{ij}(\Delta t) \\ &=p_j(t)[1-\lambda_j\Delta t-\mu_j\Delta t+o(\Delta t)]+p_{j-1}(t)[\lambda_{j-1}\Delta t+o(\Delta t)] \\ &\quad +p_{j+1}(t)[\mu_{j+1}\Delta t+o(\Delta t)]+\sum_{|i-j|\geqslant 2}p_i(t)\cdot o(\Delta t) \\ &=p_j(t)[1-\lambda_j\Delta t-\mu_j\Delta t]+\lambda_{j-1}p_{j-1}(t)\Delta t+\mu_{j+1}p_{j+1}(t)\Delta t+o(\Delta t) \end{aligned}$$

于是

$$\frac{p_j(t+\Delta t)-p_j(t)}{\Delta t}=\lambda_{j-1}p_{j-1}(t)-(\lambda_j+\mu_j)p_j(t)+\mu_{j+1}p_{j+1}(t)+\frac{o(\Delta t)}{\Delta t}$$

令$\Delta t\to 0^+$，得生灭过程的微分差分方程如下。

（1）当$E=\{0,1,2,\cdots,K\}$时，有

$$\begin{cases}p_0'(t)=-\lambda_0 p_0(t)+\mu_1 p_1(t)\\ p_j'(t)=\lambda_{j-1}p_{j-1}(t)-(\lambda_j+\mu_j)p_j(t)+\mu_{j+1}p_{j+1}(t)\quad (j=1,2,\cdots,K-1)\\ p_K'(t)=\lambda_{K-1}p_{K-1}(t)-\mu_K p_K(t)\end{cases}\tag{B.4}$$

（2）当$E=\{0,1,2,\cdots,n\}$时，有

$$\begin{cases}p_0'(t)=-\lambda_0 p_0(t)+\mu_1 p_1(t)\\ p_j'(t)=\lambda_{j-1}p_{j-1}(t)-(\lambda_j+\mu_j)p_j(t)+\mu_{j+1}p_{j+1}(t)\quad (j=1,2,\cdots)\end{cases}\tag{B.5}$$

定理 B.1 （生灭过程微分差分方程组解的存在性）

（1）对有限状态$E=\{0,1,2,\cdots,K\}$的生灭过程，若满足$p_j(t)\geqslant 0$，$\sum\limits_{j=0}^{K}p_j(t)\leqslant 1$，则对任给的初始条件，式（B.4）的解存在、唯一，而且有

$$p_j(t)\geqslant 0,\quad \sum_{j=0}^{K}p_j(t)=1\quad (t\geqslant 0)$$

（2）对可列无限状态$E=\{0,1,2,\cdots,n\}$的生灭过程，若

$$\sum_{n=1}^{\infty}\left(\frac{1}{\lambda_n}+\frac{\mu_n}{\lambda_n\lambda_{n-1}}+\cdots+\frac{\mu_n\mu_{n-1}\cdots\mu_2}{\lambda_n\lambda_{n-1}\cdots\lambda_2\lambda_1}\right)=\infty\tag{B.6}$$

而且满足$p_j(t)\geqslant 0$，$\sum\limits_{j=0}^{\infty}p_j(t)\leqslant 1$，则对任给的初始条件，式（B.5）的解存在、唯一，且$p_j(t)\geqslant 0,\quad \sum\limits_{j=0}^{\infty}p_j(t)=1,\quad t\geqslant 0$。

定理 B.2 （极限定理）令$p_j=\lim\limits_{t\to\infty}p_j(t), j\in E$。

（1）对有限状态$E=\{0,1,2,\cdots,K\}$的生灭过程，$\{p_j, j=0,1,\cdots,K\}$存在，与初始条件无关，且$p_j>0,\quad \sum\limits_{j=0}^{K}p_j=1$，即$\{p_j, j=0,1,\cdots,K\}$为平稳分布。

（2）对可列无限状态$E=\{0,1,2,\cdots,n,\cdots\}$的生灭过程，若有条件

$$1+\sum_{j=1}^{\infty}\frac{\lambda_0\lambda_1\cdots\lambda_{j-1}}{\mu_1\mu_2\cdots\mu_j}<\infty\quad\text{(收敛)}\tag{B.7}$$

及

$$\frac{1}{\lambda_0}+\sum_{j=1}^{\infty}\left(\frac{\lambda_0\lambda_1\cdots\lambda_{j-1}}{\mu_1\mu_2\cdots\mu_j}\right)^{-1}\cdot\frac{1}{\lambda_j}=\infty\quad\text{(发散)}\tag{B.8}$$

成立，则$\{p_j, j=0,1,2,\cdots\}$存在，与初始条件无关，且$p_j>0,\quad \sum\limits_{j=0}^{\infty}p_j=1$，即$\{p_j, j=0,1,2,\cdots\}$

为平稳分布。

定理 B.3 在 $p_j=\lim\limits_{t\to\infty}p_j(t)$ 存在的条件下，$j\in E$，有 $\lim\limits_{t\to\infty}p_j'(t)=0,\ j\in E$。

这样，在 $\{p_j, j\in E\}$ 存在的条件下，令 $t\to\infty$，得平衡方程：

（1）对 $E=\{0,1,2,\cdots,K\}$，有

$$\begin{cases}\lambda_0 p_0=\mu_1 p_1\\(\lambda_j+\mu_j)p_j=\lambda_{j-1}p_{j-1}+\mu_{j+1}p_{j+1}\quad (j=1,2,\cdots,K-1)\\\lambda_{K-1}p_{K-1}=\mu_K p_K\end{cases}\tag{B.9}$$

结合 $\sum\limits_{j=0}^{K}p_j=1$，可解得

$$p_j=\left(\frac{\lambda_0\lambda_1\cdots\lambda_{j-1}}{\mu_1\mu_2\cdots\mu_j}\right)p_0\quad (j=1,2,\cdots,K)\tag{B.10}$$

其中，$p_0=1\Big/\left[1+\sum\limits_{j=1}^{K}\dfrac{\lambda_0\lambda_1\cdots\lambda_{j-1}}{\mu_1\mu_2\cdots\mu_j}\right]$。

特别地，当 $\lambda_0=\lambda_1=\cdots=\lambda_{K-1}=\lambda$，$\mu_1=\mu_2=\cdots=\mu_K=\mu$ 时，有

$$\begin{cases}p_j=\left(\dfrac{\lambda}{\mu}\right)^j p_0\\p_0=1\Big/\sum\limits_{j=0}^{K}\left(\dfrac{\lambda}{\mu}\right)^j\end{cases}\quad (j=1,2,\cdots,K)\tag{B.11}$$

（2）对 $E=\{0,1,2,\cdots,n,\cdots\}$，有

$$\begin{cases}\lambda_0 p_0=\mu_1 p_1\\(\lambda_j+\mu_j)p_j=\lambda_{j-1}p_{j-1}+\mu_{j+1}p_{j+1}\quad (j=1,2,\cdots)\end{cases}\tag{B.12}$$

再结合 $\sum\limits_{j=0}^{\infty}p_j=1$，可得

$$p_j=\left(\frac{\lambda_0\lambda_1\cdots\lambda_{j-1}}{\mu_1\mu_2\cdots\mu_j}\right)p_0\tag{B.13}$$

其中，$p_0=1\Big/\left[1+\sum\limits_{j=1}^{\infty}\dfrac{\lambda_0\lambda_1\cdots\lambda_{j-1}}{\mu_1\mu_2\cdots\mu_j}\right]$。

特别地，当 $\lambda_0=\lambda_1=\cdots=\lambda$，$\mu_1=\mu_2=\cdots=\mu$ 时，只要 $\dfrac{\lambda}{\mu}<1$，则 $\{p_j, j=0,1,2,\cdots\}$ 存在，而且

$$p_j=\left(1-\frac{\lambda}{\mu}\right)\left(\frac{\lambda}{\mu}\right)^j\quad (j=0,1,2,\cdots)\tag{B.14}$$

参 考 文 献

[1] 温特切勒 E C．现代武器运筹学导论．北京：国防工业出版社，1974．

[2] 郭齐胜，郅志刚，杨瑞平，等．装备效能评估概论．北京：国防工业出版社，2005．

[3] 邢昌风．海军武器系统概论．北京：海潮出版社，2006．

[4] 沈浩．海军装备作战效能评估研究．北京：海潮出版社，2004．

[5] 田棣华，肖元星，等．高射武器系统效能分析．北京：国防工业出版社，1991．

[6] 陈琪锋，孟云鹤，陆宏伟．导弹作战应用．北京：国防工业出版社，2014．

[7] 温特切勒 E C．概率论．上海：上海科学技术出版社，1961．

[8] 徐培德，谭东风．武器系统分析．长沙：国防科技大学出版社，2001．

[9] 曾声奎，赵廷弟，张建国，等．系统可靠性设计分析教程．北京：北京航空航天大学出版社，2001．

[10] 韩松臣．导弹武器系统效能分析的随机理论方法．北京：国防工业出版社，2001．

[11] 文仲辉．战术导弹系统分析．北京：国防工业出版社，2002．

[12] 李廷杰．导弹武器系统的效能及其分析．北京：国防工业出版社，2002．

[13] 唐应辉，唐小我．排队论基础与分析技术．北京：科学出版社．2006．

[14] 裘光明．数学辞海（第一卷）．太原：山西教育出版社．2002．

[15] 张静远．鱼雷作战使用与作战能力分析．北京：国防工业出版社，2005．

[16] 杨福渠．火箭深弹射击效力．北京：国防工业出版社，1992．

[17] 魏凤昕．火箭深弹外弹道学．北京：国防工业出版社，1992．

[18] 邵国培，曹志耀，何俊，等．电子对抗作战效能分析．北京：解放军出版社，1998．

[19] Sergei A. Vakin（俄），Lev N. Shustov（俄），Robert H. Dunwell（美）．电子战基本原理．吴汉平，等译．北京：电子工业出版社，2004．

[20] 许腾，等．海军战斗效能评估．北京：海潮出版社，2006．

[21] 阮颖铮，等．雷达截面与隐身技术．北京：海潮出版社，2006．

[22] D Curris Schleher．Electronic Warfare in the Information Age．London：Artech House Boston，1999．

[23] 侯印鸣，李德成，孔宪正，等．综合电子战——现代战争的杀手锏．北京：国防工业出版社，2000．

[24] 王航宇，王士杰，李鹏．舰载火控原理．北京：国防工业出版社，2006．

[25] 傅冰，卢发兴，孙世岩，石章松．舰艇武器火控基础．北京：国防工业出版社，2017．

[26] 张晓今，张为华，江振宇．导弹系统性能分析．北京：国防工业出版社，2013．

[27] 娄寿春．面空导弹武器系统分析．北京：国防工业出版社，2013．

[28] 刘忠，林华．武器装备系统工程．北京：国防工业出版社，2014．

[29] 谭东风．武器装备系统概论．北京：科学出版社，2015．

[30] 石秀华．水下武器系统概论．西安：西北工业大学出版社，2014．

反侵权盗版声明

举报电话：（010）88254396；（010）88258888

传　　真：（010）88254397

E-mail：dbqq@phei.com.cn

通信地址：北京市海淀区万寿路 173 信箱

　　　　　电子工业出版社总编办公室

邮　　编：100036